LA
VIE VÉGÉTALE

PARIS. — TYPOGRAPHIE LAHURE
Rue de Fleurus, 9

Fuchs Pinx.   E. Maullery Imp   Portail Chromolith

PLANTES BULBEUSES VARIÉES

LA
VIE VÉGÉTALE

HISTOIRE DES PLANTES

A L'USAGE DES GENS DU MONDE

PAR

HENRY EMERY

PROFESSEUR DE BOTANIQUE A LA FACULTÉ DES SCIENCES DE DIJON

OUVRAGE ILLUSTRÉ DE 420 GRAVURES SUR BOIS

ET DE 10 PLANCHES EN CHROMOLITHOGRAPHIE

PARIS
LIBRAIRIE HACHETTE ET Cⁱᵉ

79, BOULEVARD SAINT-GERMAIN, 79

—

1878

PRÉFACE

Chez les nations étrangères, la Botanique est étudiée avec ardeur et succès; en France, elle est délaissée : méconnue du savant, dédaignée de l'horticulteur, son promoteur naturel, elle est tombée au rang d'une distraction futile. Un tel discrédit est immérité, ce livre essaye de le prouver.

L'humanité, comme l'individu isolé, subit une évolution imposée par sa nature même, et sur laquelle les erreurs et les préjugés n'ont qu'une influence passagère et secondaire. L'histoire nous apprend que l'homme primitif fut chasseur ou pêcheur, et la raison nous prouve qu'il ne pouvait être autre chose. C'est de tous les modes d'existence le plus misérable et le plus précaire. Plus tard, ses facultés s'élevant, il comprit les bienfaits de l'association, et trouva en elle les moyens d'améliorer sa condition première : ainsi s'ouvrit l'ère pastorale. Peu à peu, sous l'influence de ce commencement de bien-être et de sécurité, les populations s'accrurent rapidement en Europe, et bientôt les troupeaux, faute d'un espace suffisant, ne furent plus assez nombreux pour nourrir leurs propriétaires. Une nouvelle métamorphose devenue nécessaire se produisit dans ce rudiment de société: à la vie nomade succéda la vie sédentaire, et le pasteur se changea en agriculteur. Sous les exigences croissantes d'une population de jour en jour plus compacte, une dernière évolution devint indispensable, et l'ère industrielle commença pour l'Europe. Par ces mots d'ère in-

a

dustrielle, j'entends la période de la vie des peuples durant laquelle il leur faut, sous peine de se disperser et d'abdiquer leur nationalité, obtenir une production intensive de tous les objets nécessaires à la vie. Pour cette fin, il y a scission entre eux suivant leurs aptitudes et surtout leur situation géographique. Le haut prix de la terre s'opposant à ce qu'ils restent agriculteurs, les uns se font manufacturiers, et les autres horticulteurs. Pour nous, notre voie est très-nettement tracée et l'instinct populaire ne s'y est pas trompé, ne dit-on pas depuis longtemps : « La France est le jardin de l'Europe? » Oui, dans l'état futur de l'humanité, la France sera le jardin de l'Europe, ou ne sera plus; préparons-nous donc pour une métamorphose imminente, armons-nous pour la lutte prochaine !

L'histoire nous apprend en outre que les grandes réformes partent toujours de haut, d'où elles pénètrent violemment ou s'infiltrent lentement dans les masses. Telle est la loi générale du progrès. De même que la France ne doit pas cette Agriculture perfectionnée, qui fait sa richesse présente, au prolétaire, mais au grand propriétaire qui a fort heureusement compris, à l'heure voulue, les nécessités des temps, de même c'est à celui-ci que notre pays sera redevable de sa dernière transformation économique. C'est le grand propriétaire, — lui seul peut le faire, — qui élèvera l'usine dans laquelle la matière végétale sera pétrie, façonnée, manufacturée, sous l'œil de la science, en produits alimentaires, thérapeutiques, industriels, etc., etc. Voilà pourquoi ce livre s'adresse aux gens du monde; non pas à l'oisif et à l'inutile, il est aveugle et sourd, mais à l'homme de loisir qui garde le goût des choses de l'esprit, le souci de la prospérité et de la grandeur nationales. Et quelle question vitale pour nous mérite mieux que celle-là son attention et sa sollicitude? La production en fruits et légumes de la France entière s'élève déjà à trois milliards de francs par an!

Faire connaître et estimer parmi les gens du monde la Botanique, cette initiatrice de tout progrès horticole, tel est le but

de *la Vie végétale*, livre qui réunit sous une forme simple
et concise, dans un cadre très-restreint, les notions premières
sur l'organisation et la vie des végétaux, applique ces données
à l'interprétation des lois de la Géographie des plantes, discute
les problèmes de l'acclimatation et de la naturalisation, dé-
montre l'inanité du premier, prouve la fécondité du second en
racontant l'histoire des principaux triomphes de la naturalisation, celle du Caféier et des plantes à épices au siècle dernier,
celle des arbres à quinquina à notre époque, assoit sur des bases
rationnelles les principes de la culture, et résume en terminant
les discussions soulevées de notre temps à propos de la longévité végétale, des plantes irritables et des plantes carnivores.

L'esprit qui inspire et réglemente ce bref exposé de la science
des végétaux est nouveau, croyons-nous. Dans l'interprétation
des faits, l'auteur s'appuie sur les deux lois de la corrélation
organique et de la subordination de l'organisme au milieu qui
le fait vivre. Quelques explications sont indispensables pour
faire ressortir l'importance de ces deux principes.

La plante est une réunion d'organes, non point d'organes pris
arbitrairement, mais choisis conformément à des règles fixes,
et assemblés suivant un ordre déterminé. Il y a des organes
qui se repoussent, sont incompatibles, et d'autres qui se conviennent, sont compatibles. L'agrégation accidentelle des premiers donne un monstre, un être fatalement condamné à périr
à bref délai ; de l'union harmonieuse des seconds naît la plante
viable et apte à se survivre dans une descendance. Telle est la
loi de la corrélation organique sans laquelle les conformations
si variables des végétaux restent incompréhensibles : loi dont la
pratique de la greffe nous montre journellement l'influence, en
prouvant qu'il est impossible d'unir par un lien indissoluble
des fragments vivants quelconques s'ils ne sont pas empruntés
à des plantes offrant une certaine conformité d'organisation et
de tempérament.

L'édifice organique s'entretient et s'accroît à l'aide de matériaux puisés dans le monde extérieur. De cette sujétion résulte la subordination nécessaire de l'organisme au milieu, et tout être, pour vivre, doit posséder une conformation en rapport avec la nature de celui-ci. Ces relations de cause à effet expliquent la multiplicité des types végétaux, et servent de base à une branche nouvelle de la science, celle que nous appelons le *diagnostic végétal* parce qu'elle a le même but que le diagnostic médical : découvrir à certains indices la cause des souffrances de la plante malade ou du dépérissement de celle qui ne reçoit point les soins voulus par sa constitution.

Pour manifester ses désirs, l'homme a la parole, l'animal supérieur la voix, tous deux ont le geste; la plante, muette et fixée au sol, semble dans l'impuissance d'exprimer ses besoins. Aussi, quand une plante exotique apparaît pour la première fois dans nos jardins, quel n'est pas l'embarras des horticulteurs pour imaginer le mode de culture qui lui convient! Ils n'ont pour se guider que les indications sommaires du botaniste collecteur, et avant d'avoir déterminé les quantités d'humidité, de chaleur, de lumière, réclamées par la nouvelle venue, avant d'être parvenus à lui donner le genre de nourriture qu'il lui faut, que de tâtonnements! que d'essais infructueux! que de pertes de temps! Pour montrer dans quelles erreurs on est parfois tombé, il nous suffira de rappeler que l'Aucuba et le Paulownia furent d'abord et pendant assez longtemps cultivés comme plantes de serre chaude lors de leur arrivée en Europe! Or il existe un moyen certain de se renseigner et d'éviter désormais ces fautes grossières : c'est d'étudier la conformation de la nouvelle venue, qui traduit toujours fidèlement aux yeux des initiés ses appétits et ses exigences. Tel est le but du « Diagnostic végétal », science destinée à rendre dans l'avenir de précieux services à l'art horticole et sur laquelle *la Vie végétale* est la première à solliciter l'attention des savants et des praticiens.

Henry EMERY

Faculté des Sciences de Dijon, novembre 1877.

LA

VIE VÉGÉTALE

INTRODUCTION

Les corps terrestres se partagent en corps vivants et en corps non vivants ou bruts. La Plante est un corps vivant.

La vie se révèle à nous par des manifestations complexes qu'on nomme, dans leur ensemble : *nutrition, accroissement* et *reproduction*. Ces trois modes d'activité, inséparables de la vie, servent à la caractériser : aussi les appelle-t-on ordinairement les trois propriétés vitales ; essayons de les définir brièvement.

Tout, à la surface du globe, se modifie, s'altère et se détruit par des causes diverses, dont les variations de température, l'action des eaux et des fluides atmosphériques sont les principales. Aucune roche superficielle, si dure qu'elle soit, ne triomphe de ces influences suffisamment prolongées. Des dégradations de même origine, qui se multiplient et s'aggravent peu à peu, atteignent également nos demeures. Ici des vitres se brisent, là une corniche tombe, ailleurs un mur se lézarde, des pierres s'en détachent, etc., etc. A la longue, le monument le plus solidement construit devient une ruine dont le temps disperse les derniers vestiges, en les dénaturant au point de les rendre méconnaissables. La machine, elle aussi, quelque soin qu'on apporte à sa construction et au choix de ses matériaux, s'use, se détériore, et sa durée est en raison directe de la nature et du degré d'activité de son travail.

La matière vivante n'échappe point à cette grande loi du monde physique qui régit tout ce qui est ; elle éprouve une usure, mais une usure continue comme son activité et d'intensité variable comme elle. A tous les instants de son existence, des millions de fragments imperceptibles se séparent du corps vivant, comme les pierres se détachent de nos maisons sous les ravages du temps. La vie mine sans repos ni trève et s'efforce de ruiner l'édifice qu'elle anime. Ce phénomène de destruction partielle et continue de la matière vivante se nomme la *désassimilation*.

Pour prolonger la durée de nos constructions et de nos machines, il faut les réparer en temps convenable. De même les vides, successivement creusés dans l'économie par l'action de la vie, sont tous comblés, mais, — particularité digne de remarque, — le sont au moment même de leur formation et avec des matériaux identiques. De la sorte, rien n'est changé, de ce fait, dans l'ordonnance et la nature des parties édifiées ; seuls les matériaux constituants se renouvellent. Ce second mouvement organique, antagoniste du premier, est l'*assimilation*. Toujours l'assimilation et la désassimilation coexistent en permanence dans la matière vivante, où leur réunion constitue la *nutrition*. Il n'y a point de corps vivants sans nutrition, et réciproquement point de nutrition en dehors de la vie. La stabilité de l'édifice vivant est ainsi réalisée par l'équilibre mobile de deux forces antagonistes : l'une, la désassimilation, qui détruit ; l'autre, l'assimilation, qui répare les désordres au moment même où ils se manifestent. Ces forces engendrent enfin un double mouvement moléculaire : l'un, dirigé de dehors en dedans, nécessité par l'assimilation ; l'autre, de sens contraire, produit par la désassimilation.

Pendant la première période de son existence, tout corps vivant offre ce second trait caractéristique de grandir, c'est-à-dire d'augmenter ses proportions, d'accroître son volume et son poids. Aussi donne-t-on à ce deuxième attribut de la vie le nom d'*accroissement* ou de *développement*.

Mais tout a une fin en ce monde. La maison et la machine, malgré les soins d'entretien les plus minutieux et les plus attentifs, finissent, tôt ou tard, l'une par tomber en ruines, l'autre par refuser tout service. Parvenues à ce degré de vétusté, aucune réparation ne peut les rajeunir, et il faut les remplacer. La matière vivante est soumise à une semblable exigence. Malgré la nutrition qui veille attentivement à sa conservation, elle s'altère de plus en plus profondément avec le temps, et une heure vient toujours où la vie l'abandonne, où la mort en prend à jamais possession. Dès cet instant, le corps, livré désormais aux seules influences physiques, entre en décomposition ou se dénature ; l'édifice s'écroule, et ses débris se dispersent pour aller remplir d'autres rôles sous des formes nouvelles et à des états chimiques différents. Mais, avant de mourir, l'être s'est reproduit, c'est-à-dire a donné naissance à de nouveaux êtres appelés à lui ressembler. Ainsi se conserve la vie à la surface du globe, malgré les destructions successives des individus, grâce à la faculté de *reproduction* dont chacun d'eux est doté pendant une phase déterminée de son existence.

L'être vivant se distingue encore du corps brut par sa conformation, c'est-à-dire la disposition de ses parties constituantes, laquelle se divise en conformation extérieure ou *organisation* et conformation intérieure ou *structure*.

Par organisation, on entend l'état d'un corps formé de pièces ou parties différentes nommées *organes*, respectivement douées d'une activité propre. Ainsi les racines, les tiges, les feuilles, etc., sont des organes. Les êtres vivants sont toujours organisés, et eux seuls ont cette qualité.

Durant son existence, tout organe exécute des actes et remplit des rôles déterminés ; ces actes et ces rôles s'appellent des *fonctions*. Veut-on exprimer que le Chêne, par exemple, se cramponne au sol à l'aide de sa racine, on dira que celle-ci a pour fonction de le fixer. Souvent des organes s'associent pour accomplir un acte plus complexe. La fleur en est un exemple frappant : les nombreux organes dont elle se compose sont solidaires et travaillent dans un but commun, la production de graines fertiles. De telles associations se nomment des *appareils*.

En résumé, un organe se définit :

1° Par ses caractères extérieurs et sa situation relative ; ce double point de vue constitue l'Organographie ;

2° Par sa structure, objet de l'Anatomie et de l'Histologie :

5° Par son mode d'existence et ses fonctions, ou par sa Physiologie.

Toutes les plantes indistinctement n'ont point les mêmes mœurs, ne vivent pas de la même façon. Les unes sont remarquables par la diversité des actes de leur longue existence ; les autres, par la simplicité des manifestations d'une vie éphémère. Nécessairement l'organisme se complique ou se dégrade suivant le nombre des fonctions à remplir. Ce fait conduit à distinguer des *végétaux supérieurs* ou d'organisation complexe et des *végétaux inférieurs* ou d'organisation simple. Le Châtaignier, l'Orme, etc., sont du premier groupe, car ils ont, du moins en apparence, un grand nombre d'organes, tige, feuilles, fleurs, etc. Chez les Conferves, au contraire, réunion de filaments capillaires verdâtres, qui vivent libres et submergées près de la surface de nos eaux douces et dormantes, il n'y a pas d'organes distincts, point de racine, point de tige, point de feuilles, etc. ; l'organisation s'y réduit à des tubes déliés, simples ou rameux, cloisonnés de distance en distance. Les Conferves sont donc des végétaux inférieurs.

Un organe quelconque n'est pas un instrument inerte, façonné dans la matière brute et comparable, sous ce rapport, à l'organe d'une machine, au piston d'une pompe, à la chaudière d'une locomotive, au bras ou à la jambe d'une statue. Il se distingue par sa structure, étant constitué par une association de corpuscules vivants. Ce que l'on appelle la fonction de l'organe est donc la résultante des actes individuels d'organismes microscopiques nommés *éléments anatomiques*, *éléments organiques*, *corpuscules élémentaires*, ou encore *organes élémentaires*, tous excessivement simples, mais doués chacun d'une existence propre et indépendante, avec les trois attributs de la vie, nutrition, accroissement et reproduction.

Considérés dans l'ensemble du Règne végétal, les corpuscules élémentaires offrent une diversité infinie ; tous cependant ont une origine commune, la *cellule*. La *fibre* et le *vaisseau* en sont les principales formes dérivées. On nomme *tissu* l'agrégation d'éléments anatomiques similaires. Il y a donc trois tissus principaux, reliés entre eux par d'innombrables intermédiaires : un essentiel, le *tissu cellulaire* ou *parenchyme*, et deux secondaires ou dérivés, l'un *vasculaire*, l'autre *fibreux*, ce dernier appelé encore *prosenchyme*. Enfin le mot *système* désigne un ensemble de tissus similaires appartenant à un même organe, ou à un même appareil, ou à une même plante. Ainsi on dit : le système vasculaire d'une feuille, d'une tige, d'un végétal. Un grand nombre d'espèces, comme les Conferves, les Champignons, etc., étant, à tous les âges, dépourvues de système vasculaire, on divise les végétaux en vasculaires et en cellulaires, selon qu'ils ont ou non des vaisseaux.

La Botanique, ou science des Végétaux, s'est partagée, sous l'influence de ses progrès successifs, en trois branches principales, suivant qu'elle étudie la plante isolée, les rapports des plantes entre elles et avec le monde extérieur, ou enfin les relations de l'homme avec le monde végétal. Adoptant cette division très-naturelle, ce livre comprendra trois parties :

La Plante, ou étude du végétal considéré comme être isolé et vivant ;

Les rapports des plantes entre elles et avec le monde extérieur, ou Mœurs et Physionomies végétales ;

Les relations de l'homme avec le monde végétal, ou la Botanique appliquée.

PREMIÈRE PARTIE

LA PLANTE, SA STRUCTURE, SON ORGANISATION ET SA VIE

CHAPITRE PREMIER

LA CELLULE ET SES DÉRIVÉS

I. — CELLULES ET TISSUS CELLULAIRES

Dans sa jeunesse, la cellule est un sac, sphérique ou ovoïde, à paroi mince, transparente et sans solution de continuité, formée d'une substance spéciale, la *cellulose*. Parfois les cellules sont indépendantes les unes des autres : ainsi la poussière fécondante ou *pollen* des plantes florifères est ordinairement composée de fines granulations sans adhérences réciproques. Le plus communément, les cellules doivent à leur mode de génération d'être intimement unies entre elles en un tissu dont l'aspect rappelle, aux dimensions près, ces agglomérations de bulles que l'air, insufflé par un tube, fait naître dans l'eau de savon.

Une comparaison empruntée à l'Astronomie permet de comprendre, sans minutieux détails, les phases principales de la vie cellulaire.

On discerne çà et là, perdus dans les immensités de l'espace, de légers nuages blanchâtres formés d'une matière raréfiée au point d'être à peine visible : ce sont les *nébuleuses*, premiers linéaments des mondes en formation. Cédant à de mutuelles attractions, les particules de chaque nébuleuse se rapprochent sans cesse, consacrant des siècles à franchir les prodigieuses distances qui les séparent, malgré les vertigineuses vitesses dont elles sont animées. De ces condensations progressives naissent des noyaux brillants ou *étoiles*, qui s'obscurcissent, puis s'éteignent, après avoir éclairé et réchauffé les cieux pendant des millions d'années. En continuant à se refroidir, l'astre s'enveloppe d'une écorce de plus en plus épaisse, due à la solidification de ses couches superficielles ; et, ainsi transformé, de vivifiant Soleil se métamorphose en une Terre féconde sur laquelle la vie apparaît à une époque déterminée pour s'y maintenir durant des siècles. Mais il n'y a point d'éternelle stabilité dans la Nature ; et, par exemple, notre Terre, en perdant un jour la dernière goutte d'eau des océans, des mers et des fleuves qui font sa richesse, passera à l'état de Lune, qui n'est pas le dernier terme de l'évolution planétaire. Déjà notre satellite présente les signes de la décrépitude, porte les stigmates indélébiles de la mort : de profondes fissures le sillonnent et finiront, en s'agrandissant, par le diviser de part en part. A des jours déterminés, la Lune d'abord, notre Planète ensuite disparaîtront en s'émiettant dans l'espace ; chacune de ces miettes gigantesques sera un *astéroïde*, semant sa route des débris, devenus imperceptibles, d'une désagrégation lente, mais continue. Ainsi se dissémine dans l'espace cette matière cosmique, qu'une excessive raréfaction cache à nos sens, poussière impalpable des mondes disparus, invisibles rudiments des mondes à venir.

Les événements grandioses du domaine de l'infiniment grand se reproduisent, toutes proportions gardées, dans celui de l'infiniment petit ; car les lois qui régissent la matière sont générales. De microscopiques nuages d'une substance animée se forment dans tous les tissus naissants : ces nébuleuses vivantes sont du *protoplasma*. Avec le temps, leurs particules matérielles se condensent sur certains points en corpuscules nommés *noyaux*, puis chaque nuage s'enveloppe d'une membrane continue ; alors la cellule est définitivement constituée. Un parenchyme est donc un monde en miniature où tous les âges sont représentés, jeunesse, état adulte et vieillesse. Mais la mort n'est pas d'ordinaire le signal de la destruction de la cellule, qui garde en général l'intégrité de sa paroi, sa forme et ses dimensions. Un œil exercé sait toujours distinguer les divers états des organismes élémentaires à certaines particularités de configuration, de consistance et de composition. Parfois cependant des éléments anatomiques disparaissent après leur mort. Leurs débris sont peu à peu résorbés, laissant dans les tissus des vides, nommés *lacunes*, de volume, de forme et de situation fort variables, qu'il ne faut pas confondre avec les interstices microscopiques, nommés *méats intercellulaires*, que les cellules, en s'unissant, laissent souvent entre elles.

En vieillissant, la paroi cellulaire s'épaissit, par sa face externe dans les éléments libres, par sa face interne dans les autres. L'accroissement respecte par places la membrane primitive et produit ainsi des protubérances, externes ou internes selon les cas, de caractères fort divers. Chez les parenchymes, les figures ainsi tracées en relief sur la face interne des parois se rapportent à deux types. Dans l'un, les régions restées minces sont, ou des points disséminés sur la surface du corpuscule (*cellules ponctuées*), ou des lignes, parfois indépendantes et parallèles (*cellules scalariformes* ou *en échelons*), ou non parallèles (*cellules rayées*), parfois unies en réseau (*cellules réticulées*).

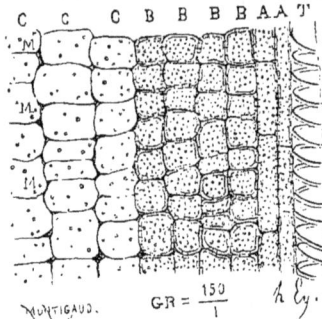

Fig. 1. — Coupe longitudinale de la moelle placée au contact du corps ligneux d'une pousse herbacée de Figuier (*Ficus carica* Lin.). — T, trachée; A, B, cellules ponctuées à parois épaisses; C, cellules ponctuées à parois minces; M, méats intercellulaires.

Dans l'autre, l'épaississement se réduit à des anneaux distincts (*cellules annelées*), ou bien à une sorte de bourrelet, nommé *spiricule*, contourné en spirale (*cellules spiralées*).

Des substances très-variées se forment, s'arrêtent et s'accumulent dans les cellules, selon leur nature et leur âge. Ce sont :

1° Des gaz (oxygène, azote, acide carbonique, etc.);

2° Des liquides (gommes, huiles essentielles et grasses, sucres, etc.);

3° Des corps solides, les uns créés par l'activité cellulaire (aleurone, amidon, chlorophylle, etc.); les autres de nature minérale, soit cristallisés (carbonate et oxalate de chaux, etc.), soit concrétionnés (concrétions calcaires, siliceuses, etc.).

II. — FIBRES ET TISSUS FIBREUX

Certaines cellules, en vieillissant, deviennent fusiformes ; on les appelle alors des *fibres*. Ces dernières restent rarement isolées ; le plus ordinairement, elles se réunissent en masses nommées *faisceaux fibreux*, du mode de groupement des éléments. La fibre a seulement sa forme pour trait distinctif, tous ses autres caractères lui sont communs avec la cellule, et il n'existe au fond aucune ligne de démarcation tranchée entre ces deux sortes d'éléments anatomiques.

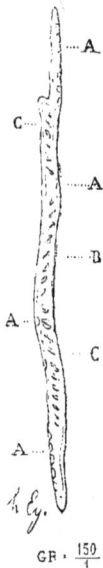

Les fibres donnent de la consistance aux tissus. On les divise en *ligneuses* et *libériennes*, suivant qu'elles appartiennent au *bois* ou au *liber*, région de l'écorce où l'on rencontre habituellement les fibres corticales. Les premières sont courtes et complétement rigides ; les autres sont relativement longues et souples, malgré la grande épaisseur de leurs parois qui les rend très-tenaces, qualités particulières qui les ont fait de tout temps employer par l'industrie comme matières textiles. Les filasses de Lin et de Chanvre sont les fibres libériennes de ces plantes, qu'une macération prolongée dans l'eau ou *rouissage* a permis d'isoler.

Fig. 2. — Fibre ligneuse prise dans une branche de Chêne (*Quercus robur* Lin.). — A, B, C, ponctuations vues sous diverses incidences.

GR . 150/1

III. — VAISSEAUX ET TISSUS VASCULAIRES

Il existe deux catégories de vaisseaux : les uns, appelés *vaisseaux de la sève* ou *vaisseaux aériens*, contiennent de la sève ou des gaz, selon leur âge et la saison ; les autres, nommés *laticifères*, sont remplis d'un liquide spécial, le *latex*.

Cylindriques, étranglés de distance en distance, rectilignes, simples, c'est-à-dire non ramifiés, les vaisseaux séveux s'associent par masses dites *faisceaux vasculaires*. Ils doivent leur origine à des files de cellules qui, ayant toutes grandi dans un même sens, celui de l'allongement de l'organe, ont ensuite fusionné par la résorption graduelle de leur paroi de séparation. Elles ont ainsi formé des tubes droits, non point ouverts dans toute leur longueur, mais cloisonnés de distance en distance par suite de la persistance de quelques parois transversales. Ces vaisseaux se divisent en *trachées* et en *fausses trachées*, selon qu'ils renferment ou non une spiricule. Tantôt celle-ci adhère assez fortement à la paroi pour n'en pouvoir être séparée, tantôt au contraire l'adhérence est si faible que la spiricule se détache à la moindre traction : dans le premier cas, la trachée est dite *non déroulable ;* elle est *déroulable* dans le second. Enfin les fausses tra-

Fig. 5. — Vaisseaux séveux pris dans la tige du Melon cantaloup (*Cucumis melo* Lin.). — I, vaisseau spiralé-annelé; A, A, région annelée; T, T', T'', trachée vue sous diverses incidences. — II, Trachées à plusieurs spiricules ; C, région à deux spiricules; E, bifurcation d'une spiricule; D, région à trois spiricules. — III, vaisseau rayé. — IV, vaisseau ponctué.

chées se distinguent à leur tour en vaisseaux *ponctués, rayés, réticulés, annelés*, etc., d'après leurs apparences.

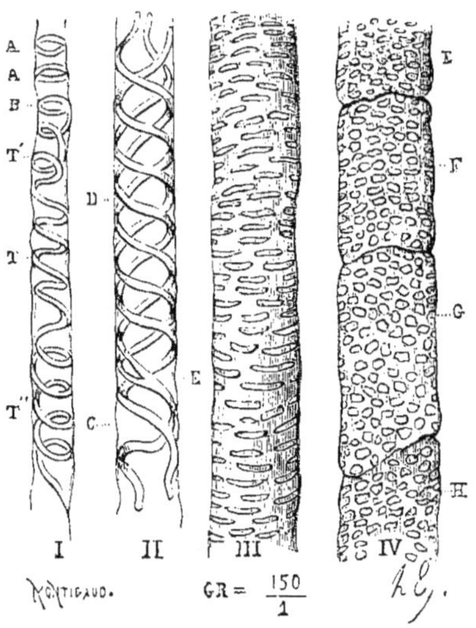

Les blessures faites à certains végétaux, les Laitues et les Pavots entre autres, laissent écouler un liquide, d'aspect laiteux dans ces deux genres, que l'on nomme *latex*, et dont le rôle physiologique est encore très-obscur. Beaucoup de latex ont une importance industrielle considérable. En se coagulant, les uns donnent le caoutchouc, d'autres la gutta-percha, d'autres encore l'opium, etc., etc. Le latex possède donc une composition très-variable et souvent fort complexe. Du reste, sa nature chimique est, dans la plupart des cas, mal connue ; il n'en est pas de même de ses caractères physiques. Exceptionnellement il est limpide et incolore : rien alors ne le distingue à première vue du suc cellulaire; mais le plus ordinairement sa limpidité est troublée par la multitude de petits globules qu'il tient en suspension, et dont les dimensions varient avec l'espèce, ou, dans le même individu, avec l'or-

gane considéré, de quelques millièmes à quelques centièmes de millimètre de diamètre.

Sa couleur change également avec l'espèce et la nature de l'organe.
Il est laiteux dans les Euphorbiacées, Figuiers, Laitues, Mûriers,
Pavots, et certaines Aroïdées, Clusiacées, Ombellifères ; orangé dans
l'Artichaut ; jaune ou orangé dans plusieurs Clusiacées et Ombellifères,
dans les *Argemone grandiflora* et *ochroleuca*, les *Chelidonium majus*
et *quercifolium;* jaune rougeâtre dans le *Macleya cordata;* d'un beau
rouge enfin, avec globules nacrés, dans le *Sanguinaria canadensis.* La
coloration du latex peut, en outre, se modifier chez le même individu : 1° avec l'âge : blanc dans les jeunes rameaux des *Clusia flava* et

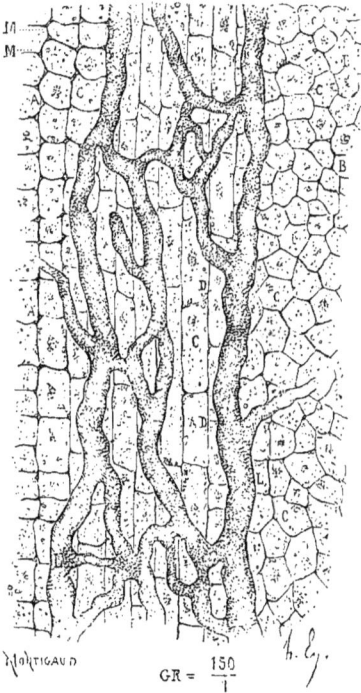

Fig. 4. — Coupe longitudinale de l'écorce du Laiteron des
marais (*Sonchus palustris* Lin.) montrant le réseau
l. des laticifères et trois types de parenchyme A, B, D;
C, grains de chlorophylle ; M, M, méats intercellulaires.

Plumierii, il devient jaunâtre
plus tard ; 2° avec la nature de
l'organe : ainsi il est blanc dans
l'écorce externe du *Clusia grandiflora*, jaunâtre dans l'écorce
interne, et de teinte plus foncée
dans la moelle.

Le latex est contenu dans les
vaisseaux laticifères constitués,
comme ceux de la séve, par la
fusion des cellules d'une même
file. Ils se distinguent d'ailleurs
aisément de ceux-ci, car ils sont
flexueux, ramifiés, et présentent
çà et là des inégalités de diamètre. Enfin les parois des vaisseaux laticifères sont le plus
ordinairement minces, transparentes, et dépourvues de ces
ponctuations et stries caractéristiques des conduits de la séve.
Leurs ramifications ont deux ma-
nières d'être : ou toujours closes à leur extrémité et indépendantes
les unes des autres, elles constituent, par un mutuel enchevêtrement,
un lacis, mais non point un réseau (Apocynées, Asclépiadées, Euphorbiacées) ; ou encore, disposition plus fréquente, elles s'abouchent entre

elles, *s'anastomosent* en d'autres termes, et forment un réseau semblable d'aspect à celui du système vasculaire des animaux supérieurs
(Campanulacées, Chicoracées, Lobéliacées, Papavéracées, Papaya-
cées, etc.). Les différentes branches de ces réseaux varient de quelques
centièmes à plusieurs dixièmes de millimètre de diamètre, selon les
plantes ou les points considérés.

Les laticifères peuvent se rencontrer dans toutes les parties de la
plante, de la racine aux fruits, de l'écorce à la moelle; mais ils offrent un développement inégal d'une famille à l'autre. Particulièrement abondants dans les Euphorbiacées, ils sont encore très-nombreux
dans les Apocynées, Araliacées, Asclépiadées, Campanulacées, Chicoracées, Clusiacées, Convolvulacées, Lobéliacées, Papavéracées et Papaya-
cées, ainsi que dans les Aroïdées et les Musacées. Ils deviennent très-
rares dans d'autres familles, par exemple dans le vaste groupe des
Légumineuses, où on ne les trouve que dans les Mimosa et dans
l'*Apios tuberosa*. Enfin ils font complétement défaut dans beaucoup de
familles, celle des Rosacées entre autres.

En résumé, un grand nombre de plantes possèdent deux systèmes
vasculaires distincts, l'un affecté aux mouvements de la séve et l'autre
à ceux du latex ; un botaniste français, M. Trécul, a prouvé que ces
liquides se mélangent à travers les communications qui existent entre
les deux ordres de vaisseaux.

CHAPITRE II

NOTIONS PRÉLIMINAIRES SUR L'ORGANISATION VÉGÉTALE

Vivre, — avons-nous dit, — c'est se nourrir, grandir et se reproduire. Or l'accomplissement de ces actes implique toujours une exacte adaptation de l'organisme au *milieu*, c'est-à-dire à l'ensemble des conditions extérieures. Tout antagonisme entre l'organisation et les qualités physiques ou chimiques du milieu entraîne une mort inévitable à plus ou moins bref délai. On trouve sur la Terre trois milieux naturels : le sol, les eaux, l'atmosphère. Toutefois, une aridité permanente ou un froid trop rigoureux étant incompatibles avec la vie, ces impérieuses exigences de la machine animée retranchent du vaste domaine livré à la Plante les hautes régions de l'air, les grandes profondeurs des océans, les plaines polaires et les sommets alpins, siéges des neiges éternelles.

Tous les êtres de la Création portent l'empreinte visible du milieu qui les fait vivre. Nulle part cet asservissement de la matière organisée n'est plus évident que dans le monde végétal, où abondent les preuves de cette constante sujétion. Pourquoi, par exemple, la flore souterraine est-elle si pauvre ? C'est que, dans ce milieu uniforme et ingrat, dans cet air confiné, rare et vicié, loin de la vivifiante lumière du soleil, les solutions du problème de la vie sont en fort petit nombre, et bien peu d'organismes peuvent s'y adapter. L'aspect seul des rares plantes hypogées nous révèle les incertitudes et les misères de l'existence souterraine. Parmi elles, point de ces arbres géants, hôtes ordinaires des

futaies plusieurs fois séculaires; mais des végétaux rabougris, de faible
volume, aux formes courtes, ramassées, massives, à la vie rudimentaire,
dont la Truffe est le type populaire. Déjà l'eau de nos mares, de nos
étangs et de nos lacs, milieu plus généreux et plus variable, est le
domaine d'une flore plus riche. Mais la vraie station de la plante supérieure est aux confins du sol et de l'atmosphère, dans cette situation
exceptionnellement heureuse qui lui permet de mener à la fois une

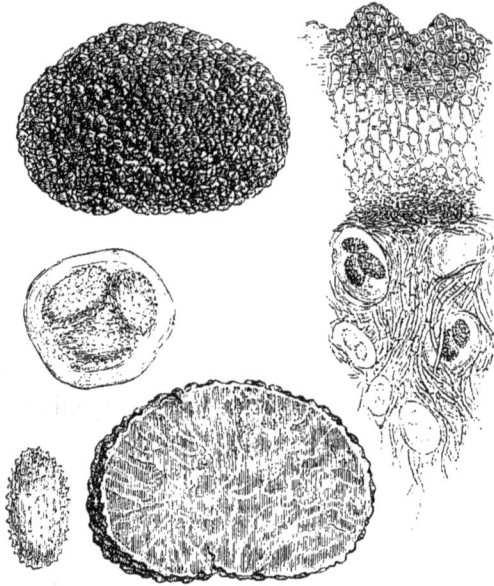

Fig. 5. — Truffe commune (*Tuber cibarium* Bulliard) ; sa coupe; préparations grossies : 1° du parenchyme
où naissent les spores ou corps reproducteurs ; 2° d'une cellule contenant des spores; 3° d'une spore
isolée.

double existence : souterraine par sa racine, aérienne par sa tige.
Grâce à la merveilleuse puissance de l'atmosphère, de ce milieu si
mobile et si fécond où s'épanchent largement toutes les sources de la
vie, la tige aérienne pétrit, façonne, sculpte la matière animée, et lui
donne ces formes, exquises d'élégance, surprenantes d'originalité et
d'imprévu, qu'on admire dans la feuille et dans la fleur, sans en comprendre le plus ordinairement le sens. Citons au hasard un exemple
entre mille de ces constantes et merveilleuses harmonies entre l'être et
le milieu.

Voici deux herbes vivaces, un Cabomba aquatique et un Sarracenia;
leurs affinités naturelles sont assez étroites pour que les botanistes les

réunissent dans une même famille, celle des Nymphæacées ; et pourtant, que de dissemblances entre elles ! L'une, le Cabomba, peuple les eaux douces et stagñantes de la Guyane, habitant simultanément deux milieux, l'eau et l'air ; aussi a-t-elle deux sortes de feuilles, différentes par leur conformation autant que par leur habitat. Les feuilles submergées, profondément découpées en fines lanières, ressemblent aux *branchies* ou organes respiratoires des animaux aquatiques ; les feuilles aériennes sont des disques membraneux que des supports ou *pétioles*, insérés dans leur région moyenne, portent et maintiennent à la surface de l'eau. Notre second type, au contraire, le Sarracenia, recherche, il est vrai, les terrains marécageux des forêts de l'Amérique du Nord ; mais tout son feuillage est aérien, toutes ses feuilles vivent dans un même milieu, l'air étouffé et saturé d'humidité des bois inondés :

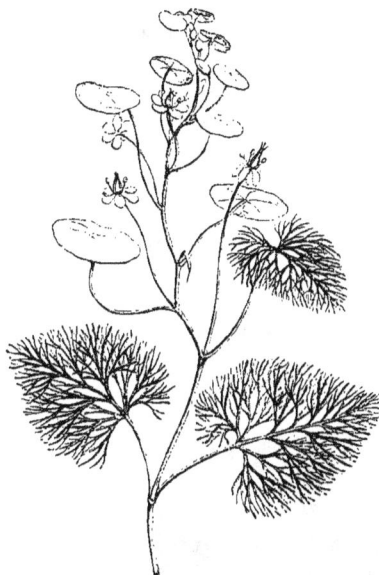

Fig. 6. — Cabomba aquatique (*Cabomba aquatica* Aubl.)

voilà pourquoi toutes sont semblables. Toutefois la particularité de leur station impose à celle-ci une forme insolite, celle d'un véritable cornet ou *ascidie* qu'un opercule terminal ouvre ou ferme suivant les circonstances. Jusqu'ici l'imagination des observateurs s'est donné carrière sans succès pour découvrir la raison d'une si bizarre conformation. Pour le moment, les plantes pourvues d'ascidies, — car les Sarracenia ne sont pas les seules de ce type, — jouissent, dans la science, d'un regain de popularité. Voyant ces sortes de cornets devenir journellement le tombeau de milliers d'insectes, attirés au fond des urnes par une matière sucrée, retenus là par des poils, et tués par des liquides exsudés de leur surface, quelques botanistes de notre temps ont voulu faire de ces humbles végétaux, — des Sarracenia entre autres, — ce qu'on appelle aujourd'hui des *plantes carnivores*, natures hybrides, à la fois végétale et animale, sachant prendre leur proie au traquenard de leurs décevantes ascidies, et la digérer de par la puissance d'un suc gastrique analogue à celui des animaux. L'idée est certainement séduisante ; nous verrons plus tard si elle est vraie.

En résumé, l'être vivant doit, sous peine de mort, se plier aux circonstances extérieures. Telle est l'origine de la multiplicité des formes organiques en corrélation parfaite avec la multiplicité des milieux.

Fig. 7. — Sarracenia.

Si la vie est un sculpteur puissant qui sait modeler la matière organisable au gré de la nature physique, ajoutons qu'elle est encore un artiste d'un suprème génie qui, tout en se conformant à des exigences étrangères, parvient néanmoins à varier ses créations, évite la monotonie et ne souffre pas que toutes les herbes d'une même prairie, que tous les arbres d'une même futaie soient semblables.

En face de cette richesse inouïe de l'organisation végétale, une première étude s'impose à nous : apprendre à reconnaître les organes à travers leurs innombrables transformations ; rien n'est plus facile.

I. — CLASSIFICATION DES ORGANES

La vie végétale, — avons-nous dit, — comprend deux grandes fonctions : la nutrition et la reproduction ; par conséquent, la plante adulte a des organes de nutrition et des organes de reproduction. A quels signes les distinguer ? Tout le monde reconnaît la fleur à première vue, malgré ses aspects si divers, comme le montrent les dessins ci-contre; et, en outre, personne n'ignore qu'elle constitue l'appareil reproducteur des végétaux supérieurs. Dès lors, la classification des organes est facile à faire pour la plante supérieure ; et, chez elle, nous nommerons organes de nutrition tout ce qui n'appartiendra pas à la fleur, c'est-à-dire la racine, la tige et ses ramifications, les feuilles. On a cru longtemps que les espèces privées de fleurs, comme les Algues, les Champignons, les Fougères, les Mousses, etc., n'avaient point d'organes reproducteurs. Partant de cette idée erronée, on divisait alors le monde végétal en plantes florifères ou *Phanérogames* et plantes non florifères ou *Agames*. Le terme de Phanérogame a été conservé ; celui d'Agame a été remplacé par le mot de *Cryptogame*, qui signifie un végétal dont la reproduction est mystérieuse, lorsqu'on sut que toutes les espèces sont sexuées. Du reste, l'expression de Cryptogame n'est guère plus heureuse que la précédente, car la reproduction des Cryptogames n'est point plus mystérieuse que celle des Phanérogames; seulement, elle s'effectue par un appareil autre que la fleur, dont le mode d'activité

Fig. 8. — Fleur d'une Cæsalpiniée arborescente, l'Amherstia magnifique (*Amherstia nobilis* Wallich).

et la conformation varient extrêmement d'un groupe à l'autre. Au contraire, la fleur et sa fonction sont remarquables par la constance et

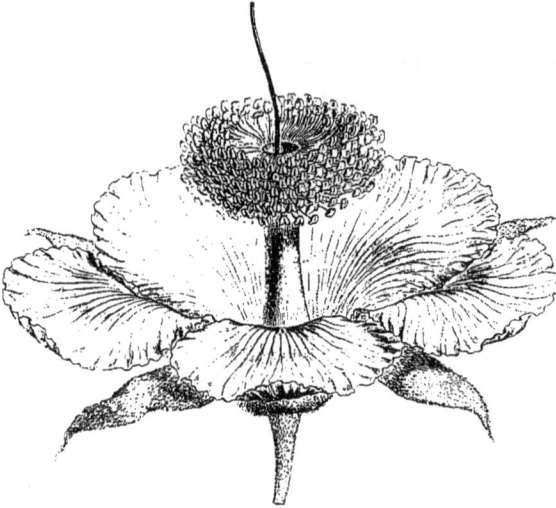

Fig. 9. — Fleur d'un Baobab, l'*Adansonia digitata* Lin.

l'uniformité de leurs traits essentiels. Dès lors, pour distinguer, dans chaque type Cryptogame, ce qui appartient à la reproduction de ce qui appartient à la nutrition, il ne faut plus, comme dans le cas précédent,

Fig. 10. — Fleur d'une plante aquatique, le Nénuphar blanc (*Nymphæa alba* Lin.).

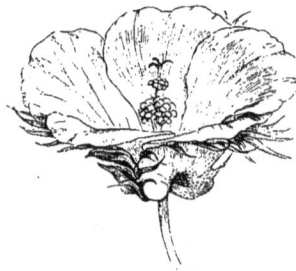

Fig. 11. — Fleur du Cotonnier herbacé (*Gossypium herbaceum* Cav.).

s'adresser d'abord à l'appareil reproducteur, que ses nombreuses et profondes métamorphoses rendent souvent difficile à discerner, mais bien à l'appareil nutritif, dont on connaît déjà les principaux membres pour les avoir étudiés chez les Phanérogames. Chez les Cryptogames, on regardera donc comme organes reproducteurs tous ceux qui ne seront pas affectés à la nutrition.

Les organes de nutrition sont de deux sortes, selon qu'ils appar-

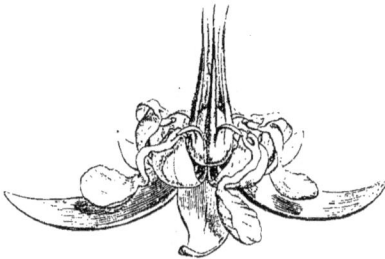

Fig. 12. — Fleur du Cacaoyer (*Theobroma cacao* Lin.).

Fig. 13. — Fleur du Cannellier de Ceylan (*Cinnamomum Zeylanicum* Nees).

tiennent à la racine ou à la tige; il est aisé de comprendre la nécessité de cette complication.

Les aliments destinés aux végétaux supérieurs étant localisés dans deux milieux contigus, le sol et l'atmosphère, il en résulte pour eux l'obligation impérieuse de se fixer fortement à la surface du premier. Ainsi

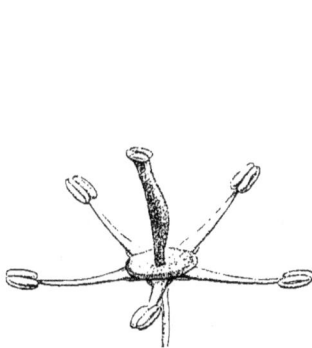

Fig. 14. — Fleur hermaphrodite du Caroubier (*Ceratonia siliqua* Lin.)

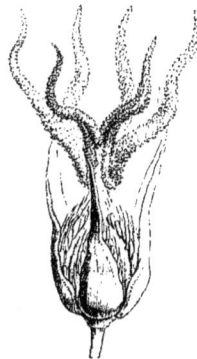

Fig. 15. — Fleur femelle du Ricin commun (*Ricinus communis* Lin.).

Fig. 16. — Fleur mâle de la même plante.

asservie, dominée par les exigences premières de son existence, la Plante devient une véritable dualité, l'assemblage indissoluble et nécessaire de deux organismes se prêtant un mutuel et indispensable appui, chacun d'eux se nourrissant des aliments empruntés, pour une part à son milieu, et pour l'autre à son associé. Ces deux organismes plus que jumeaux, véritables frères siamois, sont : l'un, la racine ou *appareil radical*, destiné à la vie souterraine ; l'autre, l'*appareil caulinaire*, organisé pour la vie aérienne et formé de la tige, de ses ramifications et des feuilles. Le végétal supérieur comprend, dans son ensemble, un axe toujours vertical quelle que soit l'inclinaison du sol, divisé inégalement en deux régions : l'une supérieure, formée de la tige et de ses ramifications portant les feuilles et les organes reproducteurs ; l'autre inférieure, composée du *pivot*, axe principal de la racine, et de ses annexes. Le plan horizontal de séparation de ces deux régions, dont on conçoit théoriquement l'existence bien qu'il soit pratiquement très-difficile à déterminer avec précision, se nomme le *collet* de la plante. En outre, autre trait distinctif entre elles,

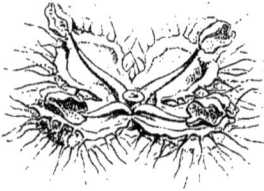

Fig. 17. — Fleur mâle de l'Ortie pilulifère (*Urtica pilulifera* Lin.).

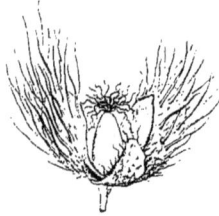

Fig. 18. — Fleur femelle de la même plante.

Fig. 19.—Fleur femelle du Noisetier (*Corylus avellana* Lin.)

ces deux portions de l'axe central du végétal ont des tendances opposées, antagonistes. La première, par l'effet de l'accroissement général, pénètre peu à peu dans des couches atmosphériques de plus en plus élevées, recherche l'air et la lumière ; la seconde, au contraire, s'enfonce progressivement dans le sol, semblant ainsi se complaire à l'obscurité.

Les deux grands appareils de nutrition ou conservateurs de la vie se compliquent diversement selon l'espèce et l'âge du sujet ; pour en comprendre, dans tous les cas, la composition et l'agencement réciproque, il faut d'abord les étudier à leur plus grand état de simplicité. Or, dans les Phanérogames, le germe de la plante future, non plus à l'état naissant, mais déjà parvenu à ce degré d'organisation où se montrent bien distinctement les premiers rudiments des parties fondamentales de l'appareil nutritif, est la plantule ou *embryon*, contenue dans la graine mûre et régulièrement conformée. C'est donc sur l'embryon, sur ce jeune être qui n'attend plus que des circonstances favorables pour croître et vivre d'une existence propre et indépendante, que l'on peut étudier les organes de nutrition réduits à leur plus grand état de simplicité. Puis, en les suivant graduellement dans leurs développements ultérieurs, on s'explique le mécanisme et la raison d'être de leurs complications croissantes.

II. — ORGANISATION DE L'EMBRYON

Prenez une Fève, par exemple, plongez-la quelque temps dans l'eau pour ramollir et gonfler ses tissus, puis enlevez ses téguments ou la peau : il restera un corps blanchâtre, réniforme, féculent, qui remplissait à lui seul toute la cavité : c'est l'embryon. Sa conformation générale révèle déjà ce que sera un jour celle de la plante adulte. Elle

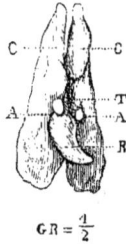

Fig. 20. — Embryon de la Fève (*Faba vulgaris* Mœnch) isolé des enveloppes de la graine. C, C, cotylédons; A, A, leurs points d'attache sur la tigelle; T, tigelle cachée par les cotylédons; R, radicule.

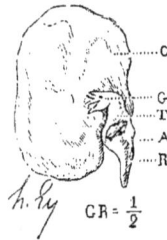

Fig. 21. — Le même embryon dont on a détaché un cotylédon. C, cotylédon; A, plaie produite par l'ablation du second cotylédon; T, tigelle; G, gemmule; R, radicule.

comprend un petit axe ou *tigelle* T, rudiment de la tige future, portant à l'une de ses extrémités un bourgeon à feuilles ou *bourgeon phyllogène* nommé la *plumule* ou *gemmule* G, et à l'autre bout un bourgeon de racine ou *bourgeon rhizogène*, la radicule R. Sur la tigelle est insérée en A, à une hauteur variable selon l'espèce, ce que l'on appelle le *corps cotylédonaire*, masse principale de l'embryon, formée ici de deux organes distincts, C, C, symétriques, épais et charnus, convexes sur leur face externe, plans et diversement sillonnés sur leur face interne C par laquelle ils s'appliquent exactement l'un contre l'autre, constituant ainsi un ensemble réniforme, simple en apparence, double en réalité, dont la tigelle et ses annexes, la radicule et la gemmule, ne semblent alors qu'une dépendance. Ces corps charnus, tous les deux en connexion avec la tigelle et entre lesquels se cache la gemmule, s'appellent des *cotylédons*. Ce sont en réalité, et malgré leur apparence, des feuilles destinées à exécuter d'importants travaux d'élaboration pendant la durée de la germination. Aussi les botanistes du dernier siècle les désignaient-ils indifféremment par les noms de *feuilles séminales*, pour rappeler leur nature et leur situation, ou de

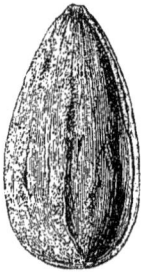

Fig. 22. — Graine ou amande de l'Amandier (*Amygdalus communis* Lin.).

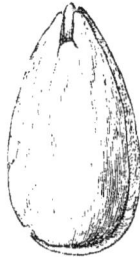

Fig. 23. — La même, débarrassée de ses enveloppes pour montrer l'embryon, aux cotylédons volumineux, à la radicule grêle, qui occupe toute sa capacité.

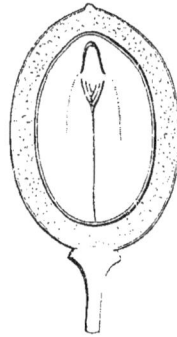

Fig. 24. — Coupe longitudinale du fruit du Laurier d'Apollon (*Laurus nobilis* Lin.) montrant un embryon, à cotylédons charnus et huileux, remplissant la cavité de la graine.

mamelles végétales, pour indiquer leur rôle dans la vie de la jeune plante. La ligne d'insertion des cotylédons partage la tigelle en deux parties inégales, l'une supérieure aux cotylédons ou *épicotylédonée*, l'autre inférieure ou *hypocotylédonée*.

Toutes les plantules, d'ailleurs fort nombreuses, pourvues de deux cotylédons, prennent le nom d'*embryons dicotylédonés*, et les plantes qui les produisent celui de *plantes dicotylédonées* ou encore de *plantes dicotylédones*.

Beaucoup de ces embryons remplissent toute la cavité de la graine, les uns restant droits, comme ceux de la Fève, de l'Amandier, du Laurier d'Apollon, etc. ; les autres se courbant diversement pour se loger dans le sac séminal : tel est le cas de l'embryon du Violier et de beaucoup d'autres. Enfin il est des graines de Dicotylédonées plus complexes encore, car elles contiennent sous leurs téguments, outre l'embryon, un tissu parenchymateux spécial, l'*albumen*, dont le contenu sert à la nourriture de ce dernier, lors de la germination.

Tous les embryons sont loin d'être dicotylédonés; beaucoup d'entre eux, comme ceux du Blé, des Lis, des Palmiers, etc., n'en ont qu'un seul, sont *monocotylédonés* par conséquent. Fait remarquable, cette inégalité de nombre coïncide avec des différences multiples et importantes dans l'ensemble de l'organisation, en sorte que l'on peut avec raison considérer le nombre des cotylédons comme une espèce de formule résumant, en général avec fidélité, les affinités primordiales des espèces. Par conséquent, la division, généralement adoptée, des Phanérogames en deux groupes primaires ou *embranchements,* celui des *Dicotylédones* ou plantes à deux cotylédons et celui des *Monocotylédones* ou plantes à cotylédon unique, est des plus heureuses

Fig. 25. — Coupe transversale de la graine du Violier ou Giroflée jaune (*Cheiranthus Cheiri* Lin.)

Fig. 26. — Embryon arqué extrait de la même graine dont il occupait toute la cavité.

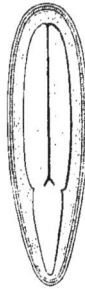

Fig. 27. — Coupe longitudinale de la graine du Lin commun (*Linum usitatissimum* Lin.). Gros embryon droit entouré d'un pointillé représentant l'albumen, le tout revêtu d'une triple enveloppe.

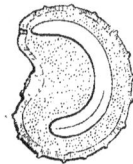

Fig. 28. — Coupe longitudinale de la graine albuminée du Pavot somnifère (*Papaver somniferum* Lin.). Embryon arqué.

et mérite d'être conservée. Malheureusement cette classification, comme toutes celles que nous imaginons pour nous venir en aide, n'est pas l'expression complétement fidèle des faits et certains types exceptionnels refusent d'entrer dans ses cadres. Ainsi les cotylédons manquent dans les Cuscutes, les Monotropa, les Orchidées, les Orobanches, les Echinocactus, les Mamillaria, etc.; ces espèces sont donc en réalité des Acotylédones. Heureusement cette particularité, due à un arrêt de développement, est sans influence sur les autres caractères, ce qui permet de n'en point tenir compte et de classer ces plantes sans cotylédons dans l'un ou l'autre embranchement, d'après l'ensemble de leur conformation : les Cuscutes, les Monotropa, les Orobanches, etc., dans les Dicotylédones; les Orchidées, etc., dans les Monocotylédones.

S'il est des Phanérogames que l'absence de cotylédons semble exclure de la classification, il en est d'autres chez lesquelles le nombre de ces organes n'indique point leurs affinités réelles, étant supérieur ou inférieur à celui que comporte leur embranchement. Ainsi, plusieurs Conifères et Cycadées ont plus de deux cotylédons, ce qui les fait parfois appeler *plantes polycotylédones;* néanmoins on les laisse parmi les dicotylédones, pour le motif indiqué plus haut. Par contre, d'autres espèces, que leur organisation rattache manifestement à ce dernier embranchement, n'ont, en réalité ou en apparence, qu'un seul cotylédon, comme les Cyclamen. Enfin, pendant l'évolution embryonnaire, il y a parfois soudure plus ou moins tardive, puis fusion plus ou

Fig. 20. — Type de Dicotylédone herbacée : le Fraisier (*Fragaria vesca* Lin.).

moins complète, des deux cotylédons en un seul, entre autres dans les Capucines.

Dans un but de généralisation, on a fait entrer les Cryptogames dans cette classification en créant pour eux un troisième embranchement celui des *Acotylédones* : mot fort mal appliqué ici, car les espèces en question sont plus qu'acotylédones, puisqu'elles n'ont ni graines, ni embryons proprement dits.

En résumé, pour tenir compte des différences fondamentales qui séparent les divers types végétaux, on répartit ces derniers en trois embranchements : Dicotylédones, Monocotylédones et Acotylédones ou Cryptogames. Cette conception, véritable trait de génie et de merveilleuse intuition, appartient au botaniste français Antoine-Laurent de Jussieu, né en avril 1748, mort en 1836.

L'œuvre d'Antoine-Laurent de Jussieu, fondée sur une base en apparence aussi fragile que le nombre des cotylédons, semblait devoir être de courte durée. Le temps, au contraire, en a confirmé la valeur, en

montrant qu'elle sépare, avec raison d'ordinaire, des types foncière-
ment distincts par l'ensemble de leur organisation. Nous ne saurions,
pour le moment, juger cette question en complète connaissance de
cause, reconnaître la justesse et la profondeur de la conception du

Fig. 50. — Type de Dicotylédone herbacée : tige fleurie de la Fève (*Vicia vulgaris* Mœnch).

grand botaniste français, dénués que nous sommes encore des connaissances indispensables en Organographie végétale. Mais, sans être naturaliste, chacun de nous saisit néanmoins très-bien les différences essentielles qui séparent ces trois types : Dicotylédone, Monocotylédone
et Acotylédone.

Nous avons rapproché ici quelques plantes herbacées prises au hasard dans les trois embranchements. Il est impossible, en les regardant et en les comparant, de confondre leurs physionomies si différentes.

Les espèces arborescentes ne sont pas moins dissemblables. Prenez l'arbre de nos forêts, le Chêne, le Châtaignier, etc., au tronc conique, épais et court, à la ramure puissante et si diversifiée selon les espèces et les circonstances : qui donc leur reconnaîtrait une proche parenté avec les Palmiers, avec ces nobles Aréquiers et Cocotiers par exemple, à la tige élancée et cylindrique, droite et nue, élevant dans les airs le gracieux panache de leurs grandes feuilles? Les Fougères arborescentes em-

Fig. 51. — Type de Monocotylédone herbacée : l'Avoine cultivée (*Avena sativa* Lin.).

Fig. 52. — Type d'Acotylédone herbacée : Mousse du genre Anœctangium.

pruntent, il est vrai, quelques traits à cette physionomie essentiellement tropicale : même forme de tige, même bouquet terminal d'énormes feuilles ; mais là s'arrêtent les ressemblances, bien faibles comme on le voit. Sans doute, l'un et l'autre type ont des feuilles découpées ; toutefois, chez le Palmier, ces découpures produisent des lanières simples et grossières, suffisantes néanmoins pour ne point

Fig. 55. — Type de Monocotylédone arborescente : Cocotiers.

faire obstacle au vent et adoucir, en la tamisant, la lumière qui va chercher les fleurs et les fruits sous l'abri du feuillage. Bien différentes sont les fines et capricieuses arabesques du bord des feuilles ou *frondes* de Fougère ! La richesse et l'élégance de leurs dessins défient toute comparaison avec les broderies les plus justement vantées ; comme toujours, la Nature surpasse l'art le plus raffiné.

Entre le Palmier et la Fougère, il est encore bien d'autres différences ; celle-ci, par exemple, trop visible pour échapper. La feuille

Fig. 54. — Type d'Acotylédones arborescentes : groupe de Fougères.

du Palmier reste exposée tout le jour aux feux dévorants du soleil de l'équateur : aussi ses tissus sont-ils durs et coriaces, afin de mieux résister à la dessiccation qui sans cesse la menace. La Fougère, au contraire, est délicate et frileuse, craignant au même degré la vive lumière et le grand air. Dans nos serres, laisse-t-on par mégarde les rayons du soleil de juillet tomber librement sur elle, la trame de ses feuilles est si impressionnable, qu'une heure suffit pour griller, tuer son feuillage! Voilà pourquoi la plupart d'entre elles recherchent le demi-jour, l'air étouffé et humide des clairières situées dans le voisinage des cascades, où l'eau, pulvérisée par sa chute, imprègne l'atmosphère de ses imperceptibles gouttelettes.

Nous venons d'assister en quelque sorte à la naissance des deux appareils de nutrition; étudions maintenant l'organisation de chacun d'eux, et nous aborderons ensuite l'examen des appareils reproducteurs.

CHAPITRE III

ORGANISATION DE LA RACINE OU APPAREIL DE LA NUTRITION SOUTERRAINE

L'*arrhizie* ou l'absence de racine est fréquente chez les Cryptogames; ainsi les Champignons n'ont jamais de racines. Elle est exceptionnelle, au contraire, chez les Phanérogames, où elle entraîne une organisation et des mœurs spéciales, comme nous le montrerons dans la seconde partie de ce livre, en racontant l'histoire de quelques types, pris les uns dans les plantes aquatiques, les autres dans les plantes terrestres.

L'organisation de la racine est nécessairement réglée en vue de lui permettre d'utiliser le mieux possible les propriétés physiques et chimiques du milieu. L'extrême variabilité des racines vient de ce que la mystérieuse tendance qu'apporte en naissant tout organisme à se développer selon un plan préétabli, est plus ou moins entravée dans la suite de l'évolution. Cette vérité ne se présente pas tout d'abord à l'esprit, et au premier coup d'œil jeté sur des racines quelconques, il semble que nulle direction n'a présidé à leur organisation et qu'elles sont devenues ce que les hasards de la vie les ont faites, obéissant passivement aux influences favorables ou défavorables, acceptant indifféremment ce qui leur est nuisible comme ce qui leur est utile. Mais on change d'opinion en les suivant pas à pas depuis leur naissance; on parvient alors sans difficulté à dégager la forme préétablie, la forme normale, des complications accessoires et accidentelles, œuvre du temps et des milieux; et l'on discerne dans ces appa-

reils, de fait si dissemblables, des caractères communs qui les rattachent en dernière analyse à deux types distincts, la *racine pivotante*
et la *racine fasciculée*, d'où dérivent toutes les formes que nous obser-
vons.

I. — RACINE PIVOTANTE

Mettons une Fève sur une soucoupe avec un peu d'eau, de manière
à la mouiller sans la submerger. Peu de jours après la germination
commence, et bientôt l'embryon se trouve à l'étroit sous les enveloppes
de la graine. Pendant ce temps, les
téguments de la Fève se soulèvent
dans la région immédiatement superposée à la radicule, une déchi-
rure triangulaire, à bords très-nets,
se produit, et la languette L ainsi

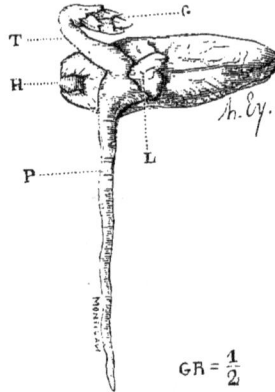

Fig. 55. — Début de la germination de la Fève.   Fig. 56. — Germination plus avancée de la même graine.
L, languette ; R, radicule.   L, languette ; T, tigelle ; G, gemmule ; P, pivot.

formée se redresse. Par l'ouverture béante sort la radicule R, qui
s'allonge en dirigeant sa pointe vers le centre de la Terre. Si rien désormais n'entrave son essor, comme il arrive dans les conditions normales, quand la graine est enterrée à une profondeur convenable, dans
un sol humide, la radicule grandit et grossit en restant verticale. Un
peu plus tard, la tigelle T se dégage à son tour des enveloppes séminales et se dresse verticalement, la gemmule tournée vers le ciel.
Quant aux cotylédons, ils restent dans la graine, dépérissent peu à peu
au lieu de croître comme les autres organes de la plantule, et meurent
enfin après avoir nourri l'embryon pendant cette phase de son existence. Par une série d'accroissements et de complications, la radicule
devient la racine, et la tigelle une tige plus ou moins ramifiée et
feuillée. Ainsi se constituent les deux grands appareils de nutrition.

3

Ce mode de développement n'est point particulier à la Fève, mais
caractérise dans une certaine mesure les embryons dicotylédonés,

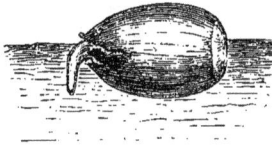

Fig. 57. — Première phase de la germination
du Chêne (*Quercus robur* Lin.) : apparition
de la radicule.

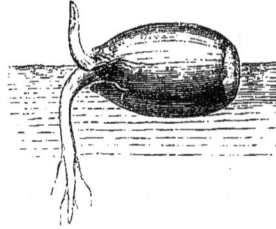

Fig. 58. — Seconde phase : sortie de la tigelle.

tout en éprouvant des variations qui tiennent à l'espèce. Ainsi,
tantôt les cotylédons restent enfermés dans les téguments de la

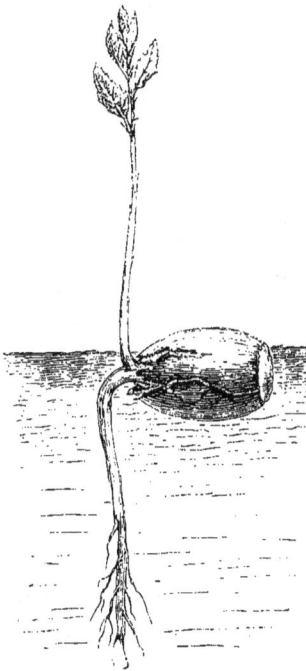

Fig. 59. — Troisième phase : épanouissement
de la gemmule ; ramification du pivot.

graine, comme dans la Fève, le Gland,
etc., tantôt, au contraire, ils s'en dégagent en même temps que la tigelle,
comme dans le Frêne, le Haricot commun, le Radis, le Tilleul, etc. L'évolution de l'embryon offre encore
d'autres variations que nous aurons
occasion de signaler plus tard.

Pendant l'accroissement de la radicule en longueur et en diamètre, il
naît sur la surface de son bois, et
successivement de la base à la pointe,
de petits mamelons qui grossissent
peu à peu. L'écorce, soulevée par eux,
cède enfin dans le sens de sa plus
faible résistance, des fissures longitudinales se produisent, les deux lèvres
de chacune des petites plaies s'écartent et livrent passage aux mamelons,
qui s'allongent en cylindres grêles destinés à grandir avec le temps, souvent
même à changer de forme, et que nous appellerons désormais, quelles
que soient d'ailleurs leurs métamorphoses : des *axes radicaux*. A ce
moment l'appareil se compose donc : 1° d'un axe primaire ou de

première génération, nommé *pivot, souche, corps de la racine* ou
encore *maîtresse-racine*, et qui n'est autre que la radicule grandie;
2° d'axes secondaires ou de seconde
génération, régulièrement distribués à la surface du pivot, et destinés à se ramifier plus ou moins
à leur tour par une semblable évolution.

Dans son extrême jeunesse, —
nous le répétons, — un axe radical
quelconque est un filament grêle,
blanchâtre, s'allongeant seulement
par son extrémité libre; on lui
donne alors le nom de *fibrille*, et
l'ensemble des fibrilles d'une même
racine en est le *chevelu*. A un certain âge, quand la fibrille a grossi
et grandi, elle devient une *radicelle;* plus âgée encore, ses fortes
proportions la font souvent nommer *branche radicale;* mais entre

Fig. 40. — Fin de la germination du Quamoclit
cardinal (*Quamoclit vulgaris* Chois.). A, tige;
G, gemmule; F, feuille; D, D', cotylédons; E, débris
des enveloppes de la graine; B, pivot; C, fibrilles.

la fibrille, la radicelle et la branche radicale, il n'existe aucune
ligne de démarcation réelle, et ces dénominations s'appliquent arbitrairement.

Les ramifications radicales d'un ordre quelconque sont toujours
régulièrement réparties sur leur axe générateur, fait d'une haute importance, comme nous le prouverons plus tard. Leurs points d'insertion sont coordonnés en lignes longitudinales, droites le plus ordinairement, courbes par exception, mais toujours également espacées
et en nombre déterminé et constant, soit dans les plantes d'une même
famille ou d'un même genre, soit tout au moins sur les individus de
même espèce.

Les deux parties de la racine pivotante, pivot et ramification, ont
des directions fort différentes. Toujours le pivot est vertical, tandis
que les ramifications se dirigent plus ou moins obliquement à l'horizon. La première de ces deux tendances s'observe dans tous les végétaux pivotants, les parasites exceptés; quant à la seconde, le degré

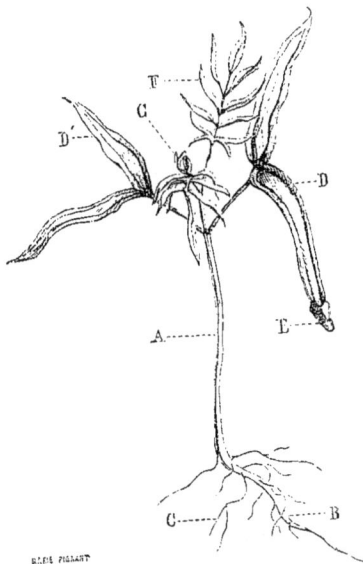

d'obliquité varie non-seulement avec l'espèce, mais encore, dans la
même espèce, selon la nature des conditions extérieures. Sous ce rapport, la ramification radicale offre la plus complète ressemblance avec
la ramification caulinaire et, comme celle-ci, peut présenter toutes les
orientations imaginables. D'ailleurs, l'inégale résistance opposée par
les sols à l'allongement des racines donne lieu à de fréquentes variations. Quand on considère les formes rabougries et tourmentées qu'un
vent dominant impose parfois, dans certaines localités, à la tête d'arbres partout ailleurs droits et élancés, on comprend quelle infinie
variété d'anomalies la nature physique si changeante du terrain doit
apporter dans le nombre, la forme, les dimensions et la disposition
relative des organes souterrains. Mais nos connaissances sur ce sujet,
essentiel pourtant dans la pratique horticole, se réduisent au fait fondamental, l'obliquité de haut en bas et de dedans en dehors des ramifications, et à savoir, en outre, que cette règle comporte quelques
exceptions. On voit en effet dans certains cas les portions terminales
des racines ou même les organes tout entiers changer brusquement
de direction, remonter au lieu de continuer à descendre et sortir
parfois de terre.

Le petit mamelon, premier rudiment de tout axe radical, est une
agglomération de cellules douées du pouvoir d'organisation, c'est-à-
dire en état de donner naissance à du tissu cellulaire. Ce centre de
création est appelé par les uns *point végétatif*, en raison de ses faibles
dimensions, et par les autres *cône végétatif*, en vertu de sa forme. On
le nomme encore quelquefois *bourgeon rhizogène*, c'est-à-dire générateur de racine, pour exprimer son analogie fonctionnelle avec un autre
cône végétatif, le petit organisme bien connu sous le nom de *bourgeon*,
d'où sortent les rameaux avec leurs feuilles et leurs fleurs.

L'axe radical grandissant par de nouveaux tissus qu'organise exclusivement son bourgeon rhizogène, il importait de protéger cet unique
foyer d'organisation; aussi est-il recouvert par une sorte de petite
coiffe cellulaire nommée *pilorhize*. Au-dessus de celle-ci, et sur une
longueur qui peut souvent atteindre un, deux centimètres et même
davantage dans des cas exceptionnels, s'étend une région revêtue
d'un duvet formé de poils généralement incolores, très-fins et
partant très-soyeux, plus ou moins longs et serrés, le plus ordinairement simples, parfois rameux, dont la destination est, selon toute

probabilité, d'accroître l'étendue de la surface absorbante. Aussi les considère-t-on comme des suçoirs; néanmoins ils n'existent pas sur toutes les racines. Les poils radicaux sont des productions cellulaires de l'épiderme, membrane qui recouvre tous les organes dans leur jeunesse, mais souvent se désorganise et meurt avant ces derniers. Les poils vivent quelques jours, quelques semaines au plus; en sorte

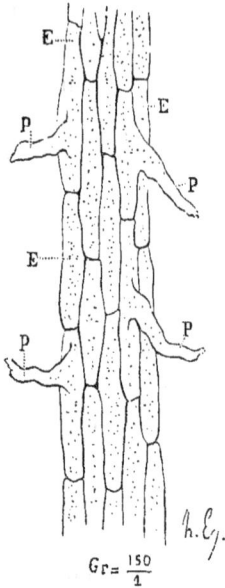

Fig. 41. — Face externe d'un lambeau d'épiderme d'une racine adventive d'*Iris squalens* Lin. P, P, P, P, poils radicaux brisés ou partiellement desséchés; E, E, E, cellules épidermiques.

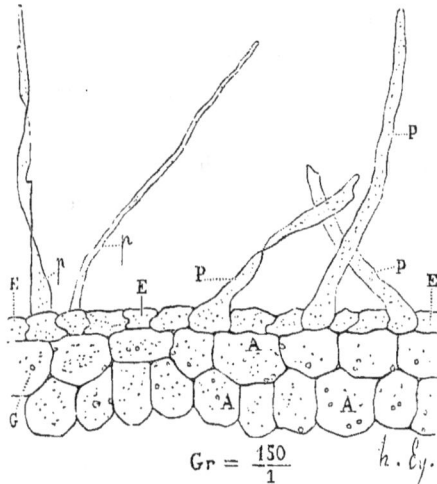

Fig. 42. — Coupe transversale de la même région. E, épiderme; P, P, P, poils radicaux de l'assise épidermique représentée; *p, p*, poils radicaux de cellules placées derrière; A, parenchyme cortical; G, gouttelettes huileuses.

que les parties âgées des racines sont toujours *glabres*, c'est-à-dire dépourvues de poils. Mais de nouveaux poils se formant successivement dans le voisinage de la pilorhize, pendant que les poils anciens ou plus éloignés s'atrophient et disparaissent progressivement, l'activité physiologique du système pileux ne se ralentit jamais, puisqu'il est toujours jeune, se régénérant sans cesse.

Dans les racines souterraines, quand l'organe en voie d'allongement rencontre un obstacle, ou il s'efforce de l'écarter, ou il cherche à le contourner pour reprendre au delà sa direction première. Échoue-t-il dans ces deux tentatives, il cesse de croître, la pointe appuyée contre l'obstacle qu'il n'a pu franchir, et son activité se borne désormais à grossir

et à se ramifier. Cet arrêt de développement est dû à ce que l'obstacle
ralentit d'abord, puis suspend la végétation du cône végétatif, qui finit
par mourir ; dès lors toute élongation nouvelle devient impossible.

En résumé, un pivot persistant ou *vivace*, continuant à croître en
longueur et en diamètre pendant toute la vie de l'appareil ; des axes
secondaires aptes à se ramifier, naissant successivement du pivot,
toujours plus jeunes par conséquent et moins forts que lui, d'où la
prééminence de ce dernier sur ses descendants : tel est le double caractère extérieur de ce mode d'organisation, habituel aux Dicotylédonées,
et dont on exprime d'un mot le trait dominant en disant que la racine
est *pivotante*.

Lorsque toutes les parties croissent proportionnellement et dans cet
ordre, l'appareil, dans son ensemble, prend la forme d'un cône droit à
base circulaire reposant sur le sol. Le pivot, axe du cône, est toujours
vertical et a son sommet plus ou moins profondément enterré selon l'âge
de la racine, son tempérament et la nature du terrain ; quant à la
surface latérale du cône, elle est délimitée par les extrémités libres
des plus jeunes ramifications. Cette conformation type est d'ailleurs
sujette à d'innombrables variations, dues à ce que dans certaines
racines il y a simultanément *atrophie* ou insuffisance de développement du pivot, *hypertrophie* ou excès de développement des ramifications ; dans d'autres, hypertrophie du pivot et atrophie des ramifications. En vertu de la solidarité qui unit le pivot à ses ramifications,
il est clair, en effet, qu'un excès d'accroissement d'un côté doit
entraîner un défaut d'accroissement de l'autre. Ces déplacements du
travail organique sous des influences variables, les unes internes et
les autres externes, sont fréquents dans l'économie vivante ; on les
nomme des phénomènes de *balancement organique*.

II. — RACINE FASCICULÉE

Cette forme caractérise les Monocotylédones et les Acotylédones rhizogènes. Chez elle, il n'y a plus, comme dans la précédente, prééminence d'un membre sur tous les autres ; l'appareil est constitué par un
nombre variable d'axes plus ou moins ramifiés, tous sensiblement de
même âge et de mêmes dimensions, nés les uns près des autres, for-

mant par conséquent une sorte de faisceau, d'où le nom de *fasciculée*
donné à cette forme, dont nous allons suivre pas à pas l'évolution
pour la mieux comprendre.

Qu'on mette en germination un grain de Maïs, par exemple, en
suivant les prescriptions indiquées plus haut pour la Fève. Au bout
de quelques jours l'embryon, petit corps cylindrique, collé pour ainsi
dire sur l'une des deux faces planes du
grain, dans le voisinage de sa pointe
G, se gonfle, soulève, puis déchire les
enveloppes du fruit et de la graine, et
s'allonge librement par ses deux extrémités. Bientôt la membrane qui
l'enfermait hermétiquement comme
dans un sac, et sur la nature de laquelle on n'est point d'accord, s'étend
un peu, puis se rompt à son extrémité
radiculaire A. Par l'ouverture, sort une

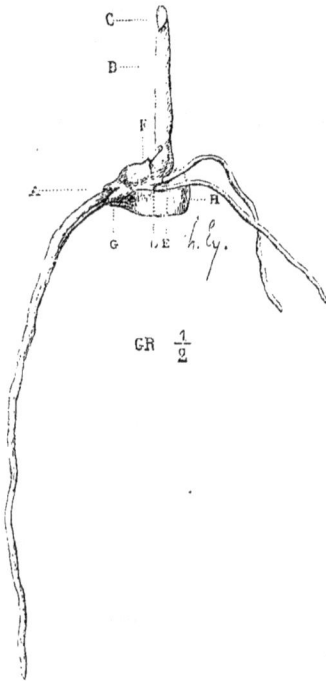

Fig. 43. — Germination du Maïs caragua
(*Zea mays* Lin.).

Fig. 44. — Graine
ou fruit du Blé.

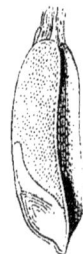

Fig. 45. — Coupe longitudinale du
grain montrant l'embryon situé
au-dessous d'un volumineux albumen farineux.

première fibrille A, que l'ensemble de ses caractères conduit à regarder
comme le pivot, malgré son évolution insolite. Le nouvel organe se
ramifiera plus ou moins par la suite selon l'espèce considérée ; mais
l'embryon du Maïs, celui du Blé et beaucoup d'autres encore, présentent l'aptitude caractéristique, cause essentielle de la disposition fasciculée, d'émettre de très-bonne heure, au début de la germination, des
racines qui naissent de divers organes autres que la radicule, et principalement de la région inférieure de la plantule. En effet, peu après
l'apparition du pivot, la peau du sac enveloppant l'embryon se soulève

de nouveau une première fois, puis une seconde, une troisième, etc.,
et s'allonge en petits étuis, lesquels se déchirent successivement à leur
extrémité libre, donnant passage à de nouvelles fibrilles A, E, F, etc.
(fig. 43). Ainsi se constitue progressivement un faisceau de fibrilles
toutes sensiblement de même âge, ayant même situation, grossissant,
grandissant et se ramifiant ensemble, conservant par conséquent les

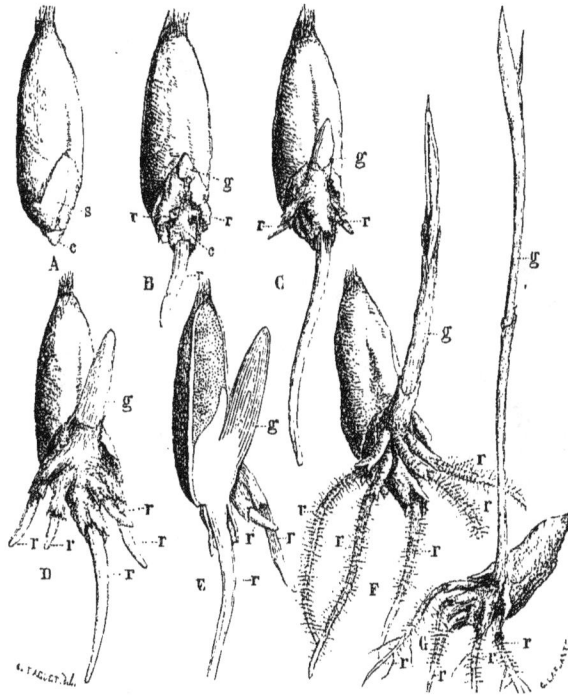

Fig. 46. — Principales phases de la germination du grain de Blé. *c, c, c,* petits étuis ou *coléorhizes* des racines ; *r, r, r, g, g, g,* etc., etc., gemmules à divers degrés de développement

mêmes proportions et les mêmes caractères, en un mot, offrant entre
elles la plus grande ressemblance.

Dans d'autres cas, les choses se passent différemment au début ;
néanmoins le résultat est le même : la formation d'une racine fasciculée. Si l'on suit la germination d'une graine de Melon ou d'un Palmier quelconque, du Dattier par exemple, on voit d'abord un pivot
naître et grandir comme dans les racines pivotantes ; mais, un peu
plus tôt ou un peu plus tard selon les espèces, sa pointe s'atrophie et
meurt spontanément, de sorte que l'allongement s'arrête. De la base,

en forme de moignon, restée vivante, sortent des racines secondaires qui, réunies aux racines nées plus haut et plus tard, produisent un ensemble fasciculé.

Ainsi, la mort prématurée de la partie terminale du pivot entraîne la forme fasciculée; et journellement, en Arboriculture, on obtient artificiellement cette forme, quand on la juge utile, en tronquant le

Fig. 47. — Racine fasciculée
du Blé.

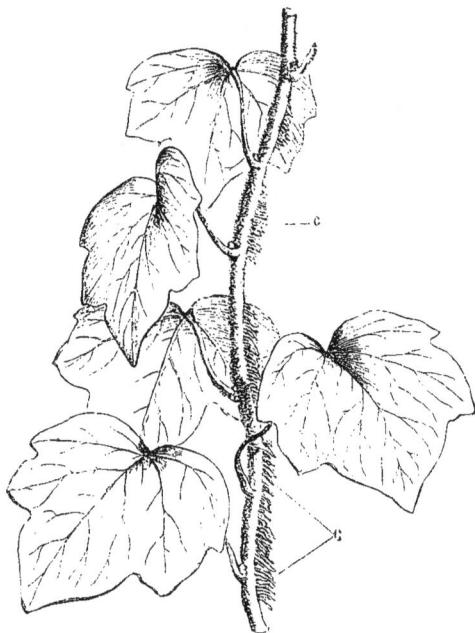

Fig. 48. — c, c, racines adventives aériennes du Lierre
(Hedera Helix Lin.).

pivot à une certaine distance de sa base ou en arrêtant son allongement à l'aide d'une pierre placée sous lui, à une profondeur convenable. Un moignon trop court amènerait la mort ou tout au moins la langueur de la plante; un moignon trop long ferait perdre les avantages que l'on se propose d'obtenir par cette opération. Remarquons, en terminant, que la mort ou la suppression de la pointe du pivot ne rend pas nécessairement et toujours l'appareil fasciculé; parfois, après la destruction ou la mutilation de celui-ci, une ou plusieurs branches radicales s'allongent tout à coup dans une direction verticale, et se constituent en pivots accidentels, anormaux ou *adventifs*.

III. — RACINES ADVENTIVES

Tout parenchyme suffisamment jeune, et contenant des faisceaux

Fig. 49. — Racines aériennes adventives d'une Aroïdée : le Tornélia odorant (*Tornelia fragrans*).

vasculaires, est apte à donner des bourgeons rhizogènes, qui naissent

invariablement dans le voisinage immédiat des vaisseaux; au contraire,
les tissus exclusivement cellulaires sont incapables de s'enraciner.
Tous les organes des Phanérogames, racines, tiges, branches, rameaux,
feuilles et fruits, satisfaisant toujours, à partir d'un certain âge, à la

Fig. 50. — Racines adventives d'une tige souterraine d'Iris de Florence (*Iris florentina* Lin.)

double condition de posséder à la fois des tissus cellulaires et vasculaires, il en résulte que, si les circonstances extérieures le permettent,
tous ces organes peuvent émettre des racines, que l'on appelle *adventives*, pour les 'distinguer des racines normales, toujours issues de la
radicule.

La racine pivotante se caractérisant par la présence d'un pivot de

proportions supérieures à celles des autres axes, et le pivot étant la
radicule accrue, il n'y a de formes réellement pivotantes que dans les
racines normales. Accidentellement néanmoins, un système radical
adventif prend un faux air de racine pivotante si l'un de ses axes
s'oriente verticalement et s'accroît plus que ses congénères.

L'art de faire naître des racines adventives est d'une haute importance en Arboriculture, comme nous le montrerons en traitant plus
loin de la multiplication des végétaux. Il est non moins utile dans une
foule d'autres cas. Ainsi l'*habillage* ou la taille des racines, pratique
particulièrement employée dans les pépinières, lors de la transplantation des arbres, produit, entre autres bons effets, celui de provoquer
la sortie de racines adventives du pourtour des plaies faites aux branches radicales mutilées par la serpe.

IV. — TUBÉRISATION DES RACINES

La *tubérisation*, entendue dans son sens le plus large, peut atteindre
tous les organes indistinctement. Elle consiste en une hypertrophie du
tissu cellulaire, accompagnée d'une atrophie du tissu fibro-vasculaire.
Les cellules de la région hypertrophiée gardent la minceur première
de leurs parois et se remplissent de substances variées, surtout amy-
lacées et sucrées, qui sont pour l'homme et les animaux des aliments
de premier ordre. D'où l'extrême importance économique des plantes
tubérifères, susceptibles d'être toutes alimentaires, bien qu'à des
degrés différents.

La tubérisation se reconnaît, extérieurement, à la déformation de
l'organe qui s'épaissit si c'est une feuille, devient ovoïde ou sphéroïdal
si c'est un axe; intérieurement, à une consistance plus molle qui fait
dire, dans les cas les plus caractérisés, que les tissus sont devenus suc-
culents ou charnus.

La tubérisation se produit dans trois circonstances différentes :

1° Dans certains fruits et graines auxquels elle donne la consistance
charnue qui les fait rechercher dans l'alimentation ;

2° Dans le parenchyme de beaucoup de feuilles, atteintes partiellement ou en totalité, et dites, pour ce motif, *charnues* ou *grasses;*

5° Sur nombre de portions d'axes, caulinaires ou radicaux, dont les régions ainsi modifiées prennent le nom de *tubercules*.

Le milieu souterrain est tout particulièrement favorable au développement de cette dernière forme de tubérisation ; aussi est-elle fréquente chez les racines et les tiges terricoles ou *rhizomes*. D'ailleurs les tubercules, qu'ils naissent sur un rhizome ou sur une racine, empruntent à ce commun habitat un tel degré de ressemblance, qu'à part, — comme nous l'indiquerons plus loin, — la manière différente dont les bourgeons se répartissent à leur surface, il est impossible de distinguer extérieurement le tubercule-racine du tubercule-rhizome. Et même, malgré ce dernier caractère, la détermination de la véritable nature de l'organe tuberculisé présente parfois de très-gran-

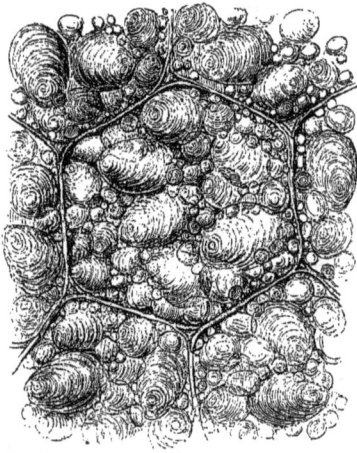

Fig. 51. — Parenchyme fortement grossi d'un tubercule caulinaire, la Pomme de terre, rempli de grains de fécule.

Fig. 52. — Tubérisation du pivot du Navet (*Brassica napus* Lin.).

des difficultés, surtout si la région hypertrophiée est mitoyenne entre la tige et la racine. Le tubercule possède dans ce cas une double origine, emprunte ses tissus aux deux ordres d'organes axiles, et il n'est pas toujours facile de distinguer au premier coup d'œil ce qui est tige de ce qui est racine. L'anatomie permet de lever tous les doutes, lorsque les deux régions diffèrent de structure. Ainsi le tubercule de la Betterave (*Beta vulgaris* Lin.) est double : la plus grande partie appartient au pivot, le reste au bas de la tige. Le fait est aisé à reconnaître, parce que, dans cette espèce, la moelle est rudimentaire dans le pivot, largement développée au contraire dans la tige. Du reste, dans les cas douteux, on peut résoudre la difficulté par l'*Organogénie*, c'est-à-dire en suivant pas à pas, depuis sa naissance, la formation du tubercule, ce qui permet de reconnaître quel est ou quels sont les organes tuberculisés.

Chez la racine pivotante, la tuberculisation se localise ordinairement dans le pivot, et, par raison de balancement organique, la ramification reste rare et grêle. L'hypertrophie cellulaire, en atteignant son développement maximum à des distances diverses du collet, selon l'espèce ou la variété, produit des formes conoïdes, cylindroïdes, fusiformes, ovoïdes ou globuleuses, que la culture peut du reste modifier à l'infini. Ainsi, pour ne citer que ce seul exemple, le corps de la Betterave est franchement conique dans la variété jaune d'Allemagne, fusiforme dans la disette rouge, cylindroïde dans la grosse rouge ordinaire, ovoïde dans la rouge de Strasbourg, globuleuse dans la jaune ronde, etc.

Des variations de même ordre s'observent chez les Carottes cultivées (*Daucus carota* Lin.), les Navets (*Brassica napus* Lin.), les Raves (*Brassica rapa* Lin.), les Radis (*Raphanus sativus* Lin.), etc., etc.

Dans les racines fasciculées, la tuberculisation atteint indifféremment tous les axes, ou seulement quelques-uns d'entre eux. L'axe tuberculisé prend d'ailleurs une des formes indiquées plus haut. Par exemple, les tubercules sont fusiformes dans le Dahlia (*Dahlia variabilis* DC.) et dans l'Asphodèle rameux (*Asphodelus ramosus* Lin.). Quelquefois la tubérisation se localise à l'extrémité des axes, qui demeurent grêles dans le reste de leur étendue, comme on le voit sur les racines adventives du rhizome de la Spirée filipendule (*Spiræa filipendula* Lin.). Les Alstrœmères présentent de beaux exemples de racines filipendulées. Ce sont des plantes de l'Amérique équatoriale, de la riche et nombreuse famille des Amaryllidées, très-recherchées de l'Horticulture de luxe pour la beauté de leurs fleurs. Leurs racines fasciculées sont fréquemment tuberculeuses : tantôt à la façon de celles du Dahlia et de l'Asphodèle rameux, comme chez l'Alstrœmère Pélégrine (*Alstrœmeria Peregrina* Lin.), du Chili et du Pérou, et chez l'A. rayée (*A. Ligtu* Lin.), des mêmes régions; tantôt à la façon de la Filipendule dans ce groupe dont un botaniste français, Mirbel, a fait un genre à part, sous le nom de Bomarée (*Bomarea*), pour des espèces grimpantes, originaires surtout de la Nouvelle-Grenade, de la Guyane brésilienne et du Pérou. Les racines fasciculées des Bomarées portent à la pointe de leurs principales ramifications un tubercule globuleux, dépourvu d'*yeux* ou bourgeons naissants, et qui, n'émettant jamais de radicelles, n'est plus qu'un simple entrepositaire de matières alimentaires. Chez la Bomarée comestible (*Bomarea edulis* Mirbel), de la Nouvelle-Grenade, ces tubercules ont le volume d'une grosse cerise. Enfin, dans d'autres espèces, les racines fasciculées se renflent par places, de distance en distance, en forme de cordons tuberculifères, comme dans le Pélargonium triste (*Pelargonium triste* Ait.); l'axe radical, ainsi modifié, est dit *moniliforme* ou en chapelet.

Dans les exemples précédents, la tuberculisation est due à l'hypertrophie de l'axe lui-même; d'autres tubercules sont de véritables excroissances nées à la surface du pivot ou de ses ramifications. Toutes nos Papilionacées indigènes, à l'exception de l'Astragale (*Astragalus glycyphyllos* Lin.), portent sur leurs axes, même les plus ténus, de semblables tubercules dont la grosseur varie depuis celle d'une graine de Navette jusqu'à celle d'un Pois. On en rencontre également dans les genres Ceratozamia, Cycas et Zamia de la famille des Cycadées, dans le Laurier des Canaries (*Laurus canariensis* Webb.), etc. Quant à ceux d'une Bétulacée bien connue, l'Aulne (*Alnus glutinosa* Gærtn.), ils seraient, paraît-il, la production morbide d'un Champignon parasite.

CHAPITRE IV

LA TIGE ET SES RAMIFICATIONS OU SYSTÈME AXILE

I. — COMPOSITION GÉNÉRALE DE L'APPAREIL DE LA NUTRITION AÉRIENNE

Appelée à vivre dans l'atmosphère, milieu plus variable que le sol, la tige porte des organes nécessairement plus diversifiés que ne le sont ceux de la racine. Normalement, celle-ci n'engendre qu'une forme organique, l'axe; au contraire, la tige avec ses annexes ou *appareil caulinaire* comprend, dans son plus haut degré de complication, trois formes, l'axe, la feuille et la fleur, dont nous allons maintenant suivre le développement. Pendant la germination, la tigelle se dégage des enveloppes séminales, la gemmule, le seul de ses bourgeons qui s'éveille alors d'ordinaire, entre en végétation et organise un axe, continuation de la tigelle, portant de distance en distance des feuilles et de nouveaux bourgeons. Dans les plantes *annuelles*, — ainsi nommées parce qu'elles vivent une année au plus, — les bourgeons nés sur la jeune tige se développent à leur tour, et peu après leur apparition, en rameaux feuillés, qui émettront des bourgeons destinés à se comporter comme leurs devanciers, et ainsi de suite durant la vie du végétal. Pendant ce temps, des fleurs se montrent en des points déterminés, que nous apprendrons plus tard à connaître, des fruits leur succèdent, enfin tout meurt et disparaît. Cet ensemble d'axes feuillés et florifères est l'appareil caulinaire. L'évolution est différente dans les plantes dites *vivaces*, parce qu'elles vivent plus d'une année, menant une existence inégalement partagée en périodes alternées de repos et d'activité pendant lesquelles les bourgeons organisent de nouveaux rameaux. Cet état de choses, qui persiste jusqu'à la mort du dernier bourgeon, donne lieu à un appareil caulinaire dont les proportions grandissent et le degré de complication augmente avec le temps.

Dans l'économie générale de la plante, l'appareil caulinaire a pour mission de rechercher et de mettre en œuvre les matériaux organisables contenus dans l'atmosphère. A ce titre, il semble appelé à toujours vivre dans l'air ; parfois néanmoins il émigre en totalité ou en partie dans les deux autres milieux naturels, l'eau et le sol.

Bien que tous les organes caulinaires aient, — nous venons de le voir, — une commune origine et soient des créations de la gemmule, il s'en faut de beaucoup qu'ils présentent tous les mêmes caractères. On s'est depuis longtemps demandé si cette diversité, — souvent poussée très-loin, surtout dans les organes floraux, — était apparente ou réelle ; si toutes ces productions, diversifiées à l'infini, représentaient les modifications plus ou moins profondes d'un même organe, ou de plusieurs organes originairement distincts. Jusqu'ici on avait admis généralement la pluralité, l'irréductibilité à l'unité, et l'on professait qu'il y a deux organes caulinaires fondamentaux, incompatibles, c'est-à-dire incapables de rentrer l'un dans l'autre : l'organe axile ou le rameau, et l'organe appendiculaire ou la feuille. D'après cette doctrine, toutes les productions caulinaires seraient donc originairement des axes ou des feuilles plus ou moins modifiés ; et bien des efforts ont été et sont encore tentés, — parfois sans succès, — pour découvrir le mécanisme de ces métamorphoses. De nos jours un botaniste français, M. Trécul, s'efforce, par de délicates recherches anatomiques, de faire prévaloir l'opinion contraire, et veut prouver que tous les organes caulinaires, axes et feuilles, si différents en apparence, sont tous en réalité des modifications ou des manières d'être diverses d'un seul organe, l'axe. Pour nous, réservant la question de fond et nous en tenant aux apparences, nous distinguerons dans l'appareil caulinaire, outre les fleurs, des axes, des feuilles, puis enfin l'organisme créateur des uns et des autres, le bourgeon. Nos études vont donc se diviser en trois parties qui devraient se succéder ainsi, dans l'ordre naturel : 1° les bourgeons ou le système gemmaire ; 2° la tige et ses ramifications ou le système axile ; 5° le feuillage ou le système foliacé. Mais, pour faciliter notre exposition, nous intervertirons cet ordre et commencerons par le système axile, pour continuer par le système gemmaire.

II. — CARACTÈRES GÉNÉRAUX DU SYSTÈME AXILE

Le système axile donne naissance aux fleurs, et aux organes par excellence de l'élaboration des aliments aériens, c'est-à-dire aux feuilles ; il est donc la portion relativement passive de l'appareil caulinaire ; les feuilles et les fleurs en sont les parties actives.

Selon les espèces, tantôt le système axile fait défaut à tous les âges, tantôt il se montre d'une façon permanente ou périodique. Son absence constante est un signe évident d'infériorité par insuffisance de différenciation. Les plantes ainsi simplifiées, Algues, Champignons et Lichens, manquent également et toujours de racine proprement dite, et leur appareil reproducteur est établi sur un tout autre modèle que celui des Phanérogames. Chez elles, les distinctions s'effacent entre l'axe et la feuille ; tout l'appareil végétatif se confond dans une masse uniforme et plus ou moins volumineuse, de configuration très-variable selon les espèces, nommée *thalle*. On a proposé différents termes, tous tirés du grec, pour désigner ces deux degrés d'organisation. On appelle ordinairement celles-ci *thallophytes*, c'est-à-dire plantes munies d'un thalle, ou bien encore *amphigènes*, pour exprimer l'idée d'un accroissement, d'une extension dans toutes les directions indistinctement. Les autres végétaux sont des *cormophytes*, mot qui signifie plantes pourvues d'une tige, ou encore des *acrogènes*, expression qui indique le fait de croître dans un certain sens plus rapidement que dans les autres et de produire ainsi une tige plus ou moins ramifiée. Enfin, on applique l'expression impropre d'*acaules*, c'est-à-dire sans tiges, à tous les végétaux dont la tige reste rudimentaire, de telle sorte que les feuilles paraissent naître de la racine ou sont en apparence *radicales*.

Nous avons dit précédemment qu'un organe ou fragment quelconque d'organe satisfaisant à la double condition de posséder un parenchyme suffisamment jeune et muni de vaisseaux est apte à produire les deux espèces de bourgeons, rhizogènes et phyllogènes ou feuillés.

D'ailleurs tous les organes indistinctement se rencontrent dans l'un quelconque des trois milieux naturels, le sol, l'atmosphère, les eaux. La fleur toutefois fait exception : elle n'est point cosmopolite comme la racine et la tige, et, sauf les cas très-rares où elle devient aquatique, elle ne se montre et ne s'épanouit que dans l'atmosphère. Comment dès lors reconnaître les organes à travers les mille transformations qu'ils

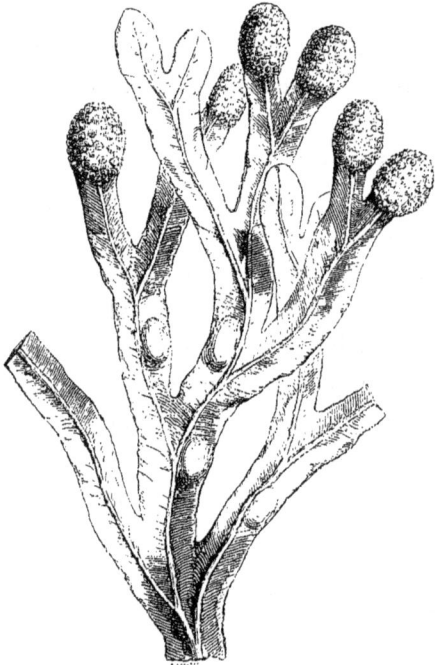

Fig. 53. — Thalle d'un Fucus, le *Fucus vesiculosus* Lin.

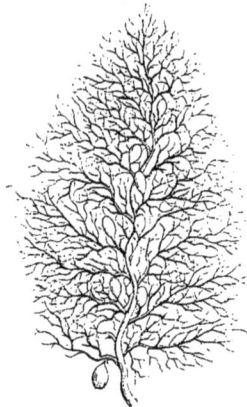

Fig. 54. — Thalle d'une autre Algue : le *Sargassum capillifolium.*

subissent du temps et des milieux, puisque l'habitat n'est pas un indice certain de leur vraie nature caulinaire ou radicale ? Comment parvenir à distinguer, en toutes circonstances, ce qui appartient à la tige de ce qui appartient à la racine, sachant que le pied d'un arbre peut devenir la tête et réciproquement, sans entraîner la mort du sujet ? Un savant français du dernier siècle, Duhamel, est l'auteur de cette expérience ingénieuse et instructive, connue depuis lui sous le nom de « renversement des arbres » ; elle a été bien souvent reproduite, toujours avec succès, quand on opère conformément à ses indications. On recourbe les branches supérieures d'un jeune arbre et on enterre leurs extrémités. Bientôt des bourgeons rhizogènes se montrent sur les parties devenues souterraines; ils grossissent et s'épanouissent en fibrilles. Quand cet appareil radical adventif est suffisamment fort pour nourrir l'arbre, on déterre les anciennes racines, puis on redresse la tige, qui porte donc à ce moment un appareil radical à chacune de ses extrémités. La racine normale, devenue aérienne, perd bientôt son chevelu, lequel se dessèche et meurt, et sur les axes dénudés naissent des bourgeons phyllogènes qui s'épanouissent en rameaux feuillés. Alors la substitution est opérée. Ce qui était la tête ou la cime de l'arbre et portait les organes caractéristiques de la vie aérienne, c'est-à-dire des feuilles, est maintenant une racine pourvue des organes essentiels à cet appareil, c'est-à-dire des fibrilles. Par contre, la racine normale a changé de caractère en changeant de milieu : elle ne produit plus de chevelu, mais des feuilles.

En face de cette remarquable aptitude de la matière végétale vivante à conformer ses productions à la nature des conditions extérieures, il semblait impossible de jamais arriver à distinguer, dans tous les cas, une racine d'une tige. Aussi eut-on vainement recours pendant long-temps :

1° A l'habitat, appelant tige l'axe principal aérien du végétal et racine la portion souterraine : caractère insuffisant et trompeur, puis-qu'il y a des racines aériennes et des tiges souterraines ;

2° A la coloration, posant en principe absolu que la racine est in-colore ou jaunâtre, mais jamais verte, tandis que la tige, verte dans sa jeunesse, serait plus tard diversement colorée : généralisation in-exacte, car il y a des tiges incolores et des racines vertes, au moins à leur pointe ;

3° Enfin on a encore rangé, mais sans plus de succès, au nombre des caractères distinctifs, la direction, le mode d'élongation, etc., etc.

On détermine aujourd'hui la véritable nature d'un organe axile par ses caractères anatomiques, ou d'après la manière d'être de ses bourgeons. Nous nous attacherons exclusivement à ce dernier moyen, d'une application simple et facile, au moins dans la généralité des cas. Sur tout axe bourgeonnant, une seule catégorie de bourgeons est normale, caractéristique par conséquent; l'autre est exceptionnelle, accidentelle ou *adventive*. Pour savoir si un bourgeonnement est normal ou adventif, surtout pour reconnaître dans un bourgeonne-ment mixte c'est-à-dire formé d'un mélange des deux espèces, les bourgeons normaux des bourgeons adventifs, on a recours à leur mode de distribution. L'observation a prouvé en effet que les bourgeons normaux sont toujours régulièrement répartis à la surface de l'organe producteur, tandis que les autres y sont confusément disséminés et ordinairement en petit nombre. De ces considérations résulte cette règle pratique : tout organe, quels que soient son milieu, sa forme, sa consistance, ses caractères en un mot, qui porte des bourgeons régulièrement distribués à sa surface, appartient à la racine ou à la tige, selon que ces bourgeons sont rhizogènes ou phyllogènes. Cependant, qu'on ne l'oublie pas, il n'y a rien d'absolu dans ces distinctions; elles se rapportent à l'état ordinaire, à l'état moyen des choses, mais comportent toujours des exceptions. Ainsi, nous disons que, sur la surface d'un axe quelconque, les bourgeons normaux sont répartis régulièrement et les bourgeons adventifs irrégulièrement. Cela est vrai dans nombre de cas, mais cela n'est pas toujours vrai ; et parfois le groupement des bourgeons adventifs affecte une régularité plus ou moins grande, qui ne saurait pourtant tromper un œil exercé. Par exemple, quand un axe caulinaire produit des racines adventives, ces organes naissent le plus souvent en des points déterminés, au-dessous et près des surfaces d'insertion des feuilles sur le rameau ; elles sont donc alors, comme les feuilles, méthodiquement distribuées.

Envisagé dans sa composition générale, le système axile comprend un organe fondamental, la *tige* ou axe primaire, et un ensemble d'axes, les premiers issus de la tige, les suivants procédant les uns des autres, formant par leur réunion ce que l'on nomme la *ramification*.

La tige est la tigelle agrandie, mais généralement restée, dans ses âges successifs, semblable à elle-même. Elle résulte du développement du cône végétatif de la gemmule. Très-exceptionnellement, l'accroissement et la multiplication cellulaire dans ce cône ont lieu également dans toutes les directions : la tige est alors sphérique et uniforme en tous les points de sa périphérie. Cependant, même dans ce cas particulier, on admet chez elle, mais alors par convention, des régions différentes, une base, un sommet et une surface latérale. La base est le collet; le sommet est le point où la perpendiculaire menée au collet par son centre perce la surface de la sphère-tige; enfin, par surface latérale, on entend la région périphérique comprise entre la base et le sommet. Mais le plus ordinairement le développement de la gemmule s'effectue plus particulièrement dans une direction déterminée et invariable, ce que l'on exprime en disant que la tige *s'allonge;* elle présente dans ce cas des régions distinctes et a réellement une base, un sommet et une surface latérale. On appelle alors axe longitudinal ou axe d'allongement, ou plus simplement encore axe de la tige, la ligne idéale joignant le centre de la base au point végétatif ou sommet, et axe transversal ou axe d'épaisseur la perpendiculaire à la précédente. Dans nombre de plantes, ce dernier axe grandit aussi avec le temps, auquel cas l'on dit que la tige grossit ou que son épaisseur augmente. Habituellement l'allongement surpasse chaque instant l'accroissement en épaisseur; parfois ces deux développements restent sensiblement égaux, et la tige demeure globuleuse; très-rarement enfin l'allongement est toujours inférieur à l'accroissement en diamètre, d'où résultent des axes aplatis, *cristés* ou *fasciés*, formes accidentelles, monstrueuses, parfois recherchées dans certaines plantes comme ajoutant au pittoresque de leur port naturel quelque chose d'étrange et d'inusité.

La tige porte dans sa jeunesse des feuilles dont les points d'attache sont régulièrement distribués sur sa surface. Ces organes vivent un temps variable, selon les espèces et les conditions climatiques, puis meurent et disparaissent. La base de la tige se dénude ainsi, de proche en proche, pendant que le sommet émet successivement de nouvelles feuilles. Le point d'insertion de la feuille se nomme *nœud,* et la portion d'axe comprise entre deux nœuds consécutifs est un *entre-nœud* ou *mérithalle.*

La *queue* ou *pétiole* (prononcez pé-si-o-l') de la feuille fait avec l'axe générateur deux angles : l'un supérieur, l'autre inférieur ; le premier s'appelle *l'aisselle* de la feuille. Ainsi, l'aisselle d'une feuille est l'angle formé par le

Fig. 55. — Définition de la région axillaire.

pétiole avec la partie supérieure de l'axe. Par exemple, soient : AB un rameau, CD un pétiole, l'angle ACD est l'aisselle de la feuille insérée au point C. Dans l'aisselle ou région axillaire de la feuille il naît au moins un bourgeon, que, pour ce motif, on nomme axillaire.

Sous le rapport de leur situation, il y a donc deux espèces de bourgeons normaux : ceux qui terminent les axes ou bourgeons *terminaux*,
et ceux qui naissent à l'aisselle des feuilles ou bourgeons *axillaires*,
appelés encore *latéraux*.

Les bourgeons axillaires peuvent se comporter à leur tour comme
le bourgeon terminal créateur du rameau sur lequel ils naissent,
c'est-à-dire s'épanouir, puis produire du bois, des feuilles et plus tard,
aux aisselles de ces dernières, des *yeux* ou bourgeons axillaires. Ainsi
les bourgeons engendrent les bourgeons, et dans le Règne végétal il
y a des filiations de bourgeons, comme dans le Règne animal il
y a des filiations d'animaux, issus les uns des autres et constituant
ces groupes naturels que l'on nomme familles dans les sociétés humaines. Seulement, chacune des filiations de bourgeons forme le
plus généralement une agrégation d'organismes indissolublement
unis, manière d'être tout à fait exceptionnelle chez les animaux et
qui ne se rencontre qu'aux degrés inférieurs de l'animalité, chez les
Polypes.

Les deux sortes de bourgeons, terminaux et axillaires, donnent lieu
par leur évolution à des effets différents : les premiers allongent les
axes, les seconds les ramifient. Par conséquent, les caractères de la ramification varient comme les modes d'évolution de ces derniers. Or
tout bourgeon donne un rameau, ou bien avorte sans s'épanouir par
l'effet de causes, les unes externes et liées à l'action des agents physiques, les autres internes et subordonnées à la constitution du sujet.
Il résulte de là d'incessantes modifications dans les caractères de la
ramification, changements dont les uns sont accidentels et n'ont par
suite qu'une influence passagère et un intérêt secondaire, et dont les
autres au contraire peuvent, par leur constance chez les individus de
même espèce, servir dans une certaine mesure à caractériser les groupes végétaux et méritent dès lors une sérieuse attention. Sous ce rapport on distingue la tige ramifiée et la tige non ramifiée ou *simple*.
La première forme appartient aux Dicotylédones, la seconde aux Monocotylédones et aux Acotylédones acrogènes. On trouve parfois, il est
vrai, des tiges ramifiées dans les deux derniers embranchements, mais
elles le sont beaucoup moins que celles des Dicotylédones. La tige ramifiée, lorsque toutes ses parties s'allongent proportionnellement, prend
nécessairement l'aspect d'un cône ; dans ce cas le végétal tout entier est

la réunion de deux cônes, l'un caulinaire et l'autre radical, ayant même axe et base commune.

Il existe deux nomenclatures des axes caulinaires : la première, usitée en Botanique, est uniquement fondée sur les proportions relatives des axes; arbitraire et vague, elle est bien inférieure à la seconde, employée dans la pratique horticole, et reposant sur une base beaucoup plus rationnelle, la nature des bourgeons produits ; nous ne pourrons donc faire connaître cette dernière que plus tard. Dans la nomenclature botanique, il n'existe malheureusement pas de termes précis pour désigner les axes de générations différentes et successives. On nomme *branches* les plus gros, et les autres, par ordre décroissant de dimensions, *rameaux, ramules* et *ramilles*. La *pousse* ou le *scion* est l'axe en voie de formation, que les praticiens appellent *bourgeon*, réservant le nom d'*œil* pour ce dernier.

Sous le rapport de la consistance, un axe caulinaire quelconque peut offrir trois états différents: rester toujours entièrement herbacé, ou se lignifier totalement et progressivement de la base au sommet, ou enfin se lignifier partiellement par la base, le sommet restant herbacé, auquel cas on dit l'axe *sous-ligneux*. Toutes les parties lignifiées persistent, les autres sont temporaires et meurent généralement à la fin de la période de végétation qui les a vues naître.

Pour terminer la revue sommaire des caractères communs à tous les appareils caulinaires, nous allons décrire succinctement leur structure. Ici encore nous rencontrerons trois modes d'organisation, selon que nous nous adresserons aux Dicotylédones, aux Monocotylédones ou bien enfin aux Acotylédones acrogènes.

III. — STRUCTURE DES DICOTYLÉDONES

Les éléments constitutifs de la tige, véritables êtres minuscules, naissent, vivent, changent de caractères avec l'âge et meurent tour à tour de vieillesse ou de maladie. Pénétrons dans ce monde en miniature, tâchons de surprendre les secrets de l'association, de connaître les motifs de l'extrême diversité des types de cette population disparate où l'on rencontre à peu près toutes les formes connues de cellules, de fibres et de vaisseaux, non point confusément agrégées, mais associées

dans un ordre admirable, dont nous indiquerons l'origine et la raison
d'être.

La coupe transversale d'une tige ligneuse dicotylédone montre trois
parties distinctes : l'*écorce* à la périphérie, la *moelle* au centre, le *bois*
ou *corps ligneux* entre les deux. De nombreuses lignes rayonnantes,
très-fines, souvent imperceptibles à l'œil nu, traversent et rayent le
corps ligneux, de la moelle à l'écorce : ce sont les *rayons médullaires*.
L'écorce est manifestement hétérogène ; sa région profonde est formée
de minces lames superposées comme les feuillets d'un livre, d'où le
nom de *liber*, c'est-à-dire livre en latin, donné à cette région. Le bois,
lui aussi, se compose de lames contiguës distinctes, mais plus épaisses
que celles du liber, appelées indifféremment : *zones* ou *couches ligneuses, zones* ou *couches annuelles, zones* ou *couches d'accroissement;*
couches annuelles, parce qu'il en naît une chaque année dans les conditions normales ; couches d'accroissement, parce que c'est par elles
que la tige augmente d'épaisseur. Les bois se divisent, en outre, en
bois blancs et en bois colorés. Les premiers ont une teinte uniformément blanchâtre ou jaunâtre, comme ceux des Saules, des Peupliers, etc.
Sur les seconds on distingue deux régions : l'une externe, le *jeune bois*
ou l'*aubier*, formée de bois blanc ; l'autre interne, le *vieux bois* ou
cœur du bois ou *duramen*, toujours colorée, mais très-diversement
selon les espèces. La transformation progressive de l'aubier en
duramen ne consiste pas uniquement en un changement de coloration,
mais encore en une augmentation dans la densité et la ténacité des
tissus qui rendent le duramen supérieur à l'aubier comme bois d'œuvre
et comme bois de chauffage. Par conséquent, il y a toujours avantage
à favoriser, par des soins convenables, la conversion de l'aubier en
duramen, et à n'abattre l'arbre qu'au moment où le volume relatif
du duramen atteint son maximum.

Quant à la moelle, elle semble diminuer d'épaisseur avec le temps :
simple illusion d'optique, il est vrai, due au grossissement graduel
du bois d'une part, et de l'autre à l'invariabilité de volume que conserve
la moelle une fois formée, comme l'ont prouvé des mesures précises
prises aux différents âges de la tige ou de la branche.

Voilà tout ce que l'exploration faite à l'œil nu nous révèle d'essentiel sur la structure des axes caulinaires ; l'emploi du microscope permet de connaître à fond une association aussi complexe dans ses élé-

ments et dans leur arrangement relatif. La manière la plus simple de procéder est de prendre l'organe à sa naissance, de remonter à son origine, au cône végétatif terminal, et de suivre de là pas à pas l'association végétale dans ses complications progressives, en descendant du sommet à la base de l'axe. Or le cône végétatif terminal organise un parenchyme homogène qu'on nomme le *parenchyme fondamental*, et qui, en avançant en âge, se complique de plus en plus, devient de plus en plus hétérogène par la transformation des cellules fondamentales et la naissance de nouveaux éléments. De très-bonne heure, et par conséquent fort près du cône végétatif terminal, les premiers indices de différenciation se manifestent à la surface de l'organe et dans son épaisseur. Le moyen le plus commode d'étudier ces changements est de les suivre sur des coupes transversales prises à des distances croissantes; voici ce que l'on constate. Les cellules de l'assise périphérique gardent bien leur nature cellulaire, mais par

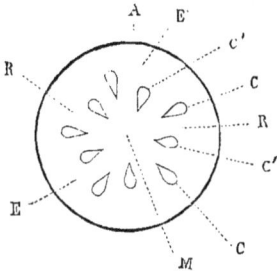

Fig. 56. — Coupe transversale de la tige herbacée d'une Cucurbitacée indigène : la Bryone dioïque (*Bryonia dioica* Lin). A, épiderme; E, écorce primaire; C, C, etc., les cinq faisceaux externes de procambium; C', C', etc., les cinq faisceaux internes; R, R, rayons médullaires primaires; M, moelle.

leur forme, leurs dimensions, leur mode d'association, la consistance de leurs parois et la nature de leur contenu, se distinguent assez nettement du parenchyme sous-jacent pour mériter une dénomination spéciale, celle d'*épiderme*. Entre ce dernier et le centre apparaissent de petites masses isolées, en forme de coin dont le tranchant regarde l'axe, et rangées sur une ou deux circonférences concentriques avec la section. Une coupe longitudinale apprend que ces masses s'étendent dans l'organe, parallèlement au grand axe de la tige, et le microscope dévoile leur nature, parenchymateuse il est vrai, mais bien différente cependant de celle du tissu fondamental. Les grosses cellules de celui-ci ont en effet leurs trois dimensions égales, tandis que les éléments de celles-là, à parois très-minces, sont allongés dans le sens de l'axe et aplatis dans la direction perpendiculaire. On appelle ces sortes de cordons des *faisceaux*, et leur tissu, du *procambium;* voici pourquoi. Les botanistes de notre temps ont emprunté à la langue scientifique du dernier siècle le mot *cambium*, en lui attribuant un sens très-précis.

Pour eux, cambium désigne un tissu générateur, c'est-à-dire très-jeune, très-délicat et très-mou, doué de la faculté de s'accroître par la division de ses cellules; chacune d'elles, parvenue à une grosseur déterminée, se dédoublant par l'apparition d'une cloison qui partage sa cavité, d'abord unique, en deux chambres contiguës, mais indépendantes. Or le parenchyme des faisceaux dont nous parlons réunit tous ces caractères : c'est donc du cambium ; et, comme tous les cambiums qui se produiront par la suite dans l'organe émaneront de lui, on le nomme spécialement le *procambium* ou le premier cambium.

Les faisceaux de procambium partagent incomplétement le corps du rameau naissant en deux régions : l'*écorce primaire* ou la première écorce à l'extérieur, la moelle à l'intérieur, réu-

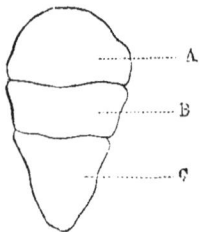

Fig. 57. — Figure schématique d'un faisceau libéro-ligneux : A, liber ; B, procambium ; C, bois.

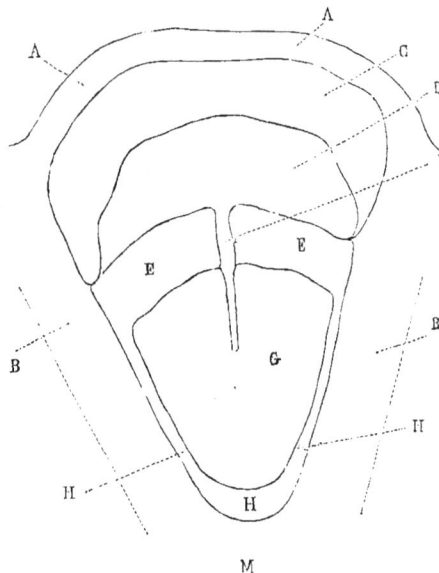

Fig. 58. — Figure schématique d'un faisceau libéro-ligneux du pétiole de la feuille du Magnolia à grandes fleurs (*Magnolia grandiflora* Lin.). B, B, deux rayons médullaires reliés entre eux du côté externe par du parenchyme A et du côté interne par la moelle M ; C, D, deux zones libériennes ; E, E, cambium G, région vasculaire.

nies l'une à l'autre par les lames du tissu fondamental ou *rayons médullaires primaires* qui s'étendent entre les faisceaux de procambium.

Non-seulement les éléments du procambium se multiplient, mais encore se modifient et s'individualisent diversement à la longue, en sorte que le faisceau tout entier montre bientôt au moins trois régions différentes : la première, externe, appelée *liber primaire* ou portion corticale du faisceau ; la seconde, moyenne, occupée par le procam-

bium ; la troisième, interne ou placée contre la moelle, est le *bois
primaire* ou la région vasculaire du faisceau. Le liber et le bois sont
bien composés l'un et l'autre de cellules, de fibres et de vaisseaux,
mais ces éléments ont des caractères différents selon la formation à
laquelle ils appartiennent : il y a des cellules, des fibres et des vaisseaux libériens, comme il y a des cellules, des fibres et des vaisseaux
ligneux. Parvenu à cette phase de son évolution où ses éléments se
différencient, le faisceau change de nom et devient désormais un
faisceau fibro-vasculaire, ou mieux un *faisceau libéro-ligneux*. Sa
constitution subit d'innombrables variations d'une espèce à l'autre

Fig. 59 et 60. — Coupe transversale très-grossie des fibres libériennes de la zone externe (A),
interne (B), du faisceau précédent.

dans le volume et l'arrangement relatif de ses trois parties, liber,
cambium et bois ; parfois même, une ou plusieurs de ces parties se
fragmentent et le faisceau présente plusieurs libers, plusieurs cambiums et plusieurs bois diversement agencés.

La vie d'un faisceau libéro-ligneux, comme du reste celle de toutes
les matières végétales indistinctement, présente, selon les cas, deux
modes différents. Dans l'un, la puissance procréatrice du cambium
s'éteint en moins d'une année, en conservant, durant sa courte
existence, son énergie première. A partir de ce moment jusqu'à la
mort du faisceau, la vitalité de celui-ci ne se manifeste plus que
par des modifications dans le contenu des éléments préexistants,
jamais par leur accroissement numérique. Il y a donc deux phases
dans l'existence d'un tel faisceau : dans la première, il se nourrit et
se multiplie : on le dit alors *ouvert;* dans la seconde, il se nourrit,
mais ne se multiplie plus : il est *fermé*. Les faisceaux des Acotylédones acrogènes, des Monocotylédones et des herbes dicotylédones
appartiennent à ce type, et se ferment plus ou moins prématurément
selon les espèces.

Dans les Dicotylédones ligneuses, les faisceaux ne se ferment jamais ; le cambium conserve jusqu'à sa mort les deux attributs de sa jeunesse, et son existence plus ou moins longue se partage en périodes alternées : de repos, pendant lesquelles ses éléments se nourrissent sans se multiplier ; d'activité, consacrées à organiser simultanément deux

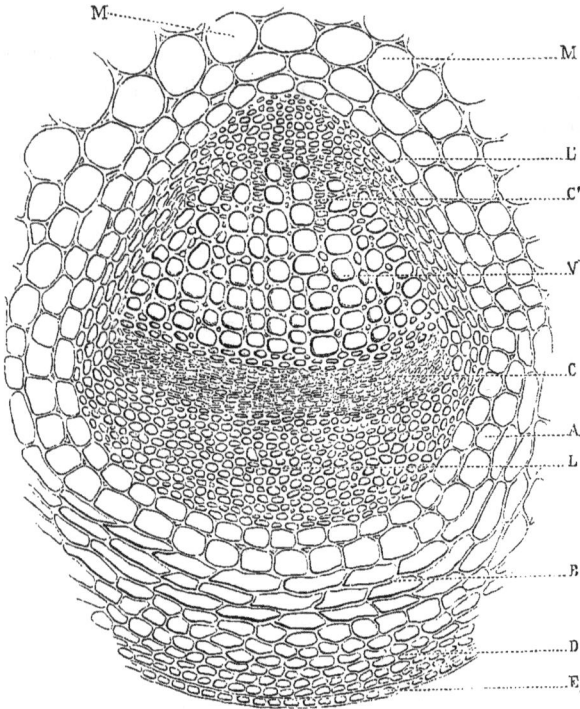

Fig. 61. — Coupe transversale fortement grossie d'un faisceau libéro-ligneux du pétiole de la feuille d'une Composée indigène : l'Aulnée (*Inula Helenium* Lin.). L, liber externe ; L', liber interne ; C, cambium externe ; C', cambium interne ; V, trachées et fibres ligneuses ; A, double assise cellulaire protectrice du faisceau ; M, moelle ; B, D, parenchyme cortical ; E, épiderme.

nouvelles couches, l'une de liber, l'autre de bois : liber et bois appelés *secondaires*, pour les distinguer de leurs congénères de première formation. Par ce mécanisme grossissent d'année en année chaque faisceau en particulier, et l'axe tout entier en général, quel qu'il soit, tige, branche ou rameau. On s'explique maintenant les incertitudes et les dissentiments des botanistes du dernier siècle à propos de l'origine de ces deux sortes de productions, liber et bois. Trop inexpérimentés en micrographie pour surprendre la nature sur le fait, ils avaient en vain cherché à s'éclairer par des expériences, souvent fort ingénieuses sans doute, mais dont la réelle signification leur échappait. Pour les uns, le bois était une transformation du liber ; pour les autres, au contraire, le liber procédait du bois ; tous étaient à côté mais bien près de la vérité, puisque le liber et le bois ont une commune origine, sont des transformations d'un même tissu, le cambium. Il n'y a donc pas en présence, comme ils le croyaient à tort, une mère et sa fille, mais deux productions contemporaines, enfants de la même mère. Ils ignoraient encore, — et pour le même motif, — pourquoi les productions nouvelles du cambium se répartissent en zones distinctes, bien que contiguës, au lieu de former une seule masse homogène sans ligne de démarcation. Voici la raison de cette disposition si caractéristique.

Dans les Dicotylédones herbacées les faisceaux sont en petit nombre, et, par conséquent, largement espacés. Le contraire a lieu dans les tiges ligneuses, où les faisceaux, généralement très-nombreux, se pressent, se serrent les uns contre les autres, ne laissant entre eux que d'étroits rayons médullaires composés d'une, deux, trois ou quatre assises de cellules. Les cambiums des divers faisceaux sont ainsi presque contigus, et forment une ceinture, continue en apparence, discontinue en réalité, que l'on nomme *zone* ou *couche*

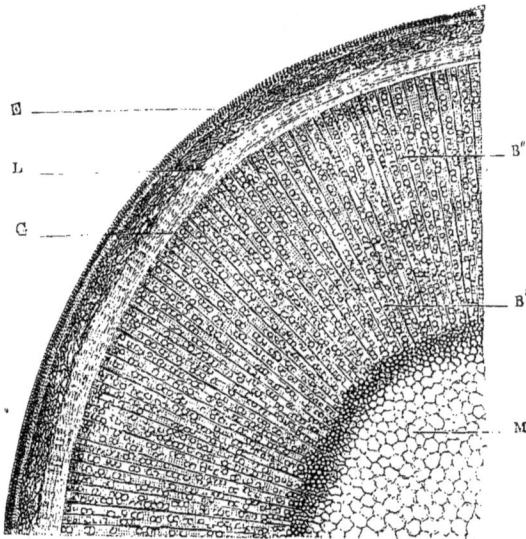

Fig. 62. — Portion d'une coupe transversale grossie 14 fois d'une branche de deux ans de l'Érable à feuilles de Frêne (*Acer Negundo* Lin.) : M, moelle ; B', bois primaire ; B'', bois de la seconde année ; G, zone génératrice ; L, liber ; E, écorce primaire.

génératrice, en souvenir de sa fonction. Fait singulier, et dont le motif est encore ignoré, le bois secondaire ne contient jamais de trachées, toutes et toujours localisées dans le bois primaire ; son système vasculaire se réduit à de gros vaisseaux séveux, ponctués en général, parfois rayés ; et même dans les Conifères, le bois secondaire est totalement dépourvu de vaisseaux remplacés, chez ces espèces, par des éléments d'une structure spéciale, les *fibres aréolées*.

Dans chaque couche ligneuse, les fibres et les vaisseaux se répartissent inégalement : l'élément vasculaire domine dans la région interne, l'élément fibreux dans l'autre : disposition qui permet, sur une section transversale, de distinguer à l'œil nu les couches concentriques, la région vasculaire de chacune d'elles ayant un tissu moins dense, plus lacuneux que celui de la région fibreuse de la couche précédente. Le

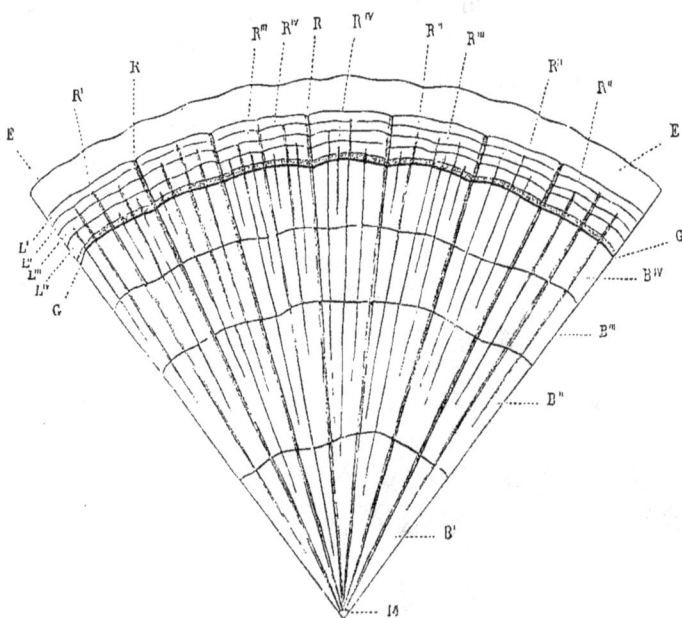

Fig. 63. — Figure schématique d'un secteur pris sur la coupe transversale d'une tige ligneuse dicotylédone : M, moelle ; B', bois primaire ; L', liber primaire ; B'', bois de seconde année ; L'', liber de seconde année ; B''', bois de troisième année, etc.; G, couche génératrice ; E, écorce primaire ; R, rayon médullaire primaire ; R', rayon du bois primaire ; R'', rayon du bois secondaire, etc.

même fait s'observe encore chez les Conifères, malgré la simplicité de composition de leur bois, parce que les fibres aréolées n'ont ni la même forme, ni la même consistance en tous les points. A parois minces et à section transversale carrée du côté interne de la couche, elles ont des parois épaisses et une section étroite, rectangulaire, du côté externe : ce qui rend la première région plus spongieuse et plus altérable que la seconde. Aussi, quand des poutres de sapin, par exemple, restent longtemps exposées à l'air, la surface de leur tranche, parfaitement plane au début, se hérisse plus tard de crêtes circulaires, séparées les unes des autres par des dépressions de même forme, dues à la décomposition plus rapide de la partie la plus

altérable des zones ligneuses. C'est ainsi que les aspérités d'une route
grandissent avec le temps, la terre qui les recouvre s'émiettant peu
à peu en poussière que le vent balaye. Une cause analogue, une inégalité de répartition des tissus, rend distinctes les unes des autres les
couches libériennes. Enfin une dernière circonstance vient encore
compliquer une structure déjà si complexe : le cambium, dans ses
âges successifs, forme de nouveaux rayons médullaires qui subdivisent
de plus en plus les secteurs libéro-ligneux compris entre les rayons

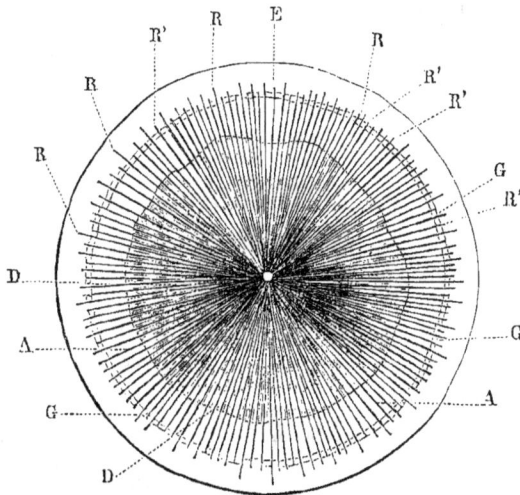

Fig. 64. — Figure schématique de la section transversale d'un bois coloré : E, écorce ; G, couche génératrice ; A, aubier ; D, duramen ; R, R', etc., rayons médullaires de différents âges.

médullaires primaires. Outre ces derniers, appelés encore *grands
rayons* parce qu'ils divisent toujours complétement le bois et le liber,
il y en a donc d'autres qui naissent successivement dans les bois de
première, seconde, troisième année, etc., et qu'on nomme *rayons
secondaires* ou *petits rayons*. Naturellement ils ne traversent que les
formations libériennes et ligneuses nées postérieurement à leur apparition, et, par conséquent, la longueur de chacun d'eux est proportionnée à son âge.

Telle est l'évolution du cambium, tel est le mode de formation des
couches successives de liber et de bois. Mais en dehors de cette masse
qui doit la vie au cambium, il en est deux autres, derniers vestiges
du tissu fondamental, la moelle et l'écorce primaire, que le temps
modifie et complique à leur tour, ainsi que nous allons le dire.

Dans son plus grand état de simplicité, la moelle est un parenchyme dont le rôle a été méconnu jusqu'à nous. Pendant les deux derniers siècles elle fut regardée, — par une sorte d'heureuse intuition, — comme un organe de premier ordre; malheureusement, on dénaturait par de fausses suppositions son importance réelle. Pour Magnol, la moelle élaborait les sucs destinés aux fruits; pour Cæsalpin et Linné, le fruit tirait d'elle son origine; pour Borelli et Hales enfin, elle était l'agent mécanique de l'ascension de la séve, la voie par laquelle le fluide nourricier s'élève du sol aux feuilles. Telles étaient les idées admises par les plus illustres naturalistes des dix-septième et dix-huitième siècles. Plus tard et jusque dans ces dernières années, il y eut réaction, on tomba dans l'excès contraire, on ne lui attribua plus qu'un rôle effacé, et l'on restreignit arbitrairement son existence à une année ou deux. Cette erreur venait de ce que des arbres peuvent vivre malgré la perte de la moelle et des plus anciennes couches ligneuses. Il arrive fréquemment, en effet, et cela dans toutes les espèces arborescentes indistinctement, que sous des influences diverses, telles que le grand âge, certaines maladies, une taille trop sévère, etc., la tige se creuse, comme dans nos Saules cultivés en *têtards*, sans compromettre, au moins à bref délai, la vie du sujet, particularité qui faisait croire au peu d'importance de la moelle. Dans ces derniers temps, les idées se sont considérablement modifiées à cet égard, et nous savons maintenant que dans le parenchyme médullaire, comme dans tous les mondes, grands ou petits, les différentes individualités qui le composent ont des destins divers. Ainsi, il est certain aujourd'hui que la moelle contient au moins trois types de cellules. L'existence des unes est fort courte; bientôt on reconnaît en elles les signes d'une mort précoce : plus de protoplasma, de noyaux et de suc cellulaire, mais seulement des gaz emprisonnés dans la membrane cellulaire restée très-mince, signe d'une fin prématurée qui n'a point laissé à la paroi le temps de s'épaissir. D'autres cellules se distinguent uniquement des précédentes par la présence de cristaux diversement groupés dans leur intérieur. A ces corpuscules, que la mort a rendus inertes, se mêlent d'autres cellules, vivantes et bien vivantes. Pourvues de parois d'une notable épaisseur, elles se remplissent à la fin de chaque période de végétation de granules d'amidon qui restent là durant le repos hivernal, et disparaissent au retour de la belle saison pour servir à la nutrition des feuilles naissantes. Or l'amidon est essentiellement une création de la vie, jamais on ne l'a vu se former en dehors d'elle ; ses apparitions et ses disparitions périodiques sont donc des preuves indéniables de l'activité de ces cellules dont l'existence se prolonge plus ou moins longtemps selon les espèces, faisant de la moelle une sorte de grenier d'abondance automatique, c'est-à-dire manufacturant lui-même les approvisionnements qu'il emmagasine. Cette faculté de sécréter l'amidon n'est point du reste spéciale à la cellule médullaire : les éléments du bois, du liber et de l'écorce primaire la possèdent également et l'exercent avec des énergies diverses.

Comme le liber et le bois, l'écorce primaire se modifie et se complique avec le temps. La vie s'y révèle par ses deux manifestations principales : métamorphoses variées des éléments préexistants, apparitions successives d'éléments nouveaux pour satisfaire à des exigences nouvelles. A tous les instants, la mort frappe les uns, épargne les autres, et fait de l'ensemble un mélange, en proportions différentes selon l'âge et les circonstances, de corpuscules actifs et de corpuscules inertes. Sur différents points, le travail organique crée de petits amas parenchymateux, nommés *glandes*, où s'élaborent des composés chimiques particuliers dont le rôle est encore ignoré ; telles sont les glandes oléifères et résinifères. Sur d'autres points, certains éléments, en devenant rigides ou tout au moins fort tenaces, accroissent la force de résistance de l'ensemble. Sur d'autres encore se préparent des moyens de protection de structure variable comme les conditions extérieures. La première-née des membranes protectrices, — nous le savons déjà, — est l'épiderme, dont nous étudierons la constitution en traitant de la feuille. Son existence est fort courte sur les axes caulinaires ; probablement les tiraillements et déchirements qu'il éprouve par le fait du grossissement de l'axe hâtent sa fin, car, chez la feuille, la même membrane, — pourtant analogue à celle des tiges, — conserve sa vitalité jusqu'à la mort de l'organe.

Bien avant la disparition spontanée de l'épiderme commence, dans l'écorce des jeunes rameaux et à des profondeurs différentes selon les espèces, le travail de formation d'un nouveau tégument protecteur par l'apparition d'une seconde zone génératrice. Comme le cambium, l'écorce primaire édifie des assises successives d'un parenchyme dont les cellules, distinctes des éléments voisins par l'ensemble de leurs caractères physiologiques, physiques et chimiques, constituent par leur réunion le *liége* ou *enveloppe subéreuse*. Rien de plus variable du reste que la manière d'être de cette enveloppe, qui, selon les cas, est continue ou discontinue, superficielle ou profonde, mince ou épaisse, homogène ou hétérogène. Parfois il ne se produit qu'une zone génératrice dont le liége prend une épaisseur proportionnée à sa longévité. Le Chêne-liége (*Quercus suber* Lin.) se range dans cette catégorie; la zone génératrice de son écorce, persistante pendant toute la vie de l'arbre, reforme une nouvelle couche de liége chaque fois qu'on enlève la précédente pour les besoins de l'industrie. Parfois enfin, des couches subéreuses se produisent successivement à des profondeurs croissantes, et il y a dans la même écorce des liéges de différentes générations, un liége primaire, un liége secondaire, un liége ter-tiaire, etc. Tout ce qui vit à l'extérieur d'une plaque de liége ne tarde pas à périr, et les lambeaux d'écorce mortifiée ainsi produits tantôt restent en place et donnent ces écorces profondément gercées et cre-vassées si communes sur nos vieux arbres, tantôt se détachent spon-tanément, comme sur les Platanes, les Pins, etc. Si l'on remarque enfin que la portion restée parenchymateuse de l'écorce primaire con-tient dans ses cellules de la matière verte ou *chlorophylle* qui lui donne un aspect herbacé, on comprendra pourquoi on a longtemps divisé l'écorce en quatre régions, savoir, en procédant de l'intérieur à l'extérieur, le liber, la couche herbacée, la couche subéreuse et l'épiderme : division trop sommaire et souvent trop infidèle pour mériter d'être conservée.

IV. — STRUCTURE DES TIGES MONOCOTYLÉDONES ET ACOTYLÉDONES

Ce sujet offre pour nous moins d'intérêt que le précédent, attendu que les tiges ligneuses monocotylédones et acotylédones sont très-rares dans nos climats. D'ailleurs leur structure varie parfois beaucoup d'un groupe à l'autre; pour la faire connaître dans l'ensemble de ces deux embranchements, il faudrait entrer dans des développements hors de proportion avec le plan général de ce livre. Bornons-nous à dire que le caractère principal de ces tiges est de ne point avoir de couches ligneuses, concentriques et contiguës, comme celles des Dicotylédones ligneuses, mais des faisceaux libéro-ligneux épars dans un tissu parenchymateux; et terminons ici l'étude des caractères généraux ou communs aux axes caulinaires, pour rechercher comment cette organisation se modifie sous l'influence du milieu.

V. — DES TIGES AÉRIENNES

Le système axile a pour mission d'exposer les feuilles à l'air et à la lumière, en leur transmettant en outre l'eau et les matières minérales nécessaires à leur existence. Le but est complétement atteint quand la tige se maintient verticale ; car, en grandissant, elle porte ses feuillages successifs dans des zones atmosphériques de plus en plus élevées, et, par conséquent, de plus en plus favorables à l'oxygénation et à l'insolation des feuilles. Or, à mesure que la tige s'allonge, l'étendue du feuillage augmente ou reste stationnaire, selon les caractères de la ramification. Il faut donc tenir compte du mode de ramification, ainsi du reste que de la forme des axes ; car, si la superficie du feuillage s'accroît, la consommation d'eau et de matières minérales s'accroîtra proportionnellement, et les conduits d'approvisionnement, c'est-à-dire les axes, devront modifier leurs formes pour se prêter à cette augmentation d'activité. Enfin, en vieillissant, les parties inférieures des axes se dénudent, perdent leurs feuilles, se crevassent et deviennent à la longue un système de canalisation plus ou moins imparfait, laissant suinter par des fuites nombreuses la séve qu'il doit conduire aux feuilles. Les pertes éprouvées dans ces circonstances sont en raison directe du degré de perméabilité des tissus périphériques des conduits, et voilà comment la consistance des tissus est une des données nécessaires à la détermination du rôle rempli par la tige et ses annexes dans la vie du végétal. Tels sont les liens qui rattachent entre eux ces groupes de caractères que nous allons successivement étudier : l'orientation, la consistance, la forme et la durée des axes.

Les tiges sont verticales ou horizontales. Les premières doivent à leur attitude une évidente supériorité sur les secondes; elles peuvent atteindre de grandes proportions et vivre pendant des siècles, au lieu que les autres ont en général une courte existence, et restent ordinairement humbles et chétives. Dans nombre d'espèces, chez nos arbres par exemple, la verticalité s'obtient sans secours étranger, grâce à la rigidité des tissus qui permet à la tige de supporter, sans fléchir, le poids toujours croissant de la ramification, des feuilles, des fleurs et des fruits. Dans ce cas, la tige, que l'on dit *dressée*, est verticale et non point perpendiculaire à la surface du sol; son orientation reste donc invariable et indépendante de la configuration du terrain.

Quelquefois le sommet de la tige, ce qu'on nomme la *flèche* en Sylviculture, se penche et s'incline vers l'horizon; mais l'affaissement n'est que temporaire et reste localisé dans la région terminale. On appelle *nutantes* les tiges douées de ce port particulier, toujours très-gracieux et très-pittoresque. L'exemple le plus connu est celui du Cèdre de l'Himalaya (*Cedrus Deodara* Loud.), si répandu aujourd'hui dans nos parcs et nos jardins. Dans son pays natal, c'est un arbre de première grandeur, dont le tronc dressé peut atteindre de 40 à 60 mètres de hauteur et de 4 à 11 mètres de circonférence à la base. Ce beau Cèdre porte invariablement sa flèche penchée vers la terre, et si on la maintient droite à l'aide d'un tuteur, l'arbre, dit-on, souffre et languit. Cette attitude ne serait donc pas uniquement un effet de surcharge de la flèche, mais proviendrait en partie de certaines exigences physiologiques encore mystérieuses.

Lorsque la tige est trop faible pour se soutenir d'elle-même et se dresser verticalement, elle y parvient souvent en s'élevant le long des murs, des rochers et des troncs d'arbres voisins. Selon la manière dont elle se suspend à son tuteur, on l'appelle, dans un cas, *volubile*, et dans l'autre, *grimpante*.

Dans les plantes volubiles, la tige s'enroule autour de l'obstacle qui lui sert de tuteur et se soutient, malgré son poids, par la force de frottement développée au contact, alors qu'elle tend à glisser le long de ce dernier sous l'action de la pesanteur. Le sens de l'enroulement est constant dans la même espèce, et variable d'une espèce à l'autre; on le dit *dextrorsum* quand il a lieu de gauche à droite en montant, et *sinistrorsum* dans le cas contraire, c'est-à-dire lorsqu'il se produit de droite à gauche. Si la tige volubile est vivace et s'enroule sur une tige ligneuse dicotylédone et vivante, elle arrive avec le temps à la serrer assez fortement pour arrêter son accroissement en diamètre en leurs points de contact et tracer le long de sa surface un sillon hélicoïdal dont la profondeur augmente peu à peu.

La tige volubile est toujours trop grêle dans sa jeunesse pour s'enrouler facilement autour de son tuteur ; ses feuilles ne sauraient donc être très-grandes, car l'espace manquerait sur l'axe pour l'attache de larges pétioles ; par conséquent, son feuillage ne présentera jamais qu'une superficie assez restreinte, et, par suite, n'aura qu'une faible puissance. Telle est l'origine de l'infériorité des plantes volubiles, infériorité d'ailleurs plus ou moins accusée selon les climats. Le nôtre est défavorable à ce mode de végétation. Dans nos contrées, ces espèces n'atteignent jamais de grandes proportions, et leurs fleurs sont d'autant plus petites, selon la loi ordinaire, qu'elles sont plus nombreuses dans la même région axillaire. Le port de ces petites plantes parasites, les Cuscutes, dont une espèce ravage nos Luzernes, est un exemple frappant de ces corrélations nécessaires. Leurs tiges simples ou ramifiées, filiformes et parfois capillaires, privées de feuilles ou munies de très-courtes écailles foliaires, émettent de distance en distance des groupes de fleurs très-petites, très-nombreuses et très-rapprochées les unes des autres.

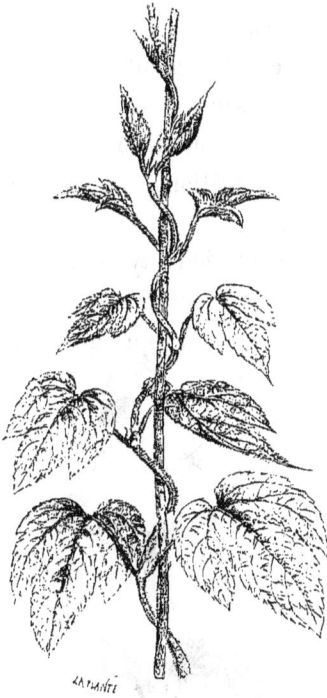

Fig. 65. — Tige volubile sinistrorsum du Houblon (*Humulus Lupulus* Lin.).

La faculté de grimper, ou *clématisme*, s'exerce de bien des manières diverses, et, selon leur espèce, les plantes grimpantes enlacent leur tuteur, s'accrochent, se cramponnent ou s'attachent à lui.

Les plantes enlaçantes sont les moins bien douées de toutes sous ce rapport ; car, privées d'organes d'attache, elles se glissent simplement au milieu des autres et se posent sur leurs branches, leurs rameaux ou leurs feuilles qu'elles entourent de leurs replis. Peu nombreuses

dans nos contrées, ces espèces vivent surtout dans les haies et les buissons, qu'elles couvrent par places de leur feuillage et de leurs fleurs.
Telles sont la Clématite des haies (*Clematis vitalba* Lin.), la Douce-
Amère (*Solanum Dulcamara* Lin.), etc. Très-communes, au contraire,
entre les tropiques, elles appartiennent à ce groupe pittoresque des
lianes ou *plantes sarmenteuses* qui contribue pour une si large part à
caractériser les forêts de ces régions privilégiées.

Très-supérieures aux précédentes, les plantes accrochantes ont des
organes de préhension, encore bien imparfaits sans doute : ce sont
des crochets, — d'où leur nom, — formés par des aiguillons ou par
des poils doués d'une certaine rigidité; poils et aiguillons sont des productions cellulaires : les premiers, de l'épiderme; les seconds, de couches
parenchymateuses situées dans l'écorce. Entre les deux types de crochets il n'est point de ligne de démarcation, et l'on rencontre tous les
intermédiaires depuis le fin duvet jusqu'à l'aiguillon proprement dit,
grand, rigide, en forme de cône comprimé
latéralement, droit ou crochu. Tantôt ces
organes naissent indifféremment sur
toutes les parties aériennes de la plante,
tantôt, au contraire, ils se localisent dans
des régions déterminées. Les Ronces,
groupe très-nombreux de la famille des
Rosacées, si abondamment répandues
dans toutes les régions chaudes et tempérées du Globe, nous présentent des exemples de cette disposition. Beaucoup d'entre
elles sont armées de forts aiguillons épars
sur leurs axes, leurs feuilles et même sur
les *pédoncules* ou *queues* de leurs fleurs.
Citons la plus commune parmi nous, le
Rubus fruticosus (Lin.), dont les fruits noirs
sont connus de tout le monde sous le nom
de *mûres*. Ses tiges sarmenteuses portent

Fig. 66. — Aiguillons de la Ronce
commune (*Rubus fruticosus* Lin).

des aiguillons droits et un peu élargis à la base, à l'exception de ceux
du sommet, légèrement courbés en faux. Les pétioles et les pédoncules
sont armés de la même manière.

Les organes de préhension se perfectionnent dans les plantes à *cram-*

pons, tout en restant encore très-rudimentaires : ce sont de courtes racines adventives, droites et non ramifiées, qui naissent sur les axes, et que la nature de leur office fait nommer des crampons. Nous n'avons qu'une seule plante de cette catégorie en Europe, le Lierre (*Hedera Helix* Lin.).

Dans les groupes précédents, la fonction de fixation est diffusée en

Fig. 67. — Vrille foliaire du Pois cultivé (*Pisum sativum* Lin.).

quelque sorte dans toute la longueur des axes et s'exerce indifféremment en tous les points du système axile; chez les plantes munies de *vrilles* au contraire, l'acte est localisé et l'exécution en est confiée à des organes spéciaux nommés indifféremment *vrilles*, en raison de leurs formes, *mains*, en raison de leur usage. Ce sont, au fond, des organes d'emprunt, détournés de leur destination première et modifiés pour la circonstance. Selon les cas, les vrilles sont des feuilles et des parties de feuilles, ou encore les régions terminales de certains axes qui prennent la forme de cylindres simples ou peu ramifiés, longs et très-grêles, parfois filiformes et ordinairement nus. Généralement, ces organes s'attachent en enroulant leur extrémité libre autour du tuteur. Il y a donc une certaine analogie entre les plantes à vrilles enroulables et les plantes volubiles ; toutefois la comparaison est à

Fig. 68. — Vrilles axillaires d'une Passiflore, la *Passiflora crispa*.

l'avantage des premières, car si la tige volubile doit être grêle dans sa jeunesse, — comme nous l'avons prouvé, — le végétal à vrilles enroulables est exempt de cette sujétion, qui n'astreint que ses organes de préhension. Aussi, quelle différence entre la tige si menue de plantes volubiles telles que le Haricot (*Phaseolus vulgaris* Lin.) ou le Liseron des haies (*Calystegia sepium* R. Br.) et le sarment, robuste dès sa jeunesse, de la Vigne (*Vitis vinifera* Lin.)! Combien, d'autre part, ce mode de fixation est supérieur au *palissage* imaginé par les horticulteurs, et qui consiste à lier au tuteur, à l'aide d'un brin d'osier ou de toute autre manière, chacun des rameaux que l'on veut maintenir dans une attitude artificielle déterminée. Le palissage serait sans reproche si le rameau et son tuteur conservaient invariablement leur situation première ; malheureusement il n'en est rien, et tous deux, sous l'impulsion du vent, ploient et s'inclinent diversement, d'où résultent des frottements et des tiraillements, toujours nuisibles au rameau, quand ils n'amènent pas sa rupture. Hormis les cas de tempêtes, qui brisent ou déracinent tout ce qui se trouve sur leur passage, rien de pareil n'est à redouter chez les plantes à vrilles prenantes, grâce à la liberté de mouvement que celles-ci laissent aux rameaux. Toutefois les vrilles n'atteignent pas toutes un même degré d'appropriation, et les espèces grimpantes sont inégalement partagées sous ce rapport. Souvent la vrille est une sorte de main tendue accrochée par son extrémité seule, ne permettant au rameau qu'un mouvement circulaire autour du tuteur. Mais chez d'autres plantes, chez la Bryone dioïque (*Bryonia dioica* Lin.) par exemple, la vrille, en se tordant en tire-bouchon dans sa région moyenne, devient un organe élastique d'une rare perfection, qui, s'enroulant et se déroulant selon les besoins, permet à la plante d'obéir facilement et sans dommages pour elle aux impulsions du vent.

Exceptionnellement, la plante grimpe en s'aidant de vrilles adhésives qui fonctionnent comme les pattes de la mouche. Ainsi, dans la Vigne vierge (*Ampelopsis hederacea* Lin.), chacune des ramifications de la vrille se termine par une sorte de petite pelote cellulaire assez malléable pour s'appliquer exactement sur les corps étrangers, en expulsant l'air interposé entre eux. La pression atmosphérique, ayant dès lors sa complète liberté d'action, appuie énergiquement l'organe contre l'obstacle, et fixe ainsi la plante au mur qui lui sert de tuteur.

Les tiges horizontales sont *couchées* ou *rampantes*. Dans le premier cas, la plante reste étendue sur le sol, uniquement attachée par sa racine normale; telle est la situation d'une mauvaise herbe de la famille des Polygonées, commune sur le bord des chemins, la Traînasse ou Renouée des petits oiseaux (*Polygonum aviculare* Lin.). Dans le second, qui est la règle ordinaire, non-seulement la plante se couche. mais elle se cramponne au sol à l'aide de racines adventives

isolées ou diversement groupées selon les espèces le long des tiges et
des rameaux. Au fond, il y a la plus grande analogie entre les végétaux
grimpants et rampants : les uns et les autres adhèrent à des corps
étrangers. Les différences résultent de la nature du tuteur et du mode
de fixation : l'individu s'attache-t-il au sol, il est rampant ; s'attache-
t-il à tout autre corps, il est grimpant. En réalité, il n'y a point incompatibilité entre ces deux modes de végéter, et la même espèce peut
être indifféremment, selon les circonstances, grimpante ou rampante,
témoin le Lierre (*Hedera Helix* Lin.). Seulement, au lieu de la diversité des moyens d'attache propres aux espèces grimpantes, on ne trouve
plus, dans les végétaux rampants, qu'un mode de fixation, toujours le

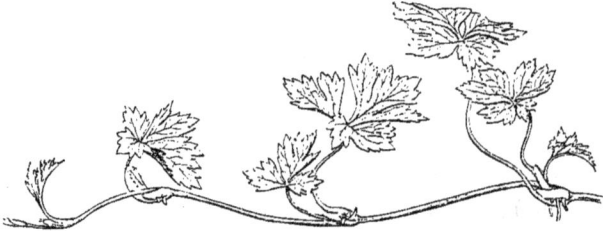

Fig. 69. — Racines adventives d'un rameau de la Renoncule rampante (*Ranunculus repens* Lin.).

même, la racine adventive, qui remplit, comme toute racine terricole,
un double emploi : l'un mécanique, de fixation ; l'autre physiologique,
d'absorption. C'est que le but essentiel à atteindre, pour la plante
grimpante, est avant tout de se fixer, peu importe comment, afin de
s'élever et de se maintenir dans les couches supérieures de l'atmosphère, toujours plus favorables à la végétation que les couches inférieures ; ses organes adventifs de préhension sont donc et restent
uniquement des organes de préhension. La condition de la plante rampante est entièrement différente. Condamnée par sa nature à vivre
étendue sur la terre, dans une région atmosphérique où l'air plus
humide et la radiation solaire moins intense ralentissent la transpiration et par conséquent le transport des matières nutritives puisées
dans le sol par la racine, la question pour elle n'est point de s'attacher
plus ou moins habilement afin de croître dans une direction plutôt
que dans une autre, puisqu'elles sont toutes également défavorables,
mais bien d'arriver à végéter dans ce milieu ingrat en multipliant ses
organes d'absorption ou ses racines, afin de racheter par leur nombre

le défaut de puissance de chacune d'elles en particulier. Elle ne se cramponne donc pas au sol, comme la plante grimpante à son tuteur, pour se soutenir, mais pour se nourrir ; voilà pourquoi ses organes de fixation sont des racines, et rien que des racines. Dans des conditions aussi défavorables à la vie, on comprend en effet la grande utilité pour tout axe, et même pour toute portion un peu notable d'axe, d'avoir sa propre racine, car il ne peut plus compter sur la racine de la communauté, sur la racine normale, pour peu qu'il s'écarte d'elle. Cet enchaînement d'exigences spéciales aux plantes rampantes donne à leur végétation un caractère particulier qui frappe tout le monde. La ramification, en s'attachant de distance en distance au sol sur lequel elle semble ainsi ramper, s'étend en rayonnant autour de la racine primaire. Avec le temps, les centres secondaires d'organisation créés par les racines adventives se multiplient et s'éloignent de plus en plus de la souche. Le travail physiologique, entièrement concentré au début sur la jeune tige et sa racine, émigre peu à peu dans la ramification ; à la longue, de partie principale la souche finit par devenir une partie accessoire de moins en moins importante. Du reste, à ce moment, son rôle est rempli : ses bourgeons se sont épanouis en rameaux, ses feuilles et ses fleurs sont tombées ; sa destinée est donc accomplie. De plus en plus isolée de la vie commune, elle languit, dépérit, meurt enfin ; avec elle disparaît le lien qui unissait entre elles les principales ramifications, et ces dernières, devenues libres, fondent de nouvelles colonies destinées à s'isoler à leur tour, le moment venu, de leur mère commune. Ainsi meurent successivement les anciens pieds, remplacés par d'autres de plus en plus éloignés du centre de création ; le végétal paraît se déplacer avec les années : d'où le nom de *plante migrante* qu'on lui donne habituellement. Les Pervenches, de la famille des Apocynées, en offrent un exemple bien connu. Place-t-on une de leurs touffes dans un coin du jardin, elle disparaît au bout de quelques années, remplacée par d'autres touffes, filles de la première, et dispersées çà et là. A proprement parler, ce n'est point là un cas de migration dans le sens précis du mot : la Pervenche ne se meut pas comme le fait l'animal, chacune de ses parties meurt où elle est née, et si la plante paraît se déplacer, cela tient uniquement à ce qu'elle se perpétue par une série de générations dont les divers membres s'écartent de plus en plus du point où elle a commencé de vivre. Plus

tard, lorsque nous connaîtrons les lois de la végétation, nous ferons
l'histoire des types les plus intéressants de plantes rampantes ; pour le
moment, limitons-nous à ces gé-
néralités et abordons un autre sujet d'étude, celui de la ramification.

A ce point de vue, il y a deux
sortes de tiges aériennes : l'une
simple ou non ramifiée et l'autre
ramifiée. Sur les végétaux du premier type, il n'y a qu'un seul bourgeon en activité, le bourgeon terminal, et tout l'appareil caulinaire,
alors réduit à son plus grand état
de simplicité, comprend un axe
plus ou moins court, plus ou moins
gros, portant des feuilles espacées
sur une grande partie de sa longueur ou massées autour du bourgeon générateur. La fructification
vient parfois altérer cette forme en
la compliquant, et voici comment.
Dans le cas où le bourgeon terminal conserve sa vitalité en continuant de donner exclusivement des
feuilles, certains bourgeons axillaires s'épanouissent, à des époques
déterminées, en axes floraux temporaires qui meurent après la fructification, et la tige reste simple.
Au contraire, lorsque le bourgeon
terminal se résout en fleurs à un
moment donné de son existence, il
meurt après la maturation des
graines et l'arbre tout entier péri-

Fig. 70. — Tige simple d'une Monocotylédone
arborescente : le Palmier Ronier.

rait si un ou plusieurs bourgeons axillaires, n'ayant vécu jusqu'alors
que d'une vie latente, n'entraient à ce moment en activité et ne don-

naient des axes feuillés permanents, appelés à continuer l'œuvre de
la tige. Tel est le mode de végétation des Dracæna et des Cordylines;
mais cette ramification reste toujours peu fournie et bien inférieure

Fig. 71. — Tiges simples d'une Monocotylédone arborescente : le Palmier Aréquier.

en puissance à celle des tiges de l'autre type, dont la ramification est
indépendante de la floraison et ordinairement la précède. Un fait digne
d'attention est la localisation des espèces simples et ramifiées dans
certains groupes et dans certaines régions naturelles. Ainsi, la forme
simple appartient aux régions intertropicales, et caractérise les Mono-

Fig. 72. — Tige faiblement ramifiée d'une Monocotylédone arborescente : le Palmier Doum, de la Thébaïde (*Hyphæne thebaica*),

cotylédones ou les Acotylédones; les formes puissamment ramifiées, au contraire, les Dicotylédones et les régions extratropicales.

La tige ramifiée présente, dans son état moyen, l'aspect d'un cône droit susceptible d'innombrables variations portant principalement sur la hauteur des premières branches, l'orientation des axes secondaires, les dimensions de la *tête* ou *cime* de l'arbre.

La hauteur des premières ramifications, ou la distance de la cime à la surface du sol, varie sous des influences dont les unes tiennent au sujet et les autres au milieu; c'est donc là un caractère très-changeant et par suite sans importance réelle. Néanmoins les botanistes, croyant utile d'établir des catégories sous ce rapport, malgré les incertitudes d'une pareille classification, ont partagé les espèces ligneuses en *arbres, arbustes, arbrisseaux* et *sous-arbrisseaux*. Mais l'impossibilité d'appliquer rigoureusement ces termes prouve l'inanité de leur usage.

Les lignes de démarcation sont en effet arbitraires, et il n'y a ici que des différences du plus au moins dans la taille du sujet et la hauteur de la ramification. Si la taille est élevée et les premières branches situées à une assez grande distance du sol, le végétal est un arbre ; les proportions se réduisent-elles de plus en plus, et la ramification se rapproche-t-elle progressivement de terre, le sujet est un arbuste, un arbrisseau, ou enfin un sous-arbrisseau quand ses premières branches naissent au niveau du sol. Mais, encore une fois, il n'y a pas grand avantage à tirer d'un caractère si variable qui change surtout avec le climat. Ainsi telle espèce dont les représentants sont tous de grands arbres dans les régions intertropicales, leur patrie, ne comptent plus, parmi nous, que des arbrisseaux ou des sous-arbrisseaux, parfois même des herbes ! Voilà incontestablement un effet de climat. La plante grandit plus ou moins et sa ramification naît plus ou moins haut selon la puissance nutritive de l'atmosphère. Tel arbre atteint une grande taille dans une localité où la zone vitale de l'atmosphère est très-épaisse, qui végète misérablement ou buissonne dans telle autre où la même zone est réduite à quelques mètres.

L'orientation des branches n'est pas moins variable que la taille de la plante et la distance au sol de ses premières ramifications.

Une branche quelconque fait avec la partie supérieure de la tige un

angle que nous appellerons son inclinaison. Celle-ci, en variant de
0° à 180°, produit toutes les orientations imaginables, que l'on rattache
à cinq types principaux : 1° orientation verticale ascendante ou
forme fastigiée ; 2° orientation plus ou moins oblique ascendante ;
3° orientation horizontale ; 4° orientation plus ou moins oblique descendante (première forme pleureuse) ; 5° orientation verticale descendante (deuxième forme pleureuse).

La ramification est *fastigiée* quand l'angle d'inclinaison des branches est aigu. Tous les arbres fastigiés ou *pyramidaux* connus sont
des variétés de types à cime plus ou moins étalée, et il n'est pas rare
de rencontrer, dans la même espèce, des variétés fastigiées, d'autres
à branches horizontales, d'autres enfin à branches pleureuses. Le
représentant le plus populaire de cette forme est le Peuplier d'Italie
(*Populus fastigiata* Pers.). La parité plus ou moins complète de
situation entre la tige et ses premières ramifications, dans les sujets
fastigiés, nuit au développement de la première ; aussi, pour forcer
l'arbre à s'élever, est-on contraint d'avoir recours à de fréquents
élagages, afin de maintenir la prééminence de la tige sur le reste de
la charpente. Cette forme est d'ailleurs désavantageuse à l'accroissement de la ramification, attendu que les branches, trop rapprochées
les unes des autres, se nuisent réciproquement, absolument comme
dans une futaie très-épaisse les arbres se gênent mutuellement dans
leur développement latéral.

La ramification horizontale est de toutes la plus favorable à la
croissance des branches, parce qu'elle amène le plus grand écarte-

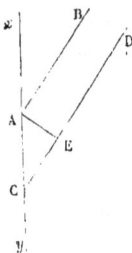

Fig. 73.

ment possible entre les divers membres. Soient en
effet xy, la tige ; AB, CD, les directions de deux
branches superposées et parallèles ; AE, leur écartement ; des considérations géométriques très-simples
montrent que, pour une même distance des points
d'attache A, C, l'écartement AE des deux axes est le
plus grand possible ou maximum pour la ramification horizontale. Or la grandeur de l'intervalle qui
sépare deux branches voisines exerce une influence manifeste sur leur
développement, car plus cet intervalle est considérable, plus facilement
pénètrent et circulent les agents principaux de la vie aérienne, l'air
et la lumière ; voilà pourquoi dans la ramification horizontale, comme

celle des Sapins entre autres, les branches atteignent avec l'âge d'é-
normes proportions.

On peut ajouter qu'elle est également de toutes la plus favorable
à l'allongement de la tige ; car tiges et branches se gênent mutuellement le moins possible, puisque celles-là croissent verticalement et
celles-ci horizontalement.

La ramification pleureuse est l'opposé de la ramification fastigiée.
Chez elle, une partie ou la totalité des branches sont pendantes, c'est-
à-dire se dirigent vers le sol, au lieu de s'en écarter de plus en plus,
comme dans la généralité des arbres et arbustes ; c'est donc une attitude contre nature. On distingue, dans les arbres pleureurs, deux formes bien tranchées. Dans l'une, dont le Saule pleureur (*Salix babylonica* Lin.) est l'exemple le plus répandu, les principales branches
offrent l'orientation, la grosseur et l'agencement ordinaires ; seuls
certains rameaux, très-longs et très-grêles, simples ou ramifiés, pendent sans force en dessinant une courbe gracieuse. Leur débilité semble
influer sur leur exceptionnelle attitude, car les pousses naissantes du
Saule pleureur prennent d'abord l'orientation ordinaire, se dirigent obliquement, de bas en haut, sont redressées par conséquent puisque la
branche mère est pendante ; ce n'est que plus tard, lorsque le scion atteint une certaine longueur, qu'il se courbe à son tour. Certaines variétés pleureuses de Sophora, de Frêne, etc., ont un tout autre caractère.
Chez elles la branche a les proportions et la rigidité accoutumées ; son
inclinaison vers le sol est uniquement due à une seule déviation qui
se produit vers sa base. En ce point, l'axe est brusquement coudé et
comme cassé, mais il est droit et rigide dans le reste de son étendue.
Ce port est parfois un effet d'imitation. Ainsi, on a souvent recours en
Arboriculture à l'*arcure* pour maîtriser la fougue de certains rameaux
à croissance trop rapide ou qui *s'emportent*, selon l'expression consacrée. Or on voit parfois sur des sujets ainsi traités depuis longtemps
des rameaux, laissés entièrement libres, se courber néanmoins spontanément vers la terre.

Les deux formes pleureuses paraissent être, dans la plupart des cas, un
accident individuel non transmissible par la graine, et que l'on conserve
par les procédés ordinaires de multiplication, greffe, bouture ou marcotte. On cite pourtant des variétés qui se maintiennent de semis ; tel
est le Pêcher pleureur. Du reste, les variétés pleureuses se produisent

rarement : la preuve en est que, malgré le soin avec lequel on les recherche et conserve pour l'ornementation des jardins paysagers, elles sont encore en bien petit nombre.

La consistance de la tige et de ses ramifications n'est pas moins variable que l'orientation des branches. Sous ce rapport, les végétaux se divisent en *ligneux, herbacés* et *sous-ligneux*. Les deux premières expressions se comprennent d'elles-mêmes ; quant à la troisième, on dit que le végétal est sous-ligneux lorsque les parties terminales de ses rameaux restent herbacées et périssent pendant l'hiver qui suit leur développement. La plante subit donc un émondage périodique et spontané ; tel est le cas de la Lavande (*Lavandula spica* Lin.), de la Sauge officinale (*Salvia officinalis* Lin.), etc.

Enfin les formes affectées par les tiges contribuent pour une très-large part à caractériser la physionomie ou le port des végétaux. Ces formes sont innombrables ; conformément à notre constante habitude, nous signalerons seulement les plus accusées, en les partageant tout d'abord en formes normales et en formes anormales ou accidentelles.

La tige ligneuse s'appelle *tronc*, si elle est conique et plus ou moins puissamment ramifiée : c'est l'état habituel des espèces arborescentes dicotylédones ; *stipe*, si elle s'allonge en un cylindre relativement grêle, parfois renflé à sa base ou dans sa région moyenne, simple et alors terminé par un énorme faisceau de feuilles généralement gigantesques, ou quelquefois faiblement ramifié, comme nous l'avons remarqué plus haut : c'est la forme ordinaire des Monocotylédones et des Acotylédones arborescentes.

Parmi les tiges herbacées, il en est deux particulièrement remarquables par leur configuration. L'une se rencontre dans les Graminées : c'est le *chaume*, sorte de stipe à entre-nœuds le plus souvent évidés ou *fistuleux*, tantôt herbacé, comme dans le Blé par exemple, tantôt ligneux, comme dans le Bambou, dont la tige est intermédiaire entre le chaume proprement dit, petit et herbacé, et le stipe ligneux de très-grande taille de certains Palmiers. L'autre est la *hampe*, tige herbacée, légèrement conique, allongée et très-souvent nue, portant les fleurs à son sommet ; c'est la tige des plantes dites à *oignons*, telles que Jacinthes, Lis, Tulipes, etc.

Tous les axes dont nous avons parlé jusqu'ici sont feuillés dans leur jeunesse ; certaines espèces font exception à cette loi : d'une part, leurs feuilles s'atrophient jusqu'à se réduire à des piquants, des poils, même un simple duvet; de l'autre, leurs axes se métamorphosent au point de

Fig. 74. — Massifs de Bambous.

ressembler à des feuilles. Cette double transformation, si favorable à la doctrine de l'unité de composition de l'appareil aérien, se montre indifféremment sur les espèces ligneuses comme sur les espèces herbacées, accidentellement ou normalement, et par conséquent d'une façon temporaire ou permanente. Dans le premier cas, elle n'est qu'une monstruosité individuelle nommée *fasciation*, défigurant quelques axes

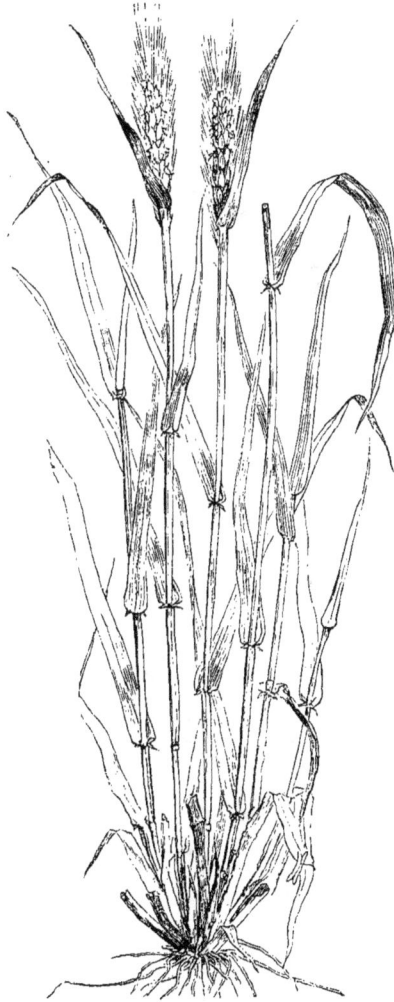

Fig. 75. — Chaume du Blé barbu.

seulement du végétal; dans le second, elle s'élève au rang d'un caractère spécifique transmissible par voie de génération, et atteint indistinctement tous les axes, qui prennent alors le nom de *cladodes*.

La fasciation résulte d'un aplatissement et d'un élargissement de l'axe, de la base au sommet, souvent accompagnés d'une division spontanée et longitudinale ou *partition*, qui s'étend plus ou moins loin, à partir de la pointe, en faisant du rameau deux ou plusieurs lanières. La fasciation est toujours primitive et s'effectue à mesure que l'axe s'allonge. Chez les espèces arborescentes, il est très-rare de trouver des

Fig. 76. — Tige en cladode d'une Cactée:
le Cierge Pitajaya (*Cereus Pitajaya*
DC.).

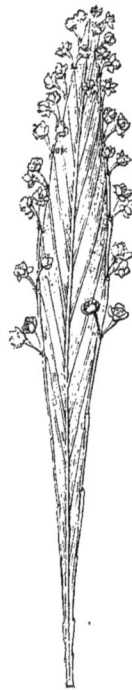

Fig. 77. — Rameau foliacé et florifère d'une Euphorbiacée : le Xylophylla à feuilles étroites (*Xylophylla angustifolia* Willd).

rameaux à la fois fasciés et lignifiés, les pousses ainsi déformées périssant ordinairement avant de perdre la consistance herbacée. Parfois enfin la modification devient plus complexe et s'accompagne d'une torsion plus ou moins prononcée de l'axe.

Quand la fasciation se généralise, avons-nous dit, quand tous les axes de la plante prennent l'aspect foliiforme, alors la métamorphose change de nom et les axes ainsi modifiés sont des cladodes. Naturellement la transformation est plus ou moins complète selon les espèces, et l'on rencontre tous les intermédiaires entre le rameau ordinaire et l'organe axile reproduisant fidèlement l'image de la feuille.

VI. — DES TIGES SOUTERRAINES : RHIZOMES ET BULBES

Tout axe caulinaire souterrain est un *rhizome*. Un habitat si insolite modifie dans une certaine mesure les caractères originels de l'organe, en sorte que, du double fait de sa naissance et de sa situation, le rhizome tient à la fois de la tige et de la racine, mais s'en distingue néanmoins par des particularités, les unes anatomiques, les autres organographiques ou physiologiques. Extérieurement, sa nature caulinaire se trahit par :

1° Ses feuilles, régulièrement distribuées, mais profondément modifiées lorsqu'elles restent souterraines, car elles se réduisent alors à des écailles décolorées, membraneuses ou charnues ;

2° Ses bourgeons phyllogènes, l'un terminal, les autres axillaires.

L'influence du milieu se révèle au contraire par des racines adventives insérées le long de l'axe, et une tendance, ordinairement fort prononcée, à la tubérisation, qui rend l'axe charnu dans la plupart des cas, mais pas dans tous, témoin le rhizome ligneux, vulgairement appelé racine, du Chiendent (*Triticum repens* Lin.).

L'orientation du rhizome est variable comme celle de la branche aérienne. Une situation horizontale et à fleur de sol est évidemment la plus favorable, puisqu'elle maintient l'organe dans les couches superficielles, de toutes les plus riches en aliments immédiatement absorbables ; néanmoins, dans certaines ramifications souterraines, on observe chez les différents axes les orientations les plus variées depuis l'horizontale jusqu'à la verticale.

Durant son existence, le bourgeon terminal du rhizome demeure souterrain ou se redresse à un moment donné, comme dans l'Iris de Florence (fig. 50), et s'allonge en un axe aérien. Dans le premier cas, l'organe, resté tout entier souterrain, grandit peu à peu par l'épanouissement de son bourgeon terminal ; mais, se détruisant progres-

FLEURS DES CHAMPS

sivement par l'autre extrémité, il conserve sensiblement la même longueur comme l'axe caulinaire rampant. Il révèle sa présence par des rameaux aériens, feuillés et florifères, qu'il émet de distance en distance. Dans le second cas, le rhizome est souterrain et écailleux par sa base, aérien et feuillé par son sommet.

Parfois le rhizome prend des caractères tellement particuliers et insolites que pendant longtemps, sous les noms de *bulbe* ou d'*oignon*,

Fig. 78. — Bulbe tuniqué d'une
Jacinthe.

Fig. 79. — Bulbe écailleux du Lis commun
(*Lilium candidum* Lin.).

on en a fait un organisme spécial, *sui generis*. Au fond, la nature et l'organisation de ces corps, rhizomes ou bulbes, sont les mêmes : ils diffèrent seulement par quelques particularités secondaires.

Dans le bulbe, l'axe principal, orienté verticalement, reste épais, court, en forme de cône charnu très-surbaissé : on le nomme le *plateau*. Le défaut d'allongement de l'axe a pour conséquences : 1° l'agglomération des racines en un faisceau inséré sur le pourtour de la face inférieure du plateau; 2° l'extrême rapprochement des feuilles, entièrement ou partiellement charnues par leur base, selon qu'elles restent entièrement ou partiellement enterrées. L'ensemble forme cette

masse ovoïde, blanchâtre, connue de tout le monde sous le nom d'oignon, et d'où s'élancent, à la reprise de la végétation, des rameaux
portant des feuilles vertes et des fleurs remarquables par leur ampleur,
l'éclat et la diversité de leur coloris.

Nous compléterons bientôt, en traitant des bourgeons, cette description trop succincte ; bornons-nous à ajouter qu'on a généralement

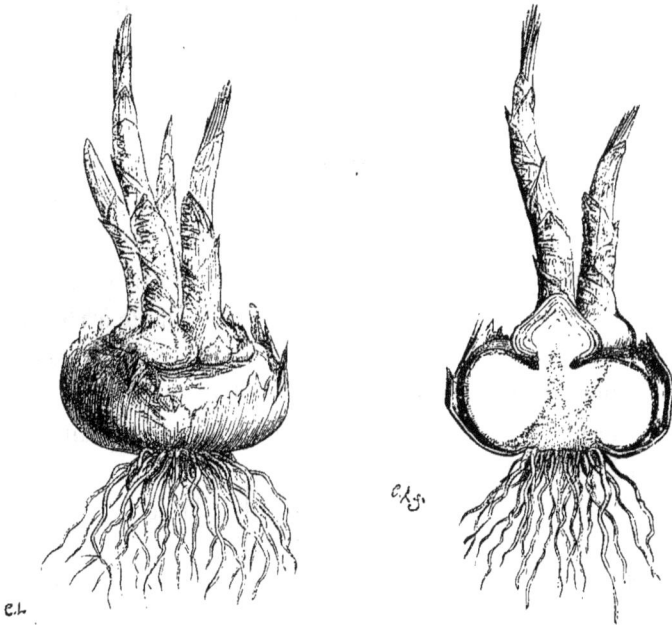

Fig. 80. — Bulbes solides du Safran.

recours, pour s'y retrouver au milieu des innombrables variations des
bulbes, à une classification artificielle et arbitraire sans doute, mais
suffisante dans la pratique horticole. On divise les bulbes en tuniqués,
écailleux et solides, selon les manières d'être de la feuille pour les
deux premiers, de l'axe pour le troisième.

Les bulbes des Aulx, Amaryllis, Leucoium, Narcisses, Perce-neige
(*Galanthus nivalis* Lin.), Tulipes, etc., sont dits *tuniqués*, parce que
la base des feuilles enveloppe complétement le bulbe comme dans
une tunique d'abord charnue, plus tard scarieuse ou membraneuse,
qui devient, par l'atrophie de la portion terminale verte chez un
certain nombre d'entre elles, la mortification et la chute de la même

région chez les autres, une sorte de coiffe sans solutions de continuité,
excepté au sommet, où elle s'ouvre pour livrer passage aux hampes et
aux parties supérieures des feuilles suivantes. Les bulbes de Jacinthes,
de Scilles, sont bien encore tuniqués, mais déjà cependant la dégradation est manifeste : les tuniques sont incomplètes et n'embrassent
qu'imparfaitement le bulbe. D'une espèce à l'autre, elles se réduisent
de plus en plus et finissent par ressembler à des écailles : d'où le nom
d'*écailleux* alors donné aux bulbes; tel est celui du Lis ordinaire.

Quant aux bulbes *solides*, ils résultent de la tubérisation de l'axe
principal, qui reste libre après sa métamorphose ou se soude partiellement aux bases, également charnues, des feuilles.

En résumé, nous voici en présence d'un nouveau type, que nous
appellerons d'une manière générale la plante à rhizome. C'est une
des mailles du vaste réseau des formes végétales qui rattache la
plante phanérogame supérieure, à racine souterraine et à tige aérienne,
à la Cryptogame dégradée, entièrement terricole. La plante à rhizome
en effet n'est jamais que partiellement terricole : toujours quelques-uns
de ses axes caulinaires se redressent, et portent dans les couches inférieures de l'atmosphère les fleurs et les feuilles proprement dites indispensables à l'absorption et à l'élaboration des aliments disséminés
dans l'immense océan aérien. Par elle se complète la série de dégradations organiques qui de l'arbre aboutit à la Truffe, en passant par
l'arbuste, l'arbrisseau, le sous-arbrisseau et la plante rampante. Au-
dessous de celle-ci se range, dans l'ordre naturel, la plante à rhizome,
que l'on pourrait définir: une plante rampante partiellement enterrée.
A part cette différence, les mêmes dispositions organiques essentielles,
les mêmes traits de mœurs caractéristiques, se retrouvent dans l'une
comme dans l'autre; et ce sont des variations secondaires d'organisation qui permettent de distinguer parmi elles trois formes principales:
1° la plante à rhizomes dont tous les axes caulinaires souterrains sont
des rhizomes ordinaires, c'est-à-dire des corps allongés et radicants
plus ou moins gros et plus ou moins charnus ; 2° le bulbe, dont tous
les axes caulinaires souterrains sont des rhizomes déformés, courts et
tuberculeux ; 3° la plante mixte, bulbo-rhizome ou à rhizomes bulbi-
fères.

On peut se faire une idée suffisante du premier type, en imaginant
un arbuste couché et enterré à fleur de sol, à l'exception de quelques

rameaux privilégiés sortant de terre et produisant les feuilles vertes, les fleurs et les fruits. Une telle situation est certainement contraire à la nature des Phanérogames, et les privations qu'elle impose à la plante se révèlent par la brièveté de son existence et son faible développement. Jamais en effet on ne trouve parmi elles la puissante ramure de nos arbres forestiers, Chênes, Hêtres, etc. Quant aux rares productions aériennes de ces végétaux, dans nombre de cas elles restent herbacées et meurent après une première fructification ; parfois cependant elles se lignifient et persistent, comme chez les Yucca. Dans ces dernières espèces, en ne tenant pas compte de la ramification souterraine, on prendrait ces axes droits, robustes et ligneux, peu ou point ramifiés, portant périodiquement des feuilles et des fleurs, pour des tiges, et en particulier dans les Yucca, pour des stipes, mais des stipes bien lents à croître, bien prompts à mourir de vieillesse. La remarquable lenteur de leur croissance, le faible développement de leur système caulinaire, tiennent évidemment, chez les plantes à rhizome, à l'insuffisance de l'alimentation aérienne. Au contraire, sous le rapport de l'alimentation souterraine, il est évident qu'elles sont de toutes les mieux partagées. En effet, ainsi que nous le remarquions plus haut, les aliments de cette dernière catégorie sont cantonnés dans les couches superficielles du sol ; pour les atteindre et les utiliser, la racine devrait imiter la Taupe sans cesse creusant de nouvelles galeries, à la poursuite de sa proie qui se cache, elle aussi, à fleur de terre. Si la racine était un animal, c'est ainsi qu'elle agirait ; mais sa nature s'y oppose. Le rhizome heureusement, en rampant sous terre, vient en aide à son impuissance fonctionnelle. Telle est la raison de la supériorité, sous ce rapport, de la plante à rhizome sur la plante vivace réduite à sa racine normale, dont les ramifications, en s'enfonçant de plus en plus profondément, portent leur chevelu, non plus dans des couches fertilisées par le voisinage de l'atmosphère comme le fait le rhizome, mais dans une terre que stérilise un trop grand éloignement de la surface.

Ces deux modes d'existence se distinguent encore l'un de l'autre par la grosseur et la grandeur des racines. Chez les plantes rampantes ou pourvues de rhizomes, qui courent toutes à la surface du sol ou bien à une faible profondeur, et changent par conséquent sans cesse de terrain, les nombreuses racines adventives qui se succèdent sont toujours courtes et grêles. Au contraire, chez les autres espèces, les racines, relativement en petit nombre et fort rapprochées les unes des autres, doivent profondément s'enfoncer, grandir et grossir beaucoup par conséquent, pour arriver à nourrir la plante.

VII. — DES TIGES AQUATIQUES

Les faits les plus remarquables de l'organisation des plantes aquatiques sont l'extrême simplicité du corps ligneux et le grand développement du système lacunaire chez les organes submergés. Dans ces espèces, les lacunes ne sont plus des vides isolés et accidentels, comme dans les tiges aériennes, mais s'associent en longs et larges canaux

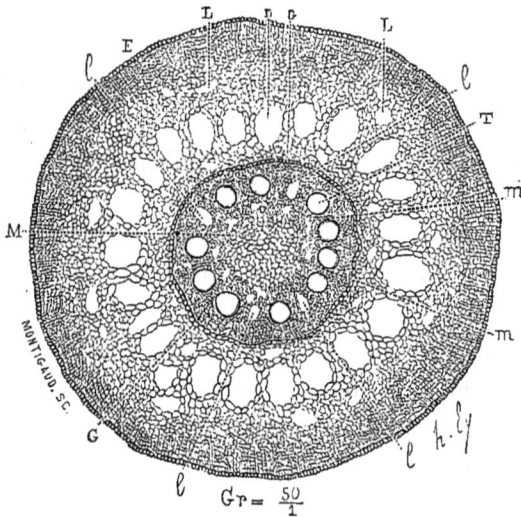

Fig. 81. — Coupe transversale, grossie 50 fois, prise dans la partie submergée de la tige de la Châtaigne d'eau (*Trapa natans* Lin.). E, épiderme à une assise de cellules ; L, L, etc., lacunes corticales ; G, gaine protectrice du système vasculaire ; T, T, etc., trachées ; *l, l*, etc., lacunes médullaires ; M, moelle centrale compacte ; *m*, moelle périphérique lacuneuse.

aérifères, d'une admirable régularité de conformation et de distribution, et souvent partagés en chambres indépendantes par des cloisons cellulaires transversales.

La raison, ou tout au moins l'une des raisons, de cette disposition spéciale est facile à trouver. Dans un grand nombre de types, en effet, ces axes doivent pouvoir librement nager, afin de maintenir à la surface de l'eau les fleurs et un certain nombre de feuilles. Le moyen le plus naturel d'y parvenir est de les alléger en creusant leurs tissus de conduits aériens, véritables vessies natatoires qui tendent sans cesse, en vertu de leur légèreté spécifique, à soulever l'organe.

Enfin, ces axes restent généralement herbacés et sont annuels ; cette circonstance, jointe à la nécessité de leur allégement, explique la grande simplicité d'organisation de leur corps ligneux, réduit parfois à sa plus simple expression, comme dans la tige de la Châtaigne d'eau, où le système vasculaire du faisceau libéro-ligneux se compose d'une seule et large trachée.

CHAPITRE V

ORGANISATION DES BOURGEON

I. — CARACTÈRES GÉNÉRAUX DES BOURGEONS

Le bourgeon dont nous allons étudier l'organisation est celui que nous avons jusqu'ici appelé *phyllogène*. Nous connaissons déjà son origine : une petite masse parenchymateuse, le cône végétatif, douée des deux attributs de la vie, accroissement et multiplication, placée dans le voisinage immédiat d'un tissu fibro-vasculaire suffisamment jeune. Ainsi constitué, le cône végétatif organise avec le temps un axe portant des feuilles, à l'aisselle desquelles naissent, un peu plus tard, de nouveaux bourgeons. Les choses se continuent ainsi durant plus ou moins de temps, jusqu'à ce qu'enfin le bourgeon s'éteigne, après avoir incomplétement façonné une dernière feuille qui reste chétive et rabougrie, ou bien termine son existence en produisant une ou plusieurs fleurs diversement groupées.

Un peu plus tôt ou un peu plus tard selon sa nature, le bourgeon se montre au-dessus de l'écorce sous laquelle il est né. Son apparence est alors celle d'un corps de grosseur variable avec l'âge et l'espèce, de forme plus ou moins ovoïde ou plus ou moins conique selon sa composition. A cet état, son axe est rudimentaire et ses feuilles, artistement repliées sur elles-mêmes et disposées avec un art inimitable pour occuper le moins de place possible, sont étroitement serrées les unes contre les autres. Comme en toutes circonstances, l'organisation déploie ici les inépuisables ressources d'un incomparable génie d'invention, et c'est par des moyens variés à l'infini, mais toujours d'une extrême simplicité et d'une rare élégance, qu'elle résout avec une surprenante habileté le problème de renfermer dans le moindre espace possible, sans les froisser ou les déchirer, les feuilles du futur

Fig. 82. — Bourgeon du Robinier faux-Acacia (*Robinia pseudo-Acacia* Lin.), s'éteignant après avoir produit des feuilles dont l'une porte une grappe de fleurs dans sa région axillaire.

rameau. La manière dont est ployée chacune des feuilles d'un même bourgeon, et la façon dont elles se groupent, sont uniformes, au moins dans les individus de la même espèce. Ce double caractère, qui a donc une certaine valeur spécifique, se nomme *préfoliaison*, *préfoliation* ou encore *vernation*.

Jusque-là la puissance vitale s'est particulièrement appliquée à l'organisation des feuilles, laissant l'axe, leur commun support, à l'état d'ébauche. Mais à un moment donné, ordinairement au réveil de la vie active chez les espèces vivaces, les choses changent de caractère :

l'axe s'allonge enfin, espaçant de plus en plus ses feuilles qui, cessant de se gêner mutuellement, grandissent et atteignent successivement leurs dimensions définitives. Cette modification dans la marche de la végétation a pour premier effet d'entr'ouvrir le bourgeon ou de

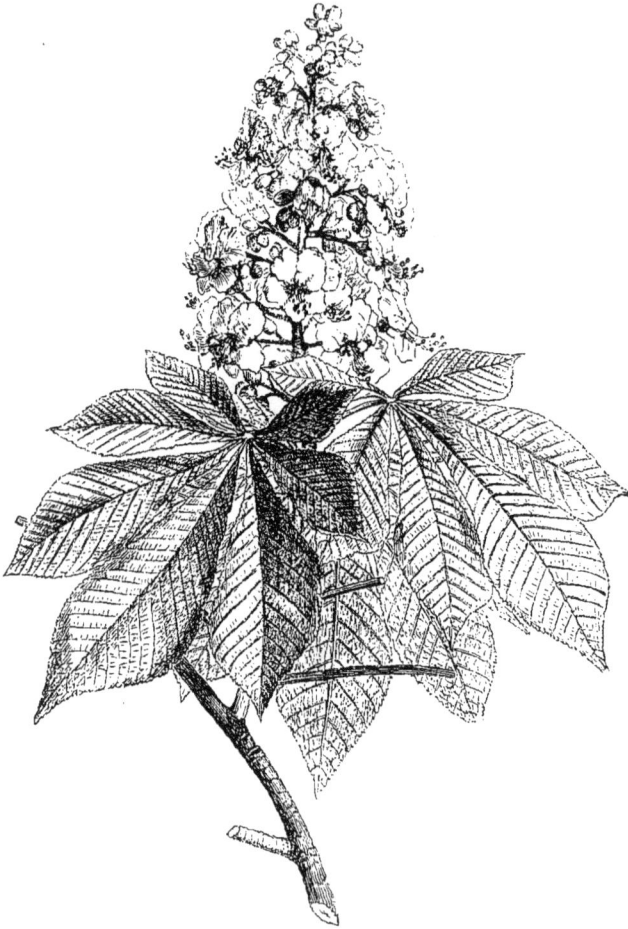

Fig. 85. — Bourgeon du Marronnier d'Inde (*Æsculus hippocastanum* Lin.), qui se transforme en un groupe de fleurs, après avoir émis des feuilles.

l'*épanouir*. Après l'épanouissement, l'axe feuillé, désormais en voie d'allongement, conserve le nom de *scion* tant qu'il reste herbacé et prend celui de *rameau* en se lignifiant. En horticulture, nous le savons, la nomenclature est différente, d'où résulte une confusion perpétuelle de termes entre les théoriciens et les praticiens. Pour les jardiniers, l'ensemble des productions dont nous parlons constitue un *œil* à leur naissance, un *bouton* un peu avant l'épanouissement, dès que l'axe et les feuilles sont visibles, un *bourgeon* enfin après l'épanouissement et tant que l'axe reste herbacé.

Depuis longtemps les botanistes recherchent quelle est la vraie nature du bourgeon. Est-ce une simple partie de la plante, un organe au même titre que la tête, les membres, etc., d'un animal? ou bien faut-il voir en lui un organisme, une individualité, ordinairement agrégée à l'individualité-mère, mais pouvant toutefois s'en séparer dans certaines conditions déterminées pour vivre libre et indépendante? L'hypothèse de l'individualité du bourgeon prévaut aujourd'hui, et la science admet, indépendamment d'une individualité simple représentée par la cellule et les organismes élémentaires dérivés, deux individualités complexes, agrégats harmonieux des précédentes, qui sont : l'*embryon fixe* ou

Fig. 84. — Épanouissement d'un bourgeon d'Amandier (*Amygdalus communis* Lin.).

bourgeon; l'*embryon libre* ou embryon proprement dit, représenté par la plantule contenue dans la graine régulièrement conformée. Parfois même on identifie ces deux organismes, et pourtant les différences qui les séparent sont importantes. L'embryon, en effet, est une plantule conformée pour la vie libre et indépendante; il en possède les organes indispensables, la racine, la tige, le bourgeon, tous, il est vrai, à l'état rudimentaire. Mais le nouvel être trouve toujours sous les enveloppes de la graine ou dans le corps cotylédonaire, par conséquent à sa portée, une nourriture spéciale, placée là en réserve pour satisfaire à ses premiers développements. Cette sorte de lactation suffit pour parachever ses organes de nutrition et les mettre promptement en état de fonctionner. Rien de pareil n'existe chez le bourgeon proprement dit, pour lequel la vie indépendante, quand on le sépare de la plante-mère pour le bouturer, débute toujours par une période très-critique, celle de la formation d'un appareil radical adventif, puisqu'il ne possède jamais, — et c'est là son trait distinctif et caractéristique, — même les premiers rudiments d'une racine normale. Tant que ce travail préliminaire n'est pas achevé, sa vie est à tout

instant menacée, puisqu'il n'a pas, — comme le véritable embryon,
— une réserve alimentaire à sa disposition ; et, dans les circonstances
ordinaires, il vit en vrai parasite sur le rameau qui lui a donné
naissance. Néanmoins, on ne saurait le nier, il y a de remarquables
analogies entre l'embryon et le bourgeon, par exemple la complète
similitude de part et d'autre de l'appareil aérien, — axe et appendice,
— sauf sur un point cependant : la présence du corps cotylédonaire
chez l'embryon libre, son absence chez l'embryon fixe, à moins
d'admettre avec quelques botanistes que la différence est plus apparente que réelle, la feuille sous-axillaire étant pour eux l'équivalent
des cotylédons. On a même parfois vanté la supériorité du bourgeon
sur la graine comme corps reproducteur : opinion manifestement
fausse, car les plantes venues d'un semis de bourgeons, n'ayant jamais
qu'un appareil radical adventif, resteront toujours de ce chef inférieures à celles qui sont issues directement de graines.

Le développement des corps organisés paraît s'effectuer conformément à un plan préétabli dont l'exécution est souvent troublée par
des influences étrangères et accidentelles d'autant plus funestes que
le travail organique est moins avancé. On change, en effet, plus
profondément les caractères d'un édifice en modifiant les fondations
que le détail de certaines dispositions des parties supérieures. Aussi
les altérations graves du type, ou les *monstruosités*, naissent-elles des
entraves apportées, au début, à l'observation rigoureuse du plan primitif. Ce qui revient à dire que la protection doit être d'autant plus
énergique que l'organisme ou l'organe est plus jeune.

Rien de plus varié et de plus ingénieux que les moyens mis en
œuvre pour assurer contre toutes éventualités contraires le libre et
régulier développement des bourgeons. Chez les plantes annuelles, ils
naissent, s'épanouissent en rameaux et meurent des premiers jours du
printemps aux derniers jours de l'automne ; sauf les cas accidentels
de perturbations atmosphériques, ils n'ont donc jamais à redouter les
intempéries, et par conséquent des organes de protection leur sont
inutiles. Chez un grand nombre d'espèces ligneuses au contraire, les
bourgeons passent l'hiver en plein air. Réduits à l'inaction par les
rigueurs de la mauvaise saison, ils sommeillent en attendant le retour
du printemps ; ce sont des bourgeons hibernants. D'une manière générale, on entend par *hibernation* la léthargie, plus ou moins profonde

et plus ou moins prolongée suivant les espèces et les conditions extérieures, dans laquelle tombent périodiquement certains organes ou
certains organismes tout entiers, et durant lequel l'accroissement
demeure suspendu. Dans nos climats, les
bourgeons hibernants naissent et grossissent peu à peu pendant le cours de la belle
saison ; mais les premiers froids arrêtent
leur épanouissement. Aussi, dans les automnes
exceptionnellement chauds et humides, voit-
on beaucoup d'entre eux, excités par la douceur de la température, continuer leur évolution, s'entr'ouvrir et donner une seconde,
parfois même une troisième floraison. Ces
floraisons automnales et intempestives, souvent suivies de fructifications, ne sont point
rares chez quelques-uns de nos arbres fruitiers et d'ornement les plus communs : Cerisiers, Poiriers, Pommiers, Marronniers d'Inde, Lilas, etc. Dans les conditions ordinaires, il n'en est pas ainsi : les rigueurs des
derniers jours d'automne s'opposent à l'épanouissement, et les bourgeons, ainsi arrêtés

Fig. 85. — Bourgeons écailleux
de Peuplier.

dans leur développement, s'endorment jusqu'au retour du printemps.

La période d'hibernation est chez nous une époque très-critique pour
les bourgeons, dont la vie est alors à chaque instant compromise par
les rigueurs de la température et l'excès de l'humidité. A l'équateur, il
y a également deux saisons principales : la saison sèche, durant
laquelle le manque d'eau suspend toute végétation, et la saison pluvieuse, où la puissance vitale, sans cesse surexcitée par un temps très-
chaud et très-humide, déploie une activité inconnue sous nos latitudes.
Pour la plante tropicale, la saison sèche correspond donc à notre hiver ;
comme ce dernier, elle menace de mort le bourgeon qui s'expose à
son influence, non plus par l'effet du froid et d'une excessive humidité,
mais par l'action non moins meurtrière d'une haute température
secondée par une sécheresse persistante. Ainsi, tous les bourgeons
hibernants, quelle que soit leur patrie, doivent lutter contre le froid
ou le chaud, l'humidité ou la sécheresse.

Il est bien rare, — nous aurons maintes occasions de le reconnaître,
— que l'organisation, pour atteindre un seul but, ait invariablement
recours au même moyen. Pour protéger le bourgeon, la Nature s'est
montrée inépuisable dans ses ressources ; décrivons quelques-unes de
ses créations, en nous adressant particulièrement aux arbres d'ornement connus et recherchés de tout le monde. Prenons comme premier
exemple le Marronnier d'Inde (*Æsculus hippocastanum* Lin.).

Chacun de ses bourgeons est revêtu d'une sorte de cuirasse écailleuse, hermétiquement fermée aux influences mortelles de l'hiver.
Préparée durant la belle saison, elle persiste jusqu'à l'époque de la
foliation, puis se détache et tombe, son rôle étant rempli. Les pièces
de cette armure sont de petites écailles serrées fortement les unes
contre les autres, et se recouvrant mutuellement sur une certaine
étendue. Chacune d'elles est une feuille, réduite dans ses dimensions.
modifiée dans sa consistance, ayant perdu la couleur verte caractéristique et pris la teinte brun foncé du cœur de Chêne. Le tout est
recouvert d'une sorte d'enduit sur lequel la pluie glisse sans jamais
laisser de traces. Ainsi serrées et en quelque sorte agglutinées, les
feuilles écailleuses forment par leur union un vêtement léger, si bien
imperméable à la pluie, qu'on peut submerger les rameaux sans que
l'eau pénètre dans les bourgeons. Au-dessous des écailles, on trouve
une véritable bourre végétale, fine et soyeuse, composée de filaments
d'un blanc légèrement grisâtre ; c'est dans cette fourrure d'un nouveau
genre que s'enveloppent les vraies feuilles, dont les tissus si tendres et
si prompts à se désorganiser n'ont plus rien à redouter désormais
des rigueurs de la mauvaise saison. Rien de plus admirable que
l'ordre parfait et le soin extrême avec lesquels ces délicats organes
sont repliés sur eux-mêmes dans leur étroite demeure, sans compression brutale et maladroite! Jamais main humaine n'aurait assez
d'adresse et de légèreté pour réussir dans une pareille tâche; la préfoliation est un chef-d'œuvre digne d'une fée, qu'on ne se lasse point
d'admirer!

Il semble que tous les bourgeons hibernants, quelle que soit leur
patrie, devraient être protégés durant leur sommeil par des écailles;
il n'en est rien cependant. D'abord, à côté des espèces à bourgeons
écailleux, il en est d'autres, en petit nombre il est vrai, à bourgeons
nus, c'est-à-dire dépourvus d'écailles ; tels sont ceux de la Bourdaine

(*Rhamnus frangula* Lin.), de la Viorne (*Viburnum lantana* Lin.),
des Cyprès, des Araucaria, etc. Parfois enfin la base ou la queue de
la feuille chez certaines espèces, la région superficielle du rameau
chez d'autres, se creuse en une sorte de berceau plus ou moins soigneusement rembourré et capitonné, où l'axe naissant passe sans
danger sa première enfance. Citons quelques exemples de ces curieuses
dispositions.

La petite famille des Platanes se compose de deux espèces principales : l'une, venue de l'Orient, est le Platane d'Orient; l'autre, qui
appartient à l'Amérique septentrionale, est le Platane d'Occident. Bien
que toutes deux d'origine étrangère, ces belles essences forestières
sont depuis fort longtemps naturalisées et multipliées parmi nous.

Dans tous les Platanes, il naît à chaque nœud un seul bourgeon,
relativement très-gros, et entièrement logé dans une chambre conique
creusée dans la base du pétiole. De la sorte le bourgeon ne devient
libre que pendant l'hiver, au moment de la chute de la feuille; mais
alors il est complétement organisé, il a terminé tous ses préparatifs
de défense, et désormais des écailles le mettent à l'abri des intempéries. Nous voici en présence d'un mode de protection bien supérieur
au précédent, puisqu'il habitue graduellement le nouvel organisme au
plein air et lui ménage avec un art admirable le passage de la vie
sous-corticale à la vie à l'air libre. D'abord la chambre pétiolaire est
complétement close, puis, vers le déclin de la végétation, quand
approche le moment où le bourgeon déjà grand sera abandonné de sa
feuille nourricière, une fissure transversale, premier indice du travail
de séparation, se déclare à la base du pétiole, et une libre communication s'établit entre l'air extérieur et l'intérieur de la chambre pétiolaire.

Nous avons tous admiré l'industrie patiente et sagace que déploient
beaucoup d'animaux pour se mettre en mesure de braver, eux et leurs
familles, les rigueurs de l'hiver. Ne s'en remettant point de ce soin au
hasard, et ne se confiant pas à l'épaisseur de leur fourrure si ce sont
des Mammifères, ils savent se construire un terrier dont ils garnissent
et calfeutrent l'intérieur de paille, de mousse, de feuilles sèches, etc. :
chaude et commode retraite où ils passent en sûreté la mauvaise saison.
Des faits analogues s'observent dans le Règne végétal, et entre autres
plantes, chez les Robinia et les Sophora.

Chez les Robinia faux-Acacia, les bourgeons d'un même nœud naissent dans une cavité close, véritable chambre sous-pétiolaire, creusée dans l'épaisseur du bourrelet ou *coussinet* laissé par la feuille en se séparant spontanément du rameau, et dont les parois sont abondamment garnies de poils serrés les uns contre les autres. Longtemps cette espèce de chambre incubatrice reste hermétiquement fermée, même après la chute de la feuille ; plus tard, durant l'hiver, sa paroi supérieure commence à se fissurer irrégulièrement, donnant ainsi progressivement de l'air aux jeunes organismes qu'elle protége.

Les Sophora présentent la combinaison des deux particularités isolées, l'une chez les Platanes, l'autre chez les Robinia : à chacun de leurs nœuds existe une chambre mi-partie pétiolaire et mi-partie sous-pétiolaire. Qu'on examine sur le Sophora du Japon (*Sophora Japonica* Lin.), par exemple, une pousse de l'année encore garnie de ses feuilles : rien n'annonce extérieurement l'existence d'un bourgeon, l'écorce de la région axillaire est lisse et continue. Le pétiole s'insère sur le pourtour d'un coussinet large et proéminent ; il est renflé à sa partie inférieure, et porte sur la face tournée vers la région axillaire une fente longitudinale partant de la base et s'étendant sur une longueur de quelques millimètres. Cette sorte de nodosité pétiolaire est creuse ; il y a là une chambre communiquant plus ou moins librement avec l'atmosphère, selon le degré d'écartement des deux bords de la fente. La chute naturelle de la feuille découvre une excavation pratiquée dans le coussinet, à laquelle le pétiole sert temporairement de toit, et garnie de poils noirs et rudes. Du fond de cette sorte de cratère s'élève un corps velu : c'est le bourgeon.

Les bourgeons se distinguent encore les uns des autres par leur composition ou la nature de leurs productions, les uns donnant exclusivement des feuilles ou des fleurs, les autres successivement des feuilles et des fleurs. Enfin, on divise les bourgeons, d'après leur origine, en normaux et anormaux ou adventifs.

II. — COMPOSITION DES BOURGEONS

Sous ce rapport, les bourgeons sont de trois sortes : 1° *bourgeon à bois* ou *à feuilles*, toujours grêle et pointu par rapport aux autres, produisant seulement des feuilles ; 2° *bourgeon à fleur* ou *à fruit*, ou *bouton*, gros et globuleux, renfermant une ou plusieurs fleurs ; 3° *bourgeon mixte*, de même forme que le précédent, mais contenant à la fois des feuilles et des fleurs.

Ces deux derniers sont souvent plus précoces, en particulier dans nos arbres fruitiers, que les bourgeons à bois. Ils diffèrent en outre d'une espèce à l'autre par la rapidité de leur évolution, car les uns s'épanouissent sur la pousse de l'année, et les autres mettent un an, deux ans et plus à se former : manières d'être qu'on exprime en horticulture en disant que l'espèce fleurit sur le bois de l'année dans le premier cas, et sur le bois de deux, trois, quatre et cinq ans, dans le second.

Pour mieux comprendre la signification de ces distinctions, prenons quelques exemples dans nos arbres fruitiers.

Chez la Vigne, chacun des bourgeons nés sur le sarment de l'année précédente s'épanouit, le printemps venu, et s'allonge en un nouveau sarment ou sarment de seconde génération qui émet d'abord des feuilles, puis quelques grappes, une ou deux ordinairement, au delà desquelles il devient exclusivement un bourgeon à bois. La Vigne fleurit donc sur le bois de l'année et ne produit que des bourgeons mixtes. Toutefois elle forme accidentellement des bourgeons sur le vieux bois ; mais, fait remarquable, ils sont presque toujours stériles et ne portent que des feuilles. Enfin, phénomène qui

Fig. 86. — Bourgeons à bois et boutons épanouis de l'Amandier (*Amygdalus communis* Lin.).

n'est pas particulier à cette espèce, le sarment ne fructifie jamais qu'une fois, l'année de sa formation, d'où l'utilité de la taille pour débarrasser le cep des prolongements stériles et maintenir les fructifications successives le plus près possible de la branche charpentière.

Dans le Cognassier (*Cydonia vulgaris* Pers.), le rameau formé l'année précédente présente deux sortes de bourgeons, les uns à bois, les autres mixtes. Ces derniers organisent de courts rameaux feuillés respectivement terminés par une fleur.

Dans le Pêcher (*Persica vulgaris* Mill.), dans l'Amandier (*Amygdalus communis* Lin.), etc., la branche fruitière est encore un rameau formé l'année précédente et sur lequel s'épanouissent, au printemps, deux espèces de bourgeons : les uns, à bois, recherchent la région inférieure ; les autres, disséminés en nombre variable sur le reste du rameau, renferment chacun une fleur. Le Pêcher fleurit donc sur le bois de deux ans, et, comme chez la Vigne, le rameau ne fructifie qu'une fois, mais la seconde année de sa formation.

Nos arbres fruitiers à pepins, les Poiriers par exemple, ont un mode de végétation plus complexe.

Le bourgeon de l'année précédente s'épanouit au printemps suivant, puis s'endort après avoir formé un axe très-court et quelques feuilles.

Fig. 87. — Végétation d'un bourgeon à bois de Pêcher (*Amygdalus persica* Lin.).

Cette évolution se reproduit avec les mêmes caractères durant trois ans en moyenne, pendant lesquels il reste bourgeon à bois ; on lui donne alors en arboriculture fruitière le nom de *dard*. Pendant les mois qui précèdent son quatrième et dernier épanouissement, en admettant qu'il ne reste que trois ans à l'état de dard, sa constitution se modifie profondément, il devient gros et globuleux de maigre et pointu qu'il était auparavant : on l'appelle *lambourde;* c'est alors un véritable bourgeon mixte qui, en s'épanouissant, produit un rameau très-court sur lequel sont rapprochées des feuilles et des fleurs. Les fruits une fois tombés, la portion terminale de l'axe reste courte, diversement renflée et d'une consistance intermédiaire entre celle du bois et celle du tubercule; elle prend alors le nom de *bourse*. Longtemps on distingue

à sa surface la cicatrice laissée par la fructification. La bourse joue

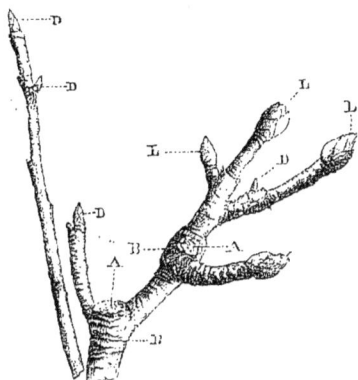

Fig. 88.— Poirier Tarquin des Pyrénées : D, D, dards ; L, L, lambourdes ; B, B, bourses ; A, A, cicatrices des fructifications précédentes.

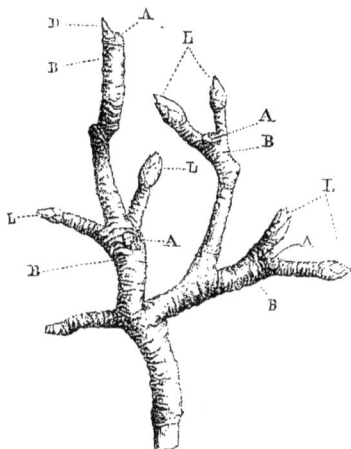

Fig. 89. — Poirier Beurré Six : D, dard ; L, L, lambourdes ; B, B, bourses ; A, A, cicatrices des fructifications précédentes.

un rôle important en Pomologie : c'est la branche fruitière par excellence ; bien soignée, elle donne des dards qui deviennent lambourdes à leur tour. On le voit, le dard présente un mode de végétation exceptionnel chez les Dicotylédones. Son axe reste court et porte annuellement, pendant plusieurs années, une petite rosette de feuilles ; ses bourgeons axillaires attendent pour s'éveiller la fin de la fructification de la lambourde, imitant sur ce point l'évolution des bourgeons latéraux des Monocotylédones arborescentes, des

Fig. 90. — Lambourde épanouie du Poirier commun (*Pyrus communis* Lin).

Dracæna par exemple, dont quelques-uns, souvent même un seul, ne s'épanouissent qu'après la crise de la floraison et comme tirés par elle d'une profonde torpeur qui les conduisait insensiblement à la mort. La ramification de la branche fruitière du Poirier et du Pommier, comme celle de la tige des Monocotylédones ligneuses, est donc un effet de la floraison : à l'état de dard, ses bourgeons latéraux sommeillent, insensibles aux excitants ordinaires de la végétation ; seule la chute des fruits de la lambourde a le pouvoir de tirer de leur léthargie quelques-uns d'entre eux, placés sur la partie terminale de l'axe devenue la bourse.

III. — BOURGEONS NORMAUX ET BOURGEONS ADVENTIFS

Les bourgeons normaux se reconnaissent aisément à leur situation : les uns terminent les axes et les prolongent pendant leur période d'épanouissement, ce sont les *bourgeons terminaux ;* les autres naissent à l'aisselle des feuilles et ramifient le rameau générateur, ce sont les *bourgeons axillaires.*

La région axillaire donne asile à un seul ou bien à plusieurs bourgeons, rangés le plus ordinairement en ligne verticale, parfois cependant en ligne transversale. Les bourgeons d'une même région axillaire ont ordinairement des destinées diverses : les uns sont des bourgeons à bois ; d'autres, des boutons qui meurent après fructification sans laisser après eux d'autres traces qu'une cicatrice que le temps efface ; d'autres enfin, des bourgeons mixtes. Ainsi, la région axillaire du Figuier commun (*Ficus carica* Lin.) produit deux bourgeons :

Fig. 91. — Branche du Févier (*Gleditschia triacanthos* Lin.), montrant les productions variables de ses régions axillaires : un broussin B ; un broussin B et une épine E ; un broussin B et une branche ordinaire A.

l'un devient une figue, l'autre un rameau à bois. Dans l'Aristoloche

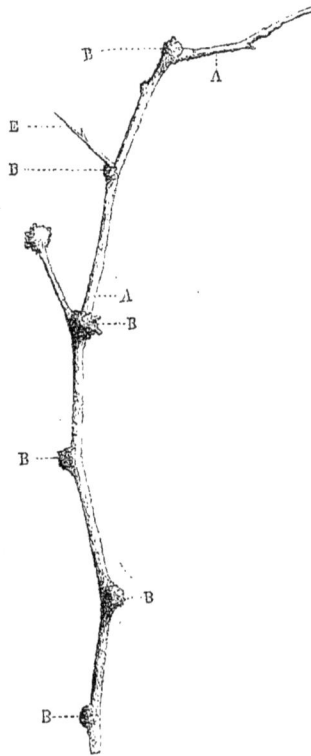

siphon (*Aristolochia sipho* L'Hérit.), superbe plante grimpante de l'Amérique septentrionale, à ramifications ligneuses et volubiles, que sa rusticité sous notre climat, la grandeur et l'élégance de ses feuilles caduques, la vigueur de sa végétation, ont rendue populaire dans nos jardins où elle masque les murs et abrite les tonnelles sous ses touffes luxuriantes, la région axillaire produit ordinairement trois bourgeons rangés en ligne verticale : le supérieur est un bourgeon à bois ; les deux

Fig. 92. — Bourgeons adventifs nés sur les racines déchaussées d'un Chêne.

autres sont mixtes, émettent une feuille et se terminent par cette fleur dont la bizarre conformation appellera plus tard notre attention. D'ailleurs, les complications peuvent être plus grandes et les particularités spécifiques plus variées encore : par exemple, quand un ou plusieurs bourgeons à bois d'une même région axillaire deviennent des épines simples ou ramifiées et dépourvues de feuilles, comme le cas est fréquent chez le Févier; alors d'une même région axillaire sortent, simultanément ou successivement, des rameaux, des épines et des fleurs. Parfois enfin le groupement des bourgeons, leur entassement en quelque sorte dans la même région axillaire, nuit à leur développement régulier, et engendre des nodosités, de la nature des *loupes* ou *broussins*, qui grossissent avec le temps. Ces accidents, assez communs chez le Févier, résultent d'une végétation anormale ; les axes des bourgeons ainsi atro-

phiés restent excessivement courts et ne portent que des feuilles rudimentaires qui tombent prématurément.

Les bourgeons adventifs n'ont pas de position fixe et déterminée, ce
qui les distingue des précédents. Ils naissent partout où du parenchyme, ayant conservé la faculté de multiplication et placé dans le
voisinage immédiat d'un tissu fibro-vasculaire, entre en activité sous
l'excitation des agents physiques. Tous les organes ou fragments d'organes sont donc susceptibles d'émettre des bourgeons adventifs, —
comme nous le prouverons en traitant de la multiplication des végé-

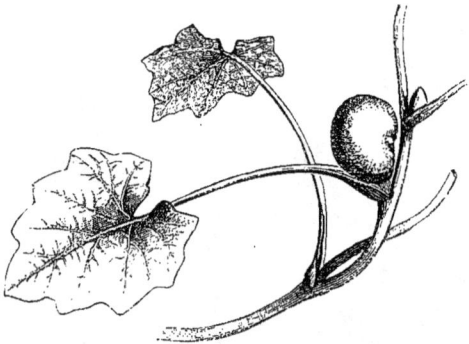

Fig. 95. — Bulbille axillaire de la Ficaire (*Ficaria ranunculoides* Mœnch.).

taux, — mais avec plus ou moins de facilité, suivant les circonstances
extérieures et la nature de l'organe générateur. Par exemple, tous les
axes, caulinaires et radicaux, possèdent ce pouvoir, mais leur bourgeonnement adventif est entravé par l'épaisseur de l'écorce chez les
premiers, par cet obstacle et la nature du milieu chez les seconds.
Aussi les déchirures, les plaies, accidentelles ou provoquées, qui, intéressant seulement l'écorce, mettent à nu la surface du corps ligneux,
favorisent la sortie des bourgeons adventifs. Pour le même motif, la
zone génératrice, mise à découvert par la section d'une branche ou
d'une racine, ne tarde pas à bourgeonner si on la préserve de la dessiccation. Pour les racines, souvent il ne suffit pas de dénuder le bois,
il faut encore déterrer l'organe ou tout au moins le rapprocher de la
surface du sol, afin de lui faciliter l'accès de l'air. Voilà pourquoi des
bourgeons adventifs se montrent fréquemment sur les portions des
grosses racines que le temps a déchaussées et qu'une roue de voiture,
le pied ferré d'un cheval, etc., écorcent partiellement. Toutefois, si

ces circonstances favorisent le bourgeonnement, elles ne sont pas indispensables à sa manifestation. Les racines, chez certaines espèces, le Lilas entre autres, ont une remarquable tendance à produire, bien que restant enterrées, des bourgeons adventifs qui, après avoir vécu sous terre plus ou moins longtemps en s'enracinant de distance en distance, redressent enfin la tête et viennent s'épanouir à l'air libre en une pseudo-tige que l'on peut ensuite isoler, elle et son système radical propre, du reste du végétal. De telles ramifications, mi-parties aériennes et souterraines, sont des *drageons*, et la plante qui a le pouvoir de leur donner naissance est dite *drageonnante*.

IV. — TUBÉRISATION DES BOURGEONS

Dans certaines circonstances encore fort mal connues, les bourgeons comme les axes peuvent se tubériser et devenir plus ou moins charnus. Selon le milieu habité par eux, ils portent des noms différents et s'appellent *bulbilles* ou petits bulbes quand ils vivent dans l'air, *caïeux* lorsqu'ils habitent le sol et sont produits par des bulbes. Dans l'un et l'autre type, la tubérisation porte, à des degrés divers selon les espèces, sur l'axe et les feuilles, qui souvent s'unissent au premier pour constituer un tout plus ou moins homogène en apparence.

La bulbille naît ordinairement à l'aisselle des feuilles ; exceptionnellement, comme dans quelques Aulx, une partie ou la totalité des boutons se transforment en bulbilles par une sorte de dégénérescence, et les jardiniers disent alors que la plante *rocambolise*, parce que cette modification est ordinaire chez l'Ail Rocambole (*Allium scorodo-*

Fig. 94. — Végétation d'une bulbille d'Igname de Chine (*Dioscorea batatas* Dene).

prasum Lamk). Que les bulbilles soient axillaires ou terminales, elles se détachent spontanément, leur développement terminé. Au contact du sol et grâce à des soins convenables, elles entrent en végétation, émettent des racines adventives, une tige, bref, constituent bientôt une plante complète. Ce phénomène remarquable fournit l'un des arguments les plus décisifs que l'on puisse invoquer à l'appui de l'individualité du bourgeon.

Les caïeux sont des bourgeons axillaires souterrains produits par les plantes bulbeuses. En grossissant, ils prennent les caractères du bulbe-mère, dont ils se séparent au bout d'un temps variable selon les espèces.

CHAPITRE VI

LA FEUILLE

I. — ORGANISATION

La feuille est le principal intermédiaire entre la plante et l'atmosphère. Comme celle de tous les corps vivants, sa nutrition réclame des aliments nombreux et divers, les uns emprisonnés dans le sol et les autres disséminés dans l'atmosphère. Elle communique avec le premier par l'intermédiaire de la racine et directement avec la seconde. Elle s'alimente donc à la fois par l'appareil radical et par elle-même: en d'autres termes, elle est tributaire de la racine, qu'elle tient néanmoins sous sa dépendance pour tout ce qui regarde l'alimentation atmosphérique. Le rôle dévolu à la feuille dans l'économie végétale impose à la plante la nécessité d'avoir toujours, sinon des feuilles, au moins des organes capables d'en tenir lieu, s'en rapprochant plus ou moins par leur organisation et leurs fonctions. Toutefois, dans les Phanérogames, l'absence des feuilles ou l'*aphyllie* et leur remplacement par des organes foliiformes ou d'adaptation sont un cas exceptionnel, signe manifeste d'une dégradation organique d'autant plus prononcée que la métamorphose est plus caractérisée ; voilà pourquoi cette particularité est précisément si rare dans les végétaux supérieurs.

Étant donnée la mission de la feuille, de mettre en œuvre les aliments localisés dans l'atmosphère, il n'en faudrait pas conclure cependant qu'elle est toujours et nécessairement aérienne; il y a des feuilles aquatiques et des feuilles souterraines. Cette facilité d'adaptation à des milieux pourtant si différents tient à ce que les gaz atmosphériques pénètrent, avec plus ou moins de difficulté il est vrai, mais enfin pénètrent à la longue et circulent dans l'eau et dans le sol en leur communiquant une partie des qualités physiologiques propres à l'océan aérien. Toutefois ces changements d'habitat entraînent pour la feuille des modifications correspondantes, des simplifications organiques, des dégradations enfin. La supériorité organique, en effet, c'est-à-dire l'aptitude à multiplier et à diversifier les actes vitaux, implique nécessairement un rapport déterminé, constant pour le même milieu et variable avec lui, entre le degré de complication de l'organe ou de l'organisme et le degré de diversité des circonstances extérieures. En d'autres termes, il y a toujours intime corrélation entre les degrés de supériorité et de complexité de l'organisme d'une part, le nombre et l'étendue des modifications possibles du milieu de l'autre. Toujours l'on voit ces trois ordres de caractères varier dans le même sens. Ainsi, aux trois milieux naturels, l'atmosphère, l'eau, le sol, correspondent trois ordres d'organes, aériens, aquatiques et souterrains, dont le degré de supériorité et la diversité décroissent du premier au dernier. Dans l'air vivent à la fois des axes, caulinaires ou radicaux, des feuilles, des fleurs, des fruits; dans le sol au contraire ne végète qu'un seul type organique, l'axe, toujours le même aux dimensions près, qu'il s'appelle pivot, branche radicale, radicelle ou fibrille. Non point, — nous l'avons déjà dit, — que d'autres organes comme certaines feuilles, ou d'autres organismes comme certains bourgeons, ne puissent naître, vivre et mourir sous terre ; mais feuilles et bourgeons prennent là un air particulier, qui montre qu'ils y sont déclassés. D'ailleurs les organes habitant un même milieu n'ont pas nécessairement la même constitution ni la même puissance physiologique, l'une et l'autre dépendant à la fois de la nature du milieu et de l'adaptation plus ou moins parfaite du corps vivant à celui-ci. Par exemple, la feuille aérienne a sur la tige et ses ramifications une double supériorité : supériorité de conformation ou d'adaptation, supériorité de relations due à ce que les axes, étant rigides, subissent passivement les influences extérieures, tandis que la feuille, douée de motilité, peut toujours se placer dans les situations les plus favorables à l'exercice de son activité. Au contraire, la feuille hypogée est inférieure à l'axe souterrain pour vice de conformation en quelque sorte, pour défaut d'adaptation. Enfin, pour citer encore cet exemple, la feuille terricole, réduite, comme elle l'est habituellement, à l'état d'écaille, est vis-à-vis de la feuille aérienne dans un double état d'infériorité : infériorité de milieu, insuffisance d'adaptation à ce dernier.

La feuille peut comprendre trois organes : 1° un organe fondamental, le *limbe;* 2° un organe de perfectionnement, le *pétiole;* 3° un organe accessoire, les *stipules.*

Le limbe est la partie membraneuse de la feuille; par lui elle entre en rapport avec l'atmosphère, grâce à sa forme particulière qui lui procure une superficie maximum sous un volume minimum. Aussi les dimensions du limbe varient-elles avec les conditions extérieures, et c'est dans l'air naturellement qu'elles sont les plus grandes. Parfois la feuille se réduit au limbe : on la dit alors *sessile.*

Comme nous le verrons, le mode d'orientation joue un grand rôle dans la vie de la feuille; par conséquent la facilité de changer d'attitude selon les circonstances doit avoir pour elle une importance majeure. Le limbe sessile peut sans doute se plier à ces exigences dans

Fig. 95. — Feuille pétiolée et stipulée d'une Malvacé (le *Malope trifida* Cav.): L, limbe; P, pétiole; S, S, stipules; R, rameau générateur.

une certaine mesure, mais pour accroître l'étendue et la variété des mouvements il n'est qu'un moyen : attacher le limbe à un support que l'on nomme, nous le savons, *pétiole* (prononcez pé-ci-o-l'), fixé lui-même au rameau générateur. Par cette disposition, la feuille, dite pour ce motif *pétiolée,* acquiert deux centres de rotation au lieu d'un, et peut exécuter deux sortes de mouvements : mouvements du limbe sur le pétiole, mouvements du pétiole sur le rameau. Le pétiole constitue par conséquent un organe de perfectionnement; il est pour la feuille un indice de supériorité plus ou moins marquée, selon sa forme et ses dimensions.

Parfois se montrent à la base et de chaque côté du pétiole deux petits organes libres ou adhérents, soit entre eux, soit aux organes voisins, et de caractères du reste fort variables : ce sont les *stipules.* Ces organes accessoires, regardés par beaucoup de botanistes comme le résultat d'un démembrement du pétiole, ont des fonctions sans doute complexes, pressenties plutôt que reconnues jusqu'ici. Exceptionnellement, ils prennent tous les caractères du limbe, dimensions, forme, couleur et durée, comme dans la Pensée (*Viola tricolor* Lin.); ils aident dans ce cas le limbe dans son travail physiologique et le suppléent quand celui-ci avorte. Le plus souvent, ce sont de petits corps écailleux ou membraneux, jamais verts, incolores ou diversement colorés, qui tombent avant la chute du reste de la feuille, plus ou moins tôt selon les espèces. Leur destination principale est alors de protéger le bourgeon et le limbe pendant son enfance. Dans les Figuiers en général, et en particulier dans le Figuier élastique (*Ficus elastica* Roxb.), le bourgeon en voie de déve-

loppement est à tous les instants enveloppé d'une coiffe membraneuse, conique, roulée en cornet, d'un blanc plus ou moins verdâtre ou rougeâtre selon l'âge et l'espèce, d'abord complétement close. A un moment donné, elle se fend longitudinalement, se flétrit et tombe, laissant sur le rameau la cicatrice circulaire de sa surface d'attache. Sa chute met en liberté la feuille suivante, laquelle grandit aussitôt, conservant à sa base le bourgeon abrité sous une nouvelle enveloppe qui tombera également, et ainsi de suite. Ces coiffes successives sont des

Fig. 96. — Bourgeon de Tulipier (*Liriodendron tulipifera* Lin.) en voie de développement.

stipules qui recouvrent et protégent à tour de rôle les feuilles non encore épanouies. Le même phénomène s'observe dans le Tulipier (*Liriodendron tulipifera* Lin.), avec cette différence qu'ici les deux stipules restent distinctes.

Le pétiole, lui aussi, est susceptible de perfectionnements qui le mettent à même de mieux remplir sa double destination : servir de support au limbe et lui amener les matériaux organisables empruntés au rameau. Dans ce but, sa région basilaire s'élargit et s'aplatit en membrane plus ou moins épaisse qui, suivant qu'elle embrasse la totalité ou une partie de la circonférence du rameau au niveau de son insertion, multiplie ou réduit les communications, accroît ou diminue la masse fibro-vasculaire squelette du pétiole et du limbe. La feuille

est *embrassante* ou *amplexicaule*, demi-embrassante ou *semi-amplexi-*
caule, selon l'étendue de la surface enveloppée. Parfois même la
portion aplatie du pétiole s'étend au-dessous de la ligne d'insertion
en un étui, entier ou fendu longitudinalement selon les espèces, qui
entoure complétement le rameau sur une longueur variable, comme

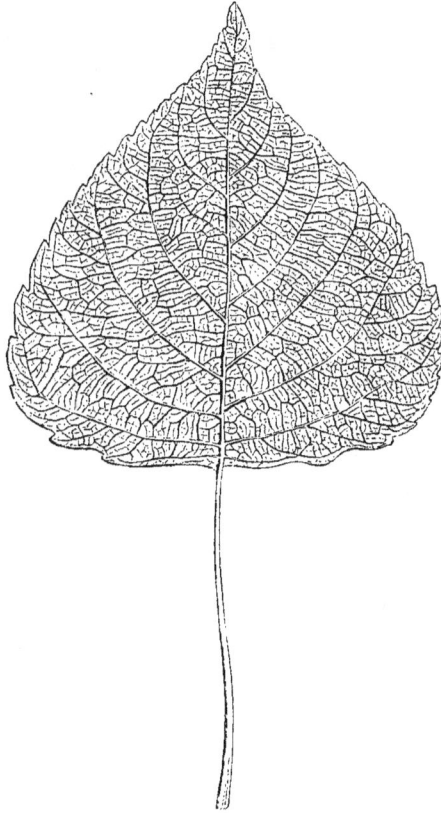

Fig. 97. — Squelette fibro-vasculaire d'une feuille de Peuplier, obtenu par la macération dans l'eau.

dans les Cypéracées et les Graminées. Dans ce cas, la feuille est dite
engaînante.

La gaîne et les stipules s'excluent mutuellement, et la même feuille
ne comprend jamais que trois sortes d'organes, dans son plus grand
état de complexité : le limbe, le pétiole et la gaîne, ou bien le limbe,
le pétiole et les stipules.

Le limbe se compose d'un parenchyme soutenu par une charpente
fibro-vasculaire continuation de celle du pétiole, et formée d'un

réseau d'axes, ou *nervures*, procédant les uns des autres. Les plus grosses nervures sont droites ou accidentellement un peu sinueuses, les
plus fines au contraire sont très-flexueuses et très-fréquemment anas-
tomosées entre elles ; le tout constitue un réseau comparable, quant à
l'aspect, au réseau sanguin des animaux supérieurs. On le met en évidence, dans ses moindres détails, en détruisant le parenchyme par la
macération dans l'eau. Lorsque le squelette de la feuille est fermé latéralement par un cordon fibro-vasculaire continu, le parenchyme est
lui-même limité par une ligne courbe, sans sinuosités ni échancrures,
qui suit de très-près le cordon fibro-vasculaire marginal ; la feuille est
alors appelée *simple* et *entière*. Ce cordon fibro-vasculaire protège le
parenchyme contre les déchirures, absolument comme une ceinture de
récifs défend la côte contre les envahissements de la mer. Aussi, quand
il présente des solutions de continuité, — ce qui est fréquent, — le
parenchyme cesse également d'être continu, son pourtour s'échancre
diversement et plus ou moins profondément, comme le rivage sous
l'action érosive des flots ; la feuille est alors dite, d'une manière générale, *découpée*. Les botanistes attachent une
certaine importance, pour la distinction des
espèces, à la forme et à la grandeur de ces découpures ; ils ont dénommé et classé les principales d'entre elles. Un seul cas arrêtera un
moment notre attention, en raison de son importance, celui où le limbe se divise complètement en fragments uniquement reliés entre
eux par des nervures. Une telle feuille est *composée*; chacun des lambeaux de parenchyme
ainsi isolé est une *foliole* ou petite feuille, et
la nervure qui le rattache à l'ensemble en est le
pétiolule ou petit pétiole. La feuille composée

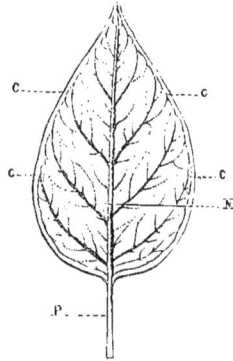

Fig. 98. — Figure schématique
d'une feuille simple et entière :
P, pétiole; N, nervure principale ; C, C, cordon fibro-vasculaire marginal.

présente donc un certain degré de ressemblance
avec le rameau feuillé, et au premier abord on pourrait les confondre.
Une particularité physiologique, la stérilité de l'aisselle des folioles,
permet ordinairement d'éviter cette confusion ; d'où cette règle pratique : Tout organe est feuille ou rameau, suivant que sa région axillaire porte ou non des bourgeons. Cependant la règle n'est pas sans
exceptions, et des bourgeons naissent parfois à l'aisselle de certaines

folioles, dans le Robinia faux-Acacia (*Robinia pseudo-Acacia* Lin.) par exemple.

La *nervation* est le mode d'arrangement des nervures. Dans les feuilles simples, ses innombrables variations oscillent autour de trois dispositions principales, que l'on nomme *penninerviée*, *palminerviée* et *rectinerviée*.

La nervation est *pennée* lorsque, comparable à une plume munie de ses barbes et barbules, elle comprend une nervure principale ou *rachis*, continuation du pétiole, occupant la région moyenne du limbe qu'elle divise en deux portions, droite et gauche, généralement symétriques par rapport à elle. Sur le rachis s'embranchent des nervures secondaires plus ou moins ramifiées, se dirigeant vers le bord en restant sensiblement rectilignes et parallèles entre elles.

La nervation est *palmée*, lorsque, à son entrée dans le limbe, la charpente du pétiole se partage brusquement en un certain nombre de nervures principales plus ou moins ramifiées, qui gagnent le pourtour en divergeant de plus en plus, faisant ainsi ressembler l'organe à la patte d'un palmipède quelconque dont les doigts seraient les nervures principales.

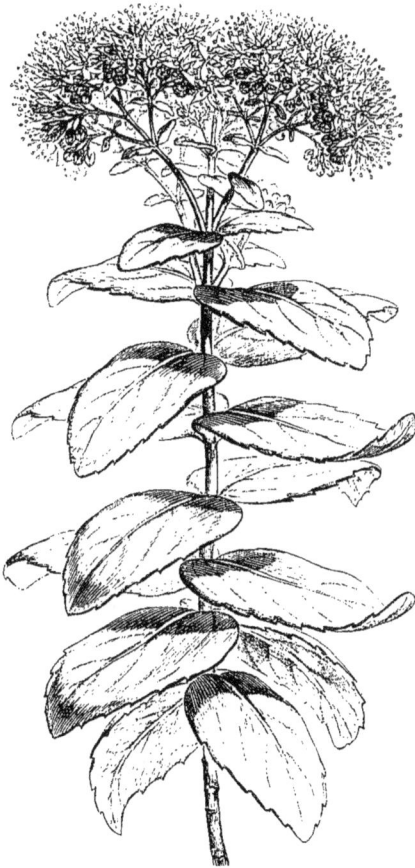

Fig. 99. — Feuilles simples, découpées, pennées de l'Orpin (*Sedum Telephium* Lin.).

Enfin la disposition est rectinerviée lorsque les nervures principales, au lieu de partir d'un point unique, sommet du pétiole, ont chacune leur point d'attache sur l'axe et s'en éloignent en restant sensiblement parallèles, excepté

vers le sommet où elles se rapprochent, la feuille s'effilant plus ou
moins dans cette région.

En résumé, il n'y a qu'une nervure principale dans la forme pennée ;
dans les deux autres il en existe toujours plusieurs, qui sont réunies

Fig. 100. — Feuilles simples, découpées, palmées du Ricin (*Ricinus communis* Lin.).

dès leur origine dans la disposition palmée, et au contraire entièrement distinctes dans la nervation rectinerve.

La nervation des feuilles composées est pennée ou palmée. Suivant
que le pétiolule ou l'attache de la foliole est une nervure secondaire,
tertiaire ou quaternaire, la feuille est dite *composée* (pennée ou palmée), *bicomposée* (bipennée ou bipalmée), *tricomposée* (tripennée ou
tripalmée). Nous donnons ci-contre quelques exemples des cas les
plus fréquents.

La feuille simple ou à limbe continu, et la feuille composée ou à limbe discontinu, ne font pas double emploi, ne sauraient se suppléer entièrement l'une l'autre, mais répondent à des exigences différentes, ainsi que nous le reconnaîtrons plus tard en étudiant la fleur.

Le limbe, lui aussi, qu'il appartienne à la feuille simple ou bien aux folioles de la feuille composée, est susceptible de prendre des formes innombrables, ce dont on n'est point surpris en songeant à l'infinie variété de climats des régions aériennes habitées par ces or-

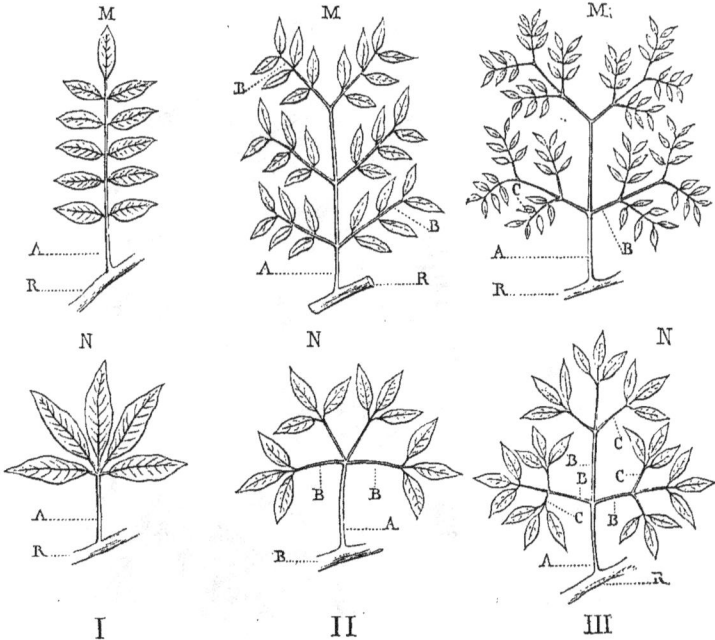

Fig. 101. — Figures schématiques de la nervation des feuilles composées : pennées, M, M, M; palmées ; N, N, N. R, rameau ; A, nervure primaire ; B, nervure secondaire ; C, nervure tertiaire. I, feuilles composées simples ; II, feuilles bicomposées ; III, feuilles tricomposées.

ganes. Ces formes se ramènent à deux types, suivant que le limbe est symétrique par rapport à un point ou à une droite.

Dans le premier cas, la feuille est *peltée* ou *ombiliquée*. Son parenchyme est circulaire, à bord entier ou diversement frangé. Le pétiole, dirigé perpendiculairement au limbe, s'insère au centre de ce dernier, et à partir de là se partage en un certain nombre de nervures principales, toutes de même puissance, toutes également espacées, qui vont en rayonnant porter le réseau de leurs ramifications dans l'épaisseur du parenchyme. Le limbe pelté ne présente donc que quatre régions différentes : un centre, deux faces, un bord ou contour.

Dans le second cas, le parenchyme peut prendre une multitude de configurations, se ramenant avec plus ou moins de facilité à celle d'un triangle diversement déformé et découpé le long de ses côtés. Le pétiole, inséré obliquement, fait avec le plan du limbe deux angles, l'un aigu, l'autre obtus. Sa surface d'insertion est placée vers l'une des extrémités de l'axe de symétrie occupé par une nervure plus

Fig. 102. — Feuilles composées pennées du Tamarinier (*Tamarindus indica* Lin.).

grosse que les autres, et nommée, pour l'un ou l'autre motif, *nervure principale* ou *médiane*. Celle-ci partage le limbe en deux parties ordinairement égales, exceptionnellement dissemblables par leur configuration et leurs dimensions, leur coloration, la nature de leurs productions épidermiques, etc., etc. Toutes les fois que l'inégalité tient aux proportions, la feuille est dite *inéquilatérale*, comme celle des Begonia, où l'un des côtés du limbe est plus développé que l'autre, bien qu'à des degrés différents selon l'espèce ou la variété.

En résumé, un limbe symétrique par rapport à un axe présente deux faces, un bord, une nervure principale inégalement partagée par la surface d'insertion du pétiole en deux segments : l'extrémité libre du plus petit est la base, et l'extrémité libre du plus grand, le sommet du limbe.

Ces deux formes de limbe répondent à des conditions physiques distinctes. La feuille, — on le sait, — est organisée pour vivre à la

Fig. 105. — Feuilles composées palmées embrassantes du Trèfle des prés (*Trifolium pratense* Lin.).

lumière, et son limbe recherche sans cesse les rayons solaires, qui l'éclairent diversement suivant l'heure et l'attitude de l'organe. Parmi ces attitudes, deux sont particulièrement dignes d'attention. Dans la première, le limbe est dressé, en sorte qu'en le supposant exactement orienté dans la direction nord-sud de la droite méridienne, les faces reçoivent toutes deux la même somme de lumière, et sont successivement frappées durant le même temps par les rayons solaires : la face orientale, du lever de l'astre à midi ; la face occidentale, pendant le reste de la journée. Sans la diversité d'orientation des limbes verticaux qui amène des inégalités dans la répartition de la lumière et favorise une face au détriment de l'autre, les deux faces vivraient rigoureusement dans les mêmes conditions, dans le même milieu. et auraient par conséquent les mêmes caractères et la même organisation. Néanmoins les inégalités produites par ces différences d'orientation sont toujours peu sensibles, et l'on peut dire, sans s'écarter

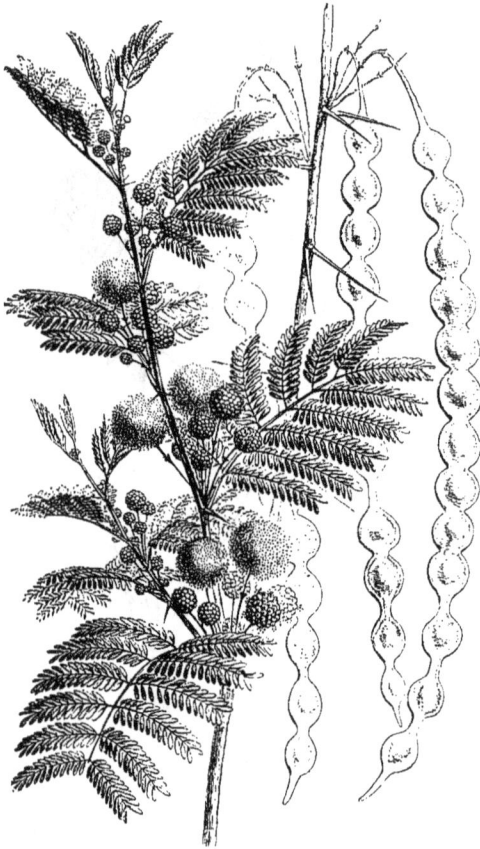

Fig. 101. — Feuilles composées bipennées d'un Gommier, l'Acacia d'Arabie (*Acacia arabica* Wild.).

notablement de la vérité, que les deux faces d'un limbe vertical sont identiques.

L'attitude horizontale a pour le limbe des conséquences tout autres : une seule face, la *face supérieure* ou tournée vers le ciel, est alors directement éclairée par le soleil, pendant que l'autre, la *face infé-rieure* ou regardant le sol, reste plongée dans une lumière diffuse que l'heure et la situation de la feuille par rapport aux objets environnants assombrit plus ou moins. Or, qui n'a remarqué les dissemblances nombreuses et profondes présentées par des plantes pourtant de même espèce, mais inégalement éclairées? Celle qui vit dans un demi-jour voisin de l'obscurité, masquée par les arbres d'une haute futaie ou les arbrisseaux d'une haie touffue, ne ressemble plus à celle que le hasard place à mi-ombre, sur la lisière d'un bois, encore moins à celle qui végète en pleine lumière, sur le coteau dénudé, exposée à toutes les ardeurs de l'astre radieux. Quoi de surprenant dès lors que, chez le limbe horizontal, les deux faces maintenues dans

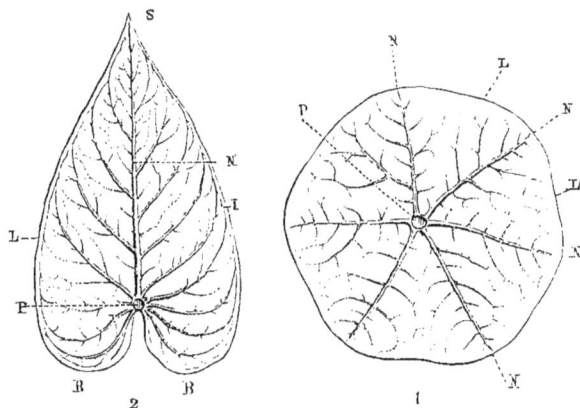

Fig. 105. — Figures schématiques des deux formes de limbe : P, sommet du pétiole ; N, N, nervures principales ; S, sommet ; B, base. 1, forme peltée ou symétrique par rapport à un point ; 2, forme symétrique par rapport à une droite SP.

des milieux si différents soient fort dissemblables dans leur couleur, la nature de leur épiderme, la manière d'être des nervures, et, comme nous le verrons bientôt, leurs caractères anatomiques ! La face supérieure, toujours moins velue que l'autre, est unie et d'un vert brillant et foncé ; la face inférieure, d'un vert terne et pâle, est profondément sillonnée par les principales nervures en saillie plus ou moins accusée sur son plan.

Mais pourquoi deux attitudes au lieu d'une seule? Pourquoi les limbes adultes ne seraient-ils pas tous verticaux ou tous horizontaux? C'est que l'attitude de la feuille est imposée par les caractères de la ramification, et qu'un végétal ne saurait avoir des limbes dressés ou horizontaux indifféremment. La ramification dressée implique des limbes symétriques par rapport à une droite, et dirigés horizontalement

dans l'âge adulte. Le rhizome et la plante rampante ont plus de tolérance : ils admettent les limbes verticaux comme les limbes horizontaux
et peltés, mais pas indifféremment, et, selon les circonstances, une
forme est préférable à l'autre. Les feuilles dressées dominent chez les
espèces terricoles, parce que ces organes se soutiennent plus aisément
dans l'air que les autres ; au contraire, les feuilles peltées sont en

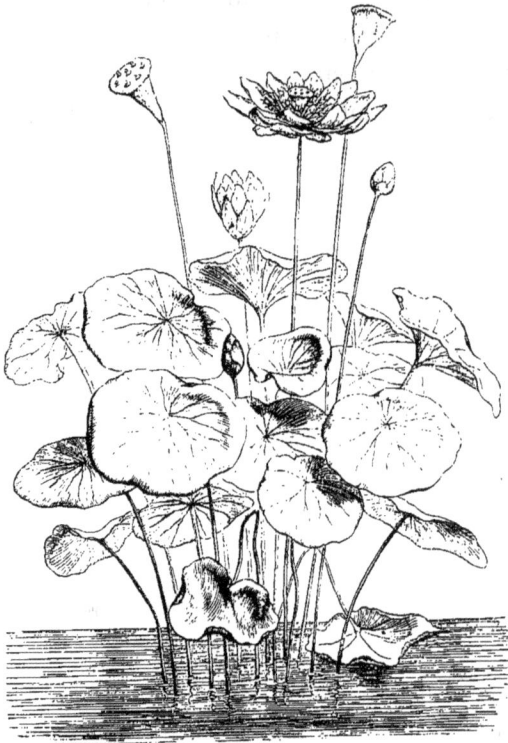

Fig. 106. — Feuilles aériennes peltées d'un Nélumbium (*Nelumbo nucifera* Gœrtn.).

très-grande majorité dans ce groupe nombreux de plantes aquatiques
dont le système axile, à l'exception des rameaux florifères, rampe
dans la vase des marécages, et dont le feuillage est aérien en totalité
ou en partie selon les espèces. La raison de cette préférence est encore
un effet des circonstances extérieures ; il n'en saurait être autrement,
et toute feuille aérienne naissant sur un rameau submergé doit être
nécessairement peltée pour peu qu'elle atteigne un notable développement ; c'est même parmi ces espèces aquatiques qu'on rencontre
les plus grandes feuilles de cette forme. Une seule des pesantes feuilles

de la Reine des Eaux, la *Victoria regia*, suffit à la charge d'un homme. Malgré ce poids écrasant pour eux, les pétioles se maintiennent dressés, parce que les limbes flottent librement à la surface de l'eau, comme de petites nacelles sur lesquelles viennent se mettre en embuscade, pour y guetter leur proie, les nombreux oiseaux qui fréquentent ces parages. Mais supposez le lac mis brusquement à sec par une catastrophe soudaine, immédiatement les gigantesques feuilles, succombant à leur propre poids, s'affaisseraient sur la vase, car leurs longs pétioles lacuneux, organisés pour la nage, seraient sans force pour les porter dans l'air.

La coloration verte n'est pas moins caractéristique pour la feuille que l'état membraneux de son limbe, car cette couleur est le signe extérieur d'une des fonctions les plus essentielles de la nature végétale. Elle décèle en effet, dans l'organe vert, la présence d'une matière spéciale créée par la vie, la *chlorophylle*, douée d'un remarquable pouvoir que nous étudierons plus tard, celui de décomposer à la lumière l'acide carbonique aérien pour s'emparer de son carbone et l'utiliser dans l'organisation des tissus naissants et dans l'entretien des tissus anciens. Mais, de même que le limbe ou l'organe qui en tient lieu n'est pas toujours membraneux, de même la feuille n'est pas toujours verte et prend parfois d'autres couleurs, parmi lesquelles les diverses nuances du pourpre sont les plus fréquentes. Suivant les cas, la coloration pourpre du feuillage est périodique et normale, ou permanente mais accidentelle. Le premier phénomène est de beaucoup le plus commun; ses lois peuvent se formuler ainsi : Dans un certain nombre d'espèces, appartenant surtout aux pays chauds, les jeunes feuilles sont d'un rouge plus ou moins foncé, dont la teinte s'affaiblit et finit par disparaître à la longue. Cette coloration temporaire pourrait s'appeler *printanière*, en raison de l'âge de l'organe coloré. Dans d'autres espèces, la couleur pourpre apparaît au contraire pendant la vieillesse de la feuille et annonce une mort prochaine; on l'appelle en conséquence la *coloration automnale*. Comme la précédente, elle paraît être plus fréquente sous certains climats que sous les autres. Tous les voyageurs parlent avec admiration des magnifiques teintes que le feuillage revêt en automne dans les forêts des États-Unis. Enfin, chez plusieurs Broméliacées et Musacées, les *bractées* ou feuilles florales se parent, au moment de la floraison, d'une teinte rouge plus ou moins vive; c'est encore là évidemment un cas de coloration automnale, car ces organes sont alors parvenus à leur déclin.

La coloration rouge, permanente mais accidentelle, est très-rare chez nos plantes ligneuses de pleine terre; elle ne s'est encore présentée que dans un petit nombre d'espèces : l'Érable plane (*Acer platanoides* Lin.), l'Épine-vinette (*Berberis vulgaris* Lin.), le Hêtre (*Fagus sylvatica* Lin.), le Noisetier (*Corylus avellana* Lin.). Comme les Hêtres sont remarquables par la teinte pourpre que prend leur feuillage au printemps et à l'automne, on peut dire que le Hêtre rouge n'est que l'exagération d'une particularité commune à tous. Il semble y avoir, dans l'organisation végétale, antagonisme, incompatibilité, entre une coloration du feuillage autre que le vert et la beauté de la floraison. Le même phénomène s'observe dans le règne animal : les oiseaux chanteurs ont un plumage insignifiant, et les espèces au brillant plumage ne font entendre qu'une voix discordante et désagréable. Ainsi le Hêtre et le Noisetier appartiennent à ce grand groupe des Amentacées chez lequel les fleurs sont petites et insignifiantes. Les Berberis ont bien, il est vrai, une corolle, mais elle est uniformément jaune dans les diverses espèces, et d'ailleurs sans beauté. Les Caladium (*Aroïdées*), si remarquables et si recherchés pour la richesse et la diversité des coloris de leur feuillage, ont des fleurs minimes et décolorées, sans valeur dans la plupart des cas sous le rapport décoratif. Les Dracæna, dont une espèce entre autres, le *D. terminalis*, est si appréciée pour son magnifique feuillage pourpre, n'ont jamais attiré les regards par leurs petites fleurs sans éclat. La même remarque s'applique à d'autres plantes à feuillage coloré, les Begonia, Coleus, Perilla, etc., etc. L'incompatibilité sur la même plante d'un feuillage coloré et d'une riche floraison tient à ce que la feuille verte, et seulement la feuille verte, — ainsi que nous l'expliquerons plus tard, — est la nourrice de la fleur.

II. — STRUCTURE

La structure du limbe, — comme on devait s'y attendre, — est très-variable. Organe actif de la feuille et d'ailleurs appelé à fonc-

tionner dans les conditions les plus différentes, sa constitution doit se
plier aux circonstances et changer comme elles. Non-seulement cette
structure varie avec le milieu, mais encore, dans l'air, elle change et
se complique plus ou moins avec le climat et l'attitude ordinaire de
l'organe. Le cas le plus complexe, le seul d'ailleurs que nous examinerons ici, — ne voulant donner qu'une idée sommaire des caractères
anatomiques des feuilles, — est celui du limbe horizontal. Ses tissus
sont hermétiquement emprisonnés entre deux lames épidermiques
dont le rôle est ici capital. En effet, l'épiderme a pour fonction caractéristique de régulariser les rapports entre les tissus qu'il recouvre
et le milieu environnant, d'atténuer les impressions trop vives, d'exciter les influences trop lentes à se produire, d'accélérer ou de ralentir
les échanges selon que l'activité vitale doit être surexcitée ou déprimée. Or nous sommes en présence d'un organe, la feuille, dont
l'œuvre, d'une extrême importance pour la plante entière, doit néanmoins se terminer à bref délai. Il lui faut donc compenser la brièveté
du temps par un accroissement de puissance qui dépend à la fois du
degré de sensibilité de l'organe et de la facilité plus ou moins grande
des échanges. Ainsi le limbe doit être très-impressionnable et entretenir des relations faciles avec l'air ambiant; sa puissance dépendra
de la manière dont il satisfera à ces deux exigences. On pressent
maintenant l'importance de l'épiderme, de cette membrane appelée
à favoriser les relations, tout en ménageant la délicatesse des tissus.
Aussi sa structure est-elle des plus caractéristiques, et à considérer
les soins et le fini pour ainsi dire apportés à son exécution, en
tenant compte enfin de sa durée exceptionnelle et toujours égale à
celle de l'organe, on sent qu'on est en présence d'un rouage indispensable dont la disparition rendrait impossible le fonctionnement
de la machine entière. Sans doute les racines, les tiges et leurs
ramifications ont chacune, elles aussi, leur épiderme plus ou moins
semblable à celui des limbes, mais quelles profondes différences
dans leurs façons de se comporter! Bientôt déchirés et détruits, les
premiers sont remplacés par des tissus adventifs dont l'épaisseur
croît au point d'étreindre et d'étouffer à la longue, sous leur cuirasse
impénétrable et rigide, l'organe qui ne parvient pas à s'en débarrasser. Un pareil protecteur n'est pas évidemment destiné au même
but et n'est point comparable par conséquent à cet épiderme élastique

et mince de la feuille, tamisant soigneusement l'air sans l'arrêter, perméable à la lumière comme à la chaleur, modérant la transpiration sans la suspendre, tissu souple et pourtant résistant qui voile le limbe sans le cacher.

L'épiderme se compose le plus ordinairement d'une seule assise de

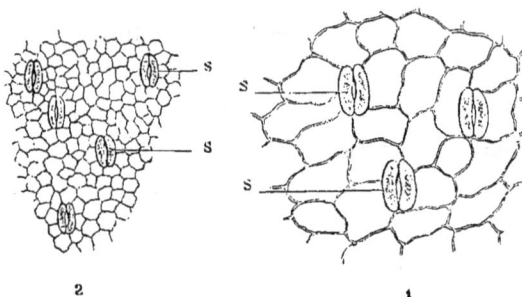

Fig. 107. — Figures schématiques d'épidermes considérablement grossis vus par leur face externe : S, S, stomates.

cellules aplaties ou *tabulaires*, étroitement unies entre elles sans lacunes ni méats. Les joints de ce carrelage naturel sont tantôt recti- lignes et tantôt sinueux ; mais toujours, pour augmenter la force de résistance de la membrane, les parois externes des cellules s'épais- sissent et constituent par leur union intime une lame superficielle excessivement mince, la *cuticule*, que l'on isole facilement après une macération dans l'eau.

Une telle disposition protége efficacement sans doute les tissus sous-jacents, mais a le tort grave de rendre les échanges gazeux lents et pénibles ; or il faut à certains moments qu'ils soient prompts et actifs. Pour satisfaire à cette nouvelle exigence, un merveilleux organe, une véritable bouche microscopique, nommée *stomate*, a été créée. Ses deux lèvres sont deux cellules épidermiques ayant la forme de bourrelets ; en se courbant ou en se redressant plus ou moins selon les circonstances, elles élargissent ou ferment le petit orifice ou *ostiole* interposé entre leurs régions moyennes. Bien que particulièrement nombreux sur les feuilles et en général sur les parties aériennes, néan- moins les organes souterrains et aquatiques n'en sont pas tous absolu- ment dépourvus ; mais quand ils s'y montrent, c'est en petit nombre. Un tel mode de répartition est un argument sérieux, que l'on a fait valoir de tout temps, en faveur du rôle que l'on prête généralement aux stomates : celui de dispensateurs et de régulateurs des échanges gazeux entre l'atmosphère et les tissus sous-jacents. Une disposition anatomique non moins curieuse vient appuyer cette induction. L'ouverture de chacun des stomates donne accès dans une lacune, située immédiatement au-dessous, de forme plus ou moins irrégulière et de dimensions variables, creusée dans le parenchyme du limbe. La desti-

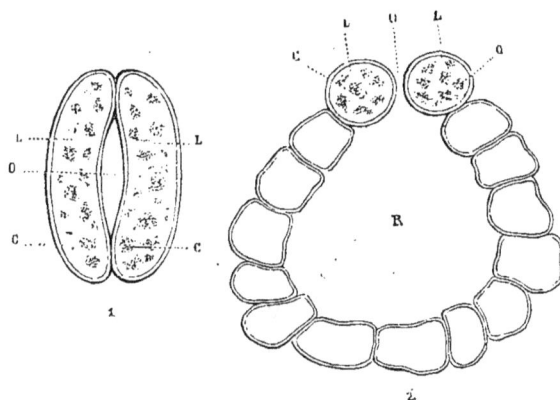

Fig. 108. — Figures schématiques d'un stomate considérablement grossi : L, L, les deux lèvres du stomate; O, ostiole ; C, C, granulations de chlorophylle ; R, chambre sous-stomatique ou respiratoire. 1, stomate vu par sa face externe ; 2, coupe transversale du même.

nation de cette cavité paraît si évidente, qu'on lui donne généralement le nom de *chambre respiratoire*, pour indiquer son usage probable.

Étudions maintenant le tissu actif, le parenchyme.

Les limbes ayant deux faces différentes, l'une supérieure et l'autre inférieure, possèdent également deux parenchymes. Immédiatement au contact de l'épiderme supérieur se trouvent généralement une, souvent deux ou trois assises de cellules allongées perpendiculairement au plan du limbe, étroites dans le sens parallèle à ce dernier, serrées les unes contre les autres, que leur forme et leur mode d'assemblage font appeler *cellules en palissade* ou encore *parenchyme en palissade*. Au-dessous s'étend, jusqu'à l'épiderme inférieur, un parenchyme très-irrégulier et très-lacuneux. Toutes les cellules indistinctement contiennent de la chlorophylle, mais en proportions inégales ; ses granulations sont abondantes dans le parenchyme en palissade et rares dans l'autre. On comprend maintenant pourquoi la face inférieure est moins colorée que l'autre : la différence provient de ce que le tissu lacuneux renferme plus d'air et moins de matière verte que le parenchyme en palissade. Quant aux nervures, — nous le répétons, — leur charpente est formée par des faisceaux libéro-ligneux, prolongements de ceux du pétiole, et de constitution identique à celle des faisceaux du rameau ; c'est dire que le système vasculaire y est représenté par des trachées, dont le nombre diminue avec l'épaisseur de la nervure,

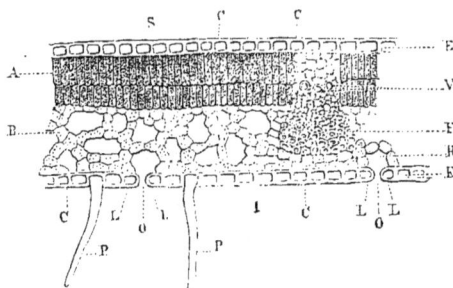

Fig. 109. — Figure schématique de la coupe transversale considérablement grossie d'un limbe : S, face supérieure ; I, face inférieure ; C, cuticule ; E, épiderme ; P, poil ; A, parenchyme en palissade ; B, parenchyme lacuneux ; O, ostiole ; L, L, lèvres des stomates ; R, chambre respiratoire ; V, région vasculaire d'une nervure ; F, fibres libériennes de la même.

et se réduit à une ou deux dans les plus fines d'entre elles. En outre, les faisceaux du limbe sont tous orientés de la même manière et tournent leur région libérienne du côté de la face inférieure. Enfin, le parenchyme en palissade manque sur leur trajet, et s'y trouve remplacé par des cellules sphéroïdales ou diversement polyédriques peu ou point colorées.

Les détails dans lesquels nous venons d'entrer nous permettent de passer rapidement sur la structure, moins importante à connaître, du pétiole. Comme le limbe, il a son épiderme et son parenchyme vert, mais très-réduit. Le fait saillant et caractéristique est la disposition de son système fibro-vasculaire, de même nature que celui du rameau, c'est-à-dire formé de faisceaux libéro-ligneux plus ou moins écartés ou rapprochés les uns des autres, et orientés, sauf de rares exceptions, de manière à présenter extérieurement leur région libérienne. Dans l'arrangement réciproque des faisceaux, on peut distinguer trois types principaux : 1° une masse libéro-ligneuse conformée en fer à cheval ; 2° un nombre impair de faisceaux, trois, cinq ou davantage, également espacés le long d'un arc de cercle à convexité inférieure ; 3° des faisceaux en grand nombre disposés circulairement autour d'un parenchyme médullaire central.

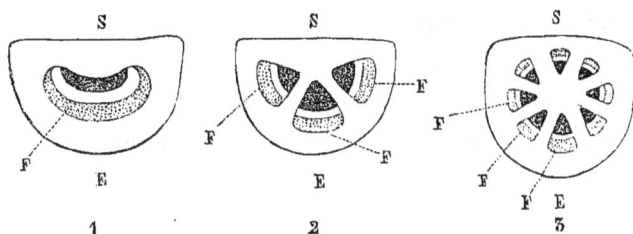

Fig. 110. — Figures schématiques montrant des coupes grossies de pétioles : S, face supérieure ou interne du pétiole ; E, face inférieure ou externe ; F, faisceau libéro-ligneux 1, disposition en fer à cheval des faisceaux ; 2, disposition en arc de cercle ; 3, disposition circulaire.

III. — PRINCIPALES MÉTAMORPHOSES DES FEUILLES

Les transformations des feuilles sont nombreuses, comme les causes qui les engendrent. Toutes ont pour effet d'entraver plus ou moins le travail d'élaboration des aliments atmosphériques suivant l'étendue de la portion restée herbacée et membraneuse. Tantôt la métamorphose respecte la consistance herbacée de l'organe, qui devient, selon les cas, un pétiole sans limbe, un *phyllode*, une *ascidie* ou une vrille ; tantôt elle la dénature en la lignifiant et fait de la feuille une épine simple ou ramifiée.

Un pétiole sans limbe est assez rare, il est contre nature, car il réduit outre mesure l'étendue de la région membraneuse de la feuille. On en voit un exemple remarquable dans une magnifique Monocotylédone, le Strelitzia à feuilles de jonc (*Strelitzia juncea* Andr.).

Le *phyllode* est une membrane verte, dirigée verticalement et rattachée au rameau par un court appendice de forme pétiolaire. En présence de cette dérogation au type ordinaire, l'idée de l'attribuer à une torsion de quatre-vingt-dix degrés du limbe sur le pétiole se présente tout d'abord à l'esprit. En réalité, la transformation est plus compliquée ; pour mieux la comprendre, il est bon de remarquer que la conformation habituelle à la feuille peut être exactement imitée en imaginant la masse foliaire étirée par un premier modelage en un corps fusiforme, puis transformée par l'aplatissement de haut en bas de sa région moyenne en un limbe plus ou moins pétiolé. Substituons à l'aplatissement dans le sens vertical une compression dans le sens latéral, nous produirons encore et à la fois un pétiole et un limbe, mais un limbe autrement orienté et dont le plan sera vertical et non point horizontal comme dans le cas ordinaire. En d'autres termes, dans les conditions normales, le système fibro-vasculaire de la feuille quitte la forme qu'il avait dans la région pétiolaire, et s'étale dans un

plan horizontal pour devenir la charpente du limbe. Si l'écartement des mêmes faisceaux se produit dans le sens vertical, il en résulte le mode de nervation réalisé dans la portion membraneuse du phyllode.

Les botanistes se sont naturellement enquis depuis longtemps de ce que devenaient le limbe et le pétiole dans la métamorphose d'une feuille en phyllode. Il a été reconnu que le limbe s'atrophiait au point de disparaître entièrement dans nombre de cas, et que par contre la région pétiolaire s'hypertrophiait et s'amincissait partiellement en une membrane verticale, véritable pseudo-limbe. La preuve en est faite journellement sous nos yeux, entre autres par les Acacia de l'Australie, mainte-

Fig. 111. — Feuilles partiellement ou totalement métamorphosées en phyllodes de l'*Acacia mollissima* Willd.

nant très-répandus dans nos serres tempérées, et dont un grand nombre d'espèces produisent des phyllodes. Chez ces dernières, on observe souvent sur le même sujet tous les termes intermédiaires, toutes les phases secondaires, de la métamorphose de la feuille en phyllode, et l'on ne peut plus ainsi conserver de doutes sur la nature de la transformation.

Il est digne de remarque que les limbes spontanément dressés et les pseudo-limbes des phyllodes ont toujours de faibles dimensions et une région pétiolaire rudimentaire. Chez eux, on ne rencontre jamais cette ampleur de forme, ces limbes gigantesques, ces pétioles longs et robustes au point de ressembler à des rameaux, si communs chez les espèces à limbes horizontaux. L'attitude verticale semble donc nuire au développement du parenchyme et l'attitude horizontale le favoriser au contraire : preuve entre une infinité d'autres de l'influence favorable que la division du travail exerce sur le degré d'énergie de la force d'organisation. Dans le limbe horizontal, en effet, il y a deux parenchymes, l'un supérieur, l'autre inférieur, placés dans des conditions différentes et se complétant l'un l'autre ; dans le limbe ou pseudo-limbe vertical, il n'y a plus qu'un parenchyme, les deux parenchymes précédents, tous deux devenus latéraux, tous deux vivant de la même vie, ayant fusionné.

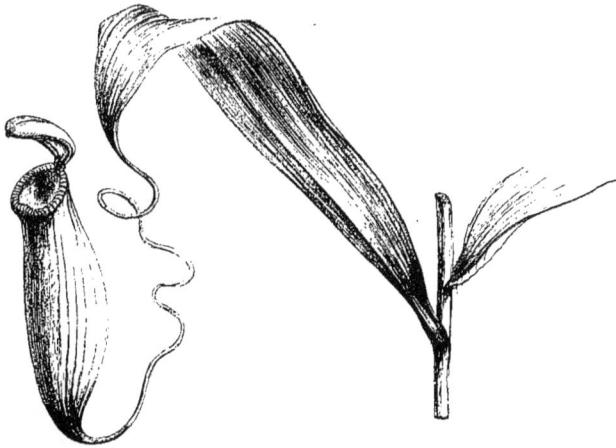

Fig. 112. — Ascidie d'un Népenthès.

L'ascidie, — comme l'indique l'étymologie du mot, — est une sorte d'outre ou d'urne membraneuse dont l'orifice, diversement conformé, est souvent pourvu d'un opercule, véritable couvercle automoteur. L'ensemble est fixé au rameau par un appendice de configuration et de dimensions fort variables également. Cette bizarre transformation, — dont le but est ignoré ou tout au plus soupçonné, — affecte fréquemment les feuilles, particulièrement dans trois types qu'elle a rendus célèbres : le Cephalotus, le Népenthès et le Sarracenia ; le premier

Australien, le second de l'Inde et de Madagascar, le troisième enfin de l'Amérique septentrionale.

Nous connaissons déjà les vrilles ou mains ; leur origine est variable. Les unes sont de nature indéterminée, celles des Cucurbitacées par exemple ; d'autres, — nous le savons, — sont d'origine axile, comme celles des Passiflores, de la Vigne, etc. ; d'autres enfin résultent de la métamorphose partielle ou totale de la feuille. Ainsi, les feuilles de plusieurs Clématites, les pétioles de la Morelle faux-Jasmin (*Solanum jasminoides*), des Capucines, des Maurandia, etc., montrent une remarquable tendance à s'enrouler autour des obstacles et à servir de vrilles à la plante. Chez plusieurs espèces à feuilles composées, certaines folioles dégénèrent en vrilles, pendant que les autres conservent leurs caractères ordinaires, comme dans le Pois vivace (*Lathyrus latifolius* Lin.). Parfois cette modification partielle est accompagnée, par exemple dans la Gesse sauvage (*Lathyrus sylvestris* Lin.), d'un aplatissement du pétiole, circonstance qui contribue à augmenter la superficie du parenchyme. Enfin, la transformation du limbe peut être complète et la région membraneuse représentée uniquement par les stipules faisant alors office de limbe, comme dans la Gesse sans feuilles (*Lathyrus aphaca* Lin.).

L'histoire de la formation des épines est semblable à la précédente. Ainsi que la vrille, l'épine est de nature axile ou foliaire ; les moyens de faire la distinction sont variés. Quand on voit une épine se former à l'aisselle d'une feuille, souvent se ramifier, exceptionnellement porter des fleurs, peut-on douter de son origine et refuser à voir en elle un rameau plus ou moins dégénéré? Tel est le cas, — nous l'avons déjà dit, — pour

Fig. 115. — Métamorphose des feuilles en épines dans l'Épine-vinette (*Berberis vulgaris* Lin.).

les épines de l'Épine-noire ou Prunier épineux (*Prunus spinosa* Lin.), du Févier (*Gleditschia triacanthos* Lin.), etc. Quand, au contraire, un bourgeon naît et s'épanouit en rameau à l'aisselle d'une épine, il est impossible de méconnaître la nature fo-

liaire de cette dernière; d'ailleurs, dans bien des cas, le végétal présente des exemples de toutes les phases intermédiaires de la métamorphose, et par là enlève tous les doutes, et permet en outre de savoir
si la transformation atteint la feuille entière ou seulement une partie
qu'il est alors facile de reconnaître. Ainsi, la transformation est
complète dans les Berberis; elle porte seulement sur la nervure
moyenne dans certains Astragales, sur les stipules dans les Robinia, etc.

CHAPITRE VII

LE FEUILLAGE

Le feuillage, ou l'ensemble des feuilles d'un même végétal, contribue pour une très-large part à donner à chaque plante sa physionomie caractéristique, son cachet particulier, son port en un mot.

Les types de feuillage sont innombrables; leurs différences tiennent à sept ordres principaux de caractères : 1° la durée de la feuille; 2° la diversité de ses attitudes; 3° la nature de ses téguments; 4° sa consistance; 5° sa couleur; 6° ses formes et ses dimensions; 7° les divers modes d'arrangement des feuilles sur les rameaux producteurs ou symétrie foliaire.

Nous n'examinerons ici que les deux derniers.

I. — FORMES ET DIMENSIONS

Une pareille étude, pour être complète, demande à être faite à quatre points de vue différents et porter sur : 1° la feuille isolée; 2° les feuilles d'un même sujet; 3° les feuilles d'individus de même espèce, mais de sexes différents; 4° les feuilles d'individus d'espèces différentes.

Nous ne reviendrons pas sur le premier point, déjà suffisamment élucidé; parlons donc tout d'abord des particularités offertes, dans leurs formes et leurs dimensions, par les feuilles d'un même sujet.

Les feuilles, en leur qualité de corps vivants, croissent de la naissance à l'état adulte; d'ailleurs celles d'un même végétal sont à tous les instants d'âges différents, et on trouve parmi elles des enfants, des adultes et des vieillards, sans compter les malades et les infirmes; donc à toutes les heures de la vie d'un feuillage ces organes sont nécessairement inégaux. Mais il semble *à priori* que les feuilles saines et régulièrement conformées devraient toujours être semblables sur le même pied, ce qui n'est pas. Tels sont les deux faits qu'il s'agit de constater et d'expliquer.

Au nombre des causes du phénomène, il faut ranger en première ligne le milieu. Il y a en effet trois types de feuilles, types compatibles, c'est-à-dire réductibles les uns dans les autres, comme il y a trois milieux, l'air, l'eau, le sol. Le nombre des variations dont chacun d'eux est susceptible est fort différent, selon la nature du milieu. Dans le sol, une seule forme se montre, l'écaille, particularité due à la grande uniformité du milieu; les modifications, d'ailleurs très-limitées, portent uniquement sur ses dimensions et son degré de consistance. Dans le milieu aquatique, on trouve deux formes, l'une propre à l'eau stagnante, l'autre à l'eau courante. Chez la première, le limbe, réduit à ses principales nervures, offre une grande analogie d'aspect avec le chevelu; c'est que leurs milieux respectifs ont entre eux plusieurs points de ressemblance : dans l'eau stagnante comme dans le sol, l'organe vivant doit se faire long et grêle pour s'insinuer facilement partout et se porter au-devant de l'air respirable et des aliments immobilisés dans le milieu. Toutefois l'eau stagnante a cette supériorité sur le sol qu'elle n'est jamais invariablement immobile comme celui-ci; même quand elle est calme, les modifications périodiques de densité des couches superficielles, conséquences des changements de température produits par la succession régulière des jours et des nuits, provoquent des courants verticaux favorables à l'aération des couches profondes. Pas plus que le chevelu du reste, la feuille des eaux dormantes, au limbe réduit aux principales pièces de son squelette, ne saurait vivre dans l'air, où la dessiccation la tuerait bientôt. Alors même qu'elle parviendrait à se soustraire au danger, elle n'y pourrait utilement fonctionner. En effet, grâce à la pesanteur spécifique de l'eau, bien supérieure à celle de l'air, ses filaments nagent librement et se maintiennent naturellement écartés les uns des autres; dans l'atmosphère au contraire, incapables de

se soutenir, ils se nuiraient et se gêneraient mutuellement par leur
inévitable agglomération ; d'ailleurs leur fragilité ne résisterait pas
aux violences du vent. Dans l'eau courante, la feuille devient un
phyllode, elle se façonne en un ruban qui flotte au fil de l'eau :
disposition heureuse pour recevoir la plus large part possible d'influence d'un milieu incessamment renouvelé. Or nombre de plantes
sont mi-parties aériennes et aquatiques; leurs sommités vivent dans
l'air, leurs régions moyennes et inférieures dans l'eau; leur feuil-

Fig. 114. — Feuillage dimorphe de la Renoncule aquatique (*Ranunculus aquatilis* Lin.)

lage doit donc être dimorphe et comprendre deux sortes de feuilles,
les unes aériennes, les autres submergées. Dans les plantes d'eau
stagnante, comme la Châtaigne d'eau (*Trapa natans* Lin.), la Renoncule aquatique (*Ranunculus aquatilis* Lin.), etc., le parenchyme du
limbe des feuilles submergées avortera; il sera rubané dans les plantes
d'eau courante, comme la Sagittaire (*Sagittaria sagittæfolia* Lin.),
ainsi nommée à cause de la forme particulière de ses feuilles aériennes.

Ces changements de configuration ne sont point du reste particuliers
aux végétaux aquatiques ou d'eau douce, ils s'observent également dans
les plantes marines. Les Algues, Cryptogames qui habitent les mers à
des profondeurs variables selon les espèces, et par conséquent dans des
eaux plus ou moins agitées par la marée, les courants marins et les
tempêtes, sont dépourvues, il est vrai, de feuilles proprement dites,

mais les expansions membraneuses ou *frondes* qui en tiennent lieu présentent dans leurs formes des modifications de même ordre et sans doute de même origine. En eau calme, elles sont bizarrement découpées en fines arborisations, ou bien, percées à jour comme à l'emporte-pièce, on les prendrait pour des dentelles riches et légères. En eau périodiquement agitée par le flux et le reflux, tantôt submergées et tantôt laissées à sec sur le rocher selon les heures de la journée, elles rappellent par leurs formes les limbes des feuilles aériennes. Enfin on rencontre parfois en plein océan, et par conséquent fixées à de grandes profondeurs, les gigantesques frondes rubanées de certaines Laminaires; il serait intéressant de rechercher si un tel développement n'a pas exclusivement lieu dans l'eau constamment renouvelée d'un grand courant marin.

Le polymorphisme des feuilles d'un même végétal, ou l'*hétérophyllie*, n'est point seulement produit par des changements de milieux, il dépend encore de la situation des feuilles sur la plante. Si l'on passe un feuillage en revue, du pied à la cime, à mesure que le regard s'élève, on voit les feuilles acquérir progressivement plus d'ampleur, les découpures du limbe se multiplier et s'agrandir. Ce double caractère s'accentue de plus en plus jusqu'à la région moyenne, où les dimensions des feuilles sont les plus grandes, les découpures du limbe les plus nombreuses et les plus profondes. A partir de là, l'effet inverse a lieu, les proportions diminuent, les découpures s'atténuent, s'effacent, et dans les régions terminales des tiges et des rameaux, au voisinage immédiat des fleurs, les feuilles sont d'ordinaire tellement réduites dans leurs dimensions et si profondément modifiées dans leurs autres caractères, qu'on a jugé utile de leur donner un nom particulier : on les appelle des *bractées*. En d'autres termes, lorsque, partant des cotylédons, on suit les axes dans la direction de leur extrémité libre, on passe par une suite de feuilles, aux formes grandissantes dans la première moitié du parcours, de plus en plus naines dans l'autre, et, parvenu aux bractées, on se trouve, sous le rapport de la configuration des feuilles, ramené au point de départ, le cotylédon et la bractée présentant une configuration analogue : loi qu'on peut encore exprimer en disant que les feuilles d'un même végétal sont distribuées sur une circonférence. Et cette loi d'évolution est également applicable à chacun des rameaux en particulier. Par exemple, chez l'arbre ou l'arbuste à bourgeons écailleux, comme le Frêne, le Lilas, le Marronnier, etc., la foliation débute par des écailles auxquelles succèdent par transitions ménagées des feuilles à limbes membraneux qui grandissent rapidement d'un organe au suivant jusqu'au milieu du rameau, pour décroître progressivement au delà, au point que les

Fig. 115. — Sommité d'un rameau fleuri d'Helléhore fétide (*Helleborus fœtidus* Lin.) montrant le passage de la feuille à la bractée.

dernières feuilles ne sont plus que des écailles en tout semblables à celles de la base. De tous ces faits on conclut que les feuilles des foliations successives d'un arbre quelconque constituent les différents termes de ce qu'on appelle, dans l'analyse mathématique, *une série circulaire*.

Cette régularité d'évolution est parfois troublée d'une manière insolite et sans cause connue : on voit alors sur le même rameau les formes les plus disparates. Nous en citerons trois exemples, pris parmi les plus connus.

On trouve dans tous les jardins un petit arbuste très-rameux, la Symphorine à fruits blancs (*Symphoricarpos leucocarpa* Desfont.), fort recherché, non point pour ses fleurs minimes et insignifiantes, mais pour ses fruits de la grosseur d'une petite cerise, d'un blanc de neige

Fig. 116. — Polymorphisme foliaire du Mûrier à papier (*Broussonetia papyrifera* Willd.)

du plus bel effet ornemental, qui se succèdent sans interruption depuis le mois de juillet jusqu'à l'entrée de l'hiver. Les rameaux de ce gracieux arbuste portent des feuilles simples, les unes entières, les autres plus ou moins profondément et diversement découpées. De même, les feuilles simples du Mûrier à papier (*Broussonetia papyrifera* Willd.) sont, sur le même rameau, les unes seulement dentées, les autres lobées de différentes manières. Enfin une Laurinée de l'Amérique septentrionale que la conformité des climats permet de livrer en France à la pleine terre, le Sassafras ou Laurier-Sassafras (*Sassafras*

Fig. 117. — Groupe de Ravenala

officinale Nees), présente un phénomène semblable, et ses rameaux portent des feuilles normales simples et trilobées à côté d'autres qui n'ont plus qu'un, deux lobes, ou même sont entières.

L'hétérophyllie occasionnée par les différences de situation des feuilles d'un même végétal est si générale et si frappante d'ordinaire, qu'on a de tous temps partagé ces organes, d'après leur position, en feuilles *cotylédonaires* ou *séminales*, *radicales*, *caulinaires* et *raméales*, suivant qu'elles naissent sur l'embryon, dans le voisinage de la racine, sur les tiges ou enfin sur les rameaux. Entre toutes, les feuilles cotylédonaires ont un cachet à part, qu'elles doivent aux conditions spéciales de leur naissance et de leur développement. Dans beaucoup de cas, les feuilles nommées si improprement radicales, — puisqu'elles n'émanent pas de la racine, mais naissent seulement dans son voisinage, — sont tellement différentes de leurs congénères placées plus haut, qu'elles semblent appartenir à une autre espèce. Leurs caractères varient d'ailleurs avec leur mode d'arrangement, et l'importance des variations est toujours en rapport direct avec le nombre de ces organes et leur degré de rapprochement. Largement espacées sur un axe traçant, aérien ou souterrain, elles prennent la forme peltée; agglomérées en touffe, elles allongent leur limbe, afin de ne point se masquer réciproquement, et sont alors d'autant plus longuement pétiolées que leur nombre est plus considérable. Toutefois on rencontre souvent, — particulièrement dans les plantes dites acaules, — des touffes de feuilles non pétiolées et engaînantes qui vivent néanmoins sans se masquer, grâce à leur arrangement ingénieux : toutes les feuilles, en s'insérant sur deux faces exactement opposées de l'axe producteur, forment une sorte de mur vertical, de faible épaisseur, que l'air et la lumière traversent aisément. Ce mode de foliation, appelé *distique*, donne à la plante un port original et s'observe, entre autres, dans beaucoup d'Amaryllidées bulbeuses ou munies de rhizomes. On le rencontre également chez quelques espèces caulescentes, à feuilles pétiolées ou non, comme cette célèbre Musacée, l'Arbre du Voyageur, le Ravenala des Malgaches, le *Ravenala Madagascariensis* (Adanson) des botanistes. La base des robustes pétioles de cette curieuse espèce est en outre aménagée en une véritable citerne, dans laquelle l'eau des pluies s'accumule et se conserve, — assure-t-on, — fraîche et limpide.

Les limbes des feuilles caulinaires, gênés dans leur développement par la tige ou les rameaux, se déforment, cessent d'être circulaires pour s'allonger du côté libre, c'est-à-dire opposé à l'axe ; en même temps les pétioles grandissent pour les porter, loin de l'agglomération, à l'air et à la lumière. Vers les régions périphériques, les rameaux s'espacent davantage, la gêne est moindre, les pétioles s'atrophient peu à peu, et les feuilles, progressivement réduites, passent insensiblement à l'état de bractées.

L'hétérophyllie n'est pas seulement un effet de situation, mais parfois de l'âge, comme chez l'*Eucalyptus globulus* (Labill.), le géant australien à la croissance si rapide, employé depuis quelques années avec le plus grand succès à l'assainissement des terres marécageuses de l'Algérie, foyers permanents des fièvres pernicieuses. L'arbre, dans sa jeunesse, porte des feuilles simples dont le limbe est étalé horizontalement ; plus tard, elles sont remplacées par de véritables phyllodes à pseudo-limbe vertical. Il y a donc chez lui deux feuillages totalement différents, celui de l'enfance et celui de l'âge adulte.

Pour compléter l'histoire des variations du feuillage, il resterait à parler des hétérophyllies accidentelles, de l'influence des sexes et des climats sur ces variations ; ce sont là d'importantes questions, qui trouveront plus loin leur place naturelle.

II. — LOIS DE LA SYMÉTRIE FOLIAIRE OU PHYLLOTAXIE

Les bourgeons normaux naissent invariablement sur les pousses de l'année. Quelques-uns, particulièrement ceux placés vers les extrémités, s'épanouissent l'année suivante ; les autres dorment, et, — à moins de circonstances accidentelles qui les tirent de leur torpeur et les forcent à s'épanouir, — passent insensiblement du sommeil à la mort. Comme d'ailleurs les feuilles ont une courte existence, il résulte de cette double particularité que pendant leur période d'activité elles se trouvent toujours placées à la périphérie de l'appareil aérien, situation nécessaire qui leur permet de recevoir sans entraves l'influence de l'air et des agents physiques de la vie. Quand cette condition n'est pas satisfaite, ces organes souffrent, périssent prématurément, et le rameau, déshérité d'air et de lumière, languit et meurt avant le temps. Toutefois, être placées à la périphérie ne suffit pas à assurer leur existence et leur travail : elles ne pourraient sans dommage pour leur rôle s'entasser confusément, mais doivent s'espacer et s'orienter de façon à présenter la plus large surface possible à l'air et à la lumière. De là des corrélations évidentes et nécessaires, de formes,

Fig. 118. — Feuilles simples, alternes du Laurier-cerise (*Prunus Lauro-cerasus* Lin.).

de dimensions et de nombre d'une part, d'arrangement ou de symétrie de l'autre.

Les lois réglant l'arrangement des feuilles sur les tiges et les rameaux constituent la *Phyllotaxie*, science toute moderne, que nous nous proposons seulement d'effleurer ici.

On distingue trois dispositions principales et les feuilles sont *alternes*, *opposées* ou *verticillées*.

Les feuilles sont alternes quand elles s'insèrent isolément à des hauteurs différentes. Si l'on joint chacun des points d'insertion au suivant en prenant le plus court chemin, et de manière à comprendre toutes les feuilles, on trace sur l'axe une courbe que l'on nomme la *spirale génératrice*, bien qu'elle n'ait rien de commun avec la courbe plane appelée spirale en géométrie. La spirale de la phyllotaxie serait en réalité une hélice dans le cas idéal d'entre-nœuds tous égaux entre

Fig. 119. — Feuilles simples, entières et opposées de la Belle-de-nuit (*Mirabilis Jalapa* Lin.).

eux et de feuilles rigoureusement insérées aux points que leur assignent les exigences de la symétrie. D'ordinaire, en remontant la spirale génératrice, on trouve, après avoir parcouru un nombre de tours variable d'un type à l'autre, une feuille directement superposée à la feuille du point de départ, en sorte que les insertions des deux pétioles sont sur une même génératrice ou droite parallèle à l'axe du rameau. Alors la suivante est superposée à la seconde, celle qui vient après à la

troisième, et ainsi de suite. Par conséquent, dans un pareil mode
de symétrie, non-seulement les feuilles sont spiralées ou distribuées
sur une spirale, mais elles sont encore *rectisériées* ou réparties sur
des génératrices également espacées du rameau. Il arrive cependant
que jamais deux feuilles ne se placent sur la même génératrice ; elles
appartiennent alors à un système de courbes parallèles entre elles et
on les dit *curvisériées*.

Les feuilles sont *opposées* quand elles s'insèrent deux à deux aux
extrémités d'un même diamètre d'un cercle perpendiculaire à l'axe
du rameau ; elles deviennent *géminées*, quand les deux feuilles de la
même circonférence se rapprochent l'une de l'autre.

Enfin ces organes sont *verticillés*, lorsque leurs points d'insertion
sont également espacés sur la circonférence d'un cercle perpendiculaire à l'axe longitudinal du rameau. Chacune de ces circonférences
ou *verticille* compte au moins trois feuilles, comme dans l'exemple
classique du Laurier-rose (*Nerium oleander* Lin.), ou un plus grand
nombre.

CHAPITRE VIII

GÉNÉRALITÉS SUR LA FLEUR

I. — NOTIONS PRÉLIMINAIRES SUR SON ORGANISATION

La fleur est l'ensemble des organes qui concourent à la reproduction et en assurent la réalisation. Elle prend naissance dans un bourgeon de caractère particulier, le *bouton*.

Le bouton, étant le dernier terme de l'évolution de la majorité des bourgeons, termine toujours un axe, le plus ordinairement de longueur notable, que l'on nomme *pédoncule*, ou vulgairement *queue* de la fleur. Celle-ci est *sessile* ou *pédonculée*, selon que son pédoncule est ou non rudimentaire.

La fleur est le plus complexe des appareils de l'organisation végétale; aussi n'habite-t-elle que le milieu le plus complexe et le plus variable, l'atmosphère. Il n'y a point de fleurs souterraines; quelques fruits seuls, ceux de l'Arachide (*Arachis hypogæa* Lin.), du Trèfle souterrain (*Trifolium subterraneum* Lin.), etc., vivent et mûrissent dans le sol. Enfin, très-peu de fleurs peuvent accomplir dans l'eau, même aérée et éclairée, toutes les phases de leur évolution. La fleur est donc un appareil essentiellement aérien, et la lumière lui est aussi indispensable que l'air; à l'obscurité permanente, les boutons avortent, ou se flétrissent et tombent sans s'épanouir.

De formes plus grêles que celles des rameaux feuillés, le pédoncule est nu dans toute sa longueur ou porte ces feuilles profondément modifiées que nous appelons des *bractées*. Il y a donc un antagonisme apparent entre la feuillaison et la floraison, puisque les feuilles s'atténuent et disparaissent là où les fleurs se montrent; en réalité, il n'y a point antagonisme, mais métamorphose.

On a cru devoir donner un nom particulier à l'axe rudimentaire contenu dans le bouton : on l'appelle *réceptacle*, pour rappeler sa fonction essentielle de porter les organes floraux. C'est, on le voit, l'équivalent du plateau des bulbes; il existe d'ailleurs entre ces deux organes plus d'un trait de ressemblance. Après l'épanouissement du bouton, le réceptacle reste habituellement très-court, tout en affectant des configurations variées, parmi lesquelles on en distingue trois principales, conique, plane ou creuse.

Le rameau feuillé, allongé et robuste, porte des feuilles ordinairement semblables et largement espacées; le réceptacle, court et massif, donne attache à des feuilles toujours fort dissemblables et très-rapprochées les unes des autres. Dans la fleur la plus complexe, ce que l'on appelle la *fleur complète*, on distingue, d'après leur situation relative, leur conformation et leurs fonctions réelles ou supposées, quatre groupes d'organes, ou, comme l'on dit encore très-improprement, quatre verticilles. Ce sont, en procédant de l'extérieur à l'intérieur : le *calice*, la *corolle*, l'*androcée* et le *gynécée*. Chacun des

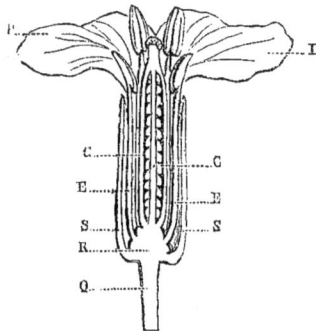

Fig. 120. — Coupe longitudinale d'une fleur de Giroflée jaune (*Cheiranthus Cheiri* Lin.) : Q, pédoncule; R, réceptacle; S, sépale; P, pétale; E, étamine; C, pistil.

groupes comprend un nombre variable d'organes similaires : les *sépales*, pour le calice; les *pétales*, pour la corolle; les *étamines*, pour l'androcée; les *pistils*, pour le gynécée.

En raison de la brièveté du réceptacle et du grand nombre des organes floraux, ceux-ci se pressent, se serrent mutuellement, d'où résultent des altérations nombreuses et variées du plan primitif, des anomalies et des monstruosités fréquentes qui doivent se multiplier et se multiplient en effet à mesure que l'on pénètre plus profondément dans la fleur. Ici surtout, plus que dans tout autre appareil, il fallait atténuer autant que possible les fâcheux effets de l'agglomération par un arrangement précis et méthodique. A cet effet, les organes similaires ou d'un même groupe sont insérés à des distances variables les uns des autres d'après deux modes, en hélice ou par verticilles. Dans le premier, la ligne d'insertion décrit une hélice sur le réceptacle; c'est le cas le moins fréquent : il s'observe seulement lorsque les organes similaires sont nombreux. Comme les diverses hélices des groupes successifs semblent, en raison de leur extrême rapprochement, s'unir en une seule, l'organe terminal d'un groupe est immédiatement à côté de celui qui commence le suivant, dans la même situation par conséquent; aussi leurs caractères tendent-ils à s'identifier et les lignes de démarcation des groupes successifs à s'effacer. Le second mode, l'insertion par verticilles, est propre évidemment à accentuer les dissemblances entre les groupes, puisqu'on passe brusquement de l'un à l'autre, d'un verticille au suivant; par contre, il est défavorable à la multiplication des organes similaires, car le nombre des pièces d'un même verticille est subordonné tout à la fois à l'étendue de la surface d'insertion de l'organe et à la longueur de la circonférence du verticille. Aussi, très-souvent dans ce cas, les organes similaires se répartissent entre plusieurs verticilles, au grand détriment de leur ressemblance, qui tend à s'effacer de plus en plus entre les verticilles extrêmes, à mesure que leur nombre augmente.

Les pièces florales, en se superposant, se placent ordinairement devant les intervalles restés vides entre les deux pièces consécutives de la rangée précédente. Cette loi, très-facile à vérifier dans la disposition verticillée, porte le nom de *loi d'alternance;* sujette, comme toutes les lois organiques, à certaines exceptions, son but évident est de démasquer le plus possible les organes.

Déterminer le nombre et la disposition relative des organes floraux, reconnaître les caractères particuliers à chacun d'eux, c'est faire *l'analyse de la fleur.* Pour en représenter les résultats, deux moyens sont concurremment employés : une coupe médiane et longitudinale, qui indique la configuration et le mode d'insertion des organes ; une coupe transversale ou *diagramme,* sur laquelle on figure, à l'aide de signes conventionnels, les organes dans leur nombre et leur disposition relative. Bien que le diagramme soit formé d'arcs de cercle concentriques, on distingue chez lui quatre régions : une antérieure, une postérieure et deux latérales, correspondant respectivement aux quatre régions de la fleur, définies de la manière suivante.

Soient (fig. 121) *xy* un axe florifère, B la bractée-mère à l'aisselle de laquelle est né le bouton, P le pédoncule et F la fleur. La coupe transversale de cette dernière est limitée d'un côté par la bractée et de

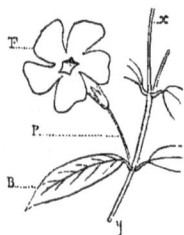

Fig. 121. — Définition des régions de la fleur : *xy*, rameau; B, bractée-mère, P, pédoncule; F, fleur.

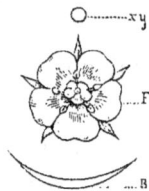

Fig. 122. — Position de la fleur dans le diagramme : *xy*, axe; F, fleur; B, bractée-mère.

l'autre par l'axe générateur *xy*. On est convenu d'appeler *région antérieure* le côté de la bractée, *région postérieure* le côté de l'axe; et, dans un diagramme, de placer toujours la fleur comme ci-dessus (fig. 122), entre l'axe et la bractée, le premier en haut, la seconde en bas.

La précédente distinction des organes floraux en quatre groupes est fondée sur leur situation relative et leurs caractères extérieurs; on est allé plus loin, et, tenant compte de leurs fonctions, on les a répartis en deux catégories : les *organes accessoires* ou *enveloppes florales*, comprenant le calice et la corolle réunis souvent sous la dénomination commune de *périanthe* ou de *périgone*, et les *organes essentiels* ou *organes reproducteurs*, composés de l'androcée et du gynécée. Ordinairement les deux enveloppes florales sont nettement distinctes l'une de l'autre, surtout par leur couleur, verte dans

Fig. 123. — Diagramme d'une fleur de Poirier (*Pyrus communis* Lin.) : S, sépales; P, pétales; E, étamines; C, pistils.

le calice et différente du vert dans la corolle. Parfois cependant la ligne de démarcation s'efface et les deux enveloppes se confondent,

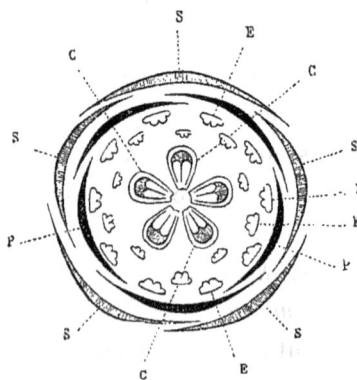

comme dans les Palmiers, où l'identification est plus ou moins complète selon les espèces. Dans d'autres cas, une des deux enveloppes avorte. Pendant longtemps on a regardé l'enveloppe restante comme une corolle lorsqu'elle en présentait les caractères les plus saillants, la délicatesse des tissus et le genre de coloration ; et comme un calice au contraire quand ses pièces, petites et vertes, avaient l'apparence de feuilles. De nos jours, on convient généralement de regarder toujours l'enveloppe unique comme un calice, quels que soient d'ailleurs ses caractères, et d'admettre que les fleurs ainsi conformées sont privées de corolle, ou *apétales*. Toutefois certains botanistes ont refusé d'adopter cette convention et préfèrent se servir alors des termes de périanthe ou de périgone pour désigner l'enveloppe unique, faisant observer que l'emploi de ces dénominations a l'avantage de ne point préjuger la véritable nature de l'organe.

Dans des cas plus rares, les enveloppes florales manquent et la fleur est nue, selon une expression impropre, car même alors elle est entourée par des bractées qui suppléent, dans une certaine mesure, à l'absence des enveloppes florales.

Des variations analogues s'observent parmi les organes essentiels. Généralement la fleur est *hermaphrodite*, c'est-à-dire qu'elle possède

Fig. 124. — Fleur complète hermaphrodite du Géranium sanguin (*Geranium sanguineum* Lin.).

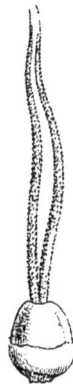

Fig. 125. — Fleur unisexuée femelle ou pistillée du Chanvre (*Cannabis sativa* Lin.).

Fig. 126. — Fleur unisexuée mâle ou staminée du Chanvre.

à la fois un androcée et un gynécée ; parfois cependant un de ces deux groupes d'organes manque et la fleur est *unisexuée: mâle* ou *staminée*, *femelle* ou *pistillée*, suivant qu'elle conserve l'androcée ou le gynécée. Enfin, tous les organes reproducteurs peuvent simultanément avorter.

ce qui rend la fleur stérile; mais c'est là nécessairement une monstruosité tout à fait accidentelle et individuelle.

Les trois sortes de fleurs, hermaphrodites, unisexuées-staminées, unisexuées-pistillées, se groupent de diverses façons sur les individus de la même espèce. Ordinairement toutes les fleurs d'un même pied ont la même constitution et sont hermaphrodites. Plus rarement, elles sont toutes unisexuées et présentent deux modes de répartition. Dans le premier, chaque individu porte des fleurs dissemblables, les unes staminées, les autres pistillées; les fleurs mâles et femelles habitent ainsi la même demeure : ce qu'on exprime à l'aide de deux mots grecs, en disant que l'espèce est *monoïque*, comme le Maïs, le Noisetier, etc. Dans le second, les fleurs unisexuées du même pied sont semblables, toutes staminées ou toutes pistillées exclusivement, en sorte qu'il y a des pieds les uns mâles et les autres femelles; les fleurs mâles et les fleurs femelles habitent des demeures distinctes, et l'espèce est *dioïque*, comme le Chanvre,

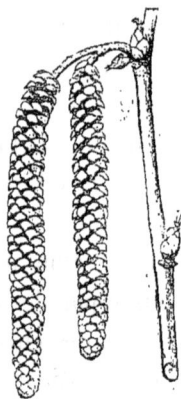

Fig. 127. — Rameau florifère du Noisetier (*Corylus avellana* Lin.), portant deux groupes ou inflorescences de fleurs mâles et trois inflorescences femelles.

le Dattier, les Peupliers, les Saules, etc. Enfin la complication peut être plus grande encore et chaque pied porter un mélange, en proportions égales ou inégales, de fleurs hermaphrodites et de fleurs unisexuées, les unes mâles et les autres femelles; l'espèce est alors *polygame*, comme la Pariétaire (*Parietaria officinalis* Lin.).

Les feuilles, pour devenir bractées, se modifient plus ou moins profondément : 1° dans leurs dimensions, généralement inférieures à celles des feuilles ordinaires; 2° dans leur consistance, qui souvent devient ligneuse, écailleuse, scarieuse, parcheminée, etc., etc.; 5° dans leur coloration, parfois fort différente de celle de la feuille et plus ou moins semblable alors à celle des pétales, particularité qui rend la fleur plus belle; 4° dans leur durée, plus courte que celle des feuilles, bien qu'elles soient moins âgées que celles-ci; exceptionnellement néanmoins, elles persistent après la floraison et accompagnent le fruit jusqu'à sa maturité, en continuant même de croître dans quelques espèces, donnant lieu par leur association à des organes accessoires de configurations variées, comme la cupule du gland, l'enveloppe foliacée de la noisette, la boîte épineuse de la châtaigne, le cône des Sapins, etc., etc.

Les bractées étant des feuilles doivent naturellement en reproduire les différentes dispositions, et, selon les cas, être, comme ces dernières, alternes, opposées ou verticillées. Toutefois à cette règle il est deux exceptions, tenant, l'une à un changement dans le mode d'insertion, l'autre à des irrégularités dans le mode d'espacement des bractées. Dans la première on voit à des feuilles alternes, par exemple, succéder des bractées opposées, ou réciproquement, sans qu'on sache la raison de ces changements. Dans la seconde, les bractées, au lieu de se placer sur le pédoncule à des distances égales les unes des autres, tendent à se rapprocher dans certaines régions et à s'espacer dans d'au-

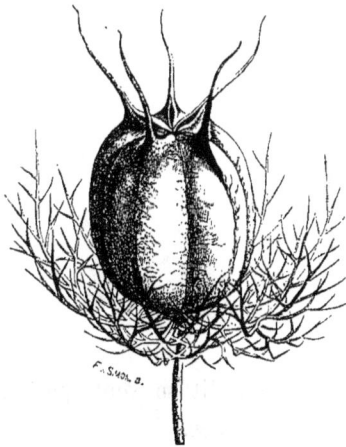

Fig. 128. — Fruit caliculé de la Nigelle de Damas (*Nigella damascena* Lin.).

Fig. 129. — Fleur caliculée de l'Anémone Sylvie (*Anemone nemorosa* Lin.).

tres, inégalités dues à des variations dans la vitesse d'allongement du pédoncule, les bractées étant également ou inégalement espacées suivant que l'allongement se fait d'un mouvement uniforme ou varié. L'ensemble des bractées ainsi rapprochées plus ou moins par l'arrêt

ou le ralentissement momentané de la croissance forme un *calicule*
ou un *involucre* selon qu'il s'insère au-dessous d'une ou de plusieurs
fleurs; calicules et involucres peuvent être d'ailleurs placés à des
distances variables de la fleur ou des fleurs qu'ils précèdent. Ces dénominations ne sont pas toujours exactement appliquées, conformé-

Fig. 150. — Spathe d'Amaryllis.

ment à la convention précédente, et l'on dit souvent, par exemple,
l'involucre, au lieu du calicule, des Anémones.

Généralement, avons-nous remarqué, les bractées sont plus petites
que les feuilles. Pourtant le cas inverse s'observe chez beaucoup de
Monocotylédones, où l'on voit ces organes grandir, souvent se parer des
plus brillantes couleurs et, soit en restant isolés, soit en se soudant
intimement les uns aux autres, former, sous le nom de *spathe*, une
enveloppe de consistance fort variable, herbacée, scarieuse, li-

gneuse, etc., qui renferme et protége les fleurs avant leur épanouissement. Les spathes ligneuses de certains Palmiers atteignent des
dimensions colossales et servent à divers usages domestiques chez les
peuplades sauvages ou demi-sauvages des régions équatoriales.

Fig. 151. — Bain dans une spathe de Palmier.

II. — INFLORESCENCES

Les fleurs d'une même plante sont isolées les unes des autres
par des bractées plus ou moins atrophiées ou par des feuilles. On
réunit par la pensée toutes les fleurs que séparent seulement des
bractées et l'on donne au groupe artificiel ainsi constitué le nom
d'*inflorescence*. Dans un grand nombre de cas, cette façon de procéder
introduit beaucoup d'arbitraire dans la délimitation des inflorescences, puisque la ligne de démarcation entre la feuille et la bractée
n'existe pas.

Les formes d'inflorescence sont innombrables; comme toujours,
nous nous bornerons aux principaux types, sortes de points de repère
à travers ces variations illimitées.

Les inflorescences sont *indéterminées*, *déterminées* ou *mixtes*. Dans les premières, le bourgeon terminal de l'axe principal meurt sans se convertir en fleurs. Celles-ci terminent et limitent les axes secondaires si l'inflorescence est *simple*, et seulement les axes tertiaires si l'inflorescence est *composée*, auquel cas le bourgeon terminal des axes secondaires se comporte comme celui de l'axe primaire de l'inflorescence simple. Dans les secondes, chacun des axes se termine par une

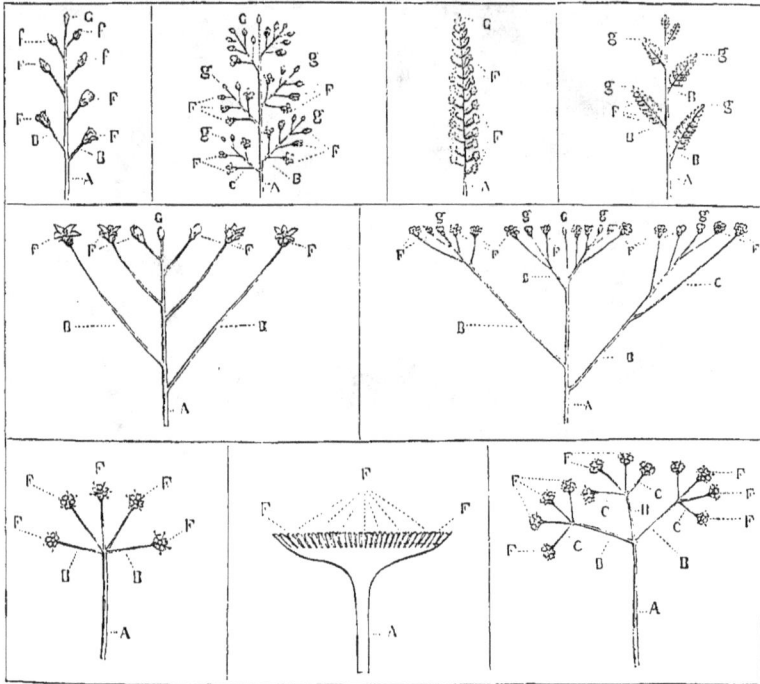

Fig. 152 — Principaux types d'inflorescences indéfinies : A, axe primaire ; B, axes secondaires ; C, axes tertiaires ; G, bourgeon primaire ; g, bourgeons secondaires ; F, fleurs épanouies ; f, boutons. 1, grappe simple ; 2, grappe composée ; 5, épis simple ; 4, épi composé ; 5, corymbe simple ; 6, corymbe composé ; 7, ombelle simple ; 8, capitule ; 9, ombelle composée.

fleur. Les troisièmes enfin, — dont nous ne parlerons pas, — empruntent leurs caractères aux deux autres.

Les inflorescences indéterminées comportent quatre formes principales, la *grappe*, l'*épi*, le *corymbe* et l'*ombelle ;* toutes dérivent de l'une d'elles, choisie d'ailleurs arbitrairement, comme nous allons le montrer en prenant pour forme primitive la grappe.

La grappe simple se compose d'un axe primaire indéterminé, portant de distance en distance des axes secondaires, sensiblement égaux une fois leur croissance achevée et respectivement terminés par une fleur.

Fig. 133. — Grappe simple du Groseillier rouge
(*Ribes rubrum* Lin.).

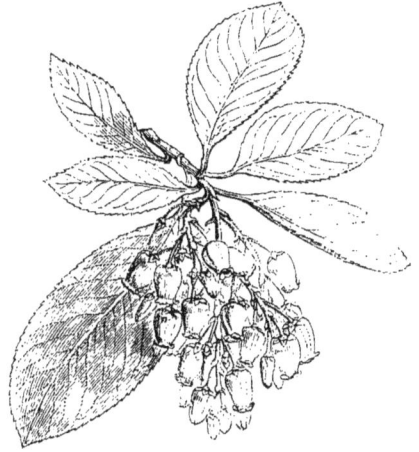

Fig. 134. — Grappe composée de l'Arbousier
(*Arbutus unedo* Lin.).

Fig. 135. — Fruits en épis simples du Poivrier noir (*Piper nigrum* Lin.).

Dans la grappe composée, chacun des axes secondaires est l'axe primaire d'une grappe simple.

Si les axes terminés par une fleur se raccourcissent au point d'être rudimentaires et les fleurs sessiles, la grappe devient un épi, simple ou composé selon les cas.

On donne des noms particuliers aux épis formés de fleurs unisexuées.

Le *chaton* est un épi de fleurs unisexuées, toutes mâles ou toutes femelles, qui présente en outre ce double caractère d'avoir des bractées non li-

Fig. 156. — Épi composé du Blé.

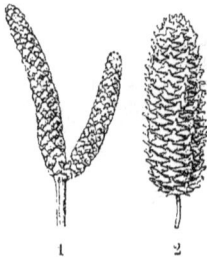

Fig. 157. — Chatons du Bouleau blanc (*Betula alba* Lin.).
1, Chatons mâles. — 2, Chaton femelle.

Fig. 158. — Feuille et spadice du Gouet ou Pied-de-Veau (*Arum maculatum* Lin.).

gneuses et de se désarticuler, le moment venu, comme les feuilles dites *caduques*.

Le cône est un épi de fleurs unisexuées, ordinairement femelles,

dont les grandes bractées se lignifient et cachent les fruits, comme
dans ceux des Pins, des Sapins, etc.

Fig. 139. — Corymbe simple du Poirier (*Pyrus communis* Lin.).

Enfin, quand le même épi porte simultanément des fleurs unisexuées, les unes staminées et les autres pistillées, on lui donne le
nom de *spadice*. Les bractées du spadice sont conformées en une spathe.

Fig. 140. — Corymbe composé de l'Allouchier (*Pyrus aria* Ehrh.).

Le corymbe simple est une grappe simple dont les axes secondaires,
de longueurs croissantes du sommet à la base, portent les fleurs sur
un même plan.

Le corymbe est composé, lorsque les axes secondaires sont eux-mêmes des corymbes simples.

L'ombelle simple est une grappe simple dont l'axe primaire a subi un arrêt de développement de la région où naissent les axes secondaires. Il en résulte que ceux-ci s'insèrent à la même hauteur, au sommet de l'axe primaire ; et comme d'ailleurs ils ont sensiblement même longueur, les fleurs se répartissent sur une surface sphérique dont les pédoncules sont les rayons, et leur point de réunion le centre. L'arrêt de développement de l'axe primaire a pour conséquence de masser, à la base de l'ombelle, des bractées en un involucre.

L'ombelle est composée, lorsque les axes secondaires sont des ombelles simples, nommées *ombellules*, munies chacune d'un involucre, appelé dans ce cas particulier *involucelle*.

Il est facile de faire dériver de l'ombelle le *capitule*, qui peut être

Fig. 141. — Ombelle simple d'Astrantia.

regardé comme une ombelle simple doublement modifiée, et dans ses axes secondaires devenus rudimentaires, et dans la portion terminale de son axe primaire, aplatie et élargie en une coupe plane ou creuse portant des fleurs sessiles. Ce mode d'inflorescence, — sur lequel nous aurons bientôt l'occasion de revenir, — caractérise dans une certaine mesure la grande famille des Composées.

Dans l'inflorescence *déterminée* ou *définie* nommée d'une manière générale *cyme*, chaque axe, — nous le répétons, — se termine par une fleur. Parmi ses formes les plus remarquables citons les cymes *bipares* ou *dichotomes*, tripares ou *trichotomes*. Dans la première, l'axe primaire, avant d'émettre sa fleur terminale, produit deux bractées opposées d'où sortent deux axes secondaires, qui à leur tour se comportent comme l'axe primaire, et ainsi de suite. Dans la se-

Fig. 142. — Ombelle composée de l'Archangélique officinale (*Archangelica officinalis* Hoffm.).

conde, chaque axe, avant de se terminer par une fleur, donne nais-

Fig. 143. — Un capitule de Marguerite et sa coupe longitudinale.

sance à un verticille de trois bractées, de l'aisselle desquelles s'élancent trois axes de seconde génération, et ainsi de suite.

CHAPITRE IX

LES ENVELOPPES FLORALES

I. — LE CALICE

Le calice, ou enveloppe florale externe, est composé, — nous le savons, — d'un nombre variable de pièces nommées *sépales*, feuilles généralement plus ou moins profondément modifiées, quelquefois assez peu pour qu'il soit très-difficile de distinguer le calice de l'in-

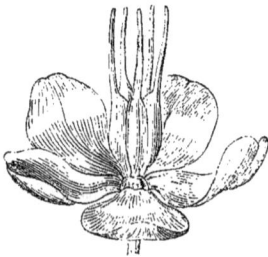

Fig. 144. — Calice dialysépale et gynécée de l'Hellébore fétide (*Helleborus foetidus* Lin.).

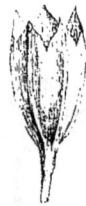

Fig. 145. — Calice gamosépale de Primevère.

volucre. L'anatomie, en montrant les nombreuses analogies de structure qui existent entre la feuille et le sépale, confirme cette manière de voir.

Le calice affecte deux états différents. Dans l'un, il est exclusivement constitué par un nombre variable de sépales indépendants et on le dit *polysépale* ou *dialysépale;* dans l'autre, plus complexe, il comprend deux parties et peut être comparé à un calice dialysépale monté sur un tube de même origine. Dans ce cas on l'appelle *gamosépale* ou *monosépale;* sa région supérieure est le *limbe;* sa région inférieure, le tube et la ligne idéale de jonction de ces deux parties, la *gorge.*

Le calice est *régulier* quand tous les sépales sont égaux et symétriquement groupés; il l'est encore si les sépales, quoique inégaux, sont néanmoins symétriquement répartis autour de l'axe.

Les irrégularités du calice sont très-nombreuses; voici la source des principales d'entre elles :

1e Inégalités dans la grandeur des sépales; le cas le plus remarquable est celui où le calice est bilabié, c'est-à-dire formé par deux pièces ou *lèvres.*

2° Irrégularités de forme, certains sépales prenant les configurations les plus variées, casque ou capuchon, éperon, etc., etc.

Le plus souvent le calice a la coloration verte caractéristique des feuilles, ce qui porte à penser qu'il en remplit alors les fonctions.

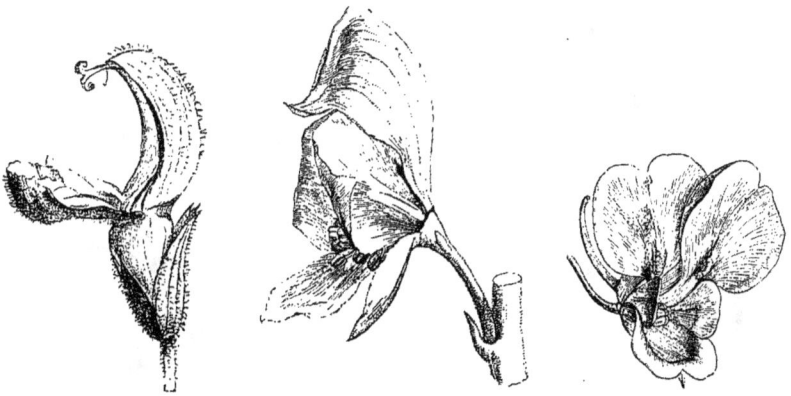

Fig. 146. — Fleur à calice et à corolle bilabiés de la Sauge.

Fig. 147. — Fleur d'Aconit Napel (*Aconitum Napellus* Lin.). Le sépale postérieur a la forme d'un casque.

Fig. 148. — Fleur de Balsamine (*Impatiens Balsamina* Lin.). Le sépale postérieur est éperonné.

Exceptionnellement, il prend une autre couleur; on le dit alors *coloré,* et ses sépales deviennent *pétaloïdes,* sans présenter d'ordinaire la diversité de coloris et la richesse de tons qui contribuent pour une si grande part à la beauté, à la magnificence de la corolle. Ainsi, le calice est rouge dans le Grenadier (*Punica granatum* Lin.), rouge ou blanc dans les Fuchsia, jaune dans la Capucine (*Tropæolum majus* Lin.), bleu dans l'Aconit Napel (*Aconitum Napellus* Lin.), diversement coloré dans le Pied d'Alouette des jardins (*Delphinium Ajacis* Lin.).

II. — LA COROLLE

La corolle, ou enveloppe florale interne, est formée de pétales respectivement composés eux-mêmes d'une expansion membraneuse, la *lame*, portée par un support, l'*onglet*.

Le pétale est une feuille, mais plus profondément modifiée encore que le sépale, comme le montrent certaines fleurs, celles du Camellia entre autres, chez lesquelles on passe par transitions insensibles des sépales aux pétales.

Ainsi que le calice, la corolle peut être *régulière* ou *irrégulière*, *dialypétale* ou *gamopétale*, et comprendre alors un limbe, une gorge et un tube. Sa forme, variable à l'infini, entre souvent en ligne de compte dans la distinction des espèces ; d'ailleurs les termes employés pour désigner plusieurs de ces formes font partie depuis longtemps du langage usuel ; voilà pourquoi nous n'indiquerons que les principales.

Nous distinguerons deux sortes de corolles, les gamopétales et les dialypétales, subdivisées elles-mêmes en régulières et irrégulières.

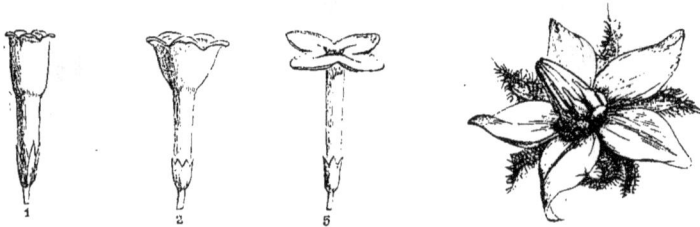

Fig. 149. — Figures schématiques des corolles gamopétales régulières : 1, tubuleuse ; 2, infundibuliforme ; 3, hypocratériforme.

Fig. 150. — Fleur à corolle rotacée de la Bourrache officinale (*Borrago officinalis* Lin.).

Les formes gamopétales régulières varient suivant que le tube et le limbe prennent tous les deux un notable développement, ou bien restent l'un ou l'autre plus ou moins rudimentaires. Le premier cas comprend les corolles, *tubuleuses*, *infundibuliformes* et *hypocra-*

tériformes; l'atrophie du tube produit la corolle *rotacée;* celle du limbe, les formes *campanulée* et *urcéolée.*

La corolle est tubuleuse lorsque le limbe est conformé en un tube superposé au tube proprement dit. Si le limbe s'entr'ouvre de manière à figurer un entonnoir supporté par le tube, la corolle devient infun

Fig. 152. — Corolle urcéolée de l'Arbousier (*Arbutus Unedo* Lin.).

Fig. 151. — Corolle campanulée de la Campanule carillon (*Campanula medium* Lin.).

Fig. 153. — Corolle personnée du Muflier (*Antirrhinum majus* Lin.).

dibuliforme; de là elle passe au type hypocratériforme lorsque, par un plus grand écartement mutuel des pétales, le limbe simule une coupe de faible profondeur et de large surface, comme dans le Lilas, le Jasmin, l'Olivier, etc.

La corolle est rotacée ou en roue, quand le tube est rudimentaire et que le limbe forme un plan perpendiculaire à l'axe longitudinal de la fleur. Enfin, lorsque le limbe avorte plus ou moins complétement, le tube se gonfle et la corolle devient campanulée ou en cloche,

Kreider Pinx[t]   E. Freillery Imp   Portail Chromolith

GROUPE DE ROSES

urcéolée ou en grelot, selon que la gorge est largement ouverte ou étroitement rétrécie.

Parmi les formes irrégulières, nous nous bornerons à deux types, connus de tout le monde, les corolles *labiée* et *personnée*. Elle est

Fig. 154. — Corolle cruciforme de la Giroflée jaune (*Cheiranthus Cheiri* Lin.).

Fig. 155. — Corolle rosacée du Coquelicot (*Papaver Rhœas* Lin.).

labiée, comme dans les Sauges (fig. 146), lorsque le limbe est divisé en deux parties ou lèvres, l'une inférieure de trois pétales, l'autre supérieure de deux, surmontant une gorge librement ouverte. Parfois cette dernière se ferme et s'obstrue par un boursouflement de la

Fig. 156. — Corolle papilionacée du Pois (*Pisum sativum* Lin.).

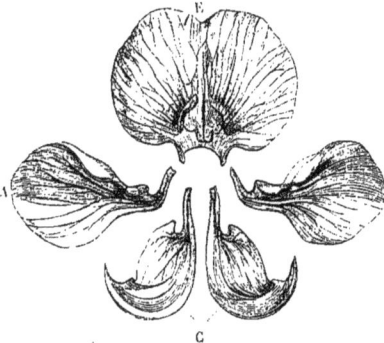

Fig. 157. — Pétales d'une fleur de Pois, isolés les uns des autres : E, étendard ; A, ailes, C, carène.

région inférieure du tube, et la corolle cesse d'être labiée pour devenir personnée.

La corolle dialypétale régulière est *cruciforme, caryophyllée* ou *rosacée*. La première est constituée par quatres pétales à long onglet, à limbe étalé horizontalement, disposés en croix, d'où lui vient précisément son nom. Le nombre des pétales augmente-t-il et sont-ils main-

tenus en un faisceau par le tube plus ou moins long d'un calice gamosépale, la corolle est caryophyllée comme dans l'Œillet; les pétales au
contraire ont-ils leur limbe sessile, la corolle est rosacée.

La forme irrégulière la plus remarquable est la corolle *papilionacée*,
composée de cinq pétales inégaux : le plus grand, placé en arrière,
est l'*étendard ;* deux latéraux et égaux entre eux s'appellent les *ailes ;*
les deux derniers, moindres que les précédents et situés à la partie
inférieure ou antérieure, forment la *carène.*

CHAPITRE X

L'ANDROCÉE

I. — L'ÉTAMINE

L'étamine est une feuille modifiée, car on voit souvent, soit spontanément, soit par l'effet de la culture, des étamines devenir plus ou moins pétaloïdes, retournant ainsi à leur type primitif par une métamorphose rétrograde.

En floriculture, on recherche surtout les corolles grandes, à pétales nombreux, vivement et diversement colorés; accroître artificiellement le nombre des pétales est faire *doubler* la fleur. Le moyen le plus naturel d'y parvenir est de provoquer la transformation en pétales des étamines et des pistils, qui ne sont également que des feuilles modifiées. Lorsque la métamorphose est complète, que tous les organes reproducteurs sont devenus pétaloïdes, la fleur est nécessairement stérile; on la dit alors *double* ou *pleine*. Elle est seulement *semi-double* ou *semi-pleine*, quand l'altération respecte quelques organes reproducteurs, étamines ou pistils; dans ce cas, si l'un de ses pistils au moins reste intact, elle peut donner des graines fertiles par l'intervention de son propre pollen, quand elle a conservé des étamines intactes, ou, dans le cas contraire, par l'action d'un pollen étranger. D'ailleurs la duplicature se produit encore par d'autres moyens, puisqu'il y a des fleurs qui doublent sans que le nombre de leurs organes re-

producteurs diminue sensiblement. Ainsi, normalement, la corolle
dialypétale de l'Ancolie (*Aquilegia vulgaris* Lin.) comprend cinq
folioles conformées en cornets. Or, lorsque la fleur double, chacun de
de ces cornets est remplacé par une série de cornets emboîtés les uns
dans les autres, et pourtant le nombre des étamines ne paraît pas
sensiblement diminué! De même, la corolle gamopétale du Datura en
arbre (*Datura arborea* Lin.) n'a qu'un verticille et la fleur compte
seulement cinq étamines ; cependant les fleurs doubles de cette espèce
ont plusieurs corolles emboîtées les unes dans les autres, bien que
les cinq étamines restent souvent encore parfaitement développées.
Il y a donc là évidemment un phénomène plus complexe, multiplication et transformation d'organes tout à la fois.

Enfin la duplicature de la fleur des Composées, de celle des Dahlia,
des Marguerites, etc., par exemple, tient à d'autres causes. Ce que l'on
nomme improprement dans ces espèces la fleur est en réalité une inflorescence, un capitule, qui double par suite d'une hypertrophie des
enveloppes florales et non par la métamorphose en pétales des organes
reproducteurs, lesquels au contraire s'atrophient et frappent les capitules d'une stérilité plus ou moins complète.

L'étamine régulièrement développée comprend l'*anthère* et le *filet.*
L'anthère est un sac divisé d'ordinaire en plusieurs cavités nommées

Fig. 158. — Anthère biloculaire d'Iris, vue succes-   Fig. 159. — Anthères quadriloculaires du Cannellier
sivement par ses faces interne et externe.   (*Cinnamomum zeylanicum* Breyn.).

loges, dans lesquelles s'organise la matière fécondante ou *pollen ;* aussi,
quand l'anthère avorte, l'étamine devient stérile et prend un nom
particulier, celui de *staminode.* Le filet est une partie accessoire, le

support de l'anthère ; sa région terminale, où a lieu sa réunion avec cette dernière, est le *connectif*.

L'anthère est ordinairement d'un jaune diversement nuancé selon les espèces; exceptionnellement, elle prend une autre couleur : rougeâtre dans le Saule pourpre (*Salix purpurea* Lin.), violacée dans les Pavots, etc.

Généralement l'anthère est à deux loges, ou *biloculaire;* parfois à une seule loge, ou *monoloculaire;* plus rarement à quatre loges, ou *quadriloculaire.* Dans ce dernier cas, les loges se placent à côté les unes des autres et forment une sorte de faisceau de quatre anthères monoloculaires, ou bien se superposent deux à deux, comme si dans

Fig. 160. — Anthère à déhiscence longitudinale de l'Ancolie (*Aquilegia vulgaris* Lin.).

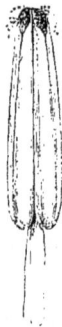

Fig. 161.— Déhiscence poricide de l'anthère d'une Morelle (*Solanum*).

Fig. 162. — Déhiscence valvaire de l'anthère de l'Épine-vinette (*Berberis vulgaris* Lin.).

une anthère primitivement biloculaire chacune des loges avait été subdivisée par une cloison transversale en deux compartiments, l'un supérieur, l'autre inférieur.

Lorsque le pollen est parvenu à son complet développement, l'anthère s'ouvre spontanément pour le répandre au dehors. Ce phénomène est connu sous le nom d'*anthèse* ou de déhiscence. Il existe bien des modes de déhiscence. Généralement l'ouverture se produit suivant une fente longitudinale, auquel cas l'on dit la déhiscence *longitudinale*, et on la distingue en *introrse* ou en *extrorse*, selon que la fente est située sur les faces interne ou externe de l'anthère. Parfois la déhiscence est *poricide*, c'est-à-dire s'effectue par un petit trou ou pore placé à l'extrémité supérieure ou inférieure de l'anthère. Enfin un mode de déhiscence beaucoup plus rare est celui que l'on pourrait appeler *valvaire* : le moment venu, une portion de la paroi se détache incomplétement et se soulève comme le ferait un panneau à charnière. Naturellement, le nombre des valves est en rapport avec celui des loges : il y en a deux dans les anthères biloculaires et quatre dans les quadriloculaires.

Le pollen est habituellement une poussière dont les grains, égaux ou tout au moins semblables dans la même espèce, varient au contraire beaucoup d'une espèce à l'autre, dans leurs formes, l'aspect de leur surface et leur volume, dont le diamètre est compris entre quelques centièmes et un ou deux cinquièmes de millimètre.

A son plus haut degré de complication, chaque grain pollinique est un sac à double paroi, l'une externe, l'*exhyménine*, l'autre interne, l'*endhyménine ;* le tout renferme une matière visqueuse particulière, la *fovilla,* tenant en suspension de fines granulations. Exceptionnellement, les grains s'agrégent de diverses façons les uns aux autres, en donnant naissance à ce que l'on nomme des pollens *composés,* par opposition aux pollens pulvérulents ou *simples.* Dans les Asclépiadées et les Orchidées, où ce phénomène est le plus accusé, tous les grains d'une même loge se groupent en une masse unique, ou *pollinie.*

II. — DES ÉTAMINES ENVISAGÉES COLLECTIVEMENT

Chez la même espèce, les étamines sont en nombre indéterminé ou déterminé : dans le premier cas, la fleur est dite *polyandre,* parce que ses étamines sont en grand nombre, variable d'ailleurs dans les fleurs de même espèce ; dans le second cas, leur nombre est petit, ne dépasse pas dix et reste constant pour la même espèce. Linné a fondé sur ce caractère les dix premiers groupes ou classes de son célèbre système de classification, lesquels comprennent les plantes à 1, 2, 5.... 10 étamines.

Les étamines d'un même androcée sont le plus souvent de même longueur, exceptionnellement de grandeurs inégales, et alors elles offrent bien des manières d'être diverses, parmi lesquelles celles qu'on nomme en langage botanique la *didynamie* et la *tétradynamie* sont utiles à connaître, car elles concourent, avec d'autres particularités, à caractériser des familles entières.

L'androcée est didyname quand il est composé de quatre étamines, deux grandes et deux petites ; il est tétradyname lorsqu'il a six étamines, quatre grandes et deux petites.

Dans le cas le plus fréquent, les étamines d'un même androcée restent libres et indépendantes les unes des autres, mais parfois aussi

Fig. 163. — Androcée didyname du Muflier (*Antirrhinum majus* Lin.).

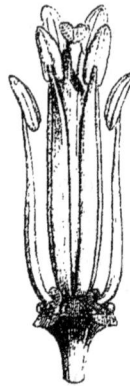

Fig. 164. — Androcée tétradyname de la Giroflée jaune (*Cheiranthus Cheiri* Lin.).

les choses se compliquent et l'androcée s'écarte plus ou moins de cet état de simplicité. Les ramifications et les soudures mutuelles des feuilles staminales sont les causes connues de ces modifications. Nous

Fig. 165 — Étamines ramifiées du Ricin (*Ricinus communis* Lin.).

Fig. 166. — Une branche staminale prise dans la même fleur.

Fig. 167. — Androcée monadelphe de la Coca (*Erythroxylon Coca* Lamk.).

Fig. 168. — Androcée monadelphe de la Mauve sauvage (*Malva sylvestris* Lin.).

avons divisé autrefois les feuilles ordinaires en simples et en composées, selon que leur limbe est unique ou découpé en folioles indépendantes. La feuille staminale présente, elle aussi, deux degrés de complication. Le premier constitue l'étamine *simple*, telle que nous la connaissons, comprenant une anthère, un connectif et un filet. Le second donne lieu à l'étamine *composée*, dont le filet, souvent aplati

Fig. 169. — Androcée diadelphe du Pois (*Pisum sativum* Lin.).

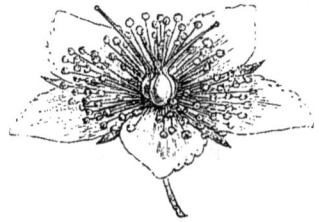

Fig. 170. — Androcée triadelphe d'un Millepertuis (*Hypericum* Lin.).

en membrane, porte une anthère à l'extrémité de chacune de ses ramifications, d'où le nom d'étamine *ramifiée* donné généralement à l'organe. Pour ajouter encore aux complications possibles, les étamines, qu'elles soient simples ou composées, se soudent parfois entre elles de différentes manières. Ne pouvant, dans une étude succincte, entrer dans le détail des faits et mettre la nomenclature en harmonie

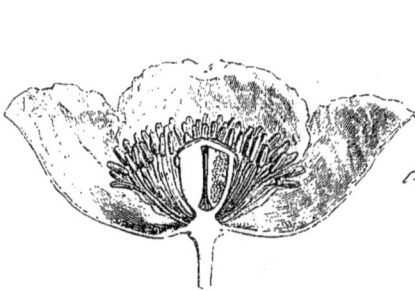

Fig. 171. — Coupe longitudinale de la fleur du Coquelicot (*Papaver Rhœas* Lin.), montrant l'indépendance de l'androcée et de la corolle dialypétale.

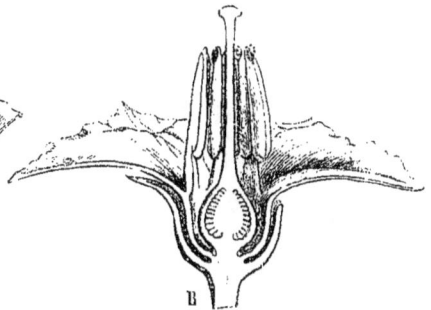

Fig. 172. — Fleur de l'Pomme de terre (*Solanum tuberosum* Lin.); fusion de l'androcée et du tube corollin.

avec les causes des phénomènes, nous conserverons les termes créés par les anciens botanistes, qui, ignorants des causes, s'en rapportaient aux apparences. D'ailleurs de tous ces phénomènes, si variés dans leurs origines et leurs conséquences, ils n'en ont connu qu'un petit nombre, qu'ils attribuaient uniquement à la soudure ou *adelphie* des filets. Dans ce sens, ils disaient que les étamines sont *monadelphes*, *diadelphes*, *triadelphes*, etc., et en général *polyadelphes*, lorsque l'apparente soudure des filets produit un androcée à un, deux, trois, et en général à plusieurs faisceaux d'étamines.

Quelquefois les anthères s'accolent les unes aux autres ou même contractent entre elles des adhérences plus ou moins temporaires ; il y a dans ce cas *syngénésie* et les fleurs sont *synanthérées*.

L'androcée, toujours placé entre la corolle et le gynécée, peut être caché par la première, masquer ou démasquer le second, selon sa grandeur relative, dont il importe de tenir grand compte au point de vue physiologique, comme nous le verrons par la suite. Il peut encore rester complétement indépendant de la corolle (fig. 171) ou fusionner par sa base avec elle (fig. 172). Le premier cas est de règle dans les corolles dialypétales, et le second, dans les corolles gamopétales. Enfin il se soude parfois au gynécée, ainsi que nous le montrerons bientôt.

CHAPITRE XI

LE GYNÉCÉE

I. — LE PISTIL

L'élément du gynécée est le pistil, nommé souvent encore *carpelle*. Il ressemble dans sa forme moyenne à une petite bouteille dont la

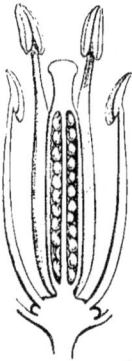

Fig. 173. — Coupe longitudinale des organes reproducteurs de la Cardamine des prés (*Cardamine pratensis* Lin.), montrant un pistil au sommet du réceptacle.

panse est l'*ovaire* et le goulot le *style*, le tout surmonté d'une expansion de configuration variée ou *stigmate* qui joue un rôle prépondérant dans la fécondation. L'ovaire nourrit les *ovules*, corpuscules dont la fécondation fait des graines en provoquant dans leur sein la naissance de plantules ou embryons.

Les botanistes sont fort divisés sur la vraie nature de ces diverses parties; quelques-uns attribuent à tous une origine foliaire; d'autres, en plus grand nombre, admettent dans le pistil une portion foliaire et une autre axile; enfin M. Trécul s'efforce de prouver que l'appareil tout entier est un axe transformé. Nous ne pouvons entrer dans des discussions de cet ordre et signaler les obscurités qu'on rencontre encore dans l'histoire organogénique du gynécée; notre seul but étant de faire connaître, par la voie la plus courte et la plus facile, la conformation de cette partie de la fleur, nous nous en tiendrons aux apparences, sans rechercher l'interprétation, souvent encore si douteuse, des faits. Nous irons même plus loin, et, pour simplifier nos descriptions, nous admettrons que le pistil est une feuille dont les deux bords se sont soudés après le reploiement du limbe; vraie ou fausse, l'hypothèse ne peut influer sur l'exactitude des faits, c'est un moyen d'exposition, rien de plus.

Le stigmate est un organe essentiel qui remplit un rôle indispensable dans l'acte de la fécondation. Les nombreuses modifications qu'il éprouve dans sa configuration et la nature de ses appendices semblent avoir pour unique but de faciliter l'arrivée sur lui du grain de pollen et de lui fournir les moyens de le retenir malgré le vent, la pluie et les insectes.

Dans beaucoup de cas, ses cellules superficielles s'allongent extérieurement et prennent la forme de filaments grêles ou *villosités* qui donnent à la surface l'apparence du velours, ou encore de petites saillies coniques nommées *papilles;* quelquefois même, comme dans les Bignones, le stigmate a l'apparence d'une petite bouche qui se ferme à la moindre excitation, pour se rouvrir plus ou moins longtemps après.

Le style est un organe accessoire; c'est dire que ses variations sont sans limites. Lorsqu'il devient rudimentaire, le stigmate paraît directement inséré sur l'ovaire, disposition qui lui fait donner le nom de *sessile*. La région centrale du style, quand elle n'est pas exceptionnellement creuse, est occupée par un parenchyme très-délicat, à cellules allongées et très-lâchement unies entre elles, appelé en raison de son rôle *tissu conducteur.*

Fig. 174. — Fleur à stigmate sessile d'une Renonculacée indigène, l'Actée en épi (*Actæa spicata* Lin.).

L'ovaire est l'organe le plus important du pistil; à ce titre sa structure mérite de nous arrêter plus longtemps. Après l'avoir ouvert transversalement, on distingue dans la *cavité ovarienne* de petits corps blanchâtres O, O, ce sont les ovules, portés par de courts pédicules F, F, fibro-vasculaires, nommés *funicules*, rattachés à deux cordons P, P, également fibro-vasculaires, les *placentas*. Ces derniers, toujours placés à l'angle interne de la loge, s'étendent dans le sens longitudinal. Souvent, plustard, quand l'ovaire est devenu fruit par la fécondation des ovules, une fissure longitudinale se déclare entre les deux placentas ; pour ce motif, la ligne SV suivant laquelle elle se produit prend le nom de *suture ventrale* ou *interne* : suture, parce qu'on suppose qu'elle est la cicatrice laissée par la soudure des deux bords

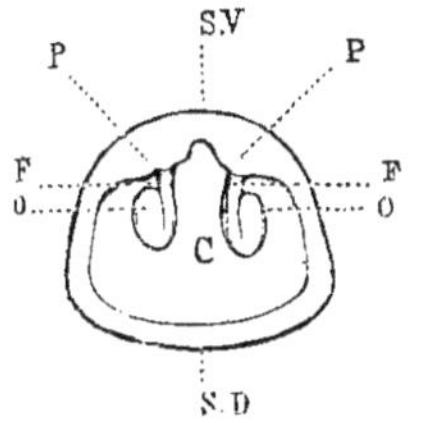

Fig. 175. — Figure schématique de la coupe transversale d'un ovaire : C, cavité ovarienne ; S, V, suture ventrale ; S D, suture dorsale ; P, P, placentas ; F, F, funicules ; O, O, ovules.

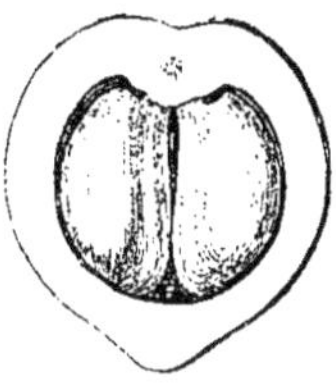

Fig. 176. — Coupe transversale d'un ovaire d'Ancholie (*Aquilegia vulgaris* Lin.).

de la feuille pistillaire ; interne ou ventrale, pour indiquer sa situation. Parfois aussi l'ouverture se fait le long de la ligne diamétralement opposée SD qui occupe l'emplacement de la nervure moyenne dans une feuille ordinaire. Pour ce motif et dans un but de généralisation, on considère SD comme une fausse suture, que l'on appelle la *suture externe* ou *dorsale*. Enfin la surface d'insertion du funicule avec l'ovule se nomme le *hile*.

L'ovule, régulièrement conformé et parvenu au terme naturel de son développement, comprend un petit corps parenchymateux et

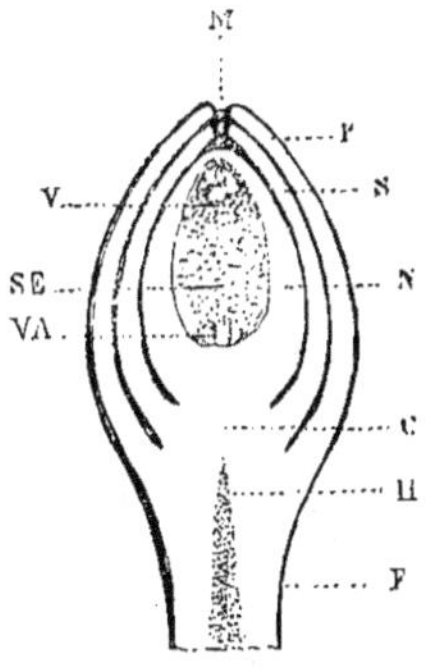

Fig. 177. — Coupe longitudinale schématique d'un ovule : N, nucelle ; S E, sac embryonnaire ; V, vésicules embryonnaires ; S, secondine ; P, primine ; M, micropyle ; C, chalaze ; H, hile ; F, funicule ; V A, vésicules antipodes.

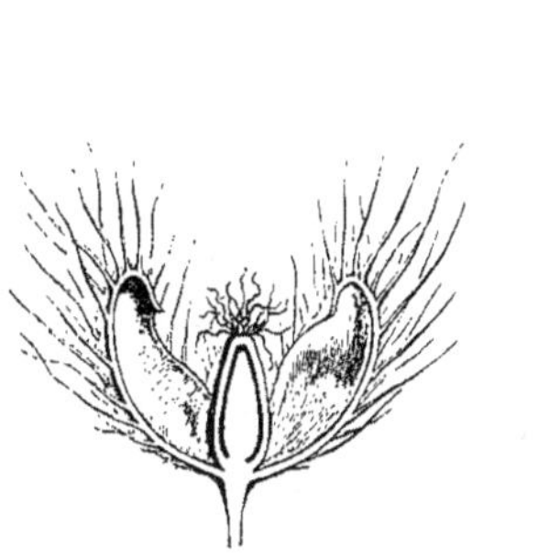

Fig. 178. — Coupe longitudinale de la fleur femelle de l'Ortie pilulifère (*Urtica pilulifera* Lin.). L'ovaire contient un seul ovule orthotrope.

ovoïde, le *nucelle*, incomplétement enveloppé par un ou deux téguments, l'externe ou *primine*, l'interne ou *secondine*. On est convenu de prendre le hile pour base de l'ovule ; le point diamétralement opposé, le sommet par conséquent, se distingue par l'existence d'un petit conduit, le *micropyle*, qui traverse les deux téguments ovulaires et s'arrête au nucelle. Son existence provient de ce que la primine et la secondine enveloppent incomplétement le nucelle et présentent chacune une solution de continuité en forme de pore ; les deux trous en se superposant forment le conduit micropylaire. Le système fibro-

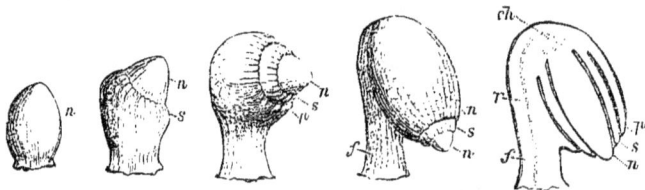

Fig. 179. — Développements successifs d'un ovule anatrope à double tégument : *n*, nucelle ; *s*, secondine ; *p*, primine ; *ch*, chalaze ; *r*, raphé ; *f*, funicule.

vasculaire du funicule envoie des ramifications dans la primine, rarement dans la secondine, jamais dans le nucelle, à l'entrée duquel il s'arrête. La surface d'insertion du prolongement funiculaire avec le nucelle s'appelle la *chalaze ;* par conséquent celle-ci est par rapport au nucelle ce que le hile est à l'ovule tout entier. Enfin, une des cellules du nucelle prend un accroissement relativement considérable, et devient ce qu'on appelle le *sac embryonnaire*, dans lequel nais-

Fig. 180. — Ovule anatrope d'une Hellébore.

Fig. 181. — Ovule campylotrope du Haricot à bouquets (*Phaseolus multiflorus* Willd.)

sent : au sommet de la cavité, une ou plusieurs cellules ; ce sont les *vésicules embryonnaires* destinées à devenir chacune un embryon ; et au bas d'autres cellules dont l'existence est éphémère et le rôle inconnu : on les nomme *vésicules antipodes*.

On distingue trois types d'ovules : ils peuvent être *orthotropes*, *anatropes* ou *campylotropes*. L'orthotropie est rare ; on la reconnaît à ce que le hile, la chalaze et le micropyle sont superposés, c'est-à-dire placés sur une même ligne droite. L'anatropie est le cas le plus fréquent ; pendant le développement de l'ovule, le nucelle tourne de 180°, entraînant avec lui pour ainsi dire ses téguments, et le micropyle se place à côté du hile resté fixe. Par suite de ce mouvement, la chalaze devient diamétralement opposée au hile, et les formations fibro-vasculaires du funicule s'allongent en un cordon, le *raphé*, qui fait saillie le long de l'une des faces latérales de l'ovule pour aboutir à la chalaze. On a comparé ces deux formes aux deux états d'un couteau à lame mobile sur son manche : ouvert, le couteau correspond à l'ovule orthotrope; fermé, il représente l'ovule anatrope. Enfin si, la chalaze restant immédiatement superposée au hile, l'ovule courbe en arc sa région moyenne de façon à rapprocher plus ou moins le micropyle du hile, il devient campylotrope.

II. — ÉTUDE COLLECTIVE DES PISTILS

Ordinairement le gynécée comprend seulement un ou quelques pistils; parfois cependant, comme chez les Fraisiers, les Renoncules, les Rosiers, etc., leur nombre est fort considérable. En outre, les pistils d'un même gynécée peuvent être libres ou diversement soudés entre eux; d'où trois catégories de gynécées : le gynécée *simple*, formé

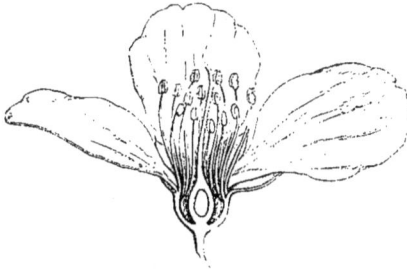

Fig. 182. — Coupe longitudinale de la fleur de l'Amandier (*Amygdalus communis* Lin.), montrant un gynécée simple.

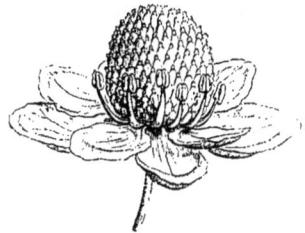

Fig. 183. — Fleur à gynécée multiple de la Renoncule scélérate (*Ranunculus sceleratus* Lin.).

d'un seul carpelle; le gynécée *multiple*, comprenant plusieurs carpelles indépendants; le gynécée *composé*, résultant de l'union plus ou moins intime de plusieurs carpelles : termes auxquels on substitue habituellement ceux de pistils *simples*, *multiples*, *composés*, et plus souvent encore, d'ovaires *simples*, *multiples*, *composés*.

Nous connaissons déjà la conformation du gynécée simple, et par conséquent celle du gynécée multiple; étudions donc le troisième type, le gynécée composé.

Dans la généralité des espèces, la soudure procède de la base au sommet sur une étendue variable, et peut intéresser partiellement ou totalement les ovaires seulement, ou les ovaires et les styles, ou enfin les ovaires, les styles et les stigmates, donnant dans ce dernier cas au gynécée l'apparence d'un carpelle unique. Plus rarement la fusion suit une marche inverse, de haut en bas, des stigmates à la base des ovaires.

Le gynécée composé se distingue du carpelle par des caractères, les uns externes, les autres internes. Parlons d'abord des premiers.

Dans tous les cas de soudure incomplète, on reconnaît le gynécée composé à la multiplicité de ses styles ou de ses stigmates. La distinction est surtout facile à faire quand les ovaires sont restés libres dans leur région supérieure, auquel cas non-seulement on s'aperçoit

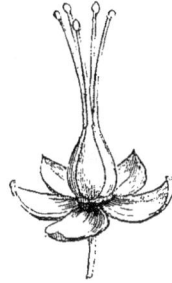

Fig. 184. — Calice et gynécée composés du Lin (*Linum usitatissimum* Lin.).

que le gynécée est composé, mais encore on sait immédiatement le nombre des carpelles constituants. Lorsque les soudures sont plus étendues, surtout si les stigmates seuls restent libres, les difficultés augmentent et les causes d'erreur se multiplient. La principale tient à des dédoublements des styles ou des stigmates qui trompent

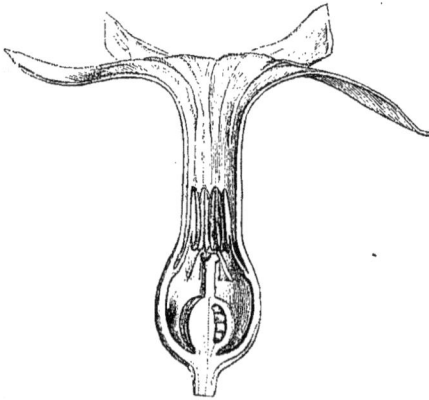

Fig. 185. — Coupe longitudinale d'une fleur de Jacinthe (*Hyacinthus orientalis* Lin.); ovaire composé triloculaire à placentation axile.

l'observateur sur le nombre réel des carpelles entrant dans la formation du gynécée. Pour faire disparaître les doutes, il y a un moyen sûr : c'est de suivre pas à pas le développement du gynécée depuis son apparition dans le jeune bouton, d'en faire en d'autres termes ce que l'on nomme l'*organogénie*.

Les principaux caractères internes se rapportent au nombre des loges.

Fig. 186. — Coupe longitudinale d'une fleur de Réséda jaune (*Reseda lutea* Lin.); ovaire composé monoloculaire à placentation pariétale.

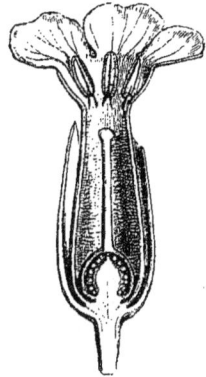

Fig. 187. — Coupe longitudinale d'une fleur de Coucou (*Primula veris* Willd.); ovaire composé monoloculaire à placentation centrale.

En règle générale, il y a autant de loges à l'ovaire que de carpelles au gynécée, et il semble que l'ovaire composé doive toujours être à plusieurs loges, ou *pluriloculaire*. Toutefois cette loi comporte bien des

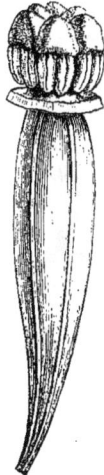

Fig. 188. — Étamines gynandres de l'Aristoloche Clématite (*Aristolochia clematitis* Lin.)

Fig. 189. — Coupe longitudinale d'une fleur de Coquelicot (*Papaver Rhœas* Lin.); les étamines sont hypogynes.

exceptions, dues surtout aux modes différents de soudure des feuilles carpellaires. Ces dernières s'unissent-elles après s'être préalablement constituées individuellement en pistils ayant chacun sa cavité ovarienne, l'ovaire composé est nécessairement pluriloculaire. Les feuilles carpellaires se soudent-elles simplement par leurs bords sans

Fig. 190.— Coupe longitudinale d'une fleur d'Amandier (*Amygdalus communis* Lin.); étamines périgynes.

Fig. 191. — Coupe longitudinale d'une fleur de *Bruma phylicoïdes* (Thunb.); étamines épigynes.

se replier au préalable sur elles-mêmes, l'ovaire composé est à une seule loge, ou *monoloculaire*. Néanmoins, même dans ce dernier cas on peut souvent le distinguer de l'ovaire simple au nombre supérieur à deux de ses placentas tapissant la face interne de la paroi. Les autres exceptions à la règle précédente résultent tantôt de l'apparition de cloisons surnuméraires ou *fausses cloisons*, tantôt de l'absence totale ou partielle des vraies cloisons. On le voit, la détermination de la véritable constitution d'un ovaire est parfois très-délicate, et souvent l'organogénie seule peut aplanir les dernières difficultés.

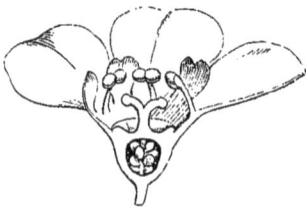

Fig. 192. — Coupe longitudinale d'une fleur de Groseillier (*Ribes rubrum* Lin.); ovaire infère.

Fig. 193. — Coupe longitudinale d'une fleur d'Aristoloche Clématite (*Aristolochia clematitis* Lin.); ovaire infère.

Les situations variées des placentas à l'intérieur des ovaires, ce que l'on nomme la *placentation*, fournissent souvent de bons caractères distinctifs.

Dans les ovaires simples, les placentas, au nombre de deux, sont
fixés, — avons-nous déjà remarqué, — de part et d'autre de la suture

Fig. 194. — Ovaire supère d'une fleur de Dillenia élégant (*Dillenia speciosa* Thunb.).

ventrale. Les ovules sont donc bisériés le long de l'angle interne de
la loge dans le voisinage immédiat de l'axe longitudinal de la fleur;
aussi dit-on alors la placentation *axile*.

Dans les ovaires composés, la placentation est *axile, pariétale* ou *centrale*. Le premier cas s'observe dans ces ovaires pluriloculaires (fig. 185), les deux autres dans les ovaires à une seule loge. La placentation est pariétale (fig. 186) quand les placentas tapissent la face interne des loges; centrale (fig. 187), lorsque les ovules sont fixés sur une colonne centrale.

Le gynécée peut contracter des adhérences avec les autres parties de la fleur. Le cas le plus remarquable est celui où les étamines s'unissent aux styles en une colonne unique, ou *gynostème*, qui porte les anthères et que surmontent les stigmates. Cette disposition a reçu le nom de *gynandrie*, et les étamines sont dans ce cas gynandres (fig. 188).

Souvent les étamines restent indépendantes des styles; mais, par l'effet d'une fusion plus ou moins complète de la région inférieure des organes floraux, elles paraissent insérées sur l'ovaire : ce qu'on exprime en les disant *épigynes* (fig. 191). Les formes variables du réceptacle amènent encore d'autres apparences, qui, sous les noms d'insertion *hypogyne* et *périgyne*, ont autrefois joué un grand rôle dans la classification ; voici ce que l'on entend par là.

Si, le réceptacle étant conique, l'androcée ne s'unit pas au gynécée, les étamines s'insèrent nécessairement sous les pistils : elles sont alors hypogynes (fig. 189). Le réceptacle se creuse-t-il au contraire en forme de coupe plus ou moins profonde, les étamines deviennent périgynes, c'est-à-dire s'insèrent autour des ovaires (fig. 190).

De toutes ces modifications, les plus visibles sont sans contredit celles qui ont donné lieu aux anciennes dénominations d'*ovaire supère* et d'*ovaire infère*. Celui-ci est supère (fig. 194), si pour l'apercevoir il suffit d'écarter les enveloppes florales; il est infère (fig. 195), quand il se montre comme une nodosité verte plus ou moins volumineuse au-dessous des mêmes enveloppes.

CHAPITRE XII

LE FRUIT ET LA GRAINE

I. — LE FRUIT

Après la fécondation et l'apparition des embryons, la vie de la fleur se concentre dans l'ovaire et les ovules. Le premier prend alors le nom de fruit, les seconds deviennent des graines. Les bractées, les enveloppes florales, les étamines, les styles et les stigmates, se dessèchent

Fig. 195. — Caryopse du Blé.

Fig. 196. — Akènes du fruit multiple de la Renoncule des Champs (*Ranunculus arvensis* Lin.).

et meurent, sauf dans quelques cas exceptionnels que nous étudierons plus tard.

Le fruit comprend deux parties, le contenant et le contenu, la paroi ou *péricarpe* et les graines. Toutes les modifications du péricarpe se ramènent à deux types, et il est, selon les cas, *sec* ou *charnu*. Ce dernier ne s'ouvre jamais spontanément, la décomposition seule met les germes en liberté. Les fruits secs à plusieurs graines ou *poly-spermes* jouissent au contraire de la faculté de s'ouvrir d'eux-mêmes

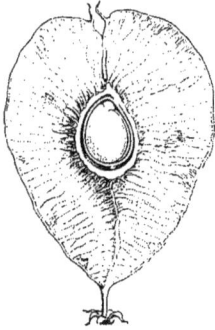

Fig. 197. — Samare de l'Orme des Champs (*Ulmus campestris* Lin.) ; coupe longitudinale.

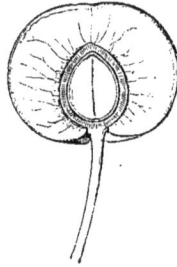

Fig. 198. — Coupe longitudinale d'une drupe, la Cerise.

pour faciliter la dissémination des graines. Ce phénomène, comparable à celui qui se produit sur l'anthère mûre, porte le même nom de *déhiscence*, et les fruits ainsi conformés sont dits *déhiscents*.

La nature des fruits varie à l'infini : il est impossible par conséquent

Fig. 199. — Follicules du fruit multiple de l'Aconit Napel (*Aconitum Napellus* Lin.).

Fig. 200. — Gousse du Lotier à petites cornes (*Lotus corniculatus* Lin.).

de les dénommer tous ; nous nous bornerons aux types principaux, que nous répartirons en trois catégories, les *simples*, les *multiples* et les *composés*, suivant qu'ils proviendront de gynécées simples, multiples ou composés. Dans des cas assez rares, les fruits appartenant à des fleurs voisines très-rapprochées les unes des autres se soudent en une seule masse simulant un fruit; nous rangerons ces formations dans une quatrième catégorie, celle des *fruits agrégés*. En réalité cependant, nous n'avons à décrire que les fruits simples, composés et agrégés, les fruits multiples n'étant que des fruits simples diversement groupés tout en restant distincts les uns des autres et conservant leurs caractères propres.

Fig. 201. — Silique du Chou champêtre (*Brassica campestris* Lin.).

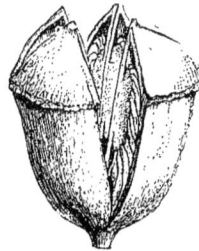

Fig. 202. — Capsule à déhiscence loculicide du Seringat (*Philadelphus coronarius* Lin.).

Fig. 203. — Capsule à déhiscence loculicide de la Pensée (*Viola tricolor* Lin.).

Les fruits simples sont secs ou charnus; les premiers eux-mêmes comprennent des fruits indéhiscents et des fruits déhiscents.

Les fruits simples, secs, indéhiscents, contiennent tous une seule graine et se rapportent à trois types : le *caryopse*, l'*akène* et la *samare*. Le fruit est une caryopse si le péricarpe adhère à la graine (fig. 195), une akène dans le cas contraire, c'est-à-dire lorsque à sa maturité la graine est libre et indépendante du péricarpe, ainsi qu'un grelot dans son enveloppe métallique (fig. 196). La samare est un akène dont le péricarpe est ailé comme les fruits de l'Orme (fig. 197). Ce qu'on appelle communément et fort improprement un grain de Blé, d'Orge, d'Avoine, etc., ne sont pas des graines, mais bien des caryopses.

Les fruits simples, secs et déhiscents, sont des *follicules* ou des *gousses*. Dans les premières la déhiscence se produit le long de la suture ventrale (fig. 199), dans les secondes par les deux sutures à la fois, ventrale et dorsale (fig. 200).

Les fruits simples et charnus appartiennent à un seul type, la *drupe* (fig. 198); la cerise, la prune, l'abricot, la pêche, etc., sont des

drupes; voici leurs caractères distinctifs. Dans son organisation générale, le péricarpe, comme la feuille dont il provient, comprend trois

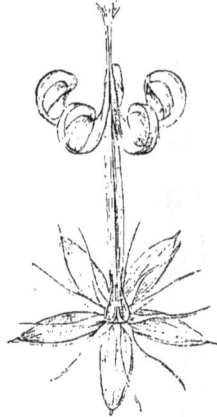

zones : l'externe et l'interne, ou l'*épicarpe* et l'*endocarpe*, correspondent
aux épidermes inférieur et supérieur de la feuille carpellaire ; la
moyenne, ou *mésocarpe*, au parenchyme. Chez la drupe, l'épicarpe
reste membraneux, c'est la peau du fruit ; le mésocarpe est charnu,

c'est la chair ; l'endocarpe est lignifié, c'est le noyau. En résumé,
une drupe se caractérise par un mésocarpe charnu et un endocarpe
ligneux.

La section des fruits composés, secs et déhiscents, comprend deux
formes principales, la *silique* et la *capsule*.

Pour constituer une silique (fig. 201), deux feuilles carpellaires se soudent bord à bord en un ovaire à une seule loge. Plus tard, une fausse cloison s'étend longitudinalement, d'une suture à l'autre, divisant la cavité primitivement unique en deux chambres indépendantes ; le tout forme un corps cylindroïde plus ou moins aplati latéralement. Une fois le fruit parvenu à maturité, un panneau ou *valve* se détache incomplétement et de bas en haut de chacune des deux faces latérales du péricarpe.

Tout fruit composé, sec, et à plusieurs graines, qui n'est pas une silique, se nomme *capsule*. Les capsules diffèrent les unes des autres par leurs formes et leurs dimensions, mais surtout par leurs modes de déhiscence, parmi lesquels les plus importants à connaître sont les suivants.

Quand la déhiscence est longitudinale, on l'appelle *loculicide* (fig. 202), si les fentes se manifestent le long des sutures dorsales des feuilles carpellaires ; *septifrage* (fig. 203), si, placées sur les cloisons mêmes, elles partagent le péricarpe en lanières ou valves qui s'écartent plus ou moins du faisceau central des cloisons. Souvent encore les carpelles, lors de la maturité du fruit, se désunissent et simulent après leur séparation un fruit multiple ; on dit alors la déhiscence *septicide* (fig. 204). Enfin on a donné le nom de *pyxide* à une capsule qui présente la particularité de s'ouvrir par une fente circulaire transversale qui sépare la partie supérieure de la partie inférieure, et fait ressembler le fruit à une boîte munie de son couvercle (fig. 206). Il existe d'ailleurs beaucoup d'autres

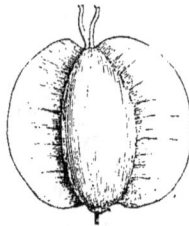

Fig. 210. — Samare du fruit composé de l'Aune à feuilles cordiformes (*Alnus cordifolia* Tenor.).　Fig. 211. — Coupe longitudinale du même fruit montrant l'avortement d'une loge et d'une graine.

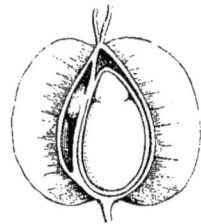

modes de déhiscence : les uns sont des altérations plus ou moins profondes des précédents, les autres se rattachent à un nouveau mode, la *déhiscence poricide*. Dans celle-ci, il se produit des trous dont le nombre, les formes et la situation varient beaucoup d'une espèce à l'autre.

Pendant les progrès du développement, parfois toutes les graines avortent et toutes les cavités du péricarpe disparaissent plus ou moins complétement, à l'exception d'une graine et d'une loge. Alors le fruit, bien que composé, revêt l'apparence d'un akène ou d'une samare et en prend le nom.

Tout fruit composé charnu est une *baie* susceptible de passer à la

Fig. 212. — Groseilles ou baies du Groseillier
(*Ribes rubrum* Lin.).

Fig. 213. — Coupe transversale d'une pomme.

drupe à plusieurs noyaux par la lignification de l'endocarpe de chacune des loges. La pomme et la poire offrent de bons exemples de formes de passage entre ces deux types, l'endocarpe de chacune de leurs cinq loges n'étant pas lignifié, mais simplement parcheminé; la nèfle au contraire est une drupe bien caractérisée à cinq noyaux.

Les fruits agrégés se distinguent aisément des fruits simples ou composés, avec lesquels on pourrait les confondre à première vue. Les fruits proprement dits, en effet, portent les traces du calice, soit à leur base ou sommet du pédoncule si l'ovaire était supère, soit à leur sommet si l'ovaire était infère, comme dans les poires et les pommes, où ces traces forment l'*œil* du fruit. Les agrégats de fruits, quelles que soient d'ailleurs leurs apparences, ne présentent jamais rien de semblable. Que l'on compare deux productions pourtant d'une assez grande similitude pour avoir mérité le même nom, la mûre fruit du Framboisier ou de la Ronce, et la mûre fruit du Mûrier. Dans le premier cas, la mûre repose sur les débris du calice :

Fig. 214. — Mûre, fruit composé du Framboisier
(*Rubus idæus* Lin.).

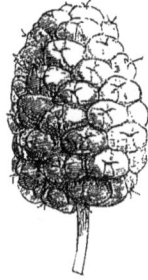

Fig. 215. — Mûre, fruits agrégés du Mûrier noir
(*Morus nigra* Lin.).

c'est un fruit composé ; elle est nue dans le second : c'est un fruit agrégé. Celui-ci peut être charnu, comme dans l'Ananas, le Mû-

Fig. 216. — Fruits agrégés de l'Ananas (*Ananassa vulgaris* Lindl.).

rier, etc.; ou sec et constituer un cône, comme dans les Pins, les Sapins, etc.

Chez plusieurs espèces, le réceptacle grossit beaucoup, devient charnu et donne lieu à des complications capables de tromper au premier coup d'œil sur la véritable nature du fruit. Ainsi, ce que tout le monde mange sous le nom de fraise est un réceptacle considérablement accru et devenu charnu.

Quant au fruit proprement dit, il est multiple et se compose de cette multitude de petits grains, véritables akènes, posés sur la surface du réceptacle ou plus ou moins

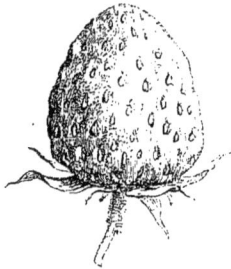

Fig. 217. — Fraise, fruit multiple à réceptacle charnu.

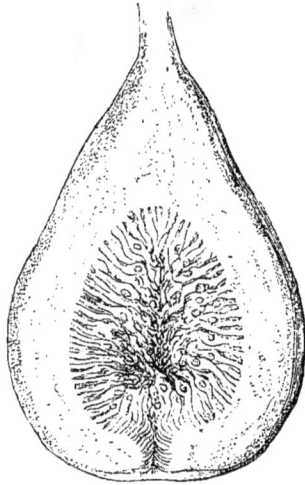

Fig. 218. — Coupe longitudinale de la figue, fruits agrégés à réceptacle commun charnu.

profondément enfoncés dans sa masse selon les espèces et les variétés. Au contraire, la figue est le réceptacle commun de fruits agrégés, lequel a pris la forme d'un sac dont l'ouverture, ou *œil* de la figue, généralement très-étroite, est bordée par les débris d'un involucre. La face interne porte des fleurs unisexuées, principalement femelles, dont les fruits sont ces grains ou akènes qui croquent sous la dent.

II. — DE LA GRAINE

La graine comprend deux parties : le tégument, vulgairement la peau, généralement double, parfois simple, et l'*amande*.

Cette dernière, dans son plus grand état de simplicité, se réduit à sa partie essentielle, l'embryon, dont nous connaissons déjà la constitution. Dans nombre de cas, celui-ci est accompagné par une, plus rarement par deux masses parenchymateuses, nommées indifféremment les unes et les autres *albumen*.

Le plus ordinairement, l'albumen s'organise dans l'intérieur du sac

Fig. 219. — Graine sans albumen de l'Amandier (*Amygdalus communis* Lin.).

Fig. 220. — Embryon de la même graine

Fig. 221. — Graine albuminée de Staphysaigre (*Delphinium Staphysagria* Lin.).

Fig. 222. — Coupe longitudinale de la même.

embryonnaire ; quelquefois il en existe en outre un second, qui n'est autre que le nucelle plus ou moins grossi et modifié.

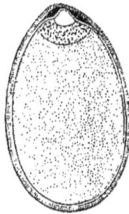

Fig. 223. — Coupe longitudinale de la graine à double albumen du Nénuphar (*Nymphæa alba* Lin.).

Fig. 224. — Macis ou arille de la Muscade, graine du Muscadier (*Myristica fragrans* Houttuyn.).

Enfin souvent encore se produit à la partie supérieure du funicule, ou en diverses régions de l'ovule, un tégument supplémentaire nommé *arille*, de formes et de dimensions très-variables.

CHAPITRE XIII

LA NUTRITION

La nutrition transforme la substance inerte en substance vivante, la matière brute en matière organisée. Mais tous les corps bruts ne sont pas indifféremment aptes à s'organiser, et la matière, pour vivre, doit préalablement satisfaire à certaines conditions d'état physique et de composition chimique. Toute substance, quelles que soient sa nature et son origine, capable de fournir à l'organisme vivant des matériaux d'assimilation est un *aliment*.

Voici ce que l'on peut dire de plus général sur les caractères chimiques de l'aliment.

On divise les corps terrestres en *simples* et *composés*. Les premiers sont ainsi appelés, parce qu'on n'a pu jusqu'ici les réduire en d'autres corps, en isoler d'autre matière que la leur : le cuivre, le fer, le phosphore, le soufre, etc., sont dans ce cas. Les corps simples, nommés encore *éléments*, se partagent eux-mêmes en *métaux* et en corps non métalliques ou *métalloïdes*, comme l'oxygène, le phosphore, le soufre, etc. Les corps composés résultent de l'union intime ou *combinaison*, en proportions déterminées et invariables pour le même composé, de plusieurs éléments. L'eau, formée d'oxygène et d'hydrogène, l'acide carbonique, formé de carbone et d'oxygène, etc., sont des corps composés.

La Chimie est parvenue jusqu'ici à isoler plus de soixante corps simples, et leur nombre s'accroît encore de temps à autre. Ainsi,

M. Lecoq de Boisbaudran a découvert en 1875, dans une blende (zinc sulfuré) de la mine de Pierrefitte (vallée d'Argelès, Pyrénées), un nouveau métal, le *gallium*. Mais un petit nombre d'entre eux, vingt-deux seulement, douze métalloïdes et dix métaux, entrent dans la constitution des végétaux. Ces éléments organisables sont :

1° Métalloïdes : azote, bore, brome, carbone, chlore, fluor, hydro-gène, iode, oxygène, phosphore, silicium, soufre;

2° Métaux : aluminium, calcium, cobalt, cuivre, fer, magné-sium, manganèse, potassium, sodium, zinc.

Les autres éléments peuvent sans doute pénétrer accidentellement dans l'organisme, mais ne paraissent point susceptibles de s'incor-porer à lui; ils causent toujours par leur présence des troubles plus ou moins graves : aussi l'économie s'efforce-t-elle de les éliminer.

La matière végétale, pour se constituer, non-seulement demande certains éléments à l'exclusion de tous autres, mais encore exige de ces éléments privilégiés un état chimique déterminé et variable de l'un à l'autre. Très-exceptionnellement, l'élément nourricier peut être assimilé à l'état libre : tel est l'oxygène; le plus ordinairement, il doit au préalable faire partie d'une combinaison plus ou moins complexe. Par exemple, le carbone entre pour une forte proportion dans la com-position des tissus; néanmoins aucune des variétés si nombreuses de charbon n'est alimentaire, tandis que le gaz acide carbonique est l'a-liment carburé par excellence.

On distingue des milieux *complets* et des milieux *incomplets*, sui-vant qu'ils contiennent tout ou partie seulement des matériaux néces-saires à l'assimilation. On distingue encore des milieux *naturels*, — l'atmosphère, l'eau, le sol, — et des milieux *artificiels*, que la Chimie nous apprend à composer. Montrons l'importance de ces distinctions.

La nature réalise deux modes de nutrition, et l'esprit n'en conçoit point d'autres : ou bien la fonction s'effectue par et dans un seul mi-lieu, l'eau ou le sol humide; ou bien enfin, par le concours des trois milieux naturels. Chacun de ces modes correspond à un type spécial d'organisation. Un seul milieu suffit-il à la vie, alors l'être est tou-jours simple : c'est une cellule ou un petit agrégat de cellules néces-sairement similaires, puisqu'elles vivent dans les mêmes conditions. Le monde des êtres simples, élémentaires, — remarquons-le en pas-sant, — est celui de l'infiniment petit, car si les lois physiques permettent l'existence isolée d'une cellule microscopique, elles s'opposeraient invinciblement à celle d'une cellule grosse comme une Baleine ou comme un Éléphant. Dans ce microsome, toute distinction entre l'animal et le végétal s'efface, et la barrière arbitrairement élevée par l'homme entre les deux règnes organiques s'abaisse, les conditions biologiques étant les mêmes pour tous. L'eau dormante, suffisamment aérée et éclairée, est un milieu naturel complet pour la cellule pourvue de la matière verte nommée *chlorophylle*. De pareils corpuscules y vivent en grand nombre, les uns isolés ou à l'état de végétaux *monocellulaires*, les autres réunis en végétations *pluricellulaires* : telles sont les Conferves. Les besoins de certaines industries ont fait connaître des milieux aqueux artificiels complets pour quelques organismes inférieurs, entre autres celui dans lequel vit et se multiplie un végétal cellulaire particulier, la *Levûre de bière* (*Torula cerevisiæ* Turp.). Maintenue à une température convenable dans de l'eau sucrée additionnée de certains sels, une cellule de levûre vit, grossit, atteint une taille de $0^{mm},04$ environ de diamètre, et donne par multiplication cellulaire des chapelets rameux de cellules que le temps finit par disjoindre. Chacun des milieux naturels pris isolément est-il incomplet, et les matières premières de l'assimilation sont-elles dispersées dans l'atmosphère, l'eau et le sol, l'organisme se complique alors fatalement, mais diversement, suivant que la nutrition est directe, immédiate, au premier degré; ou bien, indirecte, médiate, à deux degrés.

Une solution du problème de la nutrition par le concours de plusieurs milieux se voit chez le végétal complexe ou supérieur; elle consiste à puiser directement dans les milieux nourriciers et implique : 1° la fixation permanente de la plante au sol, au point de séparation des milieux simultanément habités par elle; 2° la diversité des parties en rapport avec la diversité des milieux. Une seconde solution est réalisée par l'animal, lequel vit aux dépens d'intermédiaires animés qui remplissent vis-à-vis de lui le rôle dévolu aux organes chez la plante supérieure. La *motilité* ou faculté de locomotion est une condition *sine qua non* de la nature animale, comme l'immobilité est celle de l'organisme végétal supérieur; seule elle rend possible l'alimentation, car seule elle donne à l'animal le moyen de rechercher et d'atteindre sa proie.

Ces nécessités de complication chez certains organismes végétaux une fois comprises, recherchons-en les traits essentiels, en nous aidant de comparaisons empruntées à la vie civile.

Nous sommes en présence de trois degrés d'organisation, le végétal monocellulaire, le végétal pluricellulaire et enfin la plante supérieure. Leurs rôles particuliers, dans le monde végétal, peuvent être respectivement comparés à ceux de l'individualité isolée, représentée par le pionnier du Far West américain par exemple, du petit groupe d'individus s'essayant à la vie sociale dans le hameau, enfin de la multitude la pratiquant dans la grande ville.

Le pionnier, disons-nous, est dans la société humaine l'équivalent de la plante monocellulaire dans la société végétale. L'un et l'autre, en effet, vivent directement du monde extérieur. Le squatter est tour à tour, et selon l'heure, chasseur, pêcheur, bûcheron, tailleur, etc.; il exerce toutes les professions, fait tous les métiers. L'unique cellule de la plante monocellulaire possède pareillement toutes les manifestations essentielles et les aptitudes indispensables de la vie végétale. Connaître l'existence de l'un et de l'autre est également nécessaire à qui veut comprendre la vie des peuples ou celle des arbres.

Le hameau, réduit à l'agglomération confuse de quelques maisons, est l'image de la plante pluricellulaire. De part et d'autre, ce sont des conditions analogues, satisfaites par des moyens semblables. Chaque habitant conserve encore son indépendance, et, comme conséquence nécessaire, exerce la pluralité des fonctions de la vie sociale; nulle barrière n'isole sa maison des champs voisins, ses communications avec l'extérieur sont entièrement libres et très-faciles. Chaque cellule de la plante pluricellulaire possède, elle aussi, les prérogatives de la vie libre avec ses inévitables servitudes, elle baigne dans l'eau qui la nourrit, et l'aliment pénètre en elle sans qu'il faille user de moyen particulier pour l'y porter.

Dans la grande ville enfin, on trouve la plus haute expression de la solidarité humaine, comme dans le végétal supérieur la plus haute expression de la solidarité des éléments anatomiques. Voyons jusqu'où s'étendent les ressemblances entre les agglomérations humaines et les agglomérations cellulaires.

La ville se clôture, elle s'entoure et se protége d'un mur d'enceinte muni d'un nombre de portes suffisant pour assurer la liberté des communications avec l'extérieur. Également, l'organisme supérieur s'enveloppe tout entier de téguments, dont le premier-né est l'épiderme, que viennent parfois renforcer ou remplacer par la suite d'autres téguments ayant même destination. Toutefois ce mur d'enceinte de l'organisme végétal n'est plus, comme celui de la ville, percé de larges portes ouvertes à certaines heures à tous venants. Les téguments de la plante supérieure sont privés au contraire en la plupart de leurs points d'ouvertures apparentes; les produits de consommation doivent, pour pénétrer dans l'économie, s'insinuer à travers d'innombrables fissures invisibles même pour l'œil armé des plus puissants microscopes. Ce mode de pénétration pour ainsi dire clandestin, général dans l'organisation végétale, constitue l'*absorption*. L'étroitesse des couloirs est telle, qu'aucune poussière venue du dehors, si ténue qu'elle soit, ne parvient à les franchir. Les liquides et les gaz, grâce à la prodigieuse finesse de leur pulvérisation, peuvent seuls s'y introduire, et encore beaucoup de liquides sont-ils totalement ou partiellement arrêtés à l'entrée. L'épiderme, dans ce dernier cas, filtre les particules, laisse passer les plus ténues et retient les autres. Ainsi se comporte la radicelle intacte et régulièrement conformée vis-à-vis d'une solution aqueuse complexe bien que parfaitement limpide : elle admet quelques-unes des substances dissoutes, arrête les autres. Par exemple, on voit des solutions colorées abandonner leur eau à la racine et garder au contraire leur matière colorante.

On comprend maintenant quelles entraves l'incomparable étroitesse des voies de communication percées à travers les téguments doit apporter aux échanges entre l'organisme et le monde extérieur, et quelles doivent être la puissance et l'activité des moyens de transport pour surmonter de tels obstacles! Toutefois la grandeur des difficultés varie avec les régions, et la plante offre à l'absorption des points d'élection où la pénétration est plus facile que partout ailleurs. Les régions privilégiées sont toujours occupées par des tissus jeunes, ou mieux encore en voie de formation. L'épiderme en effet, auquel est dévolu le soin de permettre, en les régularisant, les échanges entre la plante et le monde extérieur, doit posséder une délicatesse de structure qu'il acquiert aux dépens de sa force de résistance aux agents physiques, et partant de sa durée. L'absorption est donc forcément localisée dans les organes jeunes. Là seulement l'épiderme conserve encore son intégrité première et ses qualités natives, n'ayant pu, faute de temps, être renforcé par des téguments accessoires aux dépens de sa faculté d'absorption. De tous les organes, deux, la fibrille et la feuille, se distinguent des autres par leur puissance d'absorption. Le premier est permanent, mais perd promptement son activité par les progrès de l'âge ; devenu ramification radicale, l'épaisseur de son écorce rend bientôt toute absorption impossible. Le second est un organe temporaire, qui meurt avant de perdre l'intégrité de son épiderme, dont l'organisation, — nous l'avons remarqué, — est compliquée et la puissance agrandie par la présence d'ouvertures ou stomates d'une petitesse calculée pour permettre seulement aux fluides aériformes le libre passage.

La plante supérieure, comme la grande ville, a également son service de voirie ; on le nomme l'*excrétion*. Il est destiné à débarrasser l'économie du superflu des produits d'absorption et des débris dus à l'usure incessante des organes. Connaître en ses moindres détails l'absorption et l'excrétion, c'est-à-dire ce qui entre dans la plante et ce qui en sort, est nécessaire, indispensable, pour l'intelligence de la vie des éléments anatomiques, mais ne suffit point à la dévoiler. Apprend-on les mœurs et le régime des habitants d'une ville en se bornant à compulser les registres des octrois et de la voirie ? La connaissance de l'homme s'acquiert dans sa demeure, en vivant de sa vie, au sein de la famille ; celle de l'élément anatomique, en assistant à tous ses actes, en le suivant pas à pas aux différents âges. Jusqu'ici cette dernière partie de la science des végétaux est restée inabordable ; les phénomènes préalables de l'absorption et de l'excrétion sont même bien loin d'être entièrement connus. Ajoutons, — pour compléter le bilan de ce que nous ignorons encore d'essentiel dans le fonctionnement de l'organisme végétal, — que tout habitant d'une ville a son occupation déterminée, son emploi spécial ; non-seulement il vit pour lui d'abord, mais en même temps il prend part à la vie commune. L'élément anatomique est évidemment dans le même cas : sa présence exerce une influence, réagit d'une certaine façon sur la vie des autres membres de l'association, mais on ignore la nature de cette influence et à peine a-t-on recueilli quelques vagues données à cet égard, celle-ci entre autres. On rencontre çà et là dans l'économie des groupes cellulaires nommés *glandes*, caractérisés par une faculté d'élaborer en commun ou de *sécréter* un produit particulier qu'on ne trouve que là ; ces associations sont évidemment les équivalents des différents corps de métiers d'une grande ville. Mais pourquoi tel composé chimique se prépare-t-il dans telle glande et non point dans telle autre ? Comment et par quelles forces fonctionnent ces usines en miniature ? quels sont les travaux accomplis ? Pourquoi, si semblables en apparence, ces organes sont-ils si différents en réalité par la nature des produits obtenus ? etc., etc. Toutes questions fondamentales auxquelles il est encore impossible de répondre d'une façon satisfaisante. On sait en outre, — et nous l'avons déjà dit, — qu'à des époques déterminées s'accumulent dans des tissus également déterminés des matériaux créés de toutes pièces par l'économie et d'une haute valeur alimentaire : tel est l'amidon entre autres. Comme ces aliments de réserve disparaissent régulièrement pendant les périodes d'organisation des nouveaux tissus, pour se régénérer invariablement cette phase terminée, on en conclut naturellement qu'ils sont employés à l'édification de l'œuvre nouvelle ; d'où leur nom caractéristique. Mais par quelle impulsion et sous quelle forme les aliments de réserve quittent-ils les tissus qui les abritent après les avoir créés ? Question aussi obscure que les précédentes.

Un autre effet de la vie en commun des éléments anatomiques et de leur isolement du monde par l'interposition de barrières, de téguments épidermiques, entre eux et l'extérieur, est de créer un *milieu intérieur* formé du mélange des matériaux venus du dehors avec les produits de sécrétion et d'excrétion. C'est dans ce milieu intérieur, nommé en général le fluide nourricier, et en particulier la séve quand il s'agit de l'organisation végétale, que baignent les éléments anatomiques. Ainsi, toujours ces derniers, qu'ils appartiennent à la plante monocellulaire, pluricellulaire, ou à l'arbre de nos forêts, sont des êtres essentiellement aquatiques ; voilà pourquoi sans eau la végétation est impossible. Si de nombreuses espèces vivent dans le sol et surtout dans l'air, cela tient à ce qu'elles gardent en elles le liquide aqueux, la séve, indispensable à la vie des éléments, comme la locomotive entraîne toujours avec elle, sur la voie ferrée, l'eau, source première de son activité.

Ces généralités une fois connues, il nous resterait à examiner l'ensemble des phénomènes nutritifs, sujet excessivement vaste, très-obscur encore malgré les nombreuses recherches dont il a été l'objet, fort controversé d'ailleurs, et réclamant pour être traité à fond des connaissances profondes en Physique et en Chimie. Pour tous ces motifs, nous ferons un choix parmi les problèmes qu'un tel sujet comporte, nous bornant à quelques questions prises parmi les plus importantes et les moins mal connues; encore faudra-t-il renoncer, pour éviter les difficultés scientifiques, à les exposer dans toute leur étendue.

C'est dans cet esprit que nous allons envisager successivement, d'abord les questions les plus générales : l'alimentation des plantes, la respiration et la séve ; alors nous pourrons aborder l'étude des différentes régions de l'économie, et, dans trois chapitres distincts, décrire la vie de la racine, celle du feuillage et celle des bourgeons.

I. — ALIMENTATION DES PLANTES

Le végétal supérieur, — ne l'oublions pas, — est double : il est constitué par deux êtres jumeaux, la tige et la racine, dont l'un vit dans l'atmosphère et l'autre dans le sol. La tige se nourrit en partie des aliments qu'elle emprunte à la racine, et, pour le reste, de ceux qu'elle puise directement dans l'atmosphère, comme nous le verrons en parlant de la vie du feuillage.

Le sol contient deux groupes de substances : les unes, *inorganiques* ou *minérales*, sont produites par les forces physiques en dehors de l'action vitale ; les autres, *organiques*, proviennent des débris plus ou moins altérés d'êtres ayant vécu. La terre arable peut donc céder aux racines des substances organiques et des substances minérales ; on est conduit par conséquent à se demander quelles sont parmi elles les matières assimilables, à quels groupes elles appartiennent et quelle est leur constitution chimique.

La question n'est pas encore résolue définitivement et sans appel ; trois doctrines sont en présence : l'alimentation est organique pour la première, minérale pour la seconde, mixte ou organo-minérale pour la troisième. Voyons l'origine et la valeur de ces doctrines.

Une pratique plusieurs fois séculaire prouve les bons effets, en grande culture, du fumier de ferme et en général des engrais organiques. La plante, comme l'animal, semble donc réclamer une alimentation d'origine organique. De cette première vue superficielle est née la théorie de l'alimentation organique des végétaux, dont voici les bases essentielles.

La Chimie enseigne que la matière végétale vivante résulte des combinaisons innombrables de quatre corps simples, azote, carbone, hydrogène et oxygène, associés à de minimes proportions de matières minérales. En outre, la Physiologie est parvenue à démontrer que la plante prend son oxygène à l'air et son carbone à l'acide carbonique aérien. On supposa dès lors qu'elle empruntait, par ses racines, son hydrogène et surtout son azote aux composés organiques contenus dans le sol; et, comme conséquence naturelle de telles prémisses, on expliqua la puissance nutritive universellement reconnue à l'*humus* ou *terreau*, matière meuble plus ou moins noirâtre due à la décomposition spontanée des débris organiques, d'origine animale et végétale, par l'abondance de ses composés de nature organique, n'attribuant, dans la nutrition, qu'un rôle nul ou très-effacé à ses matières minérales.

Cependant une réflexion bien naturelle écarte *à priori* une pareille doctrine, ou tout au moins oblige à la regarder comme trop absolue. Les découvertes géologiques modernes ont établi, entre autres grandes vérités indéniables, que la vie ne s'est pas montrée de tout temps à la surface du globe. Les premières plantes n'ont donc pu se nourrir de matières organiques qui n'existaient pas alors, et ont dû se contenter nécessairement des seules ressources du monde minéral. D'ailleurs, des faits également irrécusables, constatés depuis longtemps, montrent l'influence exercée par la nature minéralogique du sol sur la végétation spontanée.

Les espèces, en effet, ne sont pas dispersées au hasard à la surface de la Terre; chacune d'elles se parque dans un canton nettement délimité. Ce curieux phénomène tient sans nul doute, pour une grande part, à la diversité des climats, puisque les végétations des différentes zones climatiques sont profondément distinctes; mais le climat n'est pas seul en cause, sinon les espèces indigènes d'une même région naturelle se répandraient sans ordre sur le terrain. Or il n'en est pas ainsi : des espèces, comme les Soudes et les Salicornes de la famille des Chénopodées, refusent de vivre ailleurs que sur les bords de la mer ou dans le voisinage immédiat des sources et des lacs salés de l'intérieur ; les autres fuient au contraire ces terrains imprégnés de sel marin et recherchent, selon leur nature, les sols siliceux ou calcaires. Rien de plus instructif à cet égard que la végétation spontanée des contrées où quelques îlots granitiques percent çà et là la couche calcaire uniformément étendue partout ailleurs. Le mode de répartition des espèces locales révèle ces particularités géologiques. On voit les plantes du calcaire s'arrêter au pourtour des îlots granitiques, et réciproquement les espèces *silicicoles*, les espèces des terres siliceuses, disparaître au contact des calcaires.

Certains observateurs ont bien essayé à plusieurs reprises d'expliquer la localisation des espèces spontanées d'une région naturelle par des différences dans les qualités physiques du sol, dans son degré variable de perméabilité à l'air, à la chaleur, à l'humidité, etc. ; mais ces influences, bien que réelles, ont été définitivement reconnues comme secondaires et subordonnées à la nature chimique du terrain. Cette conviction a donné naissance à la doctrine dite de l'alimentation minérale et conduit à l'emploi, pour fertiliser les terres, des engrais nommés *chimiques*, c'est-à-dire exclusivement formés de matières salines préparées par la Chimie et extraites du monde minéral. Pour cette doctrine, en effet, la composition minérale du sol détermine seule la nature des plantes susceptibles d'y vivre, et les corps organiques qui s'y trouvent agissent uniquement par leurs matières minérales et l'azote contenu dans leurs nitrates ou leurs sels ammoniacaux. Dès lors il y a facilité et souvent économie à leur substituer ces nitrates et ces sels ammoniacaux tels que l'industrie sait les préparer, en les additionnant des autres matières salines reconnues nutritives, savoir : des phosphates et autres sels potassiques, ferrugineux et magnésiens, en remplaçant la potasse par la soude pour quelques cultures. De semblables mélanges constituent les engrais chimiques.

La doctrine de l'alimentation minérale, pas plus que celle de l'alimentation organique, ne se concilie complétement avec les faits. L'étude attentive des causes de la fertilité des terres montre qu'elle tient à l'intervention de deux ordres de substances, les unes organiques, les autres minérales, mélangées dans des proportions déterminées, en dehors desquelles la terre reste vouée à la stérilité. Tel sol qui demande annuellement de copieuses fumures, a pourtant une constitution minérale analogue à celle de tel autre ne réclamant que peu ou point d'engrais, comme les célèbres terres noires de la Russie méridionale. Réciproquement, une terre très-riche en matières organiques peut être infertile naturellement et ne devenir féconde qu'à force d'engrais, dont elle devrait pourtant n'avoir nul besoin, en raison de l'abondance de son humus, si la théorie de l'alimentation exclusivement organique était vraie. Par exemple, les terres provenant du dessèchement et de la mise en culture des anciennes tourbières, bien que riches en composés organiques, sont absolument improductives. Leur stérilité tient uniquement à leur pauvreté en matières minérales, puisque les engrais chimiques donnent dans ces sols d'excellents résultats. Une expérience concluante à cet égard se poursuit à l'heure actuelle en Allemagne sur une très-vaste échelle : je veux parler de l'heureuse et profonde transformation opérée sur certains terrains tourbeux de ce pays par l'emploi des sels de Stassfurt (Prusse). A la profondeur de 205 mètres, la sonde a rencontré dans cette localité un dépôt salin qu'elle a traversé sur une épaisseur verticale de 575 mètres sans pouvoir en atteindre la base, et tout porte à regarder le gisement comme étant d'une richesse inépuisable. Le sel gemme, qui en occupe la région inférieure et en constitue la masse principale, est recouvert d'une couche de 42 mètres de puissance formée d'un mélange de sel gemme, de sulfate de magnésie et de composés potassiques, dont l'ensemble constitue ce que l'on nomme le *kalizalze* dans le pays. Par le raffinage, le kalizalze donne un produit complexe contenant 80 pour 100 de chlorure de potassium, du chlorure de sodium et de faibles quantités de chlorure de magnésium. C'est ce mélange que l'Agriculture recherche et emploie avec un très-grand succès, en quantités de jour en jour plus considérables, pour l'amélioration des terres tourbeuses.

Ces faits et beaucoup d'autres que nous pourrions citer prouvent l'origine organo-minérale de l'alimentation des plantes. Mais, ce point essentiel admis, il reste à découvrir le mécanisme de l'alimentation, c'est-à-dire à déterminer la nature et les proportions relatives des divers aliments, leur mode d'absorption, le rôle rempli par chacun d'eux dans l'ensemble des phénomènes nutritifs, etc., etc. Pour résoudre ces problèmes multiples, les physiologistes recourent à deux sources d'information, l'examen chimique des cendres végétales, et la culture dans des sols artificiels de composition déterminée.

Quand on brûle des plantes ou des fragments de plantes, la partie organique de leur substance, — principalement formée, comme nous l'avons déjà dit, d'azote, de carbone, d'hydrogène et d'oxygène, — se résout par l'effet de l'élévation de température en de nouvelles combinaisons entièrement gazeuses dans ces conditions, et se dissipe dans l'atmosphère. Les matières minérales des tissus, empêchées par l'excès du calorique d'entrer dans ces combinaisons, se séparent et restent à l'état de cendres. Celles-ci renferment donc toutes les matières minérales de la plante, — si l'incinération a été faite avec les soins nécessaires, — mais toutes n'y ont pas conservé leur état chimique primitif. Ainsi, la potasse et la chaux entre autres existent dans les tissus combinées avec des acides organiques, et dès lors destructibles par le feu ; de ces sels, l'acide, créé par la végétation, disparaît pendant l'incinération ; la base seule, c'est-à-dire le corps uni à l'acide et emprunté au sol, se retrouve dans les cendres, mais sous des formes chimiques variables suivant sa nature ; par exemple, les sels magnésiens abandonnent leur magnésie, les sels alcalins et calcaires se transforment en carbonates.

Quelques exemples suffiront pour faire comprendre la nature des métamorphoses opérées par le feu dans les sels organiques. Parmi les acides organiques, trois sont communs dans les tissus : ce sont les acides oxalique, citrique et tartrique. Ainsi, les Salicornes et les Soudes contiennent de l'oxalate de soude ; du suc des Oseilles et des Oxalis on extrait le *sel d'oseille*, mélange de bioxalate et de quadroxalate de potasse ; enfin, beaucoup de parenchymes renferment des concrétions ou des aiguilles cristallines d'oxalate de chaux. L'acide citrique est à l'état libre ou plus rarement combiné avec la potasse et la chaux dans la plupart des fruits acides, Fraises, Framboises, Groseilles, Oranges, etc., ainsi que dans les Tomates, etc. Le jus de Raisin fournit le tartre, où l'acide tartrique existe à l'état de bitartrate de potasse, etc., etc. Or dans les cendres on ne retrouve ni acide citrique, ni acide oxalique, ni acide tartrique ; le feu les a détruits en combinant leurs éléments d'une autre façon.

Les cendres renferment encore toutes les matières minérales contenues à un titre quelconque dans l'organisme au moment de l'incinération. Ainsi, tout élément minéral se retrouve dans les cendres, mais la réciproque n'est pas vraie, et, de ce qu'on rencontre un composé inorganique dans les cendres d'un végétal, on n'en doit pas conclure que ce composé est un aliment, car il pourrait être une matière inactive et accidentelle, venue là avec l'eau de végétation, mais n'ayant jamais été incorporée aux tissus. Du reste, les matériaux de cette dernière catégorie sont toujours en faible quantité.

On comprend maintenant quelle lumière l'analyse des cendres jette sur la question de l'alimentation, puisqu'elle nous indique les matières minérales nécessaires à la nutrition. Mais ce n'est là que la première partie du problème, et il faut surtout connaître les aliments et déterminer leur valeur nutritive ; on y parvient par des cultures dans des sols artificiels de composition déterminée.

Les sols artificiels employés dans ce genre de recherches sont tantôt l'eau distillée ou pure dans laquelle on dissout les substances dont on veut étudier le pouvoir nutritif, tantôt une matière inerte, pulvérulente, à laquelle on mêle les corps à expérimenter. La matière inerte peut être indifféremment du sable siliceux, de la pierre ponce ou de la brique pilée, soigneusement débarrassés, par un traitement à l'eau acidulée, des composés capables de se dissoudre dans l'eau d'arrosage, et dont on a détruit, par une calcination au rouge, la matière organique qui pouvait s'y trouver.

Ce genre d'expérimentation, — pratiqué surtout depuis une quinzaine d'années, — a prouvé qu'une plante peut accomplir toutes ses phases de végétation dans l'un ou l'autre sol, artificiellement pourvus d'aliments convenables ; il permet encore de découvrir les substances alibiles et la nature de leur rôle dans la nutrition.

Duhamel est l'inventeur de la méthode de culture dans des solutions aqueuses : il la fit connaître dès 1758 ; son emploi a donné des résultats pratiques présentant déjà un certain degré d'importance. Ainsi, l'industrie d'outre-Rhin, utilisant les formules de mélanges salins découvertes par les physiologistes allemands en étudiant à l'aide de cette méthode l'alimentation des plantes, vend depuis longtemps des engrais minéraux aux horticulteurs de profession et aux amateurs. Parmi ces mélanges, les uns sont destinés à être mêlés en nature au sol de la plante cultivée, les autres à être dissous dans l'eau employée aux arrosages. On arrivera par cette voie à pouvoir formuler un jour les lois de l'alimentation rationnelle des végétaux. On sait déjà, par exemple, que la potasse est indispensable à la

nutrition des plantes terrestres, et que, privé de cette base, le végétal devient incapable de créer de l'amidon, c'est-à-dire l'une des
substances qui jouent certainement un rôle prépondérant dans les
phénomènes de la vie végétale.

Les cultures dans des sols inertes additionnés de matières fertilisantes généralisent et corroborent ces découvertes. Elles ont, entre
autres résultats, prouvé que l'acide phosphorique est indispensable
pour la fructification des céréales. Bien des points importants restent
encore à élucider, il est vrai, mais la voie est ouverte, voie riche de
promesses : c'est aux physiologistes à la parcourir.

II. — DE LA RESPIRATION

On entend par *combustion* ou *oxydation* la combinaison d'un corps
avec l'oxygène. La combustion, comme toute autre combinaison du
reste, est toujours accompagnée d'un dégagement de chaleur, dont l'intensité varie à chaque instant en raison directe de son degré d'activité. Sous ce rapport, on distingue des *combustions vives* et des *combustions lentes*. La combustion du bois ou de la houille dans nos foyers
est un exemple des premières ; la formation de la *rouille*, — combinaison de fer et d'oxygène, — à la surface des pièces de fer exposées
au contact de l'air humide, en est un, bien connu, des secondes. Dans
la combustion vive, la production de chaleur est telle, que le combustible et les gaz qui s'en dégagent s'échauffent au point d'être lumineux.
A cet état, le premier est dit *incandescent*, et les seconds deviennent
des *flammes*. Dans la combustion lente, au contraire, le dégagement
de chaleur est, à tous les moments, tellement faible, qu'il échappe à
nos sens : un objet qui se rouille n'accuse pas d'élévation de température sensible à la main.

Les corps organisés sont des combustibles ; après leur mort, ils peuvent subir les deux sortes de combustion. Dans l'un et l'autre cas, les
résultats sont : 1° la transformation de la matière en résidu fixe ou
cendre et en composés aériformes, au nombre desquels sont toujours
l'acide carbonique et la vapeur d'eau, tous deux formés par l'union
de l'oxygène atmosphérique avec le carbone et l'hydrogène des tissus ;
2° un certain dégagement de chaleur. Pendant leur existence, les

mêmes corps éprouvent une combustion lente d'une nature particulière et caractéristique de la vie : 1° elle n'attaque pas successivement les tissus, en se propageant de proche en proche comme la précédente, mais se produit simultanément dans tous les éléments anatomiques vivants, et ne peut être suspendue sans amener leur mort ; 2° elle ne détruit pas les tissus, mais provoque en eux un incessant renouvellement de matière avec conservation de leurs caractères ; enfin 3° ses résultats sont également de la chaleur, de l'acide carbonique et de l'eau. Cette combustion spéciale, propre à l'être vivant, reçoit indifféremment les noms de *respiration, combustion vitale, physiologique* ou *respiratoire*. En conséquence, on définit la respiration : un échange nutritif entre les tissus vivants et l'air par lequel les premiers prennent au second de l'oxygène et lui cèdent de l'acide carbonique et de la vapeur d'eau. C'est à un chimiste français, Lavoisier, que revient l'honneur d'avoir reconnu que l'acte essentiel de la respiration est une véritable combustion.

Toutes les combustions, vives ou lentes, provoquées par la Chimie, s'effectuent aux dépens de l'oxygène pris à l'atmosphère ou bien à des combinaisons oxygénées facilement décomposables. En ce qui concerne les corps vivants, on sait que l'oxygène libre est indispensable à leur respiration, mais on ignore encore si la combustion respiratoire n'est point partiellement entretenue par certains aliments oxygénés.

Les animaux supérieurs ont un *appareil respiratoire*, c'est-à-dire un ensemble d'organes solidaires qui recueillent l'oxygène, le distribuent aux éléments anatomiques, reçoivent les produits gazeux de la combustion respiratoire et les évacuent au dehors. Les plantes supérieures, moins bien douées sous ce rapport, n'ont point d'appareil respiratoire : chaque organe, chaque tissu, est à lui-même son appareil respiratoire. Affirmer, ainsi qu'on le fait encore journellement, que les feuilles sont les organes respiratoires des végétaux, les analogues du *poumon* de l'homme, de la *branchie* du poisson, c'est reproduire une allégation surannée dont la science moderne a fait depuis longtemps justice. A la vérité, les feuilles, pendant la durée de leur brève existence, possèdent une respiration très-active, mais il ne s'ensuit pas de là qu'elles soient les organes respiratoires de la plante, sinon la disparition momentanée du feuillage pendant la mauvaise saison entraînerait, chez nos arbres à feuilles caduques, la suspension de la fonction respiratoire, ce qui n'est pas et ne peut pas être.

L'activité respiratoire est toujours en raison directe de l'activité fonctionnelle de l'organe quel qu'il soit; il lui sert par conséquent de mesure. La première est d'intensité variable selon l'être, l'organe considéré, l'état physiologique, l'âge, la nature des circonstances extérieures; on en suit les variations et on les évalue en dosant l'acide carbonique produit dans un temps donné.

Quant au calorique mis ainsi à la disposition de l'organisme vivant, qu'il provienne du milieu extérieur, de la combustion respiratoire, ou des autres combinaisons chimiques provoquées par la nutrition, son rôle est d'une trop haute importance pour ne pas l'indiquer au moins sommairement.

Le calorique est la cause immédiate de l'activité fonctionnelle de l'être vivant, comme de celle de la machine à vapeur, à laquelle on le compare souvent sous ce rapport, — et non sans raison. — Tous deux consomment de la chaleur qu'ils transforment en travail, tous deux également dépensent de la chaleur pour maintenir leur température à un certain degré hors duquel le fonctionnement est impossible. La limite est-elle dépassée, la chaudière de l'une éclate soudainement, et la vie de l'autre s'éteint subitement; la température est-elle insuffisante, le froid arrête la machine à vapeur et tue le corps organisé. Seulement cette limitation n'a pas les mêmes caractères chez tous deux, ce qui tient à la nature différente de leur travail. Celui de la machine à vapeur est simple et uniforme; aussi ne réclame-t-elle qu'une température unique et constante. Celui de la machine vivante, au contraire, de nature essentiellement complexe et variable, exige des températures différentes dans chacune de ses phases. Ainsi, pour n'en citer qu'une preuve familière à tous, chacun des trois actes principaux de la vie aérienne chez les plantes supérieures, la *foliation*, la *floraison* et la *fructification*, s'effectue à des températures fixes et particulières à chacun d'eux, au-dessus comme au-dessous desquelles leur accomplissement devient impossible. Entrons du reste dans quelques détails à cet égard pour faire mieux saisir les analogies qui rapprochent les créations du monde animé de celles de l'industrie humaine.

Dans la locomotive, par exemple, une partie du calorique disponible est consacrée à former la vapeur d'eau, dont le ressort met en jeu le piston et les roues par son intermédiaire ; le surplus est employé à réparer les pertes que la machine éprouve par le rayonnement et le contact de l'air extérieur. De même, dans l'économie vivante, une portion du calorique est transformée en travail fonctionnel, et l'autre sert à maintenir la température au degré exigé par la nature de la fonction accomplie. La machine à feu industrielle et la matière vivante offrent encore ce trait commun que, ne pouvant ni l'une ni l'autre créer du calorique, elles doivent l'emprunter ; mais ici naissent les différences. La première prend toute la chaleur qu'elle consomme dans un foyer intérieur alimenté à grands frais par un combustible venu du dehors, la houille. La seconde possède également son foyer interne, toujours brûlant, souvent nommé *foyer vital, foyer physiologique*, mais entretenu, — différence capitale, — par des combustibles qu'elle recueille et prépare elle-même, aptitude spéciale qui rend possible son autonomie et assure son indépendance. Pour rappeler son origine, on nomme cette chaleur *vitale* ou *physiologique*. En outre, le corps vivant, — et c'est là que se montre sa supériorité sur la machine sortie des mains de l'homme, — se pourvoit de calorique à deux sources naturelles, indépendantes de son économie, le Soleil et la Terre, pouvoir dont l'Industrie essaie de doter ses machines sans y être encore parvenue, bien que de récentes tentatives prouvent que la solution du problème est possible. Mais le succès, s'il s'obtient, sera toujours un demi-succès ; l'imitation, si elle se réalise, restera imparfaite ; et l'être vivant conservera son écrasante supériorité, dans l'utilisation directe de la radiation solaire, sur toutes les machines construites *ad hoc* par le génie de l'homme.

Les deux flux calorifiques qui échauffent conjointement les êtres organisés pendant toute la durée de leur existence, l'un provenant des profondeurs de l'organisme, l'autre emprunté au milieu, ont, selon les espèces, des intensités relatives très-différentes. Le premier prédomine chez l'animal, le second chez le végétal. Cette différence capitale a son contre-coup sur l'ensemble des traits particuliers à chacun des deux Règnes organiques. A l'animal, qui doit à la chaleur interne la plus grande part du calorique consommé, il faut un foyer très-puissant, perfectionné et compliqué par conséquent ; il faut encore, pour ce foyer, un service actif, régulier et sûr d'alimentation, d'où un double motif de complication des organismes animaux. Mais, par une sorte de com-

pensation, ne demandant à la radiation solaire qu'un complément de
chaleur, de tels êtres peuvent prendre les formes courtes, trapues, ramassées sur elles-mêmes que nous leur connaissons. Et admirez comme
tout s'enchaîne et s'harmonise merveilleusement dans l'organisation et
la vie! Ils trouvent un double avantage à prendre ces formes: d'abord
leur faible surface diminue les pertes calorifiques, économise par conséquent la chaleur du foyer vital; puis, sans leur petite taille, la motilité dont ils sont doués resterait pour eux une aptitude sans emploi
possible. Se figure-t-on un patriarche de nos forêts, un Chêne plusieurs
fois centenaire par exemple, doté tout à coup de la faculté de déplacement de par le souverain caprice de quelque fée fantastique désireuse de
réformer le Monde? Évidemment ce don, indispensable à l'animal,
sans lequel il mourrait de faim, à moins de devenir parasite, ne serait
d'aucune utilité au géant. Que d'obstacles en effet, que d'entraves,
que d'impossibilités même ses colossales proportions n'opposeraient-
elles pas à la locomotion! Chez le végétal au contraire, spécialement
créé pour utiliser en les transformant les torrents de chaleur et de
lumière que l'astre radieux déverse sur la Terre, le foyer calorifique
interne n'a qu'un rôle secondaire, effacé; il est là pour renforcer le
flux calorifique venu de l'extérieur, et non pour le suppléer : destinée
qui autorise, dans la plante supérieure, des simplifications d'organisme
dont ne saurait s'accommoder l'animal d'un rang équivalent. Chez le
végétal, tout est façonné, disposé, agencé, pour recueillir la plus
grande part possible de la chaleur dégagée par les milieux; les
dispositions sont prises, et admirablement prises, dans ce but. Le
calorique rayonne-t-il directement du Soleil, la plante déploie pour
le recevoir et le mettre immédiatement en œuvre l'énorme surface de
son feuillage. Est-il localisé dans le sol, elle le soutire aux entrailles
de la terre par les mille ramifications de sa racine, comparables
aux tuyaux d'un puissant thermosiphon dont le foyer occuperait les
couches profondes du globe terrestre. Les savants ont une expression
très-heureuse pour caractériser ces deux modes de calorification et
leur principale conséquence : ils disent que l'animal oxyde et que la
plante réduit. L'organisme animal est incontestablement un appareil oxydant, puisqu'il se procure la chaleur nécessaire à ses besoins en brûlant ses aliments. Sous ce rapport, il y a entre lui et la
machine à vapeur une grande ressemblance, qui ne va pas toutefois

jusqu'à la complète parité. Le végétal, au contraire, est un appareil réducteur qui emmagasine la chaleur ou, ce qui revient au même, la force émanée du Soleil. Il résout en effet ce problème, en apparence insoluble, de conserver intacte pendant des siècles la chaleur solaire, qui sans lui se perdrait à tout jamais dans l'espace. La solution, d'une élégante simplicité, est restée jusqu'à présent inimitable, malgré les efforts et les remarquables succès de la Chimie moderne ; elle consiste à décomposer ou à *réduire* l'acide carbonique aérien et à s'assimiler le carbone mis ainsi en liberté. Puisque toute combinaison chimique amène un dégagement de chaleur, naturellement l'opération inverse, ou la décomposition, consomme du calorique. Or celui qui est dépensé par la plante pour la réduction de l'acide carbonique aérien est uniquement pris au Soleil ; il est donc rigoureusement vrai de dire que le végétal emmagasine la chaleur solaire ; il l'emmagasine en effet, mais sous forme de carbone, et, pour la retrouver, pour la mettre de nouveau en liberté et lui permettre de se transformer en travail mécanique dans l'être vivant ou dans la machine, il suffit d'oxyder de nouveau ce carbone. C'est ainsi que la plante tient en réserve, dans l'intimité de ses tissus, pour les exigences futures de la vie humaine, la force émanée du Soleil.

La respiration végétale, il est vrai, comme la respiration animale, brûle du carbone, et à ce titre la plante elle aussi est un appareil d'oxydation, mais chez elle la puissance réductrice qui l'enrichit de carbone est supérieure à la puissance oxydante qui l'appauvrit, et le résultat final est une accumulation de carbone dans ses tissus. Ainsi s'équilibrent et se pondèrent les influences antagonistes de l'animal et du végétal. Le premier consomme la force que le second emprunte au Soleil, économise en partie, et met en réserve. Toutefois la force ainsi condensée par la plante durant son existence est à jamais perdue pour l'homme si, à la mort du végétal, ses débris restent abandonnés à la surface du sol ; au contact de l'air humide, la combustion lente détruit peu à peu l'œuvre de la plante et refait avec son carbone l'acide carbonique qu'elle avait antérieurement décomposé. Heureusement, nombre de ces débris végétaux ont échappé à la complète destruction, grâce à des circonstances particulières ; on les retrouve de nos jours dans les couches terrestres, enfouis à des profondeurs variables comme à des états différents de conservation, et, sous les noms de houille, de lignite ou de tourbe, selon leur nature, ils restituent à l'homme la chaleur solaire qu'ils ont conservée sous forme de carbone à travers les âges et les vicissitudes géologiques.

Les caractères variés de la calorification des corps vivants se traduisent extérieurement par deux états thermométriques distincts, et leur température est, suivant les espèces, constante ou variable, indépendante ou dépendante de celle du milieu extérieur. Le premier cas est assez rare ; on l'observe chez l'Homme, le Mammifère et l'Oiseau, seuls êtres pourvus d'un foyer calorifique interne assez puissant pour réagir victorieusement contre les variations extérieures, et maintenir sensiblement constante, sous tous les climats, la température du corps. Les autres animaux et tous les végétaux n'ont point de température propre et constante, mais acquièrent celle du milieu qui les entoure, et se comportent, sous ce rapport, comme les corps inertes, s'échauffant par la radiation solaire, se refroidissant par le rayonnement nocturne ; toutefois ils ne peuvent sans périr prendre toutes les températures qu'amène à la surface de la terre, dans les différents climats, le cours régulier des saisons. Chez la généralité des végétaux, les limites supérieures compatibles avec la vie sont comprises entre 45° et 47° pour les espèces aquatiques, 50° et 52° pour les espèces aériennes. Quant à la limite inférieure, elle varie d'un groupe à l'autre ; certaines espèces périssent de froid par des températures supérieures à 0°, d'autres supportent impunément plusieurs degrés au-dessous du même point.

Exceptionnellement, la chaleur d'origine organique est assez forte dans les végétaux pour se manifester au dehors, élever plus ou moins la température du thermomètre, parfois même impressionner directement la main. Les conditions favorables à de telles manifestations sont faciles à prévoir et se réduisent à deux : d'une part, une abondante production de calorique et par conséquent un puissant mouvement nutritif ; de l'autre, une très-faible déperdition de chaleur. Aussi l'échauffement devient-il particulièrement sensible dans les corps de petite surface et de grande activité, comme les étamines au moment de l'épanouissement des fleurs, les graines pendant la première phase de la germination, et enfin certains champignons de grandes dimensions et de rapide croissance. L'effet produit est d'ailleurs notablement augmenté lorsque les organismes ou les orga-

nes sont très-nombreux et fort rapprochés les uns des autres ; voilà
pourquoi la surélévation de température est particulièrement accusée dans les fleurs isolées à étamines multiples ou dans les fleurs
agglomérées des spadices et des capitules. C'est en effet dans ces
circonstances que l'existence du phénomène a été constatée ; il est
d'ailleurs évident que les cas se multiplieront à mesure qu'augmentera la sensibilité des thermomètres employés.

Citons quelques exemples ; d'abord celui dont on peut être journellement témoin dans les usines où l'on prépare le *malt* destiné aux
brasseries, matière qui est de l'orge desséchée et moulue après avoir
subi un commencement de germination. Les grains, préalablement
imbibés d'eau, sont étendus, en couches d'épaisseur variable avec les
phases de l'opération, sur le sol dallé ou bitumé de caves disposées
ad hoc et nommées *germoirs*. Par l'effet de la germination, les grains
s'échauffent bientôt au point d'obliger l'ouvrier à diminuer graduellement l'épaisseur des couches, pour maintenir uniforme la température de la masse.

La plus ancienne étude du développement de chaleur produit par la
floraison est due à Lamarck, illustre naturaliste français, mort en
1829. Elle date de 1777 et fut faite sur le Gouet d'Italie (*Arum italicum*
Mill.), de cette famille des Aroïdées dont les inflorescences, en spadices
parfois fort volumineux, sont très-favorables à ce genre de recherches ;
depuis, plusieurs savants ont été témoins du même fait et en ont
confirmé la réalité. Le spadice, au moment de la déhiscence des
anthères, s'échauffe toujours notablement, mais plus ou moins selon
l'espèce ; l'écart entre sa température et celle de l'air peut arriver à
une dizaine de degrés ; on cite même un cas où il aurait été beaucoup
plus considérable. Cette dernière observation appartient à Hubert,
planteur de l'île Bourbon, et eut lieu dans des circonstances assez
singulières pour être rappelées. La mère d'Hubert était aveugle. Un
jour, se promenant dans le jardin, des fleurs la surprirent et l'attirèrent par la suavité de leur parfum ; elle les toucha, selon la constante
habitude des personnes affligées de cette cruelle infirmité, et fut fort
étonnée d'éprouver une sensation de chaleur très-marquée. Elle
apporta aussitôt la plante à son fils, qui reconnut en elle un Arum,
et lui fit part de sa découverte. Hubert, séduit par la nouveauté du
phénomène, l'étudia avec soin, multiplia et varia les conditions de

l'expérience. Une fois, il vit la température d'un thermomètre placé
au milieu de cinq spadices liés ensemble s'élever à 44°, alors que
l'air restait à 19° ; l'influence de douze spadices réunis de la même
manière la fit même monter à 49°,5, soit une surélévation de 30°,5 !
Des Philodendron, autres espèces de la même famille, ont fourni, avec
un seul spadice, des élévations de température de 15 à 18 degrés.

Les fleurs isolées ont été également l'objet d'observations intéressantes. Un illustre Génevois, Théodore de Saussure, d'une famille justement célèbre par les éclatants services qu'elle a rendus aux sciences,
et auquel la philosophie naturelle doit d'importantes découvertes,
publiait en 1822, vingt-trois ans avant sa mort, ses recherches sur la
chaleur propre des fleurs. Il constatait, au moment de l'épanouissement, une surélévation de température de 1° centigr. dans les fleurs
mâles du Potiron (*Cucurbita maxima* Duchesn.), de 0°,5 centigr.
dans les fleurs hermaphrodites du Bignonia de Virginie (*Bignonia
radicans* L.), et seulement de 0°,3 centigr. dans celles également
hermaphrodites, mais plus petites, de la Tubéreuse des jardins (*Po-
lyanthes tuberosa* Lin.). Il constatait en outre, avec tous ceux qui l'ont
précédé ou suivi dans cette voie, que l'élévation de température correspond à un notable accroissement dans la quantité d'oxygène consommée par la fleur, en sorte que le dégagement de chaleur et l'absorption d'oxygène sont corrélatifs, varient toujours et simultanément
dans le même sens; la surélévation de température est donc bien
amenée par la suractivité de la respiration. Mais de toutes les fleurs,
celles de la Reine des Eaux, la *Victoria Regia*, aux étamines innombrables, aux dimensions inusitées, puisque leur diamètre, — bien que
notablement réduit par la captivité, — atteint encore trois décimètres
dans nos serres, devaient fournir les nombres les plus élevés. Et, en
effet, la température de l'une d'elles, née au jardin botanique de
Hambourg, s'élevait au moment de l'épanouissement à 40°,5 centigr.,
alors que l'eau de l'aquarium était seulement à 20°,8 centigr. et
l'atmosphère de la serre à 22°,5 centigr. D'autres fleurs, moins grandes
il est vrai, éprouvent à la même époque un échauffement encore
très-sensible; ainsi, chez le Magnolia à grandes fleurs (*Magnolia
grandiflora* Lin.), il est de 3 à 4 degrés.

Enfin les Cryptogames accusent aussi une élévation de température
pendant la période de leur plus grande activité physiologique. Un

Champignon, le *Lycoperdon* gigantesque, d'ailleurs très-bien nommé, car en quelques jours il peut atteindre un poids de 3 ou 4 kilogrammes, s'échauffe de plus de 1° au-dessus de la température ambiante, à l'époque de sa rapide croissance.

III. — LA SÉVE

L'eau enlevée au sol par la racine prend le nom de *séve* à son entrée dans la plante. Alors elle ne contient par litre que 3 à 4 grammes de substances étrangères, mélange plus ou moins complexe de

Fig. 225. — Bille de trente pieds de diamètre, prise sur le tronc d'un Sequoia abattu dans la forêt du Calaveras (Californie). A gauche est le pavillon élevé sur la souche du même arbre

composés divers, les uns minéraux, les autres d'origine organique. La racine est la voie unique par laquelle s'introduisent dans l'économie végétale les matières minérales indispensables à sa constitution ; partout et chez toutes les espèces, elle est l'appareil de l'alimentation minérale, aucun organe ne peut la suppléer dans ce rôle, et, sans racine, le végétal, — à moins d'être parasite, — meurt faute d'aliments de cette nature. La pauvreté de la séve en principes alibiles oblige la plante à la renouveler fréquemment; ainsi se forme dans les arbres, pendant la période d'activité végétative, un véritable fleuve qui pénètre par les extrémités des radicelles, s'élève dans le tronc, se divise et se distribue dans la ramification, pour aller se perdre dans le feuillage, d'où la transpiration le déverse sans cesse dans l'atmosphère à l'état de vapeur d'eau. L'arbre est donc une machine hydraulique d'une merveilleuse puissance, capable d'élever la séve sans effort

Fig. 226 — Intérieur du pavillon précédent.

apparent jusqu'à 100 mètres et plus de hauteur, car telle est la taille colossale des Sequoia géants des forêts californiennes, de ceux du comté de Calaveras en particulier. Au premier moment et loin de lui, on ne saurait se faire une juste idée des proportions d'un arbre de 100 mètres de hauteur : des termes de comparaison convenablement choisis permettent seuls d'y parvenir. Or la pointe de la flèche du dôme des Invalides s'élève à 105 mètres au-dessus du sol; c'est donc à cette effrayante hauteur que la pompe à haute pression cachée dans l'arbre doit porter et distribuer l'eau venue de la terre. Elle y parvient sans efforts apparents, sans complications visibles. Des associations variées de cellules, de fibres et de vaisseaux, tel est le mécanisme dont la puissance égale au moins dix fois celle de la pression atmosphérique!

Sans doute l'industrie moderne sait élever l'eau bien plus haut encore, à 200, 300, 400 mètres, mais quelle complication dans les machines et quel déploiement de force ne faut-il pas alors! La vapeur, avec sa puissance irrésistible, est seule capable de vaincre les résistances et de mettre en mouvement de pareils engins. Tout autre est l'arbre : aucun organe d'une destination spéciale ne s'y montre, on n'y

Fig. 227. — Vue générale de la forêt de Sequoia du Calaveras (Californie).

trouve rien de semblable à nos pompes, l'économie végétale garde le secret de sa force, et la science lutte encore, mais en vain, pour comprendre cette merveille de puissance et de simplicité. Que de tentatives diverses pour surprendre et dévoiler le mystère si bien enseveli dans la profondeur des tissus! Non-seulement on a interrogé l'arbre vivant, l'arbre en activité, mais on a voulu l'imiter et créer des arbres artificiels taillés dans des corps poreux. On a obtenu ainsi des machines hydrauliques capables d'absorber l'eau par leur pied, de l'élever dans leur tronc, de l'exhaler en vapeur par leur tête simulant un feuillage, de reproduire en un mot beaucoup des particularités offertes par le cours naturel de la séve. Ces ingénieuses tentatives ont eu un résultat utile, celui de permettre de mesurer l'énergie des forces déployées dans ces circonstances par les corps inertes et poreux, mais n'ont pas conduit au résultat désiré et cherché, et ne pouvaient y conduire, ces grossières imitations étant trop différentes des vrais arbres par leur texture et leurs dimensions; car enfin personne jusqu'ici n'a étudié et ne pourra vraisemblablement jamais étudier les forces développées par la porosité dans des colonnes inertes de 100 mètres de hauteur, taille des géants californiens. Nous connaissons aujourd'hui exactement les proportions de ces arbres, nous pouvons les juger, les apprécier à leur juste valeur, et l'esprit le plus aventureux reste confondu et impuissant devant l'idée de reproduire exactement de si gigantesques mécanismes. Les arbres du comté de Calaveras, en effet, ont été fréquemment visités depuis leur découverte par les Européens : ils constituent une des plus grandes attractions du pays; des naturalistes les ont observés, décrits, mesurés, leurs nombreuses photographies sont répandues partout en Europe, l'Angleterre en a même possédé des spécimens. On ne raisonne donc plus sur des fictions et des hypothèses, des à-peu-près et des exagérations, bien compréhensibles en présence de ces proportions extraordinaires dont un seul exemple montrera l'étonnante grandeur. L'un des Sequoia ayant été abattu, non sans de grandes difficultés, —comme on l'imagine aisément, — on a élevé sur la souche un pavillon garni de bancs sur le pourtour et assez spacieux pour permettre à seize personnes d'y danser à l'aise. Que l'on suppute maintenant le nombre de mètres cubes de séve que l'arbre a dû absorber pour réunir les matières minérales indispensables à la construction de son colossal édifice, et que de siècles il a fallu pour mener à bien ce gigantesque travail!

On comprend maintenant de quelle nature sont les difficultés qu'on rencontre quand on veut expliquer le mouvement de la séve ; toutefois ces difficultés, si grandes qu'elles soient, peuvent enrayer sans doute mais non arrêter le progrès scientifique, et l'on possède déjà sur cette importante question d'intéressantes données que nous allons essayer de résumer.

D'abord, il est bien reconnu aujourd'hui que la force ascensionnelle est multiple ; en d'autres termes, qu'elle est une résultante dont les composantes sont les unes étrangères à l'arbre, et les autres, au nombre de trois, tiennent à son organisation.

La première force motrice mise en jeu, celle qui donne à la séve son impulsion initiale, est localisée dans la racine. La preuve en est visible dans les coupes de bois exécutées au printemps. Après l'abatage et durant plusieurs jours, la séve coule de la souche restée en terre; l'effet est surtout prononcé au moment physiologique que les forestiers nomment *le réveil de la séve;* donc la racine exerce pendant cette époque, sur l'humidité du sol, une succion assez énergique pour élever jusqu'à la plaie l'eau absorbée par elle et la déverser au dehors. Réservons l'étude de cette force pour le moment où nous traiterons de la vie de la racine, et passons à la suivante.

La seconde force motrice est localisée dans le feuillage, elle ne refoule pas l'eau de bas en haut comme la précédente, mais l'aspire en apparence de haut en bas. La preuve en est également très-facile à fournir. Coupez une branche feuillée, plongez dans l'eau sa partie inférieure, de façon à submerger la plaie : le liquide sera progressivement absorbé, et la quantité d'eau ainsi bue par la branche dépendra, pour les mêmes conditions et pour la même espèce, de l'étendue du feuillage, et variera directement comme lui. Toute feuille aspire donc l'eau des régions inférieures pour combler les vides produits par la transpiration dans ses tissus. Mais de quelle nature est cette force? C'est là un point encore très-obscur et que nous ne discuterons pas.

Cette première analyse nous conduit à distinguer dans l'arbre deux mouvements de séve, l'un dirigé en ligne directe de la racine aux feuilles, l'autre alimentant simultanément toutes les parties vivantes de l'économie. Ce dernier n'a pas encore été étudié; il existe indubitablement : c'est lui qui approvisionne le milieu intérieur des éléments anatomiques, mais on ignore ses caractères. Seul le premier courant, en raison de son abondance, de la délimitation en apparence facile de son cours, a jusqu'ici exclusivement appelé et retenu l'attention des physiologistes et des observateurs.

On s'est tout d'abord efforcé de déterminer exactement la route suivie par lui, sans y parvenir malheureusement d'une façon complétement satisfaisante. Pourtant les méthodes imaginées dans ce but ne font pas défaut : loin de là, on n'a que l'embarras dans le choix des moyens propres à conduire à la solution du problème; aucun d'eux n'a pu arracher tous les voiles qui nous cachent la vérité, et, à l'heure présente, on l'entrevoit sans doute, mais on ne fait encore que l'entrevoir.

Beaucoup de physiologistes ont procédé par voie d'exclusion pour déterminer la route suivie par la séve dans son mouvement ascensionnel. Ils ont cherché, en s'appuyant sur des faits particuliers empruntés à la végétation spontanée, non point quel est le chemin suivi par la séve, mais bien quel est celui qu'elle ne suit pas, et voici de quelle manière ils ont raisonné.

Des soins malentendus, surtout des tailles trop sévères et trop répétées, abrégent souvent la vie de nos arbres, en provoquant en eux des maladies incurables. Sous l'influence d'un traitement barbare, les Saules cultivés en *têtards* notamment sont infailliblement atteints par la carie, qui tue et détruit le cœur de l'arbre, ne laissant d'intact qu'une mince zone d'aubier recouverte et protégée par l'écorce. Cependant des arbres ainsi mutilés, affaiblis, vivent et vivent parfois fort longtemps. Très-certainement ils seraient plus nombreux, si le vent ne les renversait ou si le propriétaire ne les sacrifiait avant que la carie ait terminé son œuvre de destruction. L'inutilité, — au moins apparente, — des couches profondes dans la vie de l'ensemble est encore plus évidente chez ces arbres, creux ou non, dont la cime, renversée par le vent et couchée sur le sol, tient encore à la souche par un faible lambeau resté vivant de jeune bois et d'écorce. Une telle voie de communication, — la seule restée libre, — entre la tête et la racine, malgré son extrême étroitesse et son évidente insuffisance, prolonge néanmoins de quelques années l'existence de l'arbre. On a même vu le tronc carié d'arbres fruitiers se briser au début de la fructification, et pourtant la cime appuyée sur le sol continuer à végéter et parvenir à mûrir ses fruits comme dans les circonstances ordinaires, alors qu'elle ne communiquait avec la souche que par un lambeau d'écorce et de jeune bois. On cite des arbres, des Saules entre autres, qui, dans ces conditions exceptionnelles, se couvraient néanmoins de feuilles tous les ans au retour du printemps; peut-être même auraient-ils vécu longtemps dans cette situation anormale et précaire, si on ne les avait arrachés avant leur mort pour débarrasser le terrain.

En présence de tels faits, il est légitime d'affirmer que ni la moelle ni le cœur du bois ne sont indispensables à la marche de la séve, et qu'elle peut suivre une autre voie sans compromettre la vie de l'arbre.

La séve monterait-elle donc par l'écorce? Nullement, puisqu'il est possible d'écorcer une tige dans toute sa longueur sans tuer l'arbre. L'expérience, pour réussir, réclame du reste certaines précautions.

La décortication, bornée à l'enlèvement des couches mortifiées superficielles, est toujours avantageuse à la santé de l'arbre, et il est bon de la renouveler assez fréquemment pour ne jamais laisser s'accumuler sur le tronc et les principales branches d'épaisses plaques corticales, rugueuses, crevassées et inertes, qui emprisonnent, étouffent, les parties vivantes, et sont les refuges ordinaires des insectes, les terrains propices aux végétations cryptogamiques, par conséquent les lieux de rendez-vous des pires ennemis de l'arbre. Mais la décortication qui met le bois à nu altère la santé du végétal et souvent le fait périr. Faut-il admettre que ces souffrances et cette mort proviennent des entraves apportées par l'opération au mouvement ascensionnel de la séve? Pas le moins du monde, puisqu'on peut impunément — nous le répétons, — enlever l'écorce du pied à la cime, même sur de gros arbres, si, à l'exemple de Duhamel, auteur de l'expérience, on entoure le bois mis à nu d'un paillasson suffisamment épais. Ainsi traité, l'arbre continue de vivre et régénère une nouvelle écorce, ce qui permet de supprimer les paillassons au bout de quelques années. Donc l'intégrité de l'écorce n'est pas indispensable au mouvement de la séve, et si l'arbre largement écorcé et abandonné à lui-même périt promptement d'ordinaire, ce n'est point par suite de l'arrêt de la séve, mais bien par l'effet de la dessiccation, l'écorce n'étant plus là pour enrayer l'évaporation du bois. Une autre cause, la carie, s'ajoute dans ces circonstances à la précédente et hâte le dépérissement. Le bois s'altère, meurt, et se décompose spontanément en effet au contact de l'air; la nécrose s'étend et gagne de proche en proche le cœur de l'arbre, qui, lentement mais impitoyablement miné, est un jour renversé par le vent. Ce ne sont donc pas les entraves apportées par la décortication au mouvement de la séve qui tuent l'arbre, mais la carie, suite inévitable de la blessure, si on ne recouvre pas aussitôt la plaie pour la garantir du contact de l'air extérieur. L'arbre peut même parfois survivre à d'énormes pertes de substance : nous en rapporterons un exemple très-remarquable.

En 1854, mourait un des Tilleuls d'une avenue du château de Fontainebleau. Planté vers 1780, des tombereaux employés à des travaux de terrassement exécutés en 1810 lui avaient arraché un large lambeau d'écorce et sans doute de bois. L'arbre ne parvint jamais à recouvrir l'énorme plaie, qui se creusa de plus en plus avec le temps. Un jour vint où la cime ne fut plus soutenue dans cette région que par une colonne de vieux bois dont le diamètre diminuait de jour en jour; néanmoins le Tilleul continuait de vivre, et ne présentait rien de bien particulier dans le cours des phénomènes périodiques de sa végétation. Il devint bientôt un sujet d'étude pour les botanistes, de curiosité pour les touristes, et l'on songea à prolonger son existence en étayant ses principales branches sur celles des Tilleuls voisins. M. Trécul, auquel nous empruntons nos renseignements, le visita au mois de mars 1853. La plaie était alors fort irrégulière : du côté du nord, elle avait $0^m,52$ de longueur et commençait à $0^m,57$ au-dessus du sol; du côté opposé, le dommage était beaucoup plus considérable, et l'excavation s'étendait du pied de l'arbre jusqu'à la hauteur de $1^m,05$. La carie minait lentement le bois, qui en ce dernier point n'avait plus que $0^m,10$ dans son plus grand diamètre et $0^m,55$ dans son plus petit; encore toute la région périphérique était-elle manifestement morte et en décomposition, de sorte que la partie restée saine et vivante n'avait seulement qu'une épaisseur de $0^m,025$.

En résumé, par voie d'exclusion, on arrive à conclure que le passage de la séve s'effectue par l'aubier, et à son défaut par toute autre région du corps ligneux restée vivante : conclusion corroborée par l'observation et l'expérience. Ainsi les plaies des jeunes arbres étêtés laissent perler des gouttelettes de séve qui sortent exclusivement de l'aubier. Les liquides colorés qui traversent une tige, une branche, un rameau, suivent la même route, qu'on les fasse pénétrer de force ou qu'ils s'introduisent spontanément dans le bois quand on maintient la surface de la section au contact de la matière colorante. On a même recours au premier moyen pour extraire les fluides contenus dans le corps ligneux d'un tronçon de branche ou de rameau : par l'une des extrémités on injecte du mercure qui en cheminant déplace, refoule, la séve, et la pousse au dehors par l'autre bout. Enfin, les observations faites à l'aide de trous pratiqués sur des arbres en séve aboutissent à la même conclusion. Mais, avant d'aller plus loin, disons ce que l'on entend par *un arbre en séve*.

L'absence momentanée des feuilles et le froid rendent insignifiante pendant l'hiver la transpiration des arbres feuillus ou à feuilles caduques; néanmoins les racines absorbent l'eau du sol toutes les fois que la température n'est pas assez basse pour suspendre cette fonction. La séve s'accumule ainsi peu à peu dans le corps ligneux, principalement dans les anfractuosités et les cavernes dues à des pertes accidentelles de substance. Lorsque ces cavernes sont spacieuses et allongées dans le sens des fibres, les forestiers les nomment des *abreuvoirs*. Parfois leur existence se trahit extérieurement par une nodosité superficielle en forme de corde; de pareilles difformités ne sont pas rares au pied des vieux Ormes. Perce-t-on la paroi d'un abreuvoir, la séve s'écoule au dehors. Souvent même en hiver, à la suite d'un grand abaissement de température survenu subitement, la séve refroidie se dilate brusquement, fait éclater avec bruit le bois qui l'emprisonne, et jaillit au dehors. Telle est la cause des détonations fréquentes qui troublent le silence des forêts septentrionales après une gelée subite et intense. Les ouvertures béantes faites ainsi par la congélation de la séve au pied des grands arbres laissent librement pénétrer, au moins pendant quelques années, l'air extérieur dans la profondeur des tissus et sont par suite une cause de désorganisation du bois.

Supposons-nous maintenant parvenus aux premiers beaux jours. L'arbre n'a point encore de feuilles, mais la température s'est adoucie et restera assez élevée désormais pour provoquer et entretenir l'absorption des racines. Viennent les feuilles, et le torrent séveux, endormi par les rigueurs de l'hiver, se remettra en mouvement, et coulera de nouveau jusqu'au retour de la mauvaise saison, du pied à la cime du plus grand arbre comme du végétal le plus humble. Nous sommes alors au moment physiologique nommé l'*entrée en séve;* pour se mouvoir, celle-ci ne demande plus qu'un débouché. C'est l'époque favorable pour la recueillir. L'obtenir est alors chose facile : un trou percé un peu obliquement, de bas en haut, suffit; dès que la tarière est dans l'aubier, la séve s'épanche au dehors. Le trou pratiqué, on y adapte un tube quelconque de métal ou de bois, un simple roseau, un bout de branche de sureau débarrassée de sa moelle, etc. : tous conviennent également pour conduire la séve dans le récipient destiné à la recueillir. L'écoulement se prolonge avec des intermittences périodiques jusqu'à la foliation. A partir de ce moment, il cesse, le feuillage, durant la belle saison, évaporant l'excédant de l'eau fournie par la racine. L'écoulement reparaît généralement en automne, au moment de la *seconde séve* ou *séve d'août*, alors que la chaleur amoindrie et le nombre assez grand des feuilles déjà mortes ou bien près de l'être diminuent considérablement la transpiration. En la recueillant par ce moyen, on a pu étudier sa composition et déterminer ses caractères physiques et chimiques. Des résultats acquis nous ne retiendrons qu'un seul fait : la séve est sucrée, plus ou moins selon l'époque et l'espèce considérée ; nous verrons bientôt quel parti certains peuples tirent de ce sucre, qui provient d'une transformation de l'amidon tenu en réserve, pendant l'hiver, par les tissus ligneux. Le premier acte manifeste du retour à la vie active est précisément la conversion, par un mécanisme encore inconnu, de cet amidon en sucre. Aussitôt constituée, la matière sucrée se dirige, sous une impulsion également inconnue dans son essence, vers les bourgeons en voie d'épanouissement, et nourrit les productions nouvelles jusqu'à ce que les feuilles, ayant atteint leur entier développement, puissent se suffire à elles-mêmes et préparer en outre les premiers aliments de la prochaine génération de feuilles.

Les incisions et les perforations pratiquées à diverses profondeurs sur des arbres en séve ont prouvé que le fluide nourricier s'élève par l'aubier. Il est alors imprégné d'air, écume, bouillonne à sa sortie, fait entendre des bourdonnements et des bruissements que les anciens, — leur vive imagination aidant, — ont transformés en plaintes et en gémissements arrachés par la douleur aux Hamadryades cachées dans les arbres attaqués par la cognée. L'origine de la fable est bien facile à retrouver. Des murmures et des bruissements s'élèvent tout à coup dans la solitude des grands bois ; ces bruits viennent frapper l'oreille d'un Hellène, d'un homme à l'imagination surexcitée depuis son enfance par les innombrables fictions de l'Orient. Dans la prédisposition indéfinissable mais bien réelle due à l'isolement, sous ce demi-jour mystérieux de la haute futaie qui rend les formes indécises, changeantes et décevantes comme dans un rêve, les bruissements de la séve, s'échappant en bouillonnant de l'arbre blessé par la hache, deviennent des gémissements ; et la séve fauve ou rougeâtre qui suinte de la plaie, du sang ! Plus de doute, un être doué de sentiment se cachait dans l'arbre, y vivait de sa vie : c'est lui qu'il vient de frapper, c'est lui dont le sang coule et les plaintes se font entendre ! Ainsi est née, chez les anciens Grecs, la gracieuse fiction des Hamadryades, divinités d'un rang inférieur à coup sûr, puisqu'elles étaient mortelles comme l'homme, comme l'arbre qu'elles hantaient, mais divinités pourtant par leur genre de vie, par cette incorporation mystérieuse et surnaturelle à un arbre. Du reste, il n'est point nécessaire d'être né au pays de la fable pour éprouver de telles hallucinations : des sapeurs, des sapeurs du génie, n'ont pu de nos jours se soustraire complétement à ces multiples influences. Sans doute, hâtons-nous de le dire, les plaintes des Hamadryades n'ont point paralysé leur courage, ni arrêté leur bras prêt à frapper; ils ont poursuivi leur tâche, non sans hésitations ni défaillances pourtant, comme l'attestait le maréchal Vaillant dans une lettre écrite au mois d'avril 1855 au botaniste Gaudichaud, qui venait de publier des expériences sur l'écoulement de la séve. Cette lettre a été insérée dans les *Comptes rendus de l'Académie des Sciences*, où nous la copions textuellement :

« L'expérience sur le Peuplier creusé à diverses profondeurs avec une tarière m'a rappelé ce qui m'est arrivé en Afrique au mois de septembre ou d'octobre 1858. Faisant couper de gros Chênes-liéges pour avoir des palissades, nous fûmes non-seulement surpris, mais réellement comme épouvantés, d'entendre sortir de ces arbres, lorsque la hache des sapeurs arrivait jusqu'au canal médullaire, des gémissements si forts, si plaintifs, si semblables à des sons humains, que notre cœur de soldat en fut tout impressionné.

« Je doute que votre Peuplier se soit plaint d'une aussi piteuse manière. En même temps, il sortait de nos pauvres arbres blessés un peu de liquide rougeâtre, mêlé de bulles de gaz, et chassé avec force au dehors, pendant tout le temps que duraient les gémissements.

« Cette circonstance de ma vie d'Afrique me remit en mémoire ce que j'avais lu dans la *Jérusalem délivrée*. Les croisés se mettent à abattre une forêt enchantée, forêt dans laquelle les arbres recèlent des nymphes ou sorciers qui les ont pris pour asile. Les croisés reculent épouvantés en entendant ces plaintes lamentables qui s'échappent de ces troncs d'arbres entamés par la cognée des soldats chrétiens. Il est probable qu'elle frappait des Chênes-liéges.

« Ainsi cette fable du poëte a sa partie vraie; et je vous assure que si, au lieu d'être en Algérie au dix-neuvième siècle, nous y eussions été au treizième, avec la superstition de ce temps, et si l'on nous

avait dit que les plaintes que nous entendions étaient des gémissements
humains provenant de sorciers ou sorcières renfermés dans les arbres
que nous charpentions, et que le liquide rouge était leur sang, nos
palissades auraient bien pu rester inachevées. »

Toutes les observations et les expériences que nous venons de rapporter concluent donc dans le même sens : le courant de séve qui se porte
pendant l'été de la racine au feuillage passe de préférence par l'aubier. Mais le bois est l'assemblage complexe de trois tissus : cellulaire,
fibreux et vasculaire ; la séve monte-t-elle également par tous les trois,
ou bien l'un d'eux, à l'exclusion des deux autres, est-il le tissu conducteur ? Question depuis longtemps posée, mais non encore résolue.
Influencé par l'existence, chez les animaux supérieurs, de canaux spécialement affectés à la circulation du sang, on fut naturellement porté
à voir dans les vaisseaux du bois les conduits de la séve, et on en fit
des *vaisseaux séveux*, étayant cette opinion sur le fait bien connu que
les bois les plus vasculaires donnent précisément les écoulements de
séve les plus abondants. Mais d'autres faits vinrent plus tard contre-
dire la généralité de cette proposition. Finalement trois doctrines ont
été tour à tour proposées, adoptées ou rejetées, selon les temps et les
savants ; elles peuvent se résumer ainsi. Le système vasculaire conduit
la séve pour la première, de l'air pour la seconde, successivement la
séve et l'air pour la troisième. Suivant celle qu'on adopte, les vaisseaux sont donc *séveux, aériens* ou *mixtes ;* la dernière opinion
s'accorde seule avec l'ensemble des faits. Les vaisseaux contiennent
surtout de la séve au printemps ; peu à peu l'élément gazeux augmente, puis domine, enfin, durant l'été et l'automne, il n'y a plus de
séve dans leur intérieur.

On ne sait rien de positif relativement au pouvoir conducteur des
cellules et des fibres. Pendant leur existence, les premières contiennent un liquide, le suc cellulaire, nécessairement emprunté à la séve
ambiante, et elles contribuent évidemment au mouvement ascensionnel de celle-ci de la même manière que le font les cellules de la
radicelle. Quant aux fibres, elles se remplissent périodiquement aussi
de séve ; toutefois la grande épaisseur de leurs parois, traversées il
est vrai par des canalicules, mais imperforés cependant, doit notablement ralentir et rendre particulièrement difficiles les échanges
entre chaque fibre et la suivante.

Terminons ce premier aperçu sur le fluide nourricier des végétaux par une remarque importante.

L'alimentation des plantes, des arbres en particulier, n'est pas exclusivement souterraine, mais se fait en partie par la voie de l'atmosphère et l'intermédiaire du feuillage ; c'est là un point acquis depuis longtemps.

Un savant illustre, Van Helmont, né à Bruxelles en 1577, mort le 30 décembre 1644 près de Vilvorde (Belgique), mit les naturalistes sur la voie de cette grande découverte par une expérience, — la première de ce genre très-probablement, — restée célèbre dans les annales de la science.

Van Helmont, s'étant procuré un vase de grès assez grand pour y mettre 200 livres de terre séchée au four, y planta un jeune Saule du poids de 5 livres, recouvrit le pot d'une lame de tôle étamée, percée de petits trous afin de pouvoir arroser, puis, ayant enterré le vase, abandonna la plante à elle-même, se bornant à lui donner de l'eau en temps utile. Cinq ans après, il arrêta l'expérience : l'arbre pesait alors 169 livres et 3 onces environ, et la terre avait perdu à peu près 2 onces. Ainsi, en cinq ans, et sans tenir compte du poids des feuilles tombées pendant les quatre automnes précédents, l'arbre avait donc organisé 164 livres et 3 onces d'écorce et de bois ! Or le Saule n'avait emprunté au sol que 2 onces de matériaux : où donc aurait-il pris le reste, sinon à l'atmosphère et à l'eau des arrosages ? Mais, comme l'esprit même le plus éminent a ses défaillances et ses ténèbres, et ne saurait du premier effort découvrir l'entière vérité, Van Helmont se trompa gravement en admettant que sa plante s'était exclusivement nourrie de terre et d'eau. Sans doute cette dernière avait contribué à l'alimentation, mais n'y avait pris qu'une part secondaire, laissant à l'atmosphère le rôle prépondérant : vérité dont personne ne doute aujourd'hui, sachant que la masse des tissus ligneux est surtout composée de carbone, lequel n'existe pas dans l'eau pure, mais se rencontre dans l'air à l'état d'acide carbonique.

Ainsi deux milieux, — et c'est là l'objet de notre remarque finale, — le sol et l'atmosphère, concourent à l'alimentation de la plante supérieure ; par conséquent la séve, telle qu'elle arrive du dehors dans la racine, est un aliment incomplet, insuffisant ; pour mériter le titre de fluide nourricier, il lui faut encore recevoir les matériaux élaborés par le feuillage à l'aide des aliments empruntés par lui à l'atmosphère, et probablement même d'autres principes que la séve reçoit d'une source jusqu'ici inconnue.

Ces faits ont depuis longtemps amené les physiologistes à distinguer deux séves, dénommées diversement selon le point de vue auquel on se place. Sous le rapport physiologique, la première est la *séve brute*, la seconde la *séve élaborée*. Considère-t-on ses mouvements, la première devient la *séve ascendante* et la seconde la *séve descendante*. La séve brute en effet doit, avant tout, se rendre au feuillage pour y parfaire sa constitution : elle monte donc ; la séve élaborée se porte dans tous les tissus vivants pour les nourrir : elle descend donc. On a fait bien des tentatives, restées jusqu'ici infructueuses, pour distinguer ces deux séves ; on a même longtemps voulu les localiser dans deux régions distinctes, la première dans le bois, la seconde dans les couches profondes de l'écorce ; mais la localisation de la séve élaborée est manifestement chimérique. Dire que son point de départ est dans le feuillage, rien de mieux ; que de là elle descend, soit ; mais ajouter qu'elle se concentre dans le liber est contraire au bon sens : n'est-elle pas également nécessaire à tous les tissus vivants ?

En dernière analyse, qu'y a-t-il de réel dans la trop fameuse doctrine de la circulation de la séve ? On sait qu'un liquide aqueux et plus ou moins imprégné d'air monte sans cesse par l'aubier durant la belle saison ; on sait encore que les tissus ligneux vivants se remplissent d'amidon et le perdent périodiquement, ce qui implique entre eux et les organes voisins les flux et reflux également périodiques d'un liquide qu'on peut appeler, si l'on veut, avec la vieille école, de la séve élaborée. A cela se bornent nos connaissances positives. Quant à la distinction des deux séves et aux mouvements des fluides nourriciers, il est prudent, dans notre ignorance, de s'en tenir à la vague notion suivante. Les matériaux bruts de la séve proviennent de l'atmosphère et du sol ; les tissus, véritables usines en miniature ou mieux sociétés coopératives minuscules, les prennent, les modifient, les transforment, pour la subsistance de chacun de leurs membres, et rejettent les débris et le superflu du travail nutritif dans le fluide ambiant ou la séve, qui devient ainsi un liquide complexe, dont on connaît la composition, sans qu'il soit possible, dans la généralité des cas, d'indiquer la provenance de telle ou telle substance que l'analyse y découvre.

CHAPITRE XIV

VIE DE LA RACINE

Après avoir assisté à la naissance et à l'organisation de la racine, nous devons maintenant la suivre dans le cours de son existence, étudier son mode de nutrition, signaler les particularités de sa mort, et déterminer son rôle dans la vie de la plante entière.

Bien que la racine soit prédestinée à l'habitat souterrain, auquel sa conformation spéciale s'adapte merveilleusement, néanmoins certaines racines, normales et adventives, émigrent dans d'autres milieux et deviennent aériennes ou aquatiques. Mais ces dernières ayant été fort peu étudiées jusqu'ici, nous bornerons notre examen à la racine terricole, en commençant par rappeler les caractères principaux du milieu souterrain.

I. — LE MILIEU SOUTERRAIN

Par les mots *sol* ou *terre arable*, on désigne la couche meuble, de caractères divers selon les régions, qui recouvre la surface du globe sur des épaisseurs variant de quelques centimètres à un mètre dans nos contrées. Elle comprend à la fois des corps gazeux, liquides et solides. Les gaz proviennent de l'atmosphère ou des réactions spontanées des matières organiques et des engrais enfouis dans le sol ; le liquide est l'eau des pluies ou des sources. Les corps solides sont de deux sortes, les uns d'origine organique, les autres de nature minérale ; les premiers sont des débris d'animaux et surtout de végétaux transformés par une décomposition spontanée, véritable combustion lente, en une matière noirâtre, pulvérulente, de composition très-complexe et fort variable, nommée l'*humus*, dont la proportion, dans les sols naturels, est de 1 à 7 ou 8 p. 100. Les matières minérales, en poussières ou en fragments plus ou moins grossiers, résultent de la désagrégation, par les agents naturels, des roches sous-jacentes. Comme ces dernières sont de nature très-variable, les produits de leur érosion doivent l'être également ; néanmoins, à travers l'infinie diversité des sols, trois substances, l'*argile*, le *calcaire* et le *sable*, par leur abondance relative, du reste plus ou moins grande selon les localités, et leur présence constante dans toutes les terres propres à la vie végétale, sont regardées à juste titre comme les éléments minéraux essentiels de la terre arable ; aussi distingue-t-on les sols en trois types, *argileux*, *calcaire* et *siliceux*, selon que l'argile, le calcaire ou le sable domine dans leur composition.

Montrons en peu de mots l'origine de ces substances en l'absence desquelles la terre est frappée de stérilité.

Quand on fouille les entrailles du globe, on parvient toujours, un peu plus tôt ou un peu plus tard selon les lieux, à un dépôt granitique. Ainsi, toutes les roches superficielles directement accessibles à nos investigations reposent sur le *granit*. Mais ce dernier n'est point toujours profondément situé. Les dislocations successives de l'écorce terrestre, en donnant naissance aux montagnes, ont fait en même temps surgir cette roche sur les crêtes d'un grand nombre de massifs montagneux. D'autre part, de notre temps, les tranchées destinées à l'établissement des routes, chemins de fer et canaux, mettent fréquemment le granit à nu sur des étendues parfois considérables. En devenant superficiel, celui-ci subit l'influence des agents érosifs, et voilà comment ses débris sont si abondants dans la terre arable, où leur présence est d'ailleurs d'une importance capitale. Quant au granit caché dans les grandes profondeurs, il n'échappe point complétement à l'altération, car les eaux souterraines qui viennent baigner sa surface lui enlèvent et amènent au jour ses composés solubles pour les mettre au service de la végétation. Mais naturellement c'est la roche superficielle qui est particulièrement attaquée. Les influences alternantes du gel et du dégel délitent la pierre, l'eau des pluies lave les fragments, dissout les composés solubles, puis les eaux courantes interviennent, charrient, frottent, usent ces débris, et transforment en limon tout ce qui est insoluble. Finalement, l'eau ou, dans la langue des géologues, l'agent neptunien, extrait du granit, pourtant la roche la plus résistante connue, 1° du sable, 2° de l'argile, 3° de la silice soluble, 4° un silicate alcalin soluble. De tous ces matériaux, la silice et le silicate alcalin sont des aliments ; les deux autres servent indirectement à la nutrition en donnant au sol certaines qualités nécessaires, comme la perméabilité à l'air, à l'eau et à la chaleur.

Indiquons maintenant l'origine du calcaire, qui, à l'état de pureté, est du carbonate de chaux,

De toutes les substances minérales, il n'en est point qui remplisse un rôle plus complexe et plus important dans l'économie générale du globe terrestre, et se présente sous des formes plus nombreuses et plus variées. On ignore les circonstances de sa première apparition; on sait seulement qu'elle est bien postérieure à celle du granit fondamental. Comme la silice, le calcaire est excessivement répandu dans la nature : tous les terrains d'origine neptunienne, des plus anciens aux plus modernes, en contiennent des bancs d'une puissance parfois considérable; mais son abondance décroît avec l'ancienneté de la couche qui le contient. Il n'est dès lors pas surprenant qu'une matière si commune dans les formations récentes se retrouve dans tous les sols en plus ou moins grande quantité. Le mécanisme par lequel elle est arrachée aux entrailles de la terre est des plus curieux, et mérite d'être rappelé. Outre les modifications de relief qui ont, aux différents âges, amené au jour des dépôts calcaires jusqu'alors profondément enfouis, une action lente, poursuivie sans interruption sur la plupart des formations calcaires accessibles aux eaux météoriques, amène sans cesse et dissémine des masses de carbonate de chaux sur la surface du sol. Les eaux pluviales en effet se partagent en deux parties inégales. L'une glisse et ruisselle sur la terre, devient d'abord ruisseau, puis rivière et fleuve, pour finalement aller se perdre dans l'Océan, le réservoir commun. L'autre s'infiltre dans le sol, lentement mais sûrement, s'insinue à des profondeurs variables comme le degré de perméabilité des roches traversées, et va remplir les réservoirs souterrains. Les eaux, pendant leurs migrations à travers les terrains, s'imprègnent souvent d'acide carbonique, particulièrement abondant dans les terres volcaniques ; ce gaz leur donne le pouvoir de dissoudre le calcaire qu'elles rencontrent si fréquemment sur leur passage. Reviennent-elles alors au jour ainsi chargées de carbonate de chaux, elles perdent au contact de l'air leur excès d'acide carbonique, et du calcaire, devenu insoluble, se dépose. Voilà par quel mécanisme à la fois simple et ingénieux le calcaire est extrait des profondeurs de l'écorce terrestre, puis amené à la surface, par ce mineur puissant que rien n'arrête, que rien ne lasse, l'eau pluviale. C'est elle également qui arrache aux entrailles du globe et transporte dans la terre arable bien d'autres composés. Mais entrer dans plus de détails à cet égard serait sortir de notre cadre naturel ; terminons en constatant qu'on rencontre encore dans le sol d'autres aliments, dont les mieux étudiés, sous le rapport physiologique, sont la soude, la magnésie, les oxydes de fer et de manganèse, les acides nitrique, phosphorique et sulfurique, le chlore, etc.

Pour comprendre l'action de la terre arable sur la végétation, il ne suffit pas de déterminer sa composition chimique comme nous venons de le faire sommairement, il faut encore connaître les propriétés inhérentes à ce mélange complexe. Or ces propriétés sont nombreuses et variables avec la composition des terres ; les unes sont chimiques, et ont trait à ce que l'on nomme le pouvoir absorbant des terres arables ; les autres sont physiques, et se rapportent à la manière dont le sol se comporte vis-à-vis des agents de la végétation, la chaleur, l'eau et l'air. Commençons par ces dernières.

Les terres sont *fortes* ou *légères*, suivant que leur *ténacité* est grande ou faible. La ténacité atteint son maximum dans l'argile pure ; elle est au contraire nulle dans le sable siliceux.

A un autre point de vue, le sol est *chaud* s'il s'échauffe beaucoup sous l'influence de la radiation solaire et garde longtemps son calorique ; il est *froid* dans le cas contraire. Les terres blanches et calcaires s'échauffent peu et l'humus beaucoup par l'insolation ; par contre, le sable calcaire garde longtemps la chaleur acquise, tandis que l'humus la perd très-rapidement.

Les terres, pour s'imbiber à refus, demandent des quantités d'eau fort inégales : le sable siliceux en réclame très-peu et l'humus beaucoup.

Quant au *pouvoir hygrométrique*, faculté précieuse par laquelle le
sol condense et s'approprie une certaine partie de l'humidité atmosphérique, elle est nulle dans le sable siliceux, très-puissante dans
l'humus. D'ailleurs cette faculté augmente avec le degré d'ameublis-
sement du terrain, d'où les bons effets, reconnus de tous temps, des
binages. Enfin le sable siliceux perd rapidement son eau d'imbibition,
tandis que la terre de jardin la retient énergiquement et l'humus plus
énergiquement encore. Sous ce rapport, le sol est *frais* quand il renferme habituellement de 15 à 25 pour 100 d'eau à la profondeur de
$0^m,30$ à $0^m,35$; il est *sec*, si cette proportion se maintient au-dessous
de 10 pour 100.

Une fois connues les propriétés physiques des matériaux constituants, argiles, calcaires, humus, sables, etc., l'horticulteur, en mé-
langeant ces derniers pour obtenir des terres artificielles ou *composts*,
pourra aisément prévoir, étant données les proportions relatives de
ces matériaux, les qualités physiques et le pouvoir nutritif des mélanges : ce qui lui permettra d'employer les composts d'une manière rationnelle, c'est-à-dire d'après les effets qu'il veut obtenir, ou mieux
d'après le tempérament des plantes cultivées.

Telle que nous venons de la faire connaître, et si elle ne jouissait
pas encore d'autres propriétés, la terre arable aurait le défaut capital
de laisser perdre dans le sous-sol, entraînées par les eaux de pluie qui
la pénètrent et la traversent, les matières fertilisantes solubles dépo-
sées dans son sein par la main de l'homme ou nées spontanément des
réactions chimiques provoquées par les agents naturels. Les aliments
ainsi relégués dans la couche profonde ne resteraient pas à tout jamais, il est vrai, hors de la portée des racines. Un effet de *capillarité*
les ferait, sinon continuellement, au moins à certaines époques, remonter dans la terre arable avec l'eau du sous-sol : absolument comme
la même force transporte l'huile d'une lampe, à travers la mèche, du
fond du réservoir jusqu'à la base de la flamme. Mais ce serait là un
mouvement intermittent et lent, par conséquent désavantageux pour
la végétation. Pourtant des substances solubles, contenues accidentellement ou normalement dans le sol, peuvent éprouver de ces migrations; nous en rapporterons un exemple du plus haut intérêt pour
l'agriculture.

A 1500 mètres environ au nord d'Arles, le Rhône se divise en deux

branches inégales, le grand Rhône et le petit Rhône, lesquels diver-
gent de plus en plus en gagnant leur embouchure, enserrant un espace triangulaire de 73 000 hectares de superficie environ, dont la
base côtoie la mer Méditerranée ; c'est là le delta du fleuve, la Camargue ou l'île de la Camargue, plaine marécageuse, uniquement formée de fins graviers, de sables et de limons, dans laquelle se reproduisent périodiquement de curieuses fluctuations de matières salines.
Pendant l'hiver, les étangs et les lagunes se multiplient et s'agrandissent sous l'influence des pluies abondantes ; mais leurs eaux sont
alors douces, tout au plus légèrement saumâtres : rien ne décèle à
cette époque le voisinage de grandes masses de sel marin. L'été
arrivé, peu à peu les marais se dessèchent, totalement ou partiellement selon leur importance ; alors le sel apparaît, et les terrains abandonnés par les eaux se couvrent d'efflorescences salines souvent très-
épaisses. Ce sel provient du sous-sol ; il est amené à la surface par
l'eau qui remonte sans cesse, sous l'influence de la capillarité, pour
remplacer celle que dissipent dans l'air les ardeurs des rayons solaires.
C'est là ce que l'on nomme dans le pays la *montée du sel*. De sorte
qu'une même masse de sel marin se conserve là intégralement, de
toute antiquité, mais en se déplaçant périodiquement, ramenée à la
surface pendant l'été par les eaux venues du sous-sol, entraînée pendant l'hiver dans les profondeurs de ce même sous-sol par les eaux
pluviales.

Ce sel séjourne là depuis l'époque, perdue dans la nuit des âges pas-
sés, où la mer Méditerranée a jeté les fondations du delta en accumu-
lant sur ce point, autrefois occupé par la mer, ses dépôts ordinaires de
sable, de graviers, de galets et de coquilles brisées, qui supportent aujourd'hui le sol de la Camargue. Mais le Rhône, lui aussi, a contribué
depuis l'origine, et contribue encore à notre époque, à l'édification de
ce gigantesque remblai, sorte de chaussée de géants que le temps prolonge lentement vers la haute mer pour relier l'Europe à l'Afrique.
Le fleuve recouvre les sédiments marins, à mesure que la mer Méditerranée se retire, des graviers, des sables et des limons que ses eaux conduisent sans relâche à son embouchure. Néanmoins, malgré l'infatigable
activité de ce terrassier habile qui prépare et déplace à notre époque
24 millions de mètres cubes d'alluvion par an, l'enfouissement du dépôt marin primitif n'est pas encore assez profond pour empêcher, aux

époques favorables, le sel de remonter à la surface et de couvrir de ses efflorescences de larges espaces.

Grâce au pouvoir absorbant des terres, les principales matières fertilisantes échappent à ces fluctuations, et au lieu de suivre les mouvements des eaux souterraines, restent fixées au sol, à la portée des racines.

Tout le monde sait ce que l'on nomme les *pouvoirs décolorant et désinfectant* de certains charbons. Personne n'ignore qu'en agitant une dissolution aqueuse colorée, du vin rouge par exemple, avec de la poussière de charbon de bois, et mieux avec du noir animal ou charbon d'os, puis mettant le mélange sur un filtre en papier, l'eau passe parfaitement incolore. Donc le charbon a retenu la matière colorante, donc il est *décolorant*. Le charbon de bois jouit d'une autre propriété : il condense et retient dans ses pores les gaz avec lesquels on le met en contact ; et comme beaucoup de ces fluides ont une odeur désagréable et une action nuisible sur l'économie, on comprend de quelle précieuse utilité est cette propriété, nommée avec raison *pouvoir désinfectant*.

Or la terre arable jouit d'aptitudes semblables, dont on aurait dû soupçonner l'existence du jour où fut entrevu le rôle chimique du sol dans la végétation. Cependant cette importante découverte est de date récente. C'est seulement en 1856 que le pharmacien J. P. Bonner mettait en évidence le pouvoir absorbant et désinfectant de la terre arable par une expérience d'une élégante simplicité. Il remplissait de terre de jardin un flacon en verre percé d'une ouverture à son fond, puis versait dans le vase du purin concentré d'une odeur infecte. Le liquide qui s'écoulait par le trou inférieur était presque inodore et incolore ; il s'était donc dépouillé au profit du sol de la plus grande partie des substances qu'il tenait en dissolution. Cette remarquable expérience passa inaperçue ; elle avait le tort de venir trop tôt, les esprits n'étaient pas préparés à la comprendre. Ce n'est qu'à dater de 1848 que MM. Huxtable, S. Thomson, Thomas Way, Brustlein, etc., dirigèrent leurs études de ce côté et découvrirent successivement la fixation par la terre arable de l'ammoniaque, du phosphate de chaux, de la potasse, de la soude, du silicate de potasse, etc.

II. — ADAPTATION DE LA RACINE AU MILIEU SOUTERRAIN

Toutes les parties de la racine sont semblables, sont des cônes plus ou moins allongés. Nous allons prouver que cette forme unique et invariable, sauf dans le cas de tubérisation, est rendue nécessaire par la nature du milieu.

En thèse générale, tout corps vivant doit avoir les plus larges contacts possibles avec le milieu qui le nourrit. Mais cela ne suffit pas, et il faut encore que les surfaces de contact aient une configuration en harmonie avec le milieu et variable comme lui. Ainsi, non-seulement la grandeur superficielle, mais encore la forme de l'organe, sont déterminées par les caractères du milieu. La grandeur superficielle peut être obtenue de bien des manières, mais une seule convient, car une seule correspond à la forme exigée. Par exemple, à *priori*, l'on entrevoit deux moyens de donner à la racine la superficie maximum compatible avec son volume : la façonner en une lame mince semblable au limbe des feuilles, ou bien diviser la masse en cônes allongés, de faible épaisseur relative, comme le sont à des degrés divers toutes les parties de la racine. Toutefois, si par l'un ou l'autre moyen indifféremment on atteint le but, celui d'obtenir la plus large surface possible, cependant ces deux formes répondent à des conditions différentes, à des milieux distincts. Un appareil du premier genre ne fonctionne utilement que dans un milieu très-mobile comme l'atmosphère, un appareil du second genre s'adapte admirablement au contraire au milieu souterrain. En effet, l'air, l'eau et les aliments confinés dans le sol sont immobilisés par les particules terreuses qui les entourent; tout organe qui vit souterrainement doit donc aller les chercher partout où ils se localisent et se cachent; d'où l'obligation pour lui de naître sous la forme de filaments grêles et ramifiés pouvant pénétrer dans les moindres interstices, fouiller en tous sens et à toutes les profondeurs les plus petites parcelles de terre. Un tel mode d'organisation est si bien adapté à sa destination que l'art agricole n'a rien trouvé de mieux que de l'imiter, mais grossièrement, quand il a voulu obtenir le même résultat : drainer le sol pour lui enlever son excès d'humidité.

Nous disons *grossièrement*, car entre le système de drainage le plus perfectionné et un chevelu vivant quelconque il y a cette incommensurable et infranchissable distance qui sépare les œuvres de la création des produits, même les plus parfaits en apparence, de l'industrie humaine. Sans doute le drainage agricole est ingénieux, mais il est facile de montrer combien il est inférieur au drainage naturel, à celui que la racine exerce dans le sol.

La plante en général, la racine en particulier, l'une et l'autre bien inférieures sous ce rapport à l'animal, n'ont point comme lui de tube digestif largement ouvert où puissent entrer librement les aliments, qu'ils soient solides, liquides ou gazeux, pour y subir une élaboration préalable sans laquelle ils ne sauraient pénétrer dans les profondeurs de l'organisme. La plante au contraire, avons-nous dit, est fermée au monde extérieur, un tégument plus ou moins complexe selon l'âge et l'espèce, l'écorce, l'enveloppe tout entière, livrant passage, seulement pendant sa jeunesse, aux corps liquides ou gazeux, arrêtant impitoyablement tout corpuscule solide quelle que soit sa petitesse. La fonction nommée digestion chez l'animal doit donc, chez la plante, s'effectuer en dehors d'elle et sans sa participation, dans le sol et par l'intervention des agents physico-chimiques, chaleur, air et eau. Seuls ces derniers ont qualité pour donner à l'aliment la forme physique et la constitution chimique qui lui permettent de franchir le tégument protecteur. Mais le sol s'épuise et se stérilise à la longue en nourrissant la racine ; d'ailleurs celle-ci perd peu à peu en vieillissant son pouvoir absorbant ; la terre et l'organe doivent donc se renouveler, ne pouvant se régénérer, quand l'une s'appauvrit et que l'âge éteint l'activité de l'autre. La faculté que possède tout axe radical de s'allonger par son extrémité libre résout le problème de la façon la plus simple et la plus heureuse, puisque les tissus naissants, et par conséquent les plus perméables, se trouvent toujours, par la force même des choses, dans le sol le plus favorable à leur activité, dans la terre vierge : ce qui n'aurait pas lieu si toutes les régions indistinctement de l'axe radical s'allongeaient simultanément. Par conséquent, si le chevelu se transforme peu à peu en ramifications inactives, du moins, pendant ce temps, d'autres fibrilles naissent et s'organisent dans des couches encore inexploitées. En résumé, l'axe radical conserve son pouvoir absorbant tant que le milieu peut lui fournir des aliments ;

il le perd au contraire dès que la terre épuisée rend son intervention impuissante; mais alors la fonction ne périclite pas pour cela, car il cède son rôle à de nouveaux organes absorbants, créés par lui, et qui vont plus loin, dans un sol vierge, continuer l'œuvre de leurs devanciers.

Si le chevelu est l'organe par excellence de l'absorption souterraine, il s'en faut de beaucoup que tous les chevelus, normaux ou adventifs, possèdent une égale puissance. Les premiers ont sur les seconds une incontestable supériorité, qu'ils doivent à la constante régularité avec aquelle les ramifications secondaires sont distribuées sur la surface du vpiot. Au contraire, les radicelles se groupent arbitrairement sur tout autre organe que l'on oblige à s'enraciner. Aussi l'appareil radical normal épuise-t-il le sol tout autour de lui, également et successivement en ses différents points, ce que ne saurait faire l'appareil adventif, toujours inégalement réparti sur son axe générateur. De là cette supériorité, depuis longtemps reconnue par la pratique, du sujet issu de semis sur celui provenant de *bouture* ou de *marcotte*.

La prééminence appartient donc sans conteste à l'appareil normal sorti de la radicule. Mais ce dernier peut être pivotant ou fasciculé; quelle est donc la forme préférable sous le rapport de la puissance d'absorption?

La racine pivotante, régulièrement développée, affecte, avons-nous dit, la configuration d'un cône droit renversé, à base circulaire posée sur le sol et dont l'axe est le pivot. Puisque l'absorption est limitée aux régions terminales des fibrilles, et que ces dernières se placent en général à la périphérie de l'appareil, la région absorbante occupe donc la surface latérale du cône radical. Cette dernière surface d'ailleurs se déplace sans cesse et grandit continuellement par l'allongement progressif des axes, de sorte que les générations successives d'organes absorbants s'éloignent de plus en plus du pivot, gagnent, pénètrent et traversent successivement une série de couches de terre ayant pour axe commun celui du cône radical. La racine pivotante enlève donc au terrain ses matières nutritives solubles par un épuisement méthodique, d'autant plus complet que le chevelu est plus touffu, n'attaquant une couche nouvelle qu'après avoir pris et mis en œuvre les liquides engagés dans la couche précédente.

Cette forme pivotante, si parfaite pour épuiser, drainer, le sol, offre

cependant un vice grave, dont la funeste influence se révèle particulièrement sur les sujets auxquels nous demandons une production
intense, surtout chez nos arbres fruitiers. D'année en année, en
effet, par l'agrandissement progressif du cône radical, une portion
de plus en plus grande de la surface absorbante pénètre dans le sous-
sol. On nomme ainsi la zone, plus ou moins profondément située
selon les climats et la nature du terrain, qui est condamnée à la
stérilité, non point par l'absence d'éléments assimilables, mais en
raison de son trop grand éloignement de la surface et partant de
l'atmosphère, siége des agents physico-chimiques chargés de digérer
les aliments. Parvenue dans le sous-sol, la racine y meurt donc à la
fois d'asphyxie et d'inanition. Par suite, l'absorption doit diminuer
d'activité avec le temps, excepté chez les types dont certaines branches
radicales se dirigent horizontalement ou presque horizontalement.
Alors celles-ci, demeurant toujours dans les couches superficielles du
sol, peuvent, grâce à l'abondante nourriture qu'elles en reçoivent,
prendre un volume suffisant pour alimenter l'arbre, malgré le dépérissement graduel de la portion profonde de l'appareil radical. Ainsi,
chez les espèces ou variétés pivotantes, à ramifications radicales
naturellement très-rapprochées de la verticale, il faut de toute nécessité, à un moment donné, combattre l'inanition due au mode vicieux
d'orientation des axes souterrains pour éviter le prompt affaiblissement du sujet. Le seul moyen connu d'y parvenir est de provoquer
la naissance d'un chevelu adventif sur les branches souterraines les
plus voisines de la surface ; c'est ce que l'on appelle *rajeunir les
racines*.

En résumé, la plante à racine fasciculée se nourrira mieux et par
conséquent végétera plus vigoureusement, à partir d'un certain âge,
que la plante à racine pivotante. Pour les mêmes motifs, de deux
racines pivotantes, la plus ramifiée sera supérieure à celle peu ou
point ramifiée. Enfin, les deux formes, pivotante et fasciculée, ne se
nuisent point réciproquement et peuvent coexister dans le même
terrain, la première vivant aux dépens des couches profondes, et la
seconde, des couches superficielles.

Les considérations précédentes expliquent la supériorité de la racine
fasciculée sur la racine pivotante, sous le rapport de l'absorption.
Cependant il ne faudrait pas en conclure que la première soit

partout et toujours supérieure à la seconde. La vie de la racine terricole, en effet, réclame un ensemble de conditions antagonistes dont
le mode de conciliation varie avec la nature du terrain et les circonstances climatiques. A l'horticulteur incombe la tâche de déterminer,
dans chacun des cas particuliers, la forme la plus convenable à donner
à la racine, et, pour fixer son choix, il doit avoir tout à la fois égard
aux exigences de l'absorption et à celles de la calorification. Voyons ce
que réclame cette dernière.

La terre arable éprouve des changements de température qui varient
périodiquement avec le cours des saisons, et dont l'étendue dépend de
la situation géographique du lieu considéré. Pendant le jour, la radiation solaire échauffe la terre, qui se refroidit durant la nuit en
diffusant une partie de la chaleur reçue dans les immensités inson-
dables des espaces célestes. Ces modifications incessantes de l'état
thermométrique du sol se font sentir à des profondeurs plus ou moins
grandes selon les latitudes et les altitudes ; l'ensemble des points où
elles sont insensibles constitue ce que l'on nomme, en Physique terrestre, la *couche de température invariable* ou *constante*. La distance
à la surface de ce feuillet de l'écorce de notre planète ainsi placé à
l'abri des fluctuations climatiques croît de l'équateur aux pôles : sa
valeur est d'environ $0^m,33$ sous la ligne et de 24 à 28 mètres sous
nos latitudes. Au-dessous de la couche de température invariable, le
thermomètre s'élève progressivement avec la profondeur, suivant une
loi inconnue dont on évalue l'effet moyen à un accroissement de
1 degré pour une descente de 30 mètres. Seules les plantes intertropicales ont donc leurs racines dans un milieu de température uniforme
et toujours assez élevée, circonstance tout à l'avantage de ces espèces,
la culture de serre chaude ayant depuis longtemps montré l'influence
bienfaisante exercée sur la végétation par la chaleur de fond.

Pour comprendre cette dernière expression, d'usage courant en
horticulture, il faut savoir qu'on peut appliquer la chaleur de deux
façons différentes, et chauffer une plante par la tête ou par le pied.
Dans ce dernier cas, on dit qu'on emploie la chaleur de fond. Autrefois
on se bornait à chauffer l'air de la serre, lequel transmettait ensuite son
calorique, d'une part au feuillage, de l'autre à la terre, qui le communiquait enfin aux racines. Par cette méthode, la température de l'air
est nécessairement supérieure à celle du sol, résultat vicieux, car il est

contre nature. En effet, nous l'avons plusieurs fois constaté, l'atmosphère ne prend pas son calorique au Soleil, mais à la Terre ; dans
l'ordre naturel, le sol est toujours plus chaud que l'air pendant le
jour, et plus froid que lui pendant la nuit. Dans ces dernières années,
on a recommandé avec toute raison de faire circuler les conduits du
thermosiphon dans le terrain même et non point dans l'air de la serre
comme la routine persiste à le faire au grand détriment de la végétation. Ce n'est pas ici du reste le moment d'énumérer les avantages
de la nouvelle méthode ; bornons-nous à dire encore que la circonstance particulièrement favorable à la végétation des racines de la
plante tropicale est la constance de la température. La raison en est
facile à saisir. L'appareil radical n'organise qu'un seul type de productions, des axes ; ce travail uniforme ne peut évidemment s'effectuer
que dans un milieu de nature invariable, présentant, entre autres
traits caractéristiques, une température se maintenant au même degré
pendant la période d'accroissement de l'appareil. L'axe aérien au
contraire, donnant naissance à des organismes divers, feuilles,
fleurs, fruits, graines, etc., ne saurait accomplir son évolution complète hors d'un milieu périodiquement variable comme ses créations.
Une atmosphère de température constante entraverait donc l'évolution de l'appareil aérien, et l'expérience apprend que dans les
serres, sous peine d'insuccès, il faut graduer la chaleur selon les
phases de la végétation.

Concluons qu'au point de vue de la calorification, comme à celui de
l'absorption, les types pivotant et fasciculé se comportent de manières
différentes. En vertu de leur conformation, le premier est appelé à
vivre sous les climats froids, où la racine n'échappe aux rigueurs de
l'hiver qu'en s'enfonçant à une certaine profondeur ; le second, au
contraire, est façonné pour les pays chauds, où les couches superficielles du sol jouissent, en toutes saisons, d'une température constante
et suffisamment élevée. La géographie botanique confirme ces conclusions en montrant que les formes fasciculées dominent dans la
flore de l'équateur et les formes pivotantes dans celle des pays
extra-tropicaux. Il est même permis de croire que sans l'énergique
calorification due à la racine toute végétation serait impossible à
l'équateur, où la puissance du rayonnement nocturne est telle, qu'elle
abaisse fréquemment au-dessous de 0° la température des corps

inertes placés à la surface du sol. Comment, dans ces conditions,
les plantes échappent-elles à la congélation et partant à la mort,
sinon en se réchauffant aux effluves émanés de la terre. Autrefois,
dans les contrées équatoriales, on avait même fondé sur le refroidissement nocturne un procédé de fabrication de la glace, alors qu'on ne
savait pas la conserver et la transporter en tous lieux comme une
marchandise ordinaire, alors surtout que n'étaient pas inventés les
appareils puissants et économiques à la fois qui permettent aujour-
d'hui de produire aisément de la glace en tous temps et sous toutes
les latitudes. On choisissait dans ce dessein un terrain bien découvert,
on creusait légèrement le sol et, le soir venu, on plaçait dans l'excavation un vase peu profond, mais de large surface, dans lequel on
versait une couche d'eau de faible épaisseur. Celle-ci, le lendemain
matin, était recouverte d'une croûte de glace. L'opération ne réussis-
sait d'ailleurs qu'à une double condition : 1° un ciel sans nuage ;
2° l'interposition, entre le vase et la terre, de corps mauvais conduc-
teurs du calorique, paille, foin, laine, etc., pour empêcher le réchauf-
fement de l'eau par le sol.

Ceci rappelé, qui n'est convaincu maintenant que la plante équatoriale gèlerait certainement toutes les nuits, par suite du rayonnement
de son feuillage, si la terre, surchauffée le jour précédent par la radiation solaire, ne cédait à la racine, le soleil couché, une partie de
son calorique ? Et comme les couches terrestres les plus chaudes sont
naturellement les plus superficielles, il est en dernière analyse avantageux, sous les climats brûlants où les nuits sont froides, de maintenir les racines à fleur de sol, sans redouter pour elles la dessiccation
et l'insolation : craintes chimériques tant que la température des
couches terrestres superficielles n'atteint pas le point qui rend toute
végétation impossible.

Sous les climats froids, il en est autrement ; là on doit, au contraire, s'efforcer d'enfouir la racine à la plus grande profondeur compatible avec les exigences de la vie de l'appareil. En agissant ainsi,
non-seulement on soustrait la racine aux rigueurs de l'hiver, mais
encore on lui permet d'utiliser, dans une certaine mesure, les effluves
de la chaleur centrale. Ce que nous disons là est basé sur de nombreuses déterminations thermométriques. A différentes époques, en
effet, et principalement à la nôtre, plusieurs physiciens et natura-

listes ont comparé avec soin la marche du thermomètre dans l'air,
dans l'intérieur des arbres et enfin dans la région du sol habitée par

Fig. 228. — Bords de l'Amazone; racine d'un géant de la forêt vierge.

leurs racines; ce qui leur a permis de reconnaître que la chaleur des
végétaux ne leur appartenait pas exclusivement, mais provenait, pour

la plus grande part, d'emprunts faits à l'atmosphère. L'arbre, en effet, tend sans cesse à se mettre en équilibre de température avec l'air environnant : phénomène facile à prévoir, étant données les lois de la propagation de la chaleur. Toutefois le sol et les réactions chimiques produites dans l'intimité des tissus fournissent certainement à la plante une faible quantité de calorique, et bien qu'on ne soit point encore parvenu à faire la part de ces deux influences secondaires, elles existent à n'en pas douter, sinon on ne s'expliquerait pas pourquoi, durant l'hiver, lorsque la température de l'air s'abaisse peu à peu, atteint 0°, puis descend encore plus ou moins bas au-dessous de ce point, la température de l'intérieur du tronc suit sans doute cette marche décroissante, mais plus lentement, et surtout ne parvient pas aussi bas. Ainsi, il est démontré que les variations thermométriques sont, dans les mêmes circonstances, plus étendues dans l'air que dans l'arbre. La résistance au refroidissement tient en partie au défaut de conductibilité du bois, mais encore et surtout à l'influence du flux calorifique venu des profondeurs de la terre. Néanmoins il ne faudrait pas en conclure que plus le climat devient rigoureux, plus profondément doit s'enfoncer la racine. Sur les confins de la terre habitable, dans les régions polaires, tout axe persistant, racine ou tige, se maintient dans le voisinage de la surface du sol afin de se soustraire aux rigueurs de la mauvaise saison. La racine en particulier rampe horizontalement, au lieu de suivre la direction verticale, comme on serait naturellement porté à le croire *à priori*. C'est que, pendant les épouvantables hivers polaires, la terre gèle à une telle profondeur, que le pâle soleil d'un été de trois mois seulement est impuissant à la dégeler entièrement ; la glace de la couche superficielle fond, mais celle du sous-sol persiste, le rend imperméable à l'eau, à l'air, à la chaleur, impropre à la végétation souterraine par conséquent.

En allant au-devant, on pourrait presque dire à la recherche de sa nourriture, la racine insinue dans le sol un réseau de ramifications de plus en plus nombreuses ; elle devient ainsi, pour la plante, un pied robuste qui adhère de plus en plus fortement au terrain.

Envisagée comme appareil de fixation, la racine pivotante a nonseulement une supériorité marquée sur l'autre forme, mais encore sur toutes les dispositions réalisées par l'industrie pour un but semblable ; un seul exemple le prouvera.

LES FLEURS POPULAIRES

Dans les bâtiments à voiles, les mâts sont maintenus perpendiculairement à la surface du pont par deux moyens. La base de chacun d'eux, profondément implantée dans la quille, est encore retenue par les différents ponts qu'elle traverse ; en outre, de la tête du mât partent deux systèmes d'amarres, qui se fixent, le premier sur l'un ou l'autre bord, ce sont les *haubans;* le second à l'avant, ce sont les *étais.* Le mât est donc maintenu dans deux plans rectangulaires, malgré les efforts du vent, le poids des voiles et des agrès, les secousses imprimées par le roulis et le tangage. Voilà tout ce qu'on a su imaginer pour un cas où une solidité à toute épreuve contre des forces de traction d'une incommensurable puissance est la condition *sine qua non* de l'existence du navire. Et pourtant quel vice grave offre un pareil dispositif, qui fixe les deux extrémités seulement, et laisse le corps entier du mât exposé sans autre défense que sa ténacité aux causes de rupture ! Voyons comment, en semblable circonstance, la nature procède pour assurer la tenue de l'arbre, malgré la violence du vent qui s'efforce de le déraciner et de le coucher sur le sol.

Chez la racine pivotante, les racines secondaires, fortement étayées à leur tour par des ramifications tertiaires, quaternaires, etc., constituent les amarres ; le mât est donc soutenu ici, non plus aux deux extrémités seulement mais de distance en distance, par des amarrages dont la solidité décroît avec la profondeur, c'est-à-dire comme la puissance qui tend à produire l'arrachement. D'ailleurs le degré de résistance du mât est invariable ; celui de la racine grandit chaque jour, à mesure qu'elle s'allonge et se ramifie. Enfin, la tenue du mât, — en mettant de côté la part d'influence due à l'emboîtement de sa base, influence de même ordre que celle de la résistance à l'arrachement que présentent les particules terreuses, — dépend uniquement de la ténacité du chanvre des cordages. Chez la racine, la résistance réside non-seulement dans une force analogue, mais encore et surtout dans les forces de frottement nées du contact de la terre arable et des racines. La résultante de ces dernières doit avoir une puissance considérable, si l'on en juge par les effets exercés à l'aide du *guid-rope* au moment de l'attérissage du ballon. Le guid-rope est une longue et solide corde hérissée d'aspérités, et qui, en traînant sur le sol à l'arrière de la nacelle, maîtrise la course de l'aérostat au moment de l'attérissage.

En vertu de leur mutuelle dépendance à la fois mécanique et physiologique, un rapport, constant pour les mêmes conditions biologiques, doit nécessairement exister dans les dimensions respectives de la racine et de la tige. C'est ce juste équilibre, sans lequel la végétation devient languissante, que l'horticulteur s'efforce de maintenir chez ses arbres par la taille des racines ou des ramifications aériennes, selon les cas. C'est également parce que ce rapport est brusquement et parfois profondément modifié que l'arrachage, particulièrement celui des grands arbres, exige des soins attentifs et raisonnés, sans lesquels il devient une opération dangereuse et même mortelle à l'arbre. Mais quand les conditions biologiques changent, ce rapport varie aussitôt chez les individus de la même espèce. Si, par exemple, en passant de la région A à la région B, la puissance nutritive de l'atmosphère s'accroît tandis que diminue celle du sol, le système aérien prédominera sur le système souterrain chez les arbres de la région B ; ce sera l'inverse pour les arbres de la région A.

III. — NUTRITION DES RACINES

L'absence, même pour l'œil armé des plus puissants microscopes, de toute solution de continuité, de toute ouverture, si petite qu'elle soit, dans l'épiderme et en général dans les parois des éléments anatomiques, montre l'impossibilité, pour les poussières les plus ténues, de pénétrer dans les tissus sans les déchirer, puisque les plus fines d'entre elles sont toujours visibles, au moins au microscope. Aussi ne connaît-on aucun corps solide capable de traverser une membrane intacte. Toutefois les parois des éléments anatomiques, continues en apparence, sont percées en réalité d'une multitude de canaux invisibles, remplis d'eau pendant la vie, à travers lesquels se font les échanges entre ces corpuscules vivants et le monde extérieur. Mais quelle doit être la finesse de fragments matériels capables de se mouvoir, sans les obstruer, dans ces pertuis ultra-microscopiques ! Il n'existe aucun moyen mécanique d'amener la poussière à ce degré de pulvérisation, et des trois états physiques de la matière, solide, liquide, gazeux, les deux derniers seuls réalisent cette condition. Aussi l'expérience a-t-elle depuis longtemps appris que l'absorption radicel-

laire s'exerce uniquement sur des corps liquides ou gazeux ; mais on
ignore encore si ces deux formes sont également avantageuses ; on sait
seulement que la plupart des aliments pénètrent dans l'économie avec
les eaux souterraines qui les ont dissous.

Longtemps on a localisé l'absorption dans un organe spécial, la
spongiole, que l'on croyait exister à l'extrémité de toute racine. L'anatomie a, depuis bien des années déjà, fait justice de cette erreur. Les
spongioles n'existent pas ; leur place est occupée par le cône végétatif
revêtu d'un tégument spécial, la pilorhize, dont le pouvoir absorbant
est très-faible, si tant est qu'il existe. L'absorption possède son maximum d'activité dans la région située immédiatement au-dessus de la
pilorhize, où l'épiderme est revêtu de ses poils spéciaux. En remontant le long de l'axe, ces derniers deviennent rares, puis disparaissent ;
plus haut encore, l'épiderme, entièrement dénudé, s'exfolie et tombe
à son tour, un tégument nouveau lui succède et devient de moins en
moins perméable avec l'âge. Le pouvoir absorbant doit donc graduellement s'affaiblir de la pointe à la base de la radicelle : déduction anatomique confirmée par l'expérience.

Le fluide nourricier souterrain, *le suc de la terre* comme on l'appelait autrefois, est toujours très-pauvre en matières étrangères ; il en
contient de quelques millièmes à 1 ou 2 centièmes de son poids ; aussi
les anciens botanistes croyaient-ils, à tort, que la plante se nourrit
uniquement d'air et d'eau pure. Sans doute le végétal épuise promte-
ment la faible dose de matières solubles contenues dans la terre arable, mais ces dernières se régénèrent quotidiennement par les réactions chimiques dont le sol est le siége. Sous l'action des agents
naturels, une sorte de *digestion* s'effectue et convertit graduellement
certains matériaux insolubles en produits solubles. Il ne faut donc pas
mesurer le degré de fertilité d'un sol au poids des matières qu'il peut
céder à l'eau à un moment donné, mais bien à la quantité de substances susceptibles de devenir solubles avec le temps. Ces faits renferment, pour la pratique, un utile enseignement, et lui apprennent que
l'arrosage des plantes aux engrais liquides doit toujours s'effectuer avec
des solutions aqueuses très-étendues, si l'on veut, — comme on le
doit, — imiter scrupuleusement les conditions naturelles de la végétation.

Il est bien constaté aujourd'hui, sans qu'on ait encore pu l'expliquer d'une manière satisfaisante, que l'absorption est élective, c'est-à-dire fait pénétrer dans l'économie certaines substances à l'exclusion des autres. Les choses se passent comme si la racine choisissait dans le sol la nourriture appropriée à sa nature, et la plante suit un régime déterminé par les caractères de son organisation. Un seul exemple suffira pour le prouver.

Tous les sols renferment de la potasse et de la soude, bases susceptibles de se substituer l'une à l'autre dans un grand nombre de réactions chimiques; cependant ces composés ne sont pas équivalents pour la nutrition végétale; et sous le rapport des appétits, on doit distinguer des végétaux mangeurs de potasse, si l'on peut s'exprimer ainsi, et des végétaux mangeurs de soude. Les premiers sont de beaucoup les plus nombreux; au contraire la soude est rare dans l'organisme végétal; et pourtant, nous le répétons, tous les sols contiennent de la soude, parfois il est vrai en minime quantité. Mais sa rareté dans la terre végétale ne serait pas un obstacle à sa présence dans les tissus, la plante ayant, pour les substances nécessaires à son organisation, une puissance d'attraction et de condensation telle, qu'elle parvient à les accumuler dans son organisme en proportions notables malgré l'extrême pauvreté du milieu sous ce rapport. D'ailleurs, en arrosant la terre où croissent des plantes ennemies de la soude avec des composés sodiques, on ne parvient point à leur faire assimiler cette base. En général, quand un composé minéral, alimentaire pour une espèce déterminée, manque au sol, il ne paraît pas qu'il puisse être remplacé dans les tissus par une autre substance. Le sujet souffre, dépérit et meurt prématurément, mais on ne le voit point adapter sa constitution chimique à celle de son sol, se priver de potasse, par exemple, si le terrain n'en contient pas, et se contenter alors de toute autre base qu'il trouve à sa portée.

On ne connaît pas encore le mécanisme de cette sorte d'absorption élective. Personne ne doute que la force d'endosmose n'intervienne dans ces phénomènes, mais son mode d'intervention reste en grande partie inexpliqué.

Imaginons un petit flacon de verre, dont le fond serait enlevé et remplacé par du papier parcheminé, un tissu quelconque albuminé, une membrane animale ou végétale, etc. Remplissons-le d'une solution épaisse d'un corps quelconque incristallisable, par exemple de

gomme arabique, puis fermons-le avec un bouchon de liége traversé
de part en part d'un tube de verre creux et ouvert à ses deux bouts.
Cela fait, maintenons ce petit appareil verticalement et plongeons-le
dans l'eau pure. On verra bientôt le li-
quide intérieur s'élever progressivement
dans le tube de verre, s'arrêter et se
maintenir à une certaine hauteur, si le
tube est suffisamment long; atteindre au
contraire l'orifice supérieur et déborder,
s'il est suffisamment court. L'eau extérieure a donc traversé la membrane et
pénétré dans l'intérieur du flacon, où
elle s'est mélangée à la solution gom-
meuse, dont elle a ainsi augmenté le volume. Ce curieux phénomène a été dé-

Fig 229. — Endosmomètre.

couvert par un savant français, Dutrochet, qui lui donna le nom
d'*endosmose*, et celui d'*endosmomètre* à l'instrument destiné à mettre
le fait en évidence et à mesurer l'intensité de la force qui le produit.

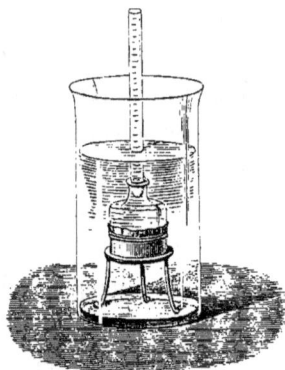

Les cellules de la racine fonctionnent, à l'égard du sol et les unes
par rapport aux autres, comme des endosmomètres; tout le monde
l'admet, mais on ne se rend pas encore un compte exact de la manière
dont le fait se produit. Autrefois on regardait la force endosmotique
ainsi développée comme la cause unique de l'introduction de l'eau
du sol dans les racines et de son ascension jusqu'à la cime des arbres
de la plus grande taille. On pensait que la séve cheminait de proche
en proche, par le corps ligneux, d'un élément à l'autre, parce que
chacun de ces derniers se comportait à son tour comme un endosmomètre. Mais évidemment une telle explication est insuffisante, puisque,
durant le cours de la belle saison, alors que le mouvement de la séve
est nécessairement le plus rapide, les vaisseaux contiennent des gaz :
ce ne sont donc pas des endosmomètres, pour le moment du moins.

Si le mécanisme de l'absorption est très-obscur dans sa cause, du
moins il est mieux connu dans ses effets, et l'on sait depuis longtemps
que la séve est poussée dans la tige avec une force dont on suit et
mesure aisément les variations d'intensité à l'aide d'un instrument,
le *manomètre à mercure*, dont nous allons indiquer le mode d'emploi.

L'instrument est en verre (fig. 250); c'est un tube ouvert à ses deux extrémités A, E, ayant la forme d'un U à branches inégales. La plus courte est recourbée à son extrémité libre E, et porte, dans sa région moyenne, un tube de plus gros calibre DC, faisant office de réservoir. Si l'on verse un peu de mercure dans l'appareil de manière à remplir une moitié environ du réservoir, et si les deux orifices A, E, restent librement ouverts dans l'air, la pression atmosphérique s'exerçant avec la même énergie sur les surfaces libres du mercure dans les deux branches, ces surfaces libres se placeront nécessairement sur un même plan horizontal IF. A ce signe on reconnaîtra donc l'égalité de pression sur les deux surfaces libres. Met-on maintenant l'extrémité E en communication avec un réservoir d'eau et refoule-t-on cette dernière dans la branche ED, aussitôt la surface libre du mercure baisse dans cette branche, monte dans l'autre. Ainsi, la pression de l'eau amène une différence de niveau d'autant plus grande que cette pression est elle-même plus considérable. Par exemple, si, à un moment donné, les surfaces libres du mercure sont en H et en G, on en conclura que la pression de l'eau fait équilibre et par conséquent est égale à deux pressions : 1° celle de l'atmosphère qui s'exerce en A ; 2° celle d'une colonne de mercure ayant pour hauteur la distance verticale des deux niveaux H, G. Comme la pression atmosphérique s'évalue aisément en colonnes de mercure à l'aide du baromètre, il en résulte que toute pression exercée par un liquide, par un gaz ou par une vapeur peut se mesurer de la même manière par l'emploi de cet instrument, nommé pour ce motif et en raison du liquide employé dans sa construction manomètre à mercure.

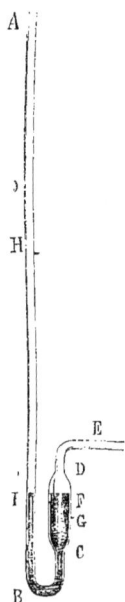

Fig. 250. — Manomètre à mercure.

Veut-on mesurer la pression avec laquelle la sève monte de la racine dans la tige, on coupe celle-ci près du collet, on engage la surface de la plaie BF (fig. 251) dans la base d'un manchon de verre BFEGD, on fixe l'extrémité de la petite branche d'un manomètre

dans la tubulure latérale D, on lute exactement les jointures, enfin,
par la tubulure supérieure G, on remplit d'eau l'espace vide du
manchon et du manomètre jusqu'au niveau du mercure B, et on ferme
en G avec un bouchon de liége ou de caoutchouc. L'appareil ainsi
disposé, les variations du niveau du mercure dans la branche AC
traduisent à l'œil les variations de pression de la séve, et rien n'est
plus facile que de les exprimer en colonnes de mercure.

Fig. 231. — Détermination de la pression de la   Fig. 232. — Détermination de la pression de la
séve au sortir de la racine.   séve dans une tige.

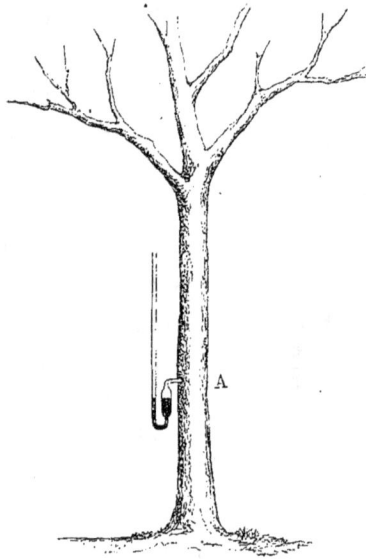

Veut-on connaître les modifications éprouvées par cette pression
dans la tige, il suffit, l'arbre restant intact, de fixer le manomètre A
(fig. 232) successivement à diverses hauteurs.

Les déterminations, déjà nombreuses, faites avec le manomètre, ont
montré que la force de propulsion des racines, comme toutes les
manifestations vitales, est sujette à des variations pour des causes, les
unes externes et les autres internes.

On doit à l'illustre physicien anglais Hales, né en 1677 et mort en
1761, les premières recherches sur cet important sujet. Dans la pré-
face de son livre si remarquable la Statique des Végétaux, il raconte
comment lui vint l'idée de ses ingénieuses expériences ; nous rappor-

tons textuellement le récit d'après son premier traducteur français, notre grand naturaliste Buffon.

« Un jour que j'essayais, par différents moyens, d'arrêter les pleurs d'un vieux cep de vigne que l'on avait taillé trop tard, je craignais qu'il ne vînt à périr. Après plusieurs essais, qui ne réussirent pas, je m'avisai de mettre sur la coupe transversale du cep un morceau de vessie que je liai bien tout autour ; dans peu de temps je m'aperçus que la force de la séve avait beaucoup dilaté la vessie, ce qui me fit penser que, si je fixais au cep un long tuyau de verre, de la même manière que je l'avais fait auparavant aux artères de plusieurs animaux vivants, je pourrais connaître par ce moyen la force réelle de la séve, ce qui réussit selon mon attente. » La plus forte pression observée par Hales fut donnée, au mois d'avril 1725, par un cep de vigne. La différence de niveau s'éleva à 38 pouces anglais, soit 965ᵐᵐ,19 ou les treize dixièmes environ de la pression atmosphérique. Les imitateurs de Hales ont quelquefois obtenu des pressions plus énergiques encore, et mesuré des différences de niveau équivalentes à une atmosphère et demie et même un peu plus.

La force propulsive des racines produit exceptionnellement un curieux phénomène dont on avait en vain cherché la cause pendant fort longtemps ; je veux parler de ce que l'on a nommé les *pleurs des feuilles*.

Le fait a d'abord été signalé chez les Graminées, chez le Blé, l'Orge, l'Avoine, le Seigle, etc., chez nos céréales en un mot.

Souvent chaque feuille porte à sa pointe une gouttelette de l'eau la plus pure en apparence, laquelle grossit peu à peu, se détache, tombe, puis une autre la remplace, et ainsi de suite durant un certain temps. Le même phénomène a été observé sur beaucoup de plantes herbacées, de taille médiocre ordinairement, dont la séve est abondante et l'absorption des racines puissante, particulièrement chez des Monocotylédones, comme les Aroïdées, Bananiers, Hedychium, etc. Par les nuits sereines des tropiques, les Bananiers pleurent au point que leurs larmes, tombant de feuille en feuille jusque sur le sol, imitent à s'y méprendre le bruit de la pluie. Parfois même, chez plusieurs Colocases par exemple, la sortie des gouttelettes se produit avec une certaine force de projection. Dans tous les cas, les feuilles pleurent d'une façon intermittente. Toute diminution notable dans la transpiration, tout accroissement dans l'activité de l'absorption provoque l'apparition des pleurs; aussi le phénomène se manifeste-t-il surtout le matin, le soir et pendant la nuit, ou, durant le jour, immédiatement après un arrosage copieux. Un feuillage bas est une circonstance favorable, car la pression de la séve diminue avec la hauteur : elle est, en d'autres termes, plus grande au pied qu'au sommet de la tige ; ainsi chez les Graminées les pleurs cessent de se montrer bien avant que la plante ait atteint tout son développement. Enfin, les feuilles qui pleurent ont quelques larges stomates à travers lesquels se fait l'émission de la séve. Le phénomène est certainement dû à la force propulsive des racines, car il peut être reproduit artificiellement avec ses principales circonstances. En coupant la plante au pied et en injectant avec force de l'eau par la base de la tige, on voit bientôt le liquide perler à la surface des feuilles.

Non-seulement l'intensité de cette force propulsive subit de continuelles variations, mais encore elle peut disparaître à un moment donné, pour faire place à une force opposée ou d'absorption. Le fait a été jusqu'ici observé dans deux circonstances.

Qu'à la fin d'une chaude journée, pendant laquelle la transpiration a été abondante, on coupe la plante au niveau du sol, et qu'on adapte sur le collet un manchon plein d'eau ; on verra bientôt le liquide diminuer, et même disparaître s'il est en faible quantité. La racine absorbe donc alors par la plaie, comme le rameau feuillé absorbe par sa section inférieure plongée dans l'eau. Dans l'un et l'autre cas la cause est la même : l'insuffisance de l'eau dans les tissus. La force attractive, ou dirigée de dehors en dedans, se manifeste encore le matin quand on adapte le manomètre à la tige de l'arbre. Le mercure commence par descendre dans la grande branche, et monter dans la petite. Plus tard, une pression dirigée en sens contraire, de l'intérieur à l'extérieur, se manifeste et croît pendant le jour, surtout si les rayons du soleil viennent frapper le tronc du côté où se trouve l'instrument.

La *capillarité* est une des forces motrices de la séve, mais, comme pour celle d'endosmose, on n'a encore fait qu'entrevoir son mode d'action.

La force de capillarité se manifeste dans une foule de circonstances ; par exemple, dans la suivante, la plus fréquente et la plus familière à chacun de nous.

Si l'on prend un tube en verre A B, percé d'un canal très-étroit, fin comme un cheveu, d'où son nom de *tube capillaire*, et ouvert à ses deux bouts A, B (fig. 233), dès qu'on plonge une de ses extrémités B dans l'eau, le liquide s'élève dans le tube, et sa surface libre E F, de forme courbe à convexité tournée vers le bas, se maintient au-dessus du niveau extérieur C D, à une hauteur qui dépend, dans les mêmes circonstances, du diamètre du tube. Plus le diamètre de celui-ci est petit, plus grande est la hauteur : l'élévation est de 5 mètres dans un tube de $0^{mm},01$ de diamètre, et de 50 mètres dans un tube de $0^{mm},001$. Comme les vaisseaux et les fibres du bois ont des diamètres de cet ordre de grandeur, on en a naturellement conclu que la capillarité était une des principales causes du mouvement ascensionnel de la séve dans le corps ligneux. Toutefois il est nécessaire de rappeler que, pendant la période de plus grande activité de ce mouvement, les fibres et les vaisseaux ne contiennent pas de colonnes d'eau continues, mais d'abord des chapelets formés alternativement d'index liquides E et de bulles d'air A, comme on le voit dans le tube C D (fig. 234), et plus tard de l'air seulement. Les phénomènes capillaires produits dans le bois sont donc très-certainement d'une nature complexe et variable selon les saisons. Les physiciens étudient le jeu de ces forces. Ne pouvant les suivre dans cet examen, nous nous bornerons à remarquer que la capillarité présente une très-grande énergie dans les corps poreux, c'est-à-dire percés d'une multitude de conduits capillaires. M. Jamin, en expérimentant sur des blocs de plâtre, d'argile cuite, etc., a constaté que l'eau y pénètre avec une puissance variable selon la constitution des corps et comprise entre trois et six atmosphères, capable par conséquent d'élever l'eau pure à une

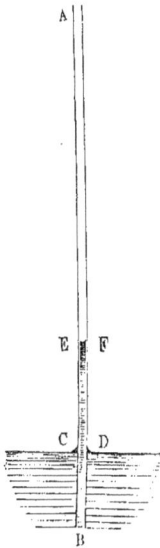

Fig. 233. — Ascension de l'eau dans un tube capillaire.

Fig. 234. — Mélange d'eau et d'air dans un tube capillaire.

hauteur de 50 à 60 mètres environ. Nous ajouterons que la chaleur en général, celle de la radiation solaire en particulier, dilate les gaz intérieurs, accroît leur force élastique et par suite exerce une grande influence sur les phénomènes produits. De tous temps les observateurs ont vu au printemps la sève couler avec plus d'abondance des trous faits à la tige, lorsque les rayons solaires venaient à frapper ceux-ci.

IV. — MORT DE LA RACINE

La longévité de la racine est très-variable selon les types. Le végétal étant une dualité, l'association de deux organismes, la racine et la tige, d'attributs distincts, la circonstance la plus favorable à la vie de l'ensemble est celle où les deux associés naissent et meurent en même temps. C'est en effet le cas le plus ordinaire parmi les Phanérogames, mais ce n'est pas le seul. Au-dessous de cet état moyen se rencontre celui de la plante dont la racine survit à la tige ; au-dessous encore, au dernier rang, celui du végétal dont la tige au contraire survit à la racine, semblable, dans cette période critique de son existence, à l'embryon de la graine et vivant sans doute alors comme lui. En résumé, il y a lieu de distinguer sous ce rapport trois types principaux, dont nous allons signaler les caractères et étudier les variations secondaires.

Lorsque la tige et la racine sont d'égale durée, la plante peut être annuelle, bisannuelle ou ligneuse. Elle est annuelle, et se représente par le signe ①, quand elle parcourt toutes les phases de son existence, de la germination à la mort, en une seule période de moins d'une année généralement ; tels sont : le Concombre (*Cucumis sativus* Lin.), l'Épinard (*Spinacia oleracea* Lin.), la Fève de marais (*Faba vulgaris* Mœnch.), le Haricot (*Phaseolus vulgaris* Savi), etc., etc. Elle est bisannuelle si sa vie se partage en deux phases d'activité séparées par une période de repos : dans la première phase, elle constitue et développe ses organes de nutrition, emmagasine le surplus des matériaux assimilables élaborés par eux ; dans la seconde, elle fleurit et fructifie. La durée des périodes d'activité, et par suite la longévité de la plante, change avec l'espèce et les circonstances extérieures, favorables ou défavorables, selon l'année ou le climat, à l'évolution du sujet. Chez les végétaux cultivés, spécialement chez les plantes potagères, la vie dure deux ans ; ces espèces sont bisannuelles dans le sens littéral du mot, et l'on a parfaitement raison de les représenter par le signe ②; tels sont : le Navet (*Brassica Napus* Lin.), le Panais (*Pastinaca sativa* Lin.), le Persil (*Apium petroselinum* Lin.), le Poireau (*Allium porrum* Lin.), le Salsifis (*Tragopogon porrifolius* Lin.), etc., etc. Par raison de similitude dans le mode de végétation, on appelle encore bisannuelles des plantes qui vivent en réalité trois ans, comme certaines variétés de Choux (*Brassica oleracea* Lin.), par exemple, ou même un plus grand nombre d'années, comme les Agavés. Enfin, chez d'autres espèces, représentées par le signe ♄, la racine et la tige vivent un grand nombre d'années. Chez elles, tous les ans, les pousses nouvelles se lignifient ; si la lignification est complète, la plante est ligneuse, comme le Chêne (*Quercus robur* Lin.), le Châtaignier commun (*Castanea vulgaris* Lamk.), etc., etc.; si la lignification est incomplète, les portions terminales des rameaux, restées herbacées, meurent dans l'année qui les a vues naître, et l'espèce est *sous-ligneuse*, comme la Douce-amère (*Solanum dulcamara* Lin.), la Rue (*Ruta graveolens* Lin.), la Sauge (*Salvia officinalis* Lin.), le Thym (*Thymus vulgaris* Lin.), etc., etc.

Dans la seconde classe, la racine survit à la tige. Le plus ordinairement, l'appareil caulinaire meurt dans l'année de sa naissance ; il est annuel en d'autres termes, et la plante reconstitue tous les ans, à l'aide de bourgeons adventifs, un nouvel appareil aérien. Pour exprimer ce double caractère d'avoir une tige herbacée et une racine vivace, on appelle le végétal *herbe vivace* et on le représente par le signe ♃. Tels sont, dans nos espèces indigènes : le Panicaut des Champs (*Eryngium campestre* Lin.), la Gentiane jaune (*Gentiana lutea* Lin.), la Berce (*Heracleum sphondylium* Lin.), le Peucédane des Cerfs (*Peucedanum cervaria* Lap.), etc., etc. Les herbes vivaces ont une durée très-inégale, mais toujours fort courte, de quelques années au plus. La raison en est facile à saisir. Leur appareil aérien, par l'effet de son renouvellement annuel, manque toujours d'ampleur et de puissance ; dès lors la racine, insuffisamment nourrie par lui, s'accroît lentement et reste cantonnée dans la même motte de terre qu'elle a bientôt épuisée. Voilà pourquoi ces plantes dépérissent et meurent ordinairement en quatre ou cinq ans : *elles fondent*, comme disent les jardiniers; et le seul moyen de prolonger leur existence est

Fig. 255. — Maguey (*Agave Americana* Lin.), type de plante monocarpienne.

de les transplanter de temps à autre, quand elles ont épuisé le sol qui les a nourries. Leur longévité dépend donc de bien des causes diverses :

du climat, de la richesse de la terre arable, de la forme de l'appareil radical, de sa puissance de végétation, etc., etc.

Ainsi que nous l'avons constaté chaque fois qu'il s'est agi d'établir des catégories dans le Règne végétal, la division des plantes en annuelles, bisannuelles et vivaces est artificielle. La même espèce change de catégorie selon les circonstances. Frappé du peu de précision de cette classification, A. P. de Candolle partageait les Phanérogames, sous le rapport de leur longévité, en monocarpiennes et en polycarpiennes, selon qu'elles meurent après avoir fleuri une seule ou plusieurs fois. Mais cette seconde classification présente, elle aussi, de nombreuses difficultés dans la pratique.

La dernière classe, celle des plantes dont la tige survit à la racine, comprend plusieurs types. Puisque celle-ci remplit un rôle nécessaire et déterminé dans l'économie végétale, la plante ne peut survivre à la mort de cette dernière qu'autant que des racines adventives s'organisent spontanément pour exercer la fonction laissée en souffrance, sinon le sujet, devenu arrhize, doit vivre désormais en parasite sur un autre végétal. Voici comment les choses se passent dans le premier cas. La racine normale languit et meurt plus ou moins longtemps après la germination ; mais, des racines adventives, développées avant sa mort, sont alors en état de la suppléer ; celles-ci à leur tour cèdent la place à d'autres, et ainsi de suite pendant l'existence de la plante. En sorte que la fonction ne périclite jamais ; seulement les organes qui l'exercent se renouvellent périodiquement, comme les feuilles, à des intervalles déterminés et plus ou moins éloignés. En principe, les racines adventives peuvent naître, et naissent en effet dans les régions intertropicales, à toutes les hauteurs, sur la tige et ses ramifications indistinctement ; en fait, leur intervention est d'autant plus prompte et par conséquent leur situation d'autant plus avantageuse qu'elles se forment plus près du pied, circonstance qui abrége la longueur de leur trajet aérien, leur permet d'atteindre plus rapidement le sol et d'entrer plus tôt en fonction. Dans les contrées intertropicales, la substitution d'une racine adventive aux lieu et place de la racine normale n'a aucune influence sur l'attitude de la plante, les racines adventives pouvant, sous ces climats, indifféremment vivre dans l'air et dans la terre. Mais il n'en est plus de même pour les végétaux des régions extra-tropicales, dont les racines sont incapables de supporter les rigueurs du climat atmosphérique, et ne peuvent habiter d'une manière permanente que le sol. Telle est la raison d'être, dans nos contrées, des plantes rampantes et des rhizomes.

Parfois une plante, après avoir vécu de la vie ordinaire, pourvue de tous les organes nécessaires à l'existence libre et indépendante, devient *parasite*, c'est-à-dire se fixe et s'implante sur un autre végétal aux dépens duquel elle subsiste désormais. Ce changement d'existence est accompagné de l'atrophie et de la disparition de la racine normale. En réalité, la transformation est moins profonde qu'elle ne le paraît au premier abord, et le parasite n'est point arrhize dans le sens rigoureux du mot ; chez lui, des racines nouvelles naissent pour remplacer la racine normale ; seulement, les formations adventives ne sont plus, comme chez la plante rampante, destinées à fonctionner dans le sol, mais dans des tissus vivants dont elles absorbent les sucs nutritifs ; aussi leur aspect est-il modifié ainsi que leur nom : on les appelle alors des *suçoirs*.

CHAPITRE XV

VIE DE LA FEUILLE

Après la fleur, la feuille est de tous les organes végétaux le mieux connu dans son origine, son développement, sa structure, son genre de vie et sa mort. L'extrême attention accordée de tous temps à la feuille n'a rien qui surprenne; chacun de nous comprend d'instinct sa haute importance dans la vie végétale en voyant, dans la grande majorité de nos plantes, la naissance du feuillage coïncider avec le réveil de la végétation, sa mort et sa disparition momentanées marquer les limites et régler la durée du repos annuel. Chacun enfin, sans être ni botaniste ni horticulteur, examine curieusement les formes toujours si gracieuses de la feuille, s'étonne de leur infinie diversité, admire ses coloris successifs, se succédant dans un ordre immuable : vert tendre au printemps, vert foncé en été, fauve ou pourpre en automne. On prend involontairement intérêt à un organisme si changeant pour les sensations agréables qu'il excite en nous, pour les problèmes attachants qu'il éveille en notre esprit.

Aussi la science est-elle riche en documents sur ce sujet.

L'œil armé du microscope s'est appliqué à connaître sa structure, à suivi pas à pas son développement et reconnu qu'il se fait selon deux modes principaux, le foyer d'organisation restant tantôt à la base, tantôt au sommet. Dans le premier cas, il semble qu'un être invisible saisit la pointe de la feuille, d'abord cachée dans le rameau, et l'attire peu à peu au dehors; dans le second, l'organisation procède comme l'architecte et comme lui entasse pierre sur pierre, commençant par les fondations, finissant par le faîte de l'édifice.

A notre époque, on s'efforce également de surprendre les secrets de la vie et de la mort des cellules foliaires, et de déterminer leur composition chimique aux différents âges de la feuille. Depuis longtemps on connaît les changements d'attitude provoqués chez toutes par le cours du Soleil, par la succession régulière des jours et des nuits. On recherche aujourd'hui la cause de ces phénomènes et des mouvements provoqués, chez quelques-unes d'entre elles d'une irritabilité plus exquise, par des excitations d'origines les unes physiques et les autres chimiques.

Dans les dernières années du dix-huitième siècle, Priestley ayant découvert que les feuilles ont le don de purifier et de rendre de nouveau respirable l'air vicié par la respiration de l'homme et des animaux, Ingen-Housz, Senebier, de Saussure, le suivirent dans cette voie et mirent enfin en pleine lumière l'une des plus surprenantes fonctions de la feuille, celle qu'on a nommée de nos jours *la fonction chlorophyllienne*. Ayant constaté enfin que la feuille, comme tout être vivant, respire et transpire, on a voulu mesurer l'activité de ces fonctions, sujets qui intéressent tout autant la météorologie et l'hygiène que la physiologie ; car, par les torrents de vapeur d'eau qu'elle déverse dans l'atmosphère, par l'oxygène que sa respiration lui prend ou que la fonction chlorophyllienne lui restitue, la feuille agit énergiquement sur le climat, sur la composition de l'atmosphère, sur les sources vives de la vie humaine par conséquent.

On le voit, les sujets à traiter, les problèmes à résoudre, sont nombreux ; devant nous restreindre, et nous restreindre beaucoup, nous nous bornerons, après avoir rappelé les caractères essentiels du milieu aérien, à l'étude de ses deux actes nutritifs les mieux connus, la fonction chlorophyllienne et la transpiration. Cela fait, nous aborderons l'examen des causes et des effets des changements d'attitude et des mouvements de la feuille, et en terminant nous dirons quelques mots de sa mort.

I. — LE MILIEU AÉRIEN

L'atmosphère est un gigantesque écran qui protége la Terre et ses habitants contre les influences trop vives venant des espaces célestes. Son épaisseur réelle est inconnue ; des considérations physiques d'ordres divers conduisent à des évaluations approximatives, dont les plus probables sont comprises entre 50 et 70 kilomètres ; adoptons, pour fixer nos idées, la valeur moyenne, ou 60 kilomètres. La hauteur de l'atmosphère serait donc cent six fois moindre que la longueur du rayon terrestre, en sorte que, sur une sphère représentative du globe terrestre de 106 mètres de rayon, l'atmosphère n'aurait qu'un mètre d'épaisseur. On voit combien est relativement mince la zone dans laquelle se passe la vie des êtres aériens, et encore la végétation est-elle confinée dans les couches inférieures de cette zone. En effet, la limite des neiges perpétuelles, limite au-dessus de laquelle fort peu de plantes vivent faute d'un terrain débarrassé de neige en été, atteint 5646 mètres, son altitude maxima, dans la Cordillère occidentale du haut Pérou ; or 5646 mètres font un peu moins du onzième de la profondeur totale de l'atmosphère : donc les $\frac{10}{11}$ de l'océan aérien sont absolument inhabités : rien n'y végète, rien n'y vit ; d'audacieux aéronautes seuls traversent rapidement à de rares intervalles quelques coins de ce désert inhospitalier et insondable.

Le poids de l'atmosphère est considérable ; mesuré avec nos unités ordinaires, le nombre qu'on obtient est tellement grand, que l'esprit n'en conçoit pas la valeur. On arrive à mieux apprécier l'énormité d'une pareille masse en choisissant d'autres termes de comparaison, par exemple le suivant. S'il était possible, avec une balance, de peser l'atmosphère, il faudrait, pour équilibrer le fléau, 581 000 cubes de cuivre de chacun 1 kilomètre de côté. Ainsi l'atmosphère pèse autant que cette énorme montagne de cuivre, dont on comprendra mieux la grandeur en sachant que son volume équivaut à plus de 252 000 000 de fois celui de la plus grande des fameuses pyramides d'Égypte, qui mesure pourtant 2 512 162 mètres cubes.

L'atmosphère est un mélange excessivement complexe, puisqu'elle est le réservoir commun de tous les fluides gazeux produits à la surface de la terre. Elle contient deux gaz, l'oxygène et l'azote, que leur présence partout et sensiblement dans les mêmes proportions fait considérer comme caractérisant le fluide aérien, et des corps accidentels, toujours en faible et très-variable quantité.

L'air sec et pur, c'est-à-dire réduit à ses éléments constituants, est un mélange contenant par hectolitre 21 litres d'oxygène et 79 litres d'azote, ou plus rigoureusement, par mètre cube, 209 litres du premier et 791 litres du second. Comme il existe des causes nombreuses et permanentes dont les unes enlèvent et les autres restituent à l'atmosphère de l'oxygène ou de l'azote, il semble à priori que la composition du mélange doit perpétuellement varier. Il n'en est rien pourtant, et l'air paraît conserver en tous temps et en tous lieux une constitution sensiblement uniforme et constante. Ce résultat, étrange au premier abord, tient à la juste équilibration des forces antagonistes qui séparément tendent toutes à modifier la nature de l'air dans un sens ou dans l'autre. Nous n'avons donc point lieu de nous inquiéter sous ce rapport, et s'il entre dans la destinée du monde animé de périr un jour par asphyxie, tout porte à espérer du moins que bien des siècles le séparent encore de la catastrophe finale.

Le rôle prépondérant de l'oxygène est connu de tout le monde. Il entretient la respiration chez les êtres des deux Règnes organiques, ainsi que les innombrables combustions, vives ou lentes, qui se produisent sans cesse à la surface de la terre. Si la proportion de ce gaz ne diminue pas d'une manière notable dans l'océan aérien, malgré une prodigieuse consommation de tous les instants, cela tient à ce que les organes verts des végétaux, comme nous l'apprendrons bientôt, déversent, sous l'influence de la lumière solaire, des torrents de ce fluide dans l'atmosphère.

Les tissus des animaux et des végétaux contiennent de l'azote, et cet élément fait partie intégrante de l'édifice organique; il semble donc plausible d'admettre que l'azote gazeux, tel qu'il se trouve dans l'atmosphère, doit être mis en œuvre, assimilé, en nature, sinon par tous les êtres vivants indistinctement, au moins par quelques-uns d'entre eux, privilégiés sous ce rapport. Une école scientifique de notre temps attribuait aux végétaux cette mission de premier ordre. Après de longs débats, la majorité des savants a repoussé cette doctrine, et l'on regarde aujourd'hui comme fort peu probable l'assimilation directe de l'azote aérien par les plantes; du moins aucun fait n'est venu jusqu'ici révéler la réalité d'une pareille fonction. Mais alors sous quelle forme chimique ce corps simple devient-il donc un aliment, et de quelle nature sont les aliments azotés? Nous touchons ici à l'un de ces liens indestructibles qui maintiennent les trois Règnes en un seul et solide faisceau; nous sommes en face de l'une de ces admirables et grandioses relations qui les subordonnent étroitement les uns aux autres.

Les composés azotés, aussi nombreux que variés, créés par la vie, procèdent tous de deux corps appartenant l'un et l'autre au monde minéral, l'ammoniaque et l'acide azotique. Les plantes seules savent en retirer l'azote qu'ils contiennent et l'utiliser pour leurs besoins; les animaux sont contraints d'emprunter ce corps simple à la plante, où ils le trouvent à des états chimiques variables et complexes; plus tard, la décomposition spontanée de leurs cadavres le restitue au monde extérieur, mais sous les formes premières d'ammoniaque et d'acide azotique. Voilà donc l'azote revenu à son point de départ, après trois migrations : 1° du Règne minéral au Règne végétal ; 2° de celui-ci au Règne animal ; 3° de ce dernier enfin au monde extérieur. Durant ce long circuit, à travers ces mille métamorphoses, n'y a-t-il point d'azote de retiré de la circulation? La plante prend-elle au monde extérieur un poids d'ammoniaque et d'acide azotique précisément égal à celui qui est restitué par l'animal dans le même temps? Tout bien pesé, il paraît qu'une certaine quantité d'azote redevient libre et retourne dans l'atmosphère; donc l'ordre de choses actuel, pour se maintenir, réclame l'intervention de causes antagonistes de l'action vitale et provoquant, pour la conservation de l'équilibre, la formation de nouvelles quantités d'ammoniaque et d'acide azotique qui remplacent celles que détruisent les êtres organisés en exhalant de l'azote. Depuis longtemps les chimistes recherchent ces causes et le mécanisme de leur action ; ils les ont tour à tour localisées dans la plante, dans l'atmosphère et dans le sol. Aujourd'hui que l'assimilation directe de l'azote aérien par la végétation paraît fort problématique, il n'y a plus d'autres interventions possibles que celles de l'atmosphère et du sol. Or il est établi de nos jours que les eaux météoriques, particulièrement celles des pluies d'orage, contiennent souvent de l'acide azotique, soit libre, soit combiné avec l'ammoniaque. Où et comment se produit ce corps, recueilli dans l'atmosphère par les vapeurs aqueuses et que la pluie déverse avec elle sur la surface terrestre? On ne le sait pas au juste, mais il paraît infiniment probable qu'il prend naissance au sein de l'air, par l'union directe de l'azote et de l'oxygène sous l'excitation de la foudre. Reste le sol. Dans ce vaste et mystérieux laboratoire, les chimistes croient que l'azote aérien contracte journellement des combinaisons; mais le mécanisme de ces réactions est encore fort peu connu.

En résumé, le corps le plus abondant de l'océan aérien, l'azote, semble inapte à s'incorporer directement à la matière vivante, ainsi que le fait l'oxygène avec lequel il est mélangé dans l'air. Avant de participer au mouvement vital, il doit s'engager dans certaines combinaisons chimiques, dont les mieux connues sont l'ammoniaque et l'acide azotique. On ne lui sait point d'autre rôle. On a prétendu, il est vrai, que l'azote tempère l'action trop vive qu'exercerait sur les êtres vivants une atmosphère d'oxygène pur; mais c'est là une simple allégation, que rien jusqu'ici n'est venu affirmer ou infirmer.

Parmi les substances adventives de l'atmosphère, il en est plusieurs dont l'importance est très-grande pour nous, en raison de leur présence en tous lieux et de leur énergique action sur la vie : ce sont la vapeur d'eau, l'acide carbonique et les corpuscules organisés.

La vapeur d'eau atmosphérique résulte de l'évaporation spontanée de l'eau des mers, des lacs, des fleuves, etc., de la transpiration des animaux et des végétaux. Elle décroît avec la hauteur; les proportions en varient sans cesse avec le cours des saisons, l'heure de la journée, etc. Son rôle est très-complexe; nous aurons dans plusieurs circonstances à signaler son intervention.

La combinaison de carbone et d'oxygène connue de tout le monde sous le nom d'acide carbonique existe toujours dans l'air, mais toujours dans de très-faibles proportions. En moyenne, à la surface du sol, 10 000 litres d'air, mesurés à la température de 0° et sous la pression normale de 760 millimètres, contiennent environ 4 litres de ce gaz. Ses proportions varient du reste continuellement comme la température, la pression barométrique, la direction et la force du vent, le degré d'humidité, etc., en un mot, comme tous les caractères de cet océan essentiellement mobile et changeant. La proportion d'acide carbonique est en outre plus grande la nuit que le jour, en été qu'en hiver, en plaine que sur les hauts sommets.

L'ammoniaque, combinaison d'azote et d'hydrogène, se produit en abondance pendant la putréfaction des matières organiques; il n'est donc point surprenant qu'elle existe toujours dans l'atmosphère, mais à la très-petite dose de quelques milligrammes au plus par mètre cube d'air. Comme ce composé est pour la plante un précieux aliment, les chimistes se préoccupent de nos jours de déterminer ses proportions et les causes de ses variations, qui dépendent, comme pour la vapeur d'eau et l'acide carbonique, des temps et des lieux. Fait important à noter, ses proportions croissent très-notablement avec la hauteur.

D'innombrables légions de corpuscules, tous excessivement ténus, flottent sans cesse dans l'atmosphère grâce à ses perpétuelles agitations. Parmi eux, les uns sont de fines poussières arrachées au sol ou produites par diverses industries; les autres, des débris ou des germes souvent ultra-microscopiques d'êtres organisés. Le calme momentané de l'air fait tomber ces poussières vivantes; ainsi se disséminent et pénètrent partout, mais éclosent et germent seulement sur les points où se rencontrent les conditions indispensables à leur existence, ces myriades d'infusoires, animaux et végétaux, qui peuplent les mondes de l'infiniment petit. Leur nombre incalculable, leur prodigieuse fécondité, leur infatigable activité, les rendent redoutables, malgré leur extrême petitesse et leur très-courte existence. Leur tâche est, dans l'économie générale du globe, de détruire les cadavres des êtres supérieurs et de restituer leurs principes constituants au monde extérieur.

Le soleil impressionne diversement les êtres vivants : il les éclaire, les réchauffe et provoque en eux des réactions chimiques; voyons dans quelle mesure l'écran atmosphérique modifie, atténue, l'énergie des radiations. Rappelons d'abord que la lumière blanche du soleil provient de la réunion d'une infinité de rayons agissant diversement sur la *rétine*, ou, en d'autres termes, diversement colorés. La séparation des rayons composants, nommés *rayons simples*, s'obtient par le passage du rayon de lumière blanche à travers un instrument de physique bien connu, le *prisme*. Le faisceau émergeant produit sur un écran blanc une tache lumineuse, le *spectre solaire*; dans lequel on dis-

tingue sept nuances principales, rangées dans l'ordre invariable suivant : rouge, orangé, jaune, vert, bleu, indigo, violet.

La lumière solaire, en traversant l'atmosphère, se dépouille progressivement de ses rayons bleus constitutifs et prend une teinte rougeâtre, dont l'intensité est en raison directe de l'énergie de l'absorption.
Le phénomène est produit, comme l'a récemment montré un physicien anglais, M. Tyndall, par des particules ultra-microscopiques,
provenant en majeure partie d'un commencement de condensation de
la vapeur aqueuse. Ces myriades de corpuscules réfléchissent seulement
la lumière bleue du rayon incident, la disséminent ou la *diffusent*
dans l'espace, et laissent passer les autres rayons du spectre. Telle est
l'origine de la coloration bleue si caractéristique de l'atmosphère.
Privé de ses particules réfléchissantes imperceptibles, l'océan aérien
resterait obscur nuit et jour. Aussi, tout ce qui fait varier le nombre
de ces derniers fait-il varier dans le même sens l'éclat du ciel et
le degré de transparence de l'air. S'élève-t-on dans les hautes régions
de l'atmosphère, la teinte du firmament s'assombrit de plus en plus ;
une forte pluie survient-elle, balayant et entraînant avec elle les poussières atmosphériques, elle rend l'air plus transparent après sa chute.
Dans l'un et l'autre cas, la cause du phénomène est la même : une
diminution dans le nombre des corpuscules solides. Enfin si, dans
le voisinage de l'horizon, le soleil et la lune s'éclairent d'une lueur
rougeâtre et sans éclat, tandis qu'ils s'illuminent au zénith d'une
lumière d'un blanc éblouissant, la différence provient de ce que
l'absorption atmosphérique est plus grande dans la première position,
la couche d'air traversée étant plus épaisse et surtout plus humide.
C'est là un effet d'augmentation dans le nombre des particules réfléchissantes.

L'atmosphère arrête environ les quatre dixièmes du flux calorifique solaire, et presque complétement les effluves de chaleur obscure
qui se dégagent du sol. Ce double résultat est d'une haute importance
pour nous, et il nous montre le mode d'action de l'océan aérien. Il
tempère l'ardeur, sans lui insupportable, des rayons solaires, arrête
et conserve la chaleur terrestre, adoucit par conséquent les climats,
et rend possible la vie à la surface du globe.

II. — LA FONCTION CHLOROPHYLLIENNE

Un des illustres créateurs de la Chimie pneumatique, Joseph Priestley, né près de Bristol en 1733, mort à Philadelphie en 1804, exilé par l'intolérance de ses compatriotes, exécutait au mois d'août 1771 une mémorable expérience.

Ayant posé sur l'eau d'une cuve un flotteur de liége, il y plaça une souris vivante et recouvrit le tout d'une cloche de verre de façon à obtenir une atmosphère limitée et isolée de l'air extérieur par la cloche et l'eau de la cuve. L'animal périt d'asphyxie au bout d'un certain temps. Alors, sans renouveler l'air, il introduisit une seconde souris, qui mourut aussitôt. L'atmosphère confinée de la cloche était donc devenue irrespirable. Cette constatation faite, il plaça sur le flotteur, dans l'air vicié par conséquent, une touffe de Menthe. Il s'attendait à la voir promptement succomber comme l'animal. Contrairement à ses prévisions, la plante y vécut, elle y vécut même fort bien : sa végétation était vigoureuse et son feuillage du plus beau vert. Voulant se rendre compte des modifications survenues dans l'atmosphère de la cloche, Priestley y fit entrer une troisième souris, en prenant toujours la précaution de ne pas laisser pénétrer en même temps l'air extérieur. A son grand étonnement, celle-ci, au lieu de périr en peu d'instants comme la précédente, continua de vivre pendant un certain temps et mourut en présentant les symptômes qui avaient marqué la fin de la première.

Telle est l'expérience ; rappelons comment l'éminent chimiste y fut conduit, puis étudions-la en détail, et montrons quelle fut son influence sur les progrès de la philosophie naturelle.

De son temps, on savait déjà que des causes permanentes altèrent la pureté de l'air atmosphérique, que la respiration des animaux, la combustion, les fermentations, les manifestations volcaniques, sont des sources inépuisables d'un gaz irrespirable, l'acide carbonique, qui se répand journellement dans l'atmosphère et tend à modifier sa constitution. Priestley se demanda, en philosophe chrétien, quelle est la digue opposée par la Providence à ce torrent d'air vicié qui menace de détruire le monde animé. A la grandeur du problème posé, on reconnaît un esprit supérieur, et l'on voit combien est fausse l'opinion des personnes qui prétendent que les grandes découvertes sont toujours un pur effet du hasard ; ces hasards-là n'échoient qu'aux puissantes intelligences ; il faut être un Newton pour concevoir le principe de la gravitation universelle. Il est curieux de suivre cet esprit créateur dans ses efforts et ses tergiversations, de connaître les idées ingénieuses, les hypothèses originales, tour à tour proposées, puis abandonnées par Priestley pour expliquer le phénomène. Un jour il croit bien être enfin sur la voie de la découverte et près d'atteindre le but ; il s'imagine avoir trouvé dans l'océan l'agent purificateur de l'atmosphère. Frappé, comme tout le monde, de la vaste étendue des mers, lesquelles couvrent les trois quarts environ de la surface entière du globe, il s'était demandé si cette énorme masse d'eau n'aurait pas la mission d'absorber par voie de dissolution l'acide carbonique aérien, et ne serait pas l'agent purificateur qu'il cherchait avec tant de persévérance, mais si peu de succès, depuis plusieurs années. La surface de l'océan étant dans une perpétuelle agitation, pour l'imiter, il agite lui aussi, dans un flacon bouché, de l'eau et de l'acide carbonique ; ce dernier se dissout partiellement. Plus de doute, il est sur la piste ; il multiplie et varie ses essais, ne trouve pas finalement l'agent purificateur qu'il cherchait, mais découvre l'eau de Seltz artificielle qu'il ne cherchait pas. Priestley fut le premier fabricant d'eau de Seltz artificielle ; ceux qui de nos jours exploitent fructueusement ce produit, peuvent s'enorgueillir à juste titre de leur illustre précurseur. De notre temps, Priestley aurait pris un brevet d'invention et peut-être se serait fait accorder une forte pension à titre de récompense nationale. Il ne paraît pas avoir songé au côté pratique de sa découverte, et poursuivit ses études théoriques. Il ne tarda pas à reconnaître qu'à l'air libre la solubilité de l'acide carbonique dans l'eau est trop faible pour expliquer la disparition de celui qui est déversé à chaque instant dans l'atmosphère. Abandonnant donc son idée première, il chercha d'un autre côté, et découvrit enfin la véritable explication. Voici dans quelles circonstances.

Sans doute, nulle part dans ses écrits on ne retrouve la trace de ses méditations solitaires : il se borne à raconter simplement, avec la candeur et la sincérité des savants d'autrefois, ses essais, ses tentatives, et leurs résultats bons ou mauvais. Cependant voici, ce me semble, comment il a dû raisonner.

Il cherche la condition d'équilibre du monde physique; l'altération progressive de l'air étant connue dans ses causes et ses effets, reste à découvrir l'agent antagoniste, l'agent purificateur. Il lui faut donc avant tout créer dans son laboratoire un monde en miniature, image exacte du monde réel, afin de surprendre, en le voyant en action sous ses yeux, la raison de sa stabilité. Mais notre globe est fort complexe; il comprend une atmosphère, des continents et des mers, habités par des populations animales et végétales; il s'agit, pour le savant chimiste, de réunir ces influences réciproques dans le plus petit espace possible. L'eau d'une cuve devient l'océan; un flotteur en liège, le continent; une cloche de verre dont les bords seuls plongent dans l'eau, en recouvrant le flotteur, lui donne l'atmosphère limitée et indépendante qu'il désire. Voilà un microscome créé, reste à peupler ce désert. Mais la vie s'incarne sur la terre en deux organismes différents, l'animal et le végétal; pour faciliter l'étude de leurs rapports mutuels, il est logique de n'expérimenter d'abord que sur l'une des deux formes.

Priestley s'adresse en premier lieu à la vie animale; il la représente, dans son petit monde, par une souris, qu'il abandonne à elle-même sur le continent solitaire, c'est-à-dire sur le radeau de liége. L'animal y périt au bout d'un certain temps. Pourquoi? Parce que l'air vicié par sa présence est devenu impropre à la respiration; et la preuve de l'exactitude de cette explication, c'est qu'une seconde souris, introduite sous la cloche, périt aussitôt et non point lentement comme la première.

Voyons maintenant comment se comportera la vie végétale dans un monde où la vie animale vient de s'éteindre; de la même manière probablement, mais encore faut-il s'en assurer. Priestley fixe en conséquence au flotteur une touffe de Menthe; à son grand étonnement, loin de périr, elle végète et prospère dans cette atmosphère devenue mortelle pour l'animal. Voilà faite enfin la preuve irréfutable de l'existence de forces antagonistes. Assurons-nous directement néanmoins si l'animal et le végétal sont bien deux créations complémentaires, indispensables l'une à l'autre. Dans ce monde en miniature, domaine exclusif de la vie végétale, l'éminent chimiste fait reparaître la vie

animale sous la forme d'une troisième souris. A sa profonde surprise,
elle vit, elle vit dans cette atmosphère qui asphyxiait la précédente;
l'air a donc été purifié. Par qui, sinon par la Menthe? Priestley est
par conséquent en droit d'énoncer ce grand principe de philosophie
naturelle : les plantes purifient l'air vicié par la respiration des
animaux.

Par cette expérience, d'une merveilleuse simplicité, d'une admirable
grandeur, l'illustre savant venait de découvrir des horizons nouveaux;
il s'élança dans la voie ouverte par son génie, mais bientôt ses forces
le trahirent, et il était réservé à d'autres d'achever l'œuvre si brillam-
ment commencée par lui.

Priestley avait eu la gloire d'isoler le premier l'oxygène, le 1er août
1774; il connaissait donc deux des principaux facteurs du phénomène,
l'oxygène et l'acide car-
bonique ; rien ne semblait
dès lors plus facile que
de saisir leur mutuelle
relation. Il y appliqua
tous ses soins. Il venait
d'apprendre que la végé-
tation purifie l'air vicié
par l'acide carbonique ;
le premier point était de
rechercher en quoi con-
siste cette purification, de
quelle nature est le gaz
dégagé par les plantes.
Afin de se renseigner à
cet égard, il imagina de
faire végéter la plante
sous l'eau, et il inventa
une expérience devenue

Fig. 236. — Dégagement d'oxygène sous l'influence de la
radiation solaire par les feuilles submergées.

classique depuis. Par un procédé des plus simples, journellement
employé dans les manipulations chimiques, il remplit d'eau une
cloche de verre, la renversa et la posa sur l'eau d'une terrine, puis
fit passer dans l'intérieur des rameaux pris sur une plante en pleine
végétation. Bientôt il vit des bulles gazeuses se former sur la surface

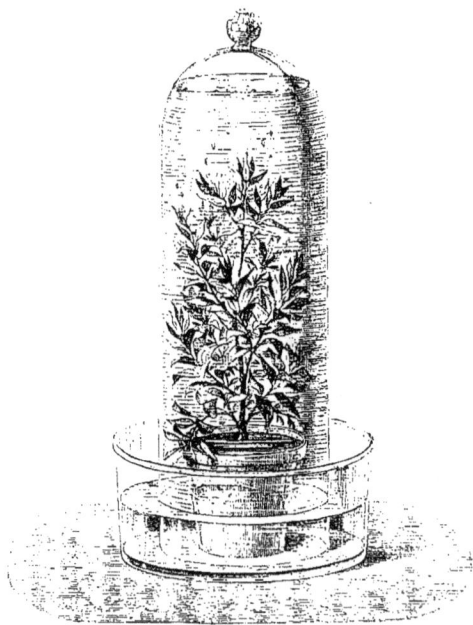

des feuilles, grossir peu à peu, se détacher, traverser le liquide et se réunir au sommet de la cloche. C'était l'observation déjà faite par Bonnet en 1750, et qui alors passa inaperçue. C'est que, pour attirer et fixer l'attention, découvrir ne suffit pas, il faut encore arriver à l'heure propice, heure dont personne n'est maître, et qui vient parfois malheureusement après la mort du principal intéressé. Bonnet s'était borné à constater l'apparition des bulles gazeuses et, faute d'en avoir fait l'analyse, il avait cru qu'elles provenaient simplement de l'air dissous par l'eau, air que les feuilles attireraient et condenseraient en bulles à leur surface. Priestley, chimiste exercé à l'étude des gaz, aidé d'ailleurs de notions inconnues à son prédécesseur, car la science avait progressé depuis celui-ci, recueille le gaz dégagé par les feuilles et l'analyse. Les résultats contradictoires qu'il obtient le déconcertent : certaines expériences lui fournissent de l'oxygène ; d'autres, en moins grand nombre, de l'acide carbonique. Négligeant les dernières qu'il regarde comme entachées de quelque vice d'exécution, il donne des premières l'interprétation suivante. Pendant toute la vie du végétal l'air atmosphérique pénètre sans cesse dans la profondeur de l'organisme, où il se dépouille de cette substance, mortelle pour les animaux et nutritive pour les végétaux, à laquelle il doit ses propriétés nuisibles après avoir été vicié par la combustion, la respiration des animaux, la putréfaction des matières organiques, etc. Ramené ainsi à sa pureté première, il est exhalé par la plante. Parvenu à ce point, l'éminent chimiste était bien près du but qu'il s'efforçait d'atteindre depuis si longtemps : d'autant mieux que, pendant ses études sur la végétation des plantes submergées, il avait eu occasion de faire des observations neuves qui auraient pu aisément devenir décisives s'il était parvenu à s'isoler plus complétement de l'influence des idées de son temps, ordinaire et principal obstacle au progrès. Durant le séjour de ses plantes sous les cloches pleines d'eau, il voyait souvent une matière verte, d'apparence granuleuse, s'étendre progressivement sur la face interne du verre. Or cette substance, connue depuis dans la science sous le nom de *matière verte* de Priestley, possédait la propriété remarquable de donner lieu à un vif dégagement d'oxygène sans l'intervention des plantes qu'il employait d'ordinaire pour obtenir ce résultat. Ainsi, dès que la matière verte se montrait sur la paroi,

Priestley enlevait les végétaux, et néanmoins le dégagement gazeux
continuait; en renouvelant l'eau de temps à autre, il le rendait particulièrement abondant. Jamais, à aucune autre époque de ses recherches, Priestley ne fut aussi près de la solution complète du grand
problème qu'il étudiait avec une si rare persévérance. L'occasion favorable à l'entière manifestation du phénomène, cette occasion, trop
souvent unique dans l'histoire d'une découverte, s'offrait enfin à lui.
Dans ses dernières expériences, en effet, s'accomplissait sous ses yeux
et de la manière la plus simple possible cette action mystérieuse dont
il s'efforçait en vain de pénétrer la nature intime, uniquement guidé
jusqu'alors par de fugitives lueurs ou par des inductions que les faits
démentaient bientôt. Son observation portait ici sur un être essentiellement simple, un des plus simples même parmi ceux que l'esprit conçoit, une agglomération de cellules. Or, lorsque le physiologiste peut
s'adresser, pour l'étude d'un acte vital, à un être aussi rudimentaire
que l'est cette matière verte, sa tâche est grandement simplifiée.
Jusqu'alors Priestley n'avait expérimenté que sur des végétaux supérieurs, dont l'organisation complexe, en donnant lieu simultanément à plusieurs actes distincts, laisse à l'observateur l'embarras de
discerner dans l'effet résultant la part de coopération de chacun
des organes actifs. Dans ce dernier cas, au contraire, le phénomène,
par un heureux hasard, se montrait dans son plus grand état de simplicité, entièrement isolé des faits concomitants qui, dans les végétaux
supérieurs, le modifient en le compliquant; malheureusement l'illustre
chimiste ne sut point profiter de cet avantage inattendu. Il faut dire,
à la justification de cet observateur si sagace d'ordinaire, que de son
temps le microscope n'avait point encore familiarisé les esprits avec les
étranges créations du monde de l'infiniment petit. A cette époque, on
éprouvait toujours de l'hésitation, de la répugnance, à ranger parmi
les êtres organisés ces petits amas cellulaires, ou même ces simples
corpuscules, sur la véritable nature desquels personne ne conserve
plus de doutes aujourd'hui, grâce à la complète initiation que l'usage
fréquent et général des instruments grossissants nous a donnée de ce
monde singulier resté si longtemps fermé à notre curiosité. Aussi
Priestley ne voulut-il point croire que cette matière verte fût vivante;
et, après examen attentif, lui parut-il plus plausible d'en faire une
substance spéciale, *sui generis*, suivant sa propre expression, ne se

rattachant à aucun des deux Règnes organiques. Cette conclusion inexacte ébranla à tel point sa foi première dans l'influence salutaire exercée par les plantes sur l'atmosphère, que, désespérant de mettre d'accord les conclusions contradictoires qu'il tirait, les unes de ses anciennes expériences sur la végétation, les autres de ses récents travaux sur la matière verte, il renonça à l'espoir de formuler une théorie d'ensemble sur ces phénomènes, s'en tenant à l'exposé pur et simple des faits découverts par lui, et consentant très-volontiers, comme il le dit dans ses écrits, « à ce que chacun de ses lecteurs tirât lui-même les conséquences qu'il jugerait convenable de formuler. »

Priestley, découragé, se retirait donc de la lutte parce qu'il ne parvenait pas à se rendre entièrement maître des conditions de l'expérience, trouvant, sans pouvoir se l'expliquer, que la végétation tantôt améliorait l'air vicié, tantôt au contraire altérait l'air pur comme aurait pu le faire l'animal par sa respiration ou une bougie par sa combustion. La découverte de ces conditions rendit à jamais célèbre Ingen-Housz, un de ses contemporains, et on peut dire presque un de ses disciples, puisqu'il puisa dans la lecture des écrits du chimiste anglais l'idée d'entreprendre de nouvelles recherches sur ce sujet. Pourquoi donc Priestley abandonna-t-il aux mains d'un autre le fil conducteur découvert par sa sagacité et qui l'avait si fidèlement guidé jusqu'alors? Comment un esprit aussi pénétrant que le sien put-il rester désarmé devant des difficultés aplanies plus tard par Ingen-Housz avec une si élégante facilité? De tels contrastes dans les progrès dus à ces deux savants donnent une juste idée des profondes différences qui séparent la Physiologie de la Chimie proprement dite, et prouvent jusqu'à l'évidence que ces sciences, également basées toutes deux sur l'observation et l'expérience, se distinguent néanmoins par l'esprit qui les régit comme par les moyens d'investigation dont elles disposent. Ainsi Priestley, sûrement guidé par l'intuition du véritable chimiste, trouve sans trop de difficulté cet étonnant effet de la végétation sur l'atmosphère; mais, on ne saurait s'y tromper, il n'a vu en réalité que le côté chimique du phénomène, et dès qu'il veut attaquer la partie physiologique de la question, son flair scientifique l'abandonne; alors il hésite, tâtonne, change plusieurs fois d'opinion, et finalement renonce à ses tentatives pour rentrer dans le domaine exclusif de sa science de prédilection. Ingen-Housz, au contraire, a fait peu de chose en Chimie; il est même permis de penser que sans les travaux précurseurs de Priestley jamais il n'eût reconnu l'influence de la lumière solaire sur les parties vertes des plantes; mais, une fois son attention attirée par d'autres sur des faits d'ordre chimique observés chez des êtres vivants, il résout aussitôt et avec une rare habileté le problème physiologique soulevé par ces nouvelles conquêtes de la science. Et son succès, à quoi le doit-il? A l'observation rigoureuse de cette loi, fondamentale en Physiologie, qu'une manifestation vitale change nécessairement avec les conditions extérieures, et surtout avec l'état physiologique du sujet soumis à l'observation.

En prouvant expérimentalement que les parties vertes des plantes dégagent de l'oxygène sous l'influence de la radiation solaire, et seulement sous cette influence, Ingen-Housz faisait faire un grand pas à la question, mais ne la résolvait pas complétement; restait à trouver pourquoi les parties vertes dégagent de l'oxygène sous l'action de la lumière. Alors un troisième savant entre en scène : c'est Senebier, physiologiste au courant de la chimie de son temps. Ses efforts arrachent enfin le dernier voile et nous apprennent que, sous l'excitation solaire, les parties vertes absorbent l'acide carbonique aérien, le décomposent en ses deux éléments oxygène et carbone, s'assimilent ce dernier et laissent dégager le premier. Désormais on connaît le phénomène dans ses caractères essentiels, on voit nettement la nature et le jeu des forces antagonistes préposées au maintien de l'air atmosphérique dans sa pureté première. Les causes signalées plus haut, respiration, combustion, fermentation, altèrent doublement ce fluide en y déversant de l'acide carbonique formé aux dépens de son oxygène; la matière verte ou chlorophylle, qui donne aux tissus qui en sont pourvus leur coloration caractéristique, décompose sous l'influence des rayons solaires l'acide carbonique produit, et remet l'oxygène en liberté. Enfin de Saussure, à une époque voisine de la nôtre, reprend une dernière fois l'étude de la question, élucide les points laissés dans l'ombre par ses devanciers en comparant, la balance à la main, les quantités d'oxygène dégagées par les feuilles à celles d'acide carbonique enlevées par elles à l'atmosphère dans laquelle elles vivent.

Parvenu au terme de ce récit, dont la longueur est justifiée par l'importance capitale de la découverte, il faut nous arrêter un moment sur le résultat obtenu, pour en préciser le caractère et en comprendre l'immense portée.

En dernière analyse, c'est la cellule à chlorophylle qui décompose l'acide carbonique aérien ; il y a là dépense évidente de force, accomplissement manifeste d'un travail mécanique, la séparation des atomes de carbone et d'oxygène combinés dans l'acide carbonique. Or l'effet inverse, l'union de ces deux corps simples ou, en langage ordinaire, la combustion du charbon, dégage d'énormes quantités de chaleur ; dès lors il est certain, — et d'ailleurs l'expérience directe l'a prouvé, — que la décomposition de l'acide carbonique doit consommer une égale quantité de chaleur. Ce calorique indispensable à la mise en liberté de l'oxygène, ce calorique alors dépensé par la cellule à chlorophylle, est emprunté par elle au Soleil. La chaleur cédée par celui-ci n'est pas détruite, mais transformée ; il suffit, pour la faire reparaître, de brûler le carbone mis par elle en liberté ; l'homme la retrouve dans l'arbre, à l'heure qui lui plaît, demain ou dans des millions d'années si la plante, après sa mort, échappe par un prompt enfouissement à la combustion lente. La science a donc raison de dire que la plante, durant sa vie, emmagasine sous forme de carbone la chaleur, ou, ce qui revient au même, la force émanée du Soleil.

Le carbone atmosphérique, disons-nous, est assimilé par les organes herbacés ; mais sous quelle forme et que devient-il ? Questions capitales, en bonne voie de solution de nos jours. D'abord une partie de ce carbone est brûlée par la respiration et se dégage dans l'atmosphère à l'état d'acide carbonique ; toutefois, dans les circonstances ordinaires, dans la végétation spontanée, l'activité de la fonction chlorophyllienne l'emportant sur celle de la respiration, la suprématie de la première sur la seconde se traduit par l'augmentation journalière, durant la période de végétation, du poids total de carbone accumulé dans l'organisme. Du reste, comme contre-épreuve, l'expérimentation physiologique a réalisé les conditions inverses et obtenu un résultat opposé, une décarburation continue de la plante ; pour y parvenir, il suffit d'affaiblir la lumière au point de donner à la fonction respiratoire une plus ou moins grande supériorité sur la fonction chlorophyllienne.

L'emploi le mieux connu du carbone resté dans la plante est de

Fig. 257. — Récolte de choux palmistes dans une forêt de la Bolivie.

fournir les matières premières indispensables à la formation de l'amidon. Si les cellules pourvues de chlorophylle ont seules la faculté de se nourrir de l'acide carbonique aérien, toutes les cellules de l'organisme, pourvues ou non de chlorophylle, sont aptes à produire de l'amidon à l'aide de matériaux carburés fournis par les feuilles. Dès lors on s'explique nettement l'origine et la destination de ces dépôts d'amidon qui s'accumulent périodiquement dans tel ou tel tissu selon la nature de la plante, et disparaissent, ainsi que nous l'avons remarqué, au retour de chacune des périodes de grande activité végétative, lorsque le feuillage est absent ou devient insuffisant pour satisfaire seul aux exigences de la nutrition. Ces périodes de crise où la famine, la disette tout au moins, menace l'organisme, s'aggravent plus particulièrement pendant la foliation et la fructification.

Dans la très-grande majorité de nos espèces ligneuses, les feuilles sont caduques, c'est-à-dire tombent toutes à la fois à l'entrée de la mauvaise saison. Depuis ce moment jusqu'à l'entière constitution du feuillage nouveau, l'alimentation par l'acide carbonique aérien devient nécessairement impossible; la plante vit alors de ses réserves et des matériaux carburés que la racine peut puiser dans le sol, si tant est qu'elle en puise en notable quantité et qu'ils soient utilisés, ce que l'on ignore. Dans ces conditions, la foliation nouvelle deviendrait impossible ou du moins épuiserait la plante au point de la tuer, si l'organisme ne possédait d'abondantes réserves d'amidon. Aussi, dans toutes les espèces vivaces à feuilles caduques, de l'amidon s'élabore et s'accumule, durant la seconde partie de la belle saison, dans le corps ligneux, particulièrement dans le parenchyme chez nos arbres, dans les organes souterrains devenus tuberculeux chez nos herbes vivaces. Les choses se passent différemment dans les espèces à feuillage persistant, c'est-à-dire dont les feuilles vivent plusieurs années, en sorte que l'arbre n'est jamais dépouillé, est *toujours vert* suivant l'expression consacrée. A chaque printemps, une nouvelle génération de feuilles se montre pour remplacer la plus ancienne, morte et tombée l'hiver précédent, tandis que la génération moyenne, en pleine possession de son activité, est là, prête à exécuter la fonction toutes les fois que les circonstances extérieures le permettent. Avec une telle organisation, l'accumulation périodique de l'amidon est moins nécessaire et l'on ne doit pas s'attendre à rencontrer dans ces types les volumineux tubercules qui font la valeur économique d'un grand nombre de nos plantes vivaces. Croire néanmoins que toutes les espèces à feuilles persistantes sont absolument et toujours dépourvues de tissus amylifères serait une erreur ; on comprend au contraire la nécessité, pour elles comme pour celles à feuilles caduques, d'abondantes réserves alimentaires dans certaines conditions d'existence, et surtout quand la production fruitière est d'ordinaire hors de proportion avec la puissance du feuillage. Dans ce cas la floraison n'a lieu que de loin en loin, comme chez les Agavés, tous les deux ou trois ans chez d'autres, et même tous les ans chez d'autres encore, selon la puissance relative du feuillage, mais jamais avant que ce dernier n'ait réuni l'amidon nécessaire à la fructification. Ces réserves dépensées, toute nouvelle floraison devient impossible jusqu'à ce que le travail physiologique des feuilles remplisse derechef le grenier d'abondance vidé par la précédente fructification.

C'est précisément pour le même motif que le stipe des Palmiers contient toujours de l'amidon, en plus ou moins grande quantité selon la phase de végétation. Le travail journalier du feuillage, réduit à un faisceau de feuilles terminales fort grandes il est vrai, est incapable de faire vivre les fruits si nombreux et parfois si volumineux dans ces arbres. La matière amylacée n'est pas du reste exclusivement localisée dans le corps ligneux, elle se dépose encore dans les tissus du volumineux bourgeon terminal pour servir au développement de ses énormes feuilles. Ces bourgeons, ainsi chargés de fécule, constituent, sous le nom de *choux-palmistes*, un aliment recherché par les habitants des contrées intertropicales. Aux Antilles, on les mange frais et accommodés à la sauce ; ou bien, confits dans le vinaigre, ils remplacent les pickles de la cuisine anglaise et servent de condiment excitant. Malheureusement, chaque arbre n'a qu'un bourgeon, qu'un chou-palmiste par conséquent ; celui-ci enlevé, le pied ne bourgeonne pas et meurt, en sorte qu'il faut sacrifier le sujet pour obtenir le chou.

III. — LA TRANSPIRATION

L'eau, dans la plante, remplit un double rôle : sous le nom d'*eau de végétation*, elle entre dans la constitution des tissus ; sous celui de *séve*, elle sert de véhicule, introduit dans l'organisme les aliments tirés du sol, et les y dépose en s'exhalant en vapeur. La vaporisation de l'eau par les plantes constitue leur *transpiration*, fonction qui n'est autre que l'évaporation commune à tous les corps humides, vivants ou non, mais plus ou moins modifiée dans ses caractères par l'effet de la végétation.

Trois méthodes ont été successivement proposées et employées pour mesurer l'énergie de la transpiration ; toutes trois malheureusement renferment des causes d'erreur.

Fig. 238. — Appareil pour recueillir l'eau de transpiration.

Dans la première, la plus ancienne, on introduit la feuille ou le rameau feuillé dans un récipient en verre de forme et de dimensions convenables, puis on fixe la base de l'organe à l'orifice de façon à intercepter toute communication entre l'atmosphère et l'air intérieur. En pesant le récipient au début et à la fin de l'expérience, l'augmentation de poids représente celui de l'eau émise par l'organe. Cette méthode, d'une exécution si simple et si prompte, ne donne pas en réalité ce que l'on cherche, l'eau transpirée par la feuille ou le rameau dans les circonstances normales de la végétation, mais seulement l'eau excrétée dans les conditions particulières de l'expérience, c'est-à-dire dans un air saturé d'humidité. Or un volume limité d'air, maintenu à une température constante, ne peut dissoudre qu'un certain poids de vapeur, et une fois cette limite atteinte, une fois l'air *saturé*, les corps humides cessent d'évaporer. D'après cela, il est clair qu'à partir du moment où l'air du récipient se serait saturé par l'effet de la transpiration de la feuille, celle-ci ne devrait plus perdre d'eau si elle se comportait comme un corps inerte. Cependant l'observation prouve que la quantité d'eau recueillie dans ces circonstances augmente avec la durée de l'expérience ; donc la transpiration, ou évaporation des corps vivants, est différente de l'évaporation commune à tous les corps inertes. Ainsi, dans cette méthode, on n'a pas affaire à la transpiration, mais bien, comme nous le disions plus haut, à l'excrétion aqueuse des feuilles dans un air saturé d'humidité. D'ailleurs on expérimente dans des conditions anormales qui doivent nécessairement fausser les résultats, car, emprisonnée dans un ballon de verre dont la température s'élève sous l'action du rayonnement solaire bien au-dessus de celle de l'air libre, la feuille doit nécessairement souffrir de cet excès de chaleur, de son séjour dans un espace étroit et dans une atmosphère saturée d'humidité. Néanmoins plusieurs savants ont eu recours à cette méthode défectueuse, notamment un Français, Guettard, dont les recherches parurent en 1748 et en 1749 dans les Mémoires de l'Académie des sciences de Paris. Il expérimentait sur des plantes de pleine terre, laissées en place, et introduisait un ou plusieurs de leurs rameaux dans des ballons de verre sans les détacher de leur tige. Malgré les imperfections de la méthode, il reconnut néanmoins les faits essentiels de la transpiration, notamment l'influence prépondérante de la radiation solaire sur la marche du phénomène. Voici une des expériences de Guettard. Ayant fait choix de trois rameaux sur un pied de Douce-amère (*Solanum dulcamara* Lin.), il fit pénétrer chacun d'eux dans un ballon de verre, puis il disposa les trois appareils de telle sorte qu'ils étaient inégalement éclairés ; le premier restait à découvert, le deuxième était ombragé par une serviette simplement étendue au-dessus de lui, le troisième enfin était complétement enveloppé dans une serviette assez épaisse pour intercepter la lumière. L'expérience dura six jours, du 10 au 16 septembre. Les rameaux pesaient : 11^{gr},496, — 20^{gr},792, — 14^{gr},205 ; ils émirent : 82^{gr},461, — 45^{gr},89, — 15^{gr},90 d'eau. Chaque gramme de rameau avait donc transpiré : dans le premier cas, 7 grammes d'eau ; dans le deuxième, 2 grammes ; dans le troisième, 1 gramme seulement. On voit avec quelle rapidité décroît l'activité de la transpi-

ration quand on passe du grand jour à l'ombre et de celle-ci à
l'obscurité. Guettard constata également ces faits importants, signalés
avant lui par Hales, que la puissance de la fonction dépend en outre
de l'espèce, et, chez le même individu, de l'époque de l'année, de la
phase de végétation par conséquent, ainsi que de l'étendue du feuillage. Ayant reconnu que les feuilles transpirent plus le jour que
la nuit, il fut naturellement porté à croire que, dans une feuille
quelconque, la face supérieure transpire plus que la face inférieure,
puisque la première surface est toujours mieux éclairée que la seconde.
Pour vérifier l'exactitude de sa conjecture, il eut l'idée de recouvrir
d'un vernis à l'alcool les feuilles de deux rameaux appartenant au même
pied. Il vernissait seulement les faces supérieures sur l'un et les
faces inférieures sur l'autre, puis comparait entre eux leurs pouvoirs
de transpiration. Voici les résultats fournis par l'une de ses expériences.
Il opéra sur trois rameaux d'un Groseillier épineux : le premier
rameau avait ses feuilles intactes et servait de terme de comparaison ;
les faces supérieures du second et les faces inférieures du troisième
furent seules vernies. Les rameaux pesaient : le premier, 4^{gr},565 ;
le deuxième, 4^{gr},882 ; le troisième, 6^{gr},210 ; en huit jours, du 8 au
16 octobre, ils donnèrent : le premier, 10^{gr},996 d'eau ; le deuxième,
2^{gr},590 ; le troisième, 5^{gr},505. Ainsi chaque gramme de feuille a
fourni : 2 grammes d'eau dans le premier cas ; 0^{gr},5 dans le second ;
et enfin 0^{gr},6 dans le troisième. Par conséquent, ce sont les feuilles à
faces supérieures vernissées qui, de toutes, ont le moins transpiré ;
les faces supérieures transpireraient donc plus que les autres, résultat
qu'on doit accepter sous réserve, car le vernis, en altérant l'organe,
modifie par suite les caractères de la fonction.

Dans la seconde méthode, on expérimente sur des plantes cultivées
en pots. On pèse ces derniers de temps en temps, et l'on regarde, —
ce qui est inexact, — les pertes de poids comme mesurant exactement
les déperditions dues à la transpiration. Mais entrons dans quelques
détails à ce sujet, pour mieux faire saisir les avantages et les défauts
du procédé.

Les pots en terre poreuse employés par les horticulteurs sont percés
à leur fond d'un trou par lequel s'écoule l'eau surabondante des
arrosages. La perméabilité du vase a l'avantage de permettre à l'air
de pénétrer dans la terre des pots et de fournir ainsi aux racines

l'oxygène indispensable à leur respiration, mais l'inconvénient grave de laisser évaporer une partie de l'humidité, ce qui oblige l'expérimentateur qui se sert de pareils pots à tenir compte, dans la mesure de la transpiration, de cette cause de déperdition, sinon les nombres obtenus par lui seraient trop forts. La plupart des savants, pour se soustraire à cette correction, choisissent des pots à parois imperméables, en métal, en verre, ou bien en terre vernissée, tous percés d'un trou à leur fond, trou que l'on maintient fermé par un bouchon, excepté quand on veut recueillir l'eau en excès pour la peser et en tenir compte dans l'évaluation de l'eau dépensée par la transpiration. Toutefois les pertes de poids éprouvées par un tel vase ne représentent pas exactement la quantité d'eau transpirée, mais tout à la fois l'eau évaporée par la plante et par la terre du vase. Il faut donc encore éliminer cette nouvelle cause d'erreur, ou bien apprendre à l'évaluer exactement pour en tenir compte dans le résultat final. Pour l'éliminer, beaucoup d'expérimentateurs, Hales entre autres au dernier siècle, ont recours à l'expédient suivant. Ils recouvrent hermétiquement le pot d'un couvercle imperméable, de métal ou de verre, portant deux tubulures. La première, plus large et plus courte que l'autre, est fermée par un bouchon et sert aux arrosages; la deuxième reste ouverte et permet à l'air extérieur de pénétrer jusqu'aux racines, mais aussi à la vapeur d'eau de se dégager; toutefois cette perte est très-faible en raison de la petitesse de l'ouverture, et on la néglige. Afin de pouvoir adapter le couvercle, on le perce au centre d'une ouverture assez large pour laisser passer la tige de la plante, puis on le coupe en deux suivant un diamètre. Les deux morceaux sont posés séparément sur le pot et rapprochés ensuite au contact de manière à emprisonner la tige dans le trou central; alors on mastique soigneusement les jointures, et l'appareil est prêt pour l'expérience. Hales augmentait encore les incertitudes de la méthode, et compliquait les opérations, en employant des pots ordinaires en terre poreuse, ce qui l'obligeait à corriger ses résultats des pertes produites par l'évaporation des vases. Ses recherches, restées justement célèbres, donnèrent l'impulsion à ce genre d'études; nous en rappellerons les résultats à titre de document historique. L'illustre savant fit ses expériences pendant les mois de juillet et d'août de l'année 1724 sur cinq plantes d'espèces différentes : un Soleil (*He-*

hanthus annuus Lin.), un Chou, une Vigne, un Pommier et un Citronnier. Sur chacune, il mesurait la superficie des feuilles, et prenait pour la quantité d'eau transpirée la perte de poids subie par le vase. Voici quels furent les résultats obtenus. La superficie du feuillage était de $4^{mq},1155$ pour l'Helianthus, de $2^{mq},0049$ pour le Chou, de $1^{mq},3336$ pour la Vigne, de $1^{mq},1644$ pour le Pommier, enfin de $1^{mq},8737$ pour le Citronnier. Ces plantes perdirent en moyenne par la transpiration pendant une période de douze heures de jour : la première, $611^{gr},890$; la deuxième, $581^{gr},290$; la troisième, $165^{gr},714$; la quatrième, $275^{gr},350$; la cinquième, $185^{gr},560$; ce qui revient à dire qu'un centimètre carré de feuille avait transpiré : $0^{gr},014$ dans le premier cas, $0^{gr},029$ dans le deuxième, $0^{gr},012$ dans le troisième, $0^{gr},024$ dans le quatrième, et $0^{gr},009$ dans le cinquième ; les plantes se rangent donc ainsi par ordre décroissant de la puissance de transpiration : Chou, Pommier, Helianthus, Vigne et Citronnier. Nous voyons apparaître cette loi, vérifiée par d'autres observateurs, que dans les mêmes conditions la transpiration est moins active chez les espèces à feuillage persistant que chez celles à feuillage caduc.

De nos jours, on a heureusement simplifié la méthode, tout en lui donnant un plus grand degré de précision, et en se rapprochant en outre un peu plus des conditions naturelles. On supprime les couvercles des pots, afin de laisser l'air parvenir librement à la terre et aux racines ; pour tenir compte dans le résultat final de la perte d'eau produite par la seule évaporation du vase, on place à côté de lui un second pot de mêmes dimensions, rempli d'un poids égal de la même terre, en un mot aussi semblable que possible à l'autre, sauf que son sol reste toujours nu. Un pluviomètre permet d'évaluer les quantités de pluie reçues par les deux vases ; les pertes de poids éprouvées par celui qui est laissé sans culture représentent l'eau évaporée par les parois et par la terre : en les retranchant des pertes correspondantes subies par le second pot, et en tenant compte dans chaque opération de l'eau fournie par la pluie, on a le poids de l'eau transpirée par la plante. Malheureusement, dans ces estimations, on néglige l'augmentation de poids provenant du carbone fixé par le végétal, et les nombres obtenus sont par conséquent trop forts.

À l'observatoire de Montsouris, dont le directeur, M. Marié-Davy, poursuit depuis 1872 des recherches du plus haut intérêt sur la transpiration végétale, on fait usage concurremment de pots imperméables ouverts à l'air libre et de ce que M. Marié-Davy appelle des *cases de végétation*. Les parois de ces fosses creusées en plein air sont rendues imperméables par un revêtement en ciment, et leur fond convenablement incliné amène le superflu des eaux pluviales dans un tuyau d'égouttement où on le recueille. Chaque case a un mètre carré superficiel et un mètre de profondeur, soit un mètre cube de capacité. Une expérience exige au moins deux cases : l'une, laissée en friche, donne la quantité d'eau évaporée par le sol ; l'autre est la case affectée à la végétation. Au début d'une expérience, on imbibe le sol à refus, puis on met les graines en terre ; cela fait, les soins se bornent pendant toute la durée de la végétation à peser les eaux recueillies par le tuyau d'écoulement et à enregistrer les indications du pluviomètre. La récolte enlevée, on note également la quantité d'eau nécessaire pour abreuver de nouveau la terre à refus, et l'on a tous les éléments nécessaires pour calculer la quantité d'eau transpirée par les plantes mises en culture dans les cases. Les travaux en cours d'exécution à l'observatoire de Montsouris sont tournés vers un but exclusivement pratique, dont la haute importance n'échappera point : il s'agit d'arriver à connaître une fois pour toutes le poids d'eau nécessaire pour réaliser un effet de végétation déterminé, pour obtenir par la moindre dépense possible de force et de temps telle fleur, tel fruit ou telle graine, étant données la qualité de l'eau et du sol, la nature de la plante et les conditions climatiques. C'est là du reste le vrai problème horticole ; de sa solution découleront toutes les données économiques de la production végétale. A notre époque, malgré les incontestables progrès réalisés, l'Horticulture est encore dans l'enfance ; on gaspille les forces et les ressources naturelles faute d'en connaître toujours le judicieux emploi ; et ce n'est qu'à grand renfort de temps et d'argent qu'on parvient à faire vivre dans nos jardins quelques plantes en nombre bien minime si on le compare à celui des espèces qui couvrent la surface entière du globe. Aussi, de nos jours, beaucoup d'établissements horticoles sont-ils en réalité des cimetières, ou, si l'on trouve le mot trop sévère, des hôpitaux dans lesquels le nombre des morts et des mourants surpasse toujours de beaucoup celui des survivants, et quels survivants ! Ce ne sont trop souvent que de pauvres êtres chétifs, rabougris, que des soins mal

entendus ont rendus d'une susceptibilité telle, que leur existence ne
tient plus qu'à un fil. Sans doute notre Horticulture compte des
hommes instruits et distingués ; malheureusement ils sont en trop
petit nombre, et ce qui manque à nos jardiniers, ce n'est pas l'esprit
d'initiative, mais l'instruction scientifique. Sans être prophète, on
peut prédire à coup sûr que nous sommes à la veille d'une grande
réforme dans l'outillage et la pratique horticoles ; au lieu de ces établissements primitifs où la routine parvient péniblement à faire vivre
quelques plantes, et en tue journellement un bien plus grand nombre
par les traitements barbares qu'on leur fait subir faute de connaître
leurs conditions d'existence, nous aurons de véritables usines où toutes
les forces de la nature et de l'industrie seront mises en réquisition
pour produire, dans le minimum de temps et de travail, le maximum
d'effet utile, c'est-à-dire de matière végétale : racine, feuillage, fleurs ou
fruits, selon les cas. Là tout sera scientifiquement réglé, déterminé :
nourriture, lumière, chaleur, air et eau, on n'abandonnera rien au
hasard ; ce ne sera plus un jardinier, parfois ignorant et incapable,
toujours inattentif et indifférent, qui réglementera les agents physiques de la végétation, mais la Physiologie par ses interprètes autorisés.
Il faut dès maintenant travailler en vue de ce résultat désirable ; il
faut dès maintenant soumettre la vie végétale à une étude rationnelle,
suivre les phases de l'accroissement, non d'un œil distrait, mais d'un
regard attentif et la balance à la main, afin de réunir les données ap
pelées à prendre place dans le futur guide de l'ingénieur horticole.
C'est dans cette voie que s'engage M. Marié-Davy en attaquant le problème fondamental, celui, — nous le répétons, — dont l'objet est de
mesurer la quantité d'eau nécessaire pour produire un effet déterminé
de végétation. Avant les recherches commencées à Montsouris, on savait
déjà, — ce que d'ailleurs le simple bon sens indiquait, étant sinon
connu au moins entrevu le rôle de l'eau dans la végétation, — que,
pour obtenir le même accroissement en poids de la plante, il faut des
quantités d'eau variables avec les qualités de celle-ci, et que plus le
liquide qui pénètre dans les racines est riche en principes nutritifs,
moins il en faut. C'est ce qu'avait reconnu le premier S. H. Woodward
en expérimentant sur des plantes aquatiques dont les pieds plongeaient
dans des flacons en verre, hermétiquement fermés, et remplis d'eau
qu'on renouvelait au fur et à mesure des besoins. Il fit entre autres

une expérience sur trois pieds de Menthe, arrosés, le premier avec de l'eau de pluie, le second avec de l'eau de source, le troisième avec de l'eau de la Tamise, par conséquent avec des eaux de plus en plus chargées de principes fertilisants. Ces plantes transpirèrent, du 20 juillet 1691 au 5 octobre suivant, et pour chaque gramme d'accroissement, des quantités d'eau respectivement égales à 176 grammes, 170 grammes et 96 grammes.

Le problème posé par le savant anglais a été repris de notre temps. En Angleterre, M. Lawes publiait en 1851 les résultats d'expériences exécutées sur de jeunes arbres élevés en pots. Ils confirmaient ce qu'avait annoncé son compatriote, et montraient l'exactitude de règles déjà posées, entre autres de celle-ci : la transpiration des arbres à feuilles caduques est dans les mêmes circonstances extérieures plus active que celle des autres arbres. M. Marié-Davy s'occupe plus particulièrement de déterminer la quantité d'eau nécessaire à nos céréales pour produire 1 gramme de grains. Cette quantité dépend à la fois de la nature des eaux et du sol, des conditions climatiques, et en particulier de la durée et de l'intensité de la radiation solaire. En employant la terre du parc de Montsouris, et sans addition d'engrais, il a fallu 1796 grammes d'eau en 1873 et 1826 grammes en 1874 pour obtenir 1 gramme de grains de Blé. Enfin, les nombreuses expériences déjà faites dans cet établissement scientifique ont en outre conduit à ce résultat capital, déjà obtenu du reste par d'autres considérations, que la transpiration n'est pas un acte exclusivement physique, puisqu'elle n'éprouve pas, dans des circonstances identiques, les mêmes variations que l'évaporation de l'eau ou de la terre humide.

Terminons cette étude sommaire de la transpiration végétale en rappelant qu'un agronome, M. Risler, s'est livré à des recherches de cet ordre en se plaçant dans les conditions normales de la végétation. Il opérait sur des champs à sous-sol imperméable. Le pluviomètre lui donnait la quantité d'eau versée par la pluie sur le terrain, et un bon système de drainage lui permettait de recueillir l'eau en excès qui ruisselait à la surface du sous-sol. Avec ces données, il a calculé, entre autres résultats, qu'un champ ensemencé en Blé d'hiver a transpiré du mois d'avril au mois de juillet une quantité d'eau capable de former une couche continue de 0^m,256 d'épaisseur.

L'examen que nous venons de faire de la nutrition des feuilles, bien

que fort incomplet puisqu'il se borne à la fonction chlorophyllienne
et à la transpiration, nous permet cependant d'expliquer d'une façon
satisfaisante un phénomène de végétation, l'*étiolement*, véritable per-

Fig. 259. — La ligature des Dattiers en Espagne.

turbation dans la vie végétale, avec lequel l'horticulteur doit journellement compter, soit pour l'éviter le plus souvent, soit pour en provoquer l'apparition dans certains cas déterminés.

On donne ce nom à une série d'accidents morbides qui s'aggravent avec le temps, et dont les signes les plus apparents et les mieux connus sont : 1° la décoloration générale des organes étiolés, qui prennent une teinte blanchâtre ou jaune très-pâle et deviennent plus aqueux que d'ordinaire ; 2° une longueur et une gracilité inaccoutumées des axes, qui leur enlèvent la rigidité nécessaire pour prendre leur attitude normale ; 5° un défaut général de rigidité, conséquence des modifications précédentes, qui fait que les rameaux, incapables de prendre leur attitude normale, pendent ou se couchent sur le sol ; 4° l'atrophie plus ou moins prononcée des feuilles, l'avortement plus ou moins complet des fleurs ; 5° enfin, une diminution notable et générale des principes odorants et amers produits par la végétation. Ces effets, promptement mortels, se manifestent toujours et infailliblement à l'obscurité. Il est aisé d'en comprendre la nature : c'est une véritable inanition amenée par une double perturbation fonctionnelle ; d'une part, la suspension de la fonction chlorophyllienne amène la décarburation progressive des tissus par le fait de la respiration ; de l'autre, le grand ralentissement de la transpiration a pour conséquence l'arrêt à peu près complet de l'alimentation par les racines. Pour ces deux motifs, les tissus formés pendant l'étiolement sont toujours très-pauvres en matériaux solides, organiques et minéraux : d'où la gracilité et la faiblesse des organes développés dans ces conditions anormales.

La culture maraîchère recourt fréquemment à l'étiolement pour *blanchir* certains légumes ; par ce moyen, elle rend leurs tissus plus tendres et plus aqueux, atténue, adoucit, leur saveur si elle est trop amère naturellement. Pour y parvenir, on emploie des moyens variés, qui ont tous pour but de priver le végétal de lumière par le procédé le plus simple, le plus prompt, et partant le plus économique. Tantôt on réunit les feuilles en une touffe qu'on lie à son sommet ; c'est ce qu'on appelle *lier* la plante pour faire blanchir le cœur : ainsi fait-on pour les salades ; tantôt on recouvre le sujet de feuilles mortes, ou mieux, pour éviter la pourriture, d'un pot à fleurs vide ; tantôt enfin on place les plantes dans une pièce obscure, de préférence une cave.

La culture maraîchère n'est pas seule à user de l'étiolement artificiel du feuillage ; sur certains points de l'Italie, à Bordighera, à San Remo, etc., ainsi que dans le sud-est de l'Espagne, cette pratique est encore l'occasion d'une industrie de quelque importance, la fabrication des *palmes*. On nomme ainsi des feuilles de Dattier décolorées par l'étiolement, puis séchées, et dont les nombreuses lanières frisées, enroulées et entrelacées de mille manières, forment des dessins variés d'une certaine originalité ; la petite industrie des palmes possède, elle aussi, ses artistes, dont les créations plus ou moins ingénieuses sont vendues, le jour de la fête des Rameaux, en Espagne, en Italie, et commencent même à être connues dans le midi de la France, à Marseille particulièrement. En Espagne, la crédulité populaire attribue à ces palmes le pouvoir de préserver les maisons de la foudre.

Elche, à cinq ou six lieues d'Alicante, est le grand centre de production et de fabrication des palmes. La petite ville est entourée d'une véritable forêt de Dattiers; on se croirait en pleine oasis, et l'on n'estime pas à moins de 55 000 environ le nombre de ces arbres en parfaite fructification chaque année. Chacun d'eux fournit une moyenne de près de 50 kilogrammes de dattes, moins bonnes sans doute que celles d'Afrique, mais qui se vendent très-bien néanmoins dans le pays et procurent à leur propriétaire un revenu de 11 francs par Dattier, soit 500 000 francs pour la plantation entière. Les fruits ne sont pas d'ailleurs le seul produit des Dattiers d'Elche. On sait que ces Palmiers sont dioïques, qu'il y a des pieds mâles dont les fleurs ne contiennent que des étamines, et des pieds femelles qui seuls portent des fruits. On utilise ces arbres, particulièrement les mâles et les femelles qui ne fructifient pas encore, pour la fabrication des palmes. Dans ce but, après la floraison, qui a lieu au mois de mai, et une fois la fructification assurée, les paysans grimpent sur les arbres. Dans la crainte que le vent ne les brise, ils attachent les régimes aux stipes, et lient en un seul faisceau les feuilles des pieds stériles. Ces dernières feuilles, une fois suffisamment décolorées par l'obscurité, sont coupées, séchées et mises en réserve pour l'hiver, pendant lequel on les emploie à la fabrication des palmes.

IV. — ATTITUDES ET MOUVEMENTS DES FEUILLES

La *motilité* ou la faculté de se déplacer par le jeu d'un mécanisme interne, qu'il ne faut pas confondre avec la *mobilité* ou possibilité de céder aux impulsions venues du dehors, n'est pas, — comme on l'a soutenu longtemps, — un attribut exclusif de l'animalité ; la barrière, réputée infranchissable, qu'on avait essayé d'élever entre les deux Règnes organiques en se fondant sur l'existence dans l'une, sur l'absence dans l'autre, de la motilité, tombe devant la réalité des faits. Le végétal, lui aussi, possède la fonction locomotrice : seulement elle ne s'exerce plus chez lui comme chez l'animal par l'intermédiaire de nerfs, de muscles et d'os, mais par un mécanisme autre, dont la vraie nature est encore fort obscure, malgré l'attention soutenue dont ces phénomènes sont particulièrement l'objet à notre époque. D'ailleurs, la plante supérieure restant toujours fixée au sol, il ne peut être question pour elle que de mouvements restreints, localisés dans tel ou tel organe selon l'espèce : étamines, stigmates, tiges volubiles, vrilles et feuilles.

Les mouvements de celles-ci, — dont nous avons exclusivement à nous occuper en ce moment, — sont nombreux et variés ; on les distingue en mouvements spontanés et en mouvements provoqués, suivant qu'ils se rapportent à l'une ou l'autre de deux des propriétés générales de la matière vivante, l'*irritabilité nutritive*, par laquelle s'entretiennent les échanges incessants entre elle et le monde extérieur, l'*irritabilité fonctionnelle*, qui lui permet de réagir sous l'excitation d'une manière spéciale et propre à chaque organe. Provoqués par leurs excitants spéciaux, la fibre musculaire se contracte, le granule de chlorophylle décompose l'acide carbo-

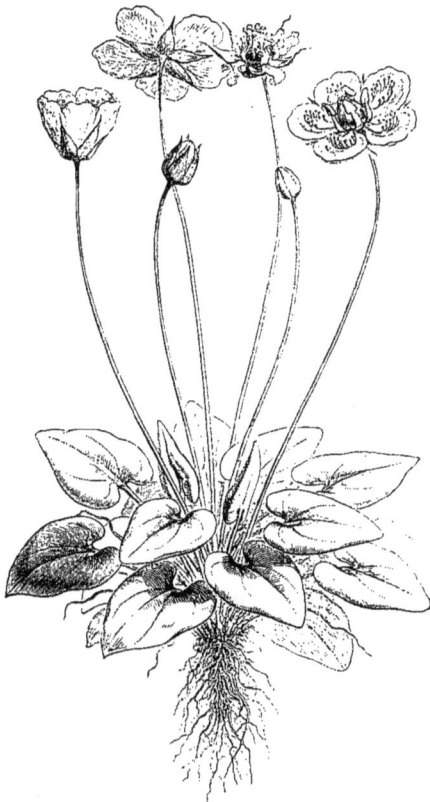

Fig. 240. — La Parnassie des marais (*Parnassia palustris* Lin.), plante indigène dont les étamines sont douées de motilité.

nique : voilà des exemples d'irritabilité fonctionnelle. Ces deux groupes de phénomènes offrent encore ce caractère différentiel que les premiers ou d'ordre nutritif sont continus, et les seconds ou d'ordre fonctionnel sont intermittents. On ne saurait, sans le tuer immédiatement, arrêter le double mouvement nutritif du grain de chlorophylle, tandis que son action sur l'acide carbonique aérien est périodiquement suspendue sans dommage pour lui. Les mouvements spontanés de la feuille appartiennent au premier groupe, et les mouvements provoqués, au second. Étudions d'abord ceux-là.

Ils font prendre à la feuille des attitudes variées qui modifient ses rapports avec le monde extérieur selon son âge, la saison, l'heure, son état de santé ou de maladie, etc., etc., et la placent toujours dans la situation la plus favorable à l'exercice de l'activité nutritive. Les uns ont des caractères qui persistent durant chacune des principales phases de la vie, mais changent d'un âge au suivant; les autres au contraire sont périodiquement variables avec les conditions extérieures. Les premiers comprennent les trois attitudes successivement prises par le limbe aux trois grandes époques de son existence : pendant l'enfance, le limbe et le pétiole sont dressés, la face qui deviendra supérieure tournée vers le rameau générateur ; à l'âge adulte, le limbe tend à prendre une position horizontale que la propension de la face supérieure à se diriger vers la lumière contrarie sans cesse et plus ou moins durant la journée ; enfin la venue de la vieillesse s'annonce par un limbe pendant dont la face inférieure regarde le rameau. Dans les espèces où les limbes sont sessiles et ont les deux faces identiques, les feuilles se comportent autrement ; tantôt, comme chez les phyllodes, les limbes conservent toujours la position verticale de leur première jeunesse ; tantôt à celle-ci succède l'attitude affaissée de la vieillesse, comme on le voit dans ces espèces nombreuses dont l'Agavé est le représentant le plus populaire, et chez lesquelles le feuillage se réduit, avant la floraison, à une rosette de feuilles rigides plus ou moins grandes et plus ou moins charnues. Longtemps les feuilles demeurent fastigiées et forment au centre un faisceau orienté verticalement. En avançant en âge, elles se rabattent progressivement, et leur limbe prend une courbure de plus en plus prononcée à concavité tournée vers le bas.

Il serait curieux et utile de déterminer l'influence exercée par les différentes attitudes que nous venons de décrire sur la marche du mouvement nutritif; mais pour le faire il faudrait avant tout savoir comment les deux faces du limbe, — lorsqu'elles sont dissemblables, — se comportent vis-à-vis des agents de la végétation, lumière, chaleur, air, humidité et transpiration. Malheureusement, nos connais-

Fig. 241. — Sommet d'une jeune tige de Balisier (Canna), portant des feuilles dressées.

Fig. 242. — Pied de Balisier (Canna), dont les feuilles s'étalent de plus en plus du sommet à la base.

sances à cet égard sont des plus sommaires, et l'on ne peut guère s'appuyer dans cette discussion que sur des probabilités. Demandez au physiologiste comment les deux faces du limbe agissent sur la radiation solaire, si leurs puissances d'absorption et de transmission sont égales ou différentes, si enfin, quand l'organe échauffé est plongé dans un air de température inférieure à la sienne, il rayonne sa chaleur avec la même intensité par ses deux faces, il vous répondra que ces questions capitales sont encore à peine ébauchées. On est, il est vrai, un peu plus avancé en ce qui concerne la transpiration, sans l'être suffisamment. Il importerait surtout de savoir exactement quelle est la face qui transpire le plus. Pour Guettard, c'est la face supérieure; nous avons rappelé plus haut le raisonnement et l'expérience sur lesquels il base son opinion; mais son expérience est discréditée par les graves imperfections de la méthode qu'il a employée. D'autres savants, en opérant dans des conditions différentes et plus rapprochées des conditions naturelles, sont arrivés à un résultat diamétralement opposé : ils ont trouvé que la transpiration est plus abondante par la face inférieure que par l'autre. S'il en est encore ainsi, — ce que tout le monde admet, — dans la végétation de la feuille à l'air libre, alors que ses actes nutritifs ne sont plus gênés, entravés, par les appareils qu'on lui adapte pour étudier sa transpiration, il est facile, cette loi admise, d'indiquer l'influence exercée sur le mouvement nutritif par les trois changements d'attitude signalés plus haut. Pendant la première période de son existence, celle de sa croissance, la feuille, réduite à l'état de véritable parasite, emprunte au reste de l'économie tous les matériaux de son organisation ; la fonction de transpiration qui fait affluer en elle les éléments de ses nouveaux tissus, prime donc alors toutes les autres. A cette époque, l'organe, en se tenant droit, la face inférieure tournée vers la lumière qui excite sa transpiration, se trouve placé évidemment dans l'attitude la plus favorable à son activité. Pendant la seconde, la feuille, entièrement constituée et en pleine possession de tous ses moyens d'action, devient à son tour organe nourricier; ce qu'il lui faut avant tout et par-dessus tout à l'âge adulte, c'est donc une forte insolation de la région la plus favorablement organisée pour utiliser la force vive émanée du soleil, la fonction chlorophyllienne ayant maintenant le rôle dominant. Or, précisément pendant cette période, le limbe est horizontal ou plus exactement dans un plan perpendiculaire à la direction des rayons solaires, et tourne vers la lumière sa face supérieure, qui correspond à la région la plus riche en chlorophylle. Dans la vieillesse, les rôles ont de nouveau changé : la feuille cesse d'être nourrice, sa chlorophylle n'est plus, et la magnifique coloration verte qu'elle lui devait a fait place aux belles teintes automnales indices de sa fin prochaine, et si bien nommées par tout le monde « la nuance feuille morte ». Désormais vivant d'emprunts et sans rien créer, il n'y aura plus chez elle, comme par le passé, deux régions se dis-

tinguant l'une de l'autre par leurs modes fonctionnels. Afin de prolonger son existence, elle devra ménager ses ressources, prises en partie

Fig. 243. — Végétation d'un Corypha (Palmier) dont les feuilles ont des attitudes variables avec leur âge.

à son propre fond, en partie au reste de la plante. Pour y parvenir,
il faut qu'elle modère son activité en diminuant l'insolation sur sa

face supérieure, et qu'elle demande ce qui lui est nécessaire pour vivre au fonds commun, aux aliments de réserve, en accélérant un peu sa transpiration. C'est justement à cette époque qu'elle prend, en vertu de son évolution, cette attitude pendante que nous lui connaissons, et qui place ses deux faces dans les mêmes conditions physiques, en particulier sous la même lumière, alors que toutes deux doivent vivre

Fig. 244. — Phyllodes verticaux de l'Acacia hétérophylle (*Acacia heterophylla* Willd.).

et se comporter d'une façon identique. Les changements d'attitude selon l'âge sont d'autant plus prononcés que les deux faces du limbe sont plus dissemblables. Dans le cas contraire, lorsque les deux faces sont identiques, ainsi que le fait se présente dans les phyllodes, la portion restée membraneuse prend et conserve invariablement la même orientation; son plan reste vertical, comme nous le remarquions plus haut.

Avant d'examiner les mouvements périodiques, revenons sur l'attitude conservée par la feuille pendant la période moyenne de son existence, limbe horizontal avec face supérieure tournée vers le ciel et face inférieure vers la terre. La dérange-t-on, elle revient à sa position première avec une promptitude qui dépend d'abord de l'espèce et de l'âge, ensuite du degré de lumière, de chaleur, et en général de l'activité des causes dispensatrices de la vie. Le mouvement par lequel l'organe reprend sa situation naturelle a été nommé *retournement de la feuille* par Ch. Bonnet, naturaliste genevois, né en 1720 et mort en 1793 dans sa ville natale, qui le premier l'étudia dans ses importantes recherches sur l'*Usage des feuilles dans les plantes;* de nos jours on l'appelle *héliotropisme*, parce qu'il a pour effet de diriger la feuille vers la lumière. Ces mouvements sont localisés dans le pétiole et plus particulièrement dans sa base; ils consistent, selon les cas, en une flexion, une torsion, ou bien tout à la fois une flexion et une torsion de ce support. Ils sont prompts à s'effectuer pendant la jeunesse de l'organe, deviennent plus tard lents et difficiles, et enfin tout à fait impossibles dans la vieillesse. Ils peuvent se produire plusieurs fois de suite chez la même feuille, mais de plus en plus lentement, comme si l'organe se lassait à la longue. Ch. Bonnet a obtenu jusqu'à quatorze retournements successifs en replaçant, après chacun d'eux, la feuille dans une position contre nature. Le mouvement a lieu indifféremment, mais avec des vitesses différentes, dans l'obscurité et à la lumière, à l'air comme dans l'eau ; il est plus rapide chez les espèces herbacées que chez les autres, par un temps chaud, sous un soleil ardent, que durant une journée froide et pluvieuse. Journellement nous sommes témoins d'effets de ce genre ; par exemple, le feuillage des plantes placées dans une cave, un appartement, une serre, se porte toujours vers les soupiraux ou les fenêtres, vers les régions éclairées par conséquent. Quant au mécanisme du retournement, il est analogue à celui qui produit les mouvements des feuilles dites *sommeillantes*, dont nous allons maintenant parler.

Les mouvements périodiques les plus étudiés et les moins mal connus sont ceux que Linné a compris sous la dénomination commune de *sommeil des feuilles*. Leur première mention remonte fort loin dans le passé, à Pline, qui, dans le chapitre XVIII de son *Histoire naturelle*, écrivait que « les feuilles de trèfle se redressent à l'approche de l'orage ». Cette fine observation du grand naturaliste latin resta isolée et passa inaperçue. Il faut arriver à la seconde moitié du seizième siècle pour rencontrer dans les auteurs des citations de ce genre. Garcias de Horto, voyageant dans l'Inde en 1567, remarqua le sommeil des feuilles du Tamarinier (*Tamarindus indica* Lin.); Acosta en 1578, Valerius Cordus en 1581, Prosper Alpinus en 1592, firent des observations analogues sur d'autres plantes, puis la question retomba de nouveau dans l'oubli. Enfin Linné, au dernier siècle, par ses écrits et grâce peut-être à l'expression, sinon juste, au moins originale et saisissante dont il se servit pour la désigner, la popularisa dans le monde savant, et depuis lors elle ne cessa de préoccuper les botanistes.

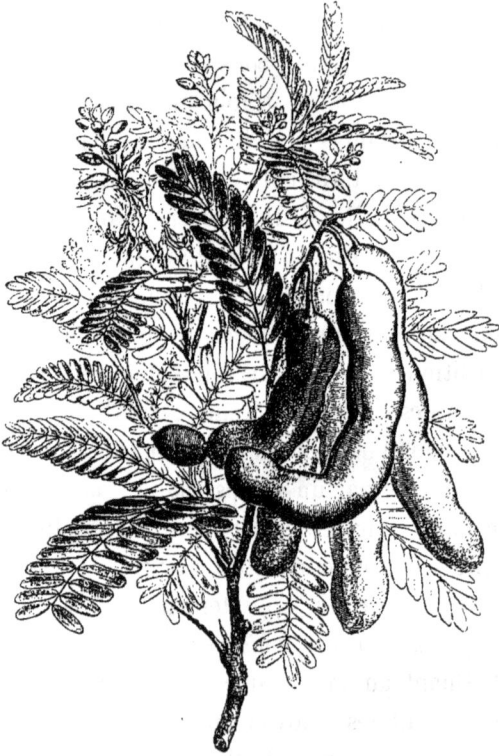

Fig. 245. — Rameau de Tamarinier (*Tamarindus indica* Lin.).

Dans la très-grande majorité des espèces, les feuilles ne sommeillent pas, et conservent la même attitude de nuit comme de jour, sauf les changements lents et progressifs amenés par l'âge. Le sommeil est au contraire la loi ordinaire chez quelques familles privilégiées, principalement chez les Légumineuses et les Oxalidées. Les positions nocturnes sont d'ailleurs très-variables ; toutes ont pour effet de masquer plus ou moins complétement soit les faces supérieures, soit les faces inférieures des limbes. Dans le Baguenaudier (*Colutea arborescens* Lin.), les Féviers, les Luzernes, les Mélilots, le Pourpier (*Portulaca oleracea* Lin.), les Trèfles, etc., etc., les limbes des feuilles simples,

les folioles des feuilles composées se dressent et leurs faces supérieures se superposent plus ou moins exactement; dans les Casses, les Glyci-

Fig. 246. — Sommeil d'une feuille de Sensitive (*Mimosa pudica* Lin.).

nes, les Lupins, les Oxalis, les Robinia, etc., c'est le contraire : elles pendent et rapprochent les unes des autres leurs faces inférieures, atti-

Fig. 247. — Sommeil d'un rameau feuillé de l'Oxalis à pétales crénelés (*Oxalis crenata* Jacq.).

tude qui rappelle celle de la feuille fanée, sans être produite pourtant par le même mécanisme, car celle-ci est flasque dans toutes ses par-

ties, au lieu que pendant le sommeil les tissus gardent leur turgescence ordinaire et le pétiole sa rigidité accoutumée. Sous une très-
forte insolation, quelques feuilles abandonnent la position de veille et
prennent une attitude opposée à celle du sommeil ; par exemple, les
folioles du Robinia (*Robinia pseudo-acacia* Lin.) se relèvent et forment une gouttière à claire-voie ; c'est là ce que l'on nomme le *sommeil diurne* ou encore la *sieste* des feuilles.

Chez toutes les feuilles sommeillantes, il existe toujours à la base
du support, pétiole ou pétiolule, une nodosité plus ou moins prononcée, appelée le *renflement moteur*, parce qu'elle est le siége de la
motilité. Le mouvement est produit par des variations dans le degré
de turgescence du parenchyme du renflement, comme nous allons
essayer de le prouver.

Considérons une lame formée de deux parties exactement superposées ABC, DEF, et solidement unies entre elles. Si la lame est plane
(fig. 248), les deux parties seront nécessairement d'égale longueur, et
d'inégale longueur si la lame est courbe. La région ABC est la plus
longue des deux dans la figure 249 et la plus courte dans la figure
250 ; en d'autres termes, une lame courbe est convexe sur sa face la

plus longue et concave sur sa face la plus
courte. Ainsi, une lame hétérogène
composée de deux parties susceptibles
de s'allonger inégalement dans les
mêmes circonstances peut prendre, selon les cas, trois formes différentes :
être plane, si les deux parties ont une
même longueur ; courbe dans un sens ou
dans l'autre, si elles ont des longueurs
différentes. Pour le vérifier expérimentalement, on se sert dans les cours de
physique d'un petit appareil constitué
par deux lames, l'une de cuivre, ABC,
l'autre de fer, DEF, ajustées et clouées

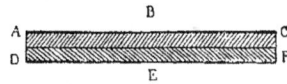

Fig. 248. — Mécanisme du mouvement
chez les feuilles sommeillantes.

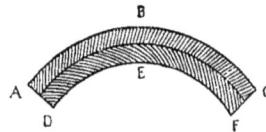

Fig. 249. — Idem.

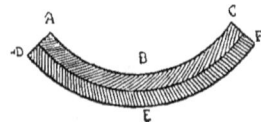

Fig. 250. — Idem.

l'une sur l'autre de manière à composer un ensemble parfaitement
plan à la température ordinaire. Chauffe-t-on celui-ci, il se courbe
toujours dans le même sens, le bord convexe du côté du cuivre ABC
(fig. 249) ; le refroidit-on en le plongeant dans un mélange réfrigé-

rant, il se courbe encore, mais dans l'autre sens, le cuivre du côté du bord concave (fig. 250). Ces changements de forme tiennent à ce que, le cuivre étant plus dilatable que le fer, le volume de la lame de cuivre augmente ou diminue plus que celui de la lame de fer quand on élève ou qu'on abaisse la température.

L'intervention de la chaleur n'est pas indispensable pour obtenir des inégalités de volume dans deux lames contiguës et les courbures diverses de l'ensemble qui en sont les conséquences. En effet, au lieu de corps inertes, métalliques, adressons-nous maintenant à un parenchyme vivant, hétérogène, composé de deux couches dont l'une ABC ait une irritabilité nutritive supérieure à celle de l'autre. Un temps chaud, une vive lumière, surexciteront l'activité nutritive, mais inégalement dans les deux tissus; l'afflux de séve, la turgescence, l'augmentation de volume par conséquent, prédomineront dans la zone ABC, et la masse entière se courbera, comme l'indique la fig. 249. Si donc cette masse est la base d'un pétiole et AD la surface d'insertion, la région FC et le limbe qu'elle est supposée porter s'abaisseront, mus par le ressort se courbant de haut en bas. Dans les circonstances opposées, l'obscurité et la diminution de température déprimeront la nutrition; mais le ralentissement étant plus grand dans le tissu ABC que dans l'autre, le corps se courbera en sens contraire (fig. 250), le pétiole et le limbe se relèveront.

Tel est, envisagé d'une manière générale, le mécanisme du mouvement des feuilles sommeillantes; quelques expériences très-simples confirment cette explication. Enlève-t-on la portion inférieure d'un renflement moteur, le limbe s'abaisse; il s'élève au contraire après l'ablation de la portion supérieure, tandis que la suppression des parties droite ou gauche du même organe porte la feuille à droite ou à gauche; d'où il faut conclure que la turgescence du renflement moteur est plus grande dans sa couche externe que dans sa couche interne, et que l'action du tissu le plus irritable tend en chaque point à courber le pétiole du côté opposé. Celui-ci, sollicité à tous les instants par des forces antagonistes, prend une position d'équilibre variable comme l'intensité relative de ces dernières. Il résulte encore de ces faits que les mouvements d'une feuille seront d'autant plus diversifiés que le nombre de ses renflements moteurs sera plus considérable; fort restreints dans la feuille simple, ils atteindront leur plus grande variété dans les feuilles très-composées, dans celles de la Sensitive (*Mimosa pudica* Lin.) par exemple.

Enfin le mot de sommeil a-t-il été justement appliqué à la position nocturne des feuilles? Il est permis d'en douter, en songeant que cette position nocturne est ordinairement la même que l'attitude prise par la feuille dans le bourgeon au moment et quelque temps après l'épanouissement, alors qu'évidemment le mouvement nutritif est le plus rapide. En admettant même que pendant la nuit ces feuilles dorment réellement, dans le sens propre du mot quand on l'applique à l'homme ou bien à l'animal, dorment-elles toutes aussi profondément? Chez toutes, le ralentissement de l'activité vitale est-il aussi marqué? C'est là une question bien souvent posée depuis Linné; pour la résoudre, nous sommes arrêtés par la difficulté déjà signalée, notre ignorance de la manière dont les deux faces d'une même feuille se comportent vis-à-vis des agents de la nutrition, quelles influences la nature de ces faces exerce sur la respiration, la transpiration et la coloration de l'organe tout entier. Si l'on admet, ce qui n'est pas encore rigoureusement démontré, que la face supérieure rayonne plus énergiquement la chaleur et transpire moins abondamment que la face inférieure, alors on est en droit de dire que la feuille dont le limbe se relève pendant la nuit de façon à masquer sa face supérieure, dort moins profondément que celle qui cache sa face inférieure en abaissant son limbe.

Les mouvements périodiques les plus étranges sont ceux d'une Papilionacée du Bengale, d'abord appelée *Hedysarum gyrans* par Linné fils, plus tard *Desmodium gyrans* par A. P. de Candolle, et plus connue sous le nom de Sainfoin oscillant que lui donnait Daubenton au Jardin du Roi.

Au siècle dernier, lady Monson, entraînée dans l'Inde par un goût très-vif pour la Botanique, la découvrit et l'étudia aux environs de Dakka, chef-lieu du district de ce nom, à 250 kilomètres N. E. de Calcutta, où elle croît dans des terrains humides et argileux. La plante fit sa première apparition en Europe en 1777, à Luton-Park en Angleterre, chez lord Bute; depuis lors, on la cultive seulement dans les jardins botaniques, non point pour sa valeur ornementale, qui est des plus médiocres, mais en raison des étranges mouvements de ses feuilles.

Le Sainfoin oscillant est herbacé et bisannuel dans nos serres chaudes, vivace, dit-on, dans son pays natal; il atteint 1 mètre environ de hauteur et porte des feuilles composées-trifoliolées comprenant une foliole impaire et médiane de 8 à 10 centimètres de longueur sur 2 à 3 centimètres de largeur, accompagnée de deux folioles latérales plus étroites et quatre fois moins longues.

La première est simplement héliotropique et présente les phénomènes, habituels aux Papilionacées, de veille et de sommeil. Pendant le jour, la feuille se tient dans l'attitude ordinaire, sa face supérieure tournée vers la lumière; durant la nuit, elle pend et touche le pétiole par sa face inférieure. Les folioles latérales sont, de jour comme de nuit, sans cesse animées de mouvements antagonistes de haut en bas et de bas en haut, dont la rapidité dépend de la température, de l'état de santé ou de maladie de la plante, etc.; en un mot, tout ce qui surexcite la nutrition accroît également la vitesse de ce mouvement vibratoire. Au Bengale, toutes les folioles sont simultanément agitées pendant la vie entière de la plante; il n'en est plus ainsi dans nos serres, où d'ordinaire un certain nombre se reposent, particulièrement parmi les plus âgées, tandis qu'à d'autres heures toutes sont immobiles.

Fig. 251. — Sainfoin oscillant (*Hedysarum gyrans* Lin.).

Certains excitants, physiques et chimiques, provoquent des mouvements d'ordre fonctionnel dans les feuilles de plusieurs plantes sommeillantes, dites, pour ce motif, *irritables*, *excitables*, ou même encore *sensibles*. La plus populaire d'entre elles est la Sensitive (*Mimosa pudica* Lin.), qu'on appelait autrefois l'Imitatrice, en raison de la grande ressemblance de ses mouvements avec ceux de l'animal.

Nous ferons plus loin l'histoire des principales espèces de ce groupe.

Fig. 252. — Végétation du Latanier (*Latania borbonica* W.) : exemple de désorganisation sur place des feuilles chez les Monocotylédones arborescentes.

V. — VIEILLESSE, MORT ET CHUTE DES FEUILLES

Les feuilles ont des degrés de longévité très-variables selon les espèces. Les unes ne vivent qu'une saison : nées au printemps, leur existence se prolonge plus ou moins tard en automne ; elles sont donc *annuelles* ou *caduques*, selon l'expression consacrée. Les autres vivent plusieurs années, sont *persistantes* par conséquent. Les premières meurent toutes à la fois, privant d'un seul coup le végétal de tous ses organes de nutrition aérienne ; les secondes meurent successivement, et comme de nouvelles feuilles se montrent d'année en année, l'arbre est toujours *vert*. Caduques ou persistantes, leur mort est naturelle et ne résulte pas, comme on serait porté à le croire au premier abord, des vicissitudes des saisons, bien que les excès de froid ou de chaud, d'humidité ou de sécheresse, puissent hâter leur fin et parfois même la provoquer, auquel cas la mort est véritablement violente et accidentelle. Ce qui montre bien que la mort des feuilles n'est pas dans les circonstances ordinaires un simple effet climatique, c'est que nos serres, qui préviennent précisément les excès de ce genre, prolongent sans doute de quelques jours l'existence de ces organes sans parvenir à rendre persistant un feuillage naturellement annuel.

Chez les plantes ligneuses, la feuille morte se comporte différemment, suivant les espèces. Dans les unes, elle reste adhérente à l'axe et se désorganise sur place, plus ou moins lentement, du sommet à la base, perdant d'abord son limbe, puis progressivement les diverses portions de son pétiole. Ainsi se montrent les feuilles des Monocotylédones. Chez les Dicotylédones, il en est autrement : la feuille, dite pour ce motif *articulée*, se détache à un moment donné par suite d'une séparation très-nette qui se produit vers la base du pétiole ; dans ce cas, on nomme *coussinet* la portion du support restée adhérente au rameau. Cette séparation et la chute de l'organe qui en est la conséquence ont lieu plus ou moins tard, selon les types ; ainsi, chez le Chêne, un certain nombre d'entre elles, bien que mortes, persistent sur l'arbre durant tout l'hiver.

La chute des feuilles est évidemment l'effet d'un mécanisme spécial préparé pendant la vie de l'organe, et non point une simple consé-

quence de la mort, attendu que les feuilles des Monocotylédones ne se
désarticulent point, et que dans les espèces à feuilles articulées on
peut tuer celles-ci sans cependant amener leur chute. Détache-t-on une
branche feuillée appartenant à l'une quelconque de ces dernières
espèces et l'abandonne-t-on à elle-même, par le manque d'eau et
d'aliments les feuilles meurent bientôt, se dessèchent, se désorganisent progressivement comme celles des Monocotylédones, se décomposent, en d'autres termes, ainsi que le fait toute matière organisée morte
et livrée sans défense aux agents physiques, mais elles ne se désarticulent point, mais elles restent vertes au lieu de s'empourprer de leurs
teintes automnales ; donc la coloration automnale, donc la désarti-
culation de la feuille, ne sont point des conséquences de la mort, mais
bien des effets de la vie, une phase, la dernière, de l'évolution foliaire. Quel est donc le mécanisme de leur chute? Pourquoi les unes
se séparent-elles spontanément du rameau, tandis que les autres restent en place après leur mort? On a beaucoup cherché et on a proposé
différentes explications du phénomène. A notre époque, chez un
grand nombre de feuilles, on a vu se former dans la partie basilaire
du pétiole une couche transversale de liége s'étendant sur toute
l'épaisseur du parenchyme, et ne laissant plus entre l'organe et le
rameau d'autres voies de communication que celles des faisceaux
fibro-vasculaires. Cette production de la vieillesse une fois constituée,
la feuille se détache au-dessus de la couche subéreuse adventive par le
décollement du parenchyme sus-jacent et la rupture transversale des
faisceaux fibro-vasculaires. On attribue la séparation à la mortification
d'assises cellulaires, conséquence de la profonde perturbation apportée
à la nutrition de la feuille par la barrière de liége dressée près de son
coussinet. Quelle que soit du reste la valeur de l'explication, les faits
de formation d'une couche subéreuse suivie d'une rupture de l'organe
au-dessus d'elle n'en subsistent pas moins, et s'observent dans un
grand nombre d'espèces à feuilles articulées, sinon dans toutes. On
remarquera combien est utile la naissance de la couche subéreuse
pour cicatriser la plaie laissée par la chute de la feuille et la mettre
à l'abri des influences désorganisatrices venues de l'extérieur. Sans
ces minces plaques de liége, la défoliation laisserait à l'automne
des milliers de plaies vives, chacune fort petite à la vérité, mais qui,
prises collectivement, n'en formeraient pas moins une large surface

Fig. 285. — La chute des feuilles.

dénudée par laquelle la nécrose envahirait le corps de l'arbre et compromettrait tous les ans son existence. Le bûcheron, pour éviter pareil danger, enduit de goudron la blessure faite par sa cognée; l'organisation procède autrement et mieux : elle recourt à un moyen à double fin, provoque la chute d'un organe devenu inerte, tout en rendant la séparation sans danger pour l'arbre.

Les teintes automnales ne sont point non plus, — comme on le suppose assez généralement, — un effet de l'hiver, mais résultent, ainsi que nous l'observions plus haut, du cours naturel de la végétation. La preuve en est fournie dans la culture forcée de la Vigne. Tout le monde a remarqué, admiré, les magnifiques couleurs pourpres ou jaunes, selon les espèces ou variétés, dont se parent spontanément les pampres durant l'automne; or les mêmes coloris se manifestent en serre, à la même phase physiologique, la maturité des raisins, mais pas à la même date. En culture forcée, la Vigne jaunit ou rougit, non plus en automne comme dans sa végétation à l'air libre, mais beaucoup plus tôt, à la fin du printemps ou pendant l'été, suivant l'époque où l'on a commencé à la chauffer. Dans la serre, on ne peut évidemment invoquer je ne sais quelle mystérieuse et périodique influence climatique pour expliquer le changement de coloration des feuilles pendant la dernière période de végétation du cep; il faut donc bien reconnaître que les variations de coloris sont, elles aussi, des phénomènes d'évolution, des signes de vieillesse et de mort prochaine.

CHAPITRE XVI

L'ACCROISSEMENT

Par suite des grandes inégalités qui existent dans la longévité des plantes des différentes espèces, on conçoit combien doivent être nombreux et variés les phénomènes d'accroissement qu'il nous est donné d'étudier dans le Règne végétal. Obligé de restreindre notre exposition entre de très-étroites limites, nous n'examinerons que les principaux d'entre eux ; et s'il nous est impossible de faire connaître ces complexes manifestations, du moins avons-nous l'espoir de les mettre en suffisante lumière pour inspirer à quelques lecteurs le désir de les étudier plus complétement.

I. — GERMINATION

La première phase de la vie d'une plante phanérogame quelconque se passe dans le fruit, à l'état d'embryon. A un moment donné, ce mode d'existence ne lui convient plus ; alors elle ne meurt point cependant, mais cesse de croître et tombe, en attendant les circonstances nécessaires à son développement ultérieur, dans une étrange léthargie ayant quelques ressemblances éloignées avec le profond sommeil, de durée et d'intensité fort variables d'ailleurs, qu'éprouvent un grand nombre de bourgeons ordinaires avant leur épanouissement. Durant son assoupissement, en effet, chacun de ceux-ci reste en libre communication avec le rameau, il en reçoit sans entraves des aliments, et par suite sa nutrition ne souffre d'aucune contrainte ; il est et demeure pendant cette période un véritable parasite vivant aux dépens de la plante-mère. Tout autre est la situation de l'embryon à l'âge critique de son sommeil. Dès que le fruit mûr se détache spontanément de son rameau nourricier, toute communication cesse nécessairement entre l'embryon et sa mère ; il ne peut donc plus compter durant sa léthargie, pour satisfaire aux exigences de la nutrition, que sur les ressources alimentaires relativement minimes localisées dans ses tissus ou internées avec lui sous les téguments de la graine. Il est ainsi condamné à vivre de sa propre substance ou peut-être de ces matières nutritives qui se localisent parfois dans un tissu spécial, tissu et aliments que l'analogie de leur rôle avec celui du blanc d'œuf a fait comprendre sous la dénomination commune d'*albumen*. Mais ces réserves alimentaires sont, nous le répétons, en faible quantité, et paraissent dans tous les cas hors de proportion avec la durée du sommeil léthargique, qui se prolonge souvent vingt, trente, cinquante, soixante, cent ans et même plus, sans amener la mort de l'embryon. D'ailleurs, pendant cette période parfois si longue, le poids de ces substances semble peu varier, abstraction faite de l'eau qu'elles perdent par dessiccation. Comment vit donc l'embryon ? de quelle nature est sa léthargie ? quelles sont les fonctions alors suspendues ? quelles sont celles au contraire qui persistent ? On l'ignore.

Des faits de même ordre se montrent, il est vrai, dans le Règne animal. Ainsi certains animaux, appelés *hibernants*, s'endorment tous les ans à la même époque ; d'autres, appartenant au groupe des animaux à métamorphoses postérieures à la naissance, les Papillons entre autres, éprouvent le même engourdissement pendant une phase intermédiaire de leur existence, durant leur état de chrysalide. Mais chez les uns et les autres la suspension de toute alimentation est de courte durée, de quelques jours, de quelques mois, d'une saison au plus, tandis que le sommeil de l'embryon végétal peut se prolonger impunément pendant des années. Le Règne animal n'a offert jusqu'ici qu'un exemple de cette torpeur si étrange par sa longueur et par l'absence apparente de toute alimentation ; on l'observe dans ce petit groupe d'animaux microscopiques placés aux confins de l'animalité, et composé des Rotifères et des Tardigrades. Sous l'influence de la dessiccation,

toute trace de vitalité disparaît en eux, et cet état singulier, qui peut
se prolonger également pendant des années, n'est point la mort telle
que nous la connaissons, la mort fatalement suivie à bref délai de la
désorganisation, car il suffit d'une goutte d'eau pour ranimer ces
cadavres et leur rendre leur activité première, faculté extraordinaire
qui leur a fait donner précisément leur nom d'*animaux réviviscents.*
Ce sommeil, peut-être faudrait-il dire cet arrêt de la vie, est comparable, au moins en apparence, à l'état de l'embryon dans la graine.
Chez ce dernier, comme chez le Rotifère ou le Tardigrade, la léthargie
devient avec le temps de plus en plus profonde, et l'être passe graduellement de la vie à la mort sans qu'on puisse établir de ligne de
démarcation entre ces deux états physiologiques. C'est pourquoi la
graine est d'autant plus rebelle à la germination qu'elle est plus vieille.
Toutefois une grande différence existe, même sous ce rapport, entre
les deux Règnes organiques; ce que nous appellerons, à défaut
d'autre mot et sans attacher à cette expression son sens littéral, la suspension de la vie, est la très-rare exception chez les animaux et la
règle ordinaire chez les végétaux de l'immense groupe des Phanérogames.

Ces observations nous apprennent déjà que l'art des germinations
est loin d'être aussi facile qu'on le suppose généralement, et qu'il ne
suffit pas, pour réussir à coup sûr avec une graine quelconque, de
l'abandonner, suivant la pratique habituelle, à fleur de sol, en pleine
terre ou sous bâche selon le tempérament de l'embryon, en lui donnant les quantités d'eau, d'air et de chaleur qu'on juge arbitrairement
lui être nécessaires. La généralité des praticiens et des amateurs ne
font pas autrement, et ils se consolent de leurs fréquents insuccès en
attribuant leurs échecs à la détérioration des graines, tandis que bien
souvent ils sont dus à leur inhabileté et à l'oubli des soins convenables. Tout embryon en effet est un malade dont l'état est plus ou
moins grave selon la durée de son incarcération dans la graine et la
nature des circonstances au milieu desquelles s'est passée la claustra-
tion. Par exemple, d'un même paquet de graines faites deux parts :
abandonnez l'une dans une pièce aérée, chaude et humide; enfermez
l'autre dans le tiroir d'un meuble situé dans un endroit froid et sec;
tous les embryons indistinctement vivront-ils le même temps? leur
aptitude à germer, ce que l'on nomme communément leur *faculté*

germinative, aura-t-elle la même durée? Évidemment non, car les conditions extérieures ne sont pas les mêmes pour tous, et les premiers devront mourir plus tôt que les derniers. La raison en est facile à comprendre. Dans le premier cas, en effet, la vie, sous l'influence de conditions favorables, tend à s'activer; des conditions défavorables contribuent au contraire à l'assoupir dans le second cas; chez les premières plantules, les exigences vitales sont donc plus grandes que chez les secondes, et l'on conçoit qu'elles périssent alors que ces dernières continuent de vivre grâce à leur faible activité qui ne leur crée que des besoins excessivement bornés. Ces vues théoriques sont du reste journellement confirmées par l'observation, et tout le monde connaît cette règle, depuis longtemps indiquée par l'expérience, qui recommande de conserver les graines à l'abri de l'humidité, de la chaleur et du renouvellement de l'air. Veut-on une preuve plus convaincante encore de l'influence des conditions extérieures sur la longévité des embryons? Elle nous est fournie dans ces expériences où des graines, refroidies pendant leur sommeil au-dessous de 0°, ont donné des plantes plus vigoureuses que celles qui ne furent point soumises au même traitement. Pourquoi cette différence entre les embryons de graines pourtant aussi semblables que possible? La Physiologie va nous l'expliquer.

La vie consomme de la chaleur; par conséquent, à parité de conditions, elle est d'autant plus active que la température est plus élevée, sans dépasser pourtant une certaine limite au delà de laquelle la chaleur tue par sa trop grande intensité aussi sûrement, aussi promptement, que le poison le plus actif. Ainsi, l'engourdissement de l'embryon est d'autant plus profond, et par suite ses besoins d'autant moindres, que la graine est plus refroidie. Dans de telles conditions, il souffrira donc moins, et dès lors donnera après la germination une plante plus vigoureuse que celle provenant d'un embryon affaibli, émacié, par son séjour dans un air chaud et humide. Ce fait nous explique pourquoi l'on éprouve tant de déceptions avec les graines expédiées des régions intertropicales.

Pendant la traversée, l'air chaud et humide de l'entre-pont, et surtout de la cale, excite l'activité vitale beaucoup plus qu'il ne conviendrait; et les embryons nous parviennent, les uns déjà tués par cette activité intempestive, les autres épuisés à tel point qu'il ne leur reste plus qu'un souffle de vie, qui s'exhale dès les premières heures de la germination.

L'embryon dans la graine, on ne saurait trop le répéter, est donc un petit malade dont la mort est plus ou moins prochaine si l'on n'intervient pas promptement pour le rappeler à la vie par un traitement dont on conçoit maintenant l'importance et la délicatesse. Nous avions par conséquent raison de dire que savoir faire germer une graine, surtout une vieille graine, est un art difficile dont nous possédons à peine les premiers rudiments. N'est-il pas évident qu'il faut mesurer à l'embryon en germination les agents de la vie, oxygène, humidité, chaleur et plus tard lumière, selon son degré de faiblesse ou la gravité de son état, sous peine d'échouer toujours? Et même en usant de tous les ménagements possibles, il se trouvera encore des embryons trop épuisés pour entrer en germination ou pour en parcourir heureusement les diverses phases. Le devoir de la science est maintenant tout tracé : il s'agit pour elle de déterminer les quantités de chaleur, d'humidité, etc., qu'exigent les embryons en germination selon leur nature et leur âge; il s'agit encore pour elle de trouver le traitement, d'inventer les médicaments capables de provoquer la germination ou le retour à la vie active chez ceux dont la santé est gravement altérée par la prolongation anormale du sommeil léthargique, ou par les mauvaises conditions au milieu desquelles il s'est accompli.

Nous allons voir ce que la Physiologie sait de cette question; mais auparavant faisons encore quelques remarques à propos de ce curieux sommeil dont nous venons de résumer les caractères essentiels. Tout d'abord, abordons le problème, de premier ordre pour la pratique, de l'influence de la graine sur la plante qu'elle produit.

Comment distinguer la graine normale, celle qui est parvenue à sa complète maturité, qui a passé par toutes les phases de son développement et subi avec succès toutes les épreuves de son initiation, de la graine mal conformée, en partie avortée, ou de celle dont l'embryon est devenu plus ou moins chétif, malingre et souffreteux par l'effet d'un sommeil trop prolongé? Pour faire ce choix si important nous n'avons que deux moyens bien grossiers, bien insuffisants, qui consistent à tenir compte de la grosseur de la graine et de son poids. C'est à ce double caractère qu'ont recours tous les horticulteurs, faute d'en

connaître d'autres plus précis. En outre, si l'on veut conserver un
type dans toute sa pureté première, il faut encore, à chacun des semis,
faire un triage minutieux et intelligent des graines exclusivement
récoltées sur des sujets d'élite, représentant fidèlement le type que l'on
entend reproduire. Quant aux graines mal conformées ou incomplétement développées, elles donnent des monstruosités d'ordinaire sans
valeur pour l'horticulteur ; aussi peut-on les rejeter sans inconvénient.
Mais, parmi les graines réputées bonnes, il est encore un choix à faire
selon la destination de la plante, comme nous allons le montrer.

Il est depuis très-longtemps établi que les plantes vigoureuses, à
feuillage abondant, à ramifications nombreuses, à croissance rapide,
fleurissent plus tard que les autres ; aussi est-il passé en principe dans
la pratique qu'on hâte la fructification en faisant souffrir la plante.
En d'autres termes, il existe toujours un antagonisme manifeste entre
l'activité végétative et la puissance de reproduction. Mais quel est donc
le lien mystérieux qui rattache ainsi l'état de souffrance de la plante
à l'abondance et à la précocité de la floraison? A cet égard, les gens
qui prétendent tout savoir et tout expliquer vous répondent invariablement : la plante se hâte de fructifier parce qu'elle sent sa fin prochaine. Pour moi, je crois peu à cet embryon qui aurait la conscience
de sa mission et le sentiment de sa responsabilité, et je me borne à
supposer que les choses sont ainsi attendu que, si elles étaient autrement, la vie végétale disparaîtrait fatalement de la surface du globe.
Cet antagonisme entre les fonctions de nutrition et de reproduction
est du reste une des causes pondératrices du nombre des individus
d'espèces différentes : il favorise la multiplication des faibles, qui
tendent à disparaître, entrave au contraire celle des forts, qui tendent
à tout envahir, à tout remplacer. Force conservatrice des types, elle
lutte contre la force destructive ou modificatrice née des transformations incessantes, mais lentes et graduelles, du monde physique.

Sans insister davantage sur la nature et les effets de la relation
mystérieuse qui unit de nos jours les fonctions de nutrition et de reproduction, il est certain que la relation existe ; à nous donc d'en tirer
les enseignements pratiques qu'elle comporte. Or, d'après nos précédentes remarques, l'embryon robuste donne une plante vigoureuse,
l'embryon chétif un sujet souffreteux ; d'autre part, l'individu robuste
se met plus difficilement à fruit que l'individu malingre ; concluons

enfin que les embryons vigoureux produiront des plantes lentes à fructifier, tandis que les sujets issus d'embryons maladifs entreront hâtivement en floraison. Ce qui revient à dire que dans la propagation des espèces fruitières il convient de rejeter les embryons très-vigoureux, et de les rechercher au contraire dans les semis des espèces cultivées pour leur feuillage, leurs ramifications ou leurs racines. Dans la culture maraîchère, pour citer ce seul exemple, il faudra choisir des embryons ayant préalablement éprouvé un commencement d'affaiblissement quand il s'agira des Aubergines, Concombres, Melons, Piments, Tomates, etc. On fera au contraire avec des embryons vigoureux les semis de Choux, Céleris, Endives, etc. A la pratique incombe le soin de déterminer, pour chaque espèce en particulier, l'âge le plus convenable que doit avoir la graine en raison du but qu'on veut atteindre.

La durée de la faculté germinative dépend à la fois des circonstances extérieures et de l'espèce. Sous ce dernier rapport, on trouve des exemples de tous les cas imaginables, depuis l'embryon dont la vie est étroitement limitée à quelques jours jusqu'à celui qui lutte avec succès pendant des années contre la mort qui l'assaille. La faible résistance opposée par la plupart des graines aux causes de désorganisation, surtout la brièveté de la vie chez un grand nombre d'embryons, sont les plus grands obstacles opposés à la *naturalisation*, c'est-à-dire à l'implantation des types végétaux dans des contrées de climat similaire à celui de leur pays natal. Sans ces difficultés, surmontées seulement de notre temps pour plusieurs espèces grâce à la rapidité et à la sûreté de nos moyens de locomotion, l'homme, dans ses perpétuelles migrations à la surface du globe, du nord au midi et du midi au nord, se ferait suivre et s'entourerait partout du cortége des végétaux utiles dont la conformation permettrait la vie en plein air. Mais les nombreux obstacles que rencontre la dissémination des graines, qu'elle s'opère naturellement ou par l'initiative et l'intelligence de l'homme, rendent vaines bien des tentatives de ce genre, et obligent parfois encore à recourir à un moyen dispendieux et incommode, au transport même de jeunes plantes au lieu des graines que l'on ne parvient pas à conserver intactes pendant la traversée. Ce sont des difficultés de cette nature qui se sont opposées autrefois et pendant longtemps, alors que les voyages au long cours étaient rares et pleins de périls, à l'extension du Caféier hors de sa patrie, ses graines perdant leur faculté germinative avec une rapidité que l'on avait du reste beaucoup exagérée.

Parfois, au contraire, la faculté germinative se conserve intacte pendant bien des années. Maintes fois on a vu des graines empruntées à de très-anciens herbiers germer parfaitement malgré leur âge souvent très-avancé. Dans d'autres circonstances, on a des preuves d'une vitalité au moins aussi tenace. Ainsi, après les profonds remaniements de terrain nécessités par des travaux d'art, souvent les remblais se couvrent d'une végétation composée d'espèces inconnues dans le pays ou du moins disparues depuis fort longtemps. Ces florules adventives proviennent dans le premier cas des graines mélangées avec les terres rapportées pour faire les terrassements; et, dans le second, de celles qui dormaient enfouies dans le sous-sol, ne pouvant germer faute d'une quantité suffisante d'humidité, de chaleur et d'air, et que le profond remaniement du terrain a ramenées accidentellement à la surface.

C'est par une raison semblable que le sol laissé nu après une coupe de bois se couvre de plantes herbacées inconnues dans la région, ou tout au moins disparues de la localité depuis une époque plus ou moins éloignée. Transportées et abandonnées là par le vent ou par tout autre agent de dispersion, leurs graines y étaient restées dans l'engourdissement, étouffées par l'ombre épaisse de la haute futaie. Une fois celle-ci abattue, les embryons sortent enfin de leur léthargie, tirés de leur sommeil prolongé par les énergiques appels des agents de la vie.

En présence de ces cas de longévité d'une durée vraiment surprenante, en voyant des graines de Sensitive lever après soixante ans de conservation, des haricots après cent ans, des graines de Seigle après cent quarante ans, les imaginations se donnèrent libre carrière et franchirent bientôt les limites qui séparent le monde réel du domaine sans bornes de la fable et du merveilleux. On trouva çà et là des graines n'ayant pas moins d'un millier d'années d'existence, parfois même d'une ancienneté réellement fabuleuse, les unes dans les hypogées égyptiens, d'autres dans des tombes gallo-romaines ou prétendues telles, d'autres enfin mêlées aux ossements d'animaux d'un monde à jamais disparu, appartenant à des époques géologiques plus ou moins reculées. Ce fut pendant un temps à qui renchérirait sur la découverte et sur le récit du voisin. Toutes ces graines furent semées, toutes levèrent parfaitement, affirma-t-on. Tel est le cas,— un de ceux qui ont fait le plus de bruit dans le monde des naïfs et des crédules, — de ces grains de Blé trouvés un jour, disait-on, entre les bandelettes de momies égyptiennes, et qui avaient conservé intacte leur faculté germinative malgré leurs milliers d'années d'ensevelissement. Confiées au sol, ces graines miraculeuses auraient donné, — toujours selon la légende, — des produits de toute beauté, d'une race inconnue de nos jours. Le Blé de l'antique terre des Pharaons, autrefois célèbre par ses riches moissons, venait donc de renaître grâce à cette découverte inopinée. Un bizarre enchaînement de circonstances avait conservé dans sa pureté première, à travers les vicissitudes des âges, cette variété féconde que l'on croyait à jamais perdue. Les habiles la baptisèrent du nom de Blé de miracle ! Blé miraculeux, en effet, s'il avait eu réellement une telle origine, car il eût été une vivante protestation contre les éternelles lois de l'organisation et de la vie. Les crédules achetèrent avec empressement de ces grains prédestinés à nous donner le pain à vil prix; mais à la récolte l'enthousiasme se refroidit, les espérances s'évanouirent, et le silence se fit bientôt sur la précieuse découverte; les grains miraculeux appelés à porter partout l'abondance et le bien-être n'étaient que de vulgaires grains de Blé pris tout simplement au champ voisin : on s'en aperçut bien à leur descendance. De temps à autre une voix hardie s'élève encore en faveur du Blé de miracle et cherche à lui rendre la faveur populaire, mais la voix reste sans écho et la crédulité humaine court à d'autres entraînements. Un jour nous avons eu l'occasion de recueillir des graines sur des momies égyptiennes; toutes étaient altérées, noircies et comme carbonisées par la lente et incomplète combustion qu'elles subissaient depuis des siècles ; mises en terre, aucune n'a germé, comme on devait s'y attendre.

L'époque du semis n'est point plus indifférente pour le succès de l'opération que l'âge de la graine, et chaque espèce a sous ce rapport un moment préféré en dehors duquel la semence confiée à la terre lève mal et plus ou moins difficilement. On le voit donc, ici comme en toutes circonstances, pour éviter les mécomptes et parer aux insuccès, il faut autant que possible reproduire fidèlement les conditions naturelles. Or, dans la végétation spontanée, toujours les graines, une fois qu'elles sont mûres, tombent et se dispersent sur le sol ; là, mélangées avec la terre superficielle, recouvertes parfois d'un lit plus ou moins épais de feuilles sèches, elles bravent les changements de saison, en attendant l'heure marquée d'avance pour leur entrée en germination. Comme l'expérience prouve journellement que ces semis naturels réussissent beaucoup mieux que ceux faits de main d'homme avec les soins et les précautions suggérés par la pratique, il faut en conclure que la suprême habileté consistera à ne plus se donner toutes ces peines, et, quand on le pourra, à se contenter de répandre les graines sur le sol aussitôt après leur maturité. Mais souvent l'espace manque pour en agir ainsi, ou bien les circonstances s'y opposent et vous obligent à recueillir et à conserver au sec les graines jusqu'au moment de leur mise en germination. Dans ce cas, il ne faudra jamais oublier de faire coïncider ce moment avec celui de l'époque naturelle de la germination : le succès est à ce prix. Est-on contraint de garder les graines au delà du terme ordinaire, surtout si elles sont lentes à lever ou bien si leur faculté germinative est prompte à s'éteindre, on aura recours avec avantage au procédé de conservation suivant, emprunté à la végétation spontanée. Nous savons que leur enfouissement dans le sol, à une certaine profondeur, loin de la chaleur, de l'humidité et de l'air atmosphérique, prolonge la vitalité des embryons au delà du terme qu'elle atteint chez les graines laissées à l'air libre. Depuis longtemps, on a tiré profit de cette observation, imité ce moyen bien simple et pourtant si efficace, par l'emploi de la *stratification*, méthode qui consiste à disposer, par lits superposés et alternants, dans une caisse, un vase, un récipient quelconque, les graines à conserver et du sable fin ou de la terre légère et sèche. On recouvre le tout de façon à écarter les insectes, qui sans cette précaution attaqueraient et détérioreraient les graines, puis on maintient celles-ci à l'abri des variations de température jusqu'à l'époque du semis en plaçant le récipient dans une bonne cave ou plus simplement encore en l'enterrant à une profondeur suffisante. La stratification est utile, nécessaire même, pour un grand nombre d'espèces : par exemple, les Alisiers, Araucarias, Aubépines, Chênes, Cornouillers, Genévriers, Hêtres, Ifs, Marronniers, Palmiers, Pins, Rosiers, etc. Rappelons enfin un dernier procédé, employé avec succès dans les germinations rebelles. Certaines espèces en effet, le Cormier (*Sorbus domestica*, Lin.) entre autres, sont très-difficiles à propager de semis. Quelques soins qu'on y apporte, les jeunes plantes meurent successivement, le semis *fond*, suivant l'expression des jardiniers. Ces plantes, si délicates lorsqu'elles vivent entre elles, deviennent au contraire fortes, robustes, et réussissent très-bien si on les associe dès leur plus jeune âge à d'autres espèces convenablement choisies. Dans ce but, on mélange leurs graines à celles de ces dernières, et on sème le tout ensemble; voilà ce qu'on appelle des *semis mixtes*. Cette association a l'avantage, entre autres, de faire protéger les plantes délicates par des individus plus rustiques et plus robustes qui enlèvent par leur transpiration l'excès d'eau des arrosages.

Arrivons enfin à la germination, que nous aurions depuis longtemps définie, si le sens du mot n'était déjà connu de chacun.

Par germination, on entend la série des modifications éprouvées par l'embryon depuis son réveil jusqu'au moment où, ayant organisé son appareil de nutrition, il peut enfin vivre d'une existence propre et indépendante. Jusqu'alors il n'a été qu'un parasite, car la phase germinative est non-seulement la continuation, mais encore l'analogue de la phase embryonnaire, en ce sens que dans l'une comme dans l'autre la plante nouvelle vit d'emprunts faits à autrui, à la mère pendant celle-ci, aux cotylédons ou à l'albumen pendant celle-là. Les limites de la germination, ainsi nettement définies en théorie, sont impossibles à fixer dans la pratique, et l'on ne saurait avec certitude dire à quel moment précis elle commence ni à quel moment elle finit. On n'a pour se guider que des points de repère arbitrairement choisis et variables d'un auteur à l'autre. Ordinairement, on prend pour moment initial de la germination celui où l'extrémité de la radicule pointe au-dessus des enveloppes séminales, bien que la vie se soit déjà réveillée dans la plantule avant cette époque, en sorte que l'instant choisi s'écarte toujours plus ou moins de l'instant réel du réveil suivant l'espèce, le tempérament de l'embryon et les conditions de la germination. Quant à la fin de celle-ci, elle n'est pas indiquée avec plus de précision, puisqu'on prend ordinairement pour son terme le moment où les cotylédons se flétrissent et cessent leur action.

La durée de la germination est influencée par trop de conditions différentes pour qu'on puisse encore, dans chaque cas en particulier.

indiquer d'avance sa fin. Naturellement, elle dépend d'abord de l'espèce : il en est dont les graines germent en deux ou trois jours, comme celles du Cresson alénois (*Lepidium sativum* Lin.), tandis que celles du Cornouiller, de l'Aubépine, etc., mettent en moyenne un an et demi à deux ans. Ce temps dépend évidemment encore des conditions extérieures, des quantités d'humidité, de chaleur et d'air qu'on donne à la graine ; mais il est certain que d'autres influences, la plupart absolument inconnues, interviennent, puisque des graines récoltées dans le même fruit, semées en même temps, sur le même terrain, par conséquent aussi semblables que possible, germent inégalement vite.

Les agents de la germination, — nous l'avons déjà dit et il était facile de le prévoir, — sont les mêmes que ceux de la végétation en général. Il faut de l'oxygène, de l'air par conséquent, afin d'entretenir la respiration de la plantule. Les graines placées dans le vide ou dans une atmosphère incapable de fournir de l'oxygène ne germent point. Pour le même motif, les graines de nos plantes terrestres, lorsqu'elles sont entièrement submergées, s'altèrent, se décomposent et pourrissent bientôt, effet qu'on attribue parfois, mais à tort, à une prétendue action délétère exercée par l'eau, puisque les graines partiellement submergées germent parfaitement. Dans le cas d'une submersion complète, l'embryon, recevant de l'eau et un peu d'air, s'éveille et entre en activité ; bientôt, ses besoins croissant, l'air lui manque et il meurt d'asphyxie ; cela est si vrai, qu'on lui conserve la vie et qu'on lui permet de continuer son évolution en aérant l'eau suffisamment par des moyens artificiels. Si donc celle-ci est indispensable, il en faut toutefois avec mesure, de crainte de nuire à la respiration, et le moyen le plus simple et le plus employé d'entretenir autour des graines le degré d'humidité convenable consiste à recouvrir le semis d'une cloche ou d'une lame de verre qui arrêtent l'évaporation et préviennent la dessiccation ; en outre, cloche ou lame de verre doivent être soulevées de temps à autre pour renouveler l'air.

Tant que l'eau n'est point encore parvenue à l'embryon, la germination ne peut commencer : d'où des retards plus ou moins considérables, suivant la nature des obstacles opposés à sa pénétration. Par exemple, beaucoup de graines sont enfermées dans des noyaux souvent très-durs et difficilement perméables à l'eau ; ceux-ci doivent au

préalable s'entr'ouvrir pour laisser entrer plus librement le liquide, et
surtout afin de livrer passage à la radicule et à la tigelle ; d'autres
fois les retards sont dus à la présence de composés huileux qui arrêtent
l'eau au passage. Aussi depuis longtemps a-t-on reconnu l'utilité de
séparer d'abord les graines des fruits, et même de les soumettre
parfois à certaines manipulations destinées à les débarrasser des téguments capables d'arrêter ou de retarder mécaniquement ou chimi-
quement l'introduction de l'eau. Dans ce but, on les plonge quelque
temps dans l'eau tiède ou dans d'autres liquides convenablement
choisis : ce qu'on peut toujours faire sans danger, si l'on n'a pas
recours à une température assez élevée pour tuer l'embryon ou bien
à des substances capables de compromettre son existence.

Relativement à l'influence de l'agent calorifique, on sait que la germination s'effectue seulement entre des limites déterminées de température, limites constantes dans la même espèce, variables d'une
espèce à l'autre ; on sait en outre que pour chaque graine il existe
un degré de température plus favorable que tous les autres à la germination. D'ailleurs, pendant cette phase comme à toutes les heures
de son existence, la nouvelle plante consomme de la chaleur; voilà
donc un double problème à résoudre dont l'importance économique
et l'utilité pratique sont évidentes : une graine étant donnée, déterminer les limites de température entre lesquelles a lieu la germination, et quelle est la quantité de calorique consommée par l'embryon pendant ce temps. Rien de plus facile que de résoudre la première question : il suffit de placer les graines dans une étuve dont on
puisse faire varier à son gré la température ; aussi la science possède-
t-elle un grand nombre de déterminations de ce genre. Mais quand
il s'agit de calculer la quantité de chaleur nécessaire à la graine pour
accomplir telle ou telle phase de sa germination, alors le problème
devient plus difficile, tellement difficile même que les auteurs sont en
désaccord sur la marche à suivre, et que plusieurs formules ont été
proposées dans ce but. Quelle que soit d'ailleurs la vraie formule représentative de la quantité de chaleur consommée par l'embryon, formule que nous connaîtrons peut-être un jour, il est évident qu'elle est
fonction du temps, comme dirait un mathématicien, c'est-à-dire
qu'elle renferme comme facteur essentiel le temps durant lequel la
graine est chauffée. Donc, déterminer ce temps, ainsi qu'on s'occupe

Fuchs Phot.

E. Froillery Imp

Portal Chromolith

LES ŒILLETS

de le faire aujourd'hui, c'est réunir des indications indispensables à l'établissement de la formule appelée à donner la quantité de chaleur consommée pendant la germination.

Quant à la nature chimique du sol, elle est indifférente; il faut seulement qu'il ne renferme aucune substance capable de nuire à la graine. L'embryon, en effet, vivant en parasite, le sol ne remplit vis-à-vis de lui qu'un rôle physique, sa puissance nutritive n'a pas à intervenir; seuls son degré de perméabilité aux agents physiques, son pouvoir d'absorber et de retenir l'eau, l'air et le calorique sont en jeu; aussi peut-on faire germer toutes les graines indistinctement sur un sol quelconque, naturel ou factice, sable, sciure de bois, rognures de papier, coton, éponge, mousse, etc., etc., s'il satisfait aux conditions précédentes.

Supposons donc enfin la graine en germination et examinons les particularités qui se produisent. Celles-ci sont de deux sortes : les unes externes, et visibles par conséquent, sont des phénomènes d'accroisse-

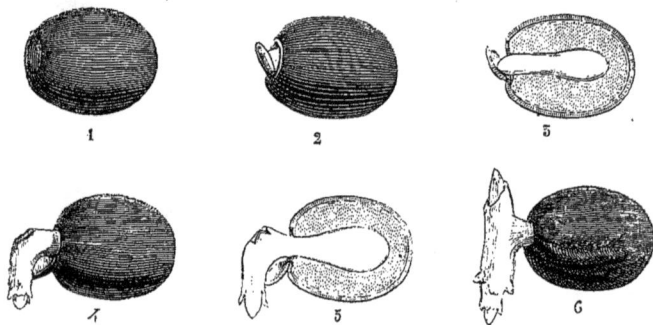

Fig. 254. — Phases successives de la germination d'une graine de Canna (Balisier).

ment; les autres, intimes et difficiles à suivre, sont des phénomènes de nutrition. Nous connaissons déjà la marche de l'accroissement, au moins dans ses particularités essentielles. Nous savons que la radicule est le premier organe qui apparaît au-dessus des enveloppes de la graine; elle passe à travers l'orifice élargi du micropyle, s'oriente et se dirige verticalement vers le centre de la Terre. Un peu plus tard, la tigelle se dégage à son tour, se dresse vers le ciel et s'allonge en déployant successivement ses feuilles. Quant au corps cotylédonaire, ou il demeure dans la graine à l'abri de la lumière, reste blanchâtre et vit comme un organe souterrain, ou bien il se dégage, lui aussi, des enveloppes séminales, verdit et se comporte comme une feuille ordinaire. Nous n'ajouterons rien de plus à ces notions, et nous aborderons une dernière question, celle de savoir comment se nourrit l'embryon pendant la période germinative, quels sont ses aliments, d'où ils viennent, quelles modifications ils éprouvent pour devenir assimilables, quels sont enfin les produits de désassimilation.

Sous le rapport de leur rôle dans l'alimentation, on distingue chez tous les êtres vivants quatre sortes d'aliments : azotés, gras, féculents et minéraux ; il y avait donc à rechercher la nature et les modifications éprouvées par les substances alibiles de chacun de ces quatre groupes. Le problème est à l'étude de nos jours, il est complexe et difficile ; une seule de ses parties, la digestion des féculents, est assez connue et assez importante par ses applications industrielles pour qu'il y ait lieu d'en parler ici.

L'amidon ou fécule est une réunion de granules insolubles dans l'eau, toujours fort petits, mais de grosseurs et de configurations variables avec la plante ou l'organe producteur ; les plus gros ont été trouvés dans la pomme de terre de Rohan : ils ont 185 millièmes de millimètre de diamètre ; les plus petits, dans le *Chenopodium quinoa* (Willd.) : ils ont seulement 2 millièmes de millimètre. La première condition à satisfaire pour rendre l'amidon assimilable est évidemment de le transformer en un composé soluble dans la sève. Or, depuis longtemps, la Chimie sait convertir l'amidon en une substance saccharine, et partant soluble ; journellement, pour satisfaire aux demandes de l'Industrie, elle effectue cette transformation à l'aide d'une ébullition prolongée de l'amidon dans de l'eau acidulée par l'acide sulfurique ; mais un tel procédé, excellent dans un laboratoire, est trop brutal pour la plante : cette haute température, cet acide énergique agissant à l'état libre sur l'économie la désorganiseraient et la tueraient infailliblement ; il faut au végétal un agent non moins sûr et non moins actif, mais plus ménager de la vie ; quel est-il donc ? Pour le découvrir, on a choisi naturellement des graines très-riches en amidon, comme le sont celles de nos céréales, Blé, Orge, etc. Après les avoir mises en germination, on a suspendu l'opération à ses débuts, quand les radicules se montraient à peine, et on les a livrées aux chimistes, qui en ont extrait un composé azoté particulier, la *diastase*, jouissant du curieux pouvoir de saccharifier l'amidon. Il suffit de mettre dans un verre un peu d'amidon, de diastase et d'eau, de maintenir le tout à une température comprise entre 50° et 70°, pour voir la conversion s'opérer avec une rapidité d'autant plus grande que la température est plus élevée. Or la graine, on s'en est assuré, ne contient point de diastase avant la germination ; donc un des premiers actes de la germination est de produire cette substance, ce *ferment* comme on l'appelle, dont la seule présence provoque la formation du sucre aux dépens de l'amidon contenu dans l'albumen ou dans les cotylédons.

La science contemporaine s'occupe encore de rechercher les produits de désassimilation ; elle en a déjà découvert plusieurs, dont l'étude implique des connaissances chimiques trop étendues pour nous permettre d'aborder ici un tel sujet.

II. — ACCROISSEMENT EN DIAMÈTRE DES AXES LIGNEUX DICOTYLÉDONES

Parmi les phénomènes d'accroissement postérieurs à la germination, un des plus dignes d'attention par l'importance de ses applications est certainement celui de l'accroissement en diamètre des axes ligneux dicotylédones.

Nous avons expliqué plus haut comment l'examen microscopique de ces axes avait conduit à reconnaître qu'annuellement la zone génératrice produit deux nouvelles couches, l'une de bois, l'autre de liber. La forme conique affectée par tous les axes dicotylédones est une conséquence nécessaire de leur mode d'accroissement en diamètre, comme on le reconnaît aisément à l'inspection de la figure 255, qui est une représentation schématique de la section longitudinale et moyenne d'une tige âgée de neuf ans. Pour simplifier le dessin, on a seulement figuré le bois, et on a supposé que la tige s'allongeait tous les ans de la même longueur et que les couches ligneuses enfin avaient toutes sensiblement la même épaisseur tout autour du tronc.

Duhamel, au siècle dernier, par des expériences aussi variées qu'ingénieuses, était parvenu sans l'aide du microscope à la même conclusion. Ses admirables et patientes recherches aboutirent à cette double conclusion : 1° tous les ans, dans les cas ordinaires, il se produit une couche de bois et une couche de liber, qui s'interposent entre l'écorce et l'ancien bois ; 2° la couche formée, libérienne ou ligneuse, cesse de croître avec la période de végétation qui l'a vue naître : en d'autres termes, les tissus libériens et ligneux perdent dès la première année de leur formation leur faculté de multiplication.

Pour arriver à ces résultats, l'illustre physiologiste français eut recours à différentes méthodes.

Parfois, au printemps, il courbait de jeunes arbres de manière à produire une fracture partielle de la tige, les redressait ensuite, les maintenait à l'aide d'un tuteur de façon à mettre en contact les deux bords de la plaie, puis les abandonnait à eux-mêmes pendant plusieurs années, après lesquelles on reconnaissait que les tissus déchirés n'étaient point soudés, mais seulement recouverts de couches ligneuses en nombre égal à celui des années écoulées depuis le jour de l'opération. Ou bien encore Duhamel blessait des tiges, et, pour éviter la dessiccation, entourait les plaies de mousse maintenue humide, ou mieux encore d'un manchon, soit métallique, soit de verre, idée heureuse qui lui permettait de suivre les phases de la cicatrisation. Dans aucun cas et de quelque manière qu'il opérât, jamais il n'y eut réunion des tissus divisés et régénération des tissus enlevés ; donc les tissus déchirés avaient perdu la faculté de se multiplier.

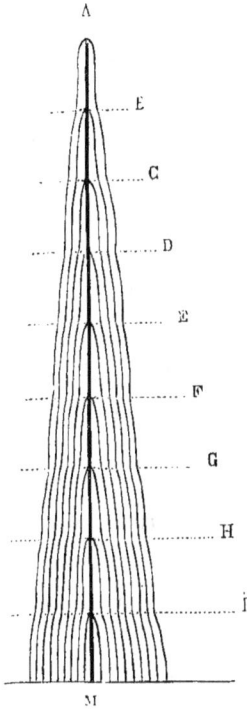

Fig. 255. — Figure schématique de l'accroissement en diamètre d'une tige âgée de neuf ans : A M, moelle ; A B, rameau de l'année ; B C, branche de deux ans ou à deux couches ligneuses ; C D, branche de trois ans ou à trois couches ligneuses, etc.

Pour démontrer qu'il se forme annuellement et simultanément une nouvelle couche de bois et une nouvelle couche d'écorce à la surface de l'ancien bois, Duhamel prenait une lame métallique inoxydable qu'il insérait sous l'écorce absolument comme l'écusson d'une greffe, c'est-à-dire qu'après avoir divisé longitudinalement l'écorce, il la soulevait, insinuait entre les deux lèvres de la plaie la lame métallique

qu'il appliquait exactement sur l'aubier, rapprochait ensuite et maintenait au contact les deux bords de l'incision à l'aide d'une ligature.
Au bout d'un certain nombre d'années, l'arbre était abattu, et on reconnaissait, par des coupes transversales faites à travers le corps
ligneux, que la lame métallique avait changé de position relative. Au
lieu d'occuper la surface du bois comme au début de l'expérience,
elle était maintenant plus ou moins profondément enfoncée dans
celui-ci sous des couches ligneuses généralement en nombre égal à
celui des années écoulées depuis l'opération.

Enfin, la couche ligneuse une fois formée conserve invariablement
ses proportions; selon les propres expressions de Duhamel, « le corps
ligneux, dès qu'il s'est endurci, cesse de s'étendre en grosseur, » et il
le prouve en opérant de différentes manières. Voici en quels termes
il raconte sa première expérience :

« Dans le temps de la séve, je levai un anneau d'écorce tout autour
de la tige d'un jeune arbre, je pris avec un compas d'épaisseur la
grosseur du cylindre ligneux, j'entourai ce cylindre d'un fil de cuivre
et je le tortillai pour en faire un anneau qui me devait servir à reconnaître la couche ligneuse que j'avais découverte; je remis ensuite
l'écorce en place, elle s'y greffa; au bout de quelques années, je sciai
l'arbre vis-à-vis de l'anneau métallique, et je reconnus que la partie
du corps ligneux ainsi entourée n'avait pas augmenté d'épaisseur. »

Dans une autre méthode, au fond simple variante de la première,
il incisait longitudinalement l'écorce en deux régions diamétralement
opposées, appliquait sur la surface du bois momentanément mise à
nu deux lames métalliques, prenait au compas la distance entre elles
deux, puis replaçait l'écorce. Quelques années après, on abattait l'arbre, on coupait transversalement la tige à la hauteur des lamelles métalliques, et l'on constatait que leur distance était demeurée invariable.

L'étude des phénomènes présentés par les blessures en voie de cicatrisation conduit aux mêmes conclusions.

Les plaies faites fréquemment par des causes très-diverses aux
tiges et aux branches disparaissent en général à la longue. La cicatrisation n'est point due évidemment à une régénération des tissus détruits,
puisque nous venons de prouver qu'une telle réorganisation n'a jamais
lieu; d'ailleurs, dans le travail des bois d'œuvre, on met fréquemment
à découvert des cavités, des anfractuosités, des trous, de formes et

de volumes variés, dont les parois sont plus ou moins nécrosées et altérées. Les pertes de substance faites par l'organisation végétale ne

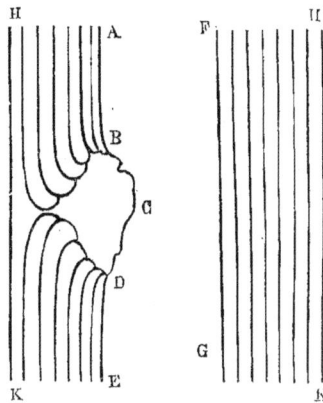

Fig. 256. — Figure schématique du recouvrement d'une plaie : A E F G, le tronc sans l'écorce au moment de l'accident; B C D, la plaie; H K, K H, septième couche ligneuse annuelle à partir de laquelle le recouvrement est complet.

sont donc pas réparées, mais simplement recouvertes dans certains cas favorables par de nouveaux tissus; le foyer de désorganisation n'a pas disparu, il a été simplement masqué, ainsi qu'on le reconnaît en mettant les anciennes plaies à nu par des coupes convenablement dirigées.

Rien du reste de plus facile à comprendre que le mode de recouvrement. La plaie faite, une saillie nommée *bourrelet* se forme sur son pourtour, grossit et s'élargit peu à peu avec le temps. Ce bourrelet grossit grâce aux formations successives de nouvelles couches, et s'élargit successivement, parce que chacune de celles-ci déborde la précédente en la recouvrant.

Le recouvrement complet s'opère avec plus ou moins de promptitude selon l'espèce et, dans la même espèce, selon le degré de vigueur du sujet, son âge et la nature du milieu. Il est plus rapide, dans les mêmes circonstances, chez les sujets jeunes et vigoureux que chez ceux qui sont âgés ou débiles ; par conséquent, il faut proportionner le nombre et l'étendue des blessures faites par la taille à l'âge, à la vigueur. de l'arbre, ainsi qu'à la richesse du sol qui le nourrit. Dans tous les cas, la marche de la cicatrisation est toujours la même. Le contour de la plaie prend à la longue la forme d'une ellipse qui se rétrécit de jour en jour plus rapidement en haut qu'en bas, dans le sens transversal que dans le sens longitudinal. Toutefois à cette marche générale il y a des exceptions, commandées par des circonstances particulières, surtout par la forme et l'étendue de la plaie.

La cicatrisation donne souvent lieu à des effets curieux, à des observations utiles aux progrès de la physiologie végétale. Par exemple, en débitant des bois de construction, il n'est pas rare de trouver un projectile caché au fond d'un trou sans communication avec l'extérieur. Or il ne peut y avoir ici le moindre doute sur la manière dont le corps

étranger a pénétré au cœur de l'arbre. Évidemment il est venu de
l'extérieur et s'est frayé un chemin à travers les couches périphériques.
D'après son origine, le projectile, la balle par exemple, semblerait devoir occuper le fond d'un cul-de-sac dont l'orifice serait au niveau de
l'écorce; mais il n'en est rien, et en réalité le canal creusé par la balle
est séparé de son orifice par un certain nombre de couches de liber et
de bois qui l'enferment complétement dans son trou; donc, depuis
l'accident, du bois et du liber nouveaux se sont produits et étendus
sur la plaie qu'ils ont fermée. Parfois le phénomène est plus instructif encore, en nous montrant que le nombre des couches formées est
précisément égal au nombre des années écoulées depuis l'accident.
Ce cas se présente lorsque la scie divise transversalement en deux
parties, l'une supérieure, l'autre inférieure, une date, un nom,
gravés autrefois par un passant sur l'écorce de l'arbre aujourd'hui
abattu. En examinant la section transversale, on constate que l'inscription est toujours double et comprend une partie profonde ou
ligneuse et une partie superficielle ou corticale, séparées par un
certain nombre de couches, les unes ligneuses et les autres corticales; ces deux parties appartiennent du reste au même tout, et
on peut aisément les raccorder en supprimant les couches intermédiaires. Des échantillons de ce genre se rencontrent dans beaucoup de collections botaniques; ils ont surtout de l'importance
quand ils contiennent une date. Admettons en effet qu'en cette
année 1877 on abatte un arbre portant gravé sur l'écorce le millé-
sime de 1806; l'inscription est donc vieille de 71 ans! Scions maintenant le tronc à la hauteur de la date, et comptons le nombre de
couches ligneuses interposées entre ses deux parties, nous en trouvons
71! L'observation a été bien souvent faite, elle a ordinairement
abouti à la même rigoureuse identité entre le nombre des couches
interposées et l'âge de l'inscription; donc on est en droit d'en
conclure que tous les ans, à moins d'accident, l'arbre produit une
nouvelle couche de bois.

Puisqu'il nous est bien prouvé maintenant que les tissus détruits
ne se reproduisent pas, et qu'une plaie quelconque laisse toujours
après elle un vide qui déprécie nécessairement la valeur commerciale
du bois, il y a donc un double intérêt, et pour la santé de l'arbre et
pour la valeur de ses produits, à éviter les mutilations et ampu-

tations, particulièrement celles des grosses branches. Malheureusement, il en est beaucoup d'accidentelles, d'imprévues, pour lesquelles on ne peut qu'essayer de réparer le dommage : c'est une branche qui se rompt sous l'effort du vent, sous le poids des fruits en été, sous celui du givre ou de la neige en hiver ; c'est la foudre qui sillonne le tronc ; c'est la gelée qui fendille le bois en produisant ce que l'on nomme des *gelivures*, etc., etc. Examinons donc les conséquences de ces blessures, accidentelles ou provoquées, et indiquons les principes du traitement rationnel qu'il leur faut appliquer.

Naturellement les suites de la blessure sont plus ou moins graves selon l'étendue de la plaie, la nature du sujet, son âge, etc., etc. Plus dangereuses chez les sujets à séve abondante que chez les autres, sur les arbres âgés ou maladifs que sur les arbres jeunes et vigoureux, dans tous les cas les phénomènes consécutifs sont les mêmes. La plaie faite, le bois mis à nu est bientôt désorganisé par les agents physiques, puissamment aidés dans leur travail de destruction par les nombreux Cryptogames qui s'implantent et végètent sur les tissus dénudés, et les milliers d'animaux, dont les uns, comme beaucoup d'insectes, se logent dans le bois pour y vivre de ses débris, et dont les autres, comme les oiseaux insectivores, augmentent les dégâts en perforant, entaillant, les tissus pour atteindre ces derniers et s'en nourrir. L'eau surtout, quelle que soit son origine, eau pluviale ou séve surabondante, est un puissant agent de désorganisation. L'eau des pluies glisse sur le bois mis à nu, ne laissant derrière elle qu'un peu d'humidité qui s'évapore bientôt au premier rayon de soleil, pour se rassembler sur le bord du bourrelet inférieur ; et comme il n'y a point de soudure entre celui-ci et les tissus sous-jacents, le défaut d'adhérence et de continuité fait que le liquide s'insinue sous le bourrelet, y stationne, se répand çà et là par capillarité, et amène à la longue une décomposition qui procède de la périphérie au centre de la plaie. Aussi le bois est-il déjà gravement altéré sous le bourrelet, quand à l'air libre il reste encore parfaitement sain. D'ailleurs il est aisé de prévoir, étant connue la cause de destruction, que le dommage commence sous le bourrelet inférieur, se montre ensuite sous le supérieur, et qu'à tous les moments il est toujours plus grave là que sous les bourrelets latéraux. Le corps même du bourrelet est rarement atteint par le mal, et tout le monde en comprend le motif. Nous avons déjà vu et nous verrons encore bien des faits qui prouvent que les tissus, même les plus délicats, peuvent vivre impunément au contact de l'eau si l'aération est suffisante ; or c'est précisément le cas du bourrelet, qui, protégé par l'écorce, est seulement mouillé par sa base. Au contraire, le bois mis à nu par la blessure, n'ayant plus d'écorce pour le défendre des injures du temps, périt bientôt et subit dès lors sans résistance l'influence de l'eau, qui le désorganise de proche en proche et de plus en plus profondément. Ce genre d'altération constitue la *carie sèche;* il semble sinon impossible, au moins bien difficile de la prévenir, puisque le siége du mal est sous le bourrelet. Il faudrait garantir la plaie contre l'humidité, mais comment? La paille, la mousse, les feuilles sèches, l'argile, la bouse de vache, etc., dont certains praticiens la recouvrent, font plus de tort que de bien en entretenant l'humidité ; et jusqu'ici nous n'avons en réalité pour combattre la carie sèche que des palliatifs, qu'il faut encore savoir employer avec discernement. Quand la perte de substance est considérable, quand le vide est très-grand et l'arbre très-vieux, on remplit l'excavation, soit du tronc, soit de la grosse branche, avec des pierres et du plâtre, ou même simplement avec du plâtre ; celui-ci, hygrométrique de sa nature et d'ailleurs parfaitement inoffensif, est très-propre à préserver le bois de l'humidité sans lui nuire. Lorsque la lésion est superficielle, on la recouvre d'une matière antiseptique et hydrofuge ; mais on voit combien le procédé est défectueux. L'eau de pluie, en effet, glisse sur l'enduit, s'accumule sur le bord inférieur de la plaie, s'insinue de là sous le bourrelet, carie d'abord le bois sous-jacent, puis la désorganisation gagne peu à peu et s'étend progressivement sous la couche protectrice. On a conseillé tour à tour différentes substances pour recouvrir la plaie ; longtemps on a fait usage de mastics à greffer, mais l'épaisseur toujours assez notable des enduits de cette nature empêche, contrarie tout au moins, la cicatrisation ; la surface de la plaie se couvre de boursouflures, qui deviennent plus tard des gibbosités plus ou moins nuisibles au mouvement de la séve, et dans tous les cas fort désagréables à l'œil. Il importe donc de choisir une substance susceptible de s'étendre en conches minces : d'où l'usage, général aujourd'hui, soit du goudron minéral ou coaltar, soit du vernis ordinaire.

Dans les espèces où la séve est abondante et circule facilement,

22

comme dans les Ormes par exemple, elle complique encore les accidents en affluant à la surface de la plaie, et en s'épanchant au dehors
le long du tronc, ce qui est tout à la fois désagréable à la vue et nuisible à l'arbre. Le liquide séveux se vicie au contact de l'air et ses matières nutritives attirent les insectes; ainsi se forme un foyer permanent de désorganisation d'une nature particulière, connu sous le nom
de *carie humide* ou d'*ulcère*, beaucoup plus difficile à guérir que le
précédent. La maladie sévit d'ailleurs avec plus ou moins d'intensité
et de fréquence selon les espèces; les Ormes particulièrement sont très-
sujets à cette maladie, qui en défigure et en fait périr à la longue un
très-grand nombre. Pour prévenir l'ulcération, on a proposé d'agir
comme dans le cas précédent, et de recouvrir immédiatement la plaie
d'un vernis ou de coaltar; mais ces enduits se fissurent et s'écaillent
bientôt par l'effet du travail du bois et des variations de température,
la séve recommence à couler, et les désordres continuent de s'aggraver.
On a également préconisé la cautérisation au fer rouge de la surface
de la plaie; en carbonisant les tissus superficiels, on pensait obstruer
à tout jamais les ouvertures faites par l'amputation aux conduits de la
séve et arrêter ainsi son épanchement. Malheureusement le charbon
est un corps poreux à travers lequel les liquides filtrent aisément;
aussi, malgré l'opération, la séve se reprend-elle bientôt à couler; la
plaie est plus propre, moins laide d'aspect, voilà tout l'avantage que
l'on obtient. En résumé, pour la carie humide comme pour la carie
sèche, on ne connaît pas encore de traitement curatif; tout se borne à
l'usage de palliatifs d'une efficacité des plus restreintes.

Après avoir montré les dangers que les plaies de toute origine font
courir aux arbres et les difficultés que rencontre leur guérison, nous
en arrivons logiquement à nous demander quelle marche il convient de
suivre lorsque des suppressions de tiges ou de branches sont devenues
nécessaires. Nous n'examinerons ici que deux pratiques de l'art du forestier et du pépiniériste : l'*étêtage* ou *écimage* et l'*élagage*.

Comme son nom l'indique, l'étêtage ou écimage consiste à couper la
tête de l'arbre. On conçoit aisément quel trouble profond une pareille
amputation doit brusquement apporter dans l'économie de l'opéré. De
ce fait, la végétation est considérablement ralentie; pour longtemps
elle reste faible et languissante, et la plante ne produit que de chétifs
rameaux tant qu'elle ne s'est pas refait une tête, tant par conséquent

qu'un bourgeon, ordinairement un bourgeon adventif né au pourtour
de la plaie, n'a pas donné une pousse verticale qui deviendra la
cime nouvelle. Quand le fait est trop lent à se manifester spontanément, on fait artificiellement une tête en redressant et en maintenant
dans cette situation, à l'aide d'un tuteur, le plus vigoureux des rameaux situés dans le voisinage de la plaie. Mais cette reconstitution
demande toujours un temps assez long, pendant lequel la plante s'élève
peu, buissonne en d'autres termes.

Une fois la flèche reformée, la végétation reprend de la vigueur, la
cicatrisation de la plaie fait de plus rapides progrès; néanmoins, avant
qu'elle soit achevée, la blessure est restée assez longtemps à nu pour
amener des caries plus ou moins profondes du bois qui déprécient
sa valeur marchande, et en outre une altération particulière, connue
sous le nom de *roulure*, qui la déprécie bien davantage encore. En
effet, particularité curieuse et qu'il paraît bien difficile de considérer comme une simple coïncidence fortuite, tous les arbres étêtés
que nous avons examinés étaient roulés, tous avaient un double tronc,
composé de deux tiges exactement emboîtées l'une dans l'autre, mais
sans adhérence mutuelle : l'une interne, entièrement morte et portant
à son sommet l'entaille oblique faite par la serpe lors de l'écimage,
semblait, au moment de l'observation, un corps étranger séquestré au
centre d'un arbre vivant; l'autre, extérieure et en pleine activité végétative, s'était manifestement constituée postérieurement à l'opération, puisqu'elle ne portait aucune trace d'étêtage.

Entre des milliers de faits de roulure consécutifs à l'écimage, nous
citerons le suivant. Il y a une quinzaine d'années, on abattit pour
cause de vieillesse le magnifique rideau de Peupliers de Caroline (*Populus angulata* Lin.) qui entourait le bassin d'Apollon du parc de
Versailles. Tous ces arbres, au nombre de plus d'une centaine, avaient
des tiges droites, régulièrement conformées, saines en apparence; tous
cependant étaient roulés. Chacun d'eux renfermait un plançon, ou petite tige, complétement mort, âgé de six à sept ans, haut de 1 mètre à
1^m,20, et tronqué obliquement au sommet. D'après ces apparences, le
plançon était évidemment le jeune sujet écimé à sa sortie de la pépinière et avant sa mise en place; il était mort des suites de l'opération,
et se trouvait enseveli au moment de l'abatage sous une soixantaine
de couches ligneuses offrant tous les caractères d'un bois sain et bien

portant. Il y a, il est vrai, des botanistes qui regardent la roulure comme une gélivure, comme une mortification produite par la gelée. D'après cette explication, la gelée aurait donc simultanément frappé tous les arbres du bassin d'Apollon, chacun de haut en bas et tout autour du tronc sans entraîner pourtant leur mort! Qui pourrait admettre une théorie aboutissant à de telles conséquences? Que des portions de la tige soient accidentellement désorganisées par le froid sans que le sujet périsse, c'est ce dont nous sommes témoins dans tous les hivers rigoureux; mais que des Peupliers entiers soient gelés sans en mourir, c'est là une simple assertion dont nous reconnaîtrons la réalité quand on pourra montrer des roulures sans écimage. D'ailleurs la roulure atteint également le bois des grosses branches: on voit toujours alors sur les tronçons restés en place des traces manifestes d'une amputation qui paraît être la cause prochaine du désordre.

L'étêtage, opération si barbare à tous les points de vue, fut longtemps déclarée utile, d'autres disaient indispensable, à la reprise des jeunes arbres après leur transplantation. Il fallait de toute nécessité, assurait-on, écimer le sujet sortant de la pépinière, avant sa mise en place définitive, afin de rétablir l'équilibre, momentanément rompu par l'arrachage, entre le développement des parties aériennes et souterraines. L'arrachage en effet produisant une sorte de taille de l'appareil radical, on en concluait à la nécessité de pratiquer sur l'appareil caulinaire une taille d'importance équivalente pour rétablir un juste rapport entre les deux appareils végétatifs. Enfin, ceux qui invoquent à tout propos et hors de propos les mouvements de la séve, qui parlent sans cesse de la nécessité de l'attirer ou de la refouler, selon les besoins de leur cause, ajoutaient que l'étêtage, en rabattant le fluide nourricier sur les racines, favorisait la reprise: explication qu'il serait tout aussi difficile de justifier aujourd'hui que l'utilité réelle d'un procédé qui tend d'ailleurs et fort heureusement à disparaître de plus en plus de la prati que horticole. Il n'en est pas de même de l'*élagage,* dont nous allons maintenant parler; son utilité est incontestable et incontestée: les discussions entre forestiers roulent uniquement sur la manière dont il convient de le pratiquer.

Le tronc seul donnant du bois d'œuvre, et les branches du bois de feu dont la valeur commerciale est bien moindre, il importe d'aménager l'arbre de façon à détourner au profit de la tige la plus grande part possible de la puissance végétative, en réduisant les branches au rôle unique de nourrices du tronc. A ce point de vue, l'arbre élevé pour la vente de son bois devrait avoir une tige simple comme celle d'un Cocotier ou d'un Dattier. Malheureusement, le caractère du feuillage de nos essences forestières est incompatible avec cette forme ; et, réduit aux feuilles organisées par son seul bourgeon terminal, l'arbre resterait chétif et languissant, croîtrait très-lentement, serait en d'autres termes une machine d'un faible rendement, faute d'une alimentation suffisante. Dans cet état, on pourrait le comparer avec raison à la bête de somme qui travaille peu quand elle est mal nourrie. Il faut par conséquent laisser des branches sur nos arbres forestiers ; reste à déterminer ce qu'on doit leur laisser et ce qu'on doit leur retrancher, suivant la nature, l'âge, le climat et le sol. L'idée la plus naturelle et la plus logique est évidemment d'opérer la suppression de manière à donner à tous les arbres les formes naturelles aux sujets sains et robustes croissant dans leurs conditions préférées d'air, d'humidité, de chaleur, de lumière et de terrain. Sans doute chaque essence a sa forme propre, changeant avec l'âge ; mais ces variations spécifiques ou individuelles oscillent autour d'une forme moyenne assez facile à discerner. Ainsi, d'une manière générale et pour toutes les essences, jusqu'à quarante ans, le tronc ou la partie dénudée de la tige occupe environ le 1/3 de la hauteur totale, et la tête ou la région ramifiée affecte une forme ovoïde très-allongée dans le sens vertical ; de quarante à quatre-vingts ans, la longueur du tronc est comprise entre le 1/3 et les 2/5 de la hauteur totale : la cime est donc moins allongée, mais par contre elle s'élargit davantage ; de quatre-vingts à cent cinquante ans, la grandeur relative du tronc augmente encore de manière à devenir égale à la moitié de la hauteur totale : le sujet est alors parvenu au terme de sa croissance et sa tête prend une forme plus ou moins sphérique ; enfin, à partir de cent cinquante ans, la cime s'aplatit de plus en plus. On voit que la forme ovoïde aiguë est le signe caractéristique d'une croissance active de la tige, et c'est pour la conserver dans toute sa pureté première que le forestier a recours à l'élagage. Élaguer, c'est retrancher une branche en totalité ou en partie. On conseille de supprimer les branches : 1° mortes ou mal conformées ; 2° rompues accidentellement ; 3° en mauvaise situation ; 4° gourmandes, c'est-à-dire qui nuisent à l'accroissement général en absorbant à son détriment une trop grande quantité de séve, surtout quand elles sont verticales ou très-rapprochées du sol. Mais l'opération est dangereuse ; il ne faut donc pas y recourir sans nécessité absolue, et toujours on doit la pratiquer avec les plus grands ménagements. Des élagages fréquents ou trop sévères provoquent en effet la formation de nodosités et d'excroissances dont la surface se couvre de bourgeons adventifs, et plus tard de brindilles, qui absorbent la séve, amènent le ralentissement de la végétation et même parfois son arrêt dans les régions conservées supérieures ; l'arbre alors se *découronne*, comme disent les forestiers, et doit être abattu. Ce n'est pas là du reste l'unique danger que fait courir à l'arbre la suppression de l'une de ses maîtresses-branches. Il existe en effet une étroite corrélation entre les deux ramifications aérienne et souterraine ; cette relation a été maintes fois vérifiée depuis les observations publiées en 1757 par Buffon et Duhamel. A une grosse branche, faisaient-ils remarquer, correspond toujours verticalement une grosse racine, et réciproquement ; ils ajoutaient même : « On voit souvent un arbre perdre subitement une branche, et si l'on fouille au pied, on trouve le plus ordinairement la cause de ces accidents dans le mauvais état où se trouvent les racines qui correspondent à la branche qui a péri. » Ainsi la suppression d'une grosse branche entraînera la mort de la branche radicale correspondante : accident des plus graves, car l'humidité du sol pourrit rapidement celle-ci ; la décomposition gagne ensuite de proche en proche le pied de l'arbre, pénètre au cœur, s'y établit et s'y propage d'autant plus aisément que les tissus ligneux en sont morts chez les vieux arbres. Telle est sans doute l'origine de ces excavations profondes, de ces caries du pied, si fréquentes chez les sujets âgés et si funestes à leur longévité.

Quoi qu'il en soit, puisque l'élagage est dans certains cas une nécessité, on doit se demander s'il peut être pratiqué indifféremment en toutes saisons. Évidemment les tissus mis à nu doivent redouter au même degré les grands froids de l'hiver comme les fortes chaleurs de l'été ; par conséquent le printemps et l'automne sont les saisons favorables ; mais le sont-elles au même degré ? Ici les praticiens sont divisés : les uns recommandent d'opérer au printemps, du 15 février au 15 avril ; les autres n'ont point de préférence entre les deux époques. Laquelle des deux écoles est dans le vrai ? Les suites de l'opération sont diamétralement opposées dans les deux cas. Si l'élagage printanier entraîne un écoulement de séve et par suite un certain affaiblissement du sujet, par contre la cicatrisation commence aussitôt la blessure faite et le temps durant lequel le bois restera dénudé est réduit autant que possible. Au contraire, l'élagage d'automne n'amène pas, il est vrai, une déperdition de séve, mais le travail de recouvrement, à peine commencé, étant interrompu par les rigueurs de l'hiver et reporté au printemps suivant, la plaie demeure ainsi exposée aux intempéries précisément pendant les quelques mois où l'action funeste de celles-ci est la plus énergique. Donc, tout bien pesé, le pour et le contre, il semble raisonnable de donner la préférence au printemps sur l'automne.

Il existe deux méthodes d'élagage. L'une, la taille longue, est ancienne et perd chaque jour des partisans. Elle consiste à pratiquer la section à une certaine distance de la tige, conservant à dessein la base de la branche sur laquelle on laisse les brindilles vigoureuses qui peuvent s'y trouver ou naître par la suite, afin d'attirer la séve dans le tronçon conservé. La suppression faite, on recouvre la plaie de coaltar pour retarder les progrès de la désorganisation du bois mis à nu. Cette taille en chicot, ou en moignon comme on l'appelle encore, a été imaginée dans l'espoir de préserver le tronc de la carie et de lui conserver par conséquent sa valeur commerciale.

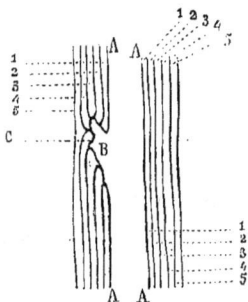

Fig. 257. — Recouvrement d'un chicot, premier cas. AAAA, corps ligneux du tronc au moment de l'amputation ; B, celui de la branche opérée ; C, la plaie ; 1, 2, 3, 4, 5, les couches ligneuses de recouvrement.

Puisque toute plaie, remarquait-on, amène fatalement une nécrose qui gagne de proche en proche les tissus sains, plus loin du tronc sera la blessure, plus il y aura de probabilités pour que la cicatrisation soit terminée avant que la désorganisation atteigne la tige. Dans cette méthode, comme dans l'autre du reste, le succès de l'opération dépend de la rapidité du recouvrement de la plaie; voyons donc comment il s'opère et quels sont les moyens à employer pour le favoriser. Considérons d'abord le cas le moins avantageux (fig. 257), celui où le chicot meurt peu après l'opération et où par conséquent le recouvrement est uniquement produit par des couches nouvelles appartenant à la tige. Le tronc continuant de végéter, sa zone génératrice produira des couches, les unes corticales que nous négligerons pour simplifier notre exposition, les autres ligneuses et numérotées dans la figure, par ordre d'ancienneté relative, 1, 2, 3, 4, 5, qui se superposeront aux précédentes et dont les tranches, placées les unes à la suite des autres, enseveliront d'abord le tronçon. Un moment viendra où l'une d'elles,— dans la figure c'est la tranche n° 2, — affleurera la plaie ; et à partir de là, le recouvrement se produira par un mécanisme semblable à celui

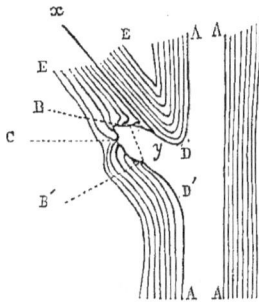

Fig. 258. — Recouvrement d'un chicot, second cas : AAAA, corps ligneux du tronc au moment de l'amputation ; BB'D'D, portion restée vivante de la branche ; BCB', portion mortifiée ; xy, moelle d'une branche ; EE, sortie en y de la base, restée vivante, de la branche amputée.

décrit plus haut à propos de la cicatrisation des blessures faites directement au corps même du tronc. Dans d'autres cas, le tronçon de la branche coupée ne périt point tout entier : la vitalité persiste au-dessous de son sommet nécrosé CBB' (fig. 258), circonstance particulièrement heureuse pour assurer la réussite de l'opération quand un ou plusieurs bourgeons parviennent à s'épanouir et à donner des branches vigoureuses, telles que EE. Celles-ci, par leur grossissement, hâtent l'enfouissement du chicot au sein des couches ligneuses; aussi les forestiers s'efforcent-ils de les favoriser par tous les moyens en leur pouvoir. Toutefois, bien qu'avec le temps tout vestige du moignon disparaisse sans laisser de traces extérieures, néanmoins les désordres persistent à l'intérieur, et plus tard, quand on débite le tronc, on trouve toujours un séquestre de bois mort et plus ou moins décomposé qui n'est autre que le chicot nécrosé de la branche coupée. Le port disgracieux que l'arbre conserve pendant des années, tant que les chicots ne sont pas recouverts, ne serait rien encore si cette pratique mettait toujours le tronc à l'abri de la carie ; mais il paraît qu'il est loin d'en être ainsi dans tous les cas au dire d'un grand nombre de praticiens.

La taille courte, sans être exempte d'inconvénients, a été l'objet d'un grand engouement depuis quinze ans ; une réaction commence à se manifester, et les forestiers sont aujourd'hui partagés en deux camps, l'un pour, l'autre contre l'emploi de la méthode. Elle consiste à supprimer la branche rez tronc, ce qui abrége beaucoup la durée de la cicatrisation, puis, comme toujours, on enduit la blessure de coaltar. Si l'arbre est vigoureux, la plaie est promptement recouverte et toute trace apparente de dommage disparaît bientôt ; mais si la végétation est faible et languissante, la carie peut détériorer gravement le tronc, et l'expérience a montré qu'il est dangereux pour la valeur de l'arbre de pratiquer l'opération lorsque la blessure doit mettre plus de trois à quatre ans à se cicatriser complétement.

Le mode d'accroissement en diamètre des axes ligneux dicotylédones donne lieu encore à bien d'autres effets, tout aussi intéressants à connaître. Par exemple, le recouvrement successif des couches ligneuses les unes par les autres influe grandement sur la longévité de chacune d'elles en particulier, et sur celle de leur ensemble ou de l'arbre en général.

Un des signes les plus manifestes de la vitalité d'un tissu est son augmentation de volume, due à l'accroissement et à la multiplication de ses éléments anatomiques. Or ce caractère fait ici défaut de bonne heure, puisque tout changement de volume cesse dans la couche ligneuse une fois formée. Aussi pendant longtemps n'eut-on que des idées vagues et erronées sur la longévité du bois, que, sans preuves bien plausibles, on croyait de fort courte durée. Autrefois et jusqu'à notre époque, on regardait le corps ligneux d'une tige ou d'une branche dicotylédone quelconque comme double et formé de deux parties : l'une centrale, entièrement morte, comprenait la moelle et les couches profondes du bois ; l'autre, assez mince, périphérique, constituée par les couches les plus récentes, était seule vivante. Plusieurs faits donnaient un certain degré de probabilité à cette manière de voir, entre autres la route suivie par la séve dans son mouvement ascensionnel, et le nombre considérable d'arbres vivant bien que plus ou moins profondément excavés dans leur cœur. D'ailleurs le raisonnement indique que la distinction précédente est vraie au fond, qu'il y a certainement deux tiges dans la tige, l'une morte au centre, l'autre vivante au pourtour, car, le bois grossissant par la périphérie seulement, toute zone ligneuse quelconque se trouve bientôt recouverte et soustraite aux influences directes du monde extérieur par une formation ligneuse qui devient de plus en plus épaisse avec le temps; les quantités d'air, de chaleur et de lumière qu'elle reçoit diminuent donc graduellement pour elle; donc enfin l'activité végétative du tronc doit décroître progressivement de la périphérie au centre, et la vie graduellement s'affaiblir et s'éteindre dans chacune des zones. Ainsi, point de doute possible à cet égard : toute la question est de trouver la position exacte de la surface de séparation des deux régions vivante et morte. Elle fut impossible à déterminer tant qu'on ignora que les cellules, plus rarement les fibres et les vaisseaux, produisent périodiquement de l'amidon, — comme nous l'avons remarqué plus haut, — acte essentiellement vital qui permet d'établir une ligne de démarcation bien nette dans le corps ligneux entre tout ce qui a cessé de vivre et tout ce qui vit encore : les tissus d'où l'amidon a disparu sans retour sont morts; ceux dans lesquels ces corpuscules apparaissent et disparaissent périodiquement sont vivants. Aidé de ce caractère, il a été possible de constater la plus grande diversité dans la longévité des cellules amylogènes, selon les espèces et les individus. Pendant que, sur certains arbres, la zone ligneuse restée vivante est réduite aux trois ou quatre couches les plus jeunes, chez d'autres elle s'étend à la 30e, 35e, 40e couche; en général, la séparation correspond assez exactement à celle de l'aubier et du duramen. D'ailleurs le dernier mot n'est pas dit sur la question, et il reste à trouver la raison d'écarts aussi considérables que ceux que nous signalons dans la longévité des différents bois.

Guidé par le même caractère, on a pu encore rectifier les idées erronées qui avaient cours autrefois sur la longévité de la moelle. Celle-ci, loin d'avoir toujours une existence éphémère comme on l'a supposé longtemps, présente dans nombre de cas une vitalité bien supérieure à celle qu'on était en droit d'attendre d'un tissu placé au cœur même de l'arbre, bien loin de la sphère d'activité des agents de la vie : situation évidemment défavorable, dont les inconvénients du reste paraissent atténués dans une certaine mesure par une curieuse et constante disposition anatomique que nous avons fait connaître en son temps : je veux parler de cette zone trachéenne qui entoure toujours la moelle et ne se trouve que là dans le corps ligneux. Ces vaisseaux, en faisant affluer tout autour du parenchyme médullaire la sève et l'air, ne peuvent être sans influence sur la longévité parfois si grande de la moelle, puisqu'on a trouvé des arbres où elle vivait encore au bout de vingt-cinq à trente ans! On le voit, nous sommes bien loin du temps où l'on admettait que les tissus médullaires meurent dans l'année même de leur naissance.

Cette question de la longévité des tissus médullaires et ligneux chez l'arbre resté en place, recevant de l'atmosphère et du sol les aliments nécessaires à sa nutrition, nous amène naturellement à parler d'une autre vitalité, de celle de l'arbre déraciné qu'on prive d'eau, d'air, de lumière, dont on supprime les communications directes avec le sol; ou bien encore de la plante dont les racines habitent une terre aride que ne mouille jamais une seule goutte d'eau, qui ne reçoit enfin ni vapeurs atmosphériques ni rosée. Combien de temps un tel état de choses peut-il durer sans amener la mort complète du sujet? Évidemment la vie doit s'éteindre prématurément en lui, mais la mort sera plus ou moins lente à venir, suivant les circonstances. Privé de feuilles et de chevelu, l'arbre ne se nourrira plus que de ses réserves alimentaires; il sera dans la situation de l'animal hibernant qui pendant la durée de son engourdissement léthargique vit exclusivement de sa propre substance. Dans ces conditions, la longévité du végétal dépendra donc tout à la fois, et de l'abondance des aliments mis par lui en réserve, et de la manière dont il les consommera ou mieux les ménagera. Si l'action des agents physiques diminue lentement, graduellement, l'arbre tombera dans un sommeil de plus en plus profond qui le conduira insensiblement à la mort, et son activité végétative, progressivement déprimée, lui permettra de ménager ses ressources, d'en user avec toute la parcimonie possible, et par conséquent de prolonger son existence jusqu'à la dernière limite. Au contraire, l'arbre est-il soumis à des influences énergiques capables de surexciter son mouvement vital, alors qu'il manque des matériaux indispensables pour l'entretenir? ses réserves alimentaires s'épuisent promptement, et la mort survient très-prématurément. Mais d'un sujet à l'autre, placés dans les mêmes conditions, il se manifeste de grandes inégalités dans la force de résistance à la mort; on les attribue d'une manière vague à l'influence de l'espèce ou encore à l'idiosyncrasie individuelle, faute d'en mieux connaître l'origine. La bibliographie botanique est riche d'exemples de ces vitalités exceptionnellement tenaces, luttant pendant des années contre des causes multiples de destruction; nous nous bornerons aux suivants, empruntés textuellement à un mémoire publié en 1841 dans les *Annales des sciences naturelles*. Pépin, l'auteur de ce mémoire, est mort récemment; longtemps attaché aux cultures du Muséum de Paris, c'était un horticulteur très-distingué et un excellent observateur.

« J'ai vu en 1855, — écrivait-il —, dans un jardin de la Normandie, un Oranger dont le tronc avait près de $0^m,16$ de diamètre, pris à $0^m,60$ du sol, et près de 2 mètres de hauteur sous branches. On l'avait négligé pendant longtemps : il manquait souvent d'eau pendant l'été, et n'ayant pas d'abri convenable pendant l'hiver, il dépérissait chaque année; la caisse dans laquelle il était planté étant enfin tombée de vétusté, on le supprima. Réduit presque à rien par la perte successive de ses branches que l'on s'était vu forcé de retrancher à plusieurs reprises, ce tronc fut conservé pendant deux ans dans le coin d'un cellier, après qu'on eut coupé les principaux rameaux et les racines près de la souche. La tige de cet Oranger resta ainsi dans ce lieu pendant quatre ans, couchée horizontalement sur la terre, pour servir de chantier et recevoir des tonneaux; et pendant ces six années elle ne donna aucun signe de végétation. Cependant, au bout de ce temps, on s'aperçut que son écorce était encore verte; alors on releva cette tige et on la planta, en 1831, avec soin, dans une caisse remplie de terre douce et riche en humus. Elle resta pendant quelques mois dans cet état; on avait soin de modérer les arrosements, en ne lui donnant que le strict nécessaire; bientôt après on aperçut des renflements sur certaines parties de l'écorce et plusieurs mamelons radiculaires aux environs des anciennes sections des racines, qui en développèrent de nouvelles. La tige, de son côté, donna naissance à de petites productions cellulaires, d'où sortirent, l'année suivante, de nouveaux bourgeons; on supprima tous ceux qui étaient confus ou inutiles, et en 1837 cet Oranger avait déjà une tête vigoureuse, bien formée, et un beau feuillage. Depuis cette époque il fleurit chaque année.

« Riché me fit part, à son tour, d'un fait à peu près semblable qu'il eut l'occasion d'observer à Paris vers 1762 ou 1764.

« Le comte de Charolais, tuteur du prince de Condé, avait une belle propriété aux ci-devant Porcherons, rue du Champ-de-Repos, dans le quartier de la Nouvelle-France, aujourd'hui quartier Montmartre. Le jardin qui en dépendait était magnifique et tenu avec beaucoup d'art et de soin; l'orangerie, une des plus belles de l'époque, renfermait trois cents gros Orangers qui en faisaient l'ornement. M. de Charolais en était très-amateur, car il paraît que ces arbres égalaient en beauté ceux de Versailles et des autres jardins royaux. Ayant été exilé de Paris par arrêt du Parlement, il fit fermer, avant son départ, toutes les portes et issues de son hôtel, et les Orangers restèrent ainsi cloîtrés dans la serre, sans air et sans eau, pendant six ans que dura son exil. Audebert, homme intelligent et jardinier très-capable, était resté attaché à la maison ; mais il avait reçu l'ordre de ne pénétrer ni dans les serres, ni même dans le jardin. A la rentrée de M. de Charolais, on fit ouvrir les portes et les fenêtres de l'orangerie ; mais quelle fut la désolation du jardinier en voyant les arbres qui auparavant faisaient l'admiration de tout le monde, transformés en squelettes, desséchés, complétement dépourvus de feuilles ! enfin tout paraissait absolument mort. Malgré cela, le comte de Charolais, qui avait souvent des idées originales, désira voir ses Orangers placés dans le même ordre qu'avant son exil (ils ornaient une allée sur deux lignes). On visita les racines ; elles étaient dans le même état que les branches ; on les tailla de très-près ; on nettoya et on enleva toutes celles qui étaient entièrement décomposées ; on prépara un mélange de bonne terre meuble bien amendée ; après quoi on replanta ces arbres dans les mêmes caisses, après avoir mis dans le fond de chacune d'elles une bonne épaisseur de plâtras cassés. Ces Orangers furent soignés avec les précautions convenables, en ménageant toutefois les arrosements ; les branches qui en formaient la tête furent toutes rapprochées ou coupées à plus de 1 mètre au-dessus de la tige, et à la deuxième ou troisième année on les retailla sur les jeunes rameaux. La première opération terminée, ils restèrent un an sans donner aucun signe de végétation ; mais l'année suivante, sur trois cents Orangers, cent repoussèrent. Riché m'a assuré qu'il les avait vus très-vigoureux, et que l'on était parvenu à en faire de très-beaux arbres. »

Si, en vertu du mode d'accroissement en diamètre des axes dicotylédones, la dernière couche ligneuse, toujours placée superficiellement, est par cela même plus favorisée dans sa végétation que toutes les autres, il en est autrement pour le liber, dont la zone la plus jeune est en même temps la plus profondément située au-dessous de toutes les formations corticales. Il en résulte qu'avec le temps l'épaississement de l'écorce nuit de plus en plus et tout à la fois à l'accroissement du liber et à celui du bois. Voyons quelle est exactement la nature du pré-

judice causé et quels sont les moyens employés par la pratique horticole pour le réparer.

L'écorce remplit dans l'économie végétale des fonctions diverses,
plutôt soupçonnées que connues; aussi ne faut-il pas s'étonner de lui
trouver un haut degré de complication. En termes généraux, sa mission est de régulariser les rapports que la tige et les branches, pour
vivre, doivent entretenir avec l'atmosphère. L'écorce est donc la
peau du corps ligneux, ou, si l'on aime mieux, une sorte de vêtement qui doit laisser aux influences physiques extérieures un accès
facile, mais modéré. Ainsi, elle défend la zone génératrice contre les
rigueurs de l'hiver et contre les chaleurs excessives de l'été. Par sa faible conductibilité, elle retarde l'entrée du calorique venu du dehors et
ralentit la déperdition de la chaleur interne; elle permet par là au
corps de l'arbre de conserver une température moins basse en hiver,
moins élevée en été, que celle de l'air. En outre, elle protège la zone
génératrice, tour à tour et selon les saisons, tantôt contre les désordres qu'amènerait, surtout pendant l'hiver, le contact permanent des
eaux pluviales, tantôt contre la dessiccation, suite inévitable des trans-
pirations excessives provoquées en été par la grande sécheresse de
l'air et l'intensité de la radiation solaire.

Si l'écorce est pour le corps ligneux un vêtement nécessaire, indispensable, toutefois, pour être utile, elle doit rester perméable
dans une certaine mesure à l'humidité, à l'air et à la chaleur; imperméable, elle devient aussitôt dangereuse pour le bois, qu'elle enserre,
qu'elle étouffe, sous son étreinte. Aussi prescrit-on avec raison d'enlever, par des lavages et des grattages, les végétations cryptogamiques et
les vieilles écorces exfoliées en partie qui recouvrent les tissus restés
sains et vivants et paralysent leurs propriétés physiologiques. L'utilité
d'une pareille pratique est depuis longtemps reconnue; nous citerons
à ce propos une expérience des plus anciennes, peut-être la première
de ce genre, car elle date de 1775. Voici en quels termes son auteur,
Marsham, la racontait l'année suivante dans une séance de la Société
royale de Londres :

« Je me proposais, disait-il, depuis plusieurs années, de mettre en pratique l'avis du docteur Hales et d'Euclin, qui conseillent : l'un, de laver le tronc des arbres; l'autre, de les brosser, pour hâter leur accroissement. Au printemps de 1775, dès que les bourgeons commencèrent

à se gonfler, je lavai le tronc entier d'un Hêtre sur une longueur de 15 à 14 pieds, depuis le sol jusqu'au commencement de la tête. Le premier lavage fut fait avec de l'eau et une brosse dure, de manière à enlever toute la mousse et les corps étrangers. Ensuite, avec une flanelle grossière, on réitéra le lavage trois, quatre et cinq fois par semaine, pendant toute la sécheresse du printemps et d'une partie de l'été; mais lorsque les pluies furent devenues fréquentes, on ne lava plus que très-rarement.

« L'arbre non lavé, dont l'accroissement devait servir de terme de comparaison, avait, à 5 pieds du sol, 5 pieds 7 pouces 1/10 de pouce, avant l'accroissement de l'année, et dans l'automne, quand l'accroissement annuel a été terminé, il avait 5 pieds 9 pouces 1/10. L'arbre lavé avait au printemps dernier 5 pieds 7 pouces 2/10, et en automne 5 pieds 9 pouces 7/10. »

Non-seulement l'écorce, en s'épaississant avec l'âge, gêne la respiration du corps ligneux, mais elle entrave encore son grossissement. Quand il en est ainsi, on dégage le bois en pratiquant le long du tronc des incisions longitudinales divisant l'écorce sur toute son épaisseur. Lorsque l'opération est faite au printemps sur des arbres languissants dont l'accroissement en diamètre paraît arrêté, on voit bientôt les lèvres de la plaie s'écarter graduellement par suite du grossissement de la zone vivante; peu à peu des bourrelets se forment sur chacun des bords de la fente, s'étendent et enfin se rejoignent. Ce traitement, fréquemment employé de nos jours, doit être d'ailleurs appliqué avec ménagement pour avoir toute son efficacité, et ne porter aucun préjudice à l'arbre qui le subit; alors il est salutaire et facilite le grossissement en diamètre.

Dans le but de favoriser la mise à fruits de certains sujets rebelles, ou bien pour augmenter le volume et hâter l'époque de la maturité des fruits, on a souvent recours aux *incisions* et *décortications annulaires*. L'opération se pratique au printemps et consiste, dans le premier cas, à diviser l'écorce transversalement dans toute son épaisseur, et, dans le second, à en détacher un lambeau annulaire et plus ou moins large. Dans le voisinage de la blessure, les fruits placés au-dessus de la plaie sont plus gros et plus hâtifs que ceux placés au-dessous. Comme toujours, cette méthode, dont l'effet n'est pas encore expliqué, demande à être employée avec discernement et appliquée avec ménage-

ment. La décortication ne doit point avoir une largeur de plus de
1 à 2 millimètres, afin d'être cicatrisée dans l'année ; une plaie plus
large, et par conséquent plus lente à se recouvrir, amènerait une nécrose qui compromettrait plus ou moins gravement la vie de la branche et même celle du sujet.

Ajoutons que les écorces sont l'objet des applications les plus variées : l'industrie en tire des fibres textiles, des matières tinctoria-

Fig. 259. — Canot en écorce des Indiens Araras (bassin de l'Amazone).

les, etc.; la médecine, des agents thérapeutiques énergiques. Les peuplades sauvages font avec l'écorce de plusieurs arbres des canots que
leur grande légèreté rend indispensables pour la navigation des cours
d'eau torrentueux où des rapides, des cataractes et des barrages naturels obligent les rameurs à charger l'embarcation sur leurs épau-
les et à la porter, en suivant la rive au delà de l'obstacle infranchissable pour elle.

L'histoire de l'arbre dicotylédone est tout entière écrite sur la coupe
transversale de son tronc ; les jours de disette et de prospérité, les ac-

cidents, même l'extrait de naissance, y sont inscrits en caractères indélébiles, parfaitement intelligibles aux initiés. C'est que toutes les phases et toutes les particularités de la vie végétale, toutes les souffrances ressenties, toutes les blessures faites ont leur contre-coup sur le tronc. La zone ligneuse est-elle épaisse et abondamment pourvue de fibres, c'est que l'arbre est vigoureux, son sol plantureux et convenablement arrosé; les pluies deviennent-elles surabondantes, ou bien l'arbre vit-il dans un terrain marécageux contraire à son tempérament, le malaise se traduit par une diminution dans le nombre des fibres, et le bois devient mou; une ou plusieurs couches ligneuses consécutives sont-elles exceptionnellement minces, cette particularité signifie que l'arbre a souffert à cette époque d'un élagage trop sévère, du bris d'une maîtresse-branche, d'un été sans chaleur, etc., d'un des mille accidents de la vie en un mot; toutes les couches indistinctement sont-elles uniformément minces, il faut en conclure que l'alimentation est insuffisante, que le sol est trop maigre ou le climat trop rigoureux; enfin, l'atrophie, la dégénérescence, s'observent-elles seulement dans l'aubier et s'aggravent-elles d'une couche à la suivante, alors le mal est sans remède, l'arbre est sur son déclin, l'heure de sa mort va bientôt sonner. Le tronc porte encore et conserve la trace des sévices du chaud et du froid, des blessures faites par la violence du vent, la morsure des animaux, la hache et la serpe de l'homme.

Si l'accroissement du bois était toujours parfaitement égal tout autour de la moelle, si en d'autres termes chaque couche ligneuse avait la même épaisseur en tous ses points, la tige serait un cône droit dont la moelle occuperait l'axe; mais une telle régularité est impossible à rencontrer. Supposons en effet qu'un arbre soit isolé, sur un terrain entièrement découvert, de manière à n'être point gêné par les corps voisins et à recevoir librement l'influence des agents atmosphériques : il se trouvera évidemment dans la situation la plus favorable à l'accroissement régulier du tronc; et cependant, même alors, il ne prendra point une forme rigoureusement conique, car les quatre régions du tronc, nord, sud, est, ouest, vivront en réalité dans quatre climats différents, et éprouveront par conséquent des accroissements inégaux, dont le moindre sera pour la région nord, de toutes la moins favorisée. Telle est la cause permanente et première de l'excentricité de la moelle, cause dont les effets sont plus ou moins aggravés par la suite, selon le mode de ramification de la racine et la situation de l'arbre. En théorie, l'intervention de la racine tend à faire disparaître les inégalités dues aux quatre climats de la tige et à régulariser l'accroissement du tronc tout autour de l'axe. En effet, l'appareil souterrain vit dans un milieu de climat uniforme : il doit donc grandir également dans tous les sens, et par conséquent favoriser le grossissement régulier de la tige en vertu de la corrélation existante entre les ramifications aériennes et souterraines. En fait, cette influence n'est pas toujours aussi prononcée qu'on pourrait le croire, attendu que la ramification radicale n'a presque jamais ce caractère de régularité qu'implique l'uniformité de son climat. Il y a entre le développement des diverses parties de la racine des inégalités nombreuses et plus ou moins accentuées dues à l'hétérogénéité du sol : dans la veine de bonne terre, la branche radicale végète plus vigoureusement que dans la terre maigre et aride. Ces inégalités ont leur contre-coup sur la ramification aérienne ; en veut-on une preuve convaincante ? Qu'on ouvre dans le sol deux tranchées parallèles, assez profondes pour circonscrire la racine dans une bande longitudinale de terrain, et l'on verra peu à peu le feuillage se développer dans le même sens et la cime former un rideau étendu parallèlement aux tranchées comme si on lui avait fait prendre artificiellement cette forme en l'émondant. La situation du sujet modifie et complique encore l'effet des influences précédentes. L'arbre croît-il sur une pente très-rapide, la moelle est excentrique, le tronc irrégulièrement conformé, parce que les couches ligneuses tournées vers la montagne sont moins épaisses que celles qui regardent la plaine. Pour des raisons semblables, les arbres placés en pleine forêt, les Conifères particulièrement qui vivent en familles nombreuses, ont une tige élancée et régulière, au lieu que les sujets placés sur la lisière de la forêt ou d'une clairière ont leurs troncs excentrés, la face tournée vers l'épaisseur du bois prenant nécessairement moins d'accroissement que la face opposée située au grand air et en plein soleil. Toutefois, outre les conditions climatiques locales, outre les circonstances accidentelles et individuelles, l'espèce exerce également une influence générale évidente sur la plus ou moins grande régularité des tiges ligneuses dicotylédones. L'une des principales beautés des Conifères réside précisément dans leur tronc élancé, exactement conique, qui donne à l'arbre un port imposant et sévère,

Fig. 200. — Forêt de Sapins en Russie.

dont on est toujours vivement impressionné quand on parcourt les
forêts de Sapins de l'Europe septentrionale.

Enfin le tronc porte encore avec lui, avons-nous avancé plus haut,
son extrait de naissance, acte il est vrai toujours un peu irrégulier qui
ne donne qu'approximativement l'âge de l'arbre. Si tous les ans il se
formait une nouvelle zone ligneuse, le nombre des années du végétal
serait rigoureusement égal à celui des anneaux de son bois, et il suffirait de compter ceux-ci pour connaître son âge. Malheureusement, la
loi d'accroissement est sujette à de nombreuses exceptions. Tantôt le
végétal organise plusieurs couches en un an, comme le font la Betterave, le Figuier, etc.; tantôt, au contraire, il met, comme chez les
Cycas, plusieurs années pour en produire une; tantôt encore, et cela
chez toutes les espèces indistinctement, la couche d'une année manque
accidentellement. Toutes ces dérogations à la règle ordinaire, et les
incertitudes qu'elles entraînent relativement à l'âge du sujet, s'expliquent sans difficulté maintenant que nous savons que l'organisation
d'une couche dépend du mode de végétation, et qu'elle en traduit
fidèlement les variations périodiques comme les accidents. Nous avons
déjà montré l'influence de ceux-ci, mais celle des variations périodiques est bien plus grande encore. Il existe en effet deux natures de
climats. Dans l'une, la végétation est interrompue tous les ans pendant quelques mois par les rigueurs du froid dans les contrées boréales,
les excès de la chaleur et de la sécheresse dans les pays équatoriaux;
donc, sauf accident, les arbres de ces régions produiront tous les ans
un anneau ligneux nettement distinct du précédent. Mais comment
les choses se passeront-elles dans la zone terrestre intermédiaire où le
climat est assez tempéré et uniforme pour rendre la végétation possible en tout temps? Puisqu'elle n'éprouve plus d'arrêt annuellement,
mais de simples variations d'activité en rapport avec le cours des
saisons, ne semble-t-il pas logique d'admettre que sous ces latitudes
le bois cessera d'être annelé? On ne possède encore que fort peu de
renseignements à cet égard; on a signalé toutefois dans la région
méditerranéenne certaines essences dont le corps ligneux serait en
effet homogène.

Ces restrictions faites sur le degré d'exactitude de la méthode, disons comment on l'applique. On scie le tronc transversalement et un
peu obliquement pour rendre les couches plus visibles en augmentant

leur largeur. Sur la surface une fois polie on tend et on fixe une
bande de papier dans la direction du rayon, du centre à la circonférence, et il ne reste plus qu'à marquer sur le papier la position des
couches annuelles. En 1866, M. A. de Candolle présentait au Congrès
international de Botanique réuni à Londres, une mensuration de
ce genre, obtenue en Californie par M. E. de la Rue dans des circonstances assez intéressantes pour mériter d'être mentionnée par nous.
Un des Sequoia gigantesques du pays, l'*Old Maid* (*la vieille fille*), avait
été brisé par un orage quelques années auparavant. Les journaux
américains publièrent à cette occasion des récits fantaisistes sur les
colossales dimensions et l'âge prodigieux, de plusieurs milliers d'années assurait-on, de ce vénérable patriarche des forêts californiennes.
M. E. de la Rue, désirant se former une idée exacte à ce sujet, dressa
sur une bande de papier, par la méthode ci-dessus, le diagramme des
couches ligneuses du tronc prises à une hauteur de 6 pieds anglais
(1^m,829) au-dessus du sol, et, pour couper court à toutes les exagérations, l'envoya à titre de document authentique à M. A. de Candolle.
L'examen de ce diagramme montre que l'arbre présentait à cette
hauteur un diamètre de 26 pieds 5 pouces 9 lignes (8^m,075) et comprenait 1254 couches; il avait donc douze cent trente-quatre ans
environ, et non point plusieurs milliers d'années comme l'annon-
çaient les amis, toujours trop nombreux, du merveilleux.

Indépendamment des incertitudes amenées par les causes indiquées
plus haut, le procédé basé sur le dénombrement des couches ligneuses
présente la grave imperfection d'exiger au préalable l'abatage de
l'arbre, condition qui restreint beaucoup son usage. En outre, il n'est
pas toujours facile de déterminer exactement le nombre des anneaux
ligneux; sur les vieilles tiges en effet, l'épaisseur de ceux-ci va graduellement en diminuant du centre à la périphérie, et souvent les couches
les plus externes sont assez difficiles à discerner. Pour le premier
motif, on est souvent forcé de recourir à une autre méthode dont la
précision malheureusement est encore bien inférieure à celle de la
précédente, car elle suppose que l'accroissement en diamètre est directement proportionnel au temps, c'est-à-dire que si le grossissement est
en un an de 4 millimètres par exemple, il sera de 8, 12, 16, etc.,
millimètres, en deux, trois, quatre, etc., ans. Or, très-certainement,
la vraie loi d'accroissement n'est pas la relation de proportionnalité

précédente, mais une fonction beaucoup plus complexe de l'espèce, de l'âge, de l'état de santé ou de maladie, du sol, du climat, etc., etc. Néanmoins, si l'on se contente, comme première approximation et à défaut d'autres plus précises, de la loi de proportionnalité, voici comment on l'applique à la recherche de l'âge des arbres.

On commence par déterminer l'accroissement moyen annuel du sujet, ce que l'on pourrait appeler son coefficient moyen d'accroissement. Dans ce but, et à un jour donné, on mesure le diamètre du tronc à une hauteur déterminée, puis quatre, cinq, six.... ans après (plus long est le temps écoulé, meilleure est la détermination), on refait la même opération ; la différence des deux nombres donne le grossissement total pendant tout le temps écoulé. Supposons qu'en dix ans l'augmentation de diamètre ait été de 40 millimètres; on en déduira que le coefficient d'accroissement est de 4 millimètres. On voit maintenant quel est le vice radical de la méthode : elle suppose que l'accroissement annuel a toujours été et sera toujours de 4 millimètres, hypothèse très-certainement inexacte. Quoi qu'il en soit, pour achever le calcul à l'aide de cette donnée, il suffit de diviser par 4 la longueur du diamètre, le quotient sera le nombre des années. Par exemple, lorsque le diamètre du tronc aura $1^m,50$ de longueur, l'âge de l'arbre sera de $\frac{1,50}{0,004}$ ou de 375 ans.

III. — ACCROISSEMENT EN LONGUEUR DES AXES DICOTYLÉDONES ET RAMIFICATION

Lorsqu'un cône végétatif quelconque, rhizogène ou phyllogène, entre en activité, tiré de sa torpeur par les excitations favorables des agents physiques, il organise des cellules dont les assises successives, en s'ajoutant les unes aux autres comme les pierres au mur qu'on édifie, allongent progressivement l'axe. Seulement les assises de pierre, une fois constituées, n'éprouvent que d'insignifiantes variations de volume par l'effet des changements de température, au lieu que les assises cellulaires croissent après leur naissance et atteignent au bout d'un certain temps un volume déterminé qu'elles n'outre-passent plus désormais.

L'allongement des axes est un des phénomènes les plus complexes de la vie végétale; nous ne pouvons ici qu'en donner une idée très-sommaire.

Numérotons 1, 2, 3, 4, 5, etc., à partir de la plus jeune, les assises successives organisées par le cône végétatif. L'expérience prouve que dans le même temps ces tranches ne se sont pas accrues de la même quantité : l'assise 2 s'est allongée plus que la précédente et moins que la suivante 3, qui elle-même a grandi moins que 4, et ainsi de suite jusqu'à une certaine assise 5, 6 ou 7, par exemple, dont le volume a plus augmenté que celui de toutes les autres. Au delà, l'accroissement est de moins en moins grand d'une assise à la suivante, et il est nul pour la tranche 15, par exemple, qui se trouve avoir atteint son volume définitif. Cet allongement de chaque tranche transversale de l'axe pendant les jours qui suivent sa formation résulte tout à la fois du grossissement des cellules et de leur multiplication; mais comme l'accroissement des éléments cellulaires et leur puissance de multiplication augmentent d'abord, atteignent un maximum, puis diminuent peu à peu jusqu'à devenir nuls à un moment donné, il s'ensuit que les diverses assises d'un même axe éprouvent des allongements inégaux dans des temps égaux. Chez les axes radicaux, l'accroissement des cellules est promptement terminé, par conséquent la région siège du phénomène est de peu d'étendue, ce qu'on exprime en disant que les racines s'allongent seulement par leur pointe ou sommet. Chez les axes caulinaires, la double faculté de la cellule, accroissement et multiplication, est plus lente à disparaître; par suite la région du grossissement en longueur s'étend beaucoup plus loin au-dessous du cône végétatif et comprend toujours plusieurs entre-nœuds; les plus inférieurs presque arrivés au terme de leur croissance, et les supérieurs qui commencent seulement leur évolution, s'allongent peu, les entre-nœuds intermédiaires, davantage.

Une des questions les plus vivement controversées à ce propos est celle de savoir si l'allongement est uniforme ou non de jour comme de nuit. Les observations déjà nombreuses faites à ce sujet paraissent au premier abord contradictoires, les unes donnant des allongements nocturnes supérieurs aux allongements diurnes, les autres des résultats inverses. Mais ces contradictions ne sont qu'apparentes et tiennent à la diversité des circonstances dans lesquelles on opère.

Les éléments climatiques en effet agissent de façons antagonistes :

les uns favorisent, les autres entravent l'allongement ; il en résulte
que celui-ci est plus ou moins lent suivant la nature des influences
dominantes au moment de l'observation. Ainsi, il n'est pas nécessaire
d'avoir fait des études physiologiques pour avoir remarqué que l'humidité et la chaleur sont propices et la lumière contraire à l'allongement. Tous les horticulteurs savent que chez les végétaux entassés
dans une serre trop petite, mal éclairée, mal ventilée et trop chauffée,
les tiges prennent des longueurs inusitées, les plantes *sont tirées*
comme disent les jardiniers, effet dû à l'insuffisance de l'air et de la
lumière d'une part, à l'excès de la chaleur et de l'humidité de l'autre.
La tige qui s'infléchit vers la lumière est un second effet des mêmes
influences, attendu que, si l'axe se courbe vers la lumière, c'est que
sa face éclairée est plus courte, s'allonge moins par conséquent que
la face opposée ; donc la lumière est défavorable à l'accroissement.

En résumé, suivant le tempérament de la plante et la prédominance
momentanée de telle ou telle influence, chaleur, humidité, lumière,
l'allongement sera retardé ou activé. Ainsi s'expliquent les divergences
d'opinion au sujet de la grandeur relative des accroissements diurnes
et nocturnes d'un même axe ; ainsi s'explique encore pourquoi, sur un
rameau quelconque, les entre-nœuds successifs sont d'inégales longueurs : courts à la base et au sommet, plus longs dans la région
moyenne ; ainsi s'explique enfin pourquoi la croissance d'une tige n'est
pas uniforme durant les différents mois de la belle saison : faible au
début et à la fin de la période de végétation ; rapide au contraire
durant la période moyenne. Ce sont là des effets météorologiques, les
résultats différents des états d'équilibre, variables d'un jour à l'autre,
des divers éléments constitutifs du climat sous lequel vit la plante.

Chez les végétaux ligneux, l'inégale longévité des bourgeons et la
diversité de leurs créations selon les espèces donnent lieu à d'innombrables formes de ramification et modes de végétation, dont nous allons
essayer de préciser les traits essentiels.

Prenons la plante dans son état le plus simple, quand elle est composée uniquement d'une tige terminée, d'un côté, par un bourgeon en
activité, et de l'autre par une racine, ces deux sources principales de
l'organisation et de la vie ; elle sera au fond une sorte d'embryon
grossi, grandi et feuillé. Voilà certainement la plante phanérogame la
plus simple qu'on puisse concevoir. Tant que le bourgeon terminal

vivra, la plante vivra et croîtra ; mais à la mort de celui-ci qu'arrivera-t-il ? En vertu des lois générales de la vie, un végétal quelconque n'a point accompli toute sa destinée tant qu'il ne s'est point propagé : c'est la condition *sine quâ non* de la conservation des espèces à la surface de la Terre. Avant de mourir de mort naturelle, il faut donc que le bourgeon terminal produise des bourgeons latéraux capables de s'épanouir en rameaux, ou des fleurs qui donneront des graines, ou simultanément des rameaux et des fleurs. Ainsi trois cas, et trois cas seulement, peuvent se présenter ; examinons les deux premiers, les seuls qui sortent de la règle ordinaire.

Premier cas. — Au bout d'un temps de durée variable, le bourgeon terminal meurt, mais il laisse après lui un ou plusieurs descendants, bourgeons normaux ou adventifs qu'on appelle avec raison de remplacement, car ils continuent son œuvre et entretiennent la vie dans l'ensemble de l'édifice organique dont les fondations ont été jetées par la plantule embryonnaire. Cet état de choses peut se maintenir ainsi pendant des années, mais non persister jusqu'à la mort du tout, attendu qu'on ne connaît point d'exemple d'individus s'éteignant de mort naturelle avant d'avoir fleuri au moins une fois. Ainsi un jour viendra où la plante fleurira et passera de ce chef dans l'une des deux catégories suivantes. Certains Mélilots, entre autres le Mélilot officinal (*Melilotus officinalis* Lam.), sont de bons exemples à citer de ce mode de végétation. Chez eux, la tige meurt la première année sans fleurir, mais après avoir produit à sa base un bourgeon de remplacement qui s'épanouit et fleurit l'année suivante.

Second cas. — Le bourgeon terminal, après avoir vécu plus ou moins longtemps en ne donnant que du bois et des feuilles durant ses périodes successives d'épanouissement, se résout à la fin en une inflorescence. La fructification terminée, la vie s'éteint dans toute la région florifère ; si donc, comme le cas se présente d'ailleurs, tous les bourgeons normaux ou adventifs restent latents, aucune nouvelle feuille ne peut plus naître ; dès lors, aussitôt que succombent à leur tour et naturellement les feuilles formées avant la floraison, l'alimentation aérienne devient impossible et la plante ne tarde pas à mourir d'épuisement en présentant cette particularité d'être *monocarpienne*, selon l'heureuse expression d'A. P. de Candolle, c'est-à-dire de n'avoir fleuri qu'une seule fois dans le cours de son existence. Tel est le cas, chez nos plantes indigènes, de l'Angélique sauvage (*Angelica sylvestris* Lin.), des Bardanes (*Lappa*), de la Vipérine (*Echium vulgare* Lin), etc., etc. Le plus ordinairement, la monocarpie se complique de l'une des deux particularités suivantes : ou la plante se ramifie après la floraison et recule par ce moyen le terme de son existence, ou bien encore elle se multiplie spontanément pendant sa vie à l'aide de bourgeons qui se rendent plus tard indépendants du pied mère. Voici quelle est, au fond, la différence entre ces deux manières de vivre. Dans l'une comme dans l'autre, à un moment donné, quelques bourgeons axillaires se réveillent, ou, à leur défaut, des bourgeons adventifs prennent naissance ; seulement, dans le premier cas, ces deux sortes de productions conservent leurs allures ordinaires et demeurent des bourgeons de ramification, au lieu que, dans le second, leur nature change et se spécialise : ils deviennent des bourgeons de multi-

Fig. 261. — Dracœna de l'Abyssinie.

plication, acquièrent la faculté de se séparer du pied mère et de se constituer en plantes nouvelles. En d'autres termes, ils se transforment en embryons libres, tandis que les premiers restent toute leur vie des embryons fixes.

Éclaircissons cette distinction par des exemples.

Comme cas de bourgeons axillaires sortant de leur léthargie à un moment donné pour se développer en rameaux, nous citerons le mode

Fig. 262. — Dracæna ramifiés par l'effet de leur floraison.

de végétation des Cordyline et des Dracæna de la famille des Aspa-ragées. Dans leur jeunesse, ces végétaux arborescents ont une tige sim-ple et entièrement dénudée, à l'exception du faisceau de feuilles ter-minales. Ce port particulier, insolite si on le compare à celui de nos arbres indigènes, leur donne un certain air étrange, exotique, qui les fait rechercher par la culture de luxe comme plantes à feuillage, car leur floraison est assez insignifiante. Chez ces espèces, comme chez les Monocotylédones en général, les bourgeons axillaires sont imperceptibles, et ils restent en cet état tant qu'un certain concours accidentel de circonstances ne vient point les tirer de la torpeur profonde dans laquelle ils sont tombés dès leur extrême jeunesse. Jusqu'à ce que ces conditions exceptionnellement favorables se soient présentées, l'œil vit sans grossir et meurt sans s'être épanoui, n'ayant connu de la vie que les premières phases de la première enfance. Pendant toute la durée de cet assoupissement général, le bourgeon mère ou terminal végète seul et la tige reste nécessairement simple. Ce bourgeon unique vient-il à périr de mort violente, et le contre-coup de la catastrophe est-il impuissant à secouer la torpeur de quelques-uns de ses enfants, les bourgeons latéraux, les jours de la plante sont désormais comptés, la mort la frappera à bref délai. Sans doute, elle continuera d'abord de vivre grâce aux feuilles adultes qu'elle possédait au moment de la mort de son bourgeon terminal ; mais cette végétation s'alanguit bientôt à mesure que, parvenues au terme normal de leur existence, ses feuilles meurent tour à tour ; et comme de nouvelles feuilles, — ainsi que nous le faisions remarquer plus haut, — ne peuvent plus se former pour remplir la tâche laissée inachevée par celles qui rentrent dans le néant, un moment vient toujours où le végétal, privé de tous ses organes de nutrition aérienne, succombe aux suites d'une véritable inanition. Au contraire, le bourgeon terminal achève-t-il le cycle de son évolution, fleurit-il avant de périr, alors les phénomènes sont tout autres. L'ébranlement physiologique causé dans le sujet par cette mort naturelle après fructification éveille enfin un ou plusieurs des yeux les plus voisins de l'inflorescence, et la mort épargne la plante qui désormais végétera ainsi pendant de longues années, se ramifiant chaque fois qu'un de ses bourgeons s'éteindra après fructification. Par ce phénomène répété de loin en loin, à des époques indéterminées, il se forme une ramification ayant les mêmes caractères que celle de nos arbres, sauf qu'elle est beaucoup moins touffue. Accidentellement dans les Dracæna, et normalement dans d'autres espèces dont les bourgeons axillaires ne s'épanouissent qu'après la fructification du bourgeon terminal de leur axe, il arrive qu'un seul des premiers, ordinairement le plus voisin des fleurs, s'éveille après chacune des floraisons successives. La tige reste donc simple en apparence, multiple en réalité, puisqu'elle est composée d'une suite de tiges entées les unes sur les autres, dessinant un coude plus ou moins accusé à chacune de

leurs surfaces de jonction ; toutefois le temps efface peu à peu ces
déviations, régularise l'ensemble. Cette tige ainsi constituée par des
axes de générations différentes procédant les uns des autres est un
sympode; celle du Fraisier, pour ne citer qu'une plante familière à
tout le monde, est dans ce cas. Il est du reste un caractère infaillible
pour distinguer un axe ordinaire, produit par un seul bourgeon,
d'un sympode, réunion d'axes organisés par une filiation de bourgeons
se succédant dans un ordre déterminé ; ce caractère, le voici : toute
solution de continuité dans la moelle sépare des axes nés de bourgeons
différents ; tous les axes au contraire dont les moelles sont en continuité appartiennent au même bourgeon.

Beaucoup de plantes monocarpiennes ne se ramifient point après
floraison, mais émettent des bourgeons de multiplication aptes à faire
souche nouvelle. Pour réaliser cette condition, pour devenir végétal
complet, que manque-t-il en effet au bourgeon ordinaire? Des racines.
Telle est la différence capitale entre le bourgeon fixe ou ordinaire
et le bourgeon libre ou embryon de la graine. Celui-ci a de plus
que l'autre une radicule, un foyer d'activité spécialement prédisposé
à former une racine, et qui l'organise spontanément dès que les
circonstances le permettent. Chez le bourgeon ordinaire, rien n'est
disposé pour une semblable création : elle doit naître de l'occasion,
elle est donc toujours adventive. Or, le milieu de prédilection de
la racine étant le sol, il est avantageux que le bourgeon destiné
à la multiplication puisse se mettre en rapports faciles avec lui
à un certain moment de son existence afin de s'enraciner spontanément. Non point que des racines adventives ne puissent naître dans
l'eau ou dans l'air, nous savons le contraire, et par occasion nous
en citerons même un curieux exemple présenté par cette petite
Liliacée si communément employée, dans les appartements ou les
serres, pour garnir les suspensions, le *Chlorophytum sternbergianum*,
plus connue sous le nom de Cordyline vivipare. Son mode de végétation rappelle tout à fait celui de notre Fraisier, sauf que les coulants
de celui-ci enfoncent en terre leurs racines adventives, tandis que
ceux de la Cordyline les laissent pendre librement dans l'air. Mais le
phénomène présenté par la Cordyline vivipare est rare chez les Phanérogames, surtout dans nos climats, car de nombreux obstacles s'opposent ordinairement à sa manifestation. La circonstance la plus propre

à l'enracinement du bourgeon de multiplication est donc en dernière
analyse de pouvoir se trouver à un moment donné en contact avec le
sol. Or cette condition peut être remplie de deux manières différentes,
selon qu'il se montre sur la partie souterraine ou sur la partie aérienne
de l'axe générateur. La première est plus favorable évidemment que

Fig. 265. — Une forêt de la Guyane française : racines aériennes de plantes fausses-parasites.

la seconde à l'enracinement, et dans ce cas les choses se passent ainsi :
le bourgeon de multiplication, normal ou adventif, vit et croît sous
terre pendant un certain temps, s'enracine pendant son trajet souterrain, puis se redresse à un moment donné et paraît à la surface du
sol où il continue de végéter, mais alors dans les conditions ordinaires.
Plus tard, sa base meurt et se désorganise ; ainsi devenu libre, il con-

stitue une nouvelle plante pourvue de tous les organes nécessaires à l'existence. Ces bourgeons, si différents par leur genre de vie des bourgeons ordinaires, se nomment des *drageons*. Ce mode de multiplication appartient aux Agavés, à la Pomme de terre (*Solanum tuberosum* Lin.), à la Valériane officinale (*Valeriana officinalis* Lin.), etc., etc. Dans d'autres cas, le bourgeon souterrain de multiplication, au lieu de devenir un drageon, c'est-à-dire un axe plus long qu'épais, reste gros et court, se tubérise, et passe à l'état de caïeu ou d'oignon axillaire, comme dans le Muscari à grappe (*Muscari racemosum* Mill.). Parfois encore, les bourgeons de remplacement s'épanouissent en rameaux aériens qui tombent bientôt sur le sol, s'y couchent, s'y enracinent, et deviennent de véritables stolons comme dans la Joubarbe (*Sempervivum tectorum* Lin.). Du reste, entre ces types extrêmes, tous les intermédiaires se rencontrent dans la nature. On observe quelquefois une combinaison des deux modes de multiplication par drageons et par stolons. Il est en effet des plantes dont certains bourgeons aériens, au lieu de s'épanouir en rameaux dirigés plus ou moins obliquement vers le ciel, se recourbent au contraire vers la terre et s'enfoncent dans le sol pour ressortir plus loin, après un trajet souterrain plus ou moins long pendant lequel ils s'enracinent. Au dire de plusieurs botanistes, les Palétuviers auraient de pareils bourgeons, outre leurs bourgeons ordinaires de ramification. Nos plantes indigènes présentent également des exemples de ce genre. Ainsi, l'Épilobe hérissé (*Epilobium hirsutum* Lin.), dont M. Ch. Royer a décrit le mode de végétation dans le *Bulletin de la Société botanique de France* pour l'année 1873, a d'abord une racine issue de la radicule ; mais, dès l'automne de la première année, la base de la tige émet des stolons qui au bout d'un certain temps enfoncent leur sommet dans le sol pour y vivre en drageons d'abord et en rhizomes plus tard. Durant cette évolution, la racine et la tige meurent et la plante n'est plus qu'un rhizome drageonnant.

Fig. 264. — Palétuviers chora (*Avicennia tomentosa*).

CHAPITRE XVII

LA MULTIPLICATION

La propagation des végétaux a lieu par deux modes que relient de nombreux intermédiaires : 1° la reproduction, c'est-à-dire la propagation par graines dans les Phanérogames, par *spores* ou corpuscules équivalents dans les Cryptogames ; 2° la multiplication, c'est-à-dire la propagation par bourgeons de remplacement prenant naissance — nous le savons maintenant — dans les conditions les plus variées. La reproduction est une fonction commune à toutes les espèces ; la multiplication est l'apanage de certaines d'entre elles ; les deux modes d'ailleurs ne font pas double emploi, mais se complètent l'un l'autre, et chacun d'eux a son effet spécial, formulé depuis longtemps dans une règle sujette à bien des exceptions : la reproduction fait naître les variétés, la multiplication les conserve.

Cette propriété de la multiplication, jointe à d'autres particularités qui lui sont inhérentes, lui donne en Horticulture une véritable supériorité sur le semis quand il s'agit d'obtenir promptement et sûrement un grand nombre de sujets de même type ; aussi les praticiens, débutant par l'imitation servile des procédés naturels, puis les modifiant et les généralisant peu à peu, ont fait enfin de la multiplication des végétaux une des plus importantes parties de leur art. Indiquons donc les principaux motifs de la préférence si souvent accordée par eux à la multiplication sur le semis.

La grande supériorité de la multiplication réside surtout dans la

difficulté, parfois même dans l'impossibilité, de se procurer de
bonnes graines en temps utile. Les espèces annuelles exceptées,
toutes les autres font attendre leur première fructification pendant
plusieurs années, souvent même un temps fort long. D'ailleurs,
quand on est parvenu à force de soins et de temps, et après bien
des tâtonnements et des tentatives coûteuses, à conduire une plante
exotique nouvelle au seuil de la floraison, rien n'est fait encore; il
faut que la fécondation ait lieu, source de nouvelles difficultés,
moindres si la plante est hermaphrodite, plus grandes si elle est
monoïque, et souvent insurmontables, du moins pendant plus ou
moins de temps, si elle est dioïque. Dans ce dernier cas, il est
indispensable de posséder les deux sexes; il faut en outre que
les pieds mâles et femelles ne soient pas à une distance telle les uns
des autres que le vent, les insectes ou le jardinier, ne puissent
aisément transporter le pollen des fleurs mâles sur les pistils des
fleurs femelles. Or, pour beaucoup d'espèces exotiques, il est arrivé
que le premier introducteur n'avait pu importer en Europe qu'un
seul sexe; souvent il a fallu attendre l'autre pendant bien des
années, durant lesquelles l'unique pied serait resté sans valeur
pour l'Horticulture si celle-ci n'avait su le multiplier à des milliers
d'exemplaires. Tel a été pendant longtemps le cas des Aucuba;
tel est encore celui du Saule pleureur (*Salix babylonica* Lin.).
Aussi, dès l'arrivée d'une plante nouvelle pour nos jardins, l'unique
possesseur de la belle étrangère ne se préoccupe point de ses
graines, éloigne d'elle les visiteurs indiscrets capables de lui dérober
une greffe ou une bouture, et s'efforce de découvrir le moyen le
plus rapide et le plus économique de la multiplier. Mais ce n'est
pas tout, il ne suffit pas de se procurer des pieds mâles et des
pieds femelles si l'on veut absolument avoir des graines, il faut en
outre que les uns et les autres fleurissent en même temps. C'est là
une nouvelle source de difficultés, car les différences d'âge, de
tempérament, de sexe même, amènent des divergences souvent
très-grandes entre les époques des premières floraisons, et plus
tard des floraisons successives. Si, par exemple, les pieds femelles
fleurissent seuls, ou fleurissent bien avant les pieds mâles, on
doit évidemment renoncer à l'espoir d'obtenir des graines avant
d'avoir pu se procurer du pollen frais, venu de plus ou moins

loin, ou du pollen ancien, conservé avec les précautions que nous indiquerons.

Les plantes monoïques échappent en partie à toutes ces difficultés ; aussi un des moyens les plus sûrs de les aplanir dans les espèces dioïques est-il de rendre le sujet monoïque en greffant sur lui un rameau pris sur un individu de l'autre sexe. Toutefois, chez les plantes monoïques, l'obtention des graines n'est pas encore aussi facile que chez les végétaux hermaphrodites, attendu qu'il arrive souvent, parmi les Conifères et les Palmiers entre autres, que les premières floraisons donnent toutes des fleurs de même sexe, mâles ou femelles.

Enfin, pour n'omettre aucune des supériorités du mode de propagation par multiplication, ajoutons que dans nos cultures nombre d'espèces donnent peu ou point de graines. Les unes, par exemple les Orchidées, parce que leur fécondation exige un concours de circonstances bien rarement réunies dans nos serres. D'autres refusent de fleurir ou fleurissent difficilement, parce qu'on ne leur applique pas le traitement qui leur convient. D'autres fructifient, mais leurs fruits sont privés de graines ou à peu près, une culture, séculaire pour plusieurs d'entre elles, en accroissant outre mesure leur péricarpe charnu, la seule partie comestible et partant recherchée du fruit, ayant produit l'effet inverse sur les graines et entraîné leur atrophie. Outre les Bananiers et les Ananas, bien connus pour la stérilité ordinaire de leurs fruits, nous avons dans nos vergers des fruits sans noyaux ou sans pepins qui doivent probablement à cette cause leur dégénérescence. Enfin, des espèces sont constamment stériles sans qu'on puisse trouver du fait une explication plausible ; la Canne à sucre en est l'exemple le plus remarquable.

La multiplication artificielle, telle qu'on la pratique en Horticulture, s'exécute par des procédés fort divers, mais qui se rapportent presque tous à l'un des deux types suivants : ou bien le fragment est mis en végétation dans le sol (bouturage et marcottage), ou bien il est placé en nourrice pour ainsi dire sur un autre végétal auquel on le contraint de s'unir (greffe).

I. — BOUTURAGE

Une bouture est un fragment détaché d'un végétal et mis dans des conditions physiologiques telles, que non-seulement il continue de vivre, mais encore finit par devenir lui-même une plante entière par l'effet de cette extraordinaire tendance de tout tissu suffisamment jeune à se compléter, c'est-à-dire à produire les organes qui lui manquent pour se nourrir et se reproduire.

Il existe bien des modes différents de bouturage; tous les jours on en invente de nouveaux ou l'on perfectionne les anciens; il importe, pour faciliter l'exposition méthodique des principes qui leur servent de base, — notre unique but ici, — de les classer d'après un ordre physiologique. Or, au point de vue de la nutrition, une plante étant complète et en état de mener une existence indépendante dès qu'elle possède une racine et un bourgeon, il s'ensuit qu'il y aura trois sortes de boutures suivant que le fragment à bouturer manquera de racine, de bourgeon, ou des deux à la fois, et qu'il s'agira par conséquent d'une radification, d'une gemmation, ou enfin de faire naître ces deux sortes d'organes.

Tels sont les trois problèmes du bouturage. Le travail d'organisation n'étant pas le même dans tous les cas, les difficultés à vaincre pour réussir seront également différentes. La première bouture est la plus facile, la dernière la plus difficile à faire reprendre.

Dans le premier cas, il s'agit de faire naître seulement des racines, le fragment à bouturer possédant toujours au moins un bourgeon; et comme, dans les circonstances normales, les yeux n'existent que sur les axes caulinaires, ce sont ordinairement des rameaux qu'on choisit pour ce genre de bouturage, ou plus rarement des racines en état d'émettre des bourgeons adventifs.

La principale difficulté est de pourvoir à l'alimentation de la bouture jusqu'à sa reprise, c'est-à-dire jusqu'à son enracinement; d'ici là, il lui faut vivre sur ses propres ressources. Cette difficulté est plus ou moins grande selon l'étendue des réserves alimentaires et la durée de la radification, selon l'organe à bouturer par conséquent. La nature de ces ressources dans chaque cas particulier, et les caractères par lesquels on reconnaît leur étendue, forment évidemment les connaissances préliminaires indispensables à tout bouturage rationnel ; malheureusement, on n'a jusqu'ici sur ce sujet que des données empiriques qui se réduisent à ceci dans le cas des boutures ligneuses : on doit prendre un rameau bien aoûté, ou en d'autres termes bien lignifié. Le choix fait, il faut apprendre à soustraire la bouture à la dessiccation et à la pourriture.

Les dangers de la dessiccation viennent de ce que la bouture perd à chaque instant par la transpiration plus d'eau qu'elle n'en gagne par l'espèce d'absorption adventive qui s'établit en tous les points de sa surface de contact avec le sol. Aussi cet accident est-il plus à craindre chez un rameau feuillé que chez celui qui ne l'est pas. Dans tous les cas, il est nécessaire de réduire autant que possible la transpiration : réduction d'ailleurs sans danger pour l'alimentation, car la bouture privée de racine, semblable sous ce rapport à l'embryon d'une graine mise en germination, se nourrit par une alimentation interne. La transpiration, destinée chez la plante adulte à produire le courant d'eau venant de l'extérieur qui apporte avec lui les aliments, devient donc ici inutile. On réduit l'évaporation au point de la rendre insensible en agissant tout à la fois sur la bouture et sur le milieu ambiant.

Sur la bouture, on supprime des feuilles, de préférence celles en voie de développement, qui épuisent le rameau, n'étant encore que des organes de consommation. Quant aux feuilles adultes, elles transpirent beaucoup plus que les autres, il est vrai, en raison de leur étendue plus grande, et, sous ce rapport, leur conservation est nuisible ; mais d'autre part, suffisamment éclairées, elles produisent plus qu'elles ne consomment, et augmentent par leur travail physiologique les ressources alimentaires de la communauté. C'est donc au praticien à déterminer, dans chaque cas particulier, le nombre de feuilles adultes qu'il est utile de conserver, ainsi que les quantités de lumière, de chaleur et d'humidité qu'il convient de leur donner pour qu'elles puissent fonctionner avec avantage sans compromettre par leur transpiration la vie de la bouture. Dans certains cas, on se borne à supprimer une partie des limbes, les parties les plus jeunes en vertu des considérations précédentes ; dans d'autres, on les conserve, mais en les maintenant enroulés sur eux-mêmes à l'aide d'un fil, disposition qui procure le double avantage de diminuer la transpiration sans priver la bouture des ressources alimentaires contenues dans ces organes. Mais on ne paraît pas s'être préoccupé jusqu'ici du sens de l'enroulement, qui doit exercer pourtant une notable influence sur l'effet résultant, et puisqu'il est admis que des deux faces d'une feuille c'est la supérieure qui transpire le moins, on devrait toujours enrouler le limbe de façon que celle-ci fût extérieure.

Il ne suffit pas d'avoir donné à la bouture la plus grande force possible de résistance contre la dessiccation, il faut encore la placer dans des conditions favorables, atténuer l'énergie des agents de la transpiration, et tout d'abord ombrer la bouture. Toutefois il y a encore là une question de mesure à observer, car, à l'obscurité complète, la feuille cesserait d'être un organe producteur pour rester uniquement un organe consommateur et contribuer ainsi à dépenser les ressources communes ; il faudra donc apprendre à graduer la lumière selon les caractères du feuillage de la plante que l'on bouture. En outre, l'air sec et légèrement agité favorisant l'évaporation, il sera très-utile, indispensable parfois, de maintenir la bouture dans une atmosphère en repos ou tout au moins rarement renouvelée et toujours suffisamment humide, sans rien exagérer sous ce rapport, de crainte de la pourriture. Le moyen le plus simple, le plus économique, mais aussi le plus imparfait, d'y parvenir est de recouvrir la bouture d'une cloche que l'on soulève de temps à autre pour renouveler l'air ; d'où le nom de *bouturage à l'étouffé* donné à cette pratique.

En voulant éviter un premier danger, la dessiccation, on peut tomber dans un autre, la pourriture ; voyons comment on devra combattre celui-ci.

Ordinairement le corps de la bouture est inégalement réparti dans deux milieux distincts, l'atmosphère et le sol : atmosphère pour la portion qui formera la tige, sol pour celle qui s'enracinera, attendu que l'emploi du sol est encore le moyen le plus simple pour réunir les conditions de température constante, d'excessive humidité et de faible oxygénation exigées pour l'organisation de l'appareil radical. Par conséquent, il y a deux pourritures à craindre, celle du pied et celle de la tête. Pour éviter la première, on choisira un sol très-perméable à l'eau, mais ne la retenant que faiblement ; d'où l'usage, selon les époques, les pays et les praticiens, de terres sableuses diverses, de sable pur, de sciure de bois, de tannée épuisée, etc., etc. Comme pour la germination, les qualités physiques du terrain sont seules en cause, et le pouvoir nutritif du sol n'a pas à intervenir tant que la racine n'est pas constituée. Pour dernière précaution, on donnera très-peu d'eau dans les premiers temps, seulement le strict nécessaire pour empêcher la dessiccation de la bouture ; ce n'est que plus tard, lorsque les racines s'organisent et grandissent, que les bourgeons s'épanouissent, qu'on augmente peu à peu les arrosages. La pourriture de la partie aérienne est seulement à redouter dans les boutures étouffées. Pour la combattre, on se borne ordinairement à renouveler de temps à autre l'air confiné sous les cloches et à essuyer l'humidité déposée sur la paroi interne de celles-ci. On a proposé, comme donnant de bons résultats, l'usage de cloches munies d'une tubulure supérieure dans laquelle on introduit une éponge ; celle-ci s'imbibe peu à peu, en sorte qu'en la pressant de temps à autre, on enlève l'eau surabondante. L'usage de substances hygrométriques, c'est-à-dire ayant la propriété de condenser et d'absorber l'eau, telles que la chaux vive, le chlorure de calcium fondu, donnerait certainement de meilleurs résultats, mais cette pratique est plus délicate que les autres ; en employant ces corps, il faudrait veiller constamment à ce que l'air intérieur ne se desséchât pas complétement, ce qui demanderait peut-être des soins trop minutieux, incompatibles dès lors avec une culture un peu étendue.

Les conditions à remplir pour réussir dans le bouturage se rapportent non-seulement aux soins à donner à la bouture une fois faite, soins qui ont pour but, tout en provoquant la formation des racines, d'empêcher sa dessiccation et sa pourriture, mais encore au choix de la bouture, à sa préparation et à sa mise en végétation : triple question dont nous allons maintenant nous occuper.

On choisit un rameau jeune, d'un an ou deux, — plus âgé, il reprendrait difficilement, — sain, droit, vigoureux et bien aoûté s'il est ligneux. En règle générale, les boutures de la tige et des rameaux appartenant au même individu se comportent différemment. La tige tend à s'élever verticalement, le rameau à s'allonger obliquement, et comme le végétal formé par bouturage garde les caractères de l'axe dont il sort, il s'ensuit que ces plantes n'auront pas le même port. Dans certaines espèces, ces différences s'accusent assez pour devenir sensibles et constituer un obstacle sérieux à la multiplication. C'est ainsi

que dans beaucoup de Conifères, particulièrement chez les Sapins et
les Araucarias, la bouture de rameau ne donne pas de flèche, ou ne
la donne que très-difficilement, et buissonne sans s'élever. Relève-t-on
les branches, elles s'étalent de nouveau dès qu'on les abandonne à
elles-mêmes. D'ailleurs ce buissonnement obstiné tient bien à la
nature du rameau employé, car dans les espèces ou variétés fastigiées
les boutures de rameau forment facilement une tête. Les moyens mis
à la disposition des praticiens pour vaincre le naturel des boutures
qui buissonnent, et les obliger à s'allonger en flèche, sont encore
peu nombreux et surtout peu efficaces. Parfois, au bout d'un an
ou deux, ou même davantage, sans motif apparent, on voit tout à
coup le bourgeon terminal, qui jusqu'alors avait végété comme un
bourgeon de branche, renoncer pour ainsi dire à ses habitudes, changer de caractère, et se comporter comme le bourgeon terminal d'une
tige. Mais souvent il faut attendre bien des années cette heureuse circonstance, et encore se présente-t-elle fort rarement. Aussi, lorsque la
bouture rebelle a pris une certaine force, on préfère la coucher ou la
rabattre près de terre, afin de provoquer la sortie de bourgeons adventifs, parmi lesquels il s'en trouve parfois qui grandissent spontanément
dans une direction verticale et forment enfin une cime. On choisit
le plus vigoureux, on supprime les autres, et le mal est définitivement
réparé.

Au moment de sa séparation du sujet, la bouture renferme plus ou
moins de liquide, est plus ou moins en séve. On recommande, pour
éviter la pourriture, de laisser saigner la plaie avant de mettre en
place : c'est ce qu'on appelle *faire ressuyer* la bouture. Théoriquement,
cette pratique semble irrationnelle, en ce sens qu'elle doit faire perdre à
la bouture une partie de ses réserves alimentaires. N'y aurait-il pas avantage à boucher la plaie aussitôt faite avec du collodion par exemple?
La bouture ainsi traitée serait-elle plus sujette à pourrir que les
autres? La reprise en deviendrait-elle plus ou moins facile? Toutes
questions qui mériteraient d'être soigneusement étudiées. Le temps
pendant lequel on laisse la plaie se ressuyer est de durée variable selon
les circonstances et la nature de la plante. La blessure donne-t-elle
seulement de la séve, une ou deux heures suffisent. Les laticifères
sont-ils au contraire très-développés, la plaie laisse-t-elle suinter un
latex abondant, épais et visqueux, qui s'écoulerait difficilement dans

le sol si on mettait immédiatement la bouture en place, comme il
arrive avec les Artocarpus, Euphorbiacées, Ficus, etc., on laisse la
bouture à l'air libre au moins pendant cinq à six heures. Pour les
plantes grasses ou charnues enfin, Agavé, Aloe, Broméliacées, Cactées, etc., on accorde plusieurs jours aux tissus pour se débarrasser
de leurs liquides surabondants.

Grâce à ces précautions, on évite la pourriture occasionnée par la
bouture elle-même, mais non point la pourriture consécutive, celle
qui résulte à la longue du contact de la plaie avec un sol qu'il faut
absolument maintenir dans un certain état d'humidité. Pour diminuer
le danger, on réduit le plus possible l'étendue de la section. Celle-ci
ne présente une notable surface que dans un seul cas, celui de la
bouture par *plançon*, dont l'extrémité enterrée est taillée en biseau
pour faciliter la mise en place. Heureusement ce mode désavantageux
est seulement employé pour la multiplication d'espèces de pleine
terre, à feuilles caduques, les Saules par exemple, dont la reprise est
très-prompte. Dans tous les autres cas, on recommande avec raison de
tailler la plaie inférieure perpendiculairement à l'axe, afin d'avoir la
plus petite section possible. En outre, il y aurait très-certainement
de grands avantages à pouvoir obturer la blessure, la section aussitôt
faite, et plusieurs praticiens obtiennent ce résultat en trempant
l'extrémité inférieure des boutures dans le collodion.

Une autre question importante, liée intimement à celle de l'alimentation de la bouture, est de savoir quelle longueur il convient de
donner à celle-ci. A ce sujet, il n'y a pas de règle absolue, et il ne saurait y en avoir; c'est à l'horticulteur à se déterminer, dans chaque cas
particulier, d'après l'état des ressources alimentaires contenues dans
le rameau. Dans la pratique, on fait des boutures à plusieurs yeux et
des boutures à un seul œil; les premières ont l'avantage d'être plus
riches que les secondes en principes alibiles, mais sont plus exposées
à la dessiccation; pour ces motifs, on préfère généralement la bouture à deux ou trois yeux seulement. Dès lors on se demande si tous
les tronçons d'un même rameau sont également propres au bouturage.
A cette question les praticiens répondent vaguement qu'il est plus avantageux de choisir les parties terminales, bien que néanmoins les parties basilaires puissent être employées. Voyons quelle peut être la
valeur de cette opinion. Dans un bouturage de rameau, deux condi-

tions sont à remplir : d'une part faire naître des racines dans une
région déterminée, de l'autre retarder l'évolution des bourgeons jusqu'après l'organisation des racines ; avant ce temps leur épanouissement deviendrait promptement funeste à la bouture, dont les ressources
alimentaires seraient en partie consommées par les jeunes feuilles en
voie de croissance. A défaut de toute autre observation, le fait constant que, dans la germination, la radicule présente déjà un certain
degré d'organisation et de développement quand la tigelle commence à
s'allonger et la gemmule à s'épanouir, suffirait à lui seul pour justifier une telle manière de voir. Partant de là, les divers fragments
d'un même rameau ne peuvent avoir une égale valeur comme bouture.
Si l'on regarde en effet un rameau quelconque, régulièrement développé, parvenu au terme de sa croissance de l'année, lorsque ses bourgeons axillaires ont atteint leur entier développement et sont bien
aoûtés, on voit leur grosseur diminuer du sommet à la base. Les horticulteurs expliquent le fait en disant que, la sève tendant toujours à
monter, à gagner les extrémités des axes, les bourgeons supérieurs
sont mieux nourris que les autres et par conséquent plus gros. Mais
le phénomène dépend certainement de causes plus complexes qu'on
ne le suppose communément ; et, en principe, toute circonstance
capable de gêner, d'entraver, le développement ou le travail physiologique spécial de la feuille, exerce par cela même une influence fâcheuse sur la santé et la vigueur des bourgeons qu'elle élève et nourrit
dans sa région axillaire ; or, comme les feuilles placées à la base d'un
rameau quelconque sont partiellement masquées par les autres, reçoivent moins d'air et de lumière, fonctionnent moins activement, elles
sont nécessairement moins bonnes nourrices que leurs congénères.
Telle est la vraie raison des inégalités de développement que montrent les bourgeons d'un même rameau, inégalités qui font que,
l'année suivante, au retour de la vie active, les yeux de la région terminale s'épanouissent seuls, pendant que ceux de la base restent plon-
gés dans un engourdissement dont ils sortent seulement pour entrer
en végétation si les yeux supérieurs périssent accidentellement. Ces
considérations permettent de déterminer la valeur relative, comme
bouture, des deux extrémités d'un même rameau. Prend-on la partie
supérieure, la grande facilité avec laquelle ses yeux s'épanouissent
peut compromettre le succès de l'opération ; mais, la reprise une fois

obtenue, la vigueur de leur végétation donne des plantes trapues et puissamment ramifiées dès la base. Choisit-on au contraire la partie inférieure, la léthargie profonde des yeux, la mort même de quelques-uns d'entre eux, favorise la formation des racines; par contre, la difficulté qu'on éprouve à réveiller les bourgeons retarde plus ou moins la formation de la plante, qui, par une sorte de compensation, devient svelte, élancée, et ne commence à se ramifier qu'à une certaine distance du sol. En résumé, il ne peut être question ici encore de règle absolue dans le choix du fragment le plus convenable pour le bouturage, et la manière de procéder doit se modifier selon les circonstances.

Les racines peuvent naître indifféremment en tous les points de la bouture; néanmoins ces organes se forment de préférence immédiatement au-dessous des nœuds. Il y a donc avantage évident à pratiquer la section inférieure, — comme on le fait toujours du reste, — un peu au-dessous d'un nœud; par là on facilite aux tissus organisateurs l'accès de l'eau, de l'air et de la chaleur, et l'on favorise encore la sortie des racines, comme nous allons le montrer. Nous avons déjà dit plusieurs fois que les bourgeons adventifs, — rhizogènes ou phyllogènes, — ne s'organisent que dans les parenchymes jeunes, en voie de formation, et situés dans le voisinage immédiat d'un tissu fibro-vasculaire, sans qu'on ait découvert jusqu'ici quelle est la part prise par celui-ci à la naissance et au développement des nouveaux organes. Comme la proportion relative de ces deux sortes de tissus diffère beaucoup d'un organe à l'autre chez le même individu, pour le même organe pris sur des sujets d'espèces différentes, on voit par là combien doit varier la facilité de reprise des diverses boutures. Par exemple, en ce qui regarde le bouturage des rameaux, le seul dont nous ayons à nous occuper pour le moment, puisque tout axe, caulinaire ou radical, appartenant à l'embranchement des Dicotylédones cache sous son écorce une zone génératrice immédiatement en contact avec une région fibro-vasculaire, c'est-à-dire en définitive un parenchyme remplissant les conditions voulues pour donner naissance à des bourgeons, il s'ensuit que, théoriquement, tous ces axes sont aptes à créer des racines qui s'organiseront toujours dans la zone génératrice, ainsi que le montre l'observation microscopique. Néanmoins, dans la pratique, tous ne présentent pas les mêmes facilités, attendu que la zone génératrice n'a dans tous ni le même volume, ni la même virilité, et que d'ailleurs plus la branche est âgée, plus l'écorce, — en raison de son épaisseur croissante, — oppose de résistance à la sortie des nouveaux organes. Voilà pourquoi l'on bouture habituellement des rameaux herbacés, ou des branches âgées seulement d'un an ou deux. Souvent il y a de grands avantages à choisir des pousses entièrement herbacées, les plus tendres et les plus jeunes que l'on peut trouver. On se les procure aisément en forçant le pied mère, c'est-à-dire en lui donnant beaucoup d'eau et de chaleur, mais peu de lumière ; alors il se forme rapidement des pousses adventives légèrement étiolées que l'on bouture avant leur lignification. C'est ainsi, par exemple, qu'on multiplie les Weigelia.

Les règles et préceptes que nous venons de formuler reçoivent une nouvelle consécration de la manière dont se forme, sur la bouture, l'appareil radical adventif. Au niveau de la plaie inférieure, entre l'écorce et le bois, s'organise un tissu cellulaire issu de la zone génératrice, lequel soulève l'écorce et fait saillie au dehors ; en raison de sa forme, on lui donne le nom de *bourrelet*. C'est sur le bourrelet que se rencontrent les premières racines, parce que là mieux que partout ailleurs se trouvent réunies les conditions favorables à leur naissance et à leur allongement ; toutefois elles ne s'y montrent pas exclusivement, d'autres sortent encore de la base des nœuds voisins et même des entre-nœuds. Il existe de grandes différences sous ce rapport d'une plante à l'autre, mais dans tous les cas le bourrelet est favorisé à cet égard ; il y a donc tout intérêt à augmenter la masse de tissu rhizogène accumulé au pourtour de la plaie. Pour y parvenir et favoriser l'enracinement de la bouture, on a recours à l'un des deux moyens suivants. En détachant celle-ci, on enlève en même temps un fragment de la partie superficielle de la branche qui la porte ; ce fragment forme à la base du rameau une sorte d'empâtement ou de talon : de là le nom de *bouture à talon* qu'on donne au rameau ainsi préparé. Le talon, en raison de son origine, est particulièrement constitué par du jeune aubier ; il est conséquemment très-propre à la multiplication. Pour le détacher, on arrache le rameau-bouture, ou bien on entaille la branche-mère ; le premier mode est plus favorable à la reprise, mais a le grave inconvénient de nuire à la plante, l'arrachage donnant lieu à des plaies parfois difficiles à guérir, et qui deviennent

souvent la cause déterminante d'ulcères préjudiciables au végétal. Eu-
fin, s'agit-il d'une bouture très-rebelle à la reprise, comme celles des
Poiriers, Pommiers, etc., avant de détacher le rameau, on provoque la
formation d'un bourrelet en posant une ligature au-dessous d'un œil.
Il se développe alors, au-dessus de la ligature, un bourrelet qui grossit peu à peu ; cette monstruosité est due évidemment à quelque trouble secret apporté par la ligature à la nutrition de la région : mais on
est loin de s'entendre encore sur la nature de la perturbation, et c'est
là un des points les plus controversés de la physiologie végétale. Quoi
qu'il en soit, quand on juge le bourrelet suffisamment volumineux,
on détache le rameau au-dessous de la ligature et on le met en place.
On a recours encore à d'autres moyens, tels que la décortication annulaire, le cassement partiel et la torsion du rameau, pour obtenir le
même résultat ; en règle générale, il se produit toujours un bourrelet
au-dessus de l'obstacle qui entrave la liberté des communications
entre les tissus périphériques des axes, rameaux, branches ou tiges.

Une fois la bouture choisie et préparée conformément aux règles
précédentes, il ne reste plus qu'à la mettre en végétation, c'est-à-dire
à placer la région qui doit s'enraciner dans les conditions les plus favorables à ce genre d'organisation. Or, théoriquement, on peut prendre indifféremment le sol, l'atmosphère ou l'eau pour milieu, mais il
sera bon, dans chaque cas particulier, de choisir entre eux selon les
circonstances, la nature de la bouture, etc., etc. Puisque la formation des racines demande une température constante et suffisamment
élevée, beaucoup d'humidité et peu d'oxygène, que ces conditions sont
naturellement réunies dans la terre, il en résulte que ce milieu devra
être généralement préféré aux autres, parfois même c'est le seul auquel on puisse avoir recours ; cependant il n'est pas exempt d'assez
graves défauts pour le faire rejeter dans certains cas particuliers où il
s'agit de multiplications restreintes. On peut donner à la bouture différentes situations : l'enterrer en totalité ou en partie, la mettre droite,
— le gros bout en bas ou en haut, — oblique, couchée, ou même
l'arquer. La profondeur à laquelle il faut l'enfouir n'est pas indifférente : la pratique, d'accord avec la théorie, montre que les couches
superficielles du sol sont de toutes les plus favorables à la vie des organes souterrains, et que si on pique verticalement une bouture dans
la terre, les verticilles de racines développés aux différents nœuds vont

diminuant d'importance à partir de la surface. Toutes ces différences dans la manière d'opérer viennent de ce qu'on est en présence de deux conditions antagonistes, qu'il faut à la fois surexciter la végétation des racines et suspendre celle des bourgeons, double résultat qu'on atteint par des moyens variables avec la nature des rameaux et les circonstances dans lesquelles on opère. En règle générale, plus profondément on enterre, plus facilement on arrête l'évolution des yeux ; mais, très-profondément enterrée, toute végétation s'arrête et la racine ne se forme pas.

Quant à l'époque la plus favorable à la mise en végétation, elle dépend du mode de bouturage. En serre, à la rigueur, le moment est indifférent ; cependant toutes les époques ne sont pas également favorables, attendu que tous les végétaux ayant besoin périodiquement de repos, mettre une bouture en végétation précisément au temps du repos annuel de la plante mère est évidemment se placer en opposition avec les lois physiologiques. Quant aux boutures de plein air, le printemps est l'époque la plus convenable pour leur mise en place. Dans tous les cas, en serre ou à l'air libre, il importe, surtout dans la première période de la reprise, que la température de l'air reste de quelques degrés inférieure à celle du sol, afin de favoriser le développement des organes souterrains au détriment de celui des organes aériens. Cette dernière condition est parfaitement remplie dans le bouturage à l'air libre exécuté au printemps, la température de l'air étant alors un peu moins élevée que celle de la terre.

Si l'emploi du sol, nous l'avons dit, est le moyen le plus économique de réunir autour du rameau les conditions les plus propres à son enracinement, il a le défaut grave de ne rien laisser voir de l'état des racines, de sorte qu'il est toujours difficile de prévenir la pourriture, à moins de déterrer de temps à autre les boutures, ce qui présente le non moins grave inconvénient de fatiguer les racines naissantes. Aussi, quand on possède une serre à multiplication, est-il beaucoup plus simple et plus sûr de se borner à coucher les boutures sur le sol, — de composition quelconque, mais de qualités physiques bien déterminées, — et de leur donner les quantités d'air, d'humidité, de chaleur et de lumière les plus favorables à la prompte formation des racines. Plusieurs faits prouvent même que ce second procédé, le bouturage dans l'air comme on pourrait l'appeler, est supérieur au précédent, au bouturage dans la terre. Ainsi, on a vu, dans des bouturages herbacés faits sur couche chaude, la portion aérienne du rameau s'enraciner avant la portion souterraine, ce qui prouvait, au moins pour ce cas, la prééminence du milieu aérien sur le milieu souterrain, probablement en raison de sa richesse plus grande en oxygène.

Enfin un certain nombre de rameaux s'enracinent très-bien dans l'eau. De ce nombre sont tout naturellement les plantes aquatiques, les Cressons, diverses Menthes, la Renoncule aquatique (*Ranunculus aquatilis* Lin.), etc., ainsi que beaucoup d'autres plantes terrestres, comme certaines Crassulacées, le Laurier rose (*Nerium oleander* Lin.), les Saules, les Tamarix, la Vigne, etc., etc. Le procédé à suivre est d'ailleurs des plus simples : après avoir détaché les feuilles inférieures, on plonge et on maintient dans l'eau la base de la bouture. Malheureusement, quelque perfectionnement qu'on apporte dans la suite à ce mode de multiplication, on ne pourra jamais faire disparaître son plus grave défaut, qui est dans l'essence même des choses. Un ancien et célèbre professeur de culture du Muséum de Paris, A. Thouin, qui s'était beaucoup occupé du bouturage comme de tous les problèmes de la multiplication des végétaux, l'avait signalé, en indiquant les moyens d'en atténuer le plus possible les funestes effets. Il avait constaté que les racines qui se sont organisées dans l'eau ne sauraient vivre dans la terre : elles y périssent toujours, sans parvenir à s'accommoder à ce nouveau milieu. Par conséquent, un rameau enraciné dans l'eau est-il brusquement enterré, il se trouve dans les mêmes conditions qu'une bouture à son début, alors qu'elle est dépourvue d'appareil radical ; il est même peut-être dans des conditions plus désavantageuses encore, étant épuisé par une première formation de racines. A. Thouin utilisait celles-ci avant leur mort, les faisait servir à la régénération de la bouture, en graduant avec soin le changement de milieu. Dans ce but, quand le nombre des racines aquatiques lui paraissait suffisant, il ajoutait peu à peu de la terre à l'eau du flacon, mettant ainsi la bouture dans la possibilité d'émettre des racines terricoles, tout en permettant aux autres de vivre pendant cette période de transition si critique durant laquelle le rameau n'a pas encore d'appareil radical conformé pour la vie souterraine.

Dans le second cas de bouturage, le fragment est supposé pourvu de racines, et privé de bourgeons qu'il s'agit de faire naître afin qu'il devienne un végétal complet. De telles conditions ne peuvent se rencontrer que sur les axes radicaux ; aussi cette méthode porte-t-elle communément le nom de bouturage de racines. Dans la pratique, le problème à résoudre est encore plus compliqué que ce titre ne semble l'indiquer, car, la bouture n'étant en réalité qu'un fragment de racine, il faut tout à la fois obtenir des bourgeons et un appareil radical. Comme tous les autres procédés de multiplication du reste, le bouturage des racines est l'imitation de phénomènes naturels.

Souvent il arrive, par suite des hasards de son développement ou par l'effet de travaux de terrassement, qu'une portion de racine est mise à découvert ou tout au moins vient affleurer le sol. Dans sa nouvelle situation, sa faculté de bourgeonnement, latente jusque-là, s'éveille, et si les circonstances la favorisent, si tout particulièrement un accident, en arrachant un lambeau d'écorce, supprime l'obstacle qui s'oppose encore à leur sortie, on voit bientôt des rameaux naître de la plaie. Il ne reste plus qu'à détacher ces derniers avec leurs racines pour avoir des plantes complètes. Ce phénomène naturel, qui est à proprement parler une marcotte de racine, nous indique la marche à suivre dans notre opération de bouturage. On divise l'axe radical en tronçons de 10 à 16 centimètres de longueur que l'on enterre verticalement, le gros bout en haut, dépassant un peu ou bien affleurant la surface du sol, selon la nature du milieu. Toutefois les différents tronçons d'un même axe radical n'ont pas une égale aptitude à la reprise : les fragments supérieurs ou de la partie vasculaire, plus forts, mieux constitués et plus riches en matériaux assimilables, sont préférables aux autres. Communément, de la plaie supérieure du tronçon, sur le pourtour de laquelle se forme un bourrelet conformément à la loi générale, naissent tout à la fois des bourgeons et des racines, en sorte que l'individu nouveau se constitue de toutes pièces, tige et racine, à l'aide des aliments contenus dans le tronçon réduit au rôle de simple réservoir alimentaire, ou de *mère* comme l'appellent les jardiniers.

Enfin, le fragment à bouturer peut être totalement privé de bourgeons, phyllogènes et rhizogènes, et il faut vaincre un double obstacle; aussi la reprise de ces boutures est-elle beaucoup plus difficile que celle des deux catégories précédentes; souvent on échoue complétement, parfois on n'obtient qu'un demi-succès, et la bouture s'enracine, mais refuse de bourgeonner. On applique ordinairement ce mode de multiplication aux entre-nœuds et aux feuilles; exceptionnellement on bouture également des fruits.

Les boutures d'entre-nœuds se nomment *boutures-semences*, parce qu'on les traite comme de véritables graines. Ce procédé a été particulièrement appliqué, dans ces dernières années, à la Vigne; il offre l'avantage d'augmenter beaucoup le nombre des boutures que l'on peut faire avec un même rameau.

Le bouturage des feuilles ou des fragments de feuille, en raison de la délicatesse de leurs tissus, ne se fait jamais à l'air libre. Le plus ordinairement, on prend la feuille entière, et c'est à la base du pétiole qu'on s'efforce de provoquer la naissance des nouveaux organes, racines et bourgeons. Dans beaucoup de cas, il n'y a pas de travail de réorganisation, et l'échec est complet; dans d'autres, il se forme un bourrelet à la base du pétiole, mais à cela se borne l'activité physiologique de la feuille, qui périt bientôt; dans d'autres encore, l'œuvre d'édification est poussée plus loin, tout en restant inachevée : un bourrelet enraciné se constitue, mais aucun bourgeon ne se forme, et l'on a vu de ces boutures persister dans cet état pendant deux, trois, quatre..., dix ans, sans parvenir à bourgeonner; enfin, dans le cas de réussite complète, l'apparition des racines est suivie à plus ou moins bref délai de la naissance d'un bourgeon. Dans certaines espèces, le limbe ou même ses fragments peuvent être bouturés en les couchant sur le sol et en les maintenant par de petites fiches en bois ou en fer. L'évolution présente d'ailleurs deux modes différents : tantôt, ce qui est plus rare, les nouveaux individus se forment exclusivement sur le contour du limbe, et tantôt indifféremment sur toute sa surface, mais dans l'un et l'autre cas toujours sur les nervures; aussi, pour favoriser la sortie des nouveaux organes, bourgeons et racines, a-t-on le soin d'inciser légèrement celles-ci.

II. — MARCOTTAGE

La marcotte diffère de la bouture en ce qu'elle reste attachée à la plante-mère pendant le travail de formation des organes de nutrition : c'est alors seulement qu'on sépare ou qu'on *sèvre* la marcotte : brusquement, d'un seul coup, ou progressivement, selon le tempérament

du sujet. Le marcottage, lui aussi, est l'imitation de certaines particularités de végétation, et il existe deux modes de marcottage artificiel correspondant aux deux types de marcottage spontané offerts,
l'un par les espèces drageonnantes, l'autre par les espèces rampantes.
Tout se réduit donc dans la pratique à transformer la mère ou l'individu qu'on veut multiplier, soit en plante drageonnante, soit en plante
rampante, en s'efforçant d'obtenir des bourgeons drageonnants dans

Fig. 265. — Marcottage spontané dans la terre des branches du Figuier des Baniaus
(*Ficus indica* Lin.).

le premier cas, et dans le second en obligeant des rameaux à ramper
sur le sol. Dès lors on entrevoit, dans leur généralité, quels sont les
moyens propres à conduire au but.

Pour faire drageonner une plante, on butte le pied, c'est-à-dire
qu'on le recouvre d'une butte conique de terre assez haute et assez
large pour couvrir la base des branches inférieures. Dans ces conditions, tout bourgeon souterrain qui se développera deviendra un drageon, dont on facilitera l'enracinement par les moyens indiqués plus
haut : la ligature, l'incision, la décortication ; en outre, on pincera le
sommet des rameaux, afin d'arrêter leur accroissement et de reporter
l'activité végétative vers la base. La grande majorité des végétaux ne

se trouve pas naturellement dans des conditions favorables à l'emploi
de ce mode de multiplication; il faut donc avant tout les préparer, et
l'onvoit dans quel sens. D'abord la mère doit être ramifiée dès la base,

Fig. 266. — Marcottage spontané des Palétuviers dans l'eau vaseuse.

et puis, comme la sortie des racines est d'autant plus difficile que
l'écorce est plus épaisse, la branche plus âgée, il faut encore renverser
chez elle l'ordre naturel et faire que les plus jeunes ramifications
soient au pied et non au sommet. Pour y parvenir, au printemps, au

moment de la reprise de la végétation, on rabat à 15 ou 18 centimètres du sol la tige du jeune arbre que l'on veut multiplier ; le moignon donne pendant l'année des rameaux adventifs qu'on butte au printemps suivant, on achève l'opération comme il a été dit plus haut.

On fait ramper la plante-mère par le *couchage*. Celle-ci est d'abord
soumise au traitement précédent, qui fait naître à sa base des rameaux
adventifs. Une fois ces derniers suffisamment forts, on les courbe de
façon à enterrer leur région moyenne, tandis que leur partie terminale, laissée à l'air libre, est maintenue verticalement à l'aide d'un
tuteur. Il importe de supprimer tous les rameaux qu'on ne couche pas,
sinon ceux restés libres attireraient à eux la plus grande part de l'activité végétative au détriment des marcottes.

Le couchage présente le grave inconvénient de sacrifier la mère,
car, en la rabattant, on la mutile à tel point qu'elle perd toute valeur
ornementale. Mais il est facile de remédier à ce défaut en modifiant
un peu le procédé. On choisit sur le pied-mère les rameaux à marcotter, sans se préoccuper de leur situation ni de leur distance au sol.
Le choix fait, on maintient la partie de l'axe sur laquelle doivent naître les racines dans la terre d'un pot à marcotte. Celui-ci est un simple
pot à fleurs dont le trou du fond est plus large qu'à l'ordinaire, ou
bien un vase quelconque ouvert sur une partie ou sur toute la longueur de sa paroi latérale. On introduit le rameau par l'ouverture ou
la fente du pot, on remplit ce dernier de terre et on le fixe ; cela fait,
on abandonne les choses à elles-mêmes, en se bornant à des arrosages
jusqu'à ce que vienne le moment de sevrer la marcotte.

III. — GREFFE

La greffe est une opération de culture par laquelle on implante et on
fait vivre un fragment, ou *greffon*, d'un végétal sur un autre végétal,
qui devient le *sujet*. La greffe n'est pas à proprement parler une opération de multiplication, mais bien de transformation ; par elle on
n'obtient pas de nouveaux pieds, mais on modifie dans quelques-uns
de leurs caractères ceux qu'on possède déjà ; elle ne fait donc pas
double emploi avec les véritables méthodes de multiplication, le bouturage et le marcottage, mais les complète et parfois généralise leur

emploi. Aussi est-elle au moins aussi fréquemment employée que ces dernières, et journellement elle rend à l'Horticulture des services inappréciables pour conserver et propager rapidement une variété précieuse, modifier le port des plantes, combler les vides et faire disparaître les dénudations des branches charpentières de nos arbres fruitiers, etc., etc. Citons quelques exemples de ces applications.

Une plante est délicate, végète mal, croît lentement, le terrain et l'exposition ne lui sont pas favorables ; on pose un de ses greffons sur un sujet vigoureux, et voilà la plante régénérée pour ainsi dire : de faible et débile qu'elle était, elle devient et restera forte et rustique, grâce à l'abondante nourriture qu'elle reçoit des racines étrangères qu'on lui a données. Le sol ne lui convenait pas, on la fait vivre en parasite sur un végétal qui s'accommode fort bien du terrain et sait l'utiliser.

Par la greffe également, tous les jours on change à volonté les plantes naines en plantes de haute tige, et réciproquement ; en voici un exemple récent. Au mois de mai 1862, Roezl, botaniste voyageur renommé par le nombre et l'importance de ses envois, adressait du Mexique au Jardin botanique de Zurich des tubercules de Dahlia. Mis en végétation, ceux-ci donnèrent des plantes qui attirèrent aussitôt l'attention du monde horticole par le nombre et la beauté de leurs fleurs blanches rappelant celles des Lis. Un Dahlia à fleurs de Lis ne s'était encore jamais vu, et cette rareté fut accueillie avec enthousiasme par les amateurs de ce beau genre. La nouvelle venue fit d'abord beaucoup parler d'elle sous le nom de Dahlia impérial (*Dahlia imperialis* Roezl), mais sa popularité fut de courte durée, parce que sa culture présentait de grandes difficultés. D'un tempérament assez délicat pour réclamer en hiver la serre tempérée sous le climat parisien, n'épanouissant ses fleurs que très-tard, au mois de novembre, on ne pouvait jouir de sa splendide floraison qu'en la rentrant en automne. Or là était précisément l'obstacle qui paralysait les amateurs. Ses tiges, en effet, sont réellement gigantesques, si on les compare à celles de nos Dahlias ordinaires (*Dahlia variabilis* Desf.) ; à Hyères, en pleine terre il est vrai et sous un climat favorable, elles atteignent jusqu'à 4^m,50 de hauteur. Il fallait donc au Dahlia impérial des serres très-élevées, d'où l'impossibilité de sa culture pour la majorité des amateurs. En Angleterre, on eut l'idée de remédier à ce défaut capital en greffant le Dahlia impérial sur des tubercules de Dahlia nain, absolument comme on le

fait journellement dans les jardins pour conserver les variétés méri-
tantes de nos Dahlias ordinaires. L'opération réussit parfaitement et
l'on obtint des plantes beaucoup plus basses, de 1^m,50 à 2^m,50 seulement de hauteur, qui fleurirent admirablement.

Réciproquement enfin, par la greffe on transforme les nains en
géants. Depuis plusieurs années, l'habitude se répand de plus en plus
parmi les amateurs de Cactées de greffer ces tiges globuleuses ou
oblongues de certaines espèces, des Mamillaria entre autres, qui
se développent dans nos cultures avec une extrême lenteur, restent
toujours basses et par conséquent de peu d'apparence, au sommet des tiges longues et cannelées des Cierges ; on transforme ainsi
des individus courts, trapus, massifs, en individus à taille svelte et
élancée.

Si la greffe présente de nombreux avantages, elle a malheureusement un très-grave défaut, celui de donner naissance à des bourrelets
et à des gibbosités d'un aspect disgracieux, qui déforment les plantes
et diminuent leur valeur commerciale. La raison en est facile à comprendre. On a fait une plaie, il faut en subir les conséquences ordinaires : carie, recouvrement plus ou moins lent à s'effectuer avec
boursouflure consécutive. Souvent même les difformités sont plus
grandes et plus laides encore. On a réuni, parfois un peu au hasard,
dans une vie désormais commune, deux arbres ayant chacun leur tempérament propre, qu'ils conservent après leur union. Tout désaccord
un peu grave entre eux amène des difformités. Par exemple, la croissance en diamètre est-elle plus rapide chez l'un d'eux, il se formera
nécessairement à leur surface de jonction une nodosité qui naîtra au-
dessus ou au-dessous de celle-ci, suivant que le greffon est plus ou
moins vigoureux que le sujet.

La greffe est fondée sur cette loi physiologique que, toutes les fois
qu'on met et qu'on maintient en contact ce que nous appellerons des
tissus générateurs — pour ne pas employer de néologisme, — c'est-
à-dire des parenchymes en voie d'organisation, ces parenchymes se
soudent, pourvu toutefois, — restriction très-fâcheuse dans la pratique, — qu'ils appartiennent à des plantes offrant entre elles une
certaine conformité d'organisation. Transgresse-t-on cette dernière
prescription, veut-on unir entre elles deux plantes quelconques
sans avoir égard aux analogies et aux dissemblances, ou l'opération

JACINTHES DE HOLLANDE

ne réussit pas, ou le greffon, après avoir langui quelques années, se sépare spontanément du sujet, se *décolle*. Seulement on ne sait à quel signe reconnaître la conformité d'organisation indispensable au succès de la greffe ; et il n'est encore qu'un moyen certain de se renseigner, c'est de tenter l'opération. C'est après des expériences multipliées qu'on est parvenu à formuler une règle empirique dont l'observation diminue de beaucoup le nombre des essais infructueux : la reprise est facile entre variétés de même espèce, moins facile entre espèces de même genre, très-rare entre genres de même famille ; quant aux plantes de familles différentes, on ne connaît pas chez elles d'exemples de greffes suivies de succès. Comme la délimitation des espèces, genres et familles est loin d'être définitive malgré les soins qu'on y apporte, on conçoit combien d'exceptions cette règle comporte dans son application.

Les modes, d'ailleurs fort nombreux, de greffer ont tous le même but : arriver, par la voie la plus courte et la plus sûre, à établir les plus larges contacts possibles entre les tissus générateurs du greffon et du sujet. Or, dans tous les axes dicotylédones, caulinaires et radicaux indifféremment, se rencontre un tissu générateur largement développé, toujours placé dans la même situation entre l'écorce et le bois : c'est la zone génératrice, c'est à elle qu'on s'adresse exclusivement dans la pratique, c'est elle qu'on charge du soin de souder le greffon au sujet. Une fois les deux zones génératrices mises en contact, on les maintient dans cette situation par une ligature, et on soustrait la plaie à la sécheresse et à l'humidité à l'aide d'un engluement fait d'ordinaire avec certains mastics, qu'on nomme pour ce motif *mastics à greffer*. Dans les deux autres embranchements, les tissus générateurs de l'écorce et du bois sont autrement disposés, ils ne se réunissent plus en une couche continue, mais restent divisés en fragments isolés, répartis suivant un certain ordre dans la masse des tissus ; aussi la greffe, telle qu'on la pratique sur les Dicotylédones, a-t-elle été vainement tentée jusqu'ici sur les espèces appartenant aux deux derniers embranchements.

Les considérations précédentes nous permettent d'établir aisément une classification physiologique des greffes, et d'abord nous conduisent à la répartir en deux catégories, suivant que le greffon est séparé de sa mère après ou avant sa reprise sur le sujet. Dans le premier cas, l'opération est au fond un marcottage, et dans le second un bouturage, l'un et l'autre effectués dans des conditions particulières, non plus dans le sol, mais dans un milieu spécial, la zone génératrice du sujet. La première catégorie comprend un seul type, la *greffe en approche*, la deuxième au contraire plusieurs types, qui constituent, suivant la manière d'opérer, la greffe en *fente*, en *couronne*, en *écusson*, en *flûte*.

La greffe en approche, la plus simple de toutes, a dû être employée la première, car elle ne demandait aucun frais d'imagination, étant l'imitation d'un phénomène naturel assez fréquent. Dans nos taillis et nos massifs, deux tiges ou deux branches appartenant à des arbres de même espèce ou d'espèces voisines viennent-elles à se toucher et restent-elles en contact, agitées par le vent, elles frottent l'une contre l'autre, les écorces s'usent, le bois est mis à vif, et les zones génératrices se soudent dans l'étendue des plaies. Telle est la greffe par approche dans ses traits essentiels ; il ne reste plus au jardinier qu'à prendre modèle sur ce phénomène naturel.

La greffe en fente, ainsi nommée parce qu'on fend longitudinalement l'écorce et l'aubier du sujet pour y fixer le greffon, — qui est toujours un rameau, — de manière à faire affleurer les écorces et par conséquent les zones génératrices de l'un et de l'autre, s'exécute en tête ou de côté. Dans le premier cas, après avoir sectionné transversalement la tige ou la branche du sujet, à la hauteur à laquelle on veut greffer, on pratique sur le bord de la plaie une incision longitudinale, on y introduit la portion inférieure, taillée en lame de couteau, du greffon, en la tournant de façon que le bord le plus épais de la lame soit en dehors ; c'est alors la greffe simple. Dans la greffe double, on pose deux greffons aux extrémités d'un même diamètre ; et, pour obtenir des contacts plus intimes, on taille la partie inférieure des rameaux, non plus en lame de couteau, mais en coin dont le tranchant est placé en bas. Théoriquement, le nombre des greffons que l'on peut ainsi poser est arbitraire ; pratiquement, il est limité à deux, parfois à quatre, exceptionnellement à six, cela dépend de la grosseur du sujet. Quant à la greffe par côté, c'est une légère modification de la précédente ; au lieu d'étêter la tige ou la branche du sujet, on l'entaille latéralement de façon à pouvoir y introduire le greffon, façonné d'ailleurs de manière à réaliser la condition *sine quâ non*, l'affrontement des zones génératrices.

La greffe en fente a le défaut notable d'entailler le corps du sujet, de diminuer par conséquent sa solidité ; la greffe en couronne échappe à cet inconvénient et permet en outre de placer un plus grand nombre de greffons à la même hauteur. Dans cette autre façon d'opérer, on ne fend plus l'écorce et le bois, on soulève seulement la première pour insérer entre elle et l'aubier l'extrémité du greffon, taillée dans ce but en bec de plume.

Les méthodes suivantes diffèrent des précédentes en ce sens qu'elles greffent des bourgeons adhérents à leur écorce, mais entièrement isolés du bois. Opère-t-on sur un seul œil, c'est la greffe en écusson ou l'écussonnage ; sur plusieurs yeux, c'est la greffe en flûte. Indiquons sommairement la marche à suivre dans chacun des deux cas.

Pour écussonner, on commence par détacher l'œil choisi pour greffon avec un lambeau de l'écorce environnante ; c'est la phase délicate de l'opération. Cela fait, sur la tige ou la branche du sujet, au point où l'on veut poser l'écusson, on pratique une double incision en T, l'une longitudinale et l'autre transversale, n'intéressant toutes les deux que l'écorce ; on introduit l'écusson sous celle-ci, on rapproche les lèvres de la plaie, on les maintient par une ligature, et on mastique.

La greffe en flûte est souvent nommée *greffe en sifflet*, parce qu'elle s'exécute comme ces sifflets que font les enfants en séparant, sur une certaine longueur, l'écorce du bois d'une branche en pleine sève. Pour greffer en flûte, on détache donc d'une seule pièce un anneau d'écorce portant plusieurs yeux et on l'insère sur une branche de même grosseur appartenant au sujet, à la place de l'écorce de celle-ci qu'on enlève sur une étendue égale.

Un certain nombre d'espèces sont absolument rebelles au bouturage, soit de rameaux, soit de racines. En présence de cette difficulté, insurmontable en apparence, les praticiens ne se sont pas tenus pour battus, et voici comment dans certains cas ils sont parvenus à surmonter l'obstacle. Une racine refuse-t-elle de se bouturer, est-elle en d'autres termes incapable de produire un bourgeon, eh bien, donnons-lui par la greffe le bourgeon qui lui manque et qu'elle ne peut produire, nous aurons ainsi résolu le problème, nous serons parvenus à former un végétal complet. Réciproquement, tel rameau ne peut-il s'enraciner spontanément, soudons-lui une racine, et nous aurons atteint notre but. On le voit, la méthode est une alliance heureuse de

la greffe et du bouturage; on façonne de toutes pièces le végétal en
assemblant et en soudant un fragment de racine à un fragment de
rameau pris l'un et l'autre, soit sur la même plante, soit le plus
souvent sur des individus de variétés ou même d'espèces différentes.
Malheureusement, la multiplicité des conditions à satisfaire pour réussir
limite beaucoup les applications de cette méthode si ingénieuse.

CHAPITRE XVIII

LA REPRODUCTION

La diversité des modes de reproduction nous a conduit dès le début à partager les végétaux en Phanérogames et en Cryptogames, suivant qu'ils ont ou non des graines. Chez les premiers, la fonction de reproduction offre partout une remarquable uniformité dans son exécution, et les différences si nombreuses entre les fleurs ont précisément pour but d'obtenir cette uniformité dans la fonction malgré la diversité des climats. Il n'en est plus ainsi dans les Cryptogames, et, à part certains caractères constants, la fonction de reproduction éprouve d'un type à l'autre des modifications nombreuses et souvent profondes, qui forcent à répartir ces plantes en groupes bien nettement distincts les uns des autres. Le monde végétal ressemble ainsi à un vaste et unique océan duquel surgirait un grand continent, la Phanérogamie, entouré d'îles et d'îlots, tels que les Champignons, les Algues, les Fougères, terres irrégulièrement groupées à la surface des eaux.

Dans les trente dernières années, on a tout particulièrement étudié avec persévérance, et souvent avec succès, ces reproductions cryptogamiques, si variées dans leur mode d'exécution; une science nouvelle s'est constituée, ayant sa langue et même ses procédés d'investigation. Ne pouvant aborder une telle étude, trop en dehors de notre cadre, nous dirons seulement un mot de la reproduction des Champignons et des Fougères, groupes qui jouent un rôle d'une certaine importance en Horticulture, particulièrement le dernier.

Parmi les traits communs à tous les modes de reproduction dans les Cryptogames, le plus facile à saisir et le plus anciennement connu est relatif à la formation, dans les conditions les plus diverses, de corpuscules toujours fort petits, nommés *spores*, constitués chacun par une seule cellule. Les spores, soumises aux influences qui provoquent la germination, s'organisent en plantes complètes ; elles sont donc les équivalents des graines, mais en diffèrent par leur structure, et sont semblables au contraire à ce que nous avons nommé les vésicules embryonnaires dans les Phanérogames.

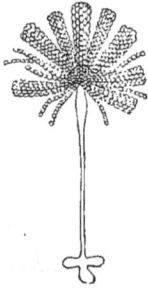

Fig. 267. — Fructification d'une des moisissures les plus communes, l'*Aspergillus glaucus*. Chapelets de spores portés par un filament dressé.

Nous ne dirons pas au milieu de quelles circonstances naissent les spores : c'est une histoire trop longue et trop compliquée pour tenir place dans ce livre ; nous indiquerons seulement leur situation dans les Champignons et les

Fig. 268. — Groupe d'Agarics champêtres (*Agaricus campestris* Lin.), montrant le mycélium et les organes de fructification.

Fougères, laissant aux traités spéciaux le soin de dire comment elles se forment.

Le Champignon est un être essentiellement polymorphe, que l'on rencontre partout où se trouve un corps vivant inhabile à se soustraire

à ses atteintes, ou un débris organisé en voie de décomposition. Il se
nourrit exclusivement de ce qui vit ou a depuis peu cessé de vivre ;
pour lui, le parasitisme est la loi commune ; à ce titre, il est le plus
grand destructeur de la vie que l'on connaisse ; les innombrables légions, incessamment renouvelées, de ces êtres souvent microscopiques,
rendent journellement et avec une rapidité merveilleuse au monde inorganique tous les débris de la vie animale et végétale.

Le Champignon présente dans la majorité des cas des appareils
distincts de végétation et de fructification. Le premier forme, sous le nom
scientifique de *mycelium* et sous le nom ordinaire de *blanc de Champignon*, des assemblages variés de filaments diversement ramifiés et cloisonnés. De ce réseau s'élèvent çà et là d'autres colonnes qui vont porter,
dans l'atmosphère le plus communément, les spores qu'elles produisent. Celles-ci sont tantôt libres, tantôt réunies en nombre variable
dans des sacs ou *sporanges*. Les corps connus de tout le monde sous le
nom de Champignons, masses charnues dans lesquelles on distingue
un renflement terminal ou *chapeau* porté par un pied ou pédicule, sont
les appareils de la fructification. C'est à
la face inférieure du chapeau, sur les
lames rayonnantes qui s'y trouvent,
que naissent les spores.

Dans les Fougères, plantes possédant,
comme les Phanérogames, des tiges,
des feuilles et des racines, les spores
naissent à la face inférieure des frondes,
et sont renfermées dans des sporanges

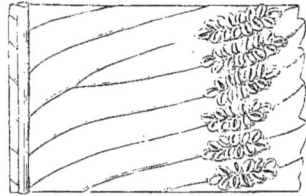

Fig. 269. — Portion de la face inférieure
d'une fronde d'Angiopteris, montrant la
fructification.

qui s'ouvrent spontanément une fois venu le moment de la dissémination. Ces derniers, toujours réunis en grand nombre, forment ainsi
des assemblages de configuration variable nommés *sores*, nus ou plus
souvent recouverts et protégés par un lambeau d'épiderme appelé
indusie.

Bornons-nous à ces notions sommaires et abordons l'examen de la
reproduction dans les Phanérogames. Nous avons donc à retracer la
vie de la fleur ; or cette existence a ses phases diverses et successives,
nombreuses et variées, parmi lesquelles nous choisirons celles que
nous intitulerons : avant l'épanouissement, l'épanouissement, la floraison, la fécondation et la fructification.

I. — AVANT L'ÉPANOUISSEMENT

Les fleurs ne sont point placées au hasard et indifféremment sur tous les axes ; d'abord la racine n'en produit pas, et leur répartition sur la tige et ses ramifications a lieu suivant des modes dont les lois sont encore fort obscures.

Comme à tous les organes vivants, il faut aux fleurs le libre accès des agents de la vie : il leur faut, comme aux feuilles et plus qu'aux feuilles, l'air, la lumière et l'eau, car tout indique chez elles une nutrition plus active dans un foyer d'organisation des plus puissants. Une loi générale, commune à tous les êtres vivants indistinctement, animaux et végétaux, veut qu'à mesure qu'un organisme s'élève en se compliquant, le nombre de ses auxiliaires augmente, que ses sujétions se multiplient, et que son asservissement devienne plus rigoureux. Ainsi l'animal est plus élevé que la plante dans l'échelle des êtres ; or celle-ci peut vivre sans celui-là, au lieu que l'animal ne peut exister sans la plante. De même, — circonstance qui montre avec évidence sa supériorité organique, — la fleur ne peut vivre sans la feuille, tandis que la réciproque n'a pas lieu. Hors des parasites, toutes les Phanérogames ont un feuillage, de caractères d'ailleurs fort variables selon les espèces, borné parfois à quelques grandes feuilles, dans certains cas à une seule, exceptionnellement réduit à sa plus simple expression, à ses cotylédons, dans cette étrange Conifère de la côte occidentale d'Afrique, le *Welwitschia*, qui a été l'objet de récits qui demandent confirmation, entre autres de celui-ci, que la plante, durant sa longue existence, se contenterait pour tout feuillage de ses deux cotylédons, lesquels, par une sorte de compensation, croîtraient pendant toute la vie de la plante, et prendraient un développement énorme, exagéré, eu égard aux proportions ordinaires à ces organes. Les fleurs, vivant toujours sous la dépendance des feuilles, sont par conséquent des parasites, au moins dans une certaine mesure, et nous comprenons maintenant le motif de cet asservissement. Pour puiser à l'une des principales sources de l'alimentation végétale et mettre en œuvre l'acide carbonique aérien, un organite spécial a été créé, le grain de chlorophylle : lui seul a qualité pour en extraire le carbone nécessaire

Fig. 270. — Floraison de l'*Æchmea paniculata* du Pérou (Ruiz et Pavon) : une longue et forte hampe élève
les fleurs au-dessus de l'épaisse rosette des feuilles grandes et charnues.

à l'édification des tissus. Or dans la fleur les seuls organes verts
sont : les sépales, toujours les moins nombreux et les moins développés des folioles florales ; puis le gynécée, qui n'acquiert de l'importance et de notables proportions qu'après la fécondation, lorsqu'il est
devenu fruit. D'ailleurs certains calices perdent la coloration verte,
deviennent pétaloïdes, sans que cette altération amène l'avortement
de la fleur. Celle-ci a donc très-certainement un mode d'alimentation
tout autre que celui de la feuille ; elle ne se nourrit plus à la fois par
l'air et par la plante, cette dernière est son unique pourvoyeur. Les
aliments de cette origine ne pouvant arriver à destination que par
voie de dissolution aqueuse, la fleur doit avoir une transpiration
plus abondante que n'est celle de la feuille ; et l'on peut dire d'une
manière générale qu'une des conditions essentielles de la vie d'un
organe ou d'un organisme privé de chlorophylle et néanmoins appelé
à développer une grande activité végétative est de posséder une puissante transpiration.

Toutes les dispositions, dans les fleurs, tendent vers ce but : favoriser, accroître, surexciter, la transpiration ; c'est pour ce motif qu'elles
naissent de préférence vers les extrémités des tiges et des rameaux,
au-dessus du feuillage. Elles se réunissent en associations plus ou
moins nombreuses ou inflorescences dans ces régions privilégiées où
les axes caulinaires, naturellement dégarnis de leurs feuilles atrophiées ou réduites à des bractées, laissent affluer sur elles l'air et la
lumière. Toutefois leur situation n'est point invariable ; elle change
au contraire avec le port du végétal, car il est des dangers à craindre
pour elles : les excès de la radiation solaire pendant le jour, du froid
pendant la nuit, dangers plus ou moins menaçants selon les climats, mais toujours redoutables, les organes floraux, en raison
même de l'énergie de leur activité végétative, présentant une fragilité d'organisation, une délicatesse d'impression, qui réclament
une sauvegarde. Ces exigences de situation, commandées par la
nature du climat, ont leur contre-coup sur le mode d'évolution des
boutons. Sous ce rapport, les Phanérogames comprennent deux types :
l'un inférieur, dans lequel l'uniformité est la règle commune, tous les
bourgeons indistinctement se comportant de la même façon ; l'autre
supérieur au précédent, puisqu'il correspond à une plus grande division du travail, et dans lequel la plante porte plusieurs sortes de

bourgeons dont les destinées différentes, les spécialisations bien déterminées, font ressembler l'arbre à ces sociétés d'abeilles ou de fourmis composées de femelles et de mâles chargés de la procréation, les uns et les autres entourés, protégés et nourris par des neutres, sorte de travailleurs attachés à la glèbe que leur organisation incomplète rend esclaves des précédents. Dans le premier mode, la jeunesse des bourgeons, — de durée très-inégale selon les espèces, — est uniquement consacrée à produire des axes feuillés; dans leur seconde et dernière phase d'existence, parvenus enfin à ce qu'on pourrait nommer l'état adulte, ils organisent un pédoncule, simple ou ramifié, portant suivant les cas un ou plusieurs boutons; puis, la fructification terminée, toute cette ramification florale meurt. Telle est, dans un très-grand nombre, sinon dans la majorité des espèces, la vie des bourgeons, à quelques variantes près, les unes spécifiques, les autres individuelles et amenées par la diversité des tempéraments ou des situations. Dans le second mode, on trouve deux et souvent trois catégories de bourgeons : des bourgeons à bois, qui meurent sans produire de fleurs; des bourgeons mixtes, évoluant comme ceux du premier type et fleurissant avant de périr; enfin des boutons. Nous dirons bientôt, à propos de la floraison, quelle profonde influence ces divers modes de développement exercent sur le port, l'habitat, les mœurs en général de la plante.

A mesure que le bouton grossit et avance en âge, ses différents organes se spécialisent, et prennent peu à peu la conformation et le coloris qui les caractériseront un jour. C'est là une œuvre de temps qu'il ne faut point abréger outre mesure, sous peine d'amener des complications dangereuses. Nous en citerons un exemple bien remarquable. La spécialité horticole qui consiste à *forcer* le Lilas, en d'autres termes à le faire fleurir avant son heure, a conquis depuis quelques années une grande faveur en France et particulièrement à Paris. On obtient pendant tout l'hiver du Lilas parfaitement fleuri, mais, — particularité curieuse et qui est sans doute pour beaucoup dans la vogue acquise si promptement par cette culture, — les fleurs sont du blanc le plus pur, quelle que soit d'ailleurs la couleur naturelle des fleurs de la variété qu'on force. Les botanistes se sont depuis longtemps préoccupés du fait, bien des explications peu satisfaisantes en avaient déjà été données, quand la question fut débattue de nou-

Fig. 271. — A droite, sur le premier plan, fleur gigantesque d'un parasite sur racines et aphylle du genre Rafflesia.

veau cette année devant la Société centrale d'Horticulture de Paris.
M. A. Lavallée, en s'appuyant sur les nombreuses observations et
expériences faites par lui ou par ses devanciers, a montré que la
couleur blanche des fleurs du Lilas forcé n'était pas le fait d'une
décoloration dans le sens propre du mot, qu'il n'y avait pas là destruction d'une couleur préexistante, mais avortement d'une matière
colorante à naître et ne se formant pas faute de temps. Fait-on fleurir
des pieds de Lilas en quatorze, quinze et même vingt jours au plus,
toutes les corolles sont blanches ; au delà de ce temps, elles sont
colorées, et d'autant plus que la floraison tarde davantage. Or, pour
avancer le moment de la floraison, il est un moyen bien connu, journellement employé en Horticulture : c'est de chauffer; aussi, en maintenant les touffes de Lilas à une température constante de 20 à 22°,
les plantes fleurissent du quatorzième au vingtième jour, et toutes les
fleurs sont blanches ; la température reste-t-elle inférieure à ce degré,
la floraison est plus lente à se produire, et les fleurs sont colorées.

Ainsi tout le secret de la réussite réside dans la manière d'appliquer
et de conduire la chaleur. Cette culture est d'ailleurs des plus faciles : elle
ne réclame que le concours de l'eau et d'une température convenable ;
l'insuffisance de la lumière, cet obstacle qui arrête tant d'essais en Horticulture, est ici sans influence, et la floraison a lieu que la plante
soit bien ou mal éclairée, derrière le vitrage d'une serre, dans le
demi-jour des coins les plus obscurs d'un appartement ou d'une cave ;
aussi l'habitude de forcer le Lilas se répand-elle de plus en plus. Il
faut reconnaître d'ailleurs que le hasard a bien servi celui qui le premier a tenté l'expérience, et que le Lilas était un arbuste prédestiné à
la culture forcée. Certes, beaucoup d'autres espèces s'accommodent du
traitement, mais nulle peut-être avec autant de facilité. D'abord les
Lilas drageonnent beaucoup et spontanément, en sorte qu'il est toujours facile de se procurer à peu de frais des sujets convenables ; en
outre, ils fleurissent naturellement au premier printemps à l'aide de
bourgeons mixtes organisés l'année précédente ; par suite, le procédé à
suivre pour forcer cette plante est des plus simples. Il suffit d'arracher dans les massifs des touffes bien garnies de bourgeons à fleurs,
de les mettre en pots, en bacs ou en caisses, et de les rentrer dans
une pièce dont on maintiendra la température à 20 ou 22°. On peut
opérer plus simplement encore : détacher les rameaux, et plonger

le bout coupé dans l'eau de vases quelconques dans lesquels on jette un peu de charbon de bois grossièrement pulvérisé pour empêcher l'eau de se corrompre.

II. — ÉPANOUISSEMENT

L'épanouissement, ou l'ouverture du périanthe par l'écartement de ses folioles, marque le début d'une phase importante dans la vie de la fleur, qui se termine, sauf de très-rares exceptions, par le fanage et la mort des mêmes folioles. Jusque-là les organes reproducteurs, étamines et pistils, avaient vécu à huis clos dans une sorte de demi-somnolence, entretenue par l'absence de toute excitation énergique ; désormais ils vont mener une existence très-active sous l'influence directe des agents extérieurs, dont les uns faciliteront ou rendront possible la fécondation, — tel sera le rôle du vent et des insectes, — dont les autres, la lumière, la chaleur, l'air et l'humidité, présideront à la nutrition. De ces deux interventions, la seconde est plus générale et partant plus importante que la première, car, s'il est des fleurs chez lesquelles la fécondation précède l'épanouissement, il en est peu, s'il en est, qui vivent sans s'épanouir.

L'axe floral, différant en cela de l'axe feuillé, ne s'allonge pas d'ordinaire après l'épanouissement ; cependant la règle n'est pas sans exceptions, et l'on connaît des espèces chez lesquelles il grandit plus ou moins après l'épanouissement, sans jamais atteindre pourtant aux dimensions ordinaires des rameaux feuillés, soulevant ainsi les organes internes, particulièrement le gynécée, au-dessus des enveloppes florales, comme dans sa jeunesse la fleur entière l'est au-dessus du feuillage dans la majorité des espèces. Un des exemples les plus remarquables de cette conformation exceptionnelle s'observe chez le Câprier (*Capparis spinosa* Lin.), dont les boutons, confits dans le vinaigre, constituent le condiment si généralement employé en France sous le nom de *câpres*.

Le fait le plus saillant de l'acte de l'épanouissement est sa durée, très-inégale d'une espèce à l'autre, et, dans la même espèce, selon l'individu et les circonstances extérieures. Ainsi que tout phénomène vital, celui-ci échappe à une réglementation précise et refuse de se laisser enfermer dans une loi simple comme celles qui régissent la matière brute ; tout ce qu'on a su et pu faire jusqu'ici s'est borné à distinguer les fleurs en *éphémères* et en *vivaces* : éphémères, si leur épanouissement est d'environ douze heures, souvent beaucoup moins ; persistante dans tous les autres cas.

Les fleurs éphémères se divisent en *diurnes* et en *nocturnes*, suivant

Fig. 272. — Rameau fleuri de Câprier (*Capparis spinosa* Lin.), montrant des gynécées portés par de longs pédicules, prolongements des réceptacles.

qu'elles s'épanouissent de jour ou de nuit. Les premières s'ouvrent le matin, plus tôt ou plus tard selon l'espèce, le tempérament du sujet, sa situation, le temps, la saison, etc., et leurs enveloppes florales se ferment pour toujours dans la même journée, à une heure déterminée par les mêmes influences. Tout le monde connaît le phénomène pour l'avoir maintes fois observé sur les Liserons des champs (*Convolvulus arvensis* Lin.) et des haies (*Calystegia sepium* R. Br.), les Lins, etc. Les éphémères nocturnes appartiennent, au moins pour le plus grand nombre, à des espèces exotiques : ouvertes le soir, leurs corolles se flétrissent le lendemain matin. Ainsi se comporte la Belle-de-Nuit (*Mirabilis jalapa* Lin.), dont le nom rappelle précisément l'habitude la plus remarquable de la fleur.

Pourquoi des mœurs si différentes chez des plantes élevées souvent

Fig. 275. — Lin (*Linum usitatissimum* Lin.) : 1, rameau fleuri : 2, partie inférieure de la tige et racine.

près les unes des autres, soumises par conséquent aux mêmes influences, dans le même jardin ? Il y a là tout d'abord un effet d'habitude, que n'a pu leur faire entièrement perdre, chez les espèces exotiques, leur émigration dans d'autres pays souvent éloignés de leur terre natale, comme le cas se présente pour la Belle-de-Nuit, origi-

naire de l'Amérique tropicale ; mais il y a là encore et surtout un effet
de conformation ; et si certains périanthes vivent seulement quelques
heures, et d'autres, pourtant épanouis dans le voisinage, pendant
plusieurs jours, la cause en est à leur inégale sensibilité, à l'inégale
sensibilité des plantes entières aux agents de la végétation. Ici nous
touchons à une question fort délicate, objet de longs débats, et qui a
reçu des solutions diverses selon les temps et les écoles, celle de savoir
quelle est la puissance chargée de fixer, pour chaque plante en particulier, l'heure de l'épanouissement, et d'en mesurer la durée. Au début, se basant sur ce que la plupart des fleurs s'épanouissent le jour,
les botanistes attribuaient ce rôle à la lumière solaire, et quelques expériences, mal interprétées, semblaient leur donner raison. Mais le
rayon solaire est essentiellement complexe de sa nature : il est tout à la
fois, indépendamment de ses autres attributs, lumineux et calorifique.
Comment donc agit-il ? Par sa lumière ou par sa chaleur ? Par sa lumière, répondait-on il n'y a pas longtemps encore ; surtout par sa chaleur, affirme-t-on aujourd'hui avec toute apparence de raison. Il y
aurait donc opposition complète entre le mécanisme de l'excitation vitale chez la feuille et chez la fleur ; le moteur principal serait la lumière pour la première, la chaleur pour la seconde. Cette différence
se comprend aisément du reste, puisque la fonction chlorophyllienne,
indispensable à la feuille et au végétal entier, s'accomplit seulement à la lumière, tandis que la corolle, privée de chlorophylle,
ne réclame pour vivre, outre l'air et l'humidité, qu'une abondante
transpiration, que la lumière solaire lui procure sans doute, mais pour
laquelle elle n'est pas indispensable. D'autre part, une loi qui régit
le monde animé tout entier veut que la vie soit d'autant plus brève
que l'activité organique est plus grande ; donc, en vertu de cette loi,
les fleurs à puissante transpiration, à nutrition très-active par conséquent, seront éphémères, et les autres persistantes. Tout ce qui accélé-
rera la transpiration, intense radiation solaire, haute température,
atmosphère sèche, situation très-élevée de la fleur, etc., abrégera la
vie, hâtera la succession des diverses phases de son évolution ; tout ce
qui ralentira la même fonction prolongera l'existence des organes floraux qui meurent de bonne heure, le périanthe et l'androcée. Ainsi, la
durée de l'épanouissement étant toujours en raison inverse de l'abondance de la transpiration, cette durée dépend en dernière analyse,

d'influences, les unes externes, les autres internes, dont les mieux
connues sont celles qui résultent du port de la plante, de l'attitude de
la fleur, de la forme et des dimensions des enveloppes florales. Étant
donnée la manière d'agir des circonstances extérieures, on prévoit que
la durée de l'épanouissement sera d'autant plus courte qu'à cette
époque le climat sera plus sec et plus chaud, le jour plus long et la
radiation solaire plus intense ; d'où il suit que sous nos latitudes les
plantes à fleurs éphémères appartiendront surtout au groupe de celles
qui fleurissent pendant l'été ; quant à celles dont la floraison se prolonge pendant plusieurs saisons, leurs fleurs estivales seront plus éphémères que les autres : conséquences de la théorie journellement véri-
fiées par la pratique. Un automne humide et modérément chaud, un
sol frais, l'exposition au nord ou bien à demi-ombre, augmentent en
effet la longévité des fleurs éphémères dans les conditions ordinaires ;
parfois même, dans ces journées tempérées, leurs habitudes se rapprochent de celles d'autres fleurs que nous appellerons bientôt *sommeillantes*, parce qu'elles se ferment et se rouvrent périodiquement pendant quelques jours. Les mêmes circonstances prolongent également
la durée des éphémères nocturnes ; ainsi, à la fin du mois de septembre et pendant le mois d'octobre, les fleurs de la Belle-de-Nuit
s'épanouissent plus tôt et se flétrissent tard, non plus, comme en été,
le lendemain au lever du soleil, mais quelques heures après, modifiant
leurs habitudes avec les saisons. Bien d'autres faits viennent appuyer
et confirmer cette doctrine. Nos Lins (fig. 275) et les Cistes, si nombreux sur le pourtour du bassin méditerranéen, ont des fleurs éphémères diurnes, dont les corolles se flétrissent et tombent quelques
heures après s'être ouvertes. Mais le fait ne saurait surprendre quand
on voit les corolles des Lins, énormes en vérité relativement à la taille
des plantes et aux dimensions des feuilles, s'épanouir en pleine lumière, au-dessus d'un feuillage beaucoup trop grêle pour les abriter.
Plus étoffé sans doute est le feuillage des Cistes, mais leurs fleurs, grâce
à leur situation, ne sont pas plus à l'abri que celles des Lins des ardeurs d'un Soleil beaucoup plus vif que le nôtre.

Parmi les éphémères nocturnes, les plus belles fleurs sans conteste
par leur grandeur exceptionnelle, leur coloris brillant et délicat,
souvent encore par la suavité de leur parfum, appartiennent à ce
groupe de Cactées bizarres à tous égards, et particulièrement par

leur port étrange, que les jardiniers, pour rappeler le caractère dominant de leur singulière physionomie, nomment les *Cierges serpents*
(planche IX). Leurs tiges charnues et radicantes, grêles et allongées,
régulièrement cylindriques ou obscurément anguleuses, plus ou moins
fortement aiguillonnées, mais toujours privées de feuilles membraneuses, pendent librement dans l'air, rampent sur le sol, grimpent et
s'attachent aux obstacles environnants. Le faible développement de
leur appareil radical, le sol aride qu'elles préfèrent, le plein Soleil

Fig. 274. — Fleurs éphémères d'un Ciste, le *Cistus creticus* Sweet.

qu'elles recherchent, leur rendraient mortelle une puissante transpiration qui les épuiserait promptement. Tout, dans leur organisme,
est disposé en vue de ce danger toujours imminent, et, en particulier,
leur surface aérienne, grâce à leur corps cylindracé, est aussi réduite
que possible. Dans de telles conditions, elles croissent lentement, leur
ramification reste rare et chétive, mais leur floraison est splendide,
soit par sa profusion, soit par la grandeur des fleurs (fig. 76). C'est
que la vie florale, — nous l'avons déjà plusieurs fois reconnu, — est
soumise à des lois spéciales : parasite, la fleur n'atteint de fortes
proportions et ne se pare de son plus brillant coloris que sous le
puissant rayonnement du Soleil des Tropiques, alors qu'elle naît et
grandit sur des rameaux charnus, dont le parenchyme abondant reste

toujours gonflé de sucs nutritifs. Au contraire, les fleurs des Xylophylla (fig. 77) et des Ruscus sont remarquablement petites, parce qu'elles naissent sur des axes foliiformes, non pas charnus comme ceux des Cactées, mais parcheminés-ligneux. Toutefois de grandes fleurs, à folioles nombreuses et largement développées, transpirent abondamment; chez plusieurs de ces plantes, en raison de leur port, de leur exposition, de la sécheresse du sol et de l'air, de l'ardeur du climat, les fleurs ne pourraient supporter le grand jour sans se faner presque aussitôt : voilà pourquoi elles s'épanouissent la nuit. Fait digne d'être noté et qui n'est certes pas l'effet du hasard, toutes sont blanches ou jaunâtres, tandis que celles du même groupe qui s'ouvrent pendant le jour sont fréquemment teintées des nuances pourpres les plus vives et les plus riches. Parmi les Cierges serpents à floraison nocturne, le plus remarquable, le plus populaire en même temps, celui qu'on aime et recherche en France dans toutes les serres chaudes, est le Cierge à grandes fleurs (*Cereus grandiflorus* Mill.) du Brésil (planche IX). On ignore jusqu'où peut s'élever la beauté florale quand on n'a pas vu et admiré, car c'est tout un, ces merveilleuses fleurs de 18 à 20 centimètres de largeur, semblables à d'énormes Nénuphars, colorées extérieurement d'une tendre nuance nankin, et intérieurement du blanc le plus pur. Ces splendides créations de la nature tropicale commencent à s'entr'ouvrir, dans nos serres, pendant les soirées du mois de juillet, vers sept ou huit heures; à minuit, leur épanouissement est dans toute sa beauté; peu à peu les folioles se rapprochent, et vers huit ou dix heures du matin la fleur se ferme pour ne plus se rouvrir, après avoir exhalé pendant toute la nuit une odeur douce et pénétrante, complexe et indéfinissable, dans laquelle domine le suave parfum de la Vanille.

Outre les fleurs éphémères, il en est d'autres, les fleurs persistantes, caractérisées par la durée plus ou moins longue de leur épanouissement. La plupart d'entre elles restent ouvertes jour et nuit jusqu'au moment où la corolle se flétrit et tombe; les autres s'ouvrent et se ferment périodiquement un certain nombre de fois. On a donné à ces dernières différents noms depuis Linné; on les appelle d'ordinaire aujourd'hui *fleurs sommeillantes*, parce qu'elles sont considérées comme veillant pendant leur épanouissement et comme dormant pendant l'occlusion du périanthe. Les mouvements alternatifs d'écartement et de rapprochement des pétales sont dus aux mêmes causes qui provoquent les phénomènes de veille et de sommeil de certaines feuilles; dans les deux cas, l'origine de l'impulsion est la même, des variations de turgescence amenées par des variations correspondantes de l'activité végétative. Les fleurs sommeillantes dorment la nuit, comme celles des Nemophila et de la Pomme de terre, pour ne citer que les plus répandues dans les jardins ou les cultures, ou bien encore pendant la journée, comme celles de la *Victoria regia*. Ces dernières vivent deux jours dans nos aquariums de serre chaude, où elles s'épanouissent le soir vers cinq à six heures et se referment le lendemain matin vers huit à neuf heures, après avoir exhalé une pénétrante odeur de Vanille. Fait curieux, le périanthe reste parfaitement blanc pendant la première nuit, et devient carmin pendant la seconde et dernière nuit que durent les enveloppes florales.

Maintes fois on a demandé aux physiologistes et aux horticulteurs les moyens de prolonger la vie des fleurs coupées; nous possédons maintenant des notions suffisantes pour choisir, en connaissance de cause, parmi les procédés tour à tour préconisés dans ce but. Après avoir rappelé que les fleurs coupées ont une durée fort inégale et que celles des Monocotylédones en général font preuve à cet égard d'une grande force de résistance, nous remarquerons que, le grand ennemi à combattre étant la transpiration, d'autant plus à redouter que la corolle est plus grande et d'un tissu plus délicat, toute circonstance ralentissant la fonction favorisera évidemment la conservation. Dès lors, s'agit-il de garder les fleurs dans un appartement, après avoir plongé les bouts coupés dans l'eau d'un vase quelconque, on recouvrira le tout d'une cloche pour modérer la transpiration. Veut-on les faire voyager, on se gardera bien de les envelopper de mousse ou de coton, comme on le fait trop souvent : elles arriveraient fanées à destination, car ces substances, très-hygrométriques, en absorbant l'eau de transpiration, exciteraient la fonction; mais, après avoir collodionné ou cacheté avec de la cire les plaies des pédoncules, on enfermera hermétiquement les fleurs dans un sac d'étoffe imperméable ou, plus simplement dans du papier huilé.

Une dernière particularité de l'épanouissement, l'odeur exhalée par beaucoup de fleurs épanouies, nous arrêtera un moment.

Parmi les fleurs odorantes, il en est dont l'odeur repoussante les fait bannir des jardins, des serres, des appartements surtout, malgré leur éclatante beauté et leur rare élégance. Telles sont celles des Stapélies (planche IX), plantes grasses de la famille des Asclépiadées, localisées dans le sud du continent africain et remarquables par la singularité de leur port, l'étrangeté peu commune de leurs grandes et admirables fleurs, malheureusement aussi par l'insupportable odeur qu'elles exhalent. Qu'on imagine des plantes basses dont les tiges vertes, charnues, et dénudées par l'absence ou l'atrophie du feuillage, se couvrent de fleurs qu'on dirait en porcelaine capricieusement peinte ou découpées dans du velours pittoresquement brodé d'arabesques multicolores. Fleurs bronzées, dorées, chinées, tigrées, damassées, sans leur repoussante odeur, on ne se lasserait pas d'admirer ces précieux joyaux de la flore du Cap, nés sous ce climat excessif et violent dont les longs jours de sécheresse et les étés brûlants ; elles impriment à la végétation entière un cachet singulier, étrange, insolite, qui frappe, et qu'on n'oublie plus.

D'autres fleurs, en très-grand nombre fort heureusement, ont au contraire un parfum agréable, souvent singulièrement capricieux il est vrai : changeant et même quelquefois disparaissant momentanément selon l'heure, la saison, le climat, l'individu, la partie de la fleur considérée, au point que sur une même fleur tel organe sera odorant et tel autre inodore ou d'odeur désagréable. Les fleurs des Orchidées exotiques (planche X), si recherchées pour les gracieuses bizarreries de leur conformation, sont encore souvent dignes d'attention par les variations inexplicables de leurs odeurs. Un écrivain horticole bien connu, M. E. André, a publié il y a quelques années de nombreuses observations de ce genre, entre autres les suivantes. Ces fleurs sentent : l'héliotrope le matin et le lilas le soir chez le *Dendrobium glumaceum;* le muguet le matin et la rose le soir chez le *Phalænopsis schilleriana* (Rchb. f.) ; le *Dendrobium nobile* (Lindl.) a trois odeurs : de primevère le matin, de miel dans le milieu du jour, d'herbe récemment coupée le soir.

II. — FLORAISON

La floraison est la période d'épanouissement des fleurs d'un même végétal. Les plantes annuelles et bisannuelles sont monocarpiennes, et ne fleurissent qu'une seule fois dans le cours de leur existence ; les autres sont polycarpiennes, et fleurissent tous les ans, à partir d'un certain âge, jusqu'à leur mort.

Le temps qui s'écoule entre la fin de la germination et la première floraison est variable d'une espèce à l'autre. On a voulu à tort assimiler ce phénomène à celui de la nubilité chez les animaux, et l'on dit habituellement d'un végétal qui entre en fleurs pour la première fois qu'il devient adulte. Pour que l'expression fût juste, la première floraison devrait exclusivement se faire sur les branches formées pendant la première année de l'existence de la plante, la seconde sur le bois de la deuxième année, la troisième sur le bois de la troisième année, et ainsi de suite ; ce qui n'est pas.

Chaque espèce fleurit pour la première fois à un âge déterminé et variable avec la longévité du sujet ; plus les espèces vivent longtemps, plus leur première floraison se montre tard. Les causes de ces inégalités sont les unes physiologiques et les autres physiques. Comme condition physiologique, il faut noter qu'avant de fleurir la plante doit être en état de nourrir ses fleurs, être en possession par conséquent de réserves alimentaires suffisantes, ce qui implique une certaine puissance du feuillage, conséquemment un développement équivalent des ramifications aérienne et souterraine ; aussi les fleurs sont-elles en petit nombre lors des premières floraisons ; plus nombreuses elles épuiseraient la plante, et, pour la bonne santé du végétal, il faut toujours un juste équilibre entre l'abondance de sa floraison et la puissance de ses moyens de nutrition. Parmi les influences de même ordre, il en est une autre d'origine encore mystérieuse que l'on appelle prédisposition naturelle et en vertu de laquelle, des différents sujets issus d'un même semis, il en est qui fleurissent plus tôt que les autres. Le bouturage et la greffe sont des moyens certains, journellement employés dans la pratique horticole, d'avancer l'époque de la première floraison. On bouture la plante lente à fleurir, puis on détache

27

successivement une bouture sur le pied formé par la bouture précédente jusqu'à ce qu'on obtienne enfin un sujet disposé à fleurir ; la
marche des phénomènes et les résultats qu'on obtient varient selon le
mode de floraison de la plante sur laquelle on opère. Pour faire mieux
comprendre et donner en quelque sorte la théorie de l'effet produit par
ces bouturages successifs, prenons un exemple, supposons qu'il s'agisse
d'une espèce fleurissant sur le bois de l'année, c'est-à-dire organisée
de telle façon que les rameaux portent fleurs l'année même de leur
naissance, et admettons enfin que la première floraison n'ait lieu
qu'au bout de dix ans en moyenne. Dans cette espèce, c'est donc seulement à partir de la dixième génération que les rameaux produisent
des fleurs, et en laissant la végétation suivre son cours naturel il faut
attendre dix ans la première floraison de la plante venue par semis.
On gagne du temps, on hâte l'arrivée de la dixième génération de rameaux, la première qui soit florifère, par des bouturages successifs
qui permettent de supprimer les repos annuels de la végétation libre.
La greffe donne les mêmes résultats, explicables de la même manière.

Parmi les causes physiques qui déterminent l'époque de la première floraison, le climat et le mode de culture ont une influence prépondérante, trop facile à comprendre pour qu'il soit utile d'en parler
ici.

Dans les espèces polycarpiennes, une fois la première floraison obtenue, la plante fleurit tous les ans, à des époques déterminées et variables avec l'espèce. Ordinairement il n'y a qu'une floraison par an;
exceptionnellement chez nos espèces à floraison printanière (arbres
fruitiers, Lilas, Marronniers, etc.), les automnes chauds et humides
amènent souvent une seconde, parfois même une troisième floraison:
la raison de cette irrégularité est facile à trouver. Dans ces espèces, le
bourgeon à fleurs est organisé dès l'automne; si en règle générale il
ne s'épanouit pas alors, cela tient uniquement à l'abaissement de la
température; par conséquent, lorsque l'automne est exceptionnellement
chaud, quelques-uns des bourgeons, qui normalement ne devaient
s'épanouir qu'au printemps suivant, devanceront l'époque et s'ou-
vriront en automne au détriment de la richesse de la floraison normale suivante. Cette particularité fait croire au public, qui ne se rend
pas compte de la cause et voit seulement l'effet produit, que les florai-

sons automnales affaiblissent les arbres et les rendent incapables de porter l'année suivante autant de fruits qu'à l'ordinaire. En réalité, il n'y a pas là d'affaiblissement véritable, seulement l'ensemble des bourgeons arrivés à terme, au lieu de s'épanouir tous ensemble selon la règle, fleurissent en deux fois : le plus petit nombre, prématurément, en automne ; les autres, régulièrement, au printemps. L'Horticulture a su créer des variétés dites *remontantes* donnant normalement deux floraisons par an ; on pense généralement que l'obtention de pareilles variétés est un pur effet du hasard et que toutes les espèces, convenablement traitées, sont capables d'en fournir ; c'est là une erreur, comme nous le prouverons en faisant connaître plus loin les principes de la culture forcée.

Chaque espèce, chaque type, a, pour fleurir, son époque de prédilection. Parmi les plantes indigènes ou communes dans les jardins, la floraison est :

1° Printanière chez les Ancolies, Anémones, Auricules, Fritillaires, Jacinthes, Pivoines, Primevères, Tulipes, Violettes, etc., etc.;

2° Estivale chez les Balisiers, Balsamines, Calcéolaires, Capucines, Glaïeuls, Héliotropes, Lis, Œillets, Pieds d'Alouette, etc.;

3° Automnale chez les Colchiques, Cyclamen, Dahlia, Phlox, Reines-Marguerites, etc., etc.;

4° Hivernale chez les Hellébores, Roses de Noël, Perce-Neige, Safrans printaniers, etc., etc.

Ces différences tiennent à la façon dont naissent les fleurs.

La fleur réclame, — on ne saurait trop le répéter, car cette exigence est la cause première de tous ses actes, — de l'air et surtout de la lumière qui la colore de ses vives couleurs, d'où la tendance bien accusée de cet organisme à naître au sommet de la ramification ; d'autre part, une pareille situation la livre sans défense aux intempéries des saisons qui arrêtent son épanouissement : au printemps, dans le Nord, où le froid la ferait périr ; en été, dans le Midi, où les rayons trop brûlants du soleil la tueraient. Nous voici donc de nouveau en face de deux conditions incompatibles qu'il s'agit de concilier au mieux des intérêts de la floraison ; or le conciliateur est ici le feuillage, qui abritera plus ou moins selon les saisons les fleurs épanouies. Ce rôle, pour être rempli convenablement, réclame un mode de floraison déterminé et variable selon le degré de protection demandé au feuillage. Mais le problème à résoudre est plus complexe encore, car un troisième élément, dont nous n'avons pas tenu compte jusqu'ici, entre dans sa solution ; il ne suffit pas en effet que la fleur trouve pendant la durée de son épanouissement un climat en rapport avec la délica-

Fig. 275. — Floraison terminale sur le bois de l'année du Vinettier (*Berberis vulgaris* Lin.).

tesse plus ou moins grande de son organisation, il faut en outre que le fruit qui suivra rencontre à son tour les conditions indispensables à son accroissement et à sa maturation. Telle est l'origine des liens qui rattachent au climat le mode et l'époque de la floraison ; entrons dans quelques détails à cet égard. Au premier abord, la disposition qui paraît concilier le mieux les exigences antagonistes, la seule par consé-

quent qu'on devrait rencontrer, est celle que les praticiens nomment
la floraison sur le bois de l'année. Dans ce cas, chaque bourgeon, pendant qu'il s'allonge en rameau, émet de ses régions axillaires des
fleurs qui se trouvent naturellement protégées par les feuilles voisines,
plus ou moins selon la conformation de celles-ci. Il s'établit donc
pour chaque plante en particulier, entre le climat d'une part, le port,
la grandeur, la conformation des fleurs et des feuilles de l'autre, une
corrélation dont chacun comprend la nécessité et la nature. Par
exemple, les feuilles voisines des fleurs prendront moins d'ampleur

Fig. 270. — Floraison terminale sur le bois de l'année du Vernis du Japon (*Ailantus glandulosa* Desf.)

que les autres, deviendront petites et simples, seront des bractées le
plus souvent, si la floraison a lieu sous un climat tempéré ; par un ciel
brûlant, loin de l'ombrage des forêts, les feuilles devront être grandes
et composées de nombreuses folioles qui s'étendront sur les fleurs
comme un écran à claire-voie, tamisant, tempérant, la lumière sans
l'arrêter complétement.

La floraison sur le bois de l'année, le seul mode possible chez les
plantes annuelles, se produit toujours assez tard, car il faut que le végétal ait préalablement organisé un nombre suffisant de feuilles afin
de pouvoir nourrir ses fleurs. Chez les autres espèces, cette floraison
type est parfois heureusement modifiée par les circonstances. Elle
offre en effet un inconvénient qui la rend impossible sous certains cli-

mats, celui d'être toujours plus ou moins tardive, d'avoir lieu au plus tôt à la fin du printemps, ou en été, parfois à l'automne, selon les espèces et les conditions extérieures; dans ce dernier cas, la fructification est compromise si l'hiver n'est pas suffisamment doux et même chaud. La floraison sur le bois de l'année est de plus inconciliable avec de grandes feuilles simples, surtout si elles sont persistantes, qui couvriraient les fleurs d'une ombre devenant de plus en plus épaisse avec le temps;

Fig. 277. — Floraison axillaire sur le bois de l'année du *Robinia pseudo-Acacia* Lin.

aussi, dans nombre de cas, la floraison sur le bois de l'année doit-elle changer de caractère, d'axillaire devenir terminale, en restant automnale si la rudesse du climat n'interrompt pas la végétation, printanière s'il en est autrement. Les plantes du premier type, après avoir organisé des rameaux et des feuilles pendant la première période de leur activité, c'est-à-dire durant le printemps et une partie de l'été, épanouiront leurs fleurs terminales à la fin de l'été ou dans les premiers jours de l'automne. Le reste de l'année et le commencement du printemps suivant seront consacrés à la fructification. Toutefois ce mode de végétation subit bien des variantes amenées par la nature du feuillage et du climat; par exemple, comme nous venons de le remarquer, si la fin de l'automne est froid, l'hiver rigoureux, les boutons s'engourdiront au lieu de s'épanouir, pour ne s'éveiller qu'au prin-

Fig. 278. — Floraison sur le bois de deux ans du *Chimonanthus fragrans* Lindl.

temps suivant, et la floraison se fera sur le bois de deux ans. Dans ces circonstances, il arrive souvent que la floraison précède la foliation et donne alors à l'arbre ou à l'arbuste une physionomie à part qui les font d'autant plus rechercher et admirer qu'en cette saison les fleurs sont excessivement rares dans les jardins. C'est ainsi que se comportent le Chimonanthe odoriférant (*Chimonanthus fragrans* Lindl.), le Jasmin à fleurs nues (*Jasminum nudiflorum* L.)

les Forsythia, etc., qui tous fleurissent du mois de décembre aux mois de février et de mars. Mais sous nos climats encore sévères de telles floraisons sont exposées à bien des accidents qui en compromettent l'existence. Une gelée de quelques heures suffit pour tromper l'espoir de l'amateur. Naturellement, il y a un choix à faire dans ces espèces selon leur précocité, la nature de l'inflorescence, les dimensions et les formes des corolles, l'attitude des fleurs, etc., toutes conditions qui les rendent plus ou moins délicates et impressionnables au froid. Plus les fleurs sont petites et serrées les unes contre les autres, mieux elles résistent aux sévices du climat ; aussi, chez nos espèces indigènes dont la floraison précède la foliation, les fleurs satisfont-elles à ces conditions, témoin le Cornouiller mâle (*Cornus mas* Lin.), arbrisseau de quatre à cinq mètres de hauteur si commun dans nos bois, dont les petites fleurs, jaunes et insignifiantes, serrées les unes contre les autres et disposées en courtes ombelles, naissent avant les feuilles. Les espèces à grandes fleurs appartenant à ce groupe sont étrangères à notre pays, et ne s'y naturaliseront jamais complétement ; sans doute nous parvenons à faire vivre et même fleurir dans nos jardins un certain nombre d'entre elles, mais combien leur existence y est précaire, leur floraison capricieuse et accidentée! Rien de plus gracieux et de plus élégant il est vrai que la fleur du Magnolia Yulan Desf. ; malheureusement une seule gelée tardive flétrit ces grandes corolles et parsème de vilaines taches de rouille leurs pétales d'un blanc si pur et si éclatant !

Si les premières phases de la vie florale, épanouissement et fécondation, peuvent précéder sans inconvénient la foliation, se produire sur l'arbre dépouillé, se passer de la feuille, et s'accomplir grâce aux réserves accumulées dans le corps ligneux, ces ressources sont trop bornées néanmoins pour mener à bien la fructification, et le temps qui s'écoule entre la floraison et la foliation ne saurait être long sans compromettre la vie de l'arbre. Tous les ans, les Ormes de nos avenues et de nos routes nous confirment dans cette opinion. Chez eux, les fleurs sont excessivement nombreuses et précèdent les feuilles ; or fréquemment les branches qui se font remarquer par l'abondance exceptionnelle de leur floraison meurent ensuite avant de se feuiller. La raison de cette mort prématurée nous est connue : nous savons que la feuille, à ses débuts dans la vie, emprunte à la plante ses premiers

matériaux de nutrition ; si donc une branche est épuisée par une production fruitière exagérée, les feuilles ne pourront s'organiser, la vie
ne tardera pas à s'éteindre dans les éléments anatomiques de son bois
et de son écorce, et la branche périra.

Avant de poursuivre notre examen des principaux modes de floraison
son et la recherche des conditions dans lesquelles ils deviennent nécessaires, justifions nos précédentes considérations par deux exemples
pris au hasard et empruntés à des plantes, l'une le Bibacier ou Néflier
du Japon, maintenant assez répandu dans nos jardins, l'autre le Tamarinier, dont le nom est bien connu de tout le monde.

Le Néflier du Japon (*Eriobotrya Japonica* Lindl.) a été, dit-on, introduit de Canton en France en 1784. Incapable de supporter une
température de 10 à 12° au-dessous de zéro, il reste à Paris un simple
arbuste d'ornement, réclamant l'orangerie en hiver. Dans le midi de
la France et surtout en Algérie, sa culture prend une importance croissante ; dans ces régions, il est devenu un arbre fruitier estimé, dont
les fruits, semblables à de petits abricots à chair jaunâtre, fondante,
d'une saveur sucrée agréable, commencent à se montrer sur les marchés de Paris. Dans son pays natal et dans le sud de l'Europe, c'est un
bel arbre de 4 à 6 mètres de hauteur ; dans le Nord, il atteint seulement 2 à 5 mètres, preuve entre mille autres tout aussi pro-
bantes que dans la même espèce la taille des individus décroît à mesure que le climat devient plus rigoureux. Son feuillage persistant ressemble, quant à la forme, à celui du Châtaignier. Ses grandes feuilles,
entières, longues de 20 à 40 centimètres, larges de 8 à 9 centimètres,
sont d'un vert luisant en dessus, cotonneuses et de couleur légèrement ferrugineuse en dessous. Avec un tel feuillage, tout à la fois
abondant et persistant, formant un couvert assez épais, la floraison
doit être terminale d'après nos principes ; poursuivant notre diagnostic, nous ajouterons que cette floraison terminale sera automnale dans
les pays chauds, printanière dans les pays froids, qu'enfin la fructification ne réussira que sous le climat du Midi ; partout ailleurs, les
fruits venus à contre-saison, — puisque l'épanouissement des fleurs
aura lieu au printemps, — seront gênés dans leur développement par
la foliation nouvelle qui s'interposera comme un écran épais entre
eux et l'air extérieur. Les faits confirment toutes ces prévisions. Chez le
Néflier du Japon, les inflorescences sont terminales, composées de

fleurs blanches de la grandeur de celles de l'Aubépine, exhalant une
odeur forte, mais agréable, d'amandes amères, s'épanouissant pendant
les mois d'octobre et de novembre ; quant aux fruits, ils mûrissent à
la fin de mai dans le midi de la France, par conséquent avant que le
feuillage nouveau ait pris un accroissement nuisible pour eux. En
plein air, sous le climat de Paris, ou bien les fleurs périssent par les
froides nuits d'automne, ou bien plus ordinairement les boutons,
arrêtés dans leur croissance par l'insuffisance de la température, ne
s'épanouissent qu'au printemps suivant.

Le Tamarinier (*Tamarindus indica* Lin.) est un grand et bel arbre,
originaire, comme son nom l'indique, de l'Inde, ou peut-être de l'Afrique, qui s'est promptement propagé dans toutes les régions intertropicales. Dans la basse Égypte, — nous disent les voyageurs, — pays où
il développe une cime énorme, arrondie et touffue, ses fleurs jaunes
se montrent pendant les mois de juin et de juillet ; et ses fruits, vulgairement nommés *tamarins* dans nos colonies, sont des gousses cinq
ou six fois plus longues que larges qui mûrissent à la fin de l'été ;
elles contiennent une douzaine de graines sous un péricarpe charnu
dont la pulpe, arrivée à maturité, ressemble beaucoup, par l'aspect
seul, à la chair des nèfles bien mûres ou encore à du pruneau
cuit.

Étant donnés ces renseignements, rien ne nous est plus facile que
d'indiquer les caractères principaux de la feuille et du mode de floraison. Les fleurs, s'épanouissant pendant la période des plus fortes
chaleurs, ne peuvent être terminales, le soleil les grillerait ; elles seront
donc axillaires et naîtront sur le rameau de l'année, réunies en grappes
protégées par de grandes feuilles composées. En outre, circonstance
particulièrement favorable et qui leur donne la force de résister aux
ardeurs du climat, ces fleurs sont papilionacées, appartiennent par
conséquent au groupe des corolles dialypétales, les mieux ordonnées
de toutes pour abriter les organes internes des rayons du soleil, tout
en laissant passer la quantité d'air et de chaleur qui leur est nécessaire. La corolle gamopétale est une disposition fort inférieure en effet
sous ce rapport : d'une seule pièce, elle ne peut comme la corolle dialypétale se plier aux circonstances, s'ouvrir largement ou seulement
s'entr'ouvrir, dégager entièrement les organes reproducteurs ou les
voiler plus ou moins, selon l'heure et la durée de l'épanouissement.

grâce à l'indépendance mutuelle de ses pétales, véritables stores mobiles qui se rapprochent ou s'écartent pour ombrager convenablement le pistil tout en permettant à l'air de filtrer à travers ses folioles disjointes. Un tel jeu est impossible à la corolle gamopétale : selon sa conformation, suivant que la gorge est étroitement étranglée ou largement ouverte, elle arrête ou laisse indifféremment passer tout à la fois la lumière et l'air, constituant en somme un appareil protecteur bien inférieur à l'autre et utilisable seulement dans des circonstances spéciales. En d'autres termes, entre les corolles gamopétales et dialypétales il y a les mêmes différences qu'entre la fenêtre nue supportable seulement sous un ciel doux et tempéré, et la fenêtre des contrées équatoriales avec son luxe nécessaire de jalousies et de stores arrêtant le soleil et ne laissant pénétrer dans l'appartement qu'un air rafraîchi par son contact avec des écrans maintenus humides. Si notre cadre fort restreint ne nous interdisait d'entrer dans d'aussi minutieux détails, nous montrerions que la corolle papilionacée, avec ses cinq pétales indépendants et inégaux, répartis dans un ordre invariable, est par excellence l'enveloppe protectrice des climats secs, brûlants pendant le jour, froids pendant la nuit ; il n'est donc point surprenant que le nombre des représentants de l'immense famille des Légumineuses augmente progressivement du pôle à l'équateur, bien que tous n'aient pas des fleurs papilionacées, auxquelles ils suppléent alors par d'autres dispositions d'une suffisante efficacité.

L'étude que nous faisons à propos du Bibacier et du Tamarinier peut se répéter avec le même succès sur une espèce quelconque ; partout et toujours l'organisation végétale obéit à cette loi que la plante en général, que la fleur en particulier, ne sont pas des assemblages incohérents d'organes disparates réunis par un caprice du hasard, mais des unions harmonieuses commandées par le climat d'organes choisis d'après leur conformation ; quant aux associations d'organes incompatibles, elles amènent immédiatement une monstruosité qu'une mort prématurée fait bientôt disparaître. Il y a donc des associations organiques qui se conviennent, d'autres qui se repoussent, et cela indifféremment chez les animaux comme chez les végétaux ; jamais, par exemple, n'a vécu et ne vivra un animal ayant une énorme tête d'éléphant suspendue à l'extrémité d'un long cou de girafe. G. Cuvier s'est illustré par l'application de ce principe de la corrélation des formes organiques à la reconstitution des espèces animales éteintes, principe qui permet, étant donné un os, même un fragment d'os quelconque, d'un animal vertébré, d'en reconstituer par la pensée le squelette, de dessiner ses formes et d'indiquer ses mœurs. Jamais ce travail n'a été entrepris pour le Règne végétal ; par la suite, en décrivant quelques types végétaux, recommandables à un titre ou à un autre, nous nous appuierons sur ce principe si fécond, et nous essayerons d'en montrer l'utilité pour l'interprétation des formes et des fonctions végétales.

Fig. 279. — Loupes ou Broussins du Noyer.

Nous savons maintenant comment et pourquoi la floraison sur le bois de l'année se transforme, dans beaucoup de cas, en une floraison sur le bois de deux ans. En poursuivant cet ordre de faits, nous rencontrerions des espèces chez lesquelles la floraison, terminale comme la précédente, emploierait plus de deux ans avant d'épanouir ses boutons ; tel est le cas, déjà connu de nous, des Poiriers et des Pommiers. Ces modes de floraison, souvent très-différents les uns des autres, ont néanmoins un trait commun : chez tous, le rameau floral, pédoncule simple ou ramifié, meurt après fructification, est *annuel* en un mot ; mais il existe des espèces, en très-petit nombre il est vrai, chez lesquelles ce rameau est *vivace*, en sorte que l'arbre produit dans ce cas deux sortes de branches : des branches ordinaires, aux ramifications élancées et feuillées, au moins pendant la première année; des branches florales, aux ramifications très-courtes, rudimentaires, privées de feuilles proprement dites, dont l'ensemble constitue une sorte d'empâtement, de *loupe* ou de *broussin*, d'une nature particulière. L'excroissance ligneuse, au lieu d'émettre pendant chacune de ses périodes de végétation de courtes et grêles brindilles feuillées comme le broussin ordinaire, celui de l'Orme entre autres, organise à son heure une inflorescence si courte, si ramassée sur elle-même, et si peu volumineuse en même temps, que les fleurs semblent directement insérées sur le tronc ou les branches. En pareil cas, les jardiniers disent que l'arbre fleurit sur le vieux bois, voulant exprimer par là que les fleurs ne se montrent plus, conformément à la règle ordinaire, sur les ramifications les plus jeunes, mais bien sur les plus anciennes, sur le corps des branches et de la tige. Parmi ces espèces rares, nous en citerons deux, l'Arbre de Judée ou Gaînier et le Caroubier, répondant chacune à des conditions différentes de végétation, ayant toutefois l'une et l'autre de ces corolles papilionacées si bien conformées pour protéger les organes reproducteurs contre les excès d'un rayonnement solaire trop intense.

L'Arbre de Judée (*Cercis siliquastrum* Lin.) est un arbre de troisième grandeur, originaire du pourtour du bassin méditerranéen et depuis longtemps naturalisé aux environs de Paris. Son feuillage abondant mais caduc, ses feuilles larges et simples, disposition exceptionnelle dans la famille des Légumineuses à laquelle il appartient, rendent obligatoire pour lui une floraison printanière précédant la foliation. Ses nombreuses et jolies fleurs purpurines s'épanouissent en effet aux premiers jours du printemps, bien avant les feuilles; elles se montrent sur le tronc et les branches, où leur vive couleur tranche agréablement sur la teinte sombre de l'écorce. Tous les ans, on en voit naître aux mêmes endroits, sur des *broussins floraux* qui vivent à l'aisselle d'anciennes feuilles dont toutes traces ont depuis longtemps disparu.

Le Caroubier (*Ceratonia siliqua* Lin.) est un bel arbre de seconde grandeur qui croît spontanément dans les mêmes contrées que le précédent, mais se rapproche pourtant davantage de l'équateur; aussi sa nature plus frileuse réclame-t-elle dans le nord et le centre de la

France la protection de l'orangerie en hiver. L'espèce est dioïque ; cependant on rencontre çà et là sur les différents pieds des fleurs hermaphrodites. Son feuillage persistant est formé de feuilles composées,
— caractère exceptionnel dans les feuillages vivaces, — comptant
chacune de 6 à 8 folioles. Au mois d'août s'épanouissent les fleurs,
petites, d'un pourpre foncé, réunies en courtes grappes sur le vieux
bois. Les fleurs femelles produisent des gousses, longues de $0^m,50$ en-

Fig. 280. — Floraison sur le vieux bois du Caroubier (*Ceratonia siliqua* Lin.).

viron, contenant une pulpe rougeâtre, comestible mais peu estimée,
qu'en Espagne et en Italie, où l'arbre est cultivé dans ce but, on donne
aux bestiaux. Il est facile de saisir la parfaite entente de ces dispositions organiques. Avec un feuillage abondant et persistant, la floraison devrait être terminale, mais l'ardeur du climat s'y oppose ; alors,
pour échapper à ce danger et recevoir néanmoins la somme de lumière, d'air et de chaleur nécessaire, les fleurs naissent sur le vieux
bois, assez loin du feuillage pour ne pas rester dans l'obscurité, assez

près cependant pour être garanti par lui du soleil. Les feuilles, avec leur limbe découpé en folioles et non plus entier comme dans l'espèce précédente, facilitent la conciliation entre ces exigences antagonistes.

Nous venons de voir les conditions auxquelles sont astreintes les espèces qui fleurissent sur le vieux bois suivant qu'elles habitent des climats tempérés-froids ou tempérés-chauds ; pour être complet, nous aurions maintenant à signaler les dispositions particulières à celles qui vivent sous la zone torride ; mais les détails dans lesquels nous sommes entré suffisent amplement pour faire comprendre ce genre de phénomènes. Nous compléterons plus tard cette étude en parlant du Cacaoyer et des Figuiers.

Pour terminer l'histoire de la floraison, il nous reste une question importante à traiter et à savoir pourquoi la durée de la floraison est très-inégale selon les espèces. Ainsi, tout le monde est frappé de l'abondance mais en même temps du peu de durée de la floraison chez nos arbres fruitiers à noyaux ; du jour au lendemain, un Amandier, un Cerisier, se couvrent de fleurs ; quelques jours après, leurs pétales jonchent le sol. Dans d'autres espèces au contraire, la floraison est maigre sans doute, mais persiste pendant une grande partie de la belle saison. Les considérations précédentes expliquent ces différences. La floraison a-t-elle lieu, comme chez nos arbres fruitiers à noyaux, sur le bois de deux ans, qu'elle soit terminale ou latérale peu importe, dès le retour du printemps tous les boutons formés l'année précédente s'éveillent en même temps, s'épanouissent à la fois. La floraison se produit-elle au contraire sur le rameau de l'année, les fleurs se succèdent tant que le rameau s'allonge et tant que l'abaissement de la température n'arrête pas l'évolution de celles-ci. Concluons donc que les conditions à remplir pour qu'un arbre ou arbuste ait une longue floraison, soit un *semperflorens* (toujours fleuri) comme disent les jardiniers, sont :

1° Une floraison axillaire sur le bois de l'année ;

2° Des rameaux composés d'un grand nombre d'entre-nœuds plus ou moins longs, selon la grandeur des fleurs et des feuilles, ainsi que le degré de protection exigé par le climat.

Le type par excellence serait le rameau dont chaque nœud porterait une inflorescence ; mais alors, la fructification terminée, il se dénuderait entièrement et périrait si chaque région axillaire ne produisait que des boutons, comme il arrive généralement aux pédoncules simples ou ramifiés ; d'où l'obligation pour les rameaux ordinaires, à boutons axillaires, d'avoir au moins deux bourgeons à chaque nœud : l'un, un bouton, s'épanouira l'année même de sa naissance ; l'au tre, un bourgeon à feuille, l'année suivante, et seulement l'année suivante, dans les circonstances normales pour ne pas nuire à la floraison. D'ailleurs, dans les espèces à floraison axillaire, une particularité d'évolution vient d'ordinaire favoriser l'épanouissement des fleurs ; le bourgeon terminal meurt naturellement après avoir organisé un certain nombre d'entre-nœuds. Cette particularité de végétation, qu'on observe dans le Robinia entre autres, doit exciter les boutons inférieurs à s'épanouir au lieu de sommeiller et d'avorter comme le font habituellement les bourgeons placés au bas des rameaux, car on sait qu'en *pinçant* un rameau, c'est-à-dire en détachant avec les ongles son bourgeon terminal, on provoque l'épanouissement des yeux endormis.

IV. — FÉCONDATION

Dans un précédent chapitre, suivant pas à pas le développement progressif de l'ovule, nous terminions en faisant observer qu'à un moment donné on distingue dans le sac embryonnaire, vers son extrémité micropilaire, un ou plusieurs et communément deux corpuscules d'une nature particulière : ce sont de microscopiques masses d'une matière diffluente, privées d'enveloppes propres, et que nous avons nommées vésicules embryonnaires. L'apparition de ces vésicules termine l'évolution de l'ovule ; désormais il ne saurait acquérir une organisation plus complexe du fait de sa propre initiative, et si une excitation étrangère communiquée aux vésicules ne vient pas en temps utile lui redonner une nouvelle puissance organisatrice à la place de celle qui s'est éteinte spontanément son œuvre accomplie, l'ovule vivra quelques jours encore, puis mourra, et d'ordinaire sa mort entraînera celle de l'ovaire tout entier, en sorte que la fleur passera sans donner de fruit.

Cette excitation étrangère ou *fécondation*, qui fait revivre l'ovule sous une autre forme, celle de graine, lui est communiquée par le grain de pollen. Les preuves de cette vérité abondent.

Si, dans une fleur hermaphrodite, on supprime les étamines avant l'anthèse ou déhiscence des anthères, et qu'après l'opération on enveloppe hermétiquement la fleur d'une gaze légère qui lui permette de respirer, mais intercepte les poussières et arrête les insectes, aucun grain de pollen étranger ne pourra lui parvenir; dans ces conditions, elle reste toujours stérile et son fruit ne noue jamais. Même résultat pour les pieds femelles des espèces dioïques en situation telle que le pollen des pieds mâles ne puisse arriver sur leurs fleurs pistillées : celles-ci demeurent stériles. Les exceptions, d'ailleurs assez rares, à cette règle ne sont qu'en apparente contradiction avec le principe de la nécessité de l'intervention du pollen pour la fructification, puisque, dans les cas où des pieds femelles ont porté des fruits hors de la portée des pieds mâles, le fait a toujours tenu à la formation accidentelle sur ces sujets de fleurs hermaphrodites pourvues d'un pollen régulièrement conformé. Réciproquement, des individus femelles ont fructifié exceptionnellement les années où on a pu saupoudrer leurs pistils du pollen recueilli sur des pieds mâles de leur espèce, régulièrement tous les ans, après qu'on les eut rendus monoïques en greffant sur eux des rameaux empruntés aux pieds mâles. Ainsi, l'excitation qu'attend l'ovule lui vient, à n'en pas douter, du grain de pollen ; mais, l'ovule étant communément enfermé dans une cavité entièrement close, l'ovaire, par quelle voie pourra-t-il recevoir cette excitation? Telle est la première et la plus grande difficulté que l'acte de la fécondation rencontre dans son accomplissement, et voici de quelle façon ingénieuse est écarté l'obstacle en apparence insurmontable, car le grain de pollen, très-petit à la vérité puisqu'il n'a que quelques centièmes de millimètre de diamètre, ne l'est pas encore assez pour filtrer à travers les tissus qui le séparent de l'ovule. Heureusement, ce corpuscule animé est doué d'une remarquable aptitude : de même que la graine suffisamment jeune germe dès qu'elle trouve un terrain convenable, pareillement le grain de pollen, qui garde encore sa vitalité, entre en végétation aussitôt qu'il tombe sur un stigmate de nature appropriée à la sienne. On le voit alors se gonfler, puis émettre, à travers les déchirures ou les ouvertures régulières de sa membrane externe, des filaments excessivement grêles, simples ou très-rarement ramifiés, nommés *boyaux* ou *tubes polliniques*, constitués par une membrane mince, extension de l'endhyménine, dans laquelle est emprisonnée de la fovilla. La végétation des tubes polliniques a beaucoup d'analogie avec celle de certains Champignons entophytes : trouvant dans les tissus qu'ils traversent une nourriture abondante, ils s'enfoncent bientôt dans le stigmate, comme la radicule de l'embryon dans le sol, descendent dans l'ovaire en s'insinuant entre les cellules du tissu conducteur du style, rampent sur la face interne de la paroi ovarienne, gagnent un ovule, puis, toujours cheminant, pénètrent par l'orifice micropylaire, et s'arrêtent enfin à la surface extérieure du nucelle. Ce que le grain de pollen tout entier ne pouvait faire, arrêté par sa grosseur relativement trop grande, le tube pollinique l'accomplit aisément grâce à sa ténuité extrême et à sa longueur, car s'il a seulement quelques millièmes de millimètre d'épaisseur, sa taille dépasse toujours plusieurs centaines de fois le diamètre du grain de pollen. Comme toutes les végétations, la rapidité de celle-ci, et les proportions qu'acquièrent les tubes polliniques, dépendent de conditions multiples : de la nature du granule pollinique, des ressources alimentaires qu'il peut tirer du pistil sur et dans lequel il vit, de la longueur du style, des circonstances extérieures, etc., etc.; toutefois elle offre déjà ce trait, non sans analogue, que pendant sa durée le grain de pollen d'abord, puis les tubes polliniques eux-mêmes, se dessèchent et meurent progressivement de la base à l'extrémité libre, à mesure que se dessèchent et meurent également, en premier lieu le stigmate, puis de proche en proche le style; le tube pollinique se comporte donc comme la plante rampante ou le rhizome, dont les parties les plus âgées se détruisent pendant que de nouveaux axes ou portions d'axes naissent et grandissent. Les tubes polliniques mettent des jours, des semaines ou des mois selon les espèces, pour accomplir le trajet du stigmate au sommet du nucelle, et conduire le fluide vivifiant à la vésicule embryonnaire. Parvenu au terme de sa course, à travers les minces parois qui les séparent, de mystérieuses communications s'établissent entre le tube pollinique et les vésicules; une seule communément, parfois plusieurs d'entre elles, comme chez les Orangers, reçoivent une activité nouvelle, qui se manifeste d'abord par la formation d'une membrane de cellulose dans laquelle elle s'enferme complétement, puis peu à peu par son grossissement, et finalement par sa segmentation, à l'aide d'une cloison transversale, en deux cellules superposées. Ces deux cellules, quoique d'origine commune, n'ont pas les mêmes aptitudes ni les mêmes destinées. La cellule la plus voisine de la paroi engendre, par des segmentations successives, une sorte de filament qui, fixé au sac embryonnaire dans le voisinage du point où s'est arrêté le tube pollinique, sert à suspendre l'embryon dans la cavité ovarienne, fonction temporaire qui lui a valu le nom de *filet suspenseur*, ou tout simplement de *suspenseur*. La seconde cellule ou cellule inférieure est le premier rudiment, la cellule-mère de l'embryon. L'une et l'autre s'organisent de façon différente, puisque la première ne forme qu'une file de cellules, au lieu que la seconde, par des segmentations répétées, produit d'abord un globule celluleux qui devient plus tard ovoïde, et dans lequel se dessinent et s'organisent successivement les diverses parties de l'embryon. Dès l'apparition des premiers linéaments de ce dernier, l'ovule change de nom et devient graine.

Élaborer le grain de pollen, le mettre à même de constituer ses tubes polliniques, leur permettre d'arriver au contact du nucelle, donner au pistil les moyens d'organiser les ovules, au fruit la possibilité d'élever les graines, tels sont les actes, toujours les mêmes, dévolus à l'appareil floral. Mais si la fonction est une, les circonstances extérieures au milieu desquelles elle s'accomplit sont infiniment variables, d'où la raison des mille transformations de cet appareil. D'abord, une végétation aussi délicate et d'une nature aussi particulière que celle du grain de pollen doit forcément, pour s'accomplir, non-seulement réclamer le concours des agents ordinaires de toutes les végétations en général, mais encore présenter certaines exigences spéciales qui lui soient propres et la caractérisent : exigences dont nous allons maintenant montrer la réalité.

Les fleurs étant hermaphrodites dans la majorité des espèces, et d'ailleurs organisées de telle façon que les pistils font suite immédiatement aux étamines, en sorte que ces deux groupes d'organes sont toujours contigus, il est naturel d'en conclure que les pistils sont toujours exclusivement fécondés par le pollen de leur propre fleur. Cette opinion a longtemps régné en effet dans la science ; elle était corroborée par cet autre fait d'observation que la fécondation est d'autant plus certaine entre fleurs d'espèces différentes, qu'elles appartiennent à des types plus voisins. Ainsi, dans un but d'expérimentation ou dans un intérêt horticole, on a maintes fois essayé ce qu'on appelle maintenant des *fécondations artificielles*, prenant du pollen dans une fleur pour le déposer sur les stigmates d'une autre fleur. L'ensemble des résultats obtenus, les uns heureux, les autres malheureux, montre que la fécondation artificielle est très-facile entre fleurs de même espèce appartenant à des variétés différentes, difficile entre fleurs d'espèces distinctes mais de même genre. Dans ce dernier cas, la marche des phénomènes présente des bizarreries qui prouvent que la parenté botanique telle que la science la conçoit n'est pas toujours la parenté réelle, puisque parfois l'opération échoue sur des plantes très-voisines en apparence, alors qu'elle réussit entre des espèces regardées comme beaucoup plus dissemblables. Quant aux exemples de croisements entre espèces de genres différents, ils sont très-rares et leur succès tient probablement à une erreur de classification qui, méconnaissant de réelles et profondes affinités, a séparé dans des genres distincts des plantes qui devraient être réunies dans le même genre. Lorsque la fécondation artificielle réussit entre plantes de noms différents, que ces plantes appartiennent à des variétés de même espèce ou bien à des espèces de même genre, on dit qu'il y a *fécondation croisée* ou *hybridation*, et le produit de cette fécondation est un *hybride*.

L'ensemble de tous ces faits conduisait donc à regarder la fécondation d'une fleur hermaphrodite par son propre pollen comme la règle, et, dans un sens plus général, à croire la fécondation d'autant mieux assurée que les fleurs alliées ont des liens de parenté plus étroits; la consanguinité, comme on dirait s'il s'agissait de l'homme ou des animaux domestiques, semblait donc la condition première des unions fécondes chez les végétaux. Cependant, dans ces derniers temps, des faits de jour en jour plus nombreux sont venus renverser cette loi qui paraissait si solidement établie, et la remplacer par cette autre, diamétralement opposée, que les unions entre très-proches parents sont fatales tout à la fois à la fécondité des parents et à celle de leurs descendants. Le nouveau principe une fois reconnu, on a dû distinguer deux catégories de fécondation : l'une, la *fécondation directe*, seulement possible chez les espèces hermaphrodites, et dans laquelle la fleur se féconde elle-même; l'autre, la *fécondation indirecte*, — qui comporte divers degrés, — lorsqu'elle a lieu entre pollens et pistils de fleurs différentes. Voyons comment on est arrivé à des conclusions en apparence si contraires aux faits.

Les obstacles opposés par la nature à la fécondation directe sont très-variés, mais toujours simples et ingénieux. Le plus simple et le plus ordinaire en même temps résulte du mode même de formation de la fleur. Dans le bouton, comme dans tout bourgeon en général, l'évolution procède de bas en haut, de l'extérieur à l'intérieur; il en résulte qu'un organe floral est d'autant plus âgé, par suite d'autant plus avancé en organisation, qu'il est plus extérieur. Or nous connaissons la disposition caractéristique commune à toutes les fleurs hermaphrodites, nous savons que chez elles l'androcée est toujours placé à l'extérieur du gynécée; par conséquent, dans l'ordre naturel, la maturité de l'étamine doit précéder celle du pistil. Pour rendre impossible toute fécondation directe, il suffit donc que la vitalité du pollen s'éteigne avant que le pistil soit prêt à le recevoir, ou réciproquement, circonstance plus rare, car elle est moins naturelle, que l'évolution du pistil devance celle de l'étamine, et que lors de l'anthèse les stigmates aient déjà perdu leur aptitude spéciale. Ces cas de discordance dans les époques de nubilité des organes reproducteurs d'une même fleur impliquent nécessairement pour la formation de graines embryonnées le concours de deux d'entre elles, appartenant au même individu ou bien à des individus différents; c'est pourquoi on les appelle des phénomènes de *dichogamie*, mot tiré du grec et signifiant union entre individus distincts; quant aux fleurs hermaphrodites ainsi organisées, on dit qu'elles sont *dichogames*.

Chez beaucoup d'espèces, les surfaces stigmatiques ne se découvrent qu'au moment précis où elles peuvent recevoir utilement pour l'ovaire le granule pollinique. Sous ce rapport, il y a deux degrés d'organisation. Le degré inférieur comprend les stigmates globuleux, plans ou creux, entiers ou diversement lobés, dont la surface végétative reste exposée sans défense à toutes les influences extérieures, bonnes ou mauvaises, depuis l'instant où la corolle s'entr'ouvre. A un degré plus élevé se placent les stigmates multiples, conformés en lanières serrées les unes contre les autres en un faisceau dans lequel se cachent leurs surfaces actives en dehors du moment propice à la fécondation. Les stigmates de tous les mieux organisés sont ceux des Bignonia, des Mimulus, etc., façonnés en une petite bouche à deux lèvres mobiles, ouverte seulement pendant le temps où la fécondation est possible; durant cette période, le stigmate est en outre excitable et se ferme au moindre attouchement par le rapprochement de ses deux lèvres. Du reste, chez plusieurs espèces, la pratique des fécondations artificielles a prouvé que la fécondation directe est impossible, que le pollen est inactif sur le stigmate de sa fleur, actif sur les autres fleurs du même pied, ou parfois même seulement sur celles des autres plantes de la même espèce.

Enfin, plusieurs autres dispositions organiques viennent encore chez certains types compliquer les phénomènes, rendre chez les uns toute fécondation directe impossible, et chez les autres permettre concurremment les deux modes, direct et indirect.

En résumé, le grain de pollen ne végète que sur un stigmate de nature déterminée. Pour le recevoir et le retenir, celui-ci devient velu, se couvre de papilles ou de villosités ; et, pour le nourrir au début de sa végétation, sécrète temporairement une humeur spéciale, aliment que rien ne saurait remplacer. L'apparition de cette sécrétion ouvre l'ère de nubilité du stigmate, sa disparition la ferme. Malheureusement aussi, grâce à ce liquide, le stigmate devient pour un temps un terrain favorable à la germination des innombrables spores de moisissures que l'air entraîne et dépose sur lui. Pour que les tubes polliniques ne soient pas étouffés par ces végétations parasites, il faut donc que le stigmate accomplisse rapidement son œuvre, que la germination du grain de pollen se fasse à bref délai, dans les premières heures qui suivent l'épanouissement chez les fleurs où la fécondation a lieu postérieurement à cet acte, afin que le stigmate ne soit pas encore saupoudré des poussières organiques capables d'entraver ou de défigurer plus ou moins son action physiologique. Une fois les tubes polliniques entrés dans le style, le stigmate se dessèche et les végétations parasites ne sont plus à redouter. Voilà pourquoi, dans toutes les espèces, le pistil ne peut être fécondé que pendant un temps très-limité, d'ordinaire dans les quelques heures qui suivent l'épanouissement; passé ce délai, le stigmate perd à tout jamais ses aptitudes spéciales, et l'imprégnation des ovules devient impossible.

Mais, pour qu'une fécondation spontanée ait lieu, il ne suffit pas que le stigmate soit prêt à remplir son rôle, et que dans le voisinage un certain pollen ait atteint sa complète maturité; celui-ci doit encore être transporté de son lieu de naissance, l'anthère, à son lieu d'élec-

tion, le stigmate. Cette nouvelle exigence fait surgir de nouvelles difficultés.

Dans l'ordre naturel, deux forces peuvent effectuer ce transport :
l'une aveugle, le vent, et l'autre réglementée par l'instinct, celle de
l'insecte. Ces deux forces, loin de faire double emploi, se complètent
au contraire mutuellement. La première, comme toutes les puissances
sans frein, cause des pertes nombreuses et ne saurait être avantageuse-
ment employée que pour des pollens très-abondants, ceux des Sapins entre
autres. Pour qu'elle puisse utilement s'exercer, il faut que le pollen soit
aisément transportable et par suite de consistance pulvérulente ; il faut
encore que l'anthère demeure exposée au vent, naisse par conséquent
sur un arbre élevé ou tout au moins sur l'herbe d'un coteau où le
vent ne rencontre pas d'obstacle. Quand ces conditions ne sont point
remplies, le transport par les insectes devient seul possible et eux seuls,
en visitant les diverses fleurs pour y chercher leur nourriture, opèrent
sans le vouloir, avec le pollen qu'ils entraînent avec eux, ces fécondations artificielles que l'horticulteur de nos jours exécute lui-même et
d'une façon toute semblable, qu'il veuille obtenir un hybride ou seulement conserver dans toute sa pureté originelle un type déjà acquis. Au
premier abord, il semble que ce travail inconscient de l'insecte doive
aboutir à la fusion des espèces, amener l'unification des types d'une
même région naturelle. Mais une telle simplification dans la diversité
actuelle des formes végétales ne pourra se produire de ce chef tant que
chaque espèce animale sera vouée, de par son organisation, à un régime déterminé. En vertu de cette loi, chaque sorte de fleurs ayant
ses visiteurs attitrés, et l'insecte, guidé par les exigences de son alimentation, n'exploitant pas indifféremment toutes les fleurs, les transports
de pollen se trouvent ainsi réglementés, et les échanges de fleur à fleur
cessent d'être arbitraires.

Si le vent peut agir en tous temps, l'action de l'insecte ne se produit
que durant la belle saison et à l'air libre ; voilà pourquoi certaines floraisons très-hâtives, celle du Melon forcé sur couche entre autres, ou
les floraisons sous bâches, celle des Amaryllis par exemple, restent
stériles par l'absence des pourvoyeurs naturels de pollen, qui ne se
montrent pas encore dans le premier cas en raison des rigueurs de
la saison, ou ne peuvent point pénétrer jusqu'aux fleurs dans le second. Sous les climats rigoureux, la végétation spontanée nous pré-

sente des faits de même ordre chez les plantes à floraison printanière; lors de l'épanouissement de leurs fleurs, les insectes ailés font
le plus souvent défaut, et le transport du pollen ne peut avoir lieu
que par le vent. Qu'on examine à ce point de vue certaines de nos
espèces indigènes, le Noisetier par exemple, dont la floraison se produit dès le mois de février, et l'on reconnaîtra que toutes les conditions
qui rendent facile le transport du pollen par le vent ou par l'action
seule de la pesanteur se trouvent là heureusement réunies : abondance
du pollen sortant des anthères avant la foliation nouvelle, alors que
nul autre obstacle que la ramification ne s'oppose à l'action du vent;
enfin chatons mâles pendant au-dessus des fleurs femelles et placés en
outre de manière à donner au vent une prise facile.

L'existence d'une sexualité dans les plantes supérieures a fait surgir
l'un des problèmes les plus ardus et les plus élevés de la philosophie
botanique, celui de l'hybridation ; essayons de résumer l'état de la
question.

Toutes les familles naturelles ne se prêtent point avec une égale facilité à l'hybridation, et l'on cite les Convolvulacées, Crucifères, Graminées, Hypéricinées, Labiées, Papavéracées, Papilionacées, Polémo-
niacées, Ribésiacées et Urticées comme refusant de s'hybrider ou ne
le faisant qu'exceptionnellement. Les genres d'une même famille, les
espèces d'un même genre, offrent de semblables inégalités. Lorsque
l'hybridation est possible entre deux types A et B, elle est d'ordinaire
réciproque, c'est-à-dire que le pollen de A peut féconder les ovaires
de B, et réciproquement le pollen de B les ovaires de A. Parfois
cependant chacun des deux types ne remplit qu'un seul rôle, celui de père ou celui de mère; veut-on intervertir les rôles, la fécondation n'a pas lieu. Cette attribution, constante pour les deux mêmes types, varie parfois avec ceux-ci, et A, par exemple, jouant le
rôle de père dans son union avec B, peut fort bien devenir la mère dans
son union avec C.

Cette remarque préliminaire une fois faite, passons aux caractères
de l'hybride et aux lois qui le régissent.

A la suite d'une fécondation artificielle heureuse, un hybride est
constitué, un nouveau type est créé ; l'être vivra-t-il et le nouveau
type se perpétuera-t-il? Telle est la double question dont la solution
intéresse à un égal degré la théorie et la pratique, la Botanique et

l'Horticulture. L'expérience prouve que le père et la mère transmettent au nouveau-né un certain nombre de leurs caractères propres qui font de celui-ci un intermédiaire, sous le rapport de la conformation et des mœurs, entre ses deux parents. Parfois les caractères du père et de la mère sont fondus dans l'hybride, et si l'un a les fleurs jaunes je suppose, et l'autre d'un rouge pourpre, celles de l'hybride seront d'un rouge lie de vin ou jaunâtre ; parfois aussi certains des caractères transmis coexistent sans se mêler, et dans ce cas l'hybride portera deux sortes de fleurs, les unes jaunes et les autres pourpres, ou bien il aura le feuillage de la mère et les fleurs du père, etc., etc. L'expérience montre également que les hybrides ont des destinées fort diverses. Les uns, qui semblent voués à la mort dès leur naissance, restent chétifs, rabougris, ne fleurissent pas et s'éteignent prématurément; les autres vivent, fleurissent, se font remarquer en général par une végétation plus vigoureuse et une fécondité moindre que celle des parents, tout en présentant entre eux de nombreuses différences dans leur conformation et leurs aptitudes. Parmi ces derniers il en est d'une stérilité absolue quoi qu'on fasse : chez eux il y a vice de conformation tout à la fois des étamines et des pistils; chez d'autres, l'atrophie ne porte que sur les étamines : les pistils sont régulièrement conformés et se laissent féconder par le pollen des parents ; chez d'autres encore, bien plus nombreux, une partie du pollen arrive à terme et peut féconder les ovaires de leurs propres fleurs ; enfin, beaucoup d'hybrides sont aussi fertiles que leurs parents. Tâchons de découvrir la raison de ces différences.

De la fusion ou de la juxtaposition dans l'hybride des caractères du père et de la mère résultent des assemblages plus ou moins harmonieux ou discordants, des êtres rendus plus ou moins monstrueux par la réunion d'organes incompatibles entre eux ou avec le milieu. Il y aura incompatibilité organique lorsque, par exemple, un puissant feuillage s'alliera dans la même plante avec un appareil radical de faible développement ; il y aura incompatibilité de milieu si l'hybride possède, je suppose, de grandes feuilles sous un climat humide et froid. En semblables cas, l'être est d'avance condamné à mourir prématurément et sans laisser de postérité, souvent même dans son extrême jeunesse, pendant les premières phases de la germination; tout dépendra de la gravité des désordres, du degré d'incohérence de cet orga-

nisme. Les incompatibilités organiques ou de milieu sont-elles
un peu moins nombreuses et surtout un peu moins accentuées,
l'être vivra, mais restera chétif, souffreteux, et les défauts d'équilibre de son organisation se traduiront par l'impossibilité de la floraison. Le manque de conformité entre les organes ou bien entre
eux et le milieu s'atténue-t-il encore, l'être est fort bien portant, sa
végétation et sa floraison ne laissent rien à désirer, mais il est stérile.
Enfin l'harmonie complète existe-t-elle, tout au moins les désaccords
sont-ils insignifiants, la plante jouit de la plénitude de ses facultés,
ce qu'attestent tout à la fois sa végétation vigoureuse et sa fructification abondante.

Expliquons la diversité des résultats donnés par les fécondations
croisées.

Supposons deux types bien tranchés A et B, mais capables de s'hybrider, le premier d'un climat froid F, l'autre d'un climat chaud C. L'expérience nous apprend que dans la même localité, F ou C, les divers
hybrides seront inégalement féconds, et que, chez le même hybride,
le degré de fécondité variera avec la localité. Tel est le double fait
qu'il s'agit d'expliquer. Admettons que l'on opère dans la localité F, et
qu'on range tous les hybrides sur une seule ligne comprise entre A et
B, selon leur degré d'affinité avec ceux-ci. En partant du type A pour
aller au type B, nous rencontrerons successivement des hybrides de
fertilité décroissante, parce que, nous éloignant du type A adapté à la
contrée, nous avons des plantes de plus en plus discordantes avec le
milieu; pour augmenter leur fertilité, il faudra donc les rapprocher
de A, et pour cela les unir avec celui-ci; en les mariant au contraire
avec le type B, la descendance s'acheminera de plus en plus vers la
stérilité. Opère-t-on les fécondations artificielles dans la localité C,
on obtiendra des hybrides dont la fécondité augmentera de A à B, et
on accroîtra la fécondité de leur descendance en les croisant avec B,
on la diminuera en les croisant avec A.

L'hybridation prend de jour en jour plus d'importance en Horticulture; elle constitue le plus puissant moyen connu pour *affoler
un type* et en obtenir des variétés. Pour toute plante exotique de
récente importation en Europe, la première difficulté à vaincre est
de trouver le mode de culture qui lui convient; ceci découvert, il
reste à modifier le type sauvage, à le civiliser en quelque sorte, en lui

enlevant ce qu'il a de défectueux et le dotant des agréments, des avantages, recherchés par la mode. Au début, les espèces étrangères sont
rebelles à toute transfiguration, et d'autant plus rebelles qu'elles sont
de caractère plus particulier et plus différent de celui des espèces qui
les entourent, et avec lesquelles on ne peut les allier dès lors en vue
de les amender. Pendant des années, isolée dans un monde qui n'est
pas le sien, entourée de plantes dont elle n'a ni les traits ni les habitudes, la descendance du type exotique garde et reproduit à quelques
variations près les caractères originels. A la longue néanmoins, un
jour vient, jour parfois bien tardif, où, sans cause appréciable, le type
perd tout à coup sa stabilité et sa force de résistance aux influences
perturbatrices. A partir de ce moment, les variations se succèdent,
nombreuses et fréquentes, souvent profondes ; ces organismes dépaysés
semblent à la recherche d'un équilibre perdu ou plutôt d'un nouvel
équilibre plus en harmonie avec les conditions de leur nouvelle existence. A travers ces transformations incessantes et désordonnées qui
semblent les effets d'un véritable *affolement*, souvent se montrent enfin
les qualités cherchées ; alors il ne reste plus qu'à les fixer, chose facile, par la greffe ou le bouturage. En résumé, pour améliorer un type,
il faut avant tout l'affoler ; autrefois, pour amener cette crise, on
ne connaissait qu'un moyen, lent et incertain, le semis, c'est-à-
dire la culture longuement et patiemment appliquée à des milliers de
générations successives ; aujourd'hui, on possède un agent prompt et
énergique d'affolement, l'hybridation, qui chaque fois crée de nouvelles formes intermédiaires entre celles des parents ; aussi l'affolement est-il d'autant plus prononcé, les variations d'autant plus nombreuses, que le père et la mère sont plus dissemblables. Voilà pourquoi les affolements artificiels provoqués par les soins de l'homme
sont toujours plus profonds que les affolements spontanés. En effet,
grâce à nos abris perfectionnés et divers, serres froides, serres tempérées, serres chaudes, nous pouvons réunir autour de nous et faire
fleurir les espèces les plus disparates, les habitants des climats les plus
différents, et tenter sur elles des croisements ; l'un d'eux réussit-il,
nous sommes en mesure de faire vivre et de conserver les nouveaux
types ainsi créés. Il n'en est pas de même dans la végétation spontanée : d'abord les espèces capables de s'hybrider sont enfants du même
pays, diffèrent par conséquent moins entre elles que celles originaires

de divers points du globe, venues les unes du Nord, les autres du Midi ; ensuite, dans la végétation spontanée, chaque individu lutte seul pour l'existence, seul il doit se protéger et veiller sur lui-même ; il est donc moins en état que le végétal soigné par l'homme de résister aux compétiteurs puissants qui lui disputent chaque jour le sol, l'air et la lumière. Un seul exemple suffira pour montrer la puissance de l'hybridation pour la formation des races de luxe.

Dans les dernières années de son règne, Louis XIV chargeait un religieux minime, le P. Louis Feuillée, à la fois astronome et botaniste, d'explorer l'Amérique méridionale et les Indes pour en étudier la flore et rapporter les espèces qu'il jugerait utiles. Pendant son voyage, qui dura de 1709 à 1712, le savant et persévérant explorateur rencontra au Pérou une plante dont la petite corolle jaune le frappa et le charma par sa gracieuse étrangeté : elle ressemblait à une mignonne pantoufle. Il appela la plante, pour rappeler cette ressemblance, *Calcéolaire* (*Calceolaria*, du latin *calceolus*, petite chaussure). L'espèce parvint seulement en Europe en 1773 ; Linné, dont on trouve partout la trace dans la Botanique de son temps, lui donna le nom de Calcéolaire pennée (*Calceolaria pinnata* Lin.). C'est une espèce annuelle, d'humble taille, de 30 à 35 centimètres de hauteur. Bientôt ses fleurs furent connues et populaires dans le monde horticole sous le nom de « pantoufles du P. Feuillée ». Les amateurs la recherchèrent et la cultivèrent à l'envi ; malheureusement, malgré les soins, malgré les semis, malgré les *sélections*, c'est-à-dire le choix sévère des individus porte-graines, ses fleurs ne se modifiaient pas, restaient toujours jaunes, petites et anguleuses. En 1777, le docteur Jean Fothergill, amateur éclairé de plantes rares qui avait fondé à grands frais à Upton, dans le comté d'Essex en Angleterre, un vaste et riche jardin où il se plaisait à réunir, pour les étudier et les propager, les plantes utiles et curieuses qu'il faisait venir de tous les points du globe, recevait des végétaux du sud de l'Amérique, des îles Falkland ou Malouines. Dans cet envoi se trouvait une autre Calcéolaire, qui fut cataloguée sous le nom de Calcéolaire de Fothergill (*Calceolaria Fothergilli* Sol.). C'est une herbe vivace, aux fleurs jaunes panachées de rouge, dont la lèvre inférieure, — la plus grande dans toutes les espèces du genre et celle qui constitue la partie principale de la pantoufle, — était longue, étroite et pointue, comme un soulier à la poulaine. Ces fleurs, en raison de leur conformation bizarre, furent bientôt connues sous le nom de « brodequins du docteur Fothergill ». Les amateurs avaient désormais le choix entre les pantoufles du Père et les brodequins du docteur; seulement, pantoufles et brodequins reproduisaient invariablement le même modèle; or la mode aime le changement, même dans les chaussures, à plus forte raison quand ces chaussures sont celles de Flore comme on aurait dit au siècle dernier. D'ailleurs on ne savait pas cultiver ces charmantes plantes, on ignorait surtout le moyen de les propager ; les plus habiles jardiniers du temps y consacraient en vain leurs peines et leur temps : semis, bouturages, marcottages, rien n'y faisait; les Calcéolaires restaient très-rares, au point qu'en Belgique un pied se vendait de quatre-vingts à cent francs en 1827! et encore, pour ces prix excessifs, on n'avait jamais que les mêmes fleurs, les deux espèces premières ne variaient pas. Heureusement, pendant les années 1822 et 1825, deux nouvelles Calcéolaires apparurent en Europe : l'une, la Calcéolaire en corymbe (*Calceolaria corymbosa* Ruiz et Pav.) du Chili, très-commune de Coquimbo à Valdivia, herbe à fleurs jaunâtres et petites comme les précédentes ; l'autre, la Calcéolaire à fleurs crénelées, c'est-à-dire découpées en dents arrondies et obtuses (*Calceolaria crenatiflora* Cav.), herbe vivace à fleurs jaunes et grandes, trouvée également au Chili, dans les îles Chiloé. Une fois en possession d'espèces aussi tranchées, on se mit à l'œuvre, on affola les types à l'aide de croisements, et bientôt se montrèrent des variétés dignes d'intérêt; leur nombre augmenta rapidement grâce aux importations successives de nouvelles espèces, dont les deux suivantes eurent une large influence sur l'amélioration des variétés : 1° la Calcéolaire araignée ou à toile d'araignée (*Calceolaria arachnoidea* Graham), venue en 1827 des montagnes du Chili, herbe vivace à fleurs d'un violet pourpre ; 2° la Calcéolaire pourpre (*Calceolaria purpurea* Graham), à fleurs pourpres, introduite en 1826, indigène près de Valparaiso et dans les Andes. De ces quatre espèces, *arachnoidea*, *crenatiflora*, *corymbosa* et *purpurea*, sont issues, par voie de croisement et de sélection, ces admirables variétés, de jour en jour plus nombreuses et plus belles, qui, sous le nom de Calcéolaires hybrides, de Calcéolaires herbacées ou encore de Calcéolaires tigrées, sont la surprise de tous et la joie des amateurs. Les corolles petites, anguleuses, échancrées et crénelées des premiers jours, avec leurs cou-

leurs pâles, leurs macules rares, aux contours mal définis, sont maintenant remplacées par une surprenante variété de grandes corolles,
aux formes élégantes, régulièrement orbiculaires, sans crénelures ni
découpures, dont les coloris toujours vifs et purs reproduisent les plus
délicates nuances du jaune, du blanc et du pourpre. Sur la lèvre inférieure sont jetés, pour en faire ressortir l'éclat, des macules ou des
pointillés d'une couleur différente qui tranche heureusement sur la
teinte du fond. Telles que l'art les a faites, et si différentes qu'elles
soient maintenant de leurs congénères restées à l'état sauvage, elles
gardent toutes néanmoins quelques traits de leurs ancêtres qui dé-
voilent leur origine. Ainsi les variétés à fleurs jaunes descendent des
Calceolaria crenatiflora et *corymbosa;* celles à fleurs brunes, à feuillages velus, des *Calceolaria arachnoidea* et *purpurea.*

En face de tels succès, qui ne se comptent pas à l'heure présente
tant ils sont nombreux, l'hybridation n'est plus une curiosité, mais
une nécessité de chaque jour pour l'horticulteur. Pour opérer la fécondation artificielle, il lui manque souvent, il est vrai, du pollen à
l'heure propice et unique où le pistil est prêt pour l'imprégnation, mais
l'obstacle vient de son incurie. L'expérience enseigne en effet que
les pollens gardent plus ou moins longtemps, souvent pendant des
années, leur aptitude physiologique, lorsqu'on les tient à l'abri de
l'humidité. Il lui suffirait donc de récolter du pollen en temps favorable, et de le conserver avec soin, comme l'ont fait et le font encore
un nombre malheureusement trop restreint d'expérimentateurs, pour
être désormais à l'abri des caprices de la floraison. Dans tout jardin
bien tenu on récolte les graines de choix; pourquoi n'en ferait-on pas
autant pour les pollens de bonne qualité? Pourquoi ne point avoir
toujours sous la main une collection des différents pollens recueillis
sur des sujets de choix, et renouvelés d'ailleurs le plus souvent possible? Les instruments de conservation sont du reste des plus simples et des plus faciles à se procurer partout : on les enfermera dans
de petits tubes de verre bien bouchés, ou mieux encore entre deux
verres de montre soudés à la gomme ou au vernis; quelques-uns même
se bornent à les mettre dans des sacs en papier huilé. La pratique des
fécondations artificielles est également très-aisée. Le choix fait de la
fleur qui doit servir de mère, on coupe ses étamines avant l'anthèse
si elle est hermaphrodite, et on épie le moment où l'humeur vis-

queuse apparaît sur le stigmate : sa présence marque l'heure favorable pour tenter l'opération. On prend alors du pollen, soit sur la fleur que l'on choisit comme père, soit parmi ceux que l'on conserve, et on le répand sur le stigmate ; puis on enveloppe la fleur d'une gaze très-légère, afin de l'isoler des grains de pollen qui flottent dans l'atmosphère du jardin pendant la belle saison.

V. — FRUCTIFICATION

La fructification est le dernier acte de la vie florale ; toutes les forces de la végétation sont employées à son accomplissement, tous ses actes sont dirigés vers cette fin. La destinée de la fleur étant de produire un grand nombre de graines, voyons en premier lieu comment elle y parvient et quels sont les obstacles qui entravent son œuvre. Le moyen le plus sûr d'atteindre le but est de rendre les graines très-petites ; toutefois la diminution présente une limite inférieure qui ne peut être outrepassée sans compromettre la fonction, car réduire l'albumen sans augmenter proportionnellement la masse du corps cotylédonaire, c'est diminuer les vivres de l'embryon, c'est nuire à la germination ou même la rendre impossible. Quant à la réduction de l'embryon lui-même, elle se fait aux dépens de son organisation, qui devient de plus en plus rudimentaire ; or, dans cette voie des simplifications organiques, il y a encore une limite au-dessous de laquelle la plantule cesse d'être viable. Les graines des Orchidées comptent parmi les plus menues et les plus simples : chez elles, point d'albumen, et l'embryon est un petit corps sphéroïdal, homogène, informe par conséquent, sans traces apparentes de radicule, de tigelle, de gemmule et de cotylédon. Un des inconvénients graves de cette simplification à outrance est de rendre la germination lente et pénible. Les graines ne sauraient donc diminuer jusqu'à devenir microscopiques comme les spores, parce qu'elles ont une organisation plus complexe que celle de ces dernières ; et le fruit contient toujours beaucoup moins de graines que le sporange ne contient de spores.

Les graines d'une même plante peuvent être distribuées de deux façons différentes : dans l'une, chaque fleur donne un petit nombre de fruits contenant respectivement un grand nombre de graines ; dans l'autre, c'est l'inverse. Dans les deux cas, on peut également atteindre le but, avoir une multitude de graines ; cependant la première conformation est inférieure à la seconde, car chez elle la mort accidentelle d'un seul fruit entraîne celle d'un grand nombre de graines.

La nature de l'androcée influe également sur le nombre des graines produites. On admet généralement, en se basant sur quelques expériences décisives, qu'un tube pollinique est nécessaire et suffisant pour féconder un ovule ; d'autre part, chaque grain de pollen régulièrement conformé émet au moins un tube pollinique ; donc il faut au maximum autant de grains de pollen sur le stigmate qu'il y a d'ovules à féconder dans l'ovaire ; par conséquent enfin, le degré de fécondité du fruit dépend de l'abondance et de la facilité de transport du pollen. Les agents du transport, le vent ou les insectes, ne peuvent se substituer l'un à l'autre, et interviennent dans des conditions fort différentes. Le vent emporte les pollens pulvérulents, l'insecte les pollens agglutinatifs qui adhèrent fortement à son corps malgré ses mouvements. Le cas le plus favorable à l'action de l'insecte, le plus défavorable à celle du vent, est celui où tous les grains d'une même loge sont agglutinés en une seule masse ou pollinie qui s'attache spontanément à l'animal, et que ce dernier apporte aux fleurs qu'il visite pour y chercher sa nourriture. D'un seul coup arrivent ainsi sur le même stigmate un très-grand nombre de grains de pollen. Le transport par le vent au contraire est un mode défectueux, peu d'ovules sont fécondés par son entremise, dans les Conifères entre autres, malgré l'abondance du pollen : d'où la nécessité pour ces plantes de produire un grand nombre de fleurs. Par contre, le travail de l'insecte suppose des fleurs complexes, réunissant deux ordres de dispositions spéciales, les unes permettant avec une égale facilité au petit pourvoyeur de charger le pollen et de le déposer sur les stigmates, les autres le guidant et l'attirant aux lieux de chargement et de déchargement des matériaux qu'il prend et transporte d'une façon inconsciente.

La fécondation une fois opérée et l'ovaire devenu le fruit, examinons les phénomènes qui vont successivement se manifester dans ce nouveau centre d'organisation et d'activité.

Pour comprendre la vie des organes floraux, il faut connaître leur conformation, leur situation et leurs attitudes. Cette triple information est plus que jamais nécessaire ici où nous allons assister au couronnement de l'œuvre végétale, à l'organisation des graines.

Ce qui appelle tout d'abord l'attention, c'est l'opposition tranchée entre les nombreuses dissemblances des fruits et la grande ressemblance des graines. La conformation est très-variable chez les premiers, car l'aménagement de l'usine doit se modifier pour s'harmoniser avec les circonstances dans lesquelles elle fonctionne ; la graine au contraire est essentiellement une, parce qu'elle n'a qu'une obligation à remplir : protéger la plantule et lui fournir les moyens de se nourrir et de croître une fois séparée de la plante-mère. La diversité des fruits s'accuse par des différences : 1° de conformation; 2° de situation et d'attitude; 3° de durée. Examinons chacun de ces trois points.

Le fruit est l'ovaire dans son âge mûr, et l'ovaire dérive de la feuille ; or celle-ci peut être membraneuse ou charnue, par suite il n'y a rien d'étonnant à ce qu'on rencontre des fruits membraneux ou secs et des fruits charnus. Toutefois on ne peut dire : telle consistance de feuille, telle consistance de fruit, car nombre d'espèces à feuilles membraneuses ont des fruits charnus, et réciproquement. La famille des Crassulacées, dont les espèces appartiennent au groupe des plantes grasses, est dans ce dernier cas : les feuilles, celles de nos Joubarbes et de nos Orpins par exemple, sont plus ou moins charnues, tandis que les fruits sont des follicules. Les mêmes causes amenant toujours les mêmes effets dans les mêmes circonstances, il faut conclure de cette différence de consistance que les feuilles et les fruits de la même plante ne sont pas toujours placés dans des conditions semblables. La feuille en effet exige l'air et surtout la lumière; masquée, elle s'étiole et meurt. Le fruit au contraire est parasite dans une certaine mesure, plus ou moins selon les circonstances : est-il dans la situation de la feuille, sa vie propre est plus développée, son parasitisme moins accusé ; est-il dans une situation opposée, le contraire a lieu. La forme et la consistance du fruit révèlent dans tous les cas son mode d'existence. Se dégage-t-il du feuillage de manière à recevoir librement les impressions extérieures, il garde les traits de la feuille membraneuse, comme elle il s'étend en

29

surface, sans l'égaler d'ordinaire, et reste membraneux; c'est alors un fruit sec. Vit-il à l'ombre du feuillage, dans le demi-jour, il est surtout parasite; alors ses formes arrondies et globuleuses, si différentes de celles de la feuille ordinaire, et sa consistance charnue, trahissent sa condition et révèlent son parasitisme; c'est un fruit charnu, comme la pêche ou la cerise, le raisin ou la groseille.

Si l'expérience nous apprend dans quelles circonstances d'ordinaire un fruit est sec ou charnu, rien ne nous explique l'origine de ces états différents. Sans doute les causes externes, les agents physiques exercent sur le phénomène une influence évidente; il en est certainement d'autres de nature absolument inconnue, antagonistes des premières, non moins puissantes qu'elles, parfois même les dominant, sinon on ne comprendrait pas que les fruits des Cactées fussent charnus, bien qu'exposés sans abri à toutes les ardeurs du soleil de l'équateur. Il se présente donc ici de graves difficultés, et la question de savoir pourquoi tel organe, — racine, tige, feuille ou fruit, — se tubérise ou devient charnu, attend encore sa solution. Tout ce qu'il est possible de tenter pour le moment consiste à rechercher les circonstances dans lesquelles les faits se produisent, plus tard la solution sortira de ces documents.

Le climat exerce une influence non moins évidente sur la formation des fruits en général, sur celle des fruits charnus en particulier, comme d'ailleurs sur toutes les productions végétales. Si une herbe ne fructifie que dans telle ou telle région déterminée, si une espèce ligneuse ne fructifie pour la première fois qu'à un âge déterminé également et variable d'une espèce à l'autre, c'est le climat qui l'exige ainsi. Il faut que l'herbe par la nature de la localité qu'elle habite, il faut que la branche fruitière par son altitude au-dessus du sol, puissent procurer aux fruits des influences climatiques conformes à leur tempérament.

Chaque jour nous avons des preuves nouvelles de l'exactitude de cette loi; citons-en quelques-unes.

Supposons qu'un arbre des régions équatoriales ait été importé en Europe; nous le faisons vivre près de nous: l'été en plein air, dans le jardin; l'hiver, dans la serre; grâce aux soins dont on l'entoure, il végète et grandit peu à peu. Deviendra-t-il un arbre de haute taille comme ses congénères demeurés dans le pays natal? Nullement; il restera arbuste ou même simple arbrisseau ; ses fleurs s'épanouiront près de terre, alors qu'elles s'élèvent à 20 ou 50 mètres dans sa patrie. C'est que, dans nos contrées, à quelques mètres du sol se rencontre le climat analogue à celui qui règne à 20 ou 50 mètres de hauteur dans la région d'où vient l'espèce. Autre fait de même ordre. Aujourd'hui les tentatives ont été assez nombreuses pour qu'on puisse affirmer que nos arbres fruitiers à noyaux, — Abricotiers, Cerisiers, Pêchers, Pruniers, — ainsi que la Vigne, ne fructifient pas à l'équateur. Ces espèces y poussent avec vigueur, y atteignent une taille bien supérieure à celle qu'elles prennent dans nos vergers, mais restent stériles, parce que le climat de la zone aérienne dans laquelle vivent leurs tiges ne convient pas à leurs fruits. Rappelons encore un dernier effet de la même cause. En France, par exemple, la consistance du fruit change avec la taille du végétal qui le produit. Plus la plante est basse, plus le fruit est charnu, pourvu qu'il soit suffisamment abrité ; plus la plante est élevée, plus le fruit est sec. En d'autres termes, le climat tempéré de la base de l'atmosphère convient aux fruits charnus ; le climat excessif de la zone aérienne supérieure à 10 ou 12 mètres d'altitude ne laisse vivre que des fruits secs. Le Groseillier, la Vigne, buissonnent ; nos arbres fruitiers sont de taille médiocre ; les arbres de troisième et de deuxième grandeur, l'Amandier, le Noyer, le Châtaignier, ont des fruits de plus en plus secs du premier au dernier ; enfin, les arbres de première grandeur, Chênes et Sapins, ne produisent plus que des fruits secs, protégés souvent d'une manière toute particulière contre les rigueurs du climat.

La diversité des attitudes, comme celle des altitudes, est une puissante cause de variation pour les fruits. De même que la feuille, la fleur a ses attitudes changeantes avec l'âge et le climat ; seulement les effets produits par ces changements sont encore plus difficiles à discerner chez elle que chez la feuille, et, dans l'état actuel de nos connaissances, il est impossible de formuler les lois qui les régissent. Bornons-nous donc à constater d'abord que chaque espèce oriente ses fleurs dans une direction déterminée et invariable ; par exemple, dans les Papilionacées, la fleur est toujours placée de telle façon que l'étendard est supérieur, et la carène, inférieure. En outre, par l'effet d'incurvations variées du pédoncule, l'attitude change suivant que la fleur est en bouton, s'épanouit ou fructifie.

Les fruits se distinguent encore les uns des autres par le temps qu'il leur faut pour mûrir. Tandis que les nôtres parviennent à maturité en quelques mois, ceux du Cocotier des Seychelles (*Lodoicea Sechellarum* Bill.) emploient neuf ou dix années, assure-t-on, pour achever leur évolution. D'ordinaire celle-ci est plus lente dans les espèces à feuilles persistantes que dans les autres, et, dans un sens plus général encore, la rapidité de la maturation ainsi que le mode de conformation du fruit sont sous la dépendance immédiate des influences climatiques, régulières ou irrégulières, normales ou accidentelles. Bien souvent déjà nous avons constaté que chaque organe, pour se former et vivre, demande un milieu déterminé, variable avec l'organe et avec l'espèce. Le climat, en agissant isolément sur chacune des parties du fruit, sur le péricarpe, les graines et les embryons, corps ayant des exigences différentes, peut donner lieu à des effets fort divers. Parfois l'excès ou l'insuffisance de la température d'une saison exceptionnelle empêche les fruits de nouer; dans d'autres cas, des influences climatiques contraires respectent le péricarpe, mais tuent les graines ou seulement les embryons, de sorte qu'un même arbre peut, selon l'année et pour cette cause, être stérile, porter des fruits sans graines, ou bien encore donner des graines sans embryon. Les gelées tardives des mois d'avril et de mai amènent fréquemment dans le nord de la France des effets de ce genre sur nos pommes et nos poires. Tantôt la gelée intempestive respecte la forme du fruit, mais modifie plus ou moins profondément sa conformation interne, supprimant les loges de l'un, ne laissant à l'autre que des rudiments de loges et de pepins; tantôt, s'en prenant aussi à la forme, elle l'allonge dans un cas, la boursoufle et la mamelonne dans l'autre, et la change toujours de la façon la plus bizarre et la plus inattendue.

DEUXIÈME PARTIE

MŒURS ET PHYSIONOMIES VÉGÉTALES

CHAPITRE PREMIER

NOTIONS DE GÉOGRAPHIE BOTANIQUE

Deux grands faits dominent l'histoire du monde végétal : la multiplicité des types et leur cantonnement dans des régions distinctes. Cette coïncidence, constante en tous les points du globe, prouve l'étroite connexité des deux faits, établit leur communauté d'origine, qui est la diversité des conditions biologiques. La plante, en effet, révélerait par les caractères de sa conformation les moindres particularités de son climat et de son sol natal à celui qui saurait comprendre la raison de ses formes, arbitraires en apparence, déterminées en réalité par la nature du milieu. Depuis longtemps les météorologistes s'efforcent de pénétrer dans cet ensemble complexe et éminemment variable qu'on nomme un climat ; pour atteindre leur but, ils ont imaginé, et imaginent tous les jours, des instruments délicats et fort ingénieux sans doute qu'ils perfectionnent sans cesse. Par une étrange contradiction, ils négligent volontairement la réunion la plus complète qui existe des appareils les plus sensibles et les plus précis qu'on puisse concevoir : la plante, qu'ils ont pourtant toute formée à leur portée. Au lieu de créer des instruments dispendieux, d'une marche compliquée et souvent incertaine, qu'ils apprennent donc à se servir de ceux que l'organisation végétale a mis si libéralement à leur disposition. A peine quelques timides essais ont-ils été entrepris dans ce dessein. S'il est reconnu que l'ensemble des végétaux croissant spontanément dans chaque région naturelle, ou sa *flore*, a ses types propres, ses formes spéciales, on ignore encore les relations qui rattachent ces types et ces formes aux particularités du climat. Il existe, il est vrai, une science qui, sous le nom de *géographie botanique*, s'occupe du mode de répartition des plantes à la surface du globe; elle a délimité sur la carte les circonscriptions occupées par les principaux types, mais jusqu'ici elle a presque complétement négligé une des faces de la question, la plus importante et certainement la plus attrayante de toutes, dont la précédente n'est que l'introduction, celle de la connaissance des rapports entre les formes et les milieux. Et pourtant la puissance du climat est si grande, qu'elle saute aux yeux les moins clairvoyants. L'homme, dans la lutte qu'il soutient follement contre lui, a toujours été vaincu. A maintes reprises, il a voulu, mais en vain, reviser les lois qui régissent le monde végétal : tantôt en s'efforçant de troubler l'ordre naturel de répartition des espèces avec l'aide de cette décevante chimère de l'acclimatation à laquelle il a enfin heureusement renoncé de nos jours ; tantôt en essayant de lutter avec la nature, et en façonnant comme elle de nouveaux types. Mais ces types d'origine humaine, comme toutes les œuvres sorties de ses mains, ont la fragilité et la brièveté de sa fugitive existence : abandonnés à eux-mêmes, les uns disparaissent, les autres retournent aux types dont ils sont sortis.

En fouillant les entrailles de la Terre, en remontant par conséquent le cours des âges, on rencontre les débris à l'état fossile des générations disparues. Leur étude montre que la végétation actuelle procède des végétations antérieures sans leur être identique. Bien des types se sont éteints, beaucoup d'autres se sont formés, depuis l'apparition de la vie sur le globe ; comme l'individu, le type naît, vit et meurt. Le monde végétal se renouvelle sans cesse par des extinctions successives de types anciens et des apparitions graduelles de types nouveaux. Les questions relatives aux lois de la répartition des formes végétales de notre temps ne seront définitivement résolues que par la découverte des liens qui rattachent notre flore à celles des âges précédents. On poursuit de nos jours ces recherches avec ardeur ; l'ensemble des résultats déjà obtenus prouve qu'à mesure qu'on s'enfonce davantage dans le passé de la Terre, la diversité des types diminue, leur cantonnement devient de moins en moins rigoureux, au point que l'extrême pauvreté de la flore et l'uniformité de répartition des espèces sont les caractères dominants des premiers âges de la vie végétale. Faudrait-il en conclure qu'à ces époques reculées, perdues dans la nuit des temps le climat n'avait point encore assis sa domination sur la plante ? En aucune façon, et la Géologie nous explique cette apparente exception en nous apprenant qu'autrefois la surface terrestre ne possédait qu'un seul et même climat pour tous ses points, fait qui confirme, par une heureuse généralisation, la subordination des organismes aux milieux. Et ce n'est pas là, qu'on le remarque bien, une interprétation faite à la légère et uniquement basée sur des phénomènes anciens dont l'homme n'a pas été le contemporain : le monde actuel nous offre, sur une échelle infiniment réduite, des faits de même ordre. Tous les botanistes sont frappés de l'extrême pauvreté de la flore des îles, petites et basses, perdues dans l'océan ; c'est que là, comme sur les continents naissants, également réduits à des îles sans relief et de faible superficie, l'uniformité des conditions climatiques en tous les points amène la tendance à l'uniformité des types.

Si les questions d'origine de la flore actuelle restent encore fermées pour nous, un vaste champ d'observation nous est ouvert sans restriction, celui des relations entre les formes et les climats ; c'est celui dans lequel nous allons maintenant essayer de pénétrer, en étudiant les mœurs et les physionomies de quelques types contemporains. Mais, avant d'aborder cette nouvelle étude, certaines notions préliminaires sont indispensables.

La diversité des conditions biologiques tient à des causes multiples, dont il faut nous rappeler les principales.

La première et la plus influente de toutes, celle d'où les autres sont nées, est l'inégale répartition de la chaleur et de la lumière solaire entre les différents points de la surface terrestre, due à la fois au mouvement de translation de la Terre autour du Soleil et à l'inclinaison de l'axe de rotation du globe sur le plan de son orbite ou plan de l'*écliptique*. Cette double cause engendre la diversité des climats en *latitude*, les rend d'autant plus rudes qu'on s'écarte davantage de l'équateur pour se rapprocher des pôles.

La configuration tourmentée de la surface du sol qui, au lieu d'être plane en chacun de ses points, est parsemée d'aspérités, collines ou montagnes, séparées les unes des autres par des dépressions, vallons ou vallées, amène des diversités correspondantes dans les climats, sous la même latitude, et oblige à distinguer des climats de plaine et des climats de montagnes, comme nous venons de distinguer le climat de l'équateur de ceux des différents parallèles.

Enfin, le partage inégal de la surface terrestre en continents et en mers, lesquelles forment environ les trois quarts de la superficie totale, exerce une grande influence sur les conditions climatiques, le climat devenant plus variable par le fait seul qu'on s'écarte davantage du bord de la mer.

Non-seulement les climats diffèrent par l'étendue des variations des agents physiques, mais encore par leur ordre et leur durée, et la plante, pour vivre sous un certain climat, non-seulement doit pouvoir supporter tel degré de chaleur ou de froid, tel degré d'humidité ou de sécheresse, etc., mais en outre il faut qu'elle les puisse supporter à un moment donné et pendant un temps déterminé. Ce sont ces deux dernières exigences qui règlent l'ordre et la durée des phénomènes périodiques de la végétation, et pour qu'une plante soit réellement naturalisée dans une région, il est indispensable qu'il y ait parfaite concordance entre ces phénomènes périodiques d'une part et l'étendue des variations extérieures de l'autre.

Le mot *habitat* sert à désigner la circonscription géographique d'une espèce ou d'un groupe quelconque ; dans ce sens on dit : l'habitat du type A est l'Europe, celui du type B l'Amérique, etc. ; on dit encore : le type A est européen, le type B américain, etc.

L'*aire* d'un type est l'étendue superficielle de son habitat, nous dirions de sa patrie s'il s'agissait de l'homme. L'aire est délimitée par les obstacles les plus divers. Ce sont : l'océan ou bien une chaîne de montagnes que l'espèce ne peut franchir en raison de la rigueur croissante du climat avec l'altitude, l'excès du chaud, du froid, de l'humidité ou de la sécheresse, l'exagération dans un sens ou dans l'autre de la radiation lumineuse, etc., etc.

La forme de l'aire dépend de tant de conditions différentes, les unes topographiques, les autres climatiques, qu'elle est forcément très-variable selon la situation et la configuration de la région. Dans nos

contrées et dans son état moyen, elle affecte, en négligeant les irrégularités inévitables produites par des accidents locaux, la forme d'une
ellipse voisine du cercle dont le grand axe est orienté dans la direction
ouest-est. Cette particularité s'explique aisément quand on réfléchit
que les variations de température sont le principal obstacle à l'extension des espèces ; or ces variations sont moindres dans le sens du parallèle que dans celui du méridien, attendu que, dans le premier cas,
les modifications climatiques proviennent seulement des différences
d'altitude et du mode de répartition des eaux, au lieu que, dans le second, à ces causes perturbatrices, qui ne sont qu'accidentelles, s'en
ajoute une troisième, qui est normale et régulière : les changements
en latitude.

L'étendue de l'habitat est encore plus variable que sa forme. Des
types sont répandus sur de vastes espaces, d'autres sont cantonnés sur
des aires fort restreintes. Une aire très-vaste implique nécessairement
une certaine diversité de climat plus ou moins accentuée selon la superficie de l'habitat, et par conséquent une certaine élasticité de tempérament permettant au végétal de supporter ces variations dans les
conditions extérieures ; or cette élasticité dépend de la conformation du
sujet, comme nous allons le montrer par quelques exemples, et voilà
comment la nature des caractères organographiques d'une espèce détermine l'étendue de son aire d'habitation.

Rappelons d'abord que, dépourvue d'un foyer calorifique interne
d'une puissance suffisante, la plante emprunte directement au monde
extérieur la plus grande partie de la chaleur indispensable à son existence. Le cosmopolitisme végétal dépend donc du degré d'énergie des
appareils collecteurs du calorique ambiant. Ces appareils doivent être
d'autant plus puissants que l'activité de l'organe est plus grande ; or,
celle-ci étant à son degré maximum dans la fleur, c'est également dans
cette dernière que la puissance absorbante à l'égard du calorique étranger doit être la plus développée. Les preuves à l'appui de cette conclusion sont faciles à donner, et, pour être convaincu, il suffit de
comparer, par exemple, le corps ligneux et les enveloppes florales :
les formes massives et l'écorce épaisse du premier, l'énorme superficie
relativement au volume et le délicat épiderme des secondes. Concluons
donc qu'une aire étendue suppose une médiocre sensibilité organique
aux influences extérieures. Or, de deux organes de même nature mais

de surfaces inégales, celui dont la superficie est la plus grande est évidemment le plus impressionnable aux agents physiques. Aussi les types dont l'aire est très-vaste, comme les Crucifères, les Graminées et les Ombellifères, ont de très-petites fleurs; les types à grandes fleurs sont au contraire étroitement cantonnés.

L'histoire d'une des plus remarquables Orchidées terricoles, le Disa à grandes fleurs (*Disa grandiflora* Lin.), contient sur ce sujet d'importants enseignements. Tout en elle indique un type rare, une organisation exceptionnelle et riche.

Appartenant à cette admirable famille des Orchidées dont le mode de végétation si particulier, les fleurs si belles mais si étranges, font l'étonnement du simple curieux comme de l'amateur et du botaniste, elle se place encore au premier rang des plus admirables espèces par la rare magnificence de sa floraison : l'extrême vivacité comme la grande variété des coloris, — empruntés aux plus belles nuances du pourpre, du rose, du jaune, du vert et du blanc, — de ses grandes fleurs isolées ou groupées au nombre de deux ou de trois sur leur hampe, étonne et ravit le visiteur. Si notre doctrine est vraie, un si rare ensemble de perfections doit naître et vivre dans des circonstances exceptionnelles comme son organisation. C'est ce qui a lieu en effet. La splendide beauté du Disa, si bien nommé par les habitants du Cap de Bonne-Espérance « l'orgueil de la montagne de la Table », ne lui permettait pas de se cacher aux regards même les plus indifférents, à plus forte raison d'échapper à l'attention des botanistes ; aussi le connaissaient-ils depuis longtemps, puisque Jean Ray le mentionnait dès 1688 dans son Histoire des Plantes, et le décrivait ainsi : Orchis africain, à fleur singulière, herbacée. Néanmoins, malgré les persévérantes recherches dont elle est depuis lors l'objet, cette espèce n'est connue que sur un seul point du globe, dans une de ces régions préférées par les types rares et singuliers, au Cap de Bonne-Espérance, et plus spécialement sur la montagne de la Table, où elle vit dans des conditions très-particulières, sur les bords de marais tourbeux, remplis par les pluies de l'hivernage et bientôt desséchés pendant la saison sèche. Elle végète dans un sol constamment inondé, et fleurit pendant les mois de février et de mars, c'est-à-dire à l'entrée de l'automne de ces régions.

Ce rapide aperçu des mœurs et de la physionomie du *Disa grandi-*

flora ne justifie-t-il pas nos dires? À ce port singulier, à cette floraison remarquable à la fois par la grandeur des fleurs et la richesse de leurs brillants coloris, il fallait un sol spécial, un climat étrange, insolite comme son organisation florale : d'énormes variations de température s'étendant de 1° centigrade au-dessous de zéro à 56° centigrades au-dessus, une excessive humidité succédant brusquement à une sécheresse persistante et absolue.

Un tel genre de vie devait nécessairement en rendre la culture très-difficile. Aussi, bien qu'enregistrée depuis le dix-septième siècle dans les catalogues botaniques, cette espèce est-elle restée inconnue des amateurs jusqu'à notre époque. Sa première importation en Europe date, dit-on, de 1825, année où elle parut en Angleterre. En 1843, le célèbre jardin botanique de Kew en reçut plusieurs pieds qui fleurirent dans l'établissement, mais toutes les tentatives faites pour les conserver et les cultiver échouèrent. Tout ce qu'on parvenait à obtenir, dans ces premiers temps de l'importation du Disa, se bornait à la floraison des sujets récemment arrivés du Cap; les fleurs passées, ceux-ci végétaient encore quelque temps, malingres et souffreteux, puis mouraient bientôt. Ce phénomène, en apparence bizarre, d'une plante vivace ne fleurissant qu'une seule fois, puis dépérissant promptement dans nos serres, s'explique par la nature du Disa. Il appartient à ce groupe de plantes terricoles qui trouvent dans leurs pseudo-bulbes les ressources suffisantes pour mener à bien leur floraison; ces tubérosités une fois constituées, ces végétaux ne demandent plus, pour former et épanouir leurs fleurs, au sol que de l'air et de l'humidité, à l'atmosphère que de l'oxygène et du soleil. Chez les Disa importés, une floraison avait été préparée dans leur patrie, et au moment où on les arrachait du sol natal, il ne manquait aux fleurs pour se montrer que du temps aidé d'une chaleur, d'une lumière et d'une humidité convenables; rien d'étonnant dès lors de voir celles-ci s'épanouir sans difficulté dans nos jardins. Mais préparer une seconde floraison était plus malaisé : il fallait faire vivre la plante, mettre à sa portée les aliments nécessaires, et l'entourer des conditions indispensables à l'utilisation de ces ressources, ce qu'on ne sut pas faire pendant fort longtemps. La première floraison de pieds de Disa élevés en Europe date en effet de 1854 seulement, et, chose singulière, elle se produisit simultanément en Belgique et en Angleterre : pendant qu'au mois de juin, à l'exposition de Malines, on voyait en parfaite floraison un Disa élevé à Anvers et non venu du Cap pour la circonstance, l'exposition de Chiswick recevait des Disa cultivés en Angleterre, et dont les fleurs, au dire d'un journal du temps, étaient aussi grandes que la main d'une lady (*large as a lady's hand*). Souhaitons, pour le plus grand honneur de l'Horticulture anglaise, qu'en cette circonstance, mais seulement en cette circonstance, les blondes patriciennes de la brumeuse Albion aient eu la main grande.

Toute espèce est d'ordinaire inégalement répartie à la surface de son aire d'habitation et présente une tendance manifeste à se concentrer sur un point. Les apparences sont telles, qu'il semble que le type a pris naissance sur ce point, d'où il aurait rayonné, en se raréfiant, jusqu'aux limites qui lui sont imposées par les conditions biologiques.

Ces points, réels ou hypothétiques, centres véritables ou fictifs de dissémination, se nomment *centres de création*, ou mieux encore *centres de végétation*, la première expression ayant le tort de préjuger la cause du phénomène.

S'il est beaucoup de types ne possédant qu'un centre de création, il en est d'autres qui en présentent plusieurs, souvent séparés les uns des autres par d'infranchissables barrières ou d'énormes distances. Toutes les fois qu'il en est ainsi, toutes les fois qu'une même espèce vit parquée sur deux ou plusieurs points éloignés de la surface du globe, on dit qu'elle est *disjointe*.

Tels sont les faits généraux relatifs à la répartition des espèces végétales à la surface du globe; pour comprendre leur signification et apprécier en pleine connaissance de cause la valeur des explications qu'on en a successivement données, il nous faut maintenant revenir sur nos pas, reprendre notre sujet à l'origine, et examiner les choses de plus près que nous ne venons de le faire dans ce premier aperçu, uniquement destiné à poser la question à résoudre.

Notre attention se portera d'abord sur ce premier fait, qu'on peut ainsi formuler : Dans chaque région naturelle, les plantes se répartissent sur le sol selon une loi déterminée par les caractères physiques de la contrée. Il n'est personne en effet qui n'ait été souvent à même de faire cette remarque, que les espèces végétales habitant une contrée, une localité quelconque, ne sont pas disséminées au hasard et indifféremment sur toute sa surface, mais bien au contraire distribuées selon un plan dont on saisit aisément la raison d'être. En effet, nous voyons certaines espèces rechercher les endroits humides, marécageux, d'autres habiter de préférence les terrains secs, sablonneux. Beaucoup de plantes craignent la trop grande lumière et se cachent dans les buissons et les haies touffues ; d'autres au contraire ne peuvent prospérer qu'au grand jour, au milieu des herbes d'une prairie exposée au soleil ; ce qui faisait même dire à un botaniste dont les écrits sont çà et là parsemés d'allusions, et même malheureusement d'illusions, que dans le monde végétal comme dans notre propre monde : « Il est des partisans de l'obscurantisme comme il est des amis de la lumière. » Phénomène que l'on exprime d'une façon concise en disant que chaque espèce a sa *station*, entendant par le mot station l'ensemble des conditions biologiques indispensables à la vie de la plante et qu'elle rencontre seulement dans telle ou telle situation déterminée. Les stations sont innombrables ; les mieux caractérisées sont représentées par la plaine et la montagne, la forêt et la prairie, le marais et le rocher aride, le bord du ruisseau ou les rivages de la mer, etc., etc. C'est dans ce sens qu'on dit : la station de telle ou telle espèce est la plaine, la montagne, la forêt, etc., etc.

Nous connaissons depuis longtemps la raison de ces préférences ou mieux de ces exigences vitales : nous savons que quatre agents, l'air, l'eau, la chaleur et la lumière, sont essentiels, indispensables à toute végétation. Mais si toutes les espèces réclament pour vivre le concours simultané de ces quatre agents, toutes ne l'exigent pas au même degré ; de là cette séparation spontanée des espèces sur leur aire d'habitation, chacune d'elles se plaçant dans la situation la plus favorable à son développement.

Un second phénomène, la manière dont est peuplée chaque station naturelle, sollicite maintenant notre attention. Sous ce rapport, deux cas peuvent se présenter : ou la population est mixte et se compose d'un mélange en proportions sensiblement égales d'individus de plusieurs types différents; ou bien elle est une et comprend uniquement ou presque uniquement des individus de même espèce qui excluent impitoyablement de leur communauté les divers représentants de toutes les espèces aptes à vivre sur le même point. Ces associations, selon leur nature, forment les forêts, les prairies, les landes, etc., et les plantes qui les constituent sont dites des *plantes sociales*.

La sociabilité dans le Règne végétal offre divers caractères, selon qu'elle s'exerce entre individus de même espèce ou bien entre individus d'espèces différentes. Ainsi il y a des types exclusifs qui ne supportent sur leur sol que leur seule descendance, comme les Mangliers des régions intertropicales ; d'autres recherchent le voisinage de telle ou telle autre espèce : il n'y a pas un champ de Froment ou de Seigle qui ne nourrisse ses légions de Bleuets, de Coquelicots, etc. ; on a beau les détruire, elles reparaissent toujours à chaque végétation nouvelle. La Carotte et la Chicorée sauvage vivent en bonne harmonie le long des sentiers. Les Joubarbes et les Violiers se partagent fraternellement les murs et les toits des maisons du hameau, etc., etc.

Les causes de la vie sociale, les influences qui déterminent ce qu'on nommait autrefois les sympathies et les antipathies des plantes, sont multiples ; plusieurs ont été reconnues de nos jours, d'autres sont encore un sujet de controverse pour les savants, beaucoup d'autres demeurent inconnues. Pour résoudre toutes les difficultés d'un pareil sujet, il faudrait pouvoir assister à la naissance d'un continent, le voir lentement surgir des eaux, observer les premières érosions de sa surface par les agents physiques, lesquels, en émiettant patiemment mais péniblement le roc vif, forment et accumulent dans les dépressions le dépôt meuble appelé à devenir le sol arable lorsque les eaux pluviales, par des lavages réitérés, l'auront débarrassé de son excès de sel marin. Ces travaux préliminaires accomplis, le naturaliste serait témoin de la prise de possession, par la vie végétale, de cette terre vierge conquise sur l'océan. Il apprendrait ainsi comment naissent, s'agglomèrent ou se dispersent, se cantonnent ou s'éparpillent, les populations végétales. A défaut d'expérience aussi grandiose, à jamais impossible, des botanistes ont eu l'heureuse idée de laisser des terrains en friche pendant plusieurs années, soit après avoir soigneusement enlevé jusqu'au moindre brin d'herbe afin de savoir quelles seraient les premières espèces qui s'empareraient de la terre, et si elles sauraient s'y maintenir ou seraient plus tard refoulées et expulsées par d'autres, soit après l'avoir peuplé de certaines espèces déterminées pour voir comment elles lutteraient entre elles et contre les espèces venues du dehors.

Cette source d'informations, et beaucoup d'autres que nous passons momentanément sous silence, ont fourni des documents précieux sur la question qui nous préoccupe en ce moment; résumons ce que l'on sait de plus général à cet égard.

Toutes les plantes sont dans un perpétuel état de guerre les unes vis-à-vis des autres. Chacune d'elles doit sans cesse lutter contre ses rivales pour conquérir et s'assurer l'entière possession de sa part de lumière, de chaleur, d'humidité et d'aliments. C'est la grande bataille de la vie, nécessité fatale qui asservit à ses impitoyables exigences tous les êtres organisés. Nulle part ailleurs la lutte pour l'existence n'est plus visible que dans la forêt tropicale. Aucune description, aucune peinture ne saurait donner une juste idée de cet admirable centre de végétation : il faut avoir vu cette vie exubérante et ses innombrables manifestations. Là, sous l'incessante excitation d'une chaleur torride et d'une humidité extrême, le puissant soleil de l'équateur crée des merveilles, et surexcite l'activité végétative à un degré véritablement inouï. Là tout se serre, se tasse, s'étreint et s'enlace ; toutes les plantes s'allongent et s'élancent vers l'astre radieux qui leur donne la vie. Là enfin, rien de mesquin, de chétif, de souffreteux ; tout y est grand, majestueux, gigantesque. Malheur aux faibles ! ils sont promptement étouffés sous les étreintes de leurs puissants voisins; il faut tuer ou être tué, c'est la loi commune, inexorable, nulle part elle n'apparaît avec une plus complète évidence que dans les régions équatoriales.

Ce qui se passe dans la forêt tropicale se reproduit avec de semblables caractères dans tous les autres centres de végétation.

Un terrain convient-il au même degré par sa nature et le climat dont il jouit à nombre d'espèces, est-ce une sorte de terrain vague où toutes les graines de la région peuvent germer, où toutes les plantes du pays peuvent vivre et prospérer, alors tous les individus des différents types indigènes y luttent à armes égales et c'est la force individuelle qui triomphe : d'où résulte le mélange en proportions sensiblement égales des types. En est-il autrement, et la localité ne convient-elle qu'à un très-petit nombre d'espèces, celles-ci vont prospérer, les autres languir, la lutte entre elles deviendra inégale, et bientôt les moins favorisées succomberont, surtout si leurs adversaires appartiennent à ces espèces envahissantes qui survivent à toutes les causes de destruction grâce à leur rare fécondité et à leur puissance de multiplication. En quelques années, leurs innombrables descendants s'emparent de toute la région, étouffent les anciens propriétaires, et repoussent les nouveaux venus à mesure qu'ils se présentent. Telle est l'origine de scolonies végétales.

Parfois cependant les oppresseurs de la veille deviennent les opprimés du lendemain. Une forêt est-elle détruite de fond en comble par l'incendie, une forêt nouvelle s'élève avec le temps sur ses cendres et ses débris; mais souvent alors les essences primitives ont disparu complétement et font place à d'autres, nouvelles dans la contrée. Ces changements radicaux dans les populations forestières sont surtout visibles dans nos bois en cours d'exploitation, et atteignent, non-seulement les essences ligneuses, parties intégrantes et caractéristiques de la forêt, mais encore les herbes qui vivent à l'ombre et sous la protection des arbres. Les grandes coupes, après un intervalle de deux ou trois ans, sont les rendez-vous favoris des botanistes collecteurs, qui sont toujours assurés de faire là d'amples récoltes d'espèces qu'ils ne trouveraient pas plus loin, sous le couvert des grands arbres. Ces phénomènes mériteraient à coup sûr de fixer l'attention du savant; ils sont intimement liés au curieux mais bien obscur problème de l'origine des êtres, et des observations suivies dans cette voie contribueraient puissamment sans doute aux progrès de la philosophie naturelle.

Les renouvellements des populations végétales sont d'ailleurs soumis à bien d'autres influences. L'oiseau granivore, par exemple, remplit sous ce rapport un rôle dont chaque jour nous montre l'importance; c'est à lui qu'on doit la modification, lente il est vrai mais profonde, de certaines de nos plantations forestières. Ainsi, il aime à se retirer durant le jour dans le feuillage clair-semé des Pins pour y satisfaire sa curiosité sans être vu. Là, sans craindre les importuns, il lustre son plumage, chante ou mange. Avec la prodigalité des insouciants du lendemain, il abandonne sur le sol les fruits et les graines qu'il a laissé tomber par mégarde. Celles-ci germent, les nouveaux venus croissent, leur nombre augmente tous les jours, et un moment vient où ils sont assez forts pour étouffer les Pins protecteurs de leurs jeunes années. C'est ainsi que les plantations de cette dernière essence sont lentement transformées en bois feuillus, —Châtaigniers, Chênes, Hêtres, Sorbiers, etc., selon les régions et les terrains, — par ce forestier inconscient, l'oiseau.

Si, au lieu de borner nos recherches à une seule et même localité, nous comparons entre elles les flores de régions distinctes et plus ou moins éloignées les unes des autres, alors de nouveaux problèmes se posent devant nous, particulièrement celui-ci, le plus élevé mais en même temps le plus difficile à résoudre de la géographie botanique de l'époque actuelle : Pourquoi telle espèce n'a-t-elle qu'une patrie, un seul centre primitif de végétation, comme le Muscadier dans l'île de Ceylan, le Caféier en Éthiopie, le Cèdre du Liban sur une surface très-restreinte de la Syrie, etc.; et pourquoi telle autre se retrouve-t-elle au contraire dans plusieurs localités distinctes, appartenant à des régions naturelles souvent fort éloignées les unes des autres? Dans ce dernier cas d'ailleurs, est-il besoin de le faire remarquer, la plante vit, dans chacun de ses centres d'habitation, entourée des mêmes conditions physiques : tout est semblable dans ses différentes stations, sauf leur situation respective à la surface du globe.

Depuis le commencement du dix-huitième siècle, époque où les voyages scientifiques sont devenus de plus en plus faciles et fréquents, tous les botanistes philosophes ont été vivement frappés et grandement préoccupés des causes de ces mystérieux phénomènes. Chacun d'eux s'est efforcé de les commenter et de les expliquer. Malheureusement, l'insuffisance de leurs connaissances les a empêchés, comme elle empêche encore la science contemporaine, d'en donner une explication satisfaisante, à l'abri de toute objection sérieuse. A défaut de connaissances positives, chacun d'eux, faisant appel aux ressources de son imagination, a interprété les faits à sa manière, et inventé des systèmes, en attendant la véritable solution.

Toutes les explications proposées se groupent d'elles-mêmes autour de deux hypothèses principales : l'une qui admet l'unité et l'autre la pluralité des centres primitifs de création. La première suppose que la vie végétale a pris naissance sur un seul point de la surface terrestre, d'où elle a rayonné peu à peu sur le globe, durant le cours des âges. Mais plusieurs botanistes, voyant la même plante habiter des localités séparées par des distances ou par des obstacles vraiment infranchissables pour elle, ont affirmé que la puissance créatrice a dû déposer, à l'origine des choses, simultanément ou successivement dans les localités où nous les trouvons maintenant, le premier germe de ces populations végétales.

La doctrine de la pluralité des centres de création, simultanés ou successifs, repose sur une hypothèse stérile; simple énonciation du fait brut, elle n'apprend rien de nouveau et n'est susceptible "aucune conséquence, d'aucun développement; nous la laisserons donc de côté, pour nous occuper exclusivement de celle de l'unité du centre de création. Cette dernière a reçu selon les temps et les lieux, surtout selon le caractère des savants qui l'acceptaient et la patronnaient, des développements fort variables et qu'il est intéressant d'examiner. Elle implique nécessairement l'existence de migrations transportant les populations végétales de leur commun berceau dans les contrées où nous les trouvons maintenant ; on s'efforça donc de découvrir ce point privilégié où apparurent les premières plantes, d'expliquer ensuite comment s'effectuèrent leurs migrations, quelles influences les favorisèrent, quels obstacles les arrêtèrent, par quel concours de circonstances fortuites certains types se trouvent maintenant sur un point très-restreint du globe, tandis que d'autres sont éparpillés dans des cantonnements souvent fort éloignés les uns des autres. On voit dans les efforts faits pour étayer la doctrine que ses partisans sont tous dominés par la nécessité de concilier leurs théories avec ce fait fondamental : que toute espèce, en vertu de son organisation, réclame un climat déterminé, froid ou chaud, sec ou humide, selon son tempérament. C'est sous l'empire de cette contrainte que sont nées les hypothèses suivantes.

Linné plaçait son centre unique et primitif de création sur une montagne très-élevée de la région équatoriale, croyant par là satisfaire à toutes les exigences des espèces, grâce à la diversité du climat qui aurait régné de la base au sommet de sa montagne hypothétique. Comment l'immortel naturaliste fut-il conduit à cette hypothèse? Personne, croyons-nous, ne saurait maintenant le dire avec certitude. Comment naissent les grandes idées dans le cerveau d'un homme de génie? C'est ce que bien peu d'entre eux prennent la peine de nous raconter, regardant ce point comme tout à fait accessoire. Avait-il remarqué qu'au point de vue de la succession des climats, les deux hémisphères terrestres peuvent être comparés à deux immenses montagnes, reposant base à base sur l'équateur? Toutefois cette conception idéale de la végétation du globe est postérieure à Linné, et fut nettement formulée pour la première fois par Mirbel. Buffon, l'un des plus illustres

défenseurs de l'unité de création, plaçait son centre rpimitif de végétation aux pôles. Personne n'ignore aujourd'hui que dans un passé dont
on ne saurait supputer l'éloignement par notre chronologie ordinaire,
la Terre était une masse incandescente à l'état de malléabilité ignée.
Depuis lors, elle s'est progressivement refroidie, et continue de nos
jours à se refroidir par l'effet de son rayonnement calorifique vers les
espaces célestes. Ce refroidissement ininterrompu et progressif a produit par simple coagulation une pellicule solide superficielle, premier
rudiment de l'écorce terrestre ; très-mince au début, elle s'accroît tous
les jours, du côté interne, par des coagulations nouvelles et successives. Pendant longtemps l'écorce terrestre, semblable à la lave qui
s'épanche d'un cratère en éruption, est restée enveloppée d'épais nuages dus à la condensation partielle des torrents de vapeur d'eau sans
cesse dégagés par ce sol brûlant. Cette atmosphère lourde et toujours
saturée d'humidité déversait sur la Terre ses averses diluviennes, dont
les eaux chaudes ravinaient profondément et remaniaient sans cesse de
fond en comble le sol plutonien primitif par la double puissance de
leur force mécanique et de leur pouvoir dissolvant surexcité par une
haute température. Tels furent certainement les débuts de l'agent neptunien. Depuis lors, modelant avec une énergie et une activité que
rien ne lasse notre planète sortie brute des mains de l'agent plutonien, il comble les gouffres formés pendant l'enfantement de la Terre,
rectifie les rivages des continents, adoucit les pentes, creuse des
vallées d'écoulement pour les eaux surabondantes, etc., etc., travail multiple, lent mais continu, que vient parfois troubler encore
l'agent plutonien, avec une énergie expirante heureusement pour l'humanité. S'appuyant sur ces faits déjà connus de son temps dans quelques-unes de leurs manifestations principales, Buffon supposait que la
vie végétale avait pris naissance au pôle, lorsque l'abaissement de la
température l'avait permis, puis que plus tard, chassées de leur patrie
par les rigueurs inaccoutumées d'un climat qui devenait de plus en plus
rigoureux par l'effet du refroidissement général, les espèces avaient
peu à peu émigré vers l'équateur. Que les régions polaires aient autrefois possédé une flore équatoriale, c'est là un fait affirmé depuis longtemps par la science et qu'on ne saurait mettre en doute aujourd'hui.
Les dernières explorations polaires, en amenant la découverte de gise-
ments houillers sous les hautes latitudes, sont venues confirmer bien

inopinément les déductions de la Géologie, puisque la houille est sans conteste le résultat d'une altération particulière, à l'endroit même où ils ont vécu, de débris de végétaux appartenant aux formes tropicales. Mais restait, dans ce système comme dans celui de Linné, comme dans tous ceux qui prennent pour point de départ l'hypothèse d'un centre unique de création, à expliquer le mécanisme des migrations. Pour y parvenir, on a fait intervenir l'action des agents naturels, le vent, les eaux courantes, les glaces flottantes, etc., à laquelle on a joint celle des oiseaux frugivores semant çà et là les graines, souvent non digérées, des fruits dont ils se nourrissent. Ces divers moyens possibles de transport ont été tour à tour affirmés ou niés, exagérés ou amoindris dans leurs effets ; mais ce qu'on ne peut méconnaître, c'est l'influence réelle exercée par l'homme sur la diffusion des espèces ; tous les jours nous en voyons des preuves nouvelles, elle est même la seule dont tiennent compte certains botanistes, qui regardent les autres comme d'un effet beaucoup trop limité pour avoir pu intervenir d'une façon efficace dans les lointaines migrations des populations végétales.

La plus grave difficulté pour la doctrine du centre unique de création est d'expliquer comment se sont formés ces types si divers dont les uns ne peuvent vivre loin du brûlant soleil de l'équateur, pendant que d'autres habitent aux confins de la végétation, dans le voisinage immédiat des neiges perpétuelles, près du pôle ou sur les hauts sommets alpins. Le système de Buffon est muet à cet égard ; quant à celui de Linné, sa montagne imaginaire peut à la rigueur, dans ses diverses zones climatiques, étagées de la base au sommet, nourrir un représentant des différents types, comme l'arche de Noé contenait un couple des différentes espèces animales. Mais ceci admis, comment expliquer la migration des espèces alpines qui ont dû, en quittant le berceau de leur race pour gagner les régions que leur descendants occupent de nos jours, traverser la plaine, la plaine équatoriale, la plaine torride? Il leur a donc fallu pendant leur exode modifier leur tempérament et par conséquent leur organisation : à moins de supposer l'existence d'un moyen de transport assez puissant pour faire franchir aux graines, d'un seul trait, des centaines et souvent des milliers de lieues de distance. Ainsi s'impose à l'esprit, dans ce système comme dans celui de Buffon, la nécessité de métamorphoses, de transformations, et la doc-

trine du *transformisme*, en si remarquables progrès à notre époque,
apparaît là comme seule capable d'aplanir ces difficultés.

Mais alors, dira-t-on, pourquoi se créer à plaisir des obstacles
pour avoir la peine de les éviter? pourquoi ne pas s'en tenir au fait
brut, et ne pas admettre l'hypothèse de la pluralité des centres de
création? C'est qu'elle aussi a ses mystères et ses incertitudes ; elle est
loin de tout expliquer, et ne saurait dire, par exemple, pourquoi certains types ne se rencontrent jamais que dans une seule localité. Est-ce
parce que ces espèces ne peuvent vivre hors des endroits où on les
trouve? Nullement. Ainsi le Japon nous a déjà envoyé plusieurs plantes
dont la naturalisation parmi nous est un fait accompli ; pourquoi donc
ces végétaux, spontanés au Japon, ne l'étaient-ils pas en France?

Les progrès de la Géologie sont encore venus compliquer un problème déjà si complexe, et montrer que la question est bien plus
difficile à résoudre qu'on ne le supposait au début. Nous parlions
plus haut de ces populations végétales enfouies dans les couches
terrestres, et plus ou moins bien préservées par elles des injures du
temps ; leur étude a ouvert de nouveaux horizons touchant l'origine
des êtres. Longtemps on méconnut la véritable nature de ces débris,
et on ne leur prêta qu'une attention distraite. Ce qu'ils révélaient
du passé de la Terre était beaucoup trop en dehors des connaissances
de l'époque pour être immédiatement compris et apprécié à sa
vraie valeur. L'homme est ainsi fait : tout ce qui sort de son courant
habituel d'idées lui répugne ou l'effraye. Plutôt que d'accepter l'imprévu, son esprit se complaît dans le fantastique et le bizarre, s'abandonne aux hypothèses les moins vraisemblables. Qu'on présente, de nos
jours, à l'homme le plus étranger aux sciences une de ces empreintes
végétales si communes dans les schistes et les grès du terrain houiller,
il n'hésitera pas sur leur origine, et reconnaîtra en elles des vestiges
de plantes. Eh bien, pendant de longues années, on s'efforça de se per-
suader que ces débris n'appartenaient pas au Règne végétal, et l'on
préféra, contre toute évidence, les regarder comme « des jeux de la
Nature », pour parler le langage du temps, supposant que la puissance
mystérieuse désignée par ce mot vague avait dû autrefois s'amuser,
dans une heure de caprice, à buriner dans la pierre des images de
plantes. Cependant, les faits se multipliant, il fallut bien enfin renoncer à ces interprétations puériles, voir les choses comme elles sont, et

prendre enfin ces empreintes et ces débris, altérés et minéralisés, pour ce qu'ils sont réellement : des empreintes et des débris de plantes, des *fossiles* enfin comme on les appelle maintenant. La connaissance des fossiles ne tarda pas à constituer, sous le nom de *paléontologie végétale*, une des branches les plus importantes des sciences botaniques. Malheureusement, ces études progressent lentement, sans cesse arrêtées par des obstacles dont les uns appartiennent à la Géologie et résultent de l'impossibilité d'explorer tous les terrains en majeure partie cachés sous les eaux, dont les autres sont propres à la Paléontologie et tiennent à l'extrême embarras qu'on éprouve à chaque instant pour reconnaître et caractériser les types, pour constater en quelque sorte l'état civil des fossiles lorsqu'on n'en possède, — cas ordinaire, — que des feuilles ou des fragments de tiges plus ou moins complétement convertis en houille, en lignite ou en tourbe. Personne n'ignore que la distinction ou la classification des espèces est basée sur la nature des organes floraux; or ce sont précisément ces organes qui font défaut dans la plupart des fossiles végétaux.

L'exploration des couches terrestres a révélé certains types dont les représentants peuplaient autrefois la Terre, et qui ont aujourd'hui complétement disparu. On ne rencontre jamais de nos jours, même dans les plus vieilles futaies, un seul représentant des formes végétales de l'époque houillère par exemple, dont la végétation fut à la fois si riche et si puissante; tous ces types se sont éteints ou modifiés, comme a disparu, en se transformant, le monde dans lequel ils ont vécu ; et sans l'écorce terrestre qui, semblable à un musée gigantesque, nous en conserve fidèlement les échantillons, nous ne soupçonnerions même pas leur existence. Ainsi, nos premières notions sur les manifestations de la vie s'élèvent et s'agrandissent en faisant un retour sur le passé de la Terre. Le savant dont les recherches se borneraient aux phénomènes du monde animé contemporain ne connaîtrait qu'un fait fondamental : la durée limitée de la vie individuelle; mais la pensée de l'extinction des types ne lui viendrait pas à l'esprit, car rien dans la nature actuelle ne l'avertit de la possibilité d'un tel phénomène, et pour l'homme réduit aux fables de la tradition et aux documents de l'histoire, les espèces sont immuables et éternelles. Sans doute, depuis les temps historiques, le monde animé a perdu quelques types; mais cette disparition a été accidentelle et violente; elle est imputable à l'oppression de l'homme, et n'est point le résultat fatal, prévu, de causes naturelles. Il faut désormais nous familiariser avec une seconde loi : l'existence limitée des types.

La Paléontologie nous a révélé une troisième loi : l'apparition successive des types ; et quand nous parlons de ces périodes pendant lesquelles les formes animées ont sommeillé dans le néant en attendant l'heure de paraître sur la Terre et de se mêler pour un temps aux populations animales ou végétales, il ne s'agit pas, qu'on le sache bien, de quelques années ou même de quelques siècles, mais bien de périodes d'une durée incalculable qui confond notre imagination habituée à prendre ses termes de comparaison dans la durée des phénomènes périodiques qui se déroulent sous nos yeux durant notre rapide passage sur la terre. Non, ces intervalles sont immenses, et pour les évaluer, nos unités de temps ordinaires, le jour, l'année, le siècle même, sont insuffisantes. Comment donc les évaluer? comment, par exemple, supputer le temps qui nous sépare de l'époque houillère dont nous parlions plus haut? C'est là un problème fort attrayant à résoudre et qui a séduit bien des géologues; ils ont suivi diverses voies pour découvrir la vérité. Tous les calculs entrepris dans ce but montrent que les périodes géologiques, que les différents âges de la Terre si on aime mieux, ont dû avoir des durées qui effrayent la la raison. Citons-en deux exemples pour fixer les idées à cet égard.

Des supputations d'Élie de Beaumont ont prouvé qu'une végétation de 25 ans ne peut fournir qu'une couche de houille de 2 millimètres d'épaisseur. Or des couches de houille de 20 mètres de puissance ne sont pas rares à rencontrer. A ce compte, il aurait fallu 250 000 ans pour les former ! Un tel calcul, il est vrai, renferme toujours quelque chose d'hypothétique et d'arbitraire qui doit nous rendre circonspects dans les conclusions qu'on en peut tirer : il est basé sur les caractères de la végétation actuelle, sur son degré d'activité, sur sa puissance d'organisation, sur le poids enfin des composés carburés qu'elle peut élaborer en une année, activité et puissance qui ont certainement varié durant les temps géologiques, sans qu'on puisse fixer l'étendue de ces variations.

Autre exemple.

En creusant à la Nouvelle-Orléans les fondations d'une usine à gaz, fondations qui devaient être très-profondes en raison du peu de stabi-

lité du sol uniquement formé par l'accumulation des sables et des
boues du Mississipi, on trouva le corps d'un Indien. D'après l'épaisseur des alluvions qui le recouvraient, on a calculé qu'il avait dû s'é-
couler au moins 57 600 ans depuis sa mort. Le calcul est bien simple
à faire ; malheureusement, comme le précédent, comme tous les autres de même nature, il pèche par l'incertitude des données. A notre époque, le fleuve dépose sur sa barre 6 mètres cubes de vase par seconde ;
750 bateaux dragueurs, de chacun 500 chevaux-vapeur de force, soit
en tout 525 000 chevaux-vapeur, employés tous les jours, seraient
indispensables pour transporter cette énorme masse de limons seulement à quelques kilomètres plus loin. C'est en se basant sur cet
apport moyen qu'on a obtenu le nombre de 57 600 ans ; pour que ce
dernier fût exact, il aurait fallu, ce qui n'est pas, que le régime des
eaux du Mississipi ait conservé de tout temps le même caractère.

Tel serait le temps nécessaire aux agents naturels pour former un
des plus minces feuillets de l'écorce terrestre, un banc de houille ou
un lit de limon ; qu'on juge d'après cela de l'incomparable durée des
périodes géologiques et de l'antiquité de notre globe ! D'ailleurs le
travail d'organisation de l'écorce terrestre, une fois commencé, ne s'est
pas poursuivi régulièrement, sans modifications et sans troubles, comme
s'édifient nos monuments où chaque pierre demeure à la place qui lui est
assignée, où chaque mur conserve sa situation, sa forme et ses dimensions
premières. Au contraire, la Terre, semblable en cela à l'animal et au végétal vivants, est dans un perpétuel état d'évolution, de transformation, qui
ajoute, retranche, et modifie sans cesse l'œuvre commencée, mais jamais
terminée. Les effets de cette évolution se montrent partout. Le climat,
d'abord uniforme, unique, sur notre planète, s'est peu à peu diver-
sifié et particularisé sur les différents points à mesure que la Terre
se refroidissait, que s'accusait son relief, que s'accidentait sa surface.
Pour les mêmes causes, dans les mêmes circonstances, lorsque
l'écorce terrestre, suffisamment refroidie, permit aux eaux de séjourner à l'état liquide sur sa surface, elles la recouvrirent d'abord entièrement ; il n'y eut alors qu'un seul et universel océan, que les continents, naissant, grandissant et se hérissant de chaînes de montagnes
de plus en plus élevées, divisèrent et subdivisèrent en mers de plus
en plus nombreuses, mais de moins en moins étendues. Des modifications tout aussi profondes se produisaient, pendant le même

temps, dans la température et la constitution de l'atmosphère. A travers les perpétuelles métamorphoses de la nature morte, comment la nature vivante aurait-elle gardé immuablement ses traits primitifs? Que des types organiques aient disparu, quoi de surprenant, puisque leurs derniers descendants n'étaient plus en harmonie avec leur époque? Que de nouveaux types aient apparu dans le cours des âges, successivement et dans un ordre déterminé qu'on a pu formuler en loi, la loi dite *du perfectionnement graduel des êtres*, quoi d'étonnant encore? Le Mammifère et l'Oiseau pouvaient-ils vivre alors que les continents n'existaient pas? Les énormes Pachydermes qui ont précédé l'arrivée de l'homme sur la Terre et ont accompagné dans la vie ses premiers ascendants, auraient-ils pu naître aux premières périodes géologiques, alors que des îles basses et étroitement circonscrites, véritables embryons de futurs continents, émergeaient seules de l'océan primitif? N'est-il pas évident que la taille, la conformation et le nombre de ses habitants doit toujours être en raison directe des ressources de la Terre? Parquez un couple de Lions ou un couple d'Éléphants dans l'île de Corse ou de Sardaigne, y feront-ils souche? Les premiers dépeupleront bientôt leur étroit domaine, les seconds détruiront rapidement la végétation, et, dans l'un et l'autre cas, la famine aura promptement raison des envahisseurs. Ainsi, nécessité évidente, fatale, de l'apparition et de la disparition successives des types, les preuves n'en sont plus à fournir, les données actuelles de la Géologie suffisent amplement à la démonstration. Mais comment la vie s'est-elle perpétuée jusqu'à nous, depuis sa première apparition? Ici les ténèbres commencent et la vérité se voile. S'est-elle transmise, comme le veulent les uns, par une suite de générations se modifiant et se transformant peu à peu comme le climat, ayant par conséquent une souche commune et formant dans la série des temps les différents anneaux d'une seule et même chaîne? ou bien, comme l'affirment les autres, la vie a-t-elle eu ses éclipses faisant rentrer dans le néant toutes les formes organiques existantes, et après lesquelles la vie, retrempée dans le repos en quelque sorte, reparaissait douée d'une activité plus grande, avec un cortège de types nouveaux? En d'autres termes, devons-nous adopter et soutenir l'hypothèse de l'*unité* ou bien celle de la *pluralité des créations?* Tel est, réduit à ses termes essentiels, le débat soulevé par la science contemporaine à propos de l'origine des êtres. L'hypothèse de la pluralité des créations, — remarquons-le pour ne plus nous en occuper désormais, — qui prétend que chaque population nouvelle, que chaque flore et chaque faune, est née d'une seule pièce, est sortie toute formée d'une manifestation spontanée de la puissance créatrice, est encore une de ces suppositions stériles qui n'expliquent rien, n'ajoutent rien à nos connaissances, étant purement et simplement l'énoncé du fait. Quant à l'autre, celle de l'unité de création, quant à la croyance qu'un jour vint où des êtres vivants furent créés dans le sens propre du mot, apparurent sur la Terre jusqu'alors déserte, et que ce grandiose événement ne se produisit qu'une seule fois, fut sans précurseurs comme sans continuateurs, la vie s'étant maintenue depuis lors par les voies ordinaires et connues de la propagation des corps organisés, c'est une hypothèse féconde d'où naîtra l'erreur ou la vérité, selon l'esprit dans lequel on l'envisagera. D'abord elle a pour elle de remarquables analogies. Comment! disent ses partisans, l'Astronomie moderne a reconnu l'existence d'une évolution sidérale; elle nous a montré la matière cosmique devenant lumineuse à la suite de condensations répétées; d'abord nébuleuse, plus tard étoile ou soleil, elle s'entoure ensuite d'un cortége de planètes, puis tous ces phares s'éteignent en se refroidissant, et deviennent successivement, — comme nous le disions en commençant, — des terres, puis des lunes semant l'espace de débris dont chacun est un astéroïde destiné à disparaître à son tour par une lente usure! Comment! la Géologie nous parle de la lutte incessante des deux agents plutonien et neptunien qui règnent conjointement et despotiquement sur la Terre, elle nous décrit les phases diverses de cette lutte, nous montre les ruines qu'elle accumule et les bouleversements qu'elle amène! Le mouvement serait donc partout dans la nature, seule la vie aurait le privilége de rendre immuables les formes corporelles qu'elle anime de son souffle passager! Rien enfin ne serait éternel dans le monde que les espèces organisées terrestres! Une telle exception à une loi générale, universelle sauf ce cas, serait irrationnelle et incompréhensible.

L'hypothèse de l'unité de création suppose nécessairement que les types qui vivent ou ont vécu sur la Terre procèdent les uns des autres par voie de descendance, et se constituent par les transformations progressives d'un seul ou d'un petit nombre de types primordiaux : c'est là l'essence de la doctrine dite du transformisme, si célèbre de notre temps. Hypothèse et doctrine ne font qu'un : supprimez l'hypothèse, le transformisme est sans raison d'être ; démontrez l'inanité de la doctrine, l'hypothèse tombe. Le critérium du transformisme, le terrain sur lequel combattent sans merci transformistes et non-transformistes, est facile à indiquer, le voici : Si les espèces actuelles sont des transformations progressives d'un petit nombre d'espèces primordiales, des formes intermédiaires, des formes transitoires, reliant celles-ci à celles-là, ont dû nécessairement exister. Trouve-t-on aujourd'hui quelque part ces types de transition ? Dans le cas de l'affirmative, la doctrine du vraie ; elle est fausse dans le cas contraire. Tel est le point précis est débat : la réalité ou la non-réalité des espèces de transition ; pour résoudre la question dans un sens ou dans l'autre, la Paléontologie fouille avec ardeur les couches terrestres. Quelle solution du mystérieux problème de l'origine des êtres sortira de ses progrès ? c'est le secret de l'avenir.

CHAPITRE II

LA FLORE ARCTIQUE

I. — LE DOMAINE ARCTIQUE

Les deux cercles polaires et les deux tropiques partagent la surface terrestre en cinq zones, savoir : deux zones glaciales, s'étendant chacune d'un cercle polaire au pôle correspondant; deux zones tempérées, l'une et l'autre limitées par un cercle polaire et un tropique; enfin une zone torride, à cheval sur l'équateur, et s'étendant d'un tropique à l'autre. Leurs superficies sont très-inégales : la plus grande est la zone torride, qui forme les 0,4 de la surface terrestre; les plus petites sont les zones glaciales, qui valent le dixième de la précédente ou les 0,04 du tout; enfin chacune des zones tempérées équivaut aux 0,26 de l'étendue totale.

La zone glaciale arctique doit à sa situation un climat tout à fait exceptionnel, dont il importe avant tout de rappeler les traits essentiels. La nature du climat dépendant avant tout de la durée relative du jour et de la nuit, puis, secondairement, du degré d'obliquité des rayons solaires, rappelons comment agissent ces deux influences sur les terres arctiques.

Par raison de symétrie, il semble *à priori* que le Soleil, dans sa course apparente annuelle autour de la Terre, ayant toujours son centre sur un grand cercle de la sphère céleste, doive séjourner exactement six mois dans chacun des deux hémisphères. En réalité, il n'en est pas tout à fait ainsi, et, par suite de particularités astronomiques qu'il est inutile de mentionner ici, le Soleil reste huit jours de plus dans l'hémisphère boréal, favorisant ainsi la zone glaciale arctique au détriment de la zone glaciale antarctique.

Sous nos latitudes, la longueur du jour varie sans cesse pendant le cours de l'année. Sa durée est exactement égale à celle de la nuit et comprend douze heures au moment de l'équinoxe du printemps, entre le 20 et le 21 mars. A partir de cette époque, le jour grandit de plus en plus jusqu'au solstice d'été, le 21 juin, où la nuit est réduite à quelques heures, encore abrégées par le crépuscule et l'aurore, qui la suppriment même aux latitudes suffisamment élevées, par exemple à Paris, où l'aurore du lendemain suit immédiatement le crépuscule de la veille. Une fois le solstice d'été passé, le Soleil se dirige vers l'équateur, les jours diminuent, les nuits augmentent, et quand le Soleil atteint ce dernier, au moment de l'équinoxe d'automne, le 21 septembre, le jour et la nuit ont la même durée, douze heures. Le lendemain le Soleil est dans l'hémisphère austral, qu'il ne quitte plus qu'au prochain équinoxe du printemps. L'astre s'écarte d'abord peu à peu du plan équinoxial ; durant ce temps, les jours diminuent de plus en plus et atteignent leur valeur minimum au solstice d'hiver, le 21 décembre, puis recommencent à croître à partir de ce moment. En résumé, dans la zone tempérée, la longueur du jour est comprise entre 0 et 24 heures, selon l'époque de l'année et la latitude du lieu considéré. En chaque point de la zone, le plus long jour est celui du solstice d'été, le plus court celui du solstice d'hiver, et ces maxima augmentent graduellement, ces minima diminuent progressivement, depuis le tropique du Cancer, limite équatoriale de la zone tempérée boréale jusqu'au cercle polaire arctique, sa limite nord, où tous les ans il y a un jour et une nuit de vingt-quatre heures. Au solstice d'été, le Soleil reste vingt-quatre heures au-dessus de l'horizon, il ne se couche pas, il n'y a pas de nuit en d'autres termes ; au solstice d'hiver, le phénomène inverse se produit : le Soleil reste vingt-quatre heures sans se lever, pendant vingt-quatre heures il n'y a pas de jour.

Ces inégalités remarquables dans la durée relative des jours et des nuits s'accentuent de plus en plus lorsque, partant du cercle polaire, on se rapproche progressivement du pôle : les jours sont de plus en plus longs pendant l'été, de plus en plus courts pendant l'hiver ; et, selon la latitude, on a des jours de vingt-quatre heures, d'un mois, de deux mois, etc. Nous résumons dans le tableau ci-dessous quelques données utiles à connaître sur ces variations.

TABLEAU DE LA DURÉE MAXIMUM DES JOURS ET DES NUITS DANS LA ZONE GLACIALE ARCTIQUE

LATITUDES.	JOURS.	NUITS.
66°,32′ (cercle polaire). 70° 75° 80° 85° 90°	1 65 jours, du 20 mai au 24 juillet. 103 jours, du 1er mai au 11 août. 154 jours, du 16 avril au 26 août. 161 jours, du 2 avril au 10 septembre. 186 jours.	1 60 jours, du 21 novembre au 20 janvier. 97 jours, du 2 novembre au 7 février. 127 jours, du 18 octobre au 21 février. 153 jours, du 4 octobre au 6 mars. 179 jours.

Ainsi, l'expédition scientifique qui passerait l'année au 85ᵉ parallèle, latitude que personne n'a encore atteinte, serait témoin des particularités suivantes. Le Soleil resterait constamment au-dessus de l'horizon du 2 avril au 10 septembre suivant ; de cette dernière date au 4 octobre, il y aurait pour chaque période de vingt-quatre heures une nuit dont la longueur augmenterait peu à peu ; enfin, le 3 octobre, le Soleil se coucherait pour ne plus se lever que le 6 mars, époque à partir de laquelle les jours grandiraient de plus en plus jusqu'au 2 avril, où il n'y aurait plus de nuit.

Si la durée croissante du jour pendant l'été était la seule particularité du climat polaire, celui-ci devrait s'adoucir graduellement en s'approchant du pôle ; or il n'en est rien, et chacun sait qu'une éternelle ceinture de glaces, la banquise comme l'appellent les marins, défend les approches de ce dernier point. La rigueur de plus en plus grande du froid à mesure qu'on s'éloigne du cercle polaire tient à ce que le bénéfice résultant de la durée croissante du jour est bien au delà compensé par l'obliquité de plus en plus grande sous laquelle les rayons solaires viennent frapper la surface de la Terre. Ainsi, leur plus grand angle n'est déjà plus que de 46°58′ au cercle polaire et seulement de 23°28' au pôle même ; au lieu que dans toute l'étendue de la zone torride il existe annuellement : un jour pour chacune de ses deux limites, les tropiques, et deux jours pour tous ses autres points, où les rayons solaires sont verticaux à midi, de telle sorte qu'à ce moment les habitants, les animaux, les arbres, les monuments, les rochers, etc., etc., n'ont point d'ombre. Or la Physique nous enseigne que le rayonnement solaire est d'autant plus puissant que sa direction se rapproche davantage de celle de la verticale ; voilà pourquoi le Soleil de la zone glaciale est sans chaleur, et comment la Terre, glacée par la longue nuit d'hiver, ne parvient pas à se réchauffer pendant l'été malgré la longueur du jour.

Ces notions astronomiques rappelées, nous allons maintenant aborder les questions concernant le Règne végétal seul, et jeter un coup d'œil d'ensemble sur la flore de la zone glaciale arctique, depuis sa limite équatoriale, le cercle polaire, jusqu'à sa limite nord, limite changeante que chaque nouvel explorateur recule un peu sur un point, mais qu'aucun effort ne parviendra à supprimer ; et si, géographiquement parlant, la zone glaciale arctique occupe les quatre centièmes de la superficie totale du globe, — comme nous le remarquions précédemment, — toute la région de ce vaste domaine, 1 500 000 milles carrés environ, qui confine au pôle, reste complètement inconnue. Trois continents, l'Amérique septentrionale, l'Asie et l'Europe, dépassent le cercle polaire. L'Asie appartient à la zone glaciale arctique par la lisière septentrionale de la Sibérie et les îles avoisinantes ; l'Europe, la moins avancée des trois dans cette direction, par la Laponie et des îles telles que celles du Spitzberg qui jalonnent la route de ses futurs empiétements vers le nord à mesure que les bassins des océans se videront. Les terres polaires américaines sont de toutes les plus étendues : elles comprennent une étroite zone de terre ferme et de nombreuses îles, parmi lesquelles le Groenland, grand comme un continent, a fixé tout particulièrement l'attention des explorateurs et a été, à diverses époques, le but d'essais de colonisation dont plusieurs ont réussi.

La limite sud de la région inconnue forme une ligne sinueuse. Devant l'Europe, elle suit à peu près le parallèle de 80°, sauf aux îles du Spitzberg, où elle est reportée au delà de ces îles, au 81° environ. En Asie, elle descend à 75°, 74° et même 72° vers le détroit de Bering.

L'expédition autrichienne du lieutenant Payer sur le *Tegetthoff*, dont le but était d'explorer les bassins et les terres arctiques au nord-est de la Nouvelle-Zemble, et de tâcher d'atteindre dans cette direction le détroit de Bering, vient de forcer la barrière sur un point : le 12 avril 1874, après dix-sept jours de marche, le lieutenant Payer plantait le drapeau austro-hongrois par 82° 5' de latitude, au cap Fligely, sur une terre qu'il venait de découvrir directement au nord de la Nouvelle-Zemble.

La zone glaciale arctique, comme toutes les zones terrestres, a ses terres et ses mers, ses plaines et ses montagnes, ses torrents et ses lacs. Les rigueurs du climat abaissent considérablement la limite des neiges perpétuelles et la rapprochent du niveau de la mer. Ainsi, au Spitzberg notamment, elle descend à 30 ou 35 mètres d'altitude, en sorte que les terres basses côtoyant le rivage perdent seules leurs neiges durant l'été, et constituent le domaine fort étroit de la flore arctique ; encore, dans les massifs montagneux, les énormes glaciers, toujours assez puissants pour porter leurs neiges et leurs glaces jusqu'à la mer, en restreignent considérablement l'étendue déjà si restreinte. C'est un des traits caractéristiques du monde polaire que cette grandeur et cette fréquence des glaciers ; celui de Humboldt, situé à l'extrémité sud du détroit de Smith, a 100 kilomètres de largeur, et, comme un véritable fleuve de glace, s'écoule lentement vers la mer profondément encaissé entre deux murailles rocheuses de 150 à 300 mètres de hauteur. Une particularité distingue de celles des Alpes ces énormes accumulations de neiges et de glaces qui s'étendent et se maintiennent en longues traînées au-dessous de la limite des neiges perpétuelles. Pendant que les chaleurs de l'été fondent, usent, leurs congénères alpins, et les arrêtent dans les terres à quelques lieues de leur point de départ, les glaciers arctiques viennent tous déverser leurs glaces dans la mer sous forme de gigantesques blocs.

L'année polaire ne comprend en réalité que deux saisons : un hiver de neuf mois, pendant lequel la Terre reste ensevelie dans son linceul de neiges et de glaces ; un été de trois mois seulement, juin, juillet, août, dont le froid Soleil ne parvient à fondre la neige que sur quelques points privilégiés par leur situation, et à maintenir la couche d'air immédiatement en contact du sol à une température un peu supérieure à 0°. On jugera des conditions climatiques de cet été par les nom-

Fig. 281. — Un paysage polaire : le cap Fligely.

bres suivants, empruntés aux observations thermométriques de plusieurs explorateurs.

MOYENNES MENSUELLES DES TEMPÉRATURES DE L'ÉTÉ POLAIRE

RÉGIONS.	LOCALITÉS.	LATITUDE.	AVRIL.	MAI.	JUIN.	JUILLET.	AOUT.	SEPTEMBRE.	OCTOBRE.
Spitzberg . . .	»	80°	»	»	0°,8	2°,0	0°,8	»	»
Côte occidentale	Upernivik. . .	73°	»	»	2°,7	4°,2	5°,6	0°,01	»
du	Jacobshava. .	69°	»	0°,2	5°,2	7°,1	5°,6	0°,2	»
Groenland.	Godhaab . . .	65°	»	1°,5	5°,0	7°,8	6°,7	3°,7	»
Islande. . . .	Eyafjord . . .	66°50′	»	2°,0	6°,5	8°,0	8°,0	»	»
	Reikiavik . . .	64°	2°,5	6°,9	10°,7	13°,2	11°,5	7°,9	2°,7

Entre ce long hiver d'une seule nuit et ce fugitif été d'un seul jour, le soleil ne se montrant pas dans la première période et ne disparaissant jamais dans la seconde, on peut à la rigueur intercaler deux saisons : un printemps et un automne, caractérisés l'un et l'autre par ce fait que le soleil se lève et se couche tous les jours.

En résumé, le trait dominant du climat polaire, celui qui nous servira à en comprendre la flore, est un été excessivement court et sans chaleur, à tel point qu'à quelques décimètres au-dessus comme au-dessous de la surface du sol règne la température de 0°. Tel est l'étroit domaine de la vie végétale, une zone de quelques mètres d'épaisseur au plus, en partie aérienne, en partie souterraine.

Cet état de choses particulier à la zone glaciale explique le caractère dominant de la plante phanérogame polaire, une exiguïté de taille souvent réduite à ses plus extrêmes limites, et se manifestant dans toutes ses parties à la fois : exiguïté de l'appareil aérien, qui gèlerait infailliblement toutes les nuits s'il s'élevait à plus de quelques décimètres du sol ; exiguïté de l'appareil souterrain, qui ne parvient à grandir qu'à la condition de toujours ramper à une faible distance de la surface, car une racine pivotante rencontrerait bientôt le sous-sol congelé et serait arrêtée dans son essor à la fois par la résistance du terrain, égale à celle de la roche la plus dure, et par l'abaissement de la température. Cette végétation, forcément lilliputienne, trouve dans la rare petitesse de sa taille un double avantage :

d'abord, de ne jamais s'écarter notablement de la surface du sol, la moins froide de toutes les zones vitales, aériennes et souterraines, et de bénéficier ainsi du peu de chaleur solaire qu'elle a pu garder malgré l'intensité du refroidissement nocturne ; ensuite, de pouvoir s'abriter sous la neige des rigueurs de l'hiver.

Toutefois il ne faut pas oublier qu'il existe pour la plante polaire, non point des compensations, mais des adoucissements à ces rigueurs du climat. L'excessive et constante sécheresse amenée et entretenue par la basse température de l'air favorise la transpiration et conséquemment l'alimentation par les racines. L'effet est encore augmenté par une radiation solaire continue ; il est vrai qu'elle est toujours très-faible, puisque la plus forte insolation obtenue par le docteur Kane, à l'aide du procédé ordinaire, un thermomètre à boule noircie qu'on expose au soleil jusqu'à ce qu'il atteigne sa température maximum, n'a été que de 20°,9 le 5 juillet, alors qu'à la même époque, à Paris, la température du même thermomètre peut s'élever à 40°,6 centigrades. Ainsi l'insolation supportée par la plante polaire est assurément d'intensité très-inférieure à celle qu'éprouve le feuillage de la plante tropicale, mais elle doit certainement racheter en partie sa faiblesse par sa continuité. Et ici se présente à l'esprit une question négligée jusqu'à présent par les physiologistes. Au point de vue auquel nous sommes placés, nous pouvons assimiler la plante polaire à une machine à vapeur à basse pression ayant ses feux toujours allumés, et la plante équatoriale à une machine à haute pression, mais dont le foyer serait alternativement et exactement douze heures allumé et douze heures éteint. Or on sait que ces intermittences de travail dans nos machines à vapeur sont une cause de perte de calorique et par conséquent de combustible ; il y aurait donc lieu de se demander laquelle des deux machines organisées fonctionnant dans des conditions si différentes, de la plante polaire ou de la plante tropicale, consomme le moins de chaleur pour produire le plus d'effet utile, laquelle des deux, en d'autres termes, donne le rendement le plus élevé, comme dirait un mécanicien, dans la transformation du calorique en mouvement.

En résumé, de l'ensemble de ces considérations climatologiques découlent ces deux conséquences :

1° Par suite de la basse température d'un été très-court, et du froid rigoureux d'un hiver excessivement long, le principal, le grand obsta-

Fig. 282. — Un glacier polaire.

cle à la végétation est l'insuffisance de calorique ; quant à l'eau nécessaire, elle ne fait jamais défaut : par conséquent la plante doit être
conformée en vue d'utiliser de son mieux la chaleur solaire et de se
protéger efficacement contre le froid.

2° En raison du très-petit nombre de stations possibles sous un pareil climat, la flore arctique doit présenter le grand caractère d'uniformité que tous les botanistes lui ont reconnu.

On compte à la surface de la Terre trois modes de végétation,
incarnés dans la plante arborescente, l'herbe vivace par le pied et
l'herbe annuelle. Après ce que nous venons de dire sur le climat polaire, il est évident que des forêts ne sauraient se former et vivre sur
un pareil sol, et en effet elles n'existent pas. Il y a bien quelques
espèces arborescentes dont les représentants sont groupés si l'on veut
en forêts, mais en forêts véritablement lilliputiennes, toujours complétement ensevelies sous la neige pendant l'hiver, et que l'homme
foule alors aux pieds sans se douter qu'il marche sur une forêt, ou plus
exactement sur le représentant minuscule d'une forêt. Et cependant
les nombreux débris de bois fossiles trouvés un peu partout prouvent
que le domaine forestier s'est étendu autrefois sur la plus grande
partie de la zone glaciale arctique. La végétation forestière s'y est certainement maintenue pendant plusieurs périodes géologiques, et son
apparition remonte au moins à l'époque houillère, puisque l'équipage
du *Discovery*, de l'expédition du capitaine Nares, a découvert un gisement houiller dans la baie de Lady Francklin, à cinq ou six milles de son
point d'hivernage situé par 84°44' latitude nord. Au Groenland, par 70°
latitude nord, on connaît deux forêts superposées : la plus ancienne, de
l'époque crétacée, fournit des fossiles semblables à ceux qu'on extrait
des terrains crétacés de l'Allemagne, et les espèces de l'autre, de la période tertiaire, ont été retrouvées dans les couches tertiaires des bords
du lac de Genève. Pendant ces temps reculés, la zone glaciale arctique
possédait certainement un climat beaucoup moins froid que son climat
actuel : la nature des espèces fossiles le prouve, puisque leurs congénères
de la flore contemporaine vivent tous sous des latitudes plus méridionales. Ainsi, dans le gisement de bois fossiles de l'Islande, on a découvert
des empreintes de feuilles de Tulipier (*Liriodendron tulipifera* Lin.),
arbre indigène de nos jours aux États-Unis et dont l'aire s'étend seulement jusqu'au Canada méridional. Enfin au Spitzberg, dans la Kingsbay,

par 78° latitude nord, on trouve le Tilleul à l'état fossile. On n'a pu jusqu'ici expliquer d'une manière satisfaisante l'existence d'abord, la disparition ensuite, de ces immenses forêts qui ont occupé un sol aujour-
d'hui complétement déboisé pendant un laps de temps d'une durée
incalculable. Sans doute, la cause première en est à une profonde
modification du climat, mais sous quelles influences un tel changement s'est-il produit? C'est là ce qu'on ignore. On en est encore réduit
sur ce point à des hypothèses et à des conjectures qui toutes soulèvent
de graves objections. Au premier abord pourtant, rien ne semble plus
facile à comprendre qu'une pareille disparition. Puisqu'il est bien
établi que la température du globe baisse de jour en jour, ce refroidissement graduel, dit-on, a dû nécessairement amener la destruction
ou la transformation de la flore tropicale primitive. Telle est l'explication depuis longtemps proposée, et souvent reproduite depuis; ajoutons qu'elle est sans valeur, par la raison que la végétation des Phanérogames demande, non pas de la chaleur obscure, mais de la chaleur
lumineuse, de la chaleur solaire. L'explication précédente, basée sur la
diminution graduelle des effluves de chaleur obscure concentrée dans
le globe terrestre, de celle qu'on nomme la *chaleur centrale*, est donc au
moins insuffisante, puisque cette chaleur seule serait incapable de faire
vivre une plante phanérogame quelconque. La disparition des forêts est
certainement due à l'affaiblissement de la radiation solaire, mais il reste
à découvrir la cause de cet affaiblissement, à montrer pourquoi cette
radiation était autrefois plus puissante qu'aujourd'hui dans la zone
polaire arctique. C'est ici que commence le champ des conjectures :
les uns ont placé cette cause dans une modification de plus en plus
accentuée avec le temps de la situation relative de la Terre et du Soleil ; d'autres admettent, et c'est l'hypothèse qui paraît réunir en sa
faveur les plus grandes probabilités, la diminution progressive de la
lumière et de la chaleur solaires. Ainsi, l'une des doctrines se base
sur une modification de rapports entre les deux astres, Terre et Soleil ;
l'autre, sur une métamorphose lente et continue de ce dernier, qui
paraît appelé, dans la suite des temps géologiques, à s'éteindre et
à s'encroûter comme notre globe, puis à poursuivre au delà de ce
terme son évolution, et à s'acheminer par des transformations successives vers le néant.

Les plantes, — nous le savons, — sont rarement réparties avec

Fig. 285. — Le Soleil de minuit dans les régions arctiques

uniformité sur le sol : d'ordinaire les individus de même espèce ou d'espèces sympathiques entre elles se réunissent en associations variées, que l'homme le plus étranger à la science discerne et dénomme. Dans le monde polaire, restreint sous ce rapport comme sous tous les autres, il n'existe que trois de ces formes d'association, connues et caractérisées par les habitants et les baleiniers bien avant qu'elles eussent été l'objet des investigations des botanistes : ce sont la *toundra*, la prairie et le buisson.

II. — LA TOUNDRA

La toundra est une formation particulière et caractéristique du monde polaire; cependant, si on voulait absolument lui trouver des analogies ou plus exactement des ressemblances éloignées, on pourrait l'assimiler à la tourbière de la zone tempérée froide. Montrons dans quelles conditions elle se constitue, et quels sont les végétaux qui la peuplent.

Nous sommes parvenus aux premiers jours de l'été; le pâle soleil de juin commence à fondre les neiges accumulées par l'hiver. Si l'eau produite ne peut disparaître, entraînée par la pente du terrain ou bue par les couches profondes, elle se cantonnera dans les couches superficielles, gelant de nouveau tous les hivers, dégelant en partie tous les étés, faisant de la plaine une sorte de marécage ayant pour sous-sol imperméable, non plus comme ceux des autres régions la roche vive ou bien un lit d'argile, mais un terrain rendu parfaitement étanche par la glace constamment interposée entre les particules terreuses, et les unissant entre elles aussi fortement que le pourrait faire le ciment hydraulique le plus tenace et le plus dur. L'eau de la toundra doit à cette dernière particularité de conserver une température constante et voisine du point de congélation pendant tout l'été, la chaleur qu'elle reçoit ne servant qu'à fondre les glaces du sous-sol. Telle est la toundra des Mousses, le vrai désert de la Sibérie polaire, que le Mammifère herbivore évite, où l'homme par conséquent ne saurait vivre sans gibier ni troupeau. La même formation se rencontre encore dans l'Europe arctique, dans les plaines de la Laponie et les hauts plateaux de la Norvége, mais elle y est beaucoup moins développée et remplacée d'ordinaire par une autre formation, également propre au monde polaire, la toundra de Lichen, la seule que l'on rencontre dans l'Amérique arctique.

La profondeur à laquelle le sol dégèle tous les ans pendant l'été dépend nécessairement de la puissance de la radiation solaire, et par conséquent varie avec la situation géographique et l'altitude. Il y a des terrains qui ne dégèlent jamais, même superficiellement, et constituent des toundras toujours entièrement dénudées, des toundras stériles, les déserts par excellence de ces régions. La toundra propre à la végétation offre une épaisseur comprise entre 5 centimètres seulement dans l'extrême nord de la Sibérie et 5 décimètres environ en Europe. Cette étroite couche superficielle constamment imbibée d'eau à la température de la glace fondante ne peut évidemment nourrir qu'une flore des plus pauvres et des plus humbles : le sol manque aux racines, et la chaleur à l'organisme tout entier. Chaque espèce, pour entrer en végétation, exige une température déterminée et d'autant plus élevée que son organisation est plus riche. Dans nos forêts, les premières plantes qui reverdissent à la fonte des neiges sont des Mousses. Seules parmi les populations végétales terricoles, ces miniatures de plantes se contentent d'un sol inondé et refroidi par de l'eau à 0°; ce sont également les seuls habitants de la toundra humide, sauf sur certains points moins déshérités où l'on rencontre, s'élevant à peine au-dessus des humbles Cryptogames, quelques représentants rabougris et dégénérés des espèces ligneuses. La nature des Mousses varie d'ailleurs avec le degré d'humidité du sol. Dans l'immense toundra sibérienne, où l'eau est peu abondante, dominent les Polytrics, dont les tiges simples et courtes, munies de feuilles aciculaires d'un brun-verdâtre et fort rapprochées les unes des autres, ressemblent, à part la couleur, à des pousses de Conifères à peine épanouies. Sous les climats moins sévères, le terrain devient plus marécageux, et la toundra à Polytrics, dont le sol est assez résistant pour y pouvoir marcher sans danger, fait place à une sorte de marécage que les Sphaignes, ses seuls habitants, convertissent bientôt en tourbière. Ainsi, à l'équateur, le désert est un sable aride, et les terrains inondés un centre d'exubérante végétation, l'évaporation active et continuelle des eaux tempérant sans cesse les ardeurs d'un climat dévorant. Au voisinage du pôle, le désert est un marécage ; tout autre sol libre de neige pendant l'été se couvre de végétation, l'eau ne lui faisant jamais défaut, grâce à la fusion continuelle et graduelle des neiges.

III. — LA PRAIRIE

Toute chose a son commencement en ce monde, l'origine de la prairie polaire est la toundra de Lichens. Sur un terrain dont la pente est suffisante pour l'écoulement des eaux, la roche vive se montre-t-elle à nu tous les ans pendant l'été, de minuscules défricheurs, des Lichens, seuls êtres parmi les végétaux assez sobres et assez rustiques pour vivre dans des conditions aussi défavorables, s'y installent bientôt, et leurs innombrables légions se mettent à l'œuvre : elles s'insinuent dans les plus étroites fissures, s'implantent dans les moindres dépressions, arrêtent les poussières, corrodent la roche, et mêlent de génération en génération leurs débris à ces rares débris inorganiques si péniblement préparés et réunis par eux. Ainsi se forme un rudiment de terre végétale dont chaque jour augmente l'épaisseur et la richesse. Puis un moment vient toujours où le pionnier de la végétation est chassé du sol qu'il a rendu fécond par des envahisseurs, les herbes de la prairie polaire, qui n'attendaient que l'heure favorable pour vivre de son labeur. Les noms de ces obscurs et pourtant indispensables travailleurs, dont l'influence est si grande malgré leur petitesse, méritent d'être mentionnés ici. Leurs populations forment, si l'on peut parler ainsi, trois nationalités distinctes : celle des Lichens des Rennes, celle des Cladonies et celle des Lichens d'Islande ; la première composée des *Cetraria aculeata* et *tristis*, du *Cladonia rangiferina*, de l'*Evernia ochroleuca*, etc.; la seconde, du *Cladonia uncialis*, etc.; la troisième enfin, des *Cetraria islandica*, *nivalis*, etc. Outre leur utilité, ces humbles végétaux, dont les frondes dressées et souvent très-richement découpées ne dépassent pas 2 à 5 centimètres de hauteur, embellissent les terres polaires en les nuançant des divers tons du blanc, du gris, du brun et du noir. Le blanc-jaunâtre du *Cetraria nivalis*, le gris-blanchâtre du *Cladonia uncialis*, le gris-jaunâtre de l'*Evernia ochroleuca*, le gris du *Cladonia rangiferina*, le brun du *Cetraria islandica*, le brun-châtain du *Cetraria aculeata*, enfin le noir du *Cetraria tristis*, percent et dominent çà et là, formant d'heureux contrastes avec le vert de la prairie et l'éblouissante blancheur de la montagne voisine.

Étudions maintenant ces envahisseurs, dont la nombreuse descendance va former ce centre particulier de végétation, la prairie.

Remarquons d'abord qu'une circonstance favorise la végétation en général, et vient puissamment en aide à la végétation polaire en particulier. Par suite du défaut de centralisation des organes et des fonctions chez la plante, de l'absence de cette étroite solidarité des parties qui est l'un des traits distinctifs de l'animalité, une branche, un rameau, un bourgeon, peuvent, si les conditions extérieures le permettent, entrer en végétation, se feuiller, fleurir et même fructifier, alors que le reste de la ramification, arrêté par des conditions défavorables, demeure encore plongé dans le sommeil hivernal. Une expérience pleine d'intérêt, et toujours répétée avec le même succès depuis la fin du dernier siècle, en fait foi. Admettons qu'un végétal ligneux quelconque, un cep de vigne par exemple, vive palissé sur la face extérieure de la muraille d'une serre, et qu'au printemps on fasse pénétrer l'un des sarments à travers un trou dans l'intérieur. Bientôt le sarment ainsi favorisé entre en activité, entr'ouvre ses bourgeons, allonge ses pousses nouvelles, épanouit même ses fleurs, tandis que le reste du cep, engourdi par le froid du dehors, prolonge son sommeil hivernal. Des faits pour ainsi dire calqués sur celui-ci se manifestent tous les ans dans la végétation polaire. Aux premiers rayons du soleil blafard de ces régions, les chatons des Saules s'éveillent aussitôt et fleurissent, alors que le reste de la plante attend encore des semaines, plongé dans l'engourdissement, que le sol, enfin dégelé autour des grêles racines, permette à la sève de reprendre son cours et de rappeler la vie active dans ces branches lilliputiennes que chaque végétation nouvelle grandit seulement de 1 à 2 centimètres.

Les types favoris de la prairie polaire peuvent être devinés maintenant que nous connaissons les nombreuses et dures servitudes de la plante arctique; et pour y parvenir, il suffit de chercher comment elle doit s'y prendre pour compenser, au moins en partie, l'infériorité de sa situation, et utiliser, sous un ciel rigoureux, les maigres ressources d'une terre aussi pauvre. Sa taille, — nous le savons, — ne peut grandir, la zone atmosphérique habitable pour un feuillage quelconque n'ayant là que quelques décimètres au plus de profondeur;

cependant, elle ne saurait se passer de feuilles : quelle forme leur choisira-t-elle et quelle disposition leur donnera-t-elle? Doit-elle adopter un feuillage réduit à quelques grandes feuilles réunies en une rosette terminale? Sera-t-elle enfin une réduction, une miniature, de Palmier acaule ou d'Agavé? Évidemment non : de grandes feuilles seraient trop délicates, et un tel climat ne comporte que des feuilles aussi réduites que possible; d'ailleurs le temps presse, l'été est fort court, il faut par conséquent que le feuillage atteigne promptement l'état adulte. Comment satisfaire à ces conditions antagonistes, axes courts, feuilles nombreuses afin de compenser par leur nombre la petitesse de chacune d'elles, et enfin rapide foliation, sinon en adoptant une tige courte, mais richement ramifiée, dont chaque rameau se terminera par une rosette de feuilles serrées les unes contre les autres? Ce mode de végétation s'adaptera mieux encore au climat si chaque pied comprend plusieurs pseudo-tiges très-rapprochées les unes des autres, respectivement enracinées par leur base, et formant dans leur ensemble une touffe compacte que les botanistes, dans leur langage spécial, appellent une *herbe cespiteuse*. En d'autres termes, l'herbe cespiteuse est une forme rampante dont les entre-nœuds sont rudimentaires. Ainsi serrés les uns contre les autres, les axes feuillés se garantiront mutuellement du froid; d'ailleurs le sol est ingrat, et néanmoins il faut lui demander beaucoup en peu de temps; quoi de mieux dès lors que d'enraciner chaque ramification pour lui permettre de se suffire à elle-même à l'aide de ses racines et de ses feuilles. Mais quel degré de longévité convient le mieux à l'herbe du gazon arctique? le végétal doit-il être annuel ou vivace? Annuel semble-t-il d'abord; vivace au contraire quand on réfléchit et qu'on pèse avec soin le pour et le contre. En ne tenant compte que de cette condition à laquelle est astreinte toute plante polaire, l'exiguïté de la taille, on donne la préférence à la plante annuelle, qui supporte mieux que l'autre la réduction de ses proportions. En effet, chez la plante annuelle, le travail physiologique n'ayant qu'un seul but, celui de préparer les aliments avec lesquels les embryons renfermés dans les graines se nourriront pendant les premières phases de la germination, n'exige pas un laboratoire aussi vaste et aussi complexe que celui de l'herbe vivace, qui exécute un double travail, et au travail précédent en ajoute un autre qui lui est spécial, celui de constituer pendant la belle saison une réserve alimentaire destinée aux débuts de la végétation suivante. Aussi la plus petite Phanérogame polaire est-elle une Polygonée annuelle du genre Kœnigia. Il y a donc, chez l'herbe vivace, antagonisme réel entre le bourgeonnement et la floraison; et nous en comprenons maintenant la raison : ces deux actes se nuisent réciproquement ; aussi, dans les étés exceptionnellement froids, la floraison diminue au profit du bourgeonnement. Il en est ainsi quand on se rapproche progressivement du pôle : le second phénomène prédomine de plus en plus sur le premier, et l'on rencontre des plantes vivaces que les rigueurs du climat rendent presque stériles, les individus ne fleurissant plus que de loin en loin et tout à fait exceptionnellement. Une autre condition à remplir pour la plante arctique, la rapidité de végétation, puisque l'été est excessivement court, est encore à l'avantage du végétal annuel, dont les pousses demandent moins de temps pour se former que celles du végétal vivace, les tissus des rameaux ayant chez ce dernier une transformation à subir, et devant passer de la consistance herbacée à la consistance ligneuse. Et pourtant, la grande majorité des espèces polaires est vivace. C'est que la plante annuelle offre une particularité physiologique qui devient chez elle un défaut capital sous le climat arctique : elle fleurit tard, car la fleur ne peut se montrer et accomplir son évolution avant que le végétal n'ait réuni les matériaux nécessaires à son développement. Aussi, dans les plantes annuelles, une première foliation précède-t-elle toujours les premières fleurs ; ensuite, à partir de leur apparition, le double travail de la foliation et de la floraison se poursuit simultanément et sans interruption jusqu'à la mort de la plante, se ralentissant, puis s'arrêtant seulement dans les derniers jours, la venue de quelques feuilles nouvelles précédant toujours l'apparition de nouvelles fleurs. Il en est autrement dans les plantes pérennantes, surtout parmi les espèces ligneuses ; chez elles, la floraison peut indifféremment suivre, accompagner ou précéder la foliation, se montrer par conséquent en toutes les saisons. Voilà pourquoi enfin, sous notre climat, les floraisons printanières sont presque exclusivement propres à des plantes nées au plus tard dans les premiers jours de l'automne précédent. Aussi le jardinier et l'amateur qui désirent voir leurs plantes annuelles fleurir dès le retour de la belle saison, ont-ils la précaution, bien connue de tout le monde, de semer leurs graines en automne. Cependant la règle

n'est pas absolue et notre flore spontanée possède des espèces annuelles
à floraison printanière; mais alors ce sont toujours et nécessairement
d'humbles végétaux, au feuillage rare et grêle, aux fleurs mignonnes
et peu nombreuses, égarés en quelque sorte et isolés parmi nous.
Par leur conformation et leurs mœurs, ils appartiennent bien réellement aux flores arctiques et alpines où leurs espèces sont nombreuses,
et leur existence de nos jours loin de la terre polaire ou des hauts
sommets, véritables patries de leur type, est un de ces faits encore
inexpliqués qui se perdent dans les innombrables transformations et
révolutions dont la Terre a été le théâtre depuis sa naissance. Tel est,
parmi ces habitants des climats froids, notre *Draba verna*, miniature
de Crucifère qui épanouit ses toutes petites fleurs blanches aux premiers rayons du soleil d'avril. La floraison ordinairement tardive
des espèces annuelles, quand elle a lieu sous un climat glacé tel que
celui de la zone arctique, où la Terre, dès le mois de septembre, s'enveloppe de son suaire de neige, rend la fructification précaire, capricieuse, intermittente, et menace par conséquent tous les ans l'espèce
d'extinction. Pour ces motifs, la plante annuelle est inférieure à la
plante vivace sous la zone glaciale.

Le fond de la prairie polaire est la Graminée et la Cypéracée, dont
les différents représentants se partagent à peu près également le sol,
et forment par leur réunion le cinquième des espèces qui l'occupent.
Sur ce fond uniforme, la nature a dispersé 8 pour 100 de Crucifères,
7 pour 100 de Renonculacées, 5 pour 100 de Rosacées, autant de
Saxifragées et d'Éricinées, 4 pour 100 de Synanthérées, et çà et là
des individus appartenant à quelques autres familles seulement, car
la flore arctique tout entière en comprend moins de cinquante. Leurs
fleurs, par leur grandeur relative et leurs vives couleurs, contrastent
heureusement avec le vert du gazon, épais et court : le pourpre du
Saxifrage à feuilles opposées (*Saxifraga oppositifolia* Lin.) et du Si-
lène nain (*Silene acaulis* Lin.), les tons roses ou carnés des Parrya
et de la Primevère farineuse (*Primula farinosa* Lin.), le jaune d'or
des Renoncules et du Draba alpin, le bleu des Polémoines et du Myosotis velu (*Myosotis villosa*), enfin le blanc éclatant des Céraistes,
attirent et reposent les regards fatigués par l'aveuglante blancheur
des sommets voisins.

Parmi ces plantes intéressantes à des titres divers, nous mention-

nerons plus particulièrement le Cochlearia, la providence des équi-
pages décimés par le scorbut.

On trouve sur les plages maritimes, depuis l'Europe septentrionale
jusqu'aux plus hautes latitudes arctiques, une herbe que la forme gé-

Fig. 284. — Rameau fleuri de Cochlearia officinal (*Cochlearia officinalis* Lin.).

nérale de sa feuille fait appeler, dans notre pays, l'*herbe aux cuillers*,
et en langage botanique Cochlearia, mot qui a le même sens en latin ;
par reconnaissance, les marins qui fréquentent les mers arctiques l'appellent l'*herbe au scorbut*, en raison de ses vertus antiscorbutiques.
Sa conformation générale, ses mœurs, qui en sont la conséquence nécessaire, la prédestinent aux climats froids, et on la retrouve dans les
régions alpines, dans les Pyrénées notamment. Mais elle ne présente

point partout les mêmes caractères : elle offre, selon les contrées où on
la cueille, certaines variations dans la conformation et les dimensions
de ses feuilles, dans la grandeur de ses fleurs, etc., etc. Ces formes
diverses constituent pour les uns de simples variétés locales d'une
même espèce ; pour les autres, des espèces distinctes. Sans vouloir
prendre parti dans le débat, nous adopterons la première opinion, qui
est celle de la majorité, et pour nous les Cochlearia pyrénéen, groen-
landais, arctique, à grandes fleurs, à feuilles rondes, etc., etc., ne
seront que des races locales du Cochlearia officinal (*Cochlearia officinalis* Lin.), de la famille des Crucifères, que nous allons brièvement
décrire dans ses traits essentiels.

Pour vivre sous un tel climat et dans de telles conditions physiques,
il faut en quelque sorte une grande prévoyance et une grande habileté, afin de mettre à profit les courts instants favorables à l'activité
physiologique. Aussi, dès que le terrain est débarrassé des neiges,
voit-on aussitôt le Cochlearia développer à la surface du sol une petite rosette de feuilles radicales serrées les unes contre les autres.
Mais il est de toute nécessité que ces organes essentiels de l'élaboration, que leurs millions de chimistes microscopiques qui vont mettre en œuvre les matériaux atmosphériques, les modifier, les transformer, et finalement se les approprier, ne se gênent pas mutuellement, et utilisent dans son entier l'étroit emplacement qui leur est
parcimonieusement accordé. Cela étant, quelle sera la forme des
feuilles qui répondra le mieux à la situation et aux besoins de la
plante? Rien n'est plus facile à reconnaître.

Traçons un cercle de rayon quelconque (fig. 285, A); il représen-
tera la rosette par excellence, celle qui occupe tout le terrain. Par son
centre O menons un certain nombre de rayons OC, OD, OE, OF, OG,
OH, par exemple, divisant la surface en autant de secteurs égaux COD,
DOE, EOF, FOG, GOH, HOC ; en prenant ces secteurs pour feuilles, n'au-
rons-nous pas résolu le problème cherché et satisfait à toutes les conditions imposées ? Pas encore, et des feuilles ainsi conformées en secteurs circulaires, se touchant exactement par leurs bords contigus,
formeraient un feuillage entaché d'un vice grave, rédhibitoire pour
ainsi dire, car il s'opposerait au libre accès de l'air sur les faces inférieures ; il faut donc ouvrir des passages, pratiquer des échancrures
latérales, pour permettre la circulation des fluides atmosphériques.

Nous en arrivons ainsi, avec un peu de réflexion, à modifier notre première conception, à la rectifier, et à donner aux feuilles la forme ci-contre (fig. 285, B), à les faire pétiolées avec un limbe que des influences d'importance secondaire façonneront suivant les régions et rendront plus ou moins orbiculaire, réniforme, ovale. Creusons maintenant les limbes afin d'augmenter leur étendue, mais ne les creusons pas indifféremment sur une face ou sur l'autre : faisons-les concaves sur leur face supérieure, — la plus active des deux, car elle est la plus favorisée par les agents physiques, — afin que les rayons solaires s'engouffrent et se concentrent dans cette sorte de petit cratère, au grand pro-

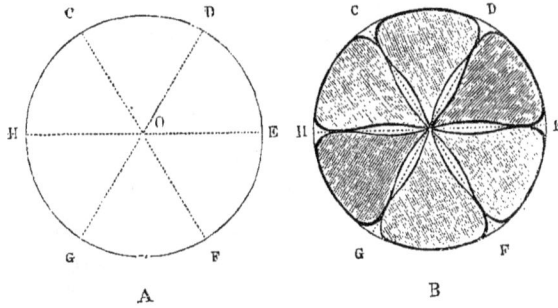

Fig. 285. — Étude géométrique des feuilles du Cochlearia officinal.

fit de la chlorophylle qui doit les transformer en travail chimique. Nous arrivons ainsi naturellement à la forme en cuiller, caractéristique chez les feuilles du Cochlearia. Mais ce n'est pas tout, et il faut encore donner à chacun de ces organes la plus grande puissance possible en les imprégnant en quelque sorte de granules de chlorophylle; aussi la face supérieure de chaque feuille est-elle d'un beau vert foncé, et de plus lisse et luisante, afin de réfléchir abondamment la lumière et de la concentrer au fond de l'excavation. Une dernière disposition est encore nécessaire : ne doit-on pas économiser la place et le temps? Si celui-ci n'était pas si parcimonieusement accordé à la plante, elle organiserait, comme nombre de plantes prévoyantes, des axes tuberculeux dans lesquels elle emmagasinerait ses provisions; mais une telle installation est trop longue pour elle : alors, contrainte par la nécessité, elle fait à la fois de l'appareil producteur un appareil conservateur, et les feuilles deviennent un peu charnues. Cette rosette

de feuilles est montée, pour ainsi dire, sur un petit pivot, au plus de
la grosseur d'une plume d'oie et ne portant que quelques fibrilles ; là
également il y a réduction organique au plus strict nécessaire, et le
Cochlearia n'organise en fait de racine que les ramifications radicales
les plus indispensables à l'alimentation de l'appareil aérien. Mais un
dernier problème reste à résoudre : ces minuscules feuillages seront-ils
verticillés comme nous l'avons supposé jusqu'ici, ou bien une autre
forme est-elle mieux en harmonie avec les conditions de leur végétation? Remarquons que la disposition verticillée, en vertu de laquelle
plusieurs feuilles naissent et grandissent simultanément, implique de
toute nécessité dans la plante des ressources alimentaires antérieurement acquises, ou des circonstances climatiques très-favorables;
aussi, dans les Phanérogames, ce mode de symétrie est-il rare dans
les feuillages et ordinaire chez les organes floraux plus ou moins
parasites de l'ensemble du végétal. Or le Cochlearia, au début de
sa végétation, est abandonné sans approvisionnements à l'inclémence
d'un climat déshérité ; ses feuilles radicales ne peuvent donc se former que successivement, et, en dernière analyse, seront alternes sur
une tige rudimentaire.

Les choses persistent en cet état plus ou moins longtemps, selon les
conditions extérieures. Parfois, surtout sous les hautes latitudes naturellement, les influences climatiques sont tellement défavorables,
que la petite plante termine à peine ses approvisionnements quand
l'hiver survient et l'oblige à s'endormir sous la neige et à remettre au
prochain été l'œuvre importante, capitale de sa vie, sa fructification :
ce qui fait dire à beaucoup d'auteurs que le Cochlearia est une herbe
bisannuelle. Sous les climats moins sévères, sur les côtes de Bretagne par exemple, ou dans nos cultures, un été suffit à son double
travail nutritif et reproducteur ; elle y est annuelle et naturellement à
floraison printanière. Ses fleurs s'épanouissent au mois de mai dans
nos jardins, où on l'élève parfois en raison de ses propriétés médici-
nales, pour son feuillage qui renferme les principes actifs, et non pour
ses petites fleurs blanches, insignifiantes.

Tous les explorateurs des régions polaires ont été frappés de la vivacité des couleurs et de la grandeur relative des fleurs de la prairie
arctique. Dans la presqu'île du Taïmyr, au nord de la Sibérie, leur
diamètre moyen dépasse 0^m,011 et chez plusieurs atteint de 0^m,027 à

$0^m,040$, dimensions énormes pour des végétaux formant un gazon dont la hauteur n'a que $0^m,080$ à $0^m,100$. Il paraît même que sous ce double rapport, grandeur et éclat du coloris, la fleur polaire ne le cède en rien à la fleur alpine, si justement vantée par tous les touristes que leur caprice amène dans les Alpes. C'est là un fait important à noter pour nous, car il se rattache à d'importantes considérations physiologiques encore vivement controversées.

Plusieurs naturalistes, et particulièrement Darwin à notre époque, ont vivement insisté sur le rôle actif que suivant eux les insectes exerceraient dans la fécondation des plantes. Conformément à l'habituelle tendance de notre esprit, beaucoup de disciples ont outrepassé là encore la doctrine des maîtres, et bientôt s'est formée une école professant que les enveloppes florales n'ont d'autre rôle à remplir dans la vie végétale que celui d'attirer ces petits animaux par leurs vives et brillantes couleurs. On a prétendu enfin que les dimensions parfois assez considérables de ces enveloppes, que leur conformation souvent si étrange, si compliquée, si tourmentée, sont de savantes dispositions qui permettent à l'insecte d'accéder aisément à la fleur, puis le dirigent vers les organes centraux, au point précis où son intervention est jugée indispensable, par des couloirs savamment ménagés dont la longueur et l'étroitesse sont calculées à la taille, non pas de tous les visiteurs indistinctement, mais de l'animal désigné entre tous par sa conformation et son ⸱ie pour accomplir l'œuvre indispensable. Le fait. un jour reconnu avec certitude, que la diversité et la ⸱⸱esse de coloris des fleurs augmentent à mesure qu'on s'approche du pôle ou du sommet des hautes montagnes, des régions par conséquent où les insectes sont très-rares et tendent à disparaître, et dès lors où il importe tout particulièrement d'utiliser tous les survivants, de ne point laisser d'oisifs parmi eux en attirant leurs regards sur les fleurs par l'éclat du coloris, deviendra un argument en faveur de la doctrine : si toutefois, comme il est permis de le penser *à priori*, cette grandeur et cet éclat des fleurs arctiques et alpines ne sont pas, en partie du moins, l'effet d'une illusion d'optique; si l'éblouissante blancheur de la neige ne fait pas ressortir leur coloris, et l'humilité de la plante leurs proportions; si enfin ces fleurs, admirables dans le paysage natal, ne deviennent pas ordinaires dans nos jardins. Malheu-

reusemeut, une telle objection ne sera jamais levée. En admettant
qu'on parvienne jamais à se rendre maître des difficultés qui jusqu'ici
ont entravé la culture des plantes alpines ou polaires, l'examen des espèces vivant dans nos parterres ne résoudra point la difficulté dans le
cas où ces fleurs présenteraient une réelle infériorité sur leurs congénères restées à l'état sauvage, car on ne saura jamais s'il faut attribuer
le fait à une véritable dégénérescence, effet d'une culture mal entendue, ou bien au changement de site et au désaccord qui en serait ré-
sulté entre le cadre du paysage et leur genre de beauté.

Il est du reste encore d'autres arguments en faveur de la doctrine,
mais de la doctrine maintenue entre de justes bornes, celui, entre
autres, de la prédominance de plus en plus accentuée des types chez
lesquels le transport du pollen se fait par le vent ou dont la fécondation
a lieu à huis clos, avant l'épanouissement des enveloppes florales, à
mesure qu'on se rapproche du pôle ou d'un haut sommet.

IV. — LE BUISSON

Est-ce buisson, est-ce forêt qu'il faut appeler l'association des plantes
ligneuses rabougries de la zone arctique? A dire le vrai, l'un et l'autre
terme sont également impropres, et cette singulière formation, sans
égale dans les autres flores, qui constitue un des traits les plus
étranges de la physionomie en tout si étrange du monde polaire,
attend encore sa dénomination propre.

Les buissons ou les forêts polaires, comme on voudra les appeler,
sont bien pauvres en espèces ; l'extrême petit nombre de celles-ci d'une
part, la gracilité et la débilité des individus d'autre part, sont les
caractères originaux de ces groupes de pygmées. Dans toute la presqu'île de Taïmyr, on ne compte que huit formes arbustives, dont le
feuillage est caduc chez les unes, persistant chez les autres. Parmi les
premières dominent les Saules et les Nerpruns (*Rhamnus* Lin.) ; parmi
les secondes, on trouve deux types : le type Bruyère aux feuilles aciculaires comme l'Andromède tétragone (*Andromeda tetragona*), et celui
de Myrte, dont les feuilles sont plus ou moins légèrement dilatées en
limbes selon les climats.

Les Saules sont de toutes les espèces arborescentes celles qui s'avan-

cent le plus vers le nord ; à ce titre ils méritent d'arrêter un moment
notre attention. Dans leurs étapes successives sur la route du pôle, leur
taille décroît progressivement. Nous avons du reste déjà formulé cette
loi que, chez les arbres, la taille des individus de même espèce est en
raison directe de la douceur du climat, et nous en avons donné la
raison, qu'il est peut-être bon de rappeler ici. Les feuillages successifs
d'un arbre quelconque s'élèvent graduellement dans l'atmosphère, et le

Fig. 286. — Type de Nerprun, le Nerprun purgatif (*Rhamnus catharticus* Lin.), de la flore indigène.

sujet croît en hauteur jusqu'à ce que la cime atteigne la zone atmosphérique de climat antipathique par sa rigueur à son tempérament ;
alors il cesse de grandir, pour s'étendre en largeur jusqu'à sa mort.
Dans les régions arctiques, la très-faible épaisseur de la couche d'air
dans laquelle la vie végétale est possible réduit considérablement la
taille des Saules polaires, et en général celle de toutes les espèces arbustives, dont les représentants n'ont plus en moyenne que 5 à 8 centimètres de haut ; ceux qui atteignent 16 centimètres sont rares, et
quant aux géants de ces miniatures de forêts, de ces forêts qui semblent
vues par le gros bout d'une lorgnette, leur taille ne dépasse point

Fuchs Pinx.

LES TULIPES

2 décimètres. En attribuant ce remarquable défaut de taille à la trop faible épaisseur de la zone atmosphérique habitable par la plante, nous sommes en désaccord il est vrai avec les quelques botanistes dont l'attention s'est portée sur ce point de climatologie. Pour ceux-ci, le nanisme commun à toutes les espèces arborescentes polaires serait uniquement le fait de l'extrême brièveté de l'été, qui ne donne pas à

Fig. 287. — Type de Myrte, le Myrte commun (*Myrtus communis* Lin.), de l'Orient et de l'Europe méridionale.

l'arbre le temps de grandir; mais un moment de réflexion suffit pour montrer que telle n'est pas la véritable cause du phénomène. Sans doute la rapidité plus ou moins grande avec laquelle passe la belle saison exerce une influence très-grande sur les formes végétales, au point qu'il est impossible de confondre une forme arctique avec une autre équatoriale; toutefois le caractère distinctif des espèces de ces climats ne réside pas, comme on le prétend, dans le plus ou moins grand développement de la taille, mais, remarquons-le bien, dans la brièveté plus ou moins accusée des entre-nœuds : voilà le vrai critérium, la formule mathématique pour ainsi dire, donnant pour

chaque région la longueur exacte de la belle saison. L'été se pro-
longe-t-il beaucoup, ou, pour parler avec plus de précision, les conditions climatiques propices à la foliation se maintiennent-elles
pendant une notable partie de l'année, les entre-nœuds sont longs;
ils restent courts dans le cas contraire, et d'autant plus courts que
les jours favorables à la végétation sont moins nombreux. Bien que
les pousses annuelles ne puissent beaucoup s'allonger pendant le
bref été polaire, cependant, avec le temps, l'arbre n'en parviendrait
pas moins à des dimensions considérables si une autre cause n'arrêtait pas son essor. Nous n'en citerons pour preuve que les nombreux
récifs qui rendent la navigation si dangereuse dans certains parages
de l'océan Pacifique; ces épaisses murailles contre lesquelles se
brisent les plus grands vaisseaux, ces masses colossales qui bravent
les plus violentes tempêtes, sont pourtant l'œuvre d'infimes animaux,
d'êtres presque microscopiques, de Polypes. Chacun d'eux, il est vrai,
n'apporte que son grain de sable à l'entreprise commune, mais leurs
innombrables légions, en se succédant là pendant des milliers d'années, ont pu venir à bout d'une tâche réellement gigantesque eu égard
à leur taille! Pourquoi donc des milliards de bourgeons, à coup sûr
beaucoup plus gros que des Polypes, ne finiraient-ils pas, bien que
n'organisant chacun qu'un très-court rameau, par donner à l'arbre
polaire les dimensions de nos Chênes et de nos Sapins, et même celles
si grandioses des Sequoia géants de la Californie, si une autre influence,
la basse température de l'air, ou plus exactement le climat excessif
des hautes régions de l'atmosphère, trop ardent le jour, trop rigoureux
la nuit, n'arrêtait à un moment donné le travail végétal? C'est pour
une cause semblable que les récifs de coraux cessent de grandir quand
ils atteignent le voisinage de la surface, les Polypes ne pouvant vivre
dans la couche d'eau superficielle. Aussi l'arbre polaire ne s'élève pas,
mais rampe sous terre, n'envoyant de distance en distance à l'air
libre que de courts rameaux portant seulement quelques feuilles. A
la Nouvelle-Zemble, un savant, M. de Baer, eut la curiosité de déterrer
un Saule, — c'était un *Salix lanata ;* — il suivit le tronc sous terre
sur une longueur de 4 mètres sans atteindre le sommet. Quel contraste
instructif entre cette longueur relativement considérable du corps
de l'arbre resté dans le sol et la hauteur de quelques centimètres des
ramifications aériennes!

Le plus petit des Saules arctiques, celui dont la végétation annuelle
est aussi réduite que possible, est le Saule polaire (*Salix polaris*). A
la Nouvelle-Zemble, il atteint une taille de 15 millimètres seulement,
et chacune de ses pousses ne comprend que deux feuilles et un seul
chaton portant de trois à neuf fleurs.

Si les Saules parviennent à vivre sous ces hautes latitudes et à réduire
à ce point leurs proportions, ils doivent cette remarquable aptitude à
leur organisation en général, et d'abord à la nature de leur feuillage
admirablement adapté aux climats glacés. Déjà nous avons eu plusieurs
fois l'occasion de constater que le degré d'énergie de la végétation, —
quand le climat et le sol le permettent bien entendu, — est en raison
directe de l'étendue superficielle de la surface foliacée. Or un feuillage peut acquérir une grande surface de deux façons fort distinctes et
répondant à des conditions climatiques très-différentes : soit par un
petit nombre d'énormes feuilles, soit par un grand nombre de très-
petites feuilles; dans l'un et l'autre cas l'étendue totale peut être la
même. La première disposition demande un climat chaud sans
être excessif, un sol riche et bien arrosé ; il suppose en outre une
ramification réduite à quelques axes assez épais pour fournir de
larges attaches aux robustes pétioles capables de supporter ces
immenses limbes. La voilure d'une embarcation, d'un navire, réalise
ce type de feuillage : un petit nombre de grandes voiles. Mais précisément en raison de leur vaste étendue, celles-ci donnent une prise
facile au vent, et il faut constamment les surveiller, les serrer ou les
déployer, suivant le temps. Un feuillage réduit à quelques énormes
feuilles serait donc parfait en apparence s'il pouvait se comporter comme
une voilure, si chaque limbe possédait une irritabilité spéciale lui permettant de s'épanouir ou de se replier plus ou moins sur lui-même selon
le degré de force du vent. Malheureusement ce perfectionnement n'en
est pas un en réalité, car une telle faculté est très-défavorable, — on
le comprend aisément, — à l'activité de la nutrition. L'expérience a
prononcé à cet égard ; les Sensitives sont organisées de telle sorte, qu'au
premier souffle d'air elles rapprochent les unes des autres leurs
folioles et diminuent leur voilure ; or les vrais Mimosa, ceux dont
le feuillage atteint à ce degré d'irritabilité, ne sont que des herbes,
tout au plus des arbustes de l'Amérique tropicale. Cette sorte de sensibilité est donc en somme plus nuisible qu'utile à la végétation, et les

dangers que les violences du vent font journellement courir aux plantes portant de grandes feuilles sont, dans la généralité des espèces, autrement conjurés. Chez les Bananiers, le limbe est organisé de telle sorte qu'il se sépare facilement en lanières sous la pression du vent ; chez les Palmiers, il y a dans ce but deux dispositions dominantes, et leurs feuilles sont d'ordinaire *penniséquées* ou bien *flabelliformes*. Dans le premier cas, le limbe, de nervation pennée, est divisé par des fentes qui atteignent la nervure principale en fragments très-improprement appelés segments par les botanistes classificateurs. Dans le deuxième, le limbe est palminervé, et ses divisions, plus ou moins profondes selon les espèces, mais n'atteignant pas le sommet du pétiole, le font d'autant mieux ressembler à un éventail, qu'il est ployé comme celui-ci avant son épanouissement ; c'est pourquoi on dit alors la feuille flabelliforme, mot qui signifie précisément en forme d'éventail. Cette dernière offre bien plus de prise au vent que la précédente ; voilà pourquoi, à l'état adulte, elle est horizontale, tandis que l'autre peut conserver impunément une situation plus ou moins oblique ascendante.

Aucune des conditions de climat et de sol indispensables à la présence de grandes feuilles ne se rencontrant dans la zone glaciale, les plantes boréales doivent être nécessairement et tout à la fois polyphylles et microphylles, et d'autant plus microphylles qu'elles se rapprochent davantage du pôle. Le feuillage des Saules, dans ses modifications climatiques, nous montre la réalité de cette loi. Ces arbres sont cosmopolites, ou plutôt leur patrie est fort étendue, — nous en dirons plus loin le motif ; — or les espèces que le voyageur rencontre chemin faisant en s'éloignant de l'équateur ou en s'élevant sur les hautes montagnes ont des limbes de plus en plus étroits : n'est-il pas évident dès lors que la superficie de l'organe se réduit quand le climat devient plus rigoureux ? Toutefois, — notons-le en passant, — le froid n'est pas l'unique cause de la microphyllie, et l'habitat dans un sol sec, sablonneux, sous un climat brûlant, produit le même effet. Il ne s'agit plus alors, en rétrécissant le limbe, de rendre la feuille moins sensible au froid, mais au chaud, en diminuant par ce moyen sa transpiration ; telle est la raison d'être des formes aphylles des Cactées et des Casuarinées.

Il suffit d'avoir présents à l'esprit les principaux caractères botaniques des Saules pour comprendre leur rare aptitude à se plier à différents climats.

Le type Saule, qui a donné son nom à la petite famille des Salicinées uniquement composée des deux genres Saule (*Salix*) et Peuplier (*Populus*), est à peu près répandu dans toutes les parties du monde; on imagine par conséquent combien leur faciès doit être variable selon les régions, puisque c'est le climat qui règle et modifie la conformation. Les Saules sont des plantes arborescentes dont la stature présente tous les intermédiaires, — ainsi que nous le remarquions plus haut, — entre l'arbre le plus élevé et l'herbe la plus humble. Leurs feuilles caduques, accompagnées de stipules écailleuses et caduques chez les uns, foliacées et persistantes chez les autres, sont alternes, simples, penninervées, pétiolées, entières ou dentées, de formes un peu variables, mais principalement ovales ou elliptiques. On le voit, ce sont les conditions que nous avons reconnues indispensables pour la plupart et toutes utiles au feuillage de la plante arctique.

Les Saules sont dioïques, et c'est là une particularité de leur organisation bien digne d'arrêter un moment notre attention.

Nous avons dit — dans la première partie de ce livre — que les botanistes, après avoir cru longtemps que l'autofécondation ou fécondation directe, c'est-à-dire la fécondation du pistil par le pollen de sa propre fleur, était la règle générale dans le Règne végétal, et la fécondation indirecte ou la fécondation par le pollen d'une autre fleur, la rare exception, — les espèces dioïques étant peu nombreuses, — penchaient de plus en plus maintenant vers l'opinion diamétralement opposée. Pour la science contemporaine, la consanguinité, — s'il est permis d'appliquer à la plante ce terme de physiologie humaine ou animale, — la consanguinité, disons-nous, serait fatale à l'espèce, et l'hermaphroditisme un signe de dégradation ou plutôt de décadence, l'indice d'un type qui s'en va; au contraire, la localisation des sexes sur des pieds différents, la diœcie, serait le caractère d'un type en voie de progrès et d'extension. Pour cette doctrine, enfin, la monœcie devrait être considérée comme un acheminement vers l'hermaphroditisme, vers la décadence du type par conséquent. Le mode de reproduction des Saules est un argument en faveur de cette manière de voir. En effet, s'il s'agissait seulement de faciliter la fécondation, il y aurait avantage pour eux à être hermaphrodites : c'est évidemment la disposition la plus favorable à l'accomplissement de la fonction; mais il ne suffit pas, dans le cas présent, de procréer des plantes nouvelles, il les faut encore et surtout saines et vigoureuses, pour lutter avec avantage contre les intempéries ; d'ailleurs, sous les hautes latitudes, la fructification avortant bien souvent, c'est une raison de plus pour que les quelques graines qui, échappant aux nombreuses causes de destruction, parviennent à maturité, renferment toutes des embryons très-vivaces. S'il est vrai, comme on l'affirme aujourd'hui, que la consanguinité affaiblisse la descendance, la diœcie la rend impossible. Mais la reproduction des plantes dioïques soulève une grave difficulté: il faut assurer chez elle le transport du pollen ; comment y parvenir ? Aura-t-on recours à l'insecte ? D'abord, sous les hautes latitudes, ces animaux deviennent excessivement rares, puis ils ne prêtent leur concours qu'à certaines conditions; il leur faut des fleurs assez grandes pour leur permettre de s'introduire aisément jusqu'aux organes reproducteurs: aux étamines des unes pour se charger de pollen, aux pistils des autres pour le déposer sur les stigmates, à moins qu'étamines et stigmates ne fassent saillie hors des enveloppes florales; mais grandes fleurs et organes reproducteurs saillants sont également impossibles sous les climats rigoureux. Donc, pour tous ces motifs, l'intervention de l'insecte ne peut être que très-limitée, et il ne reste plus que le vent comme agent général de transport. La fleur du Saule est en effet conformée de toute évidence pour cette double fin : résister aux froids, et rendre possible la fécondation indirecte par le seul concours du vent. Nous disons : résister au froid, et en effet les dispositions sont parfaitement prises dans ce but. D'abord les fleurs sont toujours fort petites au moment de la fécondation, qui, ayant lieu dès les premiers jours de la belle saison, se passe toujours par un temps assez froid ; en outre, disposées en chatons, elles se serrent les unes contre les autres et s'abritent ainsi mutuellement. Ce n'est pas tout. Elles ont une teinte plus ou moins verdâtre, indice de la présence de la chlorophylle qui donne à leur nutrition une certaine indépendance, particularité nécessitée par l'absence chez elles d'un calice et plus généralement de toute enveloppe florale verte. Enfin, ces mêmes fleurs sont réduites à leur plus simple expression, car les unes et les autres manquent de périanthe et comprennent uniquement : les mâles, un nombre variable d'étamines, deux en moyenne ; les femelles, un seul pistil. Elles présentent d'ailleurs, d'un sexe à l'autre, des différences notables qu'il nous faut indiquer, car elles sont des plus caractéristiques, et ont pour but évident d'assurer la fécondation malgré les chances contraires.

Les fleurs mâles, réduites, comme nous venons de le dire, à des étamines, naissent à l'aisselle des bractées écailleuses du chaton. Les anthères à deux loges renferment un pollen pulvérulent. Nous savons que dans toutes les espèces phanérogames l'étamine est, au moment de l'anthèse, le siége d'une remarquable suractivité physiologique qui consomme une grande quantité d'oxygène. Pendant cette période, il faut beaucoup d'air à l'organe. Chez le Saule, la vie

Fig. 288. — Fleur mâle de Saule avec sa bractée-mère.

de l'étamine comprend deux phases : pendant la première, d'une durée notable, l'organe se contente de peu d'oxygène, et ce qu'il a particulièrement à redouter alors est le froid; pendant la seconde, d'une durée

Fig. 289. — Chaton mâle d'un Saule.   Fig. 290. — Chaton femelle de la même espèce.

éphémère, il lui faut une abondante oxygénation, mais il a moins à craindre les intempéries, vu la brièveté du temps pendant lequel il y reste exposé. Voici comment l'organisation satisfait à ces exigences différentes. Les longs poils soyeux de la face externe de l'écaille, en se prolongeant au delà du sommet, forment, au-dessus du petit intervalle béant séparant chaque bractée de la suivante, un léger treillis qui donne accès à une suffisante quantité d'air pour entretenir la vie de la jeune étamine, alors cachée à la base de sa bractée-mère, tout en la garantissant contre le froid. Le moment venu de la dissémination du pollen, les filets s'allongent, et les anthères se montrent à l'air libre, attitude nouvelle et transitoire qui est d'ordinaire sans danger pour le pollen, attendu qu'immédiatement après la déhiscence il est entraîné par le vent, agit aussitôt s'il a le bonheur d'atteindre un stigmate, sinon, condamné à l'inutilité, la conservation de son existence est désormais sans intérêt.

Les choses se passent différemment chez le chaton femelle, parce que le pistil doit exister beaucoup plus longtemps que l'étamine. Organe verdâtre, et vivant comme la feuille, le pistil doit avoir le libre accès de l'air et de la lumière ; en outre, sa moitié supérieure environ dépasse la bractée protectrice, pour que le stigmate reste exposé au vent et puisse recevoir plus facilement le grain de pollen qu'il lui apporte.

La situation des organes floraux n'est pas moins favorable que leur conformation au transport du pollen par le vent. Chatons mâles et chatons femelles y sont sans cesse exposés, car ils se forment invariablement au sommet de pousses très-courtes, et n'ont au-dessous d'eux qu'un petit nombre de feuilles bractéiformes qui ne sauraient les masquer. D'ailleurs, au moment de la fécondation, ou le vrai feuillage n'existe pas encore, ou les bourgeons à feuilles commencent à peine à s'épanouir, en sorte que les chatons, ainsi portés sur des rameaux à peu près défeuillés, reçoivent le moindre souffle d'air.

La dissémination des graines est également favorisée d'une manière toute particulière dans ces espèces dont la propagation rencontre tant de difficultés de diverses sortes. A la maturité, leurs fruits capsulaires se divisent incomplétement par le haut en deux valves qui s'enroulent en dehors, laissant à découvert le sommet de houppes soyeuses. Celles-ci proviennent des funicules, se dressent, enveloppent complétement et débordent par en haut chacune des nombreuses et minimes graines renfermées dans le fruit. Le vent, en soufflant sur les chatons, enlève ces houppes avec les graines qu'elles entourent, et les entraînent souvent à de grandes distances.

Avant de quitter cette petite mais très-intéressante famille des Salicinées sur laquelle nous n'aurons pas occasion de revenir par la suite, disons quelques mots de ses deux représentants les plus populaires, le Saule pleureur et le Peuplier d'Italie, bien qu'ils soient étrangers l'un et l'autre à la flore arctique.

Ce nom de Saule pleureur, si justement appliqué et connu aujourd'hui du monde entier, date seulement de la fin du siècle dernier ; il fut imaginé par les Anglais, peut-être par le célèbre horticulteur-botaniste Miller. La patrie de cet arbre, comme celle de plusieurs grands hommes de l'antiquité, reste ignorée. Linné l'avait appelé Saule de Babylone (*Salix babylonica*), dans la persuasion, alors générale dans le monde botanique, qu'il était originaire de l'Asie Mineure ; mais on peut affirmer aujourd'hui qu'il n'est spontané dans aucune localité de cette région, et que le qualificatif de babylonien accolé à son nom est en contradiction formelle avec les faits les mieux connus de la Géographie botanique.

La manière dont ce Saule est parvenu en Europe est fort incertaine, et l'histoire de sa naturalisation n'est qu'un tissu de légendes contradictoires, un vrai conte de fées. Ainsi, on a longtemps raconté que l'illustre poëte anglais Pope se trouvait chez lady Suffolk lorsque cette dame reçut, d'Espagne disent les uns, de Turquie prétendent les autres, différents objets de l'industrie étrangère emballés dans un panier d'osier. Pope, tout en admirant ces jolis riens, jouait machinalement avec les brins d'osier ; il finit par reconnaître chez plusieurs des signes manifestes de vitalité. A sa prière, lady Suffolk donna l'ordre de bouturer les rameaux encore vivants : ainsi s'implanta sur le continent européen, dans le parc de Twickenham, le premier Saule pleureur, l'ancêtre de tous ceux qu'on y rencontre maintenant à profusion. Il resta l'arbre favori de Pope, et nul doute que l'éclatante renommée du grand homme qui l'avait introduit sur le sol anglais dans des circonstances si singulières ne servît puissamment la cause de son protégé ; cet arbre en effet devint promptement à la mode dans le monde des beaux esprits. Telle est la légende ; voici maintenant des récits moins fantaisistes.

Au dire des uns, le Saule pleureur, originaire des rives de l'Euphrate et indigène dans le voisinage de Babylone, aurait peu à peu émigré spontanément : à l'est, jusqu'à la Chine et le Japon ; à l'ouest, en Égypte et dans tout le nord de l'Afrique. C'est d'Alep qu'un négociant français du nom de Vernon l'aurait directement adressé en 1730 au parc de Twickenham. Son premier point de naturalisation serait donc l'Angleterre : de là il aurait rayonné sur tout le continent.

Toutefois il est depuis fort longtemps très-répandu en Chine, où il est connu uniquement sous le nom de Saule chevelu. Peut-être est-il originaire de cette région ? A l'appui de cette hypothèse, quelques auteurs racontent qu'un jardinier nommé Jean Nicohoff, attaché à l'ambassade envoyée par la Hollande à Pékin, l'avait trouvé dans l'extrême Orient et rapporté avec lui en 1665. D'après cette version, Jean Nicohoff serait son premier importateur en Europe, et l'arbre aurait une origine chinoise ou japonaise.

On le voit, ce qu'on pourrait appeler l'état civil du Saule pleureur présente de graves lacunes ; sans insister davantage sur ce point d'histoire, faisons remarquer le goût prononcé que tous les peuples montrent pour ce bel arbre dont le port à la fois gracieux et original est du plus bel effet ornemental. Aussi le propage-t-on partout où il peut vivre. Fort heureusement pour les jardins paysagers et les parcs, il se multiplie avec la plus grande facilité de bouture, et possède un caractère assez accommodant pour se plaire à peu près sous tous les climats, pourvu qu'on le place au bord des eaux ou dans les terrains humides, comme d'ailleurs les autres espèces du même genre.

L'histoire botanique de notre Saule pleureur a, comme celle de son origine, ses incertitudes, ses curiosités et son imprévu.

Pendant longtemps on ne connut dans les jardins européens que les individus femelles ; ce fait insolite donnait lieu aux explications les plus risquées, lorsqu'une petite découverte botanique mit fin à la controverse. Depuis la mort de l'empereur Napoléon Ier, Sainte-Hélène est devenue un lieu de pèlerinage, et les visiteurs, de jour en jour plus nombreux, ne manquent jamais d'emporter un rameau arraché au Saule pleureur devenu historique qui ombrage la tombe du grand capitaine. Beaucoup de ces échantillons tombèrent entre les mains de botanistes qui les examinèrent curieusement ; or, fait bien surprenant ils s'accordaient tous à soutenir que le Saule de Sainte-Hélène n'était pas notre Saule pleureur ordinaire. Les uns le rapportaient à une espèce particulière, probablement spéciale à la flore de l'île ; les autres allaient plus loin encore, et affirmaient que ce n'était même pas un Saule. Pour trancher le différend, qui finit par piquer la curiosité, on se livra dans l'île à de minutieuses recherches : elles prouvèrent que la flore locale ne possédait pas un seul Saule. Enfin, la lecture des anciens numéros de la *Gazette de Sainte-Hélène* apprit qu'en 1810 le général Beatson, alors gouverneur de l'île, désireux de reboiser et d'orner ce petit coin de terre perdu dans l'Océan, avait fait venir d'Angleterre une riche collection d'arbres et d'arbustes. Les plantations du général furent ravagées et en partie détruites par les chèvres sauvages, alors très-nombreuses dans l'île ; parmi le très-petit nombre de plantes importées qui survécurent, se trouvait un Saule pleureur placé dans un massif situé dans une vallée près d'une source. L'Empereur affectionnait ce site, il aimait à se reposer à l'ombre du Saule qui lui rappelait la France. Mme Bertrand eut l'heureuse idée d'en planter quelques boutures autour de la tombe du grand capitaine ; telle fut l'origine du Saule de Sainte-Hélène. Du reste, l'expérience est venue confirmer l'exactitude de ces renseignements. A différentes reprises, des rameaux détachés du Saule de Sainte-Hélène, et arrivés vivants en Europe, ont été bouturés avec succès ; dès 1825, l'Angleterre possédait des Saules de cette provenance. Leur confrontation avec le Saule pleureur ordinaire ne laisse aucun doute, c'est bien la même espèce ; seulement, tous les Saules originaires de Sainte-Hélène sont mâles, et voilà comment on possède maintenant en Europe les deux sexes de cette espèce. Resterait à expliquer pourquoi, parmi les sujets envoyés autrefois au général Beatson, se trouvait au moins un pied mâle alors qu'on n'en connaissait pas un seul de ce sexe en Angleterre avant l'arrivée des boutures prises sur la tombe de l'Empereur.

L'histoire du Peuplier d'Italie (*Populus italica* Mœnch.) offre plusieurs traits de ressemblance avec la précédente.

Sa patrie, comme celle du Saule pleureur, est inconnue. Une version fait l'arbre originaire du Caucase et de la Perse, et l'introduit en Europe par l'Italie, ce qui justifierait, si l'opinion était exacte, le surnom de Peuplier d'Italie. D'autre part, on aurait rencontré dans l'Himalaya, à une date assez récente, les deux sexes à l'état spontané. Passons.

Cet arbre est uniquement propagé, lui aussi, par le bouturage de ses rameaux, qui reprennent avec la plus grande facilité. En France,

presque tous les individus sont mâles, à peine rencontre-t-on quelques
pieds femelles. Dans cette espèce, le port varie notablement avec le
sexe. Les mâles sont fastigiés et leurs branches dressées offrent dans
leur ensemble une forme pyramidale qui fait souvent donner à cet
arbre le nom de Peuplier fastigié (*Populus fastigiata* Pers.) ou encore
de Peuplier pyramidal (*Populus pyramidalis* Rozet). Chez les sujets
femelles au contraire, les branches forment avec le tronc un angle beaucoup plus ouvert, de 30° à 40° en moyenne. Le fait est à prendre
en considération, d'autant plus qu'il n'est pas unique, et qu'on le
retrouve dans d'autres espèces, chez les Palmiers dioïques notamment; c'est là un trait commun, de découverte assez récente, entre
les deux Règnes organiques. La sexualité, en effet, imprime à l'organisme animal un cachet particulier qui permet, sans recourir aux caractères fournis par l'appareil reproducteur, de distinguer au premier
coup d'œil, chez les animaux supérieurs, le mâle de la femelle, grâce
à des différences plus ou moins accusées, selon les espèces, dans la
taille, la voix, le pelage, le plumage, etc., etc. Des phénomènes du
même ordre, mais encore très-peu connus, se voient chez les plantes
dioïques, où les sexes se distinguent encore par la taille, la conformation des feuilles, le degré de rusticité des sujets, l'époque différente de la foliation et de la floraison, etc., etc.

Le Peuplier d'Italie fut planté pour la première fois en France en
1749, le long du canal de Briare, près de Montargis; de là il se ré-
pandit rapidement partout, le long des cours d'eau et des routes, et
devint bientôt un de nos arbres d'alignement les plus recherchés.

V. — LA FLORE ALPINE

En gravissant les pentes d'une montagne quelconque, le touriste
traverse une suite de zones dont les climats sont de plus en plus
froids, et, si la montagne est suffisamment élevée, quelle que soit
d'ailleurs sa situation géographique, il parvient toujours à un point
où la température moyenne de l'année entière est de 0°. Ce point
fait partie de la ligne remarquable placée en travers de la montagne,
et nommée ligne des neiges perpétuelles ou éternelles, parce qu'au-
dessus d'elle la neige ne fond jamais complétement. Il y a donc une

certaine analogie de conditions climatiques entre les hautes montagnes et les régions polaires, et c'est précisément cette analogie que
d'anciens botanistes avaient en vue quand ils disaient que, sous le
rapport de sa végétation, le globe tout entier peut être assimilé à
deux énormes montagnes reposant toutes deux sur le plan de l'équateur. Mais c'est là une analogie grossière et trompeuse; depuis lors,
on a fait remarquer avec raison que le climat alpin se distingue du
climat polaire par une diminution, plus ou moins grande selon l'altitude, de la pression atmosphérique, et un accroissement de même
sens dans l'intensité de la radiation solaire. La première cause n'a
pas encore été étudiée dans ses effets sur la végétation; l'influence
de la seconde est bien connue : elle favorise la plante au point de con-
tre-balancer parfois l'âpreté du ciel et de donner à la vie végétale des
hauts sommets une exubérance qu'on ne s'attendrait pas à rencontrer
dans de pareils climats. Non-seulement les qualités physiques de
l'atmosphère changent lorsqu'on gagne les régions élevées, mais encore les proportions habituelles de quelques-unes des substances
adventives qu'on y rencontre se modifient. C'est ainsi que les quantités relatives d'acide carbonique diminuent avec la hauteur, et celles
des composés ammoniacaux augmentent. Quand on sait le rôle
considérable joué dans la vie végétale par l'acide carbonique et l'ammoniaque, on prévoit l'influence que de telles modifications dans
la constitution de l'atmosphère ne peuvent manquer d'introduire
dans la flore alpine.

Le caractère dominant de celle-ci est encore le nanisme du système
axile, la richesse de la floraison, l'éclat et la diversité des coloris chez
les fleurs toujours élevées au-dessus du feuillage, baignées d'air et de
lumière; mais sur les hauts sommets l'humilité de la plante, de règle
absolue dans la flore arctique, comporte de nombreuses exceptions, et
l'on rencontre même à des altitudes très-élevées bon nombre de véritables arbustes. Cette remarquable augmentation dans la puissance
végétative tient, à n'en pas douter, à l'accroissement de la radiation
solaire, qui rend plus épaisse que dans les plaines arctiques la zone
vitale. Le sol, échauffé à une plus grande profondeur, favorise le développement de l'appareil souterrain, ce qui permet à la plante d'augmenter ses réserves alimentaires; la couche atmosphérique en contact avec le sol est moins froide qu'au pôle, et il faut s'élever bien

plus haut dans l'air pour rencontrer la zone de température moyenne annuelle égale à 0°, état de choses qui permet au feuillage d'acquérir une plus grande élévation. Ainsi, possibilité d'accroître notablement les proportions des deux appareils souterrain et aérien, telle est la double supériorité de la plante des hautes altitudes sur la plante polaire.

La prééminence du climat alpin sur le climat arctique se reconnaît encore à l'ampleur plus grande du feuillage chez les espèces de même type ; il suffit, pour s'en convaincre, de comparer entre eux les Rhododendrons des deux régions.

Le Rosage des Alpes, nommé encore communément la Rose des Alpes, l'arbuste national de la Suisse, la plante dont les belles fleurs rouges sont recherchées, cueillies et conservées par tous les excursionnistes en souvenir de leur séjour dans ces montagnes, vit à une hauteur moyenne de 1800 à 2000 mètres. A une telle altitude, dans ces régions et surtout dans les Pyrénées, où l'espèce existe encore, bien qu'elle y soit plus rare, l'air est sec, le soleil ardent, la transpiration abondante par conséquent ; aussi la plante réclame-t-elle un sol bien arrosé. Elle forme un buisson touffu, aux rameaux tortueux, de 4 à 6 décimètres seulement de hauteur, ce qui lui permet de s'abriter sous la neige pendant l'hiver. Son feuillage, toujours vert, ressemble à tel point à celui du Laurier-Rose (*Nerium oleander* Lin.), qu'on appelle souvent encore la plante Laurier-Rose des Alpes. Ses feuilles, longues de 1 à 4 centimètres environ, ont leur face inférieure couverte de papilles ferrugineuses qui ont valu à l'espèce le nom botanique de Rhododendron ferrugineux (*Rhododendron ferrugineum* Lin.). Au contraire, le Rhododendron arctique ou Rhododendron de Laponie (*Rhododendron laponicum* Wahlenb.) a des feuilles beaucoup plus étroites : par sa conformation générale, son feuillage se rapporte au type du Myrte ; et sa taille est bien inférieure à celle du Rosage des Alpes, à peine si elle atteint 2 centimètres. D'ailleurs, dans les deux espèces, le mode de floraison est celui qui convient à un climat rigoureux. L'inflorescence est toujours renfermée dans un bourgeon situé à l'extrémité de la pousse de l'année précédente. Une telle disposition offre plusieurs avantages chez les espèces à feuilles persistantes. D'abord elle place les boutons au-dessus du feuillage, les met par conséquent à même de recevoir sans obstacle les rayons du soleil. Dans un arbre à feuillage persistant des régions équatoriales, les fleurs seraient au contraire axillaires pour s'abriter sous les feuilles, ou même s'y cacher entièrement si les rayons solaires étaient trop ardents. Ensuite cette situation rend de toute nécessité la floraison printanière, ou plus exactement elle oblige les fleurs à s'épanouir dès les premiers jours de la belle saison, avant l'apparition des feuilles nouvelles. Ce mode de végétation

Fig. 291. — Floraison du Camphrier (*Cinnamomum Camphora* Nees) de Chine et du Japon ; type de floraison axillaire chez les arbres à feuillage persistant des contrées intertropicales.

permet aux fleurs d'utiliser à leur profit les aliments de réserve élaborés pendant la végétation précédente, et de profiter en outre de ceux qu'est en mesure de leur fournir un feuillage adulte et n'attendant plus qu'un rayon de soleil pour entrer en activité.

La puissance du rayonnement solaire sur les hauts sommets produit une particularité de végétation des plus pittoresques.

Nous savons que sous le climat arctique les seuls végétaux capables de vivre au contact des neiges perpétuelles sont des Cryptogames, des Lichens et des Mousses, qui peuplent la toundra. Sur les hauts sommets il en est autrement, et certaines fleurs s'épanouissent dans la neige, ou plus exactement au fond d'un entonnoir qu'elles sont parvenues à creuser pour ainsi dire en fondant la neige qui les recouvrait. On ne sait pas au juste comment la plante arrive à pareil résultat, mais son influence est évidemment de même ordre que celle bien connue de tous les observateurs que les pierres exercent sur la surface des glaciers alpins. La pierre, journellement échauffée par les rayons du soleil, communique sa chaleur à la glace, la fond peu à peu autour d'elle, s'enfonce de jour en jour davantage, et finit par disparaître dans le trou qu'elle a creusé. Si, au lieu d'une pierre, on considère un bloc de plusieurs mètres cubes, la même cause produit alors un effet différent : grâce à son volume, le quartier de roc abrite la glace sur laquelle il repose, pendant que la chaleur liquéfie celle qui l'environne, et il se trouve bientôt placé au sommet d'une colonne de glace dont la hauteur augmente avec le temps, à mesure que la couche superficielle du glacier fond pendant l'été. Parmi ces fleurs des neiges, nous citerons celles des gracieuses et mignonnes Soldanelles, aussi célèbres dans le monde des touristes que les *Rosages* des Alpes eux-mêmes.

Ces plantes, de cette famille des Primulacées à laquelle la floriculture doit tant de charmantes espèces, tant de fleurs populaires, comme les Primevères et les Cyclamens, constituent un genre particulier aux montagnes d'Europe. Il comprend seulement trois espèces, dont l'une, la Soldanelle des Alpes (*Soldanella alpina* Lin.), est particulièrement recherchée des amateurs ; malheureusement, ses admirateurs, et ils sont nombreux, doivent aller la contempler et la cueillir dans son site natal, sa culture dans nos jardins étant fort difficile, ainsi que celle des plantes alpines en général. Si on n'a pas été assez heureux pour la voir dans tout le développement de sa nature agreste et rebelle, qu'on imagine, au milieu d'une pelouse rocailleuse et humide, confinant aux neiges perpétuelles, un rhizome grêle et noueux, rampant à fleur de sol, et terminé par une touffe de feuilles dont les pétioles, longs de 4 à 5 centimètres, portent un limbe épais et coriace, arrondi, entier ou légèrement découpé, d'un diamètre moyen de 25 millimètres environ, du vert le plus brillant en dessus, rougeâtre ou d'un vert pâle en dessous. Pendant les mois de juillet ou d'août, se dressent au-dessus de ce feuillage déjà si pittoresque des hampes longues de 4 à 12 centimètres, rougeâtres et pubescentes, portant à leur sommet gracieusement courbé quelques fleurs penchées vers la terre. Les corolles, semblables à de petites clochettes de quelques centimètres seulement de longueur, sont finement frangées sur leur bord, délicatement fimbriées comme disent les botanistes, et rien ne surpasse l'éclat de leur coloris bleu foncé, violet-pourpre ou lilas.

L'examen de la Soldanelle fait naître des réflexions de plus d'un genre. Nous rencontrons là l'occasion d'appliquer des lois déjà formulées par nous touchant l'organisation végétale, et d'en signaler d'autres. On trouve réunies en elle les dispositions organiques habituelles et le facies particulier aux plantes des pays froids : un rhizome plus ou moins profondément enterré selon le degré de rigueur du climat, des feuilles groupées en une touffe radicale, longuement pétiolées, aux limbes orbiculaires ou réniformes, des fleurs de couleurs éclatantes, élevées au-dessus du gazon par des hampes nues. Nous avons à signaler dans la Soldanelle d'autres particularités encore, surtout l'attitude de la fleur et la consistance de la feuille. La fleur, dont la corolle largement ouverte regarde la terre, ne révèle-t-elle pas par son attitude le caractère dominant du climat? ne trouve-t-elle pas à se pencher ainsi vers le sol de précieux avantages et le plus sûr moyen d'éviter les grands dangers qui menacent son existence? Que doivent en effet redouter davantage ses étamines et son pistil, sinon le rayonnement qui les refroidirait pendant la nuit bien au-dessous de la température de 0°, et pendant le jour les atteintes mortelles du soleil si elles se tournaient vers lui? Inclinées vers la terre, elles évitent ce double péril, bénéficient de la chaleur qui s'élève du sol pendant la nuit, et de l'humidité qu'il exhale pendant la journée.

La consistance épaisse et coriace du limbe n'a pas une signification moins caractéristique; elle est le signe visible d'une nutrition lente et difficile s'accomplissant dans une terre fortement insolée. Nous voyons ce trait d'organisation accusé à son plus haut degré chez les Cactées aphylles et les Euphorbes cactiformes qui vivent sur les rochers arides et brûlants des terres chaudes, chez ces espèces dont l'appareil végétatif aérien est taillé dans un tissu charnu, vert à sa périphérie, et gorgé de sucs que retient un épiderme spécialement organisé pour ce but. Ce remarquable caractère se retrouve, affaibli à des degrés différents, dans toutes les plantes alpines.

Cette radiation solaire, dont l'intensité croît avec l'altitude, ne peut-elle être utilisée par l'horticulteur, et les hautes terres n'auront-elles jamais leur floriculture et leur arboriculture spéciales? Dans les pays de montagnes, entre les régions supérieures toujours couvertes de neiges, éternellement vouées à la stérilité, et les terres inférieures fructueusement cultivées, il existe une zone dont le climat trop rigoureux ne permet qu'une végétation pauvre et chétive, bien insuffisante pour nourrir la population qui viendrait l'habiter. Et pourtant, ce sol aujourd'hui si ingrat pourrait devenir, si on le voulait bien, le siége d'une industrie toute de luxe il est vrai, mais importante et lucrative. Cette terre, délaissée par l'Agriculture, donnerait entre des mains habiles et persévérantes des produits de haute valeur.

La chaleur et la lumière exercent une influence prépondérante dans les actes de la vie végétale, nous n'avons plus à le prouver. Aussi, lorsque pour satisfaire à ses besoins ou pour complaire à ses goûts l'homme s'efforce de modifier les lois primordiales de la Géographie botanique, tâchant de grouper et de faire vivre autour de lui les espèces qui lui paraissent utiles ou tout au moins agréables, il rencontre deux genres d'obstacles bien différents : les uns dépendent de l'insuffisance de la chaleur, les autres du défaut de lumière. Malheureusement, nous n'avons su asservir qu'un seul de ces deux agents physiques, le calorique, et cela par l'emploi des serres chaudes. Quant à l'agent lumineux, il s'est toujours soustrait à toutes nos tentatives de réglementation. Sous ce dernier rapport, nous ne sommes pas plus avancés aujourd'hui que le premier jour, puisque tout ce que nous savons faire maintenant comme autrefois, c'est d'atténuer son action lorsqu'elle devient trop énergique. Mais dans bien des cas la question n'est plus d'adoucir le rayonnement solaire, il faudrait au contraire rendre à sa radiation, affaiblie par son passage à travers notre atmosphère épaisse et trop peu transparente, toute son énergie première, ou du moins lui redonner les qualités vivifiantes qu'elle possède encore dans les régions tropicales. Sans ces qualités, et malgré les soins qu'on leur prodigue, certains types propres à ces régions meurent sans avoir jamais acquis les beautés inhérentes à leur nature. Aussi la culture de ces types a-t-elle jusqu'ici échoué en Europe, et tout ce que nous pouvons obtenir dans nos serres chaudes, c'est d'empêcher de mourir quelques rares rejetons, malingres et souffreteux, des représentants les plus caractéristiques de la flore de l'équateur, qui semblent ne pouvoir prospérer, quoi qu'on fasse, loin de leur puissant soleil.

C'est, à n'en pas douter, dans la trop grande absorption de la lumière par notre atmosphère que réside la cause de l'infériorité notoire de notre culture de serre par rapport à la végétation spontanée. Toujours les sujets élevés en serre chaude seront, pour certaines espèces, bien inférieurs à leurs congénères des contrées équatoriales, tant que nous ne parviendrons pas à augmenter l'intensité de la lumière que nous leur distribuons. Voilà donc le progrès à réaliser, voilà le nouveau but à atteindre, dans la culture de luxe. Peut-on déjà entrevoir dans l'avenir la possibilité d'une solution favorable? telle est l'importante question que nous allons maintenant examiner.

Puisque l'intensité de la lumière solaire croît avec l'altitude, il en résulte que, dans les hautes vallées, les serres pourraient procurer tout à la fois aux plantes les degrés de température et de lumière qu'elles réclament. Le grand obstacle à la création d'une telle culture est évidemment la difficulté du chauffage. Les moyens de communication sont rares, les transports difficiles et par suite coûteux, et cependant il faudrait de toute nécessité apporter du dehors le combustible nécessaire à la culture. Mais à cette objection on peut répondre que la question du chauffage économique et facile est loin d'avoir reçu son dernier perfectionnement. Il suffit de jeter un coup d'œil sur le passé de la question, il suffit surtout de considérer les transformations radicales et à coup sûr fort imprévues qu'elle a plusieurs fois si heureusement reçues, pour être en droit d'attendre de l'avenir de nouveaux progrès non moins importants que les précédents.

Dans le principe en effet, et pendant une longue suite de siècles, la plante ligneuse, l'arbre principalement, fut la seule usine, si l'on peut parler ainsi, chargée du soin de produire l'unique combustible, le bois. Mais cette usine est bien irrégulière dans sa marche, bien lente dans sa fabrication, et il lui faut toujours des années pour se mettre en mesure de fournir ce qu'on lui demande. Cependant la consommation s'accroissant sans cesse, la production devenait chaque jour plus manifestement insuffisante. Un moment vint où une heureuse découverte enrichit l'industrie d'un nouveau combustible, la houille, qui tend de plus en plus à se substituer au bois. Alors on put enfin remplacer un produit en cours journalier de fabrication, le bois, par un autre, la houille, depuis longtemps emmagasiné dans les entrailles de la terre, et dû à l'activité d'innombrables végétaux dont l'existence s'était écoulée, et dont les espèces s'étaient éteintes, bien avant l'apparition de l'homme sur le globe.

La houille, en venant suppléer au bois devenu de plus en plus rare, n'a pas mis fin néanmoins au rôle économique de la végétation ; elle a simplement transformé ce dernier en modifiant ses caractères. Depuis lors, en effet, l'activité végétale est surtout consacrée, — ce qui est évidemment son rôle naturel, — à préparer des substances alimentaires, à élaborer par conséquent les matières premières à l'aide desquelles la machine animale nous donne à notre choix de la chair, de la force ou enfin de la chaleur, car la Chimie sait maintenant tirer du corps de l'animal un véritable combustible beaucoup plus économique que le bois, étant produit dans un temps plus court.

Les améliorations ne s'arrêteront pas là. Nous voyons d'un côté la science chercher sans cesse à perfectionner et à multiplier les sources de chaleur qu'elle a su créer ; de l'autre, on vient de trouver de nouveaux combustibles naturels, comme ces pétroles si abondants dans l'Amérique du Nord. Ces tentatives variées et souvent heureuses que chaque jour voit naître, permettent d'entrevoir déjà le moment où la question du chauffage économique et facile fera un nouveau pas en avant, réalisera un nouveau progrès, et rendra enfin la culture de serre chaude, non-seulement possible, mais encore avantageuse dans les hautes terres. Alors ces contrées aujourd'hui désertes s'animeront, alors l'industrie horticole saura faire vivre toute une population laborieuse et intelligente que l'Agriculture ne pourrait nourrir. Ainsi sera arraché à la stérilité un nouveau lambeau du trop vaste domaine abandonné par l'homme, dans ses heures d'insouciance ou de découragement, aux forces aveugles de la Nature. Utopie, dira-t-on sans doute. Utopie ?... Soit, puisque c'est le mot dont en France particulièrement on accueille toute idée nouvelle, toute tentative, tout projet d'amélioration. Mais j'ai là sous les yeux une note de M. Ch. Martins, « L'horticulture à 1700 mètres au-dessus de la mer, » insérée dans les *Annales de la Société d'horticulture de l'Hérault*, et qui donne une sorte de consécration pratique à ces idées encore dans le domaine de la théorie pure. Cette note est le récit d'une excursion

faite par l'auteur dans l'Engadine, une des plus hautes vallées de la
Suisse parmi celles qui sont habitées durant toute l'année. Suivons
pas à pas le savant voyageur, nous apprendrons avec lui ce que
peuvent devenir l'Agriculture, l'Horticulture et les mœurs d'une population des hautes terres lorsqu'un commencement de bien-être
pénètre chez elle.

Écoutons d'abord M. Ch. Martins, qui nous résume la physionomie
générale du pays.

« A l'extrémité orientale de la Suisse, sur le confin du Tyrol et de
la Haute-Italie, s'étend une grande vallée que l'Inn parcourt dans
toute sa longueur.... La partie supérieure de la vallée, large et évasée,
est élevée en moyenne de 1700 mètres au-dessus de la mer ; elle
prend le nom de Haute-Engadine, et se termine vers le sud au passage du Maloya, dont l'altitude est de 1855 mètres. Ce col conduit
directement en Italie, par Chiavenna et les bords du lac de Côme. Au
nord, la Haute-Engadine se continue avec la Basse-Engadine ; celle-
ci aboutit aux gorges de Finstermunz, en Tyrol, où l'Inn, sous le
pont de Saint-Martin, coule encore à 1020 mètres au-dessus de la
mer. »

Bien que la limite des neiges perpétuelles se maintienne encore
dans ces régions à une altitude moyenne de 3070 mètres, une particularité de configuration locale accroît notablement les rigueurs de
l'hiver. Ce froid excessif est causé par le voisinage de nombreux glaciers issus du puissant massif de Bernina, et qui descendent jusqu'à
1950 mètres, près des villages engadinois de Sils et de Pontresina.
Aussi le climat de la vallée est-il très-froid. La neige couvre le sol
sans interruption pendant la moitié de l'année. La fonte commence
au mois de mai, et c'est d'ordinaire vers le 20 de ce mois seulement
que le lac de Saint-Maurice, placé à 1794 mètres d'altitude, est enfin
complétement débarrassé des glaces. Néanmoins la végétation se réveille un peu plus tôt, vers la fin du mois de mars, époque à laquelle
cessent habituellement les grands froids. Puis arrive enfin le court été
alpin, qui dure pendant les mois de juin, de juillet et d'août ; alors
l'hiver revient, et les premières neiges tombent du 6 au 10 septembre.

La végétation spontanée, sous un pareil climat, doit être assurément bien pauvre en végétaux arborescents. Les essences forestières
de la Haute-Engadine se bornent en effet au Mélèze et au Pin Cem-

bro, qui s'élèvent en moyenne jusqu'à 2117 mètres; le Sapin commun lui-même, cet hôte accoutumé des pays froids, ne dépasse point Scanfs, à l'altitude de 1650 mètres. Pour les autres espèces ligneuses du nord de l'Europe, comme le Bouleau, le Cerisier à grappes, le Frêne, le Peuplier tremble, le Sorbier des oiseaux, on ne les rencontre qu'isolés, sous la forme d'arbres bas et chétifs, ou bien, disséminés çà et là par petits groupes, ils ne constituent en réalité que de simples buissons. Mais les diverses espèces d'arbrisseaux sont assez nombreuses; elles n'ont d'ailleurs rien de particulier, de spécial, à l'Engadine, et rentrent toutes dans la flore ordinaire de la région alpine.

Malgré les nombreux obstacles que la Nature semble avoir accumulés sur ce petit coin de terre, et comme à dessein, pour en écarter l'homme, la Haute-Engadine a des habitants sédentaires; elle est même relativement très-peuplée, puisque, sur une étendue de 25 kilomètres, sa plus grande longueur, elle ne compte pas moins de dix villages. Et pourtant ce sol si peuplé est incapable de nourrir ses habitants. Dans ce pays, l'Agriculture est presque nulle; le principal revenu du fermier consiste dans le produit de prairies naturelles, dont le rendement doit être bien faible, puisqu'elles ne donnent qu'une seule coupe par an, du 20 au 27 juillet. Quant aux plantes alimentaires, il n'y a de cultivés sur une grande échelle que l'Orge, le Seigle et la Pomme de terre. On sème les céréales après la fonte des neiges, vers le 8 mai, et la moisson se fait du 6 au 9 septembre, avant la chute des premières neiges.

Sans agriculture, sans commerce, sans industrie, à proprement parler, la Haute-Engadine ne compte pourtant pas un seul pauvre; tous ses enfants sont, sinon riches, au moins dans l'aisance. Cette prospérité générale, qui contraste si heureusement avec ce qui se passe ailleurs, tient surtout à une curieuse particularité de mœurs locales qu'il n'est pas rare de retrouver plus ou moins accusée chez tous les peuples montagnards. Ici chaque habitant émigre dans sa jeunesse, et va en pays étranger exercer une industrie. Il est confiseur, pâtissier, limonadier, etc., etc., au gré des circonstances et de ses aptitudes. Puis, sa fortune faite, il revient fidèlement se fixer dans sa vallée natale, où le jardinage devient alors son goût favori, son plus cher passe-temps. Ces plantes étrangères, qui ne vivent là que par ses soins de

tous les instants, sont pour lui, habitant d'une pauvre vallée perdue
dans la montagne, plus qu'un luxe et une distraction : elles satisfont
une sorte de besoin instinctif qui naît et grandit au contact de la
nature froide et sévère qui l'environne. La vue de ses fleurs le ramène
à ses belles années de jeunesse, alors qu'il vivait sous un ciel plus
doux, et entouré d'une végétation moins pauvre ; elles lui rappellent
enfin sa patrie d'adoption, celle qui l'a fait riche, qui l'a fait heureux.

C'est l'éternelle histoire du cœur humain : on désire ce qu'on n'a
pas, on regrette ce qu'on n'a plus. Les fleurs qu'il cultive lui-même
sont pour le montagnard autrefois besogneux et devenu aujourd'hui
paisible propriétaire comme un témoin de l'existence pénible, agitée,
précaire des jeunes années. La pensée calme et un peu somnolente de
l'homme satisfait aime toujours à se reporter vers les mauvais jours
d'autrefois, pour mieux savourer le présent.

Qu'on nous permette, à propos de ce sentiment si humain, de citer
un souvenir personnel.

Nous étions sur la côte du Brésil, dans les environs de Pernam-
buco ; nous venions de visiter une magnifique sucrerie. Après avoir
parcouru les plantations, avoir assisté à la récolte de la canne, suivi
les diverses phases de l'extraction du jus, de sa purification et de sa
cuisson, avoir vu la mise en formes des sirops, on nous conduisit enfin
dans le vaste jardin de l'habitation. Là, pour nous Européen récemment débarqué, habitué à la végétation froide, sévère, un peu étri-
quée de nos parcs et de nos campagnes, nous restions en admiration
devant ces groupes de gigantesques Cocotiers balançant les feuilles
colossales de leur cime dans ce ciel lumineux et admirable de pureté
des régions tropicales. Nous avions passé sous les dômes de verdure de
véritables forêts d'Orangers et de Citronniers dont les arbres, chargés
de fleurs et de fruits, exhalaient de pénétrants parfums ; on nous avait
même amené aux carrés d'Ananas, absolument comme un amateur
français nous aurait promené devant ses plants de Fraisiers. Il ne
nous restait donc plus rien à voir, et pourtant notre hôte nous an-
nonçait, avec un air de visible satisfaction, une plante bien plus belle
que toutes celles que nous avions vues et admirées jusqu'alors. Quelle
pouvait être cette merveille végétale dans le pays des merveilles végétales ? Après quelques détours, nous arrivons dans une sorte d'étroit
vallon où la lumière se faisait plus rare, où la chaleur par consé-

quent était moins élevée, et un grand diable de nègre nous présente, avec son bon sourire d'enfant, quoi ? un Œillet, un pauvre petit Œillet tout souffreteux, tout chétif, tout malingre, un vrai malade ! Il végétait là péniblement, dans un de ces petits pots de terre commune, rougeâtre, pareils à ceux qu'emploie notre Horticulture. Il portait une fleur épanouie, une seule, le pauvre exilé ! c'était une de ces fleurs rouges et légèrement panachées comme en donnent nos variétés les plus communes. Elle était néanmoins là-bas, malgré son extrême simplicité, un objet de vive curiosité ; elle appartenait à une plante rare, exotique, peu ou point connue des visiteurs ordinaires de l'habitation ; à ce titre, elle excitait un intérêt pour le moins égal à celui qui s'attache, dans nos expositions, à la floraison des Cactus, des Orchidées, et de toutes ces admirables plantes tropicales que le luxe élève à grands frais dans ses serres chaudes. Pour nous, sans pouvoir partager le sentiment de curiosité sans cesse renaissant de notre hôte pour son Œillet, nous fûmes cependant vivement ému en face de cette humble plante, essentiellement française. Ce que nous éprouvâmes alors.... les voyageurs seuls peuvent le comprendre, car seuls ils ont ressenti pareille impression. Quand on est loin, bien loin de son pays, vivant sur la terre étrangère dans cet isolement profond, douloureux, qu'entretient autour de vous la diversité de langues, de goûts, de sentiments, etc., etc., alors, malgré soi, le cœur se serre en pensant aux incertitudes du retour. Tout ce qui rappelle la France, qu'on craint de ne plus revoir, est accueilli avec bonheur ; et on recherche avec empressement, on retrouve avec joie, les fleurs qu'on a cueillies autrefois sur le sol natal.

C'est ce sentiment qui pousse, dans la Haute-Engadine, tous les propriétaires à entourer leurs maisons de jardins. Mais quels jardins que ceux pour lesquels la floraison du Lilas est une véritable rareté, attendue souvent en vain pendant des années ! Aussi, quand l'arbuste préféré parvient à développer à l'air sa belle grappe de fleurs au parfum si doux, c'est un événement pour le pays. Un bouquet de Lilas a évidemment autant de prix, plus même là-haut, dans la montagne, que parmi nous une corbeille des plus belles fleurs de nos serres chaudes.

Malgré le goût inné, la passion, des habitants pour le jardinage, la culture de pleine terre ne peut malheureusement s'exercer que sur un bien petit nombre d'espèces. M. Ch. Martins cite, parmi les arbres :

l'Aune, le Bouleau, le Cytise des Alpes, le Sorbier des oiseaux, le Saule pentandre ; et parmi les arbrisseaux, le Sureau à grappes, le Lilas, le Groseillier noir ou Cassis, qui portait des fruits mûrs le 24 août lors de la visite du naturaliste français, tandis que les Groseilles ordinaires ne l'étaient pas encore. On y trouve également le Lyciet commun, le Rosier des Alpes, la Spirée cotonneuse, et quelques Saules indigènes, appartenant tous aux espèces ligneuses de cette section. Mais les parterres étaient à la même époque abondamment et élégamment garnis de ces gracieuses plantes qui sont au printemps l'ornement de nos plates-bandes, telles que Aconits, Anémones, Giroflées, Pensées, Pivoines, Renoncules, etc., etc., dont la floraison n'a lieu ici qu'à l'arrière-saison, à la fin du mois d'août. Quelques-uns de ces jardins sont renommés dans le pays pour la beauté et la rareté des sujets de pleine terre. M. Ch. Martins a visité un des plus importants : il est situé à Pontresina, à 1810 mètres d'altitude. Il doit sa réputation incontestée parmi les habitants à l'existence d'un petit Érable faux-Sycomore venu de semis, d'un Marronnier d'Inde âgé de trois ans, et enfin d'un Cerisier qui portait à ce moment-là des fruits presque mûrs. Ces cerises rougissantes, presque mûres, étaient à coup sûr l'événement du jour, la grande attraction du moment.

Toutes ces singularités d'une Horticulture placée dans des conditions si exceptionnelles ne sont point, selon nous, la partie la plus intéressante du récit de M. Ch. Martins. Il fut témoin d'une tentative heureuse, beaucoup plus originale que la précédente, et qui pourrait bien être le point de départ d'un progrès que nous voudrions voir réaliser par l'industrie horticole. Mais laissons-lui la parole, il a vu les choses dont nous ne pourrions parler que d'après ses souvenirs.

« Il est un autre genre de culture qui m'a vivement frappé, — écrit M. Ch. Martins, — quoiqu'il ne fût pas nouveau pour moi : c'est la culture des fleurs dans l'intervalle que laissent les doubles croisées indispensables en Engadine comme dans le nord de l'Europe. Cet intervalle est toujours assez grand pour recevoir une double rangée de vases, car les murs sont d'une grande épaisseur, afin de pouvoir supporter le poids de la neige qui couvre les maisons et garantir l'intérieur contre le froid. Le plus souvent, on recule beaucoup la fenêtre intérieure, de manière qu'elle fasse saillie dans l'appartement. Comme en Hollande, chaque fenêtre est une exposition permanente d'Horticulture, et les plus belles fleurs sont toujours disposées de manière à être vues et admirées par les passants. On ne saurait se figurer, sans en avoir joui, le charmant effet de ces groupes de fleurs disposés sur la façade des maisons. La rue est transformée en allée de jardin. Ce sont des Geranium, des Pelargonium, des Capucines, des Fuchsia et des Calcéolaires, que les Engadinois cultivent de préférence entre leurs fenêtres. Souvent les deux parois latérales sont tapissées de Lierre. Ai-je été séduit par l'heureuse disposition dont je parle, par le contraste de ces fleurs avec la nature sévère et froide dont elles étaient entourées? ou bien la lumière si pure des hautes régions faisait-elle ressortir leurs brillantes couleurs? ou bien cette lumière avait-elle coloré ces plantes plus vivement que dans la plaine? Toujours est-il que jamais fleurs ne me parurent si belles.... La floraison des Pelargonium et des Geranium se prépare à la fin de juin, à l'époque des longs jours, et s'achève en avril; et, en 1863 surtout, le ciel avait été constamment serein. Vive lumière et chaleur modérée, deux conditions qui ne sauraient se trouver réunies dans les pays de plaine, et dont l'influence sur la grandeur et la beauté des fleurs ne saurait être contestée : telle est, selon moi, la cause des belles couleurs que j'ai admirées. »

Ne peut-on espérer de faire tourner un jour au profit de l'Horticulture cette particularité caractéristique du climat des hautes vallées? La culture de luxe, la culture de serre chaude, ne trouvera-t-elle pas dans ces stations élevées, sur les confins du monde habitable, des conditions essentiellement favorables à l'absence desquelles toute la science humaine ne saurait suppléer? Les tentatives heureuses, bien que faites nécessairement sans suite et sans méthode, de la Haute-Engadine, semblent promettre de beaux succès à l'horticulteur expérimenté qui, armé de sa vieille expérience, viendrait résolûment fonder dans une haute vallée une industrie qui resterait sans rivale comme la lumière que ces terres reçoivent du soleil. Une telle entreprise ne ferait point seulement la fortune de l'homme d'initiative qui l'entreprendrait, elle serait encore pour les pays de montagnes le point de départ d'une bienfaisante révolution économique; par elle serait créé, dans ces contrées déshéritées, un nouveau genre de production horticole exclusivement limité à ces régions, et que les exigences sans cesse croissantes du luxe moderne rendraient bientôt largement rémunérateur.

CHAPITRE III

LA VÉGÉTATION DE LA ZONE TEMPÉRÉE

Nous savons que les deux zones tempérées occupent ensemble les 52 centièmes de la surface du globe. Grâce à son étendue et à sa situation géographique, chacune d'elles présente une bien plus grande diversité de climats que la zone polaire, qui en réalité n'en a que deux, l'un rebelle à toute végétation, l'autre comportant une flore toujours la même en tous lieux, et remarquablement pauvre en espèces.

La zone tempérée doit à l'amélioration des conditions climatiques et à leur diversité plus grande un nombre incomparablement plus considérable d'espèces végétales, qui se réunissent en associations beaucoup plus nombreuses, parmi lesquelles nous choisirons les principales.

I. — LA FORÊT

Avant l'apparition de l'homme sur la Terre et pendant la première enfance de l'humanité, une ceinture forestière continue partait du pôle nord et s'arrêtait plus ou moins près du tropique selon la région, cédant la place au *steppe* dans l'ancien monde, à la *prairie* dans le nouveau. Plus au sud se montraient, disséminés çà et là, des massifs d'arbres, véritables oasis isolées les unes des autres par des prairies ou des sables. Depuis sa naissance, la civilisation s'est attaquée à l'im-

mense forêt vierge; l'œuvre de destruction se continue et marche
rapidement de nos jours dans l'Amérique du Nord et dans la Sibérie,
elle est à peu près terminée en Europe. Toutefois on trouve encore,

Fig. 292. — Une forêt vierge du haut Amoûr.

en Bohême et en Moravie, quelques vestiges de la forêt primitive; elle
y est composée d'Epicéas (*Pinus abies* Lin.), de Hêtres (*Fagus sylvatica*
Lin.) et de Sapins (*Pinus picea* Lin.) Partout ailleurs elle a complètement disparu, mais sans aucun doute elle occupait autrefois le sol

Fig. 205. — Une forêt de la Colombie anglaise.

de la plus grande partie de l'Europe : les traditions et les plus anciens documents historiques en font mention. D'ailleurs, sur plusieurs points, il existe des forêts fossiles, débris de la forêt primitive, composées des essences précédentes encore parfaitement reconnaissables ; les fouilles entreprises çà et là dans des buts divers, et surtout les grandes marées qui découvrent la plage sur des étendues parfois considérables, ont permis de constater leur présence. On trouve le long de nos côtes, en Bretagne et en Normandie, deux forêts fossiles dont les arbres, couchés à la place même où ils ont végété, sont encore parfaitement conservés, grâce à l'action antiseptique bien connue de l'eau de mer.

Ce déboisement général, sans mesure, insensé, a les plus déplorables conséquences. Tous les météorologistes savent que la présence des forêts exerce sur les conditions climatiques d'un pays des influences multiples, toujours favorables à la vie animale. Les bois accroissent et enrichissent d'année en année le sol arable, et le protègent en outre contre l'action érosive des agents physiques. Par leur décomposition spontanée et progressive, les feuilles tombées enveloppent la terre d'une couche spongieuse qui retient l'eau énergiquement. Sur les terrains en pente ainsi protégés, jamais les gouttes de pluie, en venant frapper le sol, ne parviennent à le désagréger ; jamais non plus elles ne peuvent se réunir en ruisseaux devenant promptement torrentueux pendant les orages ; jamais par conséquent on ne voit les eaux pluviales raviner, affouiller la surface du terrain, entraîner les terres meubles dans les vallées, dénuder les hauteurs jusqu'au roc vif, laver sans cesse celui-ci, et, ne lui laissant jamais la moindre parcelle de terre arable, amener et perpétuer ainsi une stérilité absolue. Rien de pareil n'est à redouter sur les pentes boisées : la pluie y est toujours bienfaisante, et humecte le terrain sans le désagréger. La terre nue laisse l'eau ruisseler à sa surface, et se réunir en torrents qui portent avec eux le désordre et la ruine. L'épaisse couche d'humus du sol forestier, rendu cohérent par l'inextricable entrelacement des racines des arbres, boit au contraire toute l'eau des pluies, et lui permet de filtrer lentement dans les couches profondes, où elle se réunit et donne naissance à des fleuves souterrains. Ainsi placés, ceux-ci circulent sans dommage pour la végétation, et alimentent des sources nombreuses et abondantes qui entretiennent une constante et bienfaisante fraîcheur dans les vallées, au lieu de les recouvrir, comme le font les

torrents superficiels, de cailloux, de graviers, de sables et de limons,
arrachés aux terres élevées. L'incurie des populations, en détruisant
les forêts des massifs montagneux, a du même coup frappé ces derniers d'une stérilité absolue. On s'efforce de nos jours, péniblement et
lentement, de réparer ces désastres, de refaire par le reboisement une
terre arable; mais au prix de quels efforts et de quels sacrifices!

En été, le feuillage, en déversant dans l'atmosphère des torrents de
vapeur d'eau, préserve l'air de la sécheresse, et exerce ainsi sur l'orga-

Fig. 204. — Futaie du Bas-Bréau près de Barbizon (forêt de Fontainebleau).

nisme animal une influence dont on comprend l'effet salutaire en songeant au sentiment de malaise qu'on éprouve dans une pièce fortement chauffée par un poêle, malaise que l'on combat aisément et avec
succès en plaçant sur ce dernier un vase rempli d'eau dont l'évaporation entretient dans l'atmosphère de la salle le degré d'humidité convenable.

Enfin le feuillage, grâce à son énorme surface, modère la température, qui sans lui devient insupportable dans les pays chauds pendant
la belle saison. Durant le jour, il protége le sol contre les excès de
l'insolation. Frappé directement par les rayons du soleil, il tend sans

doute à s'échauffer, mais la transpiration, qui est une cause de refroidissement, étant toujours en raison directe de l'intensité de la radiation
solaire, il en résulte qu'à parité de conditions la température du feuillage est moins élevée que celle du sol nu. Enfin, pendant la nuit, son
rayonnement vers l'espace aide puissamment à dissiper l'excès de chaleur que la terre reçoit du soleil. A ce double titre, la forêt est donc
un agent régulateur du climat, et, s'il n'était hors de propos de dis-
cuter ici de pareils sujets, nous prouverions aisément que cette action
se continue hiver comme été.

Une question importante à examiner pour nous est de savoir comment, en dehors de l'intervention de l'homme qui bouleverse sans
cesse l'ordre naturel, la zone forestière de l'hémisphère boréal s'est
d'elle-même exactement délimitée au nord comme au midi. Ce phénomène est la conséquence immédiate et nécessaire des exigences
vitales de l'arbre, lesquelles se groupent sous deux chefs principaux,
qu'on pourrait nommer la question d'eau et la question de temps.

L'arbre ne se nourrit avec assez d'activité pour être en mesure d'accroître sa masse qu'à la condition expresse d'absorber des torrents
d'eau, seul véhicule de ses aliments. L'étude des deux fonctions corré-
latives de l'absorption et de la transpiration est encore trop peu
avancée pour qu'on puisse formuler les lois de ce genre de phénomènes; cependant, si l'on se reporte aux nombres que nous avons
autrefois donnés à propos de la transpiration, on verra que, pendant sa
période de plus grande activité, l'arbre doit évaporer une quantité
totale d'eau certainement égale à plusieurs fois son propre poids. Il
résulte de cette remarque que le mode de répartition des forêts est
intimement lié au mode d'arrosage naturel du globe, au régime pluvial par conséquent. Or ce dernier est fort différent selon les régions :
dans les unes, l'année est également partagée en une saison sèche
pendant laquelle les pluies sont nulles ou fort rares, et en une saison
pluvieuse où elles sont abondantes; dans les autres, la pluie tend à
se répartir moins inégalement entre les différents mois. Ces variations dans le régime pluvial, selon la contrée considérée, exercent une
influence capitale sur l'étendue et la situation des forêts. D'une manière générale, c'est l'insuffisance des pluies qui limite vers le sud la
zone forestière de l'hémisphère boréal, c'est la rigueur du froid qui
la limite vers le nord.

Pour comprendre le mode de répartition des forêts, la question de l'eau n'est pas la seule à prendre en considération; il faut encore, ainsi que nous allons le montrer par quelques exemples, tenir compte du temps pendant lequel le climat permet à l'arbre de végéter.

Les espèces qui occupent la lisière de la forêt, soit à l'extrémité nord, soit sur les hauts sommets, celles par conséquent qui s'élèvent le plus en latitude et en altitude, appartiennent à la famille des Conifères, à ce groupe d'arbres remarquables par leur feuillage persistant et leurs feuilles aciculaires. Et pourtant, au premier abord, l'arbre feuillu paraît mieux organisé que l'arbre vert pour les climats rigoureux. Ce feuillage caduc qui tombe tous les ans à l'entrée de l'hiver, et se reconstitue tous les ans au retour de la belle saison, est certainement des mieux adaptés au climat tempéré froid. A quoi bon des feuilles en hiver, puisqu'elles resteront inactives la plupart du temps, en raison de l'insuffisance de la température? D'ailleurs leur chute oblige l'arbre à un repos tout aussi nécessaire à l'organisation végétale qu'à l'organisation animale. L'arbre feuillu serait donc de tous le mieux organisé pour les climats froids, s'il avait toujours le temps d'accomplir toutes les phases si nombreuses de son évolution annuelle. C'est, en premier lieu et d'ordinaire, la foliation, qui comprend le développement des feuilles nouvelles restées jusqu'alors à l'état rudimentaire dans les bourgeons et la formation d'un rameau, assez long pour leur permettre de largement s'espacer, et assez robuste pour résister à leur poids. Nous le savons, cette œuvre d'organisation se fait d'abord exclusivement aux dépens des aliments de réserve; mais, à mesure qu'augmente le nombre des feuilles parvenues à leur complète croissance, ces emprunts diminuent d'importance, et cessent tout à fait quand la feuillaison est achevée. Mais alors l'activité du feuillage est consacrée à la lignification des axes, à nourrir les boutons et les fleurs, — si la floraison suit la foliation, — à substanter les fruits; et il lui faut encore consacrer ses derniers jours à préparer les aliments de réserve. L'exécution de tous ces actes demande du temps, beaucoup de temps, et suivant que l'espèce accomplira son travail organique avec plus ou moins de lenteur, elle devra, pour vivre, se rapprocher plus ou moins de l'équateur. Les arbres verts supportent plus aisément que les autres une diminution dans le temps qui leur est accordé pour leur évolution. Deux motifs expliquent cette tolérance : d'une part, leur foliation ne se fait pas en une fois comme celle des arbres feuillus, mais partiellement un peu tous les ans, circonstance qui diminue pour eux la crise de la foliation ; d'autre part, ayant pendant toute l'année des feuilles adultes, ils peuvent toujours profiter pour végéter des quelques heures exceptionnellement favorables que la mauvaise saison présente accidentellement.

En résumé, c'est moins l'intensité du froid que la trop grande brièveté de la période de temps accordée à la végétation qui limite au nord et sur les montagnes les essences forestières.

Parmi les espèces feuillues arborescentes, il en est, comme le Hêtre, qui ne peuvent ni beaucoup réduire ni beaucoup allonger leur période d'activité végétative, et sont dès lors étroitement cantonnées à la surface du globe ; d'autres ont un tempérament plus souple, et occupent de plus vastes espaces : tel est le Bouleau blanc (*Betula alba* Lin.), qui de tous supporte la plus forte réduction dans la durée de sa végétation. Cette souplesse lui permet d'atteindre en Norvége, dont le climat est du reste beaucoup adouci par le voisinage du Gulf-Stream ou courant d'eaux chaudes venu du golfe du Mexique, la limite même des forêts, le 71° de latitude nord. Il peut d'ailleurs réduire ou augmenter la durée de sa végétation, selon la nature des conditions climatiques ; ainsi cette période, ou le temps qui s'écoule entre la foliation et la chute des feuilles, est seulement de trois mois en Laponie, déjà de cinq mois à Saint-Pétersbourg et de six mois dans l'Europe occidentale ; il n'est donc point surprenant que l'aire d'habitation de cette espèce soit très-étendue. Pour ces motifs, ce type appelle notre attention.

Le genre Bouleau a donné son nom à la petite famille des Bétulinées, démembrement du vaste groupe fort disparate des Amentacées, dans lequel Jussieu avait réuni toutes les espèces dont l'inflorescence est un chaton, en latin *amentum*, d'où était venu précisément le nom du groupe.

Les Bouleaux, par suite de leur dissémination sur les vastes surfaces des contrées tempérées et froides de l'hémisphère boréal, offrent un grand nombre de formes diverses, que les botanistes ont beaucoup de peine à répartir en espèces et en variétés. Le type connu de tout le monde, très-polymorphe lui aussi, est le Bouleau commun ou Bouleau blanc (*Betula alba* Lin.), que son port élégant fait admettre partout dans l'ornementation des parcs et des jardins paysagers. Son originalité réside dans sa tige élancée et droite, dans ses jeunes branches menues et flexibles qui se courbent gracieusement vers la terre, enfin dans son feuillage léger qu'agite le moindre souffle de vent, et composé, comme celui de tous les représentants du genre, de feuilles stipulées, alternes, simples, dentées en scie sur leur bord, plissées en éventail

Fig. 295. — Rameau feuillé et fleuri du Bouleau bas (*Betula pumila* Lin.).

Fig. 296. — Jeune rameau de Bouleau blanc
(*Betula alba* Lin.).

dans leur extrême jeunesse, d'un beau vert sur leur face supérieure, d'un vert plus clair et plus blanchâtre sur leur face inférieure.

Son trait le plus frappant, celui qui permet à tout le monde de le reconnaître à première vue, est son écorce blanche, s'exfoliant sponta-nément et fréquemment en lames, noirâtres et résistantes en dessous, papyracées en dessus, de telle sorte que le corps ligneux est toujours enveloppé d'une écorce parfaitement lisse et nette. Ce phénomène est le signe visible de particularités plus intimes d'organisation qui expliquent en partie sa facilité à vivre sous des climats rigoureux. Cet arbre, se

dépouillant périodiquement de son écorce et ne gardant jamais de celle-
ci que la partie vivante et active, se trouve certainement dans de meil-
leures conditions que celui qui se laisse emprisonner sous des couches
corticales mortes que l'âge amoncelle sur sa tige et ses branches ; aussi
n'est-on pas surpris d'apprendre que le Bouleau blanc est d'une croissance très-rapide. En outre, cette exfoliation spontanée est due —
l'observation microscopique l'a prouvé — à la création de lames successives d'un parenchyme tabulaire nommé *périderme*, de couleur
foncée, dont les cellules ont des parois épaisses et résistantes de nature subéreuse. Les feuillets de périderme sont reliés entre eux par des
couches de liége ordinaire beaucoup moins tenace, lesquelles, en se
désorganisant, mettent en liberté les lames de périderme. Or le tissu
subéreux en général est un excellent protecteur, léger et résistant,
impénétrable à l'eau comme à la chaleur ; on s'explique donc très-bien
comment sous son abri la tige peut résister au froid et à l'humidité des
hivers septentrionaux ; on comprend aisément enfin les usages multiples
auxquels les habitants des terres boréales appliquent cette écorce
mince, souple, tenace, absolument impénétrable à l'eau, et incorruptible
grâce à l'abondance de son tannin. Aussi l'emploie-t-on fréquemment
dans le nord pour le tannage des peaux, et elle communique, assure-
t-on, aux cuirs dits de Russie cette odeur particulière qui les fait
rechercher dans la fabrication des objets de luxe. Avec l'écorce du
Bouleau, on fait des chaussures, des cordes, divers ustensiles de ménage ; les Canadiens construisent avec elle des canots d'une remarquable légèreté, avantage inappréciable dans un pays où des obstacles
naturels opposés sur beaucoup de points à la batellerie obligent les
rameurs à porter leurs embarcations souvent pendant de longs trajets.
Pour construire un canot, au moment de la séve du printemps, on
détache l'écorce par bandes longitudinales, qu'on assemble et qu'on
coud ensuite ; puis on rend les coutures imperméables en y coulant de
la résine, celle du Sapin baumier (*Abies balsamifera* Mich.) de préférence.

Le Bouleau ne doit pas uniquement son aptitude à vivre dans l'extrême nord à la rapidité de sa végétation ; d'autres circonstances
encore viennent en ligne de compte, et d'abord sa propension à buissonner. Supposez par impossible un Palmier de tempérament assez
rustique pour supporter le climat arctique : son espèce pourtant ne

parviendrait jamais à s'implanter sur les terres polaires. Incapable de
se ramifier en vertu de sa nature, ne pouvant s'élever en raison de
l'intensité du froid qui sévit en toutes saisons dans l'air à peu de distance du sol, il serait dans la situation de ces Cocotiers qui, arrêtés

Fig. 297. — Rameau fleuri de Châtaignier (*Castanea vulgaris* Lamk).

bientôt dans leur croissance par le vitrage de nos serres chaudes
beaucoup trop basses pour lui, ne fleurissent point parce que l'exiguïté du local ne leur permet pas d'organiser un appareil végétatif
assez puissant pour préparer à l'aide de leurs feuilles, et mettre en
réserve dans leur bois, les aliments indispensables à leur floraison si
épuisante. Ainsi une espèce arborescente ne peut vivre dans le nord

qu'à la condition expresse de pouvoir buissonner, et par conséquent
de pouvoir se ramifier dès le collet, ou mieux encore de ramper.

Parmi les dispositions favorables à l'habitat hyperboréen, il faut
encore noter dans le Bouleau sa précocité de végétation. Il se feuille à
la température relativement basse de 7°,5, et se dépouille en automne
seulement lorsque le thermomètre est descendu au-dessous de ce
point. Cette précocité implique l'existence, au réveil de la végétation,
d'une séve abondante et nutritive, suffisamment sucrée par conséquent. Les peuples du nord la recherchent, la recueillent avec soin, et
l'utilisent de bien des manières. Elle passe parmi eux pour avoir des
propriétés thérapeutiques assez énergiques : on l'emploie contre les

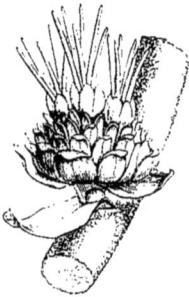

Fig. 208. — Glomérule femelle du Châtaignier.   Fig. 209. — Fleur femelle du Châtaignier.

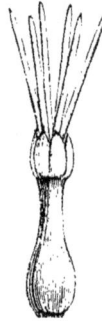

maladies de la peau, les affections rhumatismales, etc., etc. On prépare avec elle un sirop, et une sorte de vin mousseux en la faisant fermenter avec du miel, des raisins secs et des plantes aromatiques; elle
sert enfin à la fabrication du vinaigre et d'une espèce de bière.

Les bois feuillus du nord de l'hémisphère boréal sont essentiellement composés de Chênes et de Hêtres. Ces derniers, lorsque le climat devient plus chaud, cèdent la place aux Châtaigniers dans les sols
granitiques. Ces trois types, Châtaigniers, Chêne et Hêtre, sont les
genres principaux d'une famille détachée comme celle des Bétulinées
de l'immense groupe si peu naturel des Amentacées, et nommée,
selon les auteurs, famille des Cupulifères, des Castanéacées, ou encore des Quercinées : Castanéacées ou Quercinées selon qu'on prend
pour type le Châtaignier ou le Chêne, Cupulifères pour rappeler le
trait commun à toutes les espèces, l'existence d'un involucre persistant

entourant les fruits, et dont le caractère varie d'un genre à l'autre. Dans les Châtaigniers, arbres monoïques ainsi que les Chênes et les Hêtres, les fleurs femelles, à ovaire infère comme d'ailleurs toutes

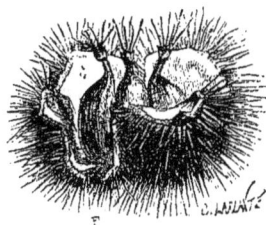

Fig. 500. — Cupule épineuse entr'ouverte du Châtaignier, contenant trois châtaignes surmontées chacune de leurs six styles persistants et devenus rigides.

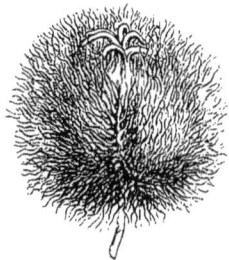

Fig. 501. — Jeunes fruits du Hêtre (*Fagus sylvatica* Lin.), dans leur involucre.

celles de la famille, sont des plus simples, et comprennent un court périanthe de six sépales bisériés entourant un ovaire surmonté de six

Fig. 502. — Rameau florifère de Chêne (*Quercus Robur* Lin.).

styles. Ces fleurs sont réunies, au nombre de trois d'ordinaire, en une courte inflorescence nommée *glomérule*, dépassant un involucre qui continue de s'accroître après la fécondation, et devient cette sorte de boîte épineuse extérieurement que tout le monde connaît. Herméti-

quement close pendant le développement des fruits, elle s'ouvre spontanément à la maturité par le sommet en quatre valves qui laissent à
découvert les trois fruits, devenus des akènes par suite de l'avortement
de toutes les graines à l'exception d'une seule. Chacun de ces fruits
ou châtaignes est surmonté par les cinq styles persistants et devenus
rigides. Chez les Châtaigniers en outre, les glomérules mâles ou
femelles sont réunis en chatons grêles et lâches.

Dans le Hêtre, l'involucre, également accrescent, s'ouvre à la maturité dans sa région supérieure par quatre fentes longitudinales.

Enfin chez les Chênes, l'involucre devient une véritable petite coupe,
une cupule, et à ce titre ces arbres méritent parfaitement leur nom
de cupulifères.

De ces trois genres, Chêne, Hêtre et Châtaignier, le premier a joué

Fig. 303. — Fleur femelle du Chêne.   Fig. 304. — Chatons mâles du Chêne.

et joue encore dans l'industrie des peuples un rôle trop important pour
le passer sous silence.

Les habitants des contrées septentrionales ont dû s'ingénier de tout
temps pour essayer de tirer le meilleur parti possible de ces terres
déshéritées; or le Chêne est depuis la plus haute antiquité l'espèce
dominante des bois feuillus des régions boréales : il n'est donc point
surprenant que ce bel arbre soit devenu, surtout au début de la civilisation, la providence des peuples du nord, et même l'objet d'un culte
pour certains d'entre eux, aux mêmes titres que les Palmiers et les
Bambous pour l'habitant des tropiques. On l'a utilisé de mille manières,
et fort heureusement sa nature polymorphe s'y prêtait à merveille.
Disséminé dans tout l'hémisphère boréal depuis la limite nord de la
végétation forestière jusqu'au tropique, que plusieurs de ses types
sont parvenus à franchir, le genre Chêne, grâce à la grande étendue

de son aire d'habitation, compte un nombre considérable de formes
réparties par les botanistes en une centaine d'espèces au moins, four-
nissant pour la plupart des matières premières de haute valeur à la
thérapeutique, l'industrie et l'économie domestique. Tous ces végétaux
se reconnaissent d'ailleurs au premier coup d'œil à leur fructification,
et chacun de nous connaît le gland.

Les Chênes sont monoïques, et leurs fleurs sont disposées en chatons
longs, grêles et flexibles pour les mâles, courts, plus robustes et plus
rigides pour les femelles. Celles-ci émergent chacune d'un calicule,
qui devient plus tard la cupule en grandissant et en se durcissant.

Le Chêne commun (*Quercus robur* Lin.), la plus importante des
espèces du genre, compte de nom-
breuses variétés. Il est remarquable
par l'incorruptibilité, la dureté et les
belles nuances de son cœur, capable
de recevoir un beau poli grâce au
grain fin et serré de ses tissus, et
dans lequel la Renaissance a sculpté
tant de chefs-d'œuvre ! Il vit très-longtemps, et peut acquérir de grandes
dimensions ; les sujets de 50 à 40
mètres de hauteur sur 1 à 2 mètres

Fig. 305. — Chatons femelles du Chêne.

de diamètre ne sont pas très-rares. Exceptionnellement, quand la
foudre ou le vandalisme n'ont pas eu enfin raison de leur verte vieillesse,
ils atteignent une taille plus élevée encore, prennent des formes
bizarres, une ramure noueuse, tourmentée, originale dans ses imperfections, comme celles du vieux Chêne appelé le Pharamond appartenant à la futaie dite de la *Tillaie-du-Roi*, un des trois derniers massifs
restés debout des premières plantations de Chênes de la forêt de Fontainebleau, les deux autres étant les futaies du *Bas-Bréau* et du *Gros-
Fouteau*. Celle-ci a dû sans doute son nom étrange à l'existence d'un
gros Hêtre, en vieux français gros Fouteau.

Les glands que de pareils colosses produisent en énorme quantité
dans les années fertiles sont riches en fécule ; malheureusement leur
âpreté est telle, qu'on ne saurait les employer à notre alimentation sans
leur faire subir une préparation trop coûteuse pour que la fécule ainsi
obtenue puisse être utilement employée à cet usage ; aussi ne servent-

ils qu'à la nourriture des animaux, des porcs particulièrement. Mais il existe plusieurs espèces de Chênes, notamment le Chêne Yeuse (*Quer-*

Fig. 306. — Le chêne dit le Pharamond, appartenant à la forêt de Fontainebleau.

cus ilex Lin.), le Chêne Ballote (*Quercus Ballota* Desfont.), et même les Chênes-Liéges, qui produisent des fruits doux et sucrés nommés vulgairement glands doux.

Parmi les mille produits utiles fournis par les diverses espèces du
genre Chêne, nous ne pouvons passer sous silence le liége.

Le liége du commerce se retire du Chêne-liége (*Quercus suber* Lin.),
qui croît dans le sud-est de la France, en Italie et en Algérie, ainsi
que d'une autre espèce, le Chêne occidental (*Quercus occidentalis*
J. Gay), du sud-ouest de la France et du Portugal, que les botanistes
distinguent du précédent à ses fruits, qui emploient deux ans pour
mûrir.

Annuellement, il se forme dans l'écorce une couche de liége terminée par une ou deux assises de cellules péridermiques, et la masse
entière, s'accroissant indéfiniment par sa région profonde, se trouve
par conséquent divisée en zones que séparent des pellicules de périderme qui tranchent par leur couleur foncée sur la teinte plus claire
du liége proprement dit.

L'extraction du liége, ou l'opération du *démasclage*, se fait pour la
première fois quand l'arbre est âgé de dix à quinze ans. Elle consiste
à pratiquer sur le tronc, en haut et en bas, deux incisions transversales qui doivent seulement diviser les tissus subérifiés ; puis, à l'aide
d'incisions longitudinales faites à la même profondeur, on détache le
liége par plaques longues et plus ou moins étroites. Le premier liége
ainsi obtenu est le liége *mâle*; il n'est pas employé, n'ayant pas les
qualités voulues. Ce qui reste de l'écorce après l'opération, le parenchyme profond et le liber, forme dans son ensemble ce que les ou-
vriers nomment la *mère* ou le *lard*. C'est cette région qui produit le
liége livré au commerce, ou liége *femelle*. Celui-ci contient beaucoup
moins de périderme que l'autre : aussi est-il plus fin et plus élastique.
Le démasclage se répète tous les sept ou huit ans pendant la vie de
l'arbre.

Nous ne quitterons pas la forêt septentrionale sans parler de l'É-
rable à sucre (*Acer saccharinum* Michx fils), l'arbre préféré des Canadiens. Il figure avec le Castor dans les armes nationales, et chaque
habitant en fixe un rameau à sa boutonnière le jour de la Saint-Jean,
la fête patronale de cette terre restée si essentiellement française sous
une longue domination étrangère, de cette terre qui présente le spectacle, unique dans le monde, de franciser les fils des Anglais qui prétendent l'asservir et la transformer.

Parmi les divers services que l'Érable à sucre rend aux Canadiens,

Fig. 307. — La futaie du Gros-Fouteau dans la forêt de Fontainebleau.

le principal est de leur fournir du sucre, le seul qu'ils possédaient lors des premiers temps de la colonisation, le seul dont ils usent encore aujourd'hui par goût et sans doute par un involontaire instinct d'amour-propre national. Aussi chaque Canadien a-t-il ses Érables, comme chaque paysan français a son champ de Blé, de Trèfle ou de Luzerne. L'extraction du sucre est l'occasion de fêtes et de réjouissances entre les habitants du même village, qui se réunissent et campent dans la forêt, au pied des Érables, pendant la durée de l'opération. La manipulation est d'ailleurs des plus primitives, et l'outillage indispensable, des plus simples. Une grande chaudière de soixante à soixante-cinq litres de capacité, suspendue au-dessus de la flamme vive et claire d'un feu de bivouac, reçoit la séve et la concentre par une ébullition à feu nu. Le sirop est ensuite filtré à travers une couverture de laine, puis versé dans des formes en bois où il se solidifie. Le sucre ainsi obtenu possède un arome agréable, d'une nature particulière, et qui rappelle, d'un peu loin il est vrai, celui de la Vanille.

L'extraction de la séve ne présente d'ailleurs aucune difficulté, et il suffit de se reporter à ce que nous avons dit précédemment à propos du fluide nourricier des végétaux, pour connaître la méthode à suivre et prévoir les conditions de succès de l'opération. C'est pendant les mois de mars et d'avril qu'on saigne les Érables. A cette époque de l'année, il y a encore 1 mètre de neige dans les bois; cependant le thermomètre marque déjà de 7° à 18° centigrades au milieu du jour, mais il gèle néanmoins toutes les nuits.

Avec une tarière de 20 millimètres environ de diamètre, on pratique sur le tronc, du côté du midi, à la hauteur d'un demi-mètre, plusieurs trous, généralement deux, placés par conséquent sur une ligne horizontale et distants les uns des autres de 11 à 12 centimètres. On enfonce la tarière obliquement de bas en haut, à une profondeur de 2 à 5 centimètres, de manière à rester dans le jeune aubier, et on fixe dans chacun des trous un morceau de branche de Sureau dont on a enlevé la moelle, long de 2 à 5 décimètres, et taillé en gouttière sur la partie qui émerge du tronc. Enfin on dispose au-dessous, sur le sol, des augets en bois pour recueillir la séve, qui coule pendant six semaines environ en plus ou moins grande quantité selon l'heure et le temps. Elle est surtout abondante après une nuit très-froide, quand l'air est sec, et qu'il fait un beau soleil. Par le vent du nord, les arbres ne donnent rien.

Le rendement est naturellement fort variable selon le terrain, l'âge du sujet, les circonstances climatiques, etc., etc. En moyenne, chaque arbre produit annuellement 2 à 3 kilogrammes de sucre, et on l'exploite pendant une trentaine d'années ; passé ce temps, on le livre aux bûcherons

II. — L'EAU DORMANTE

L'eau dormante est, pour la vie végétale, un milieu intermédiaire entre l'atmosphère et le sol, et participant, dans une certaine mesure, aux qualités et aux défauts de ceux-ci, mais toujours à un moindre degré. Parmi les plantes aquatiques, ou qui vivent dans l'eau douce, on distingue trois modes principaux de végétation :

1° Dans le premier, la plante, complétement submergée, se maintient constamment entre deux eaux, est *flottante* d'après l'expression consacrée.

2° Dans le deuxième, la plante, fixée par son pied dans la vase, appuie sur la surface de l'eau son feuillage en totalité ou en partie ; on la dit alors *nageante*.

3° Dans le troisième mode enfin, la plante est dans la situation d'un

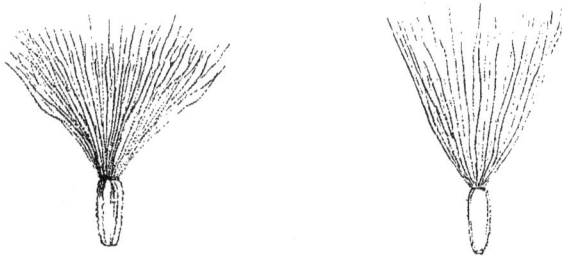

Fig. 308. — Fruits pourvus d'une aigrette de la famille des Composées.

végétal terricole quelconque dont le sol serait constamment recouvert d'eau sur une épaisseur plus ou moins grande.

Parmi les circonstances qui exercent le plus d'influence sur la vie des organes submergés, il faut noter en première ligne que la pesanteur spécifique de l'eau est beaucoup plus grande que celle de l'air.

Aucun organe, quelle que soit d'ailleurs sa conformation, ne peut atteindre à la légèreté spécifique de l'air, et par conséquent ne saurait flotter librement dans l'atmosphère comme le fait le nuage, à moins d'être muni d'une aigrette plumeuse ou d'ailes, analogues

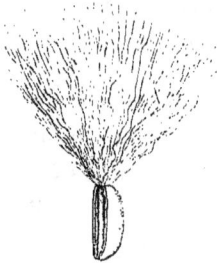

Fig. 509. — Aigrette d'une graine d'Épilobe.　　Fig. 510. — Aigrette d'une graine de Reaumuria.

quant à la structure à celles qui se développent sur certains fruits ou certaines graines, et dont l'usage le mieux connu est d'aider à la dissémination de ces organismes, d'ordinaire de faible poids. Le même but pourrait encore être atteint par le moyen réalisé dans la construction de l'aérostat, en donnant à l'organe aérien une forme vésiculeuse

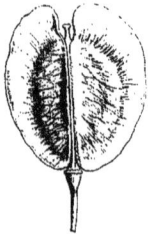

Fig. 511. — Fruit ailé d'une Crucifère, le Thlaspi des champs (Thlaspi arvense Lin.).　　Fig. 512. — Graine ailée d'une Cæsalpiniée, le Moringa à graines triptères (Moringa pterigosperma Gærtn.).　　Fig. 513. — Graine ou fruit (selon les auteurs) d'un Pin.

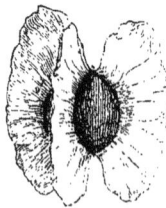

et en le gonflant de gaz, ainsi que sont les gousses du Baguenaudier (Colutea arborescens Lin.). Mais, pour toutes sortes de raisons, de pareilles solutions du problème à résoudre ne sauraient être généralisées sans de graves inconvénients, et l'organisation a dû, pour maintenir dressés les appareils aériens, s'y prendre tout autrement, en variant ses procédés selon les circonstances. Dans la plante arborescente, ce résultat est obtenu par la lignification des axes, qui les rend rigides et résistants; dans la plante volubile, par l'enroulement autour d'un tuteur; dans la plante grimpante enfin, par des organes de préhension qui se cramponnent aux obstacles. Dans tous les autres cas, la plante, incapable de se soutenir par elle-même ou à l'aide d'un secours étranger, en est réduite à se coucher ou bien à ramper sur le sol.

Les parties qui restent herbacées chez les plantes aquatiques n'ont point de telles difficultés à vaincre, grâce à la plus grande densité de l'eau; aussi les organes de préhension manquent-ils toujours chez elles. Toutes les modifications qu'elles subissent ont un but toujours atteint par les mêmes dispositions : diminuer la pesanteur spécifique des tissus, l'amener à devenir égale à celle de l'eau, afin de permettre aux organes de flotter librement dans le liquide. Nous connaissons déjà le moyen employé. Il consiste dans l'atrophie, souvent dans la disparition, du système fibreux devenu inutile, nuisible même, puisqu'il ne s'agit plus ici de donner de la rigidité, mais au contraire de la flexibilité aux tissus, afin de leur permettre de céder sans se rompre aux mouvements de sens divers que l'eau leur imprime; puis dans la simplification également du système vasculaire réduit à un petit nombre de larges vaisseaux; enfin dans l'hypertrophie d'un parenchyme pourvu d'un système de lacunes largement développé. En jetant les yeux sur la figure 81, qui représente une coupe transversale de la tige flottante d'une plante aquatique, la Châtaigne d'eau (*Trapa natans* Lin.), on comprendra mieux que par une minutieuse description la nature, l'importance et la raison d'être de ces dispositions spéciales au milieu aquatique.

Chez les plantes aquatiques, comme d'ailleurs chez les plantes aériennes, et plus généralement chez toutes les espèces habitant le même milieu, les différents types se distinguent les uns des autres par une adaptation plus ou moins heureuse à leurs conditions biologiques. Au degré inférieur se place la plante privée d'organes spéciaux d'adaptation, qui se soutient dans l'eau grâce à ce que toutes ses parties submergées sont indifféremment et également lacuneuses; puis on s'élève de cette dernière à celles munies d'appareils spéciaux de natation de mieux en mieux conformés, consistant toujours en des ampoules, en des espèces de flotteurs, devenant des ascidies à leur état d'organisation le plus élevé. Citons deux cas de ces perfectionnements graduels des appareils de natation de la plante aquatique, en commençant par le degré inférieur tel qu'on l'observe dans le Jussieua rampant (*Jussieua repens* Lin.).

Les Jussieua, de la famille des Onagrariées, habitent pour la plupart les régions chaudes du globe. Ils constituent un groupe assez disparate quant à la station : les uns sont de véritables plantes terricoles, recherchant même parfois les lieux secs ; les autres sont aquatiques et vivent dans les eaux dormantes, fixés par le pied dans la vase du fond, et se ramifiant dans l'eau, au-dessus de laquelle ils épanouissent leurs fleurs et développent une partie de leur feuillage. Il y aurait même une espèce, le Jussieua nageant (*Jussieua natans* Humb. et Bonpl.), qui flotterait librement à la surface des eaux comme les Lentilles d'eau, soutenue par des racines aérifères, organes communs du reste à toutes les espèces aquatiques du genre, et dont M. Ch. Martins a étudié la curieuse structure chez le Jussieua rampant.

Cette espèce est répandue sur une aire immense, qui comprend 55° en latitude de part et d'autre de l'équateur, justifiant ainsi cette loi de Géographie botanique énoncée d'abord par Linné dans sa *Flore de Laponie*, généralisée depuis par M. A. de Candolle, savoir que, de tous les végétaux, ce sont les espèces aquatiques qui ont l'aire d'habitation la plus étendue. Le Jussieua rampant émet des racines adventives. Cette particularité d'organisation est de règle chez les plantes aquatiques : elle est la conséquence nécessaire de leur situation, et l'on imite ces conditions pour marcotter une plante dans l'eau. Les racines adventives du Jussieua sont de deux sortes. Les unes qui, selon les circonstances, restent flottantes ou s'enfoncent dans la vase, sont tantôt filiformes et non ramifiées, tantôt ramifiées et *pectiniformes* ou disposées comme les dents d'un peigne ; ce sont les racines nourricières. Les autres sont les racines d'adaptation, les racines aérifères, toujours simples, de couleur blanche ou rosée, épaisses, cylindriques ou coniques, assez courtes, et dressées verticalement de bas en haut, en sens contraire par conséquent à la direction ordinaire aux axes radicaux. Leur étude anatomique montre qu'elles diffèrent des

autres racines adventives de la même plante par un plus grand développement du tissu cellulaire cortical, lequel est en outre très-lacuneux. Les lacunes sont remplies d'un gaz dont la composition est différente de celle de l'air dissous dans l'eau ambiante, car il contient 87
pour 100 d'azote et 13 pour 100 d'oxygène, au lieu de 79 pour 100
du premier gaz et 21 pour 100 du second comme dans l'air ordinaire.
Ce développement exagéré du parenchyme cortical amène la prompte
destruction de l'épiderme, l'avortement des ramifications, rend l'organe gros et court, mou et spongieux, en fait une sorte de *vessie na-
tatoire*, pour me servir d'un terme de comparaison emprunté à l'anatomie des Poissons.

Les Utriculaires, qui ont donné leur nom à la petite famille des

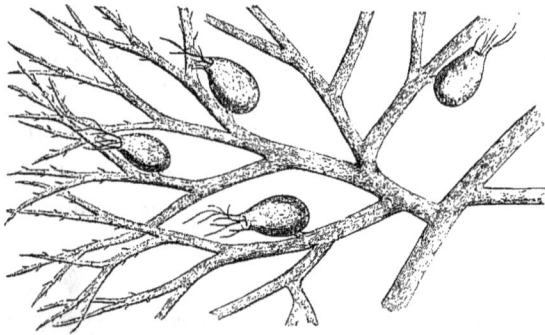

Fig. 314. — Ascidies grossies d'une Utriculaire.

Utriculariées, ont des flotteurs d'une organisation plus élevée. Ce
sont des herbes cosmopolites, qui doivent leur nom aux utricules
ou ascidies, véritables vessies natatoires dont sont munies leurs
tiges grêles et leurs ramifications. Ces ampoules pyriformes, de la grosseur d'un petit pois dans l'Utriculaire commune (*Utricularia vulgaris*
Lin.), possèdent chacune à leur région supérieure un orifice étroit,
arrondi, dont le pourtour porte des poils rameux. A chacun de ces orifices est adaptée une soupape ne pouvant s'ouvrir que de dehors en
dedans. Pendant la période de végétation qui précède la floraison, la
plante reste étendue sur la vase du fond; la cavité des ascidies est alors
remplie d'un liquide épais, plus dense que l'eau par conséquent. Peu
à peu à ce liquide succède un gaz; la substitution opérée, l'Utriculaire,
ainsi allégée, s'élève à la surface de l'eau, où elle fleurit. Durant cette

seconde période de la vie de la plante, les anciens organes munis d'ascidies meurent et disparaissent successivement, tandis que naissent de nouvelles ramifications dont les utricules sont remplies de ce même liquide épais. A la longue, la plante, entraînée par son poids sans cesse croissant, retombe au fond de l'eau, et y reste jusqu'à l'époque de sa prochaine floraison. De notre temps, des botanistes, se fondant sur ce qu'on voit parfois de menus animaux aquatiques forcer la porte d'entrée des utricules et ne pouvoir plus ressortir, ont voulu doter ces organes d'une nouvelle fonction à coup sûr bien inattendue, en faire de petits estomacs, et de l'Utriculaire commune en particulier une *plante carnivore*. Une pareille opinion, pour être acceptée, demande de nouvelles informations.

Les Utriculaires, dont les espèces sont assez nombreuses, offrent de notables différences dans leur genre de vie. Les unes se fixent au fond de l'eau par leurs racines; les autres demeurent toujours libres, et, selon l'époque de l'année, nagent à la surface ou restent étendues sur le fond. Cependant, même parmi ces dernières, plusieurs ont des racines; les autres sont complétement arrhizes, comme les deux espèces les plus répandues en France, l'Utriculaire commune et l'Utriculaire naine (*Utricularia minor* Lin.). Les Utriculaires libres se propagent de graines ou par leurs bourgeons, qui vivent à la manière de ceux des Aldrovandia, dont nous allons maintenant parler.

L'Aldrovandia à vésicules (*Aldrovandia vesiculosa* Lin.) peut être choisie pour type de ces plantes aquatiques toujours arrhizes pendant toute leur existence, et par conséquent

Fig. 315. — Fruit déhiscent de l'Aldrovandia à vésicules (*Aldrovandia vesiculosa* Lin.).

alternativement nageantes à la surface de l'eau ou bien étendues sur le fond, suivant l'époque de l'année.

L'Aldrovandia appartient à la petite famille des Droséracées, si intéressante par l'exquise irritabilité que possèdent ses différents membres. Le botaniste italien Monti lui donna le nom d'Aldrovandia, auquel Linné eut plus tard la malencontreuse idée d'ajouter celui très-impropre de *vesiculosa*, attendu que cette espèce n'a point de vésicules à la façon d'autres plantes aquatiques, des Utriculaires par exemple. L'Aldrovandia, comme du reste toutes les espèces submergées, a une aire d'habitation très-étendue : 90° en longitude, de l'étang de la Canau (France) à l'ouest jusqu'à Calcutta (Inde) à l'est; 74° en latitude, des marais de Pinsk (Russie) au nord jusqu'à Calcutta au sud. C'est une herbe dont les tiges grêles, peu ou point ramifiées, portent des entre-nœuds fort courts. On ignore encore son mode de germination. Du reste, elle fleurit peu et donne rarement de bonnes graines. On ne connaît donc que la plante adulte, et celle-ci, toujours et entièrement privée de racines, présente le mode de végétation le plus singulier. Pendant la belle saison, sa tige, — qui flotte alors étendue horizontalement un peu au-dessous de la surface, — meurt et se décompose successivement par la base pendant qu'elle s'allonge par le sommet à la façon d'un rhizome ou d'une plante rampante. Quand arrive pour l'Aldrovandia le moment d'hiverner, cette tige est réduite à sa rosette terminale dont les feuilles, serrées les unes contre les autres, forment un tout ovoïde-globuleux de la grosseur d'un petit pois. Au début de la mauvaise saison, ce corps s'enfonce dans l'eau, et va passer sur la vase du fond son temps de repos. La plante est alors invisible. On suppose que son immersion résulte d'un accroissement de densité dû à l'accumulation dans ses tissus des aliments de réserve élaborés par les feuilles pendant que le végétal nageait près de la surface et se trouvait alors en relation facile, presque directe, avec l'atmosphère. Au réveil de la végétation, le bourgeon submergé s'épanouit sans s'enraciner, produit une tige qui s'allonge verticalement, en restant appuyé sur le fond jusqu'à ce que le premier entre-nœud formé se soit détruit. Alors la tige s'élève à la surface de l'eau comme le ferait l'herbe détachée du fond par la dent d'un herbivore aquatique. On suppose, quant à présent, que les premiers développements ayant eu lieu aux dépens des aliments de réserve, la densité de la petite tige a diminué, ce qui l'oblige à flotter à la surface jusqu'à ce qu'elle ait réparé cette perte. Le fait de flotter serait donc chez elle un indice d'émaciation, un effet d'abstinence.

Les causes d'infériorité des plantes submergées sont l'insuffisance de l'air et de la lumière ; aussi ne peuvent-elles vivre que dans des eaux peu profondes, et, — comme nous venons de le voir, — possèdent-elles des flotteurs de situation et de conformation très-variées qui leur permettent de se soulever au-dessus du fond, et de se rapprocher de la surface, pour y recevoir plus facilement l'influence de l'air et de la

lumière. D'ailleurs, l'insuffisance de l'oxygénation est plus ou moins
accusée suivant que l'eau est dormante ou courante. Dans le second
cas, les plantes supportent mieux la submersion totale que dans le
premier; elles sont plus fortes et plus grandes. Les espèces d'eau stagnante éprouvent une notable amélioration dans leurs conditions
d'existence, lorsque leur feuillage, en totalité ou en partie, vient s'é-
taler à la surface de l'eau. Grâce à ces feuilles nageantes, en communication directe avec l'atmosphère par leur face supérieure, et avec
l'eau par leur face inférieure, l'alimentation générale devient plus
facile, la nutrition plus active, et la plante acquiert une ampleur de
formes, une richesse de floraison, absolument inconnues au végétal
complétement et toujours submergé. Pour s'en convaincre, il suffit de
comparer, par exemple, un Ceratophyllum à un Nymphæa.

Les Ceratophyllum, vulgairement Cornifles, habitent les eaux sta-

Fig. 516. — Rameau florifère de la Cornifle nageante (*Ceratophyllum demersum* Lin.).

gnantes de l'Europe, de l'Amérique septentrionale et des Antilles.
Certains botanistes en distinguent trois ou quatre espèces, d'autres
regardent leurs différentes formes comme de simples variétés d'une
même espèce.

Ce sont des herbes vivaces et monoïques, très-ramifiées. Leurs rameaux longs et grêles, noueux et articulés, portent des feuilles verticillées, sessiles, étroites et rigides, dont le limbe est profondément divisé en
lanières dichotomes ou trichotomes filiformes et aiguës à leur sommet.

Les fleurs, sessiles et solitaires à l'aisselle des feuilles, sont fort petites et d'une grande simplicité de conformation. Les mâles comprennent des étamines entourées d'un périanthe dont les divisions

Fig. 317. — Fleur mâle de la Cornille nageante.

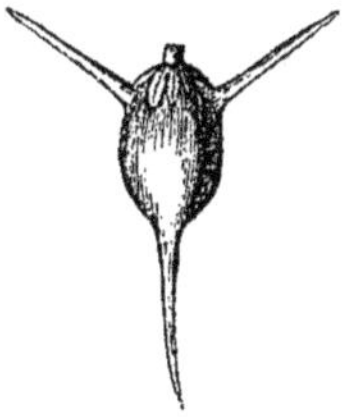

Fig. 318. — Fruit de la même.

Fig. 319.—Fleur femelle de la Cornille submergée (*Ceratophyllum submersum* Lin.).

sont nombreuses et profondes ; dans les femelles, les étamines sont remplacées par un seul pistil dont l'ovaire uniloculaire ne contient qu'un ovule ; enfin le fruit est un akène.

Les Nénuphars constituent le genre type de la famille des Nymphæacées. Linné les appela Nymphæa en souvenir du nom de *Nymphes des eaux* que leur valut dès la plus haute antiquité la rare beauté de leurs fleurs. Longtemps on fut indécis sur la véritable place qu'ils doivent occuper dans la classification naturelle. On les rangea d'abord parmi les Monocotylédones ; aujourd'hui que leur structure est mieux connue, il ne reste aucun doute à cet égard : ce sont des Dicotylédones.

Les Nénuphars habitent les eaux dormantes, ou les cours d'eau animés d'une vitesse assez faible pour que les plantes n'aient pas à souffrir des violences du courant, et à redouter l'asphyxie qu'amèneraient des eaux troubles et limoneuses.

Fig. 320. — Fleur de Nénuphar jaune (*Nuphar luteum* Smith).

On en connaît vingt-cinq espèces environ, principalement répandues entre les tropiques ; quelques-unes cependant vivent dans l'hémisphère boréal en dehors de ces limites. Deux d'entre elles seulement appartiennent à la flore européenne ; ce sont : le Nénuphar jaune (*Nuphar luteum* Smith) et le Nénuphar blanc (*Nymphæa alba* Lin.), communément nommé encore Lis d'eau et Rose des étangs. La fleur jaune du premier est plus petite et beaucoup moins belle que celle du second (fig. 10), qui ressemble à une grosse

rose blanche de 6 à 8 centimètres de diamètre. Chez cette dernière
espèce, les feuilles, longuement pétiolées, ont un large limbe, un peu
coriace, échancré en cœur. Les unes restent submergées et conservent
pendant toute leur durée la coloration rougeâtre de leur enfance ; les
autres, plus nombreuses, sont luisantes et d'un beau vert sur leur face
supérieure, pendant que l'autre face garde d'ordinaire, de sa couleur
première, une teinte rougeâtre, et viennent s'étaler à la surface de l'eau,
semblables à de légers radeaux. Par la magnificence de sa floraison,
par le caractère essentiellement ornemental de son feuillage, le Nénuphar blanc est sans conteste la première de nos plantes aquatiques
indigènes. Les États-Unis ont aussi leur Nénuphar blanc, peu différent
du nôtre : c'est le Nénuphar odorant (*Nymphæa odorata* Ait.), dont
les fleurs blanches ou légèrement rosées exhalent une odeur délicieuse.
La Sibérie orientale et le nord de la Chine possèdent également un
Nénuphar blanc, qui paraît n'être qu'une forme naine du nôtre : on
le nomme Nénuphar pygmée (*Nymphæa pygmæa* Ait.). Sa petitesse,
il est facile de le prouver, est très-certainement un effet de climat.
Ainsi il n'est pas rare, surtout dans le nord de la France et en Belgique, où les usines sont nombreuses, que les eaux chaudes provenant
de la condensation de la vapeur aillent se perdre dans un étang voisin,
et y maintiennent une température supérieure de quelques degrés à la
température ambiante. Or on a depuis longtemps remarqué que les
Nénuphars qui vivent dans ces conditions exceptionnelles, et jouissent
en réalité d'un climat moins rigoureux, sont plus forts que les autres,
que leurs fleurs sont plus grandes et plus nombreuses. Voici un second
fait qui est la contre-épreuve du premier. En 1802, deux botanistes,
Kitaibel et Waldstein, signalèrent en Hongrie un Nénuphar à tel point
semblable au Nénuphar Lotus (*Nymphæa Lotus* Lin.) très-commun
dans les eaux de la Basse-Égypte, qu'ils le mentionnèrent sous ce
dernier nom. Il est vrai que plus tard de Candolle en fit une espèce
distincte, sous le nom de Nénuphar des eaux thermales (*Nymphæa
thermalis* DC.). Cette identité, ou tout au moins cette extrême ressemblance, fort extraordinaire entre la plante hongroise et la plante
d'Égypte tient tout simplement à la similarité des conditions
biologiques. La première, en effet, est étroitement cantonnée dans
son pays natal : elle se trouve seulement dans les eaux thermales de
Peczc, près de Grosswardein ; or Kitaibel, au mois d'avril, trouva

35° centigrades pour la température des eaux dans lesquelles vit la
plante : particularité suffisante pour expliquer comment la même
espèce, ou tout au moins deux espèces extrêmement voisines, peuvent
se rencontrer à la fois par 47° de latitude boréale et dans le Nil.

Du reste, malgré la grande étendue de leur aire d'habitation, grâce
à leur station aquatique qui rend moins sensibles pour eux les changements en latitude, tous les Nénuphars présentent entre eux une si
étroite parenté, un tel air de famille, que chacun de nous, familiarisé depuis l'enfance avec notre Nénuphar blanc, n'hésite jamais à
reconnaître un Nénuphar exotique quelconque. Cette remarquable
uniformité de caractères est telle, que les botanistes doivent recourir
à de délicats et minutieux détails de structure pour arriver à les
répartir d'une façon rationnelle dans la classification naturelle ; en
d'autres termes, les Nénuphars constituent un groupe monotype.

Les Nénuphars du genre Nymphæa, qui forment à eux seuls une
vingtaine d'espèces environ, se reconnaissent aisément à leur fleur,
semblable, comme nous l'avons déjà dit, à une rose. Elle est composée
de quatre sépales, d'un grand nombre de pétales libres passant par
transitions graduées aux étamines, également fort nombreuses et indépendantes les unes des autres. Le fruit est des plus remarquables. Au
premier coup d'œil, on dirait une capsule de Pavot, particularité qui
avait sans doute déterminé Bernard de Jussieu, au dernier siècle, à
ranger ces plantes parmi les Papavéracées. Mais en y regardant d'un
peu plus près on reconnaît l'erreur. Ce fruit n'est pas une capsule
comme celle des Pavots, mais bien une sorte de baie de consistance
spongieuse, portant à l'extérieur de nombreuses cicatrices laissées
par la chute des étamines et des folioles du périanthe. Elle est divisée
en un nombre variable de loges, de douze à vingt, qui renferment
une multitude de graines plongées dans une sorte de mucilage. Contrairement à la règle générale pour les vraies baies, ce fruit finit
par s'ouvrir irrégulièrement, et laisse échapper ses graines. Dans le
Nénuphar jaune, le fruit, pyriforme au lieu d'être globuleux comme
dans le cas précédent, est lisse à l'extérieur et s'ouvre par une déhiscence septicide. Enfin, autre trait différentiel, la fleur compte d'ordinaire cinq sépales, au lieu de quatre comme dans le Nénuphar blanc.

L'appareil végétatif est le même dans tous les Nénuphars, et des
mieux adaptés aux conditions biologiques. La division du travail s'y

répartit d'une manière très-heureuse entre le feuillage, la tige et la racine. Nous l'avons déjà bien souvent remarqué, les axes caulinaires ont, dans la vie de l'ensemble ou de la plante, une triple mission à remplir : ils doivent porter le feuillage dans l'atmosphère, distribuer la séve, enfin préparer et emmagasiner des aliments de réserve, de l'amidon notamment. Dans la vie sous-aquatique, la première fonction est accomplie par l'eau, et dès lors la condition la plus favorable pour la tige est celle de rhizome, qui lui permet de ramper à la surface

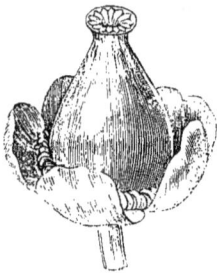

Fig. 521. — Fruit du Nénuphar jaune (*Nuphar luteum* (Smith).

Fig. 522. — Fruit du Nénuphar blanc (*Nymphæa alba* Lin.).

d'un sol sur lequel elle périrait bientôt d'inanition s'il lui fallait, comme la plante aérienne, demeurer à la même place, et se borner à envoyer sa racine sous terre à une profondeur de plus en plus considérable pour y rechercher ses aliments. Au fond d'un étang, le sol est trop peu échauffé et aéré pour qu'un tel mode d'alimentation soit possible, et le seul applicable à ce cas est celui dont use la plante rampante. En vivant ainsi, le végétal aquatique bénéficie de la division du travail propre aux espèces qui rampent à la surface du sol ou bien à une faible profondeur, et chez lesquelles les racines, toujours jeunes et actives parce qu'elles se renouvellent à des époques déterminées, restent à l'état de chevelu et sont exclusivement des organes d'absorption, pendant que la tige, chargée seule de la préparation et de l'emmagasinement des aliments de réserve, devient tuberculeuse. Le rhizome aquatique doit d'ailleurs à sa situation l'avantage d'être préservé à la fois, si la hauteur de l'eau est suffisante, des excès de la

chaleur diurne et du refroidissement nocturne. Toutefois il ne saurait
vivre dans des lacs très-profonds, loin de l'air et de la lumière, et
sous chaque latitude il lui faut une profondeur d'eau déterminée par
les conditions climatiques de la contrée. Dans ce mode de végétation, les feuilles allongent leur pétiole de façon à porter leur limbe
à la surface de l'étang. Pour la feuille aérienne, un grand pétiole est
une impossibilité, car le poids du limbe, agissant à l'extrémité d'un
long bras de levier, aurait une force irrésistible, et la feuille pendrait
inévitablement sans jamais pouvoir se relever. Pour la feuille aquatique, cette grande longueur du pétiole est au contraire un avantage,
attendu qu'elle augmente le volume total du système lacunaire et
permet au limbe d'acquérir de grandes dimensions sans cesser de
pouvoir flotter à la surface de l'eau. Quelle situation plus avantageuse
que celle-là peut-on désirer pour un limbe? En contact permanent avec
l'atmosphère par toute sa face supérieure, avec l'eau par toute sa face
inférieure, jamais abrité et masqué par les arbres voisins, il reçoit
tous les feux du soleil le plus ardent sans craindre la dessiccation.
Telle est la raison de sa puissance. Abondamment nourri par le feuillage, le rhizome, lui aussi, travaille avec activité, il prépare et met
en réserve dans ses tissus de l'amidon. Aussi tous ces rhizomes sont
farineux, tous deviennent une ressource précieuse en temps de disette
pour les populations insouciantes des régions tropicales; on les mange
comme les pommes de terre, dont ils sont loin malheureusement de
posséder la saveur. C'est surtout par leur floraison que les Nénuphars
révèlent leur énergie organisatrice, si bien secondée d'ailleurs par les
circonstances. Tout ce qui plaît et attire dans une fleur se rencontre
dans celles de ces espèces privilégiées : grandeur et perfection des
formes, éclat des coloris choisis parmi les plus belles nuances du
blanc, du bleu et du rose, enfin parfum exquis chez le plus grand
nombre; elles réunissent toutes les perfections. Leurs mœurs mêmes
sont intéressantes et les distinguent du commun des fleurs : elles sont
sommeillantes ; les espèces intertropicales dorment le jour, les
autres la nuit. Elles vivent ainsi plusieurs jours, contrairement à ce
qu'on attend de fleurs grandes et largement ouvertes, s'épanouissant
en pleine lumière dans les contrées les plus chaudes du globe. Cette
longévité exceptionnelle s'explique quand on songe à leur mode d'existence. Si le soleil de midi fatigue les Roses, ternit leur éclat, nuit

momentanément à leur fraîcheur, le soleil des tropiques ne peut rien sur leurs rivales, les fleurs de Nénuphar. Celles-ci, leurs pétales à demi clos, enveloppées dans la vapeur transparente et invisible qui s'élève de l'eau sur laquelle elles reposent, bravent impunément tous les feux du jour. Loin de redouter le soleil, elles le recherchent, et l'on ne doit jamais ombrer les aquariums de serre chaude dans lesquels nous élevons les plus frileuses. L'atmosphère très-humide qui les baigne les préserve de la dessiccation, et les met dans la même situation que les fleurs coupées dont on prolonge de quelques jours la durée en recouvrant d'une cloche de verre le vase dans l'eau duquel elles trempent leurs pédoncules.

La rare beauté des fleurs de Nénuphar les a rendues populaires dès la plus haute antiquité. L'une d'entre elles particulièrement, celle du Lotus, occupait une place importante dans la théogonie de l'ancienne Égypte ; c'était la fleur sacrée, la fleur mystique, elle était de toutes les fêtes, et l'on gravait son image sur tous les monuments. Trois fleurs de Nymphæacées, une blanche, une bleue, une rose, ont porté le nom de fleurs de Lotus, et les érudits de notre temps ont eu beaucoup de peine à les distinguer spécifiquement. La première appartient au Nénuphar Lotus (*Nymphæa Lotus* Lin.), et se rencontre encore communément dans les eaux de la Basse-Égypte. Son rhizome, noirâtre à la surface, jaunâtre à l'intérieur, de la forme et du volume d'un œuf de poule, se mange grillé ou bouilli. La seconde est la fleur du Nénuphar bleu (*Nymphæa cærulea* Savigny), commun également dans les mêmes régions ; son rhizome est semblable au précédent, mais plus petit. La troisième n'est pas une fleur de Nénuphar, mais de Nélombo, le Nélombo magnifique (*Nelumbium speciosum* Willd.), d'un genre très-voisin des Nymphæa. Certainement cette magnifique espèce habitait autrefois l'Égypte : sa fleur est gravée sur tous les monuments à côté de celles des deux espèces précédentes ; Hérodote disait d'elle que c'est un Lis du Nil de couleur rose, et les naturalistes grecs appelaient indifféremment la plante Lotus rose, ou encore Fève d'Égypte, parce que le peuple mangeait ses graines. Ainsi sa présence sur les bords du Nil ne peut faire doute, et pourtant, de nos jours, elle y est complétement inconnue, tandis qu'elle se rencontre dans toutes les terres chaudes de l'Asie, où elle est, ainsi que le Nénuphar pourpre (*Nymphæa rubra* Roxb.), l'objet d'un culte superstitieux.

Les Nymphæa, malgré leur incontestable mérite ornemental, sont encore assez rares dans nos jardins. On s'exagère sans doute les difficultés et les exigences de leur culture. Originaires pour la plupart des tropiques, avant d'en appeler à l'expérience, on a posé en principe qu'il leur fallait à tous la serre chaude, où ils accaparent un grand emplacement par suite de l'énorme développement qu'ils prennent pendant leur période de végétation. Cette circonstance, en exigeant des constructions coûteuses à établir, rend leur culture inabordable pour beaucoup d'amateurs. Mais de vastes bassins placés en serre chaude leur sont-ils absolument indispensables? Ici, comme dans beaucoup d'autres cas, la pratique a-t-elle fait le possible, et n'a-t-elle plus rien à demander à l'expérience? Le temps n'est pas loin de nous où l'on aurait traité d'insensé l'horticulteur assez osé pour mettre des Bananiers et des Palmiers en plein air, sous le climat de Paris, durant les mois les plus chauds de la belle saison. Aujourd'hui cette pratique est d'usage courant, et il n'y a plus de beaux jardins sans la présence, en été, sur les pelouses, de ces magnifiques représentants de la flore de l'équateur, qui ne demandent parmi nous d'autres soins spéciaux que celui de les rentrer en serre pendant la mauvaise saison. Pourquoi n'en adviendrait-il de même, sinon de tous, au moins de plusieurs Nymphæa exotiques? Leur hivernage serait des plus faciles et des moins coûteux ; leurs rhizomes pourraient être traités comme ceux des Canna, ne demanderaient pas d'autres soins, ne réclameraient pas plus d'espace. D'autant mieux que ces rhizomes paraissent doués d'une énergique vitalité. Un membre de la célèbre Commission scientifique qui accompagna Bonaparte en Égypte, Delile, rapporta des tubercules de Nénuphar bleu (*Nymphæa cærulea* Savigny) que son collègue de la commission, Savigny, venait de décrire. Ces tubercules, les premiers de cette espèce qu'on ait vus en Europe, furent donnés au Muséum de Paris après avoir été conservés au sec pendant deux ans. Néanmoins ils vivaient encore, végétèrent vigoureusement dès qu'ils furent plantés, et fleurirent en 1801. En résumé, la seule difficulté sérieuse à surmonter est d'arriver à leur donner une quantité de chaleur et de lumière suffisante pendant le temps de leur activité. Pour y parvenir, la serre chaude est-elle toujours absolument indispensable? Il est permis d'en douter ; peut-être quelques Nénuphars fleuriraient en plein air, même sous le climat de Paris, si on les plaçait à une exposition chaude, en leur donnant les soins convenables. Déjà quelques Nymphæacées exotiques, et en particulier l'une des plus belles, le Nélombo magnifique (*Nelumbium speciosum* Willd.), vivent parfaitement à l'air libre dans le midi de la France; il n'est pas même nécessaire de rentrer leurs rhizomes en hiver : il suffit pour les préserver, si la gelée persiste, de recouvrir la glace de l'étang d'un lit de feuilles mortes. Cependant tous les Nénuphars très-certainement ne pourraient fleurir sous le climat de Paris : la température y est trop basse et le soleil trop pâle. D'ailleurs, il ne faudra jamais l'oublier, cette culture demande des connaissances spéciales; comme les plantes terricoles, et peut-être plus qu'elles encore, les Nymphæa, habitués au climat moins inégal que tous les autres des eaux dormantes, redoutent les grandes variations de chaleur et de lumière, et il importe, sous peine d'insuccès, de toujours régler exactement l'action de ces agents d'après leur tempérament : témoin le fait suivant, qui s'est produit en Angleterre il y a quelques années. Un amateur élevait dans le bassin de sa serre chaude un Nélombo à fleurs jaunes (*Nelumbium luteum* Willd.) à côté d'un Nélombo magnifique. Tous deux végétaient avec vigueur, mais le second seul fleurissait. Par inadvertance, il advint un jour que la température de l'eau du bassin, jusqu'alors maintenue à 29°,44 centigrades, baissa et oscilla pendant quelque temps entre 21° et 24° centigrades. Pendant cette période, le premier Nélombo fleurit et fructifia, tandis que les fleurs en voie de formation chez le second avortèrent. L'eau du bassin ayant été de nouveau portée à la température de 29°,44 centigrades, le Nélombo magnifique se reprit à fleurir. L'expérience est concluante : après elle il ne peut rester aucun doute sur la nécessité de chauffer l'eau des aquariums à un degré déterminé et différent selon les espèces. Dans la circonstance présente, on avait commis la faute ordinaire dans la culture de serre de faire vivre à côté l'une de l'autre deux espèces de climats différents : la première, de l'Amérique septentrionale; la seconde, de l'Inde; l'une d'elles nécessairement souffrait, ce qui convient à l'une ne pouvant convenir à l'autre, et témoignait de ses souffrances en ne fleurissant pas.

Nous ne quitterons pas les Nénuphars sans rappeler une particularité curieuse de leur organisation et de leurs mœurs. Dans l'atmosphère, il faut de très-grandes variations d'altitude pour amener un changement notable dans la pression que le végétal reçoit de l'air environnant; dans l'eau il n'en est plus ainsi, puisqu'un océan d'eau pure et douce de 10 mètres de profondeur environ, qui recouvrirait la surface entière du globe, aurait précisément un poids égal à celui de toute l'atmosphère. Dans l'eau, il est donc facile de modifier dans des limites assez étendues la pression que la plante reçoit du milieu ambiant; ajoutons que le végétal submergé est en outre toujours plus comprimé que celui qui vit à l'air libre sur le rivage voisin, car, à la pression atmosphérique qu'il supporte comme le second, vient s'ajouter pour lui le poids de la colonne d'eau qui le surmonte. Les feuilles totalement ou partiellement submergées, que nous savons être d'une texture plus ou moins spongieuse et dont les tissus sont constamment imprégnés de gaz, peuvent donc être assez justement assimilées à des outres gonflées d'air qu'on maintiendrait sous l'eau. Enfonce-t-on celles-ci progressivement, elles diminuent de plus en plus de volume, étant de plus en plus comprimées par l'eau; les rapproche-t-on graduellement de la surface, l'effet inverse se produit. Le gaz emprisonné dans leur intérieur fait sans cesse effort pour sortir, et un effort plus ou moins énergique selon la hauteur de l'eau qui les surmonte. Lui livre-t-on passage, en piquant, déchirant, ouvrant la paroi, aussitôt des bulles de gaz se dégagent avec une abondance qui dépend de la force élastique possédée à ce moment par ce dernier.

Les feuilles du Nénuphar blanc, les seules sur lesquelles on a expérimenté jusqu'ici, sont comparables à ces outres. Des canaux lacuneux s'étendent chez elles à travers le pétiole jusqu'à l'intérieur du limbe, et l'on peut aisément gonfler ce dernier en insufflant de l'air par la section faite à la base du pétiole, dans le voisinage de son point d'attache avec le rhizome. Résultat qui prouve que, chez la feuille intacte, les pertes de gaz à travers les stomates de la face supérieure du limbe sont à chaque instant très-faibles. Et en effet, en maintenant le limbe sous l'eau pendant l'insufflation, on n'en voit point sortir de bulles gazeuses; mais vient-on à perforer l'épiderme avec une pointe d'épingle, aussitôt de fines bulles s'échappent sans interruption de la plaie et gagnent la surface. Dans les conditions normales de la végétation, le système lacuneux des feuilles est rempli d'un gaz que les chimistes ont recueilli et analysé. Sa composition et les circonstances qui font varier sa nature indiquent que c'est de l'air emprunté par la plante à l'eau et à la vase du fond, et dont elle modifie sans cesse

LES LIS

E. Fraillery Imp

Portail Chromolith.

les proportions d'oxygène et d'acide carbonique suivant le mode de
végétation de l'organe considéré. Ainsi, le gaz extrait du limbe pendant le jour est plus riche en oxygène et plus pauvre en acide carbonique que celui contenu dans le rhizome; en outre, dans le premier, la proportion d'oxygène est d'autant plus grande que l'insolation
est plus vive et plus prolongée. Ces variations se comprennent aisément:
elles résultent des influences antagonistes de la respiration et de la
fonction chlorophyllienne. Cette feuille de Nénuphar, comparable à
l'outre dont nous parlions plus haut, laissera échapper comme elle
ses gaz intérieurs dès qu'on ouvrira son épiderme, et toutes les circonstances qui augmenteront la pression de l'atmosphère interne favori-
seront leur sortie, toutes les circonstances contraires l'entraveront,
et pourront même la faire cesser. Voilà pourquoi l'écoulement gazeux,
les autres conditions restant les mêmes, est particulièrement abondant
lorsque les rayons solaires, en frappant la feuille, échauffent les gaz
intérieurs, et accroissent par conséquent leur force élastique, tandis
qu'il cesse à l'obscurité.

Ces principes posés, appliquons-les à quelques cas déterminés.

Considérons un Nénuphar dont toutes les feuilles sont submergées
à l'exception d'une seule, et coupons le pétiole de celle-ci à quelques
millimètres au-dessous de la surface de l'eau : aussitôt de nombreuses
bulles de gaz sortent de la plaie, et il est facile de les recueillir par le
procédé ordinaire, en maintenant au-dessus de l'organe une éprouvette pleine d'eau. Si des gaz peuvent ainsi s'échapper du pétiole, c'est
que les autres parties de la plante, plus comprimées que la surface de la
plaie, étant plus profondément situées, poussent les fluides internes vers
le sommet du pétiole. Mais enfonçons graduellement ce dernier sous
l'eau, et nous verrons peu à peu l'écoulement gazeux diminuer, puis enfin
cesser tout à fait quand la surface de la plaie éprouvera de la part de l'atmosphère et de l'eau sus-jacente une pression précisément égale à la
force élastique du gaz emprisonné dans la plante; alors il y aura équilibre
entre les pressions interne et externe, et le gaz ne pourra plus sortir. Re-
mettons maintenant les choses dans leur premier état, et, pendant que le
pétiole coupé à fleur d'eau laisse échapper ses gaz, piquons des limbes
ou des pétioles submergés; aucune bulle ne sort des piqûres, parce que
la compression qui s'exerce sur elles est trop forte, et la fuite des gaz
continue à se produire exclusivement par la première plaie.

Autre expérience. Prenons un Nénuphar dont toutes les feuilles sont émergées, et détachons des limbes pris au hasard, comme dans l'expérience précédente ; aucune plaie ne donne de gaz. Cela tient à ce que, tous les limbes étant en contact direct avec l'atmosphère, le gaz intérieur est seulement à la pression atmosphérique ; mais plaçons au-dessus de l'une des sections une longue éprouvette remplie d'eau, introduisons le sommet du pétiole dans son intérieur, et soulevons-le progressivement : un moment vient où l'écoulement gazeux se produit, et à partir de là son abondance s'accroît à mesure que le haut du pétiole se rapproche du fond de l'éprouvette. Cela tient à ce que la pression supportée par la plaie est d'autant plus faible que celle-ci est plus élevée au-dessus de la surface de l'eau de l'étang.

Nous l'avons précédemment remarqué, l'animal supérieur est libre, la plante supérieure est fixée ; c'est là une des différences essentielles entre les deux Règnes organiques. Certaines espèces aquatiques servent de trait d'union entre ces deux modes d'existence. Bien que d'ordinaire pourvues de racines, elles restent libres néanmoins et nagent à la surface de l'eau. Les plantes qui présentent cette aptitude insolite sont bien peu nombreuses et toujours de faibles proportions ; elles appartiennent aux Monocotylédones, et constituent deux groupes très-voisins, celui des Lemna ou Lentilles d'eau, et celui des Pistia. Les Lemna sont le genre type de la famille des Lemnacées, qui unit les Naïadées aux Aroïdées ; les Pistia appartiennent à cette dernière.

Les Lemna sont les plus petites Phanérogames connues ; leur fleur n'est visible qu'à la loupe. Elles habitent les eaux douces et stagnantes des régions tempérées, principalement de l'hémisphère nord, et sont rares entre les tropiques. Leur feuillage se réduit à une expansion généralement verte et de forme lenticulaire nommée *fronde*, qui produit les fleurs, le moment venu. Dans la Lentille d'eau arrhize (*Lemna arrhiza* Lin.), la fronde est un petit corps relativement épais, à face supérieure plane ou légèrement bombée dans le milieu, et à face inférieure convexe. C'est la plus petite et la plus dégradée des Phanérogames ; elle forme le trait d'union naturel entre les vraies Phanérogames, caractérisées par la présence d'un système fibro-vasculaire, et les Cryptogames inférieures, qui en sont toujours dépourvues. La Lentille d'eau arrhize, en effet, a des fleurs comme une Phanérogame, et manque de vaisseaux comme une Cryptogame cellulaire.

Les Lentilles d'eau se multiplient aisément par un bourgeonnement latéral de leur fronde, d'où résultent de nouvelles frondes que les mille accidents de la vie séparent tôt ou tard du pied mère. Chaque fronde porte plusieurs racines dans la Lentille d'eau à plusieurs racines (*Lemna polyrhiza*), et une seule dans les autres espèces, à l'exception toutefois de la Lentille d'eau arrhize, qui, nous le répétons, en est toujours privée. Ces plantes minuscules passent la belle saison sur l'eau de nos mares, de nos étangs et de nos fossés, se propageant rapidement, et fleurissant plus ou moins abondamment, selon les espèces et les circonstances extérieures ; puis elles meurent à l'entrée de l'hiver. Elles se multiplient souvent à tel point qu'elles recouvrent bientôt la surface entière de l'eau d'une couche continue, impénétrable aux rayons du soleil. La fonction chlorophyllienne cesse dès ce moment chez les plantes submergées, désormais plongées dans l'obscurité ; le peu d'oxygène qui se trouvait dans l'eau est bientôt consommé par les êtres qui y vivent, animaux ou végétaux ; alors tous indistinctement périssent asphyxiés, et l'étang, recouvert d'une végétation luxuriante de Lentilles d'eau, devient un désert inhabitable pour tout être aquatique, animal ou végétal. Avant de mourir à l'entrée de la mauvaise saison, les Lentilles d'eau produisent des frondes plus petites, d'aspect réniforme, et toujours arrhizes, qui tombent au fond de l'eau dès qu'elles se séparent de la plante-mère. On les appelle parfois des bourgeons hibernaux. Elles restent engourdies dans la vase jusqu'au retour de la belle saison ; alors elles remontent à la surface, et donnent par bourgeonnement des frondes estivales de plus grandes dimensions, pourvues de racines, et aptes à produire des fleurs, tandis que les formes hibernales sont stériles.

Les Pistia sont les Lentilles d'eau des régions chaudes du globe. Comme leurs analogues les Lemna, ils vivent sur les eaux douces et dormantes, et ressemblent assez bien à des Laitues qui flotteraient à la surface. Leur aire d'habitation est très-vaste : on les trouve depuis 31° 31′ de latitude nord en Égypte, et un peu plus haut encore par 35° 37′ dans la Caroline du Nord (États-Unis), jusqu'à Natal (Afrique) par 30° de latitude sud. Ils sont particulièrement répandus dans l'Amérique tropicale, notamment aux Antilles, dans l'Inde et en Afrique.

Ce sont des plantes annuelles, dont les tiges très-courtes portent une rosette de feuilles plus ou moins grandes selon les espèces. L'appareil radical, bien développé, est fasciculé ; les racines, qui pendent librement dans l'eau, sont revêtues d'un chevelu abondant et capillaire : caractère remarquable qui paraît tenir au milieu, car on le retrouve également dans ces formations accidentelles nommées *queues de renard* dont nous parlerons tout à l'heure.

Les Pistia se propagent de graines, et par une *gemmiparité* un peu différente de celle des Lemna. A la base des tiges naissent des rameaux longs et grêles, véritables *coulants* ou *stolons* comparables à ceux des Fraisiers, et terminés comme ces derniers par une rosette de feuilles. Les rosettes, en émettant des racines de leur base, constituent des plantes complètes qui restent d'abord plus ou moins longtemps reliées à leur mère par les coulants générateurs. Plus tard, elles deviennent libres par suite de la destruction spontanée de ceux-ci. Une espèce, le Pistia stratiote (*Pistia stratiotes* Lin.), est particulièrement cultivée dans les eaux tièdes de nos aquariums de serre chaude à côté des Nelumbium, des Nymphæa exotiques, de la Victoria regia, etc., etc. On a remarqué qu'il végète avec plus de vigueur quand ses racines s'enfoncent dans la vase, au lieu de rester flottantes. Dans les Indes Orientales, son pays natal, cette espèce forme des touffes de 50 à 55 centimètres de diamètre, et pousse des racines de 4 à 5 décimètres de longueur.

Si un appareil radical tout entier aquatique est une rare exception, il est assez commun de rencontrer un arbre ou un arbuste dont une ramification radicale, en s'insinuant pendant sa jeunesse à travers une fissure, a gagné l'eau d'un ruisseau, d'une canalisation souterraine, d'un tuyau de drainage, etc., etc., puis y a vécu et s'y est développée, mais avec des caractères tellement différents de ceux de ses congénères, qu'on lui donne un nom particulier, celui de *queue de renard*. Cette portion de racine, devenue aquatique, est une masse plus ou moins volumineuse, selon son âge, allongée dans le sens du courant, et constituée pour la plus grande partie par un chevelu très-abondant, très-long et très-grêle, formant un ensemble épais et touffu qui lui a valu son nom caractéristique.

III. — LA PRAIRIE

La Graminée est l'herbe dominante de la prairie, son organisation se plie et s'adapte aux climats les plus divers. De la zone tempérée, sa contrée d'élection, elle s'étend à la fois vers le pôle et vers l'équateur, arrêtée dans ses migrations, au nord par la trop grande brièveté d'un été d'ailleurs sans chaleur, au sud par un climat trop sec. Contrairement à ce qu'on pourrait croire *à priori* en la voyant se propager sur une aussi vaste étendue, elle reste toujours la même sur tous les points, à quelques modifications secondaires près. Aux confins de son domaine, elle lutte contre des ennemis bien différents, le froid trop rigoureux, la chaleur trop sèche, par le même moyen, en devenant vivace et rampante de plante annuelle qu'elle est de préférence dans les pays tempérés. Étudions donc ce type assez bien doué pour conserver les mêmes caractères sous les climats les plus variés, pour supporter indifféremment le froid et le chaud, la sécheresse et l'humidité. Même quand elle est annuelle et vit dans l'abondance, son mode de végétation offre ce caractère de prévoyance qui distingue les espèces dont l'existence est rendue difficile et précaire par les intempéries de l'air ou la pauvreté · du sol. La Graminée n'organise d'abord qu'une tige très-courte dans laquelle entre le moins de matière possible, puisqu'elle est fistuleuse d'ordinaire tout en présentant de distance en distance, à chacun de ses nœuds, des cloisons transversales qui accroissent sa solidité. Si elle se ramifie, ce n'est d'ordinaire que sur les nœuds les plus inférieurs, en contact avec le sol, qui émet-

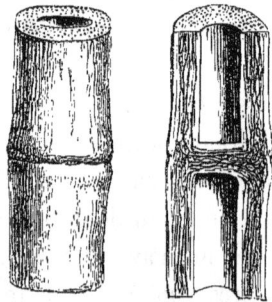

Fig. 525. — Un nœud d'un stipe de Bambou et sa coupe longitudinale.

tent alors, avec un rameau, des racines pour l'alimenter directement. Les feuilles, par leur disposition alterne et leur conformation, conviennent parfaitement au feuillage en rosette d'une plante qui doit vivre vite. Chacune d'elles est une lanière membraneuse, plus ou moins longue, plus ou moins étroite, sans trace apparente de pétiole, qui enroule sa

région inférieure autour de la tige en une sorte d'étui fendu longitudinalement dans toute sa longueur. Une telle feuille, pour prendre et
garder l'attitude normale, doit posséder une grande rigidité.

Ce résultat nécessaire est obtenu chez elle sans nuire à son activité
fonctionnelle par l'existence dans la trame de ses tissus d'un abondant
dépôt de silice. Les Graminées sont toutes des plantes essentiellement
sicilicoles, et leurs feuilles doivent à la présence de ce composé la propriété d'être aussi tranchantes sur leurs bords que le couteau le mieux
affilé. On attribue même parfois à cette grande consommation de silice
le besoin chez la Graminée cultivée de copieux et fréquents arrosages,
et, chez la Graminée sauvage, sa préférence marquée pour les terrains
situés dans le voisinage immédiat de l'eau courante. Toutefois ce n'est
pas cette exigence de régime qui la détermine seule dans le choix de
sa station, car la Cypéracée, qui la remplace dans tous les terrains marécageux, contient, elle aussi, une forte proportion de silice et pourtant
vit dans l'eau stagnante. Quoi qu'il en soit, il est très-remarquable
cependant que deux types dont la nutrition consomme tant de silice,
végètent, l'un sur les sols marécageux, l'autre sur les terres abondamment arrosées, tous deux par conséquent dans les conditions les plus
favorables, si le climat s'y prête, à l'activité de la transpiration, et par
suite enfin à l'accumulation des matières minérales solubles dans leur
organisme. L'abondance de la silice est même telle chez certaines
Graminées arborescentes, que dans l'Inde les stipes des Bambous contiennent fréquemment des concrétions siliceuses amorphes, happant à
la langue, d'un blanc laiteux, tendres, à cassure vitreuse, et nommées
tabaschir dans le pays. Ces singulières productions sont recueillies
soigneusement par les indigènes et expédiées en Chine ; elles entrent
dans certaines préparations pharmaceutiques, et sont en outre employées
dans la fabrication de la porcelaine. Elles ne laissent pas que d'avoir
une assez grande valeur, et il y a une quinzaine d'années, à Java, le
picul de tabaschir coûtait de 90 à 110 francs.

Pour n'oublier aucune des particularités qui caractérisent la feuille
des Graminées, ajoutons que dans sa région axillaire s'observe une
sorte de languette nommée *ligule*, diversement conformée selon les
espèces, très-petite chez les unes, très-grande chez les autres, notamment dans les Bambous. Pour beaucoup de botanistes, cet organe serait
de nature stipulaire.

En résumé, la Graminée est un type à deux phases de végétation, la première consacrée à l'organisation de l'appareil nutritif, la seconde à la floraison. Grâce à son activité, elle peut arriver à réduire très-notablement la durée de chacune de ces périodes, la seconde surtout, ce qui lui permet de s'avancer beaucoup vers le nord, malgré la brièveté

Fig. 524. — Sommet de la tige de l'Avoine cultivée (*Avena sativa* Lin.) portant une inflorescence terminale et la dernière feuille munie de sa gaine et de sa ligule.

de l'été, et de vivre dans certaines régions équatoriales où la saison pluvieuse n'a guère une plus longue durée. Ainsi on cultive en Abyssinie comme céréale une Graminée annuelle, le Paturin d'Abyssinie (*Poa abyssinica* Jacq.), dont la rapidité de végétation est telle. qu'on moissonne parfois quarante ou cinquante jours seulement après les semailles, et qu'on obtient trois récoltes par an. La phase de floraison s'accomplit, chez les Bambous surtout, avec une promptitude qui a frappé tous les observateurs. Dans sa flore de l'Inde, Roxburgh affirme que la tige du Bambou Tulda (*Bambusa Tulda* Roxb.) atteint son complet développement en trente jours; or sa hauteur est alors de 15 à 20 mètres, et sa circonférence mesure de $0^m,15$ à $0^m,50$ de longueur. De mesures prises au jardin botanique de Calcutta il résulte que pendant un mois de juillet un Bambou gigantesque (*Bambusa maxima* Poir.) avait grandi de $7^m,85$.

Les Bambous conservent cette rapidité de croissance même en dehors de leur pays natal. A Alger, au jardin du Hamma, on a vu un Bambou lisse (*Bambusa mitis* H. P.), de la Cochinchine, s'allonger de $0^m,57$ en vingt-quatre heures. En France enfin, où la culture en plein air de quelques espèces a été tentée avec succès sur différents points, notamment dans le Midi naturellement, on a été témoin de faits semblables. En 1871, dans les environs de Nîmes, une tige de Bambou lisse a crû de $5^m,11$ en quatorze jours, du 20 juin au 4 juillet, soit en moyenne de $0^m,222$ par journée de vingt-quatre heures. La même espèce a donné en 1866, au Muséum de Paris, des jets de $5^m,40$ de hauteur et de $0^m,08$ de circonférence en trois semaines, et au fleuriste de la ville de Paris, dans le même espace de temps, des pousses de 4 mètres de hauteur sur $0^m,03$ de diamètre. Mais, comme il était facile de le prévoir, tous les observateurs sont également d'accord sur ce point que de telles merveilles de puissance végétative ne se montrent que sur de fortes touffes, en possession d'abondantes réserves nutritives. Dans ces conditions, des jets nouveaux se montrent en plus ou moins grand nombre, selon l'espèce et l'âge de la plante, sous la forme de gros turions farineux, sortes d'asperges monstrueuses, analogues par leur valeur alimentaire aux choux-palmistes. La cuisine chinoise fait grand cas des jeunes pousses de plusieurs espèces dont quelques hommes d'initiative poursuivent la naturalisation en France, dans l'espoir de doter notre culture maraîchère d'un nouveau légume, les pousses ou, si l'on veut, les asperges de Bambou.

Cette rapidité de végétation, et surtout la prompte croissance des tiges, générale chez les Graminées, impliquent nécessairement — nous le répétons — un ample approvisionnement d'aliments de réserve et une grande puissance d'élaboration. Aussi cette famille est-elle la nourrice par excellence de l'homme, auquel elle prodigue ses fruits farineux ou grains, et le sucre qui s'accumule parfois en assez grande quantité dans ses tiges pour en être extrait avec avantage, sucre de composition et de qualité spéciales, auquel son abondance

Fig. 325. — Un Bambou de la Chine, le *Bambusa formosa*.

dans l'une de ses espèces, dans la Canne à sucre (*Saccharum offici-narum* Lin.), a valu le nom de sucre de canne, bien que des plantes n'appartenant pas à la famille, la Betterave (*Beta vulgaris*

Lin.) notamment, en produisent aussi. Quand les céréales sont rares chez un peuple, son degré de civilisation est toujours peu élevé. L'habitant de la terre polaire, le seul homme au monde auquel les rigueurs du climat ne permettent la culture d'aucune d'entre elles, végète dans la misère et la barbarie, change profondément son régime naturel, devient une sorte de fauve, et comme l'ours blanc, son compétiteur souvent heureux dans la lutte pour la vie, se nourrit de chair crue et boit le sang chaud sortant de la veine. Quand ces mets de prédilection lui font défaut, les jours de chasse infructueuse, il boit alors l'huile de phoque, et ronge les quelques os décharnés qu'il a pu mettre en réserve.

Le Blé (*Triticum vulgare* Vill.) est la céréale par excellence; la zone tempérée est sa région de prédilection; plus au sud, d'autres espèces la remplacent: le Maïs (*Zea Mais* Lin.), le Riz (*Oriza sativa* Lin.), le Sorgho et les Millets, dont les grains sont la nourriture favorite du nègre de l'Afrique centrale, etc., etc. Il n'est pas inutile de dire comment vient ce grain de Blé sans lequel les peuples civilisés retourneraient à la barbarie, et quelle est la structure de la fleur qui le produit.

L'inflorescence du Blé est

Fig. 326. — Épi de Blé.   Fig. 327. — Portion de l'axe principal de l'épi sur lequel on n'a laissé qu'un épillet.   Fig. 328. — Épillet isolé.

un épi composé; son axe primaire est sinueux, et porte à chacun de ses coudes un petit épi simple ou *épillet*, dont l'axe, tortueux commé le précédent, produit de 7 à 9 fleurs, enveloppées toutes ensemble dans un involucre composé de deux bractées ventrues, nommées *glumes*. Chaque fleur possède son calicule propre, formé par deux bractées ou *glumelles*, l'une antérieure et inférieure, l'autre postérieure et supérieure. Au-dessus et de chaque côté de la glumelle antérieure sont placés deux petits organes bractéiformes, les *glumellules;* voilà pour la conformation du périanthe. Les organes reproducteurs comprennent trois étamines, dont les anthères, biloculaires, grandes, étroites, et à déhiscence longitudinale, oscillent à la moindre impulsion au sommet d'un filet long et grêle. Le pistil comprend un ovaire, dont l'unique loge renferme un seul ovule, le tout surmonté de deux branches stigmatifères Quant au fruit, nous en

Fig.529. — Fleur isolée avec son calicule.   Fig 530. — Fleur isolée dont le calicule a été enlevé à l'exception des deux glumellules.

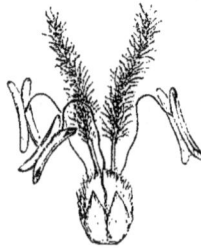

connaissons déjà la structure : c'est un caryopse. L'observation a montré que les fleurs 1 et 2 à partir de la base de l'épillet donnent les grains les plus volumineux et les mieux nourris; celui de la fleur 5 présente sensiblement la même qualité; le grain de la fleur 4 est notablement plus petit; la fleur 5 donne un grain chétif; enfin les fleurs suivantes avortent toujours. C'est là une circonstance très-préjudiciable à l'Agriculture; on s'en est particulièrement préoccupé de notre temps, et on en a recherché la cause, qui évidemment tient au vice de conformation des fleurs ou bien au défaut de fécondation. Les deux opinions ont eu leurs partisans et leurs détracteurs; les défenseurs de la seconde ont essayé de la justifier et de réparer le dommage en préconisant la fécondation artificielle. On a fait grand bruit il y a quelques années d'un prétendu procédé de fécondation artificielle aussi simple à exécuter qu'efficace dans ses résultats. Il s'agissait, au moment de la floraison, de promener sur les épis une longue corde tenue par un homme à chacun de ses bouts. La corde

portait sur toute sa longueur des houppes de chanvre légèrement enduites de miel à leur extrémité libre pour ramasser le pollen et le déposer ensuite sur les stigmates plumeux si remarquables dont nous
venons de parler. Les résultats ont été nuls, et avec un peu de réflexion
il était facile de prévoir l'inutilité d'une pareille manœuvre. En effet,
si par le seul jeu des forces naturelles toutes les fleurs supposées
régulièrement conformées ne peuvent être fécondées, et s'il suffit pour
arriver sûrement à ce résultat de frotter les épis avec une houppe de
chanvre, la peine est inutile, car le vent fait journellement cet office,
et frotte, lui aussi, les épis les uns contre les autres. D'ailleurs,
en raison de la conformation des épillets, il semble bien difficile à un
pollen venu de l'extérieur de pénétrer dans la fleur : les obstacles sont
trop grands et aucun insecte n'aide jamais à les surmonter. Enfin, une
autre considération milite en faveur de la fécondation directe, de la
fécondation des pistils par le pollen de leur propre fleur : c'est la remarquable constance du type malgré une culture plusieurs fois séculaire
pratiquée sur d'immenses espaces. Sans doute il existe des races dans
cette espèce ; mais ce sont des races obtenues, non point par l'hybridation, mais bien par l'effet de la culture sous des climats divers, à
l'aide de la sélection des grains de semence. Du reste, l'expérience a
montré que chez le Blé la fécondation est directe. En effet, au moment
où les anthères s'ouvrent, les étamines sont renfermées encore entre
les glumes : comment donc le vent pourrait-il transporter le pollen sur
un épillet ou un épi voisin ? D'ailleurs, en incisant légèrement la fleur,
on voit le pollen, à sa sortie des loges, tomber et s'attacher aux
stigmates de sa propre fleur. Aussitôt après la déhiscence, les filets
s'allongent rapidement, et bientôt les anthères vides pendent hors du
périanthe comme suspendues à l'extrémité de leur filet devenu très-
grand, de 9 millimètres environ de longueur, alors qu'à l'époque de
l'anthèse il n'avait pas plus de 1 millimètre 1/2. L'apparition des
anthères hors du périanthe marque pour les agriculteurs le moment de
la floraison ; en réalité elle indique la fin de la phase de fécondation.
Celle-ci est excessivement courte ; au moment où elle va se produire
naturellement, il suffit de maintenir l'épi quelques secondes dans la
bouche pour la provoquer aussitôt sous l'influence de la chaleur de
l'haleine ; et quand on retire l'épi au bout de ce court instant, on voit
les étamines pendre le long des épillets : la fécondation est opérée.

Fig. 351. — La mer d'Alfa des environs de Sebdou, province d'Oran.

Les services rendus à l'homme par les Graminées ne se comptent
plus, et aucune plante ne peut les suppléer. Conçoit-on la vie chinoise sans le Bambou? Quelle profonde perturbation dans les mœurs
de ces populations si la précieuse Graminée disparaissait à tout
jamais! La Chine cesserait d'être la Chine. Chaque jour, de nou-

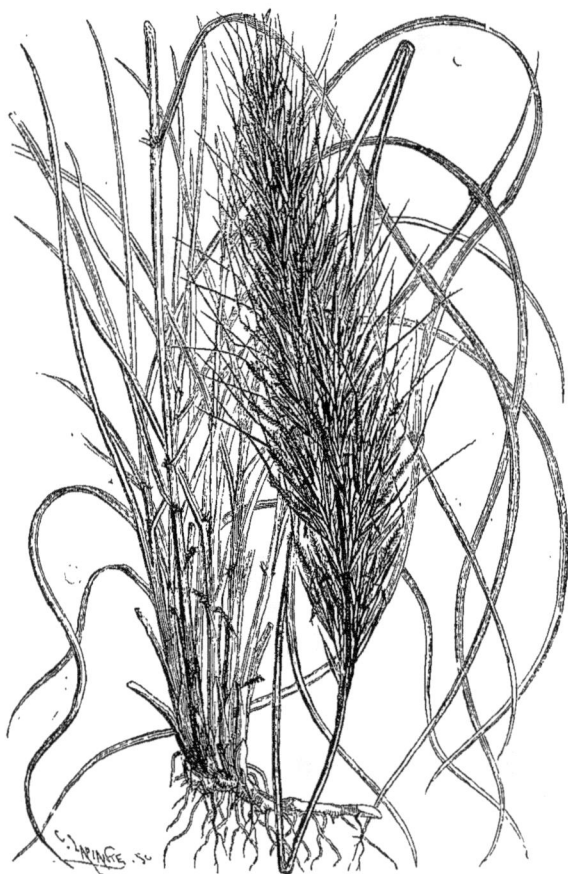

Fig. 532. — Un pied d'Alfa (*Stipa tenacissima* Lin.).

velles découvertes, de nouvelles applications, accroissent le nombre
des services rendus à l'humanité par cette immense famille, une des
plus vastes du Règne végétal. C'est ainsi qu'une Graminée de l'Algérie,
nommée Alfa par les Arabes, autrefois une mauvaise herbe qui faisait
le désespoir des colons par sa persistance à envahir le sol et par sa
ténacité à s'y maintenir, est devenue en quelques années une plante
industrielle de premier ordre, que, bien loin d'arracher, on multiplie

et cultive sur des terres jusqu'alors sans valeur. Sa présence est appelée
à développer le commerce, à faire naître les richesses, dans les régions
les plus déshéritées de notre colonie africaine. Déjà un chemin de fer,
— le premier de ceux projetés et que les populations ont si justement nommé *les chemins de fer d'Alfa*, — est en construction d'Arzew
à Saïda, dans la province d'Oran. Il est surtout créé en vue des transports de jour en jour plus nombreux de l'utile Graminée, devenue
indispensable en si peu de temps. Veut-on se faire une juste idée de
l'importance croissante de cette exploitation dans la seule province
d'Oran? Voici les relevés officiels depuis l'origine de l'exploitation en
1865 jusqu'en 1875 :

ANNÉES.	EXPORTATION.
1865.	1 050 000 kilogrammes.
1869.	9 000 000 —
1870.	37 000 000 —
1873.	44 754 700 —
1874.	57 387 927 —
1875.	56 106 722 —

Qu'est-ce donc que l'Alfa et à quoi sert-il?

L'Alfa (*Stipa tenacissima* Lin.) est une plante sociale et envahis-
sante, qui ne tolère que bien peu d'espèces à côté d'elle. Dans le sud
de l'Algérie, elle couvre de vastes espaces, très-bien nommés par les
habitants les *mers d'Alfa*. Elle est vivace et rampante, et ses graines
arrivent à maturité au mois de mai. Ses feuilles, — les seules parties
de la plante qu'on utilise, — étroites, longues de 50 à 75 centimètres
environ, sont d'une remarquable ténacité. Pour les récolter sans se
couper ou sans se déchirer les mains, on les arrache au moyen d'un
bâtonnet sur lequel on les enroule.

La feuille détachée et séchée est nommée *esparto* en espagnol, mot
dont nous avons tiré celui de *sparte* sous lequel ce produit est connu
dans le commerce. Elle fut d'abord exclusivement utilisée comme une
très-bonne matière textile avec laquelle on fabriquait des nattes, des
cordes, etc.; maintenant, et c'est là sa principale application, on fait
avec elle une excellente pâte à papier. Le sparte le plus estimé, parce
qu'il est le plus tenace, vient d'Espagne; il doit très-probablement ses
qualités à la culture. Celui de Tunisie ne le cède en rien au précédent
sous ce rapport, mais il est moins long; enfin, on range au dernier
rang les spartes de la province d'Oran, dont la ténacité est moindre.

Fig. 535. — Herbes gigantesques des bords de l'Amoûr.

Toutes les Graminées ne sont pas aussi intolérantes que l'Alfa ; leurs associations admettent d'ordinaire parmi elles une foule de plantes herbacées, annuelles ou vivaces. Le botaniste collecteur vient au milieu d'elles se dédommager des maigres récoltes qu'il a faites sous le couvert des bois, où la végétation herbacée se réduit à un fort petit nombre de types. La prairie, avec l'air pur et la vive lumière, offre au végétal herbacé les emplacements les plus divers, et, selon son humeur, il est libre de vivre sur le coteau, dans la plaine ou le ravin, sur les rives du ruisseau qui traverse la prairie, sur les bords des étangs et des marais que les eaux, parfois entravées dans leur cours, laissent çà et là derrière elles ; enfin, s'il redoute la trop grande lumière, il pourra se rapprocher du buisson, s'abriter même sous son feuillage, à moins qu'il ne préfère l'ombre des bouquets d'arbres qui rompent si heureusement la monotonie de la prairie.

Dans les terres vierges dont le sol est riche et profond, ces commensales des Graminées prennent des proportions inusitées. En aucun point peut-être de la zone tempérée cette exubérance de végétation n'est aussi prononcée que dans la Sibérie orientale, dans le bassin de l'Amoûr. Là s'étendent à perte de vue des prairies parsemées de bouquets d'arbres du plus gracieux aspect, qui ont fait donner le nom de parc à ce coin de terre privilégiée. Nous citerons parmi ces herbes, réellement gigantesques comparées aux nôtres, la Spirée du Kamtchatka (*Spiræa Kamtchatica* Pallas), qui s'élève en quelques semaines à 3 ou 4 mètres de hauteur, et une Ombellifère, l'*Heracleum dulce*, dont la croissance est aussi rapide et la taille aussi élevée.

Il est bien difficile, ne pouvant les décrire toutes, de faire un choix parmi ces herbes des prairies, les unes curieuses par la singularité de leurs mœurs, les autres intéressantes par leur importance économique. Forcé de nous restreindre beaucoup, nous ne parlerons que des plantes bulbeuses. Ce type apparaît dans la zone tempérée, et ses espèces deviennent de plus en plus nombreuses en se rapprochant de l'équateur.

Nous avons dit autrefois ce qu'était une plante bulbeuse, vulgairement une plante à oignon. Une tige conique, cylindro-conique ou ovoïde, courte et tubéreuse, nommée *plateau*, dont la base porte une couronne de racines adventives ; une ramification nulle ou composée d'un très-petit nombre d'axes charnus, épais et courts, formant de

simples nodosités sur la tige ; deux formes de feuilles : les unes souterraines, homomorphes et plus ou moins épaisses, sortes d'écailles
qui manquent souvent ; les autres existant toujours, dimorphes, vertes,
assez épaisses, mais encore membraneuses, dans leur région aérienne,
blanches, très-charnues et plus ou moins engaînantes dans leur partie
souterraine, formant par leur réunion autour de la tige un renflement
ovoïde, le bulbe ou l'oignon ; des fleurs généralement grandes, souvent
odorantes, dont le périanthe simple, pétaloïde, est teinté des couleurs

Fig. 354. — Type de Spirée, la Spirée à feuilles lancéolées (*Spiræa lanceolata* Poir.).

les plus riches et les plus variées ; enfin, des habitudes singulières en
rapport avec l'étrangeté de cette organisation : tels sont les traits
essentiels de la plante bulbeuse, un des types les plus curieux du
Règne végétal.

Le caractère fondamental de cette organisation insolite, celui qui
explique et appelle tous les autres, est l'extrême brièveté de la tige, en
même temps simple ou très-peu ramifiée. Il serait inexact d'en conclure toutefois que toutes les plantes acaules sont bulbeuses, preuve
entre mille autres que, dans les problèmes de l'organisation et de la
vie, une même question peut recevoir plusieurs solutions, le plus
souvent d'inégale valeur.

La mission principale de la tige étant de porter les organes de plus
grande puissance fonctionnelle, les feuilles et les fleurs, dans la couche
d'air la plus favorable à l'exercice de leur activité, l'extrême brièveté

de celle des plantes bulbeuses est pour celles-ci une cause permanente
d'infériorité, car elle restreint le nombre et l'étendue de leurs stations à
la surface de la Terre. Comment en effet se comporte la plante caules-
cente? Elle ne fleurit que lorsque son feuillage atteint une certaine

Fig. 555. — Type de plante bulbeuse, un Ornithogale.

altitude, déterminée par le caractère de ses fleurs et la nature du climat, lorsque celles-ci en d'autres termes peuvent s'épanouir au milieu
des circonstances climatiques qui seules conviennent à leur organisation. C'est là une proposition très-facile à justifier.

La majorité des individus de même espèce, habitant une même localité, ont une taille uniforme, fleurissent pour la première fois au même

âge, variable avec l'espèce ; enfin, le nombre de leurs fleurs croît avec le temps, atteint un maximum, puis décroît dans la vieillesse ; donc la zone atmosphérique propre à la vie végétale est d'épaisseur limitée. Cette zone occupe en outre une situation qui change avec le climat, puisque la taille se modifie avec ce dernier chez les individus de même espèce. Se dirige-t-on de l'équateur vers les pôles, ou gravit-on de la base au sommet le flanc d'une haute montagne, en d'autres termes, s'élève-t-on en latitude ou en altitude, la taille diminue, nous l'avons déjà plusieurs fois constaté, en sorte que chez les espèces dont l'aire d'habitation est très-étendue, les individus sont des arbres sous les tropiques, des arbrisseaux dans nos climats, des herbes sur les terres boréales et alpines. La réciproque est fausse, et une espèce, herbacée dans la zone équatoriale, disparaît en dehors d'elle, mais ne devient jamais un arbrisseau dans nos pays, un arbre aux extrêmes limites de la végétation. Donc la zone atmosphérique propre à la vie végétale acquiert son épaisseur maximum à l'équateur et sa valeur minima aux confins de la végétation polaire et alpine. Cette loi explique une foule de particularités locales qui de tout temps ont frappé l'attention des voyageurs. Pourquoi, par exemple, nos arbres forestiers n'ont-ils que des fleurs petites, aux enveloppes souvent rigides et scarieuses, au coloris terne et insignifiant, tandis que chez les fleurs intertropicales l'ampleur et la richesse des formes le disputent si souvent à la variété et à l'éclat des couleurs ? Sans doute quelques-unes de nos fleurs peuvent rivaliser avec ces dernières, mais celles-là vivent exclusivement sur le sol ou très-près de lui. Dès qu'on s'élève un peu, le climat devient rigoureux, et l'organisation florale est forcée de se modifier et de s'appauvrir. Voilà pourquoi les fleurs de nos arbres forestiers, qui s'épanouissent à 15, 30, 35 et 40 mètres d'altitude, selon qu'elles appartiennent au Bouleau, au Châtaignier, au Chêne ou à l'Orme, par exemple, ont cette conformation spéciale si différente à tant d'égards de la conformation ordinaire. Enfin, ces mêmes arbres montrent leur première floraison dans un âge plus ou moins avancé, lorsque leur feuillage atteint la zone atmosphérique pour laquelle leurs fleurs sont spécialement organisées, à une hauteur variable du reste, non-seulement avec la structure générale de l'individu et particulièrement de la fleur, mais encore avec son genre de vie. Ainsi le Hêtre, qui acquiert 40 mètres d'élévation, fructifie pour

la première fois à l'âge de 40 ou 50 ans s'il vit isolé, et seulement à
60 ou 80 ans lorsqu'il se trouve au milieu d'un massif. La raison de
ces différences est facile à saisir. Il en est tout autrement dans les régions intertropicales. La zone atmosphérique propre à la floraison y
est très-profonde et présente par suite une grande diversité de climats;
aussi les types floraux les plus dissemblables y vivent-ils côte à côte
en s'étageant à des hauteurs différentes comme leur organisation. La
vie florale pouvant utiliser tout à la fois les couches basses, moyennes
et supérieures de l'atmosphère, il s'est formé dans ces contrées trois
colonies végétales correspondant à chacun de ces trois climats principaux. Le dernier est plus particulièrement spécial à ces régions; aussi
renferme-t-il les trois types les plus caractérisés de la flore tropicale :
l'Épidendre et la Liane dans la forêt, le Palmier arborescent dans les
terres découvertes et abondamment arrosées. L'Épidendre qui végète
suspendu aux rameaux des plus grands arbres de la futaie, et la Liane
dont les sarments vigoureux s'élancent pour ainsi dire tant ils croissent avec rapidité et dépassent bientôt les géants de la forêt, sont des
formes nées de cette exigence imposée à la fleur d'atteindre rapidement une très-grande hauteur pour y trouver le climat nécessaire à
son tempérament. Quant au Palmier, il vit, selon l'aphorisme arabe
appliqué au Dattier, le pied dans l'eau et la tête dans le feu. Véritable
colonne vivante, il s'établit lentement mais solidement sur sa base,
afin de pouvoir porter sûrement sa cime dans la région favorable à sa
fructification.

Concluons de cette discussion que la plante acaule en général, la
plante bulbeuse en particulier, est plus restreinte que la plante caules-
cente dans le choix de la zone aérienne indispensable à la vie de ses
fleurs, puisqu'elle ne peut utiliser qu'une mince couche d'air immédiatement en contact avec le sol; cette infériorité de sa nature restreint
considérablement l'étendue de son aire d'habitation.

Ce n'est pas là d'ailleurs la seule infériorité amenée par l'exiguïté de
la tige chez la plante bulbeuse. Ses racines, parquées sur la base très-
circonscrite du plateau, ne peuvent prendre qu'un développement fort
limité, et il en est de même dès lors du feuillage. Toutefois des dispositions spéciales accroissent notablement la puissance de cette racine
de si faible volume. D'abord elle est annuelle comme les feuilles dans
les espèces de très-petite taille. Un appareil radical adventif se con-

stitue tous les ans, et meurt avec la période de végétation qui l'a vu
naître, particularité physiologique évidemment favorable à l'activité
de l'absorption chez une petite racine confinée toujours dans la même
motte de terre. Puis, au lieu d'être composée d'un pivot central et
prédominant muni de ramifications secondaires d'autant plus rares
qu'il est lui-même plus volumineux eu égard aux proportions de l'ensemble, la racine est fasciculée, et par conséquent subdivisée en nombreux filaments grêles, de même longueur, et finement ramifiés, disposition avantageuse à l'augmentation, sous le même volume, de la surface totale absorbante, et par suite à l'épuisement méthodique du sol.
Du reste, dans son développement, cette racine, qu'elle soit annuelle ou
vivace, obéit à la loi ordinaire, et le nombre ainsi que la grosseur de
ses ramifications sont, dans chaque cas particulier, en raison directe
de la puissance du feuillage. Ainsi, dans la
Scille maritime (*Scilla maritima* Lin.),
dont le bulbe volumineux pèse plusieurs
kilogrammes, les racines secondaires ont
au moins la grosseur d'une plume d'oie,
tandis qu'elles se réduisent presque à celle
d'un fil dans la Tulipe, dont le bulbe a le
volume d'une châtaigne.

Non-seulement la brièveté de la tige, en
réduisant la racine à de faibles proportions, nuit indirectement au développement
du feuillage, mais encore elle exclut les
feuilles pétiolées qui ne sauraient trouver
place sur cet axe exigu ; et si l'on rencontre
exceptionnellement cette dernière forme,
c'est seulement sur des hampes. Dans l'organisation de la plante bulbeuse, les dispositions sont prises avec un art merveilleux
pour atténuer les fâcheux effets de ces conditions désavantageuses. Le plateau ne
pouvant porter de feuilles pétiolées, il res-

Fig. 336. — L'Ail poireau (*Allium
porrum* L.).

tait à tirer le meilleur parti possible du feuillage en lanières. Telle
est la raison d'être de deux dispositions dont la fréquence chez ces
végétaux indique assez la haute valeur. L'une, en creusant en gout-

tière la face supérieure des lanières, comme dans les Jacinthes, accroît dans une notable mesure la superficie des parties vertes des
feuilles. L'autre crée pour les régions basilaires de ces organes une
fonction nouvelle, et les transforme en réservoirs alimentaires ou se
déposent les produits élaborés par les portions actives ou terminales
des feuilles. L'extrême rapprochement et la situation en partie
souterraine de ces régions basilaires, double effet de la brièveté des
axes, leur interdisent toute action physiologique directe sur l'atmosphère ; il y a donc avantage, puisqu'elles ne peuvent agir comme
feuilles, à étendre le cercle de leurs attributions passives, et à ne
point les réduire au seul office de support. Dans ce but, elles s'élargissent et deviennent plus ou moins engaînantes ; elles se masquent
alors mutuellement, mais il n'y a point à cela d'inconvénient, puisqu'elles cessent d'être des organes d'alimentation aérienne. Chacune
d'elles devient une tunique épaisse, charnue, qui s'insère presque
toujours, comme dans les Allium, Amaryllis, Leucoium, Narcisses,
Tulipes, etc., sur toute l'étendue d'une même circonférence transversale du plateau, formant une sorte de coiffe sans solution de continuité, excepté au sommet pour livrer passage aux hampes et aux
limbes des feuilles sous-jacentes. Ainsi se trouve pallié, par une disposition aussi simple qu'élégante, un vice grave, l'absence ou l'insuffisance de la ramification, entrepôt naturel, dans les Phanérogames en
général, des réserves alimentaires.

Jusqu'ici nous n'avons trouvé que des inconvénients à ces formes
courtes, ramassées, trapues, animales pour ainsi dire, du système
axile ; elles ont pourtant sur celles de la ramification ordinaire un
genre de supériorité qui atténue dans une certaine mesure cette faiblesse des fonctions nutritives, conséquence irrémédiable de la pauvreté du feuillage : elles maintiennent le plateau dans le sol. Or ce
milieu est le plus favorable des trois à la tubérisation ; il possède en
outre une plus grande constance de caractères qu'aucun des deux
autres : circonstance avantageuse à la longévité des organes enterrés et
à la dissémination de l'espèce, une tige souterraine résistant mieux
qu'une tige aérienne aux excès du chaud et du froid. Aussi le bulbe
est-il la seule partie persistante, et par conséquent la partie principale du végétal ; quant à l'appareil aérien, il semble une simple
annexe du précédent. La plante à oignon est donc encore caractérisée

par la prééminence du système souterrain sur le système aérien. Pour qu'une telle inégalité se manifeste et persiste, il faut évidemment que le végétal habite une région où le sol ait une puissance végétative supérieure à celle de l'atmosphère. Or cette condition est remplie dans deux cas : sous un climat froid sans être glacial, ou bien sous un climat torride n'ayant que deux saisons, l'une pluvieuse pendant laquelle le bulbe végète, l'autre sèche pendant laquelle il dort, tout ce qui est herbacé disparaissant alors de la surface du terrain brûlé par le soleil. Et c'est en effet dans ces deux milieux qu'abondent les plantes bulbeuses ; elles sont cantonnées dans nos contrées et dans les plaines de la zone intertropicale, particulièrement dans les sables brûlants de l'Afrique australe. Ces régions, dans lesquelles toute végétation aérienne devient impossible pendant une notable partie de l'année par la rigueur du froid ou les excès de la sécheresse, conviennent admirablement au tempérament de ces plantes dont l'appareil aérien si chétif doit faire chaque année un vigoureux effort pour remplir sa mission. Ce travail forcé n'est possible qu'après un repos absolu et prolongé, et par un appareil annuellement renouvelé.

Telle est la raison de ces habitudes singulières, qui nous étonneraient beaucoup sans doute si nous n'étions familiarisés dès notre enfance avec cette manière d'être insolite et contraire à l'idée qu'on se fait d'ordinaire de la plante. Ces bulbes, en effet, ne donnent signe de vie que pendant la belle saison ; alors ils produisent des racines, des feuilles, des fleurs, vivent comme les autres végétaux. A un moment donné, après la fructification dans nombre de cas, sans que les conditions extérieures aient provoqué ce changement, les feuilles, arrivées au terme naturel de leur existence, jaunissent et se flétrissent, les racines se dessèchent dans un grand nombre d'espèces, et bientôt ces plantes tombent dans une léthargie profonde. Pour celles d'entre elles qui sont alors réduites à leur bulbe, vous pouvez, vous devez même, affirment beaucoup de praticiens, sortir de terre ce bulbe en apparence inerte, le traiter comme une graine, et le mettre à l'abri de l'humidité et du froid. Voilà donc une plante qui peut rester sans souffrir plusieurs mois hors du sol ; voyons comment elle se comporte dans une situation si contraire en général à la nature végétale. Le bulbe a été placé par exemple dans un tiroir, peu importe du reste l'endroit, pourvu qu'il ne puisse être atteint par la pourriture ou la

gelée. Il dort, et son profond sommeil se prolonge sans interruption
pendant des mois. Un jour il se réveille spontanément, les premières
feuilles vertes pointent au-dessus des écailles, et quelques mamelons
radicaux apparaissent sur la couronne du plateau. Les conditions
extérieures ont-elles donc changé? Nullement, l'oignon est toujours
dans son tiroir. Mais alors pourquoi tout à coup ce retour à l'activité? Parce que l'heure du réveil a sonné. Cette heure, vous pouvez
l'avancer ou la retarder, mais vous ne sauriez la supprimer sans
tuer la plante. Laissez, oubliez, l'oignon dans son tiroir, et vous le
verrez tous les ans, à la même époque, se réveiller, essayer de végéter, languir sous l'influence des mauvaises conditions dans lesquelles il se trouve, puis se rendormir. Il persévérera dans ces efforts
périodiques pendant plusieurs années, s'affaiblissant de plus en plus,
vivant de sa propre substance, comme l'animal en hibernation. Un
jour enfin, il ne mourra pas, mais il s'éteindra comme la lampe,
faute d'huile. Au contraire, voulez-vous le tenir constamment en
éveil, vous le pouvez encore, mais ce sera aux dépens de son existence, dont vous abrégerez considérablement le cours.

Ce qui précède montre combien sont rigoureuses les conditions imposées à la vie des plantes bulbeuses; et pourtant la dureté de ces
conditions est parfois aggravée, dans certaines espèces déshéritées, par
une singularité d'organisation ou une particularité de climat. Aussi
la manière dont s'accomplissent les deux actes de la vie aérienne, la
foliation et la fructification, est-elle très-sujette à varier dans ce
groupe. Chez les Phanérogames en général, la foliation peut précéder,
accompagner ou suivre la floraison. Cependant, puisqu'il est admis
que la fleur est une sorte de parasite vivant du travail de la feuille et
de la racine, ne faudrait-il pas en conclure que les feuilles, organes
producteurs, doivent toujours précéder les fleurs, organes consommateurs? C'est là, en effet, une impérieuse obligation pour les espèces
annuelles, dont toutes les phases de la vie se condensent en une seule
période d'activité, précédée du sommeil embryonnaire et terminée par
la mort. Mais c'est une simple convenance pour les espèces dont
l'organisation comporte un réservoir alimentaire toujours abondamment approvisionné par les végétations antérieures. Dans ce dernier
cas, l'ordre peut être interverti et se régler ainsi : floraison au réveil
de la végétation, à l'aide des réserves alimentaires, puis, ce travail

terminé, ou pendant qu'il s'achève, création et intervention d'un
nouveau feuillage appelé à refaire l'approvisionnement d'aliments. Au
début d'une végétation, les ressources alimentaires sont-elles insuffisantes, la floraison avorte cette année-là et se reporte à la végétation
suivante, plus généralement à l'époque où la plante, épuisée par des
causes qui peuvent être très-diverses, la maladie, des fructifications
trop abondantes ou trop répétées, etc., etc., s'est entièrement recon-
stituée. Ce mode d'évolution est même susceptible d'un perfectionnement très-simple, qu'on observe chez beaucoup d'espèces bulbeuses.
Il consiste, non-seulement à diviser le travail suivant les règles ordinaires chez les Phanérogames, mais encore à le répartir entre deux
saisons; dans ce cas, la plante se feuille au printemps, fleurit en automne, et se repose deux fois, en hiver et en été. Et qu'on le remarque,
ce second sommeil, ce sommeil complémentaire, ne lui est pas moins
nécessaire que le premier. Pour s'en convaincre, il suffit de suivre
pendant quelques années la végétation d'une plante bulbeuse qui, bien
qu'originaire du Cap de Bonne-Espérance, vit en plein air et fleurit
sous le climat de Paris, l'Amaryllis Belle-Dame (*Amaryllis Bella-
donna* Lin.). La foliation a-t-elle été contrariée par les intempéries du
printemps, ou bien s'est-elle prolongée sous l'influence d'un été exceptionnellement pluvieux au delà du terme ordinaire, c'est-à-dire jusqu'en automne, la floraison avorte, par insuffisance d'aliments dans
le premier cas, par privation du sommeil estival dans le second.
Le printemps, au contraire, s'est-il montré clément, le feuillage
s'est-il vigoureusement développé pour être desséché à quelques mois
de là par un été sec et chaud qui a forcé la plante au repos complet, alors, aux premières pluies d'automne, les hampes s'élancent,
fortes et plantureuses, portant à leur sommet ces grandes fleurs du
plus beau rose tendre qu'on peut admirer dans la planche VII. Le Colchique d'Automne (*Colchicum autumnale* Lin.), une de nos plantes
indigènes les plus répandues, peut être pris pour type de ce mode
d'existence.

Au mois de septembre, nos prairies s'émaillent de grandes fleurs
d'un rose lilas (pl. VII), dont les périanthes s'élèvent peu au-dessus
de terre : sans feuilles pour les entourer, elles ressemblent à des
fleurs coupées qu'on aurait piquées dans l'herbe. En réalité, le tube
du périgone se prolonge dans le sol et se ferme au-dessous d'un pistil

placé à près d'un décimètre de profondeur. La floraison terminée, la plante disparaît jusqu'au printemps suivant. Des feuilles
sortent alors de terre; elles enveloppent, protégent et nourrissent les
fruits issus des fleurs épanouies l'automne pré-
cédent. Les capsules mûrissent, et les graines
se disséminent pendant les mois de mai et de
juin; les feuilles, à leur tour, se fanent, meurent, disparaissent, et la plante devient de nouveau invisible jusqu'à l'automne suivant, où de
nouvelles fleurs se montrent. Telle est, en apparence, la vie du Colchique; la plante semble
ne présenter point d'autres particularités que
celle de se feuiller et de fleurir à des époques
différentes, au printemps et à l'automne. Mais,
vus de plus près, les faits se compliquent, et
l'on reconnaît que les foliations et les floraisons
successives appartiennent à des individus différents, procédant les uns des autres par voie de
bourgeonnement. Pour comprendre cette évolution, non plus d'un seul être, mais d'une
suite d'êtres en filiation gemmipare, prenons
le cycle des phénomènes en un point quelconque, par exemple aux premiers jours du printemps, à la fin du mois de mars ou bien au
commencement du mois d'avril, au moment où
les premières feuilles pointent hors du sol. En
déterrant la plante, on constate que les feuilles
vertes naissantes sortent d'une espèce de gaîne
scarieuse, noirâtre et ridée, formée de plusieurs
membranes superposées. Cet étui renferme la
plante en végétation et un bulbe nourricier. La

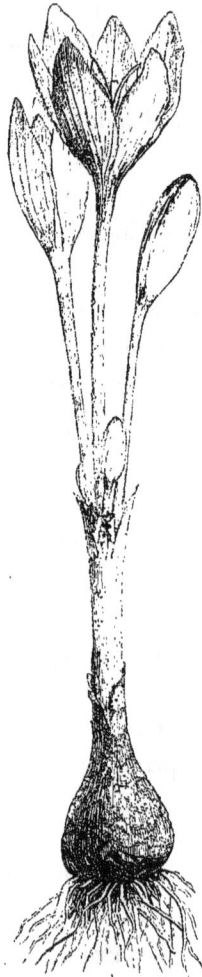

Fig. 337. — Floraison du Colchique d'automne (*Colchicum autumnale* Lin.).

plante en activité comprend alors un bulbe solide
muni de racines à sa base, et portant à son sommet des feuilles naissantes
et des fruits en voie de maturité provenant de la floraison de l'automne
précédent. La région inférieure de la tige est encastrée dans une
gouttière verticale creusée le long d'une des faces latérales d'un second
bulbe, également solide, offrant tous les signes de la décrépitude : ridé,

racorni, privé de racines, et montrant à sa partie supérieure les derniers vestiges, noirs et parcheminés, de ce qui fut une hampe l'année précédente. Cet organisme en voie de dépérissement est le bulbe nourricier; il adhère et communique avec la région latérale inférieure du bulbe en activité, et n'est plus aujourd'hui qu'un simple réservoir de substances alimentaires. Complètement épuisé, il se détachera, durant la belle saison, de la plante qu'il a engendrée et nourrie dans son enfance. Du reste, l'existence active de cette dernière touche également à son terme. Elle consacre le printemps à mûrir ses graines, à émettre de la base de son bulbe grossi et à nourrir un bourgeon de remplacement, un seul ordinairement. Puis les portions vertes de ses feuilles se dessèchent et tombent, mais leurs régions inférieures persistent, pour constituer l'étui protecteur de l'ensemble contre les rigueurs du prochain hiver. Enfin, privée également de ces racines, la plante cesse de végéter, et n'aura plus jusqu'à sa mort ni feuilles, ni fleurs, ni racines. Ainsi réduite à son bulbe, son rôle se bornera désormais à celui d'entrepôt alimentaire, et elle achèvera peu à peu de s'épuiser au profit de la nouvelle plante en voie de formation. Pendant l'automne, celle-ci émet de son sommet une hampe exclusivement florifère; elle se comporte alors comme un rameau fleuri mais aphylle, ou mieux à feuilles rudimentaires, d'un végétal ordinaire quelconque, puis elle passe l'hiver fixée au bulbe nourricier, à l'abri de l'étui scarieux préparé par celui-ci. Quand le printemps renaît, cette vie de parasite cesse, le jeune bulbe s'enracine et produit des feuilles qui le nourrissent à leur tour et lui permettent de mener à bien sa fructification. Pendant ce temps, il achève d'épuiser le bulbe dont il est issu, donne naissance à son bourgeon de remplacement, et son existence s'achève comme s'est achevée celle de la plante-mère.

Parlons enfin de la propagation chez les plantes bulbeuses.

Toutes les forces vives de la plante sont appliquées à la propagation. Des deux modes existant dans l'organisation végétale, la reproduction est supérieure à la multiplication, parce que les individus nés de graines apportent en venant au monde une plus grande tendance à la variation que ceux issus d'une simple division de la plante-mère. Les premiers peuvent dès lors s'adapter plus aisément que les autres aux conditions extérieures, ce qui leur facilite la prise de possession du sol. Aussi, dans les types phanérogames, voit-on en général le premier mode dominer le second et le réduire à l'état d'auxiliaire. Le contraire se présente dans la plante bulbeuse. Les circonstances extérieures et la conformation générale de la plante sont défavorables à la reproduction, et d'ordinaire elle donne peu de graines.

Les premières floraisons printanières se montrent chez le Perceneige (*Galanthus nivalis* Lin.) et chez les Leucoium. S'élevant peu au-dessus du sol, leurs fleurs nutantes se réchauffent à son contact, et recueillent aisément, en raison de leur attitude, la faible chaleur rayonnée par la terre sous le pâle soleil du mois de février; leur petit périanthe à peine entr'ouvert les rend en outre peu sensibles aux influences atmosphériques. Plus tard, au mois de mars, quelques fleurs dressées s'épanouissent, mais elles prennent des précautions particulières et variables pour se garantir des rigueurs de la saison. Ainsi, l'ovaire du Safran printanier (*Crocus vernus* Allion.) (voy. pl. VII), d'ailleurs plus ou moins velu à la gorge, reste enterré pendant la durée de l'épanouissement. Plus tard encore, le climat s'adoucissant, les fleurs dressées peuvent s'élever et s'ouvrir davantage : c'est l'époque de la floraison des Tulipes *duc de Tholl* (voy. pl. VI). Cependant il est de bien bonne heure sous le climat de Paris pour une telle conformation, et les fleurs sont souvent compromises par cette grande hâtivité. Aussi forment-elles une sorte d'exception, et celles qui les suivent pendant les mois de mars et d'avril ont une attitude et une conformation autres. Ce sont les Jacinthes (voy. pl. V), dont les fleurs, moyennement basses comme les précédentes, ont sur elles l'avantage d'une organisation mieux appropriée à la saison, car leur périanthe gamophylle, plus petit, à tube incliné vers la terre, leur donne une force de résistance supérieure à celle que trouve la Tulipe *duc de Tholl* dans son périgone dressé, ample, en forme de cloche largement ouverte. C'est également l'époque de la floraison des Fritillaires (voy. pl. VII), dont les hampes fortes et hautes portent leurs fleurs dans un air plus froid ; aussi ces dernières sont-elles franchement nutantes. Les Tulipes dites des fleuristes (voy. pl. VI) commencent alors à se montrer, et terminent leur floraison avec le mois de mai. Dans toutes ces espèces, Tulipes, Jacinthes, Fritillaires, les folioles du périanthe, épaisses, fermes, presque charnues, sont parfaitement organisées pour leur double rôle d'organe nourricier et protecteur. Quand arrivent les fortes chaleurs des mois de juin et de juillet, les fleurs campanulées dont la gorge n'est pas 'suffisamment fermée ou protégée s'inclinent de nouveau vers la terre durant leur épanouissement : telle est l'attitude ordinaire des Lis (voy. pl. VIII). Enfin l'automne ramène, avec l'adoucissement de la température, les fleurs dressées et librement ouvertes, celles des Colchiques entre autres.

Les particularités que nous venons d'examiner, et beaucoup d'autres que nous ne pouvons faire connaître faute de place, prouvent que la plante bulbeuse est loin d'être parmi les plus favorisées sous le rapport de la reproduction, et probablement ses types ne se seraient jamais implantés à la surface de la terre s'ils ne trouvaient dans la gemmiparité une compensation suffisante aux imperfections et aux défaillances de leur reproduction sexuelle. Tout le monde est frappé de la facilité et des singularités apparentes du bourgeonnement de ces plantes, fait d'autant plus remarquable qu'elles appartiennent à un embranchement, celui des Monocotylédones, où ces productions sont très-rares. Parfois on s'est efforcé d'établir entre les caïeux, ou bourgeons souterrains des plantes bulbeuses, et l'embryon contenu dans la graine une assimilation qui n'existe pas. Comme à tous les bourgeons en effet, il manque à ceux-ci une radicule pour ressembler à un embryon ; aussi l'appareil radical du sujet issu du caïeu est-il toujours adventif, d'où l'infériorité de cette plante sur celle provenant de graine. Mais entre ces corps il est encore d'autres différences. Chez l'embryon proprement dit, les réserves alimentaires séjournent à l'extérieur, dans l'albumen, ou se déposent dans la trame des tissus du corps cotylédonaire, mais jamais dans les feuilles rudimentaires de la gemmule. Plus tard, quand les cotylédons épuisés disparaissent, ces matériaux

Fig. 538. — Bulbe et caïeux de l'Ail commun (*Allium sativum* Lin.).

changent de lieu d'élection et s'accumulent dans les axes. Leur abondance est alors subordonnée aux proportions du système axile, et la jeune plante vit au jour le jour tant que ce dernier n'a point atteint un développement suffisant. La plante bulbeuse fait exception à cette règle : réduite à une tige rabougrie, elle imite la manière dont tous les végétaux caulescents se comportent vis-à-vis des embryons de leurs graines, et elle distribue d'avance à chacun de ses bourgeons la somme d'aliments de réserve nécessaire à leurs premiers développements. Seulement, ces aliments ne se logent plus, comme chez l'embryon, dans une ou deux feuilles choisies, mais dans toutes celles indifféremment que porte son axe atrophié. Si donc un bourgeon quelconque, dans la généralité des cas, ne peut vivre séparé de la plante-mère, cela tient à son habitude de mettre en réserve dans son axe et non dans ses feuilles ses ressources alimentaires. Comme cet axe est rudimentaire, il en résulte qu'ordinairement l'approvisionnement est insuffisant. Voilà pourquoi on éprouve toujours plus de difficulté à bouturer un bourgeon que le rameau qui en provient. Or ce qui caractérise les caïeux et les bulbilles, et les distingue des bourgeons ordinaires, c'est leur propension naturelle et constante à confier aux feuilles leurs réserves alimentaires, d'où leur vient précisément leur aspect singulier et leur nom spécial de bourgeons charnus. Il faut toutefois se garder d'exagérer cette différence, car nous savons que dans le bulbe tous les organes foliacés ne sont point et ne sauraient être tous charnus ; certains d'entre eux restent membraneux et verts, au moins partiellement, afin de remplir le rôle spécial dévolu au feuillage dans l'ensemble des phénomènes de la nutrition. On conçoit maintenant pourquoi ces bourgeons charnus peuvent sans périr se séparer accidentellement ou naturellement de la plante-mère, s'enraciner et végéter à leur tour ; on aperçoit enfin l'origine de cette indépendance plus grande qui leur donne une certaine ressemblance avec l'embryon,

Étudions maintenant les principales particularités du bourgeonnement chez la plante bulbeuse.

D'après leur mode de végétation, nous avons partagé les Phanérogames en monocarpiennes et en polycarpiennes. Le premier mode, celui du végétal mourant tout entier après une première et unique fructification, et ne laissant de vivant après lui que des graines, se présente rarement chez les plantes bulbeuses avec ce degré de simplicité. Habituellement, l'individu se survit dans un certain nombre de bourgeons qui s'enracinent spontanément. Ordinairement localisés sur la partie souterraine, ils se montrent parfois sur la hampe, comme dans

l'exemple classique du Lis bulbifère (*Lilium bulbiferum* Lin.), et plus
rarement se mêlent aux fleurs. Le Poireau peut être pris comme type
du mode de végétation le plus simple chez la plante bulbeuse. Un bourgeon principal passe la première partie de son existence à organiser
un certain nombre de feuilles portant à leur aisselle un ou plusieurs
caïeux. Ces feuilles sont construites sur le mode préféré par ce groupe.
La base de chacune d'elles, nommée *tunique*, est une membrane
épaisse, fixée au plateau sur toute l'étendue d'une circonférence transversale, et formant un sac ovoïde, entièrement fermé dans sa région
inférieure, s'entr'ouvrant seulement à une certaine hauteur pour
laisser passer les feuilles suivantes. Plus tard, ce bourgeon s'allonge
en une hampe qui périt ainsi que le plateau après fructification. Mais
durant ce temps, les caïeux ont peu à peu grossi, se sont tubérisés
et enracinés, en sorte qu'ils sont en mesure d'user de l'indépendance
que leur laisse par sa mort le bulbe primitif. Voilà la plante bulbeuse
monocarpienne dans son plus grand état de simplicité.

La Tulipe est d'une organisation plus élevée. Chez le Poireau, tous
les caïeux ont la même valeur, rien ne les distingue les uns des autres.
Un commencement de spécialisation se montre au contraire dans les
bourgeons de la Tulipe ; l'un d'eux se différencie de ses congénères par
sa présence constante, sa situation invariable et son rôle bien déterminé, qui le particularisent au point de lui mériter un nom spécial,
celui de bourgeon de remplacement. Toutefois l'expression est ici un
peu forcée, et n'est complétement justifiée que dans d'autres cas, dans
celui de la Jacinthe par exemple. Quand on ouvre un oignon de Tulipe
dans le courant du mois de juillet, on trouve sous quelques tuniques
brunies, minces, partiellement déchirées et altérées les derniers
vestiges desséchés de la hampe qui portait la fleur épanouie au dernier
printemps. Ce fragment de hampe termine un plateau racorni, ridé,
mort, ainsi que les racines qui formaient couronne sur sa face inférieure. La hampe a tracé un sillon longitudinal sur un gros caïeu,
encore dépourvu de racines propres, à la base duquel elle adhère, et
qui, en grossissant, l'a peu à peu repoussée sur le côté, en sorte que la
plante primitive ne semble plus être qu'une annexe de son caïeu. Nous
sommes donc en présence de deux individualités procédant l'une de
l'autre : l'individualité primaire est morte aujourd'hui après avoir
fleuri, laissant après elle l'individualité secondaire, le caïeu. Détachons

ce dernier, et analysons-le. Nous trouvons à l'extérieur une membrane mince et brune qui enveloppe le nouveau bulbe de toutes parts. Au-dessous est une masse ovoïde, blanche et charnue, formée en grande partie par cinq tuniques épaisses. Chacune d'elles, insérée sur toute une circonférence du plateau, limite une cavité complétement close, sauf en haut, où une solution de continuité laisse percer les som-mités des feuilles suivantes. Sous ces tuniques, au centre du caïeu, et par conséquent au sommet du plateau, est la fleur, dont les organes sont déjà très-distincts à cette époque. Sur la face externe, et dans la région basilaire de la première tunique, on voit poindre, comme sor-tant d'une petite boutonnière, ordinairement un, parfois plusieurs caïeux. Les autres tuniques sont stériles. Enfin, la base de la hampe rudimentaire porte un bourgeon naissant, premier rudiment du bour-geon de remplacement qui deviendra caïeu l'année prochaine, et bulbe florifère dans deux ans, pendant la troisième année de son existence.

Avec la Jacinthe, nous nous élevons encore d'un degré en organisa-tion, et nous nous rapprochons davantage de la polycarpie ordinaire. Qu'on détache avec précaution, dans le courant du mois de juillet, les tuniques d'un bulbe de Jacinthe n'ayant encore fleuri qu'une fois, on trouvera, chemin faisant, quelques caïeux axillaires, et l'on atteindra la hampe, en partie desséchée, qui a porté des fleurs au printemps de l'année. La hampe paraît axillaire, et se trouve immédiatement en con-tact avec une masse ovoïde, blanche et charnue, qui semble terminale. Cette masse est constituée par trois à six écailles blanches, charnues, entières et imbriquées, entourant un bourgeon déjà gros. Celui-ci porte des feuilles rudimentaires, généralement au nombre de six, minces, d'un blanc jaunâtre, de plus en plus petites en allant de la périphérie au centre, et réduites pour le moment à la portion ter-minale de leur limbe. Tout à fait au centre est l'inflorescence, dont les fleurs sont déjà très-visibles. Enfin, à la base de la hampe est un bourgeon naissant : c'est le bourgeon de remplacement. Nous sommes donc ici en présence de trois générations successives. D'abord l'axe primaire, resté vivant dans sa région inférieure, mort et desséché dans sa région supérieure formant la hampe, et portant des caïeux. Puis l'axe secondaire, issu du bourgeon de remplacement né à la base de la hampe précédente ; court, épais et feuillé, il a par son grossis-sement rejeté de côté la portion terminale mortifiée de l'axe primaire, dont il usurpe maintenant la place en prolongeant la partie basilaire demeurée vivante de ce dernier; il se termine par une hampe qui fleurira l'année prochaine. Enfin, l'axe tertiaire se montre à la base de la hampe de seconde génération, sous la forme d'un bourgeon naissant qui, au retour de la végétation, se feuillera et organisera

Fig. 559. — L'Ophrys Mouche (*Ophrys myodes* Jacq·).

à son sommet les premiers rudiments d'une hampe destinée à fleurir l'année suivante, et ainsi de suite. On trouve parfois, en effet, sur des oignons plus âgés, deux hampes desséchées au lieu d'une, et par conséquent les représentants de quatre générations successives. La tige de la Jacinthe, une en apparence, est multiple en réalité, étant formée d'une suite d'axes entés les uns à la suite des autres; c'est un *sympode*, comme disent les botanistes. Cette végétation sympodique peut-elle se

continuer longtemps ? Cela paraît peu probable, du moins dans nos cultures, où les oignons de Jacinthe se perdent ou fondent après quatre ou
cinq floraisons. On voit maintenant en quoi la végétation de la Jacinthe

Fig. 340. — Orchidées de la province d'Antioquia (Nouvelle-Grenade) : 1, Cypripedium ; 2, Sobralia à longues
fleurs (*Sobralia macrantha* Lindl.) ; 3, Oncidium ; 4, Epidendrum.

diffère de celle de la Tulipe, et quelle est la nature de la supériorité de
la première sur la seconde. Dans toutes les deux, il y a formation contre
la hampe d'un bourgeon de remplacement ; mais dans la Tulipe tout

meurt après la floraison, sauf ce bourgeon et les caïeux externes. Dans la Jacinthe, à ces corps restés vivants, il faut ajouter encore la portion de l'axe générateur qui survit à la hampe et les relie entre eux.

Le type Jacinthe nous conduit à la vraie plante bulbeuse polycarpienne, représentée par les Amaryllis, les Narcisses, les Scilles, etc. Le bourgeon primaire persiste d'une année à l'autre, émettant des feuilles qui produisent à leur aisselle tantôt des caïeux et tantôt des

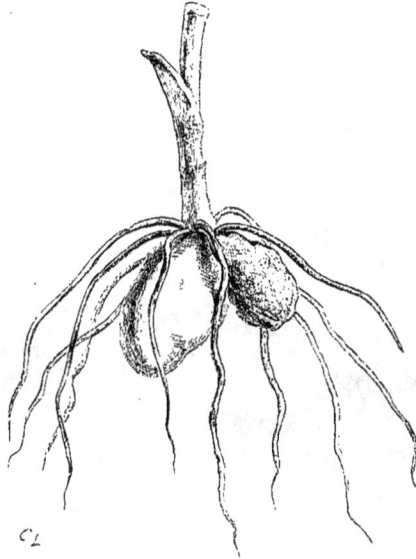

Fig. 544. — Pseudo-bulbes d'une Orchidée indigène.

hampes. Cette végétation est de durée plus ou moins longue, et prend fin, comme dans les espèces ligneuses, soit par l'extinction du bourgeon terminal, soit par sa mort après floraison.

Les Orchidées forment la transition entre les plantes bulbeuses proprement dites et les plantes ordinaires plus ou moins ramifiées. Les unes sont terricoles et les autres épidendres. Celles des climats tempérés sont exclusivement terricoles, et habitent les prairies humides ; c'est à ce titre que nous en parlons ici. Dans les contrées intertropicales, on rencontre les deux types, mais le second prédomine de beaucoup sur le premier.

Nos Orchidées sont des plantes basses, à feuillage très-réduit et en rosette ; de son centre s'élève une courte hampe portant des fleurs

Fig. 512. — Une forêt de la Nouvelle-Zélande.

nombreuses, souvent odorantes, toujours remarquables par leur bizarre conformation, qui les fait ressembler, selon les espèces, à une Mouche, à une Abeille, à une Araignée, etc., etc. On dirait qu'elles se travestissent aussi en Insectes pour mieux attirer les Insectes sans lesquels elles restent stériles, leur pollen agglutiné en petites masses ou pollinies ne pouvant spontanément ou par la seule intervention du vent parvenir aux stigmates. Ces fleurs sont beaucoup plus petites, beaucoup moins belles et beaucoup moins bizarres de formes que celles des Orchidées épidendres, ainsi qu'on peut s'en convaincre en jetant les yeux sur la figure 340, qui représente quatre Orchidées intertropicales. Deux d'entre elles, l'Oncidium et l'Epidendrum sont épiphytes ; les deux autres ont été mises là pour montrer que les Orchidées terricoles atteignent dans la zone torride à l'ampleur de formes des plus belles espèces épidendres.

La manière de vivre des Orchidées terricoles ressemble beaucoup à celle du Colchique. Leur appareil souterrain comprend deux tubercules, au-dessus desquels, et naissant de la tige, se voit une couronne de racines ordinaires. En arrachant la plante au moment de la floraison, on constate une très-grande différence dans l'aspect et les caractères des deux tubercules. L'un, visiblement en voie de dépérissement, est déjà flétri, ridé ; l'autre, beaucoup plus gros, est plein et sans rides à la surface, son tissu est ferme, il présente en un mot toutes les apparences d'une active végétation. C'est que le premier, qui nourrit la hampe, s'épuise peu à peu, et périra dans l'année, sa mission une fois remplie ; l'autre, plus jeune d'un an, s'organise pour fournir des aliments à la prochaine floraison. Il continuera de croître pendant la belle saison, et d'accumuler dans ses tissus les matériaux de réserve que les feuilles lui fournissent. A un moment donné, on verra poindre sur sa région supérieure un bourgeon adventif, qui donnera naissance plus tard à un nouveau tubercule, et ainsi de suite.

Toutes les hypothèses ont été épuisées à propos de la nature caulinaire ou radicale de ces tubercules ; nous adopterons l'opinion qui les regarde comme le produit de la tuberculisation d'une racine adventive, et nous les appellerons des *pseudo-bulbes*, pour indiquer qu'ils diffèrent par leur origine et leur organisation des bulbes proprement dits.

IV. — LES CONFINS DE LA VÉGÉTATION TROPICALE

En se rapprochant de l'équateur, l'eau se fait rare et le soleil brûlant, la forêt s'éclaircit, la prairie se dénude, la roche vive et les terres arides forment des taches de plus en plus étendues ; les associations végétales se diversifient davantage, la végétation se modifie graduellement, abandonnant peu à peu les formes septentrionales devenues incompatibles avec le climat, et les remplaçant par d'autres types qui empruntent de plus en plus leur physionomie et leurs caractères aux plantes de l'équateur. Cette zone terrestre, où viennent se mêler sans se confondre deux flores contiguës, est particulièrement représentée dans l'ancien continent par le pourtour du bassin méditerranéen. C'est là que cette végétation de transition a été plus spécialement étudiée ; c'est sur les bords de la Méditerranée que les botanistes ont pris les types classiques de cette flore. On sent instinctivement en parcourant les forêts, les maquis et les prairies de ces régions, qu'on va bientôt pénétrer, en continuant de marcher vers le sud, dans un monde nouveau. Déjà la futaie a perdu quelque chose de son caractère septentrional, et emprunté plusieurs traits à la physionomie de la forêt vierge équatoriale. Sans doute, on ne rencontre pas l'exubérance de végétation de celle-ci, on ne voit pas encore ce prodigieux entassement de plantes s'étayant les unes sur les autres pour s'élancer à la conquête de l'air et de la lumière ; l'ordonnance en est encore sévère et mesurée, mais déjà se montrent çà et là quelques formes tropicales : des Fougères arborescentes et des Palmiers annoncent le voisinage de l'équateur. Pour rendre la comparaison plus facile, nous avons placé à côté l'une de l'autre deux forêts appartenant toutes deux à des îles : l'une, la Nouvelle-Zélande, est extratropicale, et s'étend du 34e au 48e degré environ de latitude sud ; l'autre, l'île de Car-Nicobar, est intertropicale et fait partie de cet archipel des îles Nicobar situé à 200 kilomètres nord-ouest de Sumatra, entre les 7e et 10e degrés de latitude nord. Quelle profonde différence dans la physionomie des deux paysages ! Dans la forêt de Car-Nicobar, partout où pénètre un rayon de lumière, naît et grandit une plante. Pas une place, si petite qu'elle soit, ne reste vide

Fig. 545. — Une forêt vierge de l'île de Car-Nicobar

sur le sol comme dans l'air ; l'épidendre se fixe sur le tronc et les branches, mariant son feuillage à celui de l'arbre qui lui sert de tuteur, la liane se glisse à travers le moindre interstice et comble les vides à mesure qu'ils se produisent. Dans la forêt néo-zélan-

Fig. 344. — Jardin de la villa Pamphili-Doria à Rome ; Pins parasols sur le second plan.

daise, au contraire, il y a bien des éclaircies naturelles, il faut plus de place à la lumière, chacun de ses rayons étant moins ardent.

Le caractère dominant de la flore méditerranéenne est l'existence des deux types d'arbres verts dont les feuilles sont aciculaires dans l'un, larges et diversement conformées dans l'autre. Nous connaissons déjà le premier, représenté par les Conifères, qui doivent à l'exiguïté de leurs feuilles le privilége de vivre indifféremment sous un climat rigoureux ou sous un climat chaud et sec. Les feuilles étroites résistent au froid en se serrant les unes contre les autres, et elles supportent la sécheresse grâce à leur faible transpiration. Les Conifères sont aussi largement représentés dans le bassin méditerranéen que dans les régions boréales; leurs espèces caractéristiques sont le Pin d'Alep (*Pinus Halepensis* Mill.) et surtout le Pin Pignon (*Pinus Pinea* Lin.), grand et bel arbre de 15 à 20 mètres de hauteur, auquel la forme aplatie de sa cime a valu le nom de Pin Parasol. Il contribue pour une très-large part à donner au paysage méditerranéen sa physionomie originale. Quelle différence de port selon les climats! Le Pin Pignon dresse ses branches, arrondit sa cime en un vaste dôme de verdure; les espèces boréales portent leurs maîtresses branches horizontalement ou même légèrement inclinées vers la terre, affaissées par le poids de leur feuillage, et leurs ramilles pendent au lieu de se dresser comme dans les arbres ordinaires, afin que la neige glisse plus facilement sur elles, et ne surchargent pas l'arbre au point de le briser, accident qui arriverait infailliblement, sans cette heureuse disposition, pendant les rigoureux hivers du Nord.

Le second type d'arbres à feuillage toujours vert prédomine entre les tropiques. Il lui faut de la chaleur, et si l'avant-garde de ses hordes nombreuses a pu se fixer dans la région méditerranéenne, c'est grâce à la douceur du climat. Ce qui caractérise surtout ce dernier feuillage, outre l'ampleur des limbes, bien supérieure à celle des feuilles de Conifères à quelques exceptions près, c'est le vert intense et luisant, ainsi que la raideur, des limbes. Les feuillages du Laurier-rose (*Nerium Oleander* Lin.), de l'Olivier et des Orangers, offrent d'excellents exemples de ce mode de conformation. Fait remarquable, et qui prouve bien l'existence d'une étroite connexion entre les caractères de la plante et ceux du climat, c'est que ce type de feuillage toujours vert ne se montre dans la zone boréale et dans les régions alpines que chez des végétaux rampants ou tout au moins de taille assez petite pour que les neiges de l'hiver les recouvrent entièrement et les protègent contre le froid.

L'Olivier (*Olea Europæa* Lin.) est l'espèce la plus populaire de la flore méditerranéenne. Originaire de l'Orient, cet arbre redoute au même degré les hivers polaires et les étés de l'équateur; il ne se plaît et ne prospère que dans le bassin méditerranéen, dans cette région

Fig. 543. — Le Père de la Forêt, un des plus gros Séquoia géants du Calaveras (Californie), tombé de vieillesse
et entouré d'arbres debout montrant le port habituel aux Conifères des climats froids

tempérée à laquelle sa présence a fait donner le nom de *Région des Oliviers*, et qui ne comprend en France que la Provence, le Roussillon et une portion du Languedoc. Son fruit drupacé, connu partout sous le nom d'*olive*, est une source d'inépuisable richesse par l'huile excellente que

Fig. 346. — Forêt d'Oliviers près de Tlemcen (Algérie).

son péricarpe renferme, et dont les remarquables qualités n'ont pu encore être égalées par aucune autre. Le port, le feuillage et les fleurs de l'Olivier n'ont rien de remarquable. Il croît très-lentement, mais, comme il est doué d'une grande longévité, il peut atteindre avec le temps des dimensions colossales quand sa croissance n'est pas contrariée par la taille à laquelle on le soumet dans les cultures. On rencontre dans le midi de la France des Oliviers qui mesurent 12 mètres

de circonférence au niveau du sol et de 6 à 7 mètres à hauteur
d'homme. Venu de semis, il ne fructifie guère pour la première fois
avant sa huitième ou sa dixième année, et il n'est en plein rapport
qu'à l'âge de quinze ans ; aussi beaucoup de cultivateurs préfèrent-ils
le multiplier à l'aide des drageons qu'il produit en abondance ; par
cette méthode, on obtient des arbres plus prompts à se mettre à fruit.
Sa cime se forme à deux ou trois mètres de hauteur, et se compose de
branches tortueuses et très-rameuses, portant des feuilles coriaces,
opposées, simples, entières, dont la face inférieure est comme satinée,
argentée ou roussâtre, selon les variétés. Son bois jaunâtre et d'une
odeur agréable, d'un grain fin et serré, dur et bien veiné, est
susceptible d'un beau poli. Il est recherché par l'ébénisterie et pour
le chauffage. En raison de son incorruptibilité et de la propriété
qu'il a de ne point se fendre, les anciens l'employaient pour sculp-
ter les statues de leurs dieux. Ses fleurs, petites, blanches, insignifiantes, se montrent au mois de mai dans le midi de la France ; les
fruits sont mûrs au mois de novembre, mais persistent sur l'arbre
jusqu'au printemps suivant.

Le Platane d'Orient (*Platanus Orientalis* Lin.) se place au premier
rang des arbres à feuilles caduques du bassin méditerranéen. Les
Grecs et les Romains le tenaient en très-haute estime, et il est encore
de nos jours l'arbre préféré des Orientaux. Sa croissance est rapide,
qualité qu'il doit à ses racines longues et traçantes. Lorsque les circonstances le favorisent, on le voit former en quarante ou cinquante
ans une tige de 15 à 16 mètres de hauteur et de 0^m,60 à 0^m,65 de diamètre. Chez les vieux arbres, le tronc, droit et élancé, atteint 25 à
30 mètres d'élévation, et la cime, placée à 18 ou 20 mètres du sol, est
formée de branches nombreuses et divergentes, très-rameuses, dont les
plus inférieures sont horizontales ou même légèrement penchées vers
la terre. Les feuilles sont alternes et stipulées, un peu coriaces, grandes et palmées, à 5 lobes, rarement à 7. L'ensemble constitue un vaste
dôme de verdure impénétrable aux rayons du soleil. La surface du
tronc et des grosses branches est toujours lisse et nette, qualité précieuse dans un arbre d'ornement, les vieilles écorces se détachant
d'elles-mêmes tous les ans par larges plaques irrégulièrement découpées et d'une couleur grisâtre ou brunâtre, tandis que la jeune écorce
est d'un vert blanchâtre. La floraison a lieu aux mois d'avril ou de

Fig. 347. — La cueillette des olives aux environs de Menton.

mai et coïncide avec la foliation nouvelle. Le Platane est monoïque et ses inflorescences sont des capitules globuleux; ceux des fleurs femelles, gros et comme chevelus, qui pendent à l'extrémité d'un long pédoncule commun, sont bien connus de tout le monde, et constituent certainement un des traits les plus caractéristiques de la physionomie de cet arbre. Pendant longtemps, le bois du tronc reste à l'état d'aubier un peu jaunâtre, dense, tenace et assez dur cependant; quoique susceptible d'un beau poli, il est peu estimé en ébénisterie, parce qu'il est très-hygrométrique, mais c'est un excellent combustible. A un âge avancé, un duramen brunâtre, traversé de veines nombreuses réticulées, se constitue enfin. Quant au bois des racines, il est d'un beau rouge et fort apprécié par le tourneur, ou pour la confection des menus objets de marqueterie et de tabletterie. A tous ces avantages le Platane joint encore celui de posséder un feuillage qui n'est jamais attaqué par les insectes. Malheureusement, ces qualités, qui le font rechercher comme arbre d'alignement, sont en partie gâtées par un défaut grave : les jeunes feuilles et les pousses nouvelles sont couvertes d'un duvet floconneux que le vent emporte et disperse au loin. Il s'est élevé dans ces dernières années d'intéressantes discussions parmi les hygiénistes à propos de l'influence fâcheuse qu'exercerait ce duvet sur la santé, en s'introduisant dans les voies respiratoires.

Les Platanes aiment les sols meubles et profonds, et se plaisent près des cours d'eau : c'est dans cette situation qu'ils acquièrent toute leur beauté et leurs énormes proportions. Ils vivent isolés ou par petits groupes, mais ne forment jamais de forêts.

L'association végétale la plus caractéristique du bassin méditerranéen est sans contredit le maquis, ce pittoresque fouillis d'arbrisseaux buissonnants, de tailles et d'espèces diverses selon les régions, parmi lesquels se distinguent : les Lentisques aux senteurs balsamiques, les Bruyères en arbre (*Erica arborea* Lin.) dont les fleurs blanches exhalent l'odeur d'amande, les Cistes, et l'Arbousier (*Arbutus unedo* Lin.) aux jolies fleurs blanches ou roses ressemblant à celles du Muguet (*Convallaria maialis* Lin.), aux baies du volume et de la couleur d'une petite cerise.

Dans toutes les terres incultes de l'Andalousie et du nord de l'Afrique, le Palmier nain (*Chamærops humilis* Lin.) forme de vastes associations, exigeantes et envahissantes. C'est le premier et peut-être le plus redoutable ennemi de la colonisation ; les défrichements à de grandes profondeurs, exigés pour sa complète extirpation, suscitent de dangereuses fièvres pernicieuses qui déciment les colons africains.

Sur d'autres points enfin, trouvant réunies là les conditions de climat et de sol de leur pays natal, quelques plantes des terres chaudes américaines, appartenant aux groupes des Cactées, des Aloès et des Agavés, vivent dans les terrains arides et impropres à toute autre végétation où diverses causes ont amené leurs ancêtres.

C'est d'abord le Figuier d'Inde (*Opuntia Ficus indica* Mill.), trop connu de tout le monde pour être décrit ici, que les conquérants du Mexique ont apporté en Espagne, d'où il s'est promptement répandu dans le bassin méditerranéen. Là, comme dans son pays natal, il rend les mêmes services : la chair coriace mais aqueuse et nourrissante de ses ramifications vertes, aplaties et articulées, sert de fourrage à plusieurs animaux domestiques ; et ses fruits ou figues d'Inde sont mangées par le peuple. Ils jouissent même dans le pays d'une certaine réputation pour combattre la dyssenterie.

La seconde espèce des terres chaudes, égarée en quelque sorte sur les bords de la mer Méditerranée, est l'Aloès vulgaire (*Aloe vulgaris* Lamk.), originaire de l'Afrique, probablement des îles Canaries. L'Aloès méditerranéen est bien petit, comparé à beaucoup d'autres représentants du même genre disséminés sur le reste du vaste continent africain. Sa hampe ne s'élève qu'à 5 ou 6 décimètres, ne pouvant s'éloigner davantage du sol qui la réchauffe : plus haut, l'air est trop froid pour son organisation frileuse.

Par l'important produit connu sous le nom de *suc d'Aloès* qu'elles fournissent à la thérapeutique, par leur valeur ornementale, leur physionomie et leurs mœurs remarquables, ces plantes méritent d'arrêter un moment notre attention.

Le Cap de Bonne-Espérance est la terre classique des Aloès ; tous appartiennent aux pays chauds, et leurs très-nombreuses espèces, souvent assez difficiles à distinguer les unes des autres, sont pour la plupart originaires de l'Afrique, quelques-unes de l'Asie et de l'Amérique méridionale. Ces végétaux vivent en plein soleil, dans les sols arides et desséchés, ne recevant le plus ordinairement d'autre eau que

Fig. 348. — Platanes près de la rivière Eilœos (Grèce).

celle des abondantes rosées des nuits tropicales. Tout dans leur organisation révèle ces aptitudes particulières et ce genre de vie. L'eau est
rare, disons-nous; la feuille épaisse, charnue, inerme ou bien armée
à son sommet et le long de ses bords d'aiguillons plus ou moins robustes, devient un réservoir dans lequel l'eau est habilement amassée
et soigneusement gardée pour les besoins de la végétation. Ces feuilles,

Fig. 549. — Type d'Aloès.

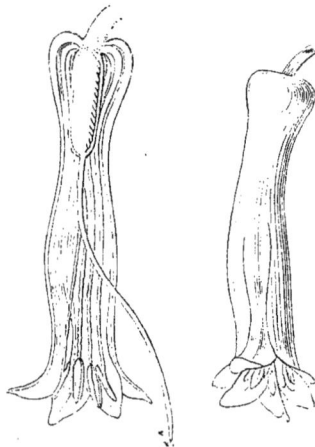

Fig. 550. — Fleur entière d'Aloès et sa coupe
longitudinale.

toujours serrées les unes contre les autres, attendu que l'allongement
de l'axe est extrêmement lent, forment une grosse rosette s'étalant
sur le sol dans les espèces acaules, ou bien se soulevant lentement
et comme péniblement dans les espèces caulescentes, dont les tiges
ligneuses et épaisses, simples ou exceptionnellement ramifiées, grandissent très-peu en général. Le moment de la floraison venu, des
hampes grêles, axillaires le plus souvent, s'élancent au-dessus du
feuillage, portant des inflorescences en grappes ou en épis. La fleur

40

traduit tout aussi exactement que l'appareil végétatif les exigences spéciales de son climat. L'Aloès est une Liliacée de cette riche et nombreuse famille à laquelle la floriculture doit plusieurs de ses plus belles fleurs : les Tulipes, les Jacinthes, les Lis, les Tubéreuses, les Fritillaires, les Yucca, les Hémérocalles, pour ne citer que les plus connues et les plus populaires. Que sera la fleur de l'Aloès? quel type adoptera-t-elle parmi cet admirable ensemble de formes variées, mais toujours élégantes? Sous les chauds rayons de son soleil natal, elle va sans doute égaler les proportions de celles des Lis ou tout au moins des Yucca, d'autant mieux que Lis et Yucca fleurissent dans nos jardins aux moments les plus chauds de l'été. Eh bien, non! les fleurs de Lis ou de Yucca placées sur une hampe d'Aloès constitueraient un contre-sens, une impossibilité; elles y mourraient de soif, consommant beaucoup d'eau. Tous ceux qui élèvent des Yucca connaissent l'énorme quantité d'eau qu'il faut dépenser pour mener à bien leur luxuriante floraison; pas d'arrosages, pas de fleurs. D'ailleurs, pour se protéger contre le soleil avec une pareille ampleur et une semblable conformation, il lui faudrait renoncer à sa nationalité en quelque sorte, cesser d'être une Liliacée pour devenir une Cactée. Du reste, où l'Aloès prendrait-il l'eau nécessaire? Sa fleur doit au contraire la ménager avec d'autant plus de parcimonie, qu'elle ne peut s'abriter, comme tant d'autres fleurs tropicales, sous un feuillage léger et assez profondément découpé pour adoucir la lumière sans l'arrêter. Sous peine de périr de faim, étant donné l'appareil de nutrition, il faut le plein soleil aux fleurs des plantes grasses; mais la conformation de ces fleurs doit leur permettre d'en atténuer les effets si les rayons sont trop ardents, ou d'en recevoir l'entière influence quand ils ont perdu quelque chose de leur puissance en traversant notre atmosphère brumeuse. Pour la fleur de l'Aloès en particulier, il lui faut se prémunir contre les excès de la radiation solaire, et quelle variété de moyens aussi simples qu'efficaces l'organisation ne met-elle pas en œuvre pour y parvenir dans tous les cas, suivant la nature du climat, l'exposition et le degré de sécheresse du sol, la taille de la plante, etc., etc.? Dans toutes les espèces, on rencontre la même particularité : un périanthe pétaloïde et tubuleux composé de six folioles qui se rapprochent et se soudent sur une longueur variable comme celles des fleurs de Jacinthes, mais

plus longues et surtout beaucoup plus étroites que chez ces dernières.
La prévoyance en quelque sorte de la plante, sa crainte pour ainsi
dire de manquer d'eau, se révèle encore ici par une curieuse disposition : au fond de chacun de ces tubes s'amassent et séjournent
quelques gouttelettes d'un liquide aqueux, incolore et sucré. On
ignore au juste la raison d'être de cette sécrétion, d'ailleurs très-fré-
quente chez les Phanérogames. Est-elle destinée à attirer les insectes
chargés du soin des fécondations? sert-elle au contraire à entretenir
dans cette chambre étroite et longue une constante humidité sans
laquelle les anthères et le stigmate avorteraient ou seraient prématurément desséchés? Peut-être l'un et l'autre ; en tout cas cette sécrétion est très-abondante dans les fleurs d'Aloès pendant la période
de la fécondation. Outre ces dispositions communes à tous les Aloès,
il en est d'autres spéciales à telle ou telle espèce en particulier, et dont
la corrélation avec les influences climatiques est évidente. C'est
ainsi que la fleur se penche ou se dresse, que les anthères se montrent hors du tube du périanthe ou restent cachées dans son intérieur, etc., manières d'être diverses dont les conséquences sont faciles
à prévoir.

Nous bornerons là cette comparaison entre les caractères du climat
et ceux de la plante, pour dire quelques mots en terminant du suc
d'Aloès qu'on retire exclusivement des feuilles.

Comme on devait s'y attendre, il y a deux parenchymes dans ces
organes : l'un servant à la nutrition générale, et qui se rencontre avec
les mêmes caractères essentiels dans toutes les feuilles, quelle que soit
la famille de la plante ; l'autre, au contraire, particulier à la feuille
d'Aloès et sécrétant précisément la matière employée en thérapeutique.
Il existe donc dans cet organe deux liquides distincts, la sève et le suc
propre ; mais, comme il arrive toujours en pareil cas, on ne sait pas
les extraire séparément. La coupe transversale d'une feuille montre
deux régions différentes : la première, périphérique, est formée d'un
parenchyme vert dont les cellules sont petites et serrées les unes contre les autres ; la seconde, centrale et beaucoup plus développée que la
précédente, pourrait pour cette raison être appelée la moelle de la
feuille. Ses cellules, relativement énormes, à parois excessivement
minces et transparentes, sont remplies d'un liquide aqueux, incolore,
visqueux, et imprégné de matières salines, dont la saveur est peu

prononcée, et la vertu thérapeutique nulle. Le suc médicamenteux se
forme dans le système fibro-vasculaire qui sépare incomplétement l'une
de l'autre les deux régions précédentes. Autour des vaisseaux se voient
des cellules allongées dans le sens de ces derniers. Elles sont remplies
d'un liquide brunâtre et amer, qui se concrète sur place quand la
feuille est isolée de la plante, absolument comme le sang se coagule
dans les veines de l'animal récemment mort : ce liquide spécial est le
suc d'Aloès. Pour l'obtenir, voici comment on procède dans les principaux centres de production.

A la Jamaïque, on exploite l'Aloès vulgaire. L'opération s'exécute
pendant les mois de mars et d'avril, à l'heure la plus chaude du
jour. Les feuilles, après avoir été détachées à la base, sont portées
aussitôt dans une espèce d'entonnoir en bois ayant la forme d'un V,
et dont les deux faces sont percées de trous à leur partie inférieure
pour laisser écouler le liquide dans un auget long de 12 à 15 mètres
et profond seulement de 0m,40. Les feuilles sont étendues sur les
parois de l'entonnoir par rangées parallèles, la plaie tournée vers le
fond. On les laisse égoutter sans jamais les presser, et, une fois épuisées, elles servent d'engrais. Le liquide mixte des augets est versé
dans un récipient où il séjourne jusqu'à ce que la quantité recueillie
soit suffisante pour permettre de l'évaporer utilement, ce suc ayant
l'avantage précieux et rare sous ce climat de pouvoir rester longtemps exposé à l'air libre sans fermenter ni s'altérer. L'évaporation,
poussée jusqu'à consistance solide du produit, se fait dans des chau-
dières de cuivre au fond desquelles on place une sorte de grande
cuiller dans laquelle se ramassent pendant l'ébullition les impuretés
du liquide.

Au Cap, on procède d'une façon plus primitive. On creuse un trou
dans le sol, et on y étend une peau de chèvre sur le pourtour de laquelle on range les feuilles de la même manière que précédemment,
en tournant toujours la plaie vers le centre du trou. Lorsque la peau
est pleine de suc, on enlève les feuilles, et on verse le contenu dans
une chaudière de fer, où le suc bout et se concentre.

L'extrait d'Aloès ainsi préparé est supérieur à celui qu'on obtient
par l'un quelconque des procédés employés d'ordinaire pour l'extraction des sucs végétaux, en pressant la feuille hachée, après ou sans
macération préalable dans l'eau.

L'Agavé commun (*Agave americana* Lin.) est le troisième type des
terres arides tropicales naturalisé dans le bassin méditerranéen. Lui
aussi fait partie d'un genre fort nombreux d'espèces ornementales
originaires de l'Amérique centrale, du Mexique, des Antilles et de la
Californie méridionale, très-recherchées de tout temps dans les jardins, et que le public ne distingue guère des Aloès ; pour lui, Aloès et
Agavés ne font qu'un. Sans doute, leur mode de végétation et leurs
conditions d'existence sont assez semblables; toutefois leur port l'est
beaucoup moins, et ses variations conduisent à distinguer parmi les
Agavés plusieurs formes secondaires, entre lesquelles nous citerons
seulement : 1° les Agavés proprement dits, de beaucoup les plus
nombreux, plantes acaules portant une énorme rosette de feuilles
grandes, épaisses, charnues, armées d'aiguillons brunâtres ou noirâtres, diversement recourbés; 2° les Agavés caulescents, aux formes
d'Aloès, aux feuilles plus petites, mais tout aussi charnues; 3° les
Agavés, caulescents ou non, dont les feuilles, longues et étroites, ·
moins charnues que les précédentes et parfois même simplement
parcheminées, font ressembler la plante à un Yucca. Pour les botanistes, il n'y a pas de confusion possible entre les espèces des deux
genres : les Aloès étant des Liliacées ont par conséquent un ovaire
supère; les Agavés appartiennent à la famille des Amaryllidées, et
leur ovaire dès lors est infère.

Pourquoi l'imagination populaire s'est-elle plu à doter l'Agavé commun de facultés extraordinaires et de propriétés merveilleuses? Il
passe à tort pour ne fleurir que tous les cent ans, et pousser à vue d'œil
le moment de la floraison venue. En réalité, c'est une plante patiente,
dont l'organisation peut supporter la bonne comme la mauvaise fortune. Dans son pays natal, sur une terre riche et profonde, elle
atteint de fortes proportions, et sa hampe mesure 8 à 9 mètres de
hauteur. Cramponnée au rocher dénudé, vivant de la poignée de poussière que le vent a réunie dans l'anfractuosité au fond de laquelle elle
est implantée, sa taille est beaucoup moindre, mais elle n'en végète
pas moins activement; le puissant soleil de l'équateur compense
l'infériorité de sa situation, et elle fleurit comme ses congénères plus
favorisées au bout de 7, 8, 10, 15, 20 ans, selon les régions et les
variétés. Dans nos jardins, sous notre pâle soleil, la floraison se fait
attendre souvent bien des années. La plante est monocarpienne, mais

avec elle comme avec toute autre la propagation ne perd jamais ses
droits. Si elle ne fleurit qu'une fois, du moins cette unique floraison
comprend plusieurs milliers de fleurs, petites, insignifiantes, d'un
blanc verdâtre, tubuleuses comme celles des Aloès, et contenant
également des gouttes d'un nectar qui tombe en une véritable pluie
lorsqu'on secoue la hampe. Celle-ci est seule d'ordinaire; cependant,
si un accident prive la plante de son bourgeon central, bientôt
10, 15, 20 bourgeons axillaires voisins s'éveillent, et s'allongent en
rameaux florifères, en sorte qu'au lieu d'une hampe unique, sorte de
gigantesque candélabre portant une vingtaine de bras, la plante mu-
tilée se couvre littéralement de fleurs. Mais, dira-t-on, la fructification
est abondante sans doute, malheureusement il faut l'attendre plusieurs
années, et pendant ce temps la plante peut mourir : comment donc
une espèce aussi mal partagée sous le rapport de la reproduction
peut-elle se conserver et surtout se propager avec l'étonnante rapidité
qu'on lui connaît? D'abord, la plante possède une énergique vitalité;
dans son pays natal, il n'est pas rare de rencontrer des pieds déracinés par accident continuer de végéter, et produire encore dans ces
conditions des hampes de 2 à 5 mètres de hauteur. De plus, entre
le moment de sa naissance et celui de sa mort, en d'autres termes,
entre l'époque de la germination et celle de la floraison, l'Agavé se
multiplie activement à l'aide de nombreux drageons qui naissent
dans la région axillaire de ses feuilles inférieures.

Peu de végétaux rendent plus de services que l'Agavé commun. La
plante forme d'excellentes clôtures qu'aucun animal n'ose franchir
tenu en respect par les aiguillons rigides et acérés de ses feuilles; on
retire de celles-ci une fibre textile estimée, le *pitte;* enfin sa sève fermentée est le *pulque,* la boisson nationale des Mexicains, qui en reti-
rent encore par la distillation une eau-de-vie estimée. On le voit,
l'Agavé commun tient lieu, partout où il croît spontanément, du
Chanvre ou du Lin, de la Vigne, et remplace en même temps la plante
épineuse qui préserve les cultures européennes de l'atteinte des animaux.

Partout où vit l'Agavé commun, on extrait de ses feuilles une
excellente filasse employée à la corderie et à beaucoup d'autres usages;
on en fait même depuis quelques années de la pâte à papier. La préparation de ces fibres est des plus simples ; voici comment elle se pratique en Espagne, dans la province de Valence, où la plante végète avec

vigueur, donne des feuilles de 2 à 3 mètres de longueur sur 0^m,30 de largeur, et des hampes de 4 à 5 mètres de hauteur.

On coupe les feuilles pendant les mois de juillet et d'août, en lais-

Fig. 351. — Préparation de la fibre d'Agavé (*Agave americana* Lin.).

sant sur la plante celles du cœur, encore trop peu fibreuses. L'ouvrier commence par les écraser à l'aide d'un maillet ou d'une pierre, puis en réunit une dizaine en un paquet dont il lie l'un des bouts, celui des sommets des feuilles, avec une ficelle qu'il attache ensuite à un crochet en fer fixé sur l'un des petits côtés d'une sorte de dessus de table. Cela fait, il maintient celui-ci incliné devant lui, et promène sur les feuilles une barre de fer prismatique dont les arêtes, en frottant fortement sur elles, détachent le parenchyme. Une fois la filasse isolée, il ne reste plus qu'à la laver et à la faire sécher. Dix feuilles donnent en moyenne 250 grammes de filasse fine.

Le pulque est la séve fermentée du Maguey, variété de l'Agavé commun qu'on cultive sur une grande échelle au Mexique exclusivement dans ce but. Le moment de l'entrée en séve, et par conséquent de la récolte, est celui où la hampe va se développer. Il importe de bien saisir ce moment, et il faut se garder d'opérer trop tôt ou trop tard : la qualité comme l'abondance de la séve sont à ce prix. Les Indiens chargés de l'exploitation reconnaissent à des indices sûrs, bien qu'imperceptibles pour des yeux européens, que l'heure favorable est venue. Celle-ci se fait plus ou moins attendre selon les individus, la nature du climat et du terrain, etc., etc.; c'est généralement de la 10ᵉ à la 20ᵉ année que le Maguey entre en séve, parfois beaucoup plus tôt, parfois aussi bien plus tard. Enfin, à l'heure voulue, l'ouvrier détache le bourgeon central, creuse une cavité dans la plaie, pose sur l'orifice du trou une pierre plate, ou se borne simplement à relever les feuilles voisines et à les lier au-dessus de lui, afin d'empêcher les animaux qui en sont très-friands de boire la séve. Pendant quatre ou cinq mois, celle-ci s'amasse sans interruption dans le trou, où on la recueille trois fois par jour. L'outillage de l'homme chargé de ce soin est des plus simples et des plus primitifs. Sur le dos, il porte, à l'aide d'un filet grossier retenu à la tête, une outre dont l'orifice est en haut, et dans laquelle il verse la séve à mesure qu'il la recueille. A la main il tient deux instruments : le premier est une sorte de grosse cuiller à manche court avec laquelle il agrandit, avive et nettoie, la plaie de temps à autre; le second, l'*acojote*, est une informe pipette creusée dans une calebasse longue et légèrement courbée. Au bout étroit de celle-ci est adaptée une corne de bœuf percée à son sommet, et sa base est munie d'un trou sur lequel l'ouvrier, après avoir plongé la corne de bœuf dans la séve, appuie ses lèvres, et aspire le liquide.

Un Maguey donne en moyenne par jour de 9 à 10 litres, soit 1500 litres environ pour toute la période d'exploitation, d'un liquide limpide et très-fermentescible, nommé *eau de miel* (*aguamiel*), contenant de 9 à 10 pour 100 de sucre, et d'une saveur agréable quand il

Fig. 552. — Récolte de la séve de Maguey.

est frais ; après quoi, la plante meurt épuisée, mais non sans laisser de nombreux rejetons.

L'aguamiel est versée dans des tonneaux ouverts ou dans de grandes jarres, et on y ajoute, pour exciter la fermentation, une levûre spéciale, la mère-pulque (*madre pulque*) comme on l'appelle dans le pays. Celle-ci est de la séve ayant subi pendant une quinzaine de jours la fermentation spontanée. Sous son influence, l'eau de miel fraîchement recueillie entre elle-même en fermentation au bout de 24 heures, et il faut de 5 à 10 jours, plus ou moins selon les circonstances, pour que le pulque puisse être livré aux consommateurs. Son aspect est alors celui du petit lait ; son odeur, repoussante pour qui n'y est pas habitué, est spéciale et caractéristique : elle rappelle à la fois le lait aigri, la viande faisandée et les œufs gâtés. Enfin, le pulque est rafraîchissant, tonique, et passe dans toutes les terres chaudes pour réveiller l'activité des fonctions digestives énervées par les ardeurs du climat.

CHAPITRE IV

LA FLORE TROPICALE

Les conditions climatiques présentent dans la zone torride leur plus haut degré de complication et de diversité; la flore, qui donne partout un corps à ces influences en les traduisant sous des formes tangibles, atteint dans ces contrées la richesse et même la profusion. Là, — ainsi que nous le faisions remarquer précédemment, — aucun espace, si petit qu'il soit, ne reste vide sur le sol, ou dans l'atmosphère jusqu'à une très-grande hauteur. Chaque plante grandit, atteint une certaine taille en rapport avec le climat et son organisation. Un moment vient où la cime cesse de s'élever, et s'étend désormais en largeur, autant que le permettent les plantes voisines, restant ainsi dans la zone atmosphérique que son tempérament réclame. Dans une plaine équatoriale, les végétaux constituent des foules où les espèces, confuses près du sol, deviennent de plus en plus distinctes à mesure qu'on s'en éloigne, en s'étageant comme les plantes sur les flancs d'une montagne.

Ici moins que jamais nous ne pouvons faire connaître les associations végétales que fait naître et vivre le soleil des tropiques. Dans l'impossibilité où nous sommes de les décrire toutes, choisissons seulement trois d'entre elles, et racontons les mœurs, — d'une façon bien sommaire encore, — des populations végétales qui habitent l'oasis et la terre chaude, l'eau courante et l'eau dormante, enfin la forêt vierge.

I. — L'OASIS ET LA TERRE CHAUDE

L'oasis et la terre chaude sont deux antithèses géographiques des climats secs et brûlants dont il importe avant tout de faire connaître les conditions antagonistes.

La végétation est la protectrice naturelle du sol; où elle manque, celui-ci est livré sans défense aux agents érosifs qui le triturent et l'émiettent en un sable incohérent, que le vent transporte et dissémine çà et là au gré de ses caprices. D'autre part, la vie ne pouvant exister sans eau, il en résulte qu'en dehors de la limite des neiges perpétuelles, c'est le régime pluvial qui détermine partout les caractères physiques du sol et ceux de la végétation. Si la saison pluvieuse est de trop courte durée pour permettre à la plante annuelle de germer et de fructifier, si la plante vivace n'a pas le temps d'organiser et de faire fonctionner les quelques feuilles nouvelles qui doivent renouveler son approvisionnement alimentaire, la vie végétale est impossible, et la contrée reste un désert dans toute sa nudité, une région de sables arides, une terre de désolation! Les pluies durent-elles quelques semaines, alors des plantes, comme la Rose de Jéricho, se montrent avec les pluies, puis le désert renaît avec la saison sèche.

La Rose de Jéricho (*Anastatica hierochuntica* Lin.) tire son nom botanique du mot grec *anastasis*, qui signifie résurrection. C'est une humble Crucifère annuelle, aux fleurs insignifiantes, petites et blanches, à la tige très-ramifiée, qui a joui depuis le moyen âge jusqu'à notre époque, mais surtout dans le moyen âge, d'une réputation imméritée. En Syrie, elle vit sur les vieilles murailles et les rochers; on la trouve également dans les sables de l'Arabie, de la Barbarie et de la Palestine, ainsi que sur les rivages de la mer Rouge. La fructification terminée, les feuilles tombent, les rameaux en se desséchant se recourbent en dedans, et elle prend alors l'aspect d'une boule. Pendant la saison sèche, le vent l'arrache aisément du sol désagrégé, et la roule çà et là. C'est dans cette situation que les pèlerins la trouvaient en Palestine. A force de la regarder, ils lui découvrirent, paraît-il, une certaine ressemblance avec la Rose, et lui donnèrent le nom de Rose de Jéricho. Le hasard apprit un jour que, parvenue à ce

Fig. 555. — L'oasis de Gafsa dans la régence de Tunis.

degré de dessiccation, il suffit de plonger ses racines dans l'eau pour voir ses rameaux, en se gonflant, se redresser et s'étendre. Ces variations d'attitude, selon qu'on lui donne de l'eau ou qu'on la tient au sec, sont de simples effets hygrométriques, et n'ont rien de comparable à ceux de la végétation. Ils ont longtemps passé cependant aux yeux des populations ignorantes et crédules comme la preuve de la résurrection de la plante quand on lui donne de l'eau, de sa mort lorsqu'on l'en prive. C'est ainsi qu'elle devint la plante de la résurrection, Anastatica, et fut bientôt dotée de vertus aussi imaginaires que son immortalité.

Dans ces contrées arides dont le sol boit la pluie jusqu'à la dernière goutte, il se rencontre parfois un certain concours de dispositions géologiques qui permet aux eaux pluviales de s'amasser dans des réservoirs souterrains, puis d'alimenter des sources permanentes. Partout où le sol est abreuvé par elles, un centre particulier de végétation, l'oasis, se constitue et persiste tant que l'eau ne tarit pas, subissant le contre-coup des fluctuations de celle-ci : s'étendant quand le débit des sources augmente, se restreignant lorsqu'il diminue.

Toutefois, dans le désert, hors de la sphère d'influence des sources, des associations végétales se rencontrent dans des conditions entièrement opposées. Ce n'est plus l'oasis, car la terre reste privée d'eau : c'est le roc nu et aride qui attire et groupe les plantes en leur offrant un abri contre les sables mouvants dans ses anfractuosités, remplies à la longue d'une poussière rassemblée là par le vent. Les populations végétales capables de vivre dans des conditions aussi exceptionnelles n'ont pas encore reçu de nom : elles caractérisent les contrées que les géographes appellent, dans l'Amérique tropicale, les terres chaudes.

Le Dattier (*Phœnix dactylifera* Lin.) est la providence de l'Arabe et le roi de l'oasis; sans lui, le Saharien ne pourrait vivre, et l'oasis exister : le Dattier nourrit l'homme et abrite les autres cultures. Sa patrie est cette longue et large zone, comprise entre le 55ᵉ degré et le 12ᵉ ou 15ᵉ degré de latitude nord, qui s'étend de l'Atlantique à la vallée de l'Indus. Sur cette vaste surface, partout où il y a de l'eau, le Dattier se rencontre. Il se propage également bien par semis et par drageons, qu'il commence à produire dès qu'il atteint la taille de l'homme. Le premier mode a, comme toujours, l'avantage de procurer parfois de nouvelles variétés de mérite, mais le défaut de faire attendre la première récolte jusqu'à la 12ᵉ année environ, et encore n'est-ce seulement qu'à partir de la 15ᵉ ou de la 20ᵉ année que les fruits acquièrent toutes leurs qualités. Le semis présente encore l'inconvénient grave de laisser jusqu'à cette époque le cultivateur dans l'ignorance du sexe du nouvel arbre, le Dattier étant dioïque. Or, dans l'oasis où l'eau est rare et doit être ménagée avec le plus grand soin, il importe de réduire les arbres mâles au nombre strictement nécessaire pour assurer la fécondation. L'expérience ayant appris qu'un mâle suffit pour une centaine de femelles, tous les autres venus de semis sont abattus dès que leur première floraison indique leur sexe. Le semis entraîne donc dans tous les cas une perte de temps, et parfois une grande déconvenue lorsqu'il produit plus de Dattiers mâles qu'il n'en faut conserver. Le second mode de propagation donne des sujets plus hâtifs et dont le sexe est connu d'avance, puisqu'il est celui du pied mère qui a fourni le drageon. Il est d'usage dans les plantations d'employer des drageons âgés de deux ou trois ans qui, bien soignés, fructifient au bout de quatre ou cinq ans.

Le Dattier, comme les autres Palmiers caulescents, reste acaule pendant les premières années qu'il emploie à prendre possession du sol, à se bien asseoir sur sa base, en développant sous terre à plusieurs mètres de profondeur un appareil radical conique, épais et touffu. Ces précautions prises, il s'élève lentement, formant une sorte de colonne cylindrique assez flexible pour défier les violences du vent, assez épaisse pour ne se point dessécher dans l'atmosphère embrasée qui l'entoure. Le stipe est surmonté d'un gigantesque panache de feuilles énormes et persistantes, longues de 3 à 4 mètres, dont les robustes pétioles embrassent la tige par leur base, et se terminent par des limbes coriaces, d'un vert un peu glauque, pennés et divisés jusqu'à la nervure médiane en étroites lanières pliées en gouttière comme pour recueillir la rosée. Ce n'est que tout à fait accidentellement que la tige se partage en plusieurs bras; d'ordinaire elle est simple et mesure, quand elle est parvenue à sa complète croissance, 15 à 20 mètres de hauteur sur 0ᵐ,60 à 1 mètre de diamètre. Les Arabes affirment que le Dattier vit deux ou trois siècles : peut-être exagèrent-ils sa longévité. En 1871, le vent a brisé au Caire le plus grand Dattier connu en Égypte, et certainement aussi un des doyens de ces arbres si communs sur les bords du Nil, leur contrée de prédilection. Lors de l'expédition du général Bonaparte en 1800, il mesurait déjà 20 mètres de hauteur, et en 1869 sa taille était de $27^m,70$; on estime son âge à près de deux siècles. Tous les ans, le Dattier produit de six à sept feuilles et perd un pareil nombre des plus anciennes; les morts et les naissances se succèdent de telle sorte que le feuillage compte d'ordinaire chez les Dattiers sauvages une quarantaine de feuilles, distribuées avec symétrie dans deux plans rectangulaires. Ces organes forment ainsi, en se superposant, deux gigantesques écrans à claire-voie qui se coupent à angle droit. Les Dattiers cultivés sont taillés tous les ans afin de régulariser leur végétation. On les débarrasse des feuilles détériorées, et on coupe en outre le tiers de celles de la base de manière à ne leur en laisser que vingt-cinq à trente.

Les fleurs sont axillaires et groupées en énormes spadices appelés *régimes*, et renfermées avant leur épanouissement dans des spathes ligneuses qui s'ouvrent avec bruit. La déhiscence des spathes mâles précède d'une quinzaine de jours celle des spathes femelles. Les Dattiers en plein rapport produisent annuellement de cinq à six régimes, parfois de huit à dix, et même davantage. Dans ce dernier cas, l'usage est d'en supprimer quelques-uns. Ainsi limitée, la fructification fournit de 6 à 10 kilogrammes de dattes par régime, et on compte sur un revenu moyen de 70 kilogrammes de fruits par arbre, soit 7000 kilogrammes à l'hectare. Cette énorme production fatigue le Dattier, et on a remarqué que le rendement est alternativement, d'une année à l'autre, élevé et faible, comme le fait se présente dans plusieurs de nos arbres fruitiers, dans l'Abricotier entre autres. La floraison a lieu au printemps, lorsque la température moyenne atteint 18°, un peu plus tôt ou un peu plus tard par conséquent suivant les localités : en février-mars dans la Nubie et la haute Égypte, en mars-avril dans la basse Égypte. Les fleurs mâles s'ouvrent les premières. Fait curieux à noter, il est constaté que sans fécondation artificielle les Dattiers femelles cultivés restent stériles, et pourtant les Dattiers sauvages portent des fruits sans l'intervention de l'homme. La fécondation artificielle se fait du reste de la façon la plus simple et la plus expéditive. Au moment de l'épanouissement des fleurs mâles, un homme grimpe sur le Dattier, coupe l'inflorescence, la descend avec précaution pour ne point perdre le pollen, puis la divise en ramilles contenant chacune une douzaine de fleurs environ, place ces ramilles dans un pan de son bournous, monte sur les Dattiers femelles, secoue sur les fleurs de chaque régime le pollen d'une ramille, et fixe ensuite celle-ci au régime. L'opération est terminée, les fruits nouent, et vers la fin du mois de juin, quand ils sont parvenus à une certaine grosseur, on consolide les régimes pour qu'ils ne soient point brisés par le vent. Dans ce but, le cultivateur fend de la base au sommet le rachis d'une feuille dans la plus grande partie de sa longueur, arrondit le tout en cercle, lie les deux bouts du pétiole, porte ce cerceau sur l'arbre, le fixe, et y attache les régimes.

Les dattes sont mûres en automne, lorsque la température redescend au-dessous de 18°. A Biskra, la fructification exige sept mois, du 1er avril au 31 octobre; au Caire, on fait la récolte au mois d'août, et dès le mois de juillet dans la haute Égypte.

On tire parti des Dattiers femelles devenus stériles, ou des Dattiers mâles qu'on veut sacrifier, en les saignant tous les ans pour en récolter la sève. Quand elle cesse de couler, on bouche la plaie avec du sable qu'on maintient en place à l'aide d'une ligature faite avec une corde en poil de Chameau. C'est là du reste une opération qui se pratique dans toutes les contrées où vivent des Palmiers. La sève recueillie donne par la fermentation un liquide alcoolique, le *vin de Palmier*, qui porte des noms divers selon les pays. Parfois l'Arabe, au lieu de couper les régimes surabondants, les laisse sur l'arbre et se borne à les inciser pour en extraire la sève.

Enfin le chou du Dattier, d'environ 0^m,5 de longueur, ayant la consistance de l'amande fraîche et le goût de la châtaigne, est un mets très-estimé, d'autant plus estimé qu'il est plus rare, attendu que pour l'obtenir il faut sacrifier l'arbre, jamais un Dattier coupé au pied ne repoussant; or ce sacrifice, on ne se résout à le faire qu'à la dernière extrémité, lorsque le sujet est devenu complétement improductif.

Le Dattier est le premier arbre monocotylédone que nous rencontrons dans nos études; à ce titre, il n'est pas inutile de montrer la parfaite harmonie qui existe entre son organisation et ses conditions d'existence.

La particularité la plus frappante est cette tige cylindrique, grêle relativement à sa hauteur, qui ne s'épaissit ni ne se ramifie avec le temps. Il serait cependant inexact d'en conclure que le Dattier est incapable d'organiser des productions axillaires, puisque ses fleurs

occupent cette situation, que l'arbre drageonne du pied, et qu'il
donne des branches, tout à fait exceptionnellement il est vrai. A

Fig. 551. — Récolte en Indo-Chine de la sève du Rondier à éventails (*Borassus flabelliformis* Lin.).

quelle cause faut-il donc attribuer l'atrophie des bourgeons latéraux
de la tige? On l'ignore.

Ce stipe, qui garde la même épaisseur du premier au dernier jour de son existence, doit à cette particularité de pouvoir vivre dans l'atmosphère embrasée qui le baigne. Le jeune tronc dicotylédone, aussi long et aussi grêle, serait promptement desséché dans de semblables conditions. Grâce à son épaisseur, le stipe du Dattier résiste, et une heureuse particularité organique, d'une admirable simplicité, lui vient efficacement en aide. Quelques explications sont indispensables pour bien comprendre la nature de cette intervention.

La feuille de l'arbre dicotylédone, d'une étendue fort restreinte par suite de la gracilité du rameau sur lequel elle s'attache, ne peut compenser cette cause d'infériorité que par une énergique activité. Mais la puissance physiologique implique une délicatesse de tissus et une irritabilité nutritive trop grandes pour permettre à la feuille de supporter les froids du nord et les chaleurs du midi. Être caduque est pour elle une impérieuse nécessité de son organisation et de ses conditions d'existence. Sur le bourgeon terminal du Dattier, dont l'axe, bien que rudimentaire, possède déjà l'épaisseur qu'il gardera par la suite, il y a place suffisante pour l'implantation de grandes feuilles; dès lors le feuillage, pour atteindre une superficie en rapport avec les exigences de la nutrition, n'est plus contraint à se fractionner en des milliers de feuilles, obligeant la tige à se ramifier de plus en plus afin de donner attache à des organes dont le nombre croît sans cesse d'une année à la suivante. Quelques énormes feuilles suffisent alors, et la tige peut rester simple tout en égalant en puissance nutritive celle de l'arbre dicotylédone. Mais, si l'organisation d'une feuille dicotylédone, toujours assez petite, est un travail qui peut se faire en peu de temps et avec de faibles ressources, il n'en est plus de même quand il s'agit d'édifier une feuille de plusieurs mètres de longueur et large en proportion : c'est alors une œuvre de longue haleine et qui demande de nombreux matériaux. Pour ce double motif, la feuille de l'arbre monocotylédone sera persistante, et devra posséder un parenchyme assez coriace, assez résistant, pour lutter avec avantage pendant plusieurs années contre les influences climatiques. L'organisation, qui invariablement tend vers son but par les moyens les plus simples et les plus économiques, fait servir ces feuilles énormes et persistantes à la protection du stipe, et voici comment. Nous savons que ces dernières, après leur mort, se désorganisent sur place, du sommet à la base; il

arrive un moment où chacune d'elles est ainsi réduite à sa gaîne sur-
montée d'un fragment de pétiole que le temps raccourcit chaque jour,
et comme ils sont contigus, ces débris ressemblent, mais dans de plus
vastes proportions, aux écailles rugueuses qui recouvrent et garan-
tissent le corps du crocodile. On sera certainement frappé de la différence des moyens employés par l'arbre, selon qu'il est dicotylédone ou
monocotylédone, pour arriver au même but : la protection du corps
ligneux contre des influences climatiques trop vives. Chez le premier, le bois se défend contre les chaleurs de l'été, contre le froid
et l'humidité de l'hiver, en s'abritant sous le liége de l'écorce. C'est
là en effet une protection des plus efficaces, et les Européens qui
habitent les contrées tropicales n'ont rien trouvé jusqu'ici de mieux,
pour se préserver des insolations, si souvent mortelles sous ces climats, que l'usage de coiffures en liége. Le second, pouvant garder
plus longtemps ses feuilles, abrite son stipe sous les gaînes de ses
pétioles. Mais, dira-t-on, ce moyen n'a qu'un temps, et, lorsque les
derniers vestiges de la feuille se réduisent en poussière, qu'arrive-t-il?
Alors la tige complétement dénudée est entièrement constituée, et son
système fibreux, au lieu d'être réparti par couches concentriques de
composition uniforme comme dans le tronc, est surtout concentré dans
la zone externe. Chez tous les Palmiers, le cœur du stipe, très-peu
fibreux, mais en revanche plus ou moins mou, parenchymateux et féculent, est enveloppé d'une sorte d'étui fibreux très-résistant. A quoi bon
dès lors une écorce? Au contraire, une telle enveloppe serait nuisible
en diminuant l'élasticité indispensable à cette haute colonne isolée
dont la tête feuillée donne une si large prise au vent.

Bien d'autres harmonies organiques seraient encore à signaler dans
le Dattier, les suivantes entre autres. Il faut à ces feuilles peu nombreuses un puissant soleil pour surexciter leur énergie; il faut en outre
à ces travailleurs infatigables un profond sommeil pendant la nuit,
afin qu'ils ne dépensent point pour leurs besoins personnels durant
leurs douze heures de repos toutes les ressources qu'ils ont amassées
dans leurs douze heures d'activité. Le climat du Sahara, surtout à l'altitude où le Dattier porte son feuillage, convient parfaitement à cette
fin. Le sable est littéralement brûlant dans la journée, la nuit il gèle;
et parfois en Algérie nos troupes, durant leurs expéditions dans le
Sud, ont eu à supporter des froids nocturnes de 8° et même de 10° au-

dessous de 0°. Combien doivent être plus grandes encore les variations thermométriques à l'altitude où vivent les feuilles du Dattier! Enfin la feuille, avons-nous remarqué autrefois, est un des organes essentiels de cette admirable machine hydraulique qui élève l'eau depuis le sol jusqu'à la cime la plus haute. Si le nombre de ces organes est très-petit, comme chez les Dattiers, il faut par compensation que le jeu de chacun d'eux soit plus efficace, et c'est ce qui a lieu en effet dans cette espèce par suite de l'intensité de la radiation solaire. D'ailleurs une exigence spéciale à cette Monocotylédone leur vient en aide : le Dattier aime l'eau, il lui faut des arrosages copieux et fréquents; on conçoit combien le travail d'absorption des racines doit être facilité par un sol constamment humide. Il est reconnu du reste que l'arbre préfère la quantité à la qualité, et il est du petit nombre de ces végétaux qui se contentent d'eau saumâtre, la recherchent même selon quelques observateurs. Chez lui, on le pressent, l'alimentation par l'atmosphère prédomine, il emprunte relativement peu à la terre, et l'abondante humidité qu'il soutire sans cesse au sol est surtout destinée à remplacer l'eau que le Soleil lui enlève. Sans doute, il consomme des aliments minéraux, mais ses exigences sous ce rapport doivent être fort modérées, son système ligneux ne prenant jamais un grand développement.

Les caractères de la floraison et de la fructification fournissent de nouveaux arguments en faveur de la grande loi de l'adaptation de l'organisme au milieu. Ces spathes ligneuses qui enferment hermétiquement les fleurs avant leur épanouissement, avertissent le botaniste que l'air doit être brûlant pendant le jour, et glacial pendant la nuit. Il est vrai que beaucoup de nos herbes, particulièrement des Iridées et des Amaryllidées, enveloppent leurs jeunes fleurs dans une spathe, mais celle-ci est simplement parcheminée et translucide; ligneuse, elle étiolerait les fleurs sous ce climat tempéré. Une fois épanouies, les fleurs du Dattier s'abritent des rayons du Soleil sous les grandes feuilles découpées à jour; petites et nombreuses, elles se pressent les unes contre les autres pour se préserver mutuellement contre l'air chaud et sec, absolument comme les chameaux d'une caravane se serrent instinctivement les uns contre les autres sous le souffle suffocant du khamsin.

Le Cocotier (*Cocos nucifera* Lin.) est le proche parent du Dattier :

mêmes goûts, même genre de vie, feuillage semblable. C'est ·le Pal-

Fig. 558. — Groupe de Cocotiers (*Cocos nucifera* Lin.).

mier des plages équatoriales, il aime l'embrun salé de la mer. Il est
l'arbre indispensable des insulaires perdus dans le Grand Océan ; c'est

lui qui les nourrissait et les vêtait avant l'arrivée des Européens,
c'est lui qu'ont d'abord connu et vanté les premiers navigateurs de ces
mers. Avec son bois et ses feuilles, l'indigène bâtit sa case, et taille dans
ses fruits ses modestes ustensiles de ménage, etc., etc. C'est l'arbre
propre à tout, son concours est de toutes les heures. Sa patrie est inconnue; les uns le font naître dans l'Inde, les autres en Amérique : il
se plaît et prospère également bien dans les deux mondes. Son fruit ou
coco est maintenant trop répandu sur nos marchés pour qu'il soit nécessaire de le décrire. Il germe en trois ou quatre mois. Son stipe grandit plus rapidement et s'élève plus haut que celui du Dattier; chez
l'arbre adulte, il atteint 30 ou 32 mètres de hauteur sur une épaisseur
de 3 à 5 décimètres. Ses feuilles sont également plus amples : elles
ont 4 à 5 mètres de long sur 1 mètre de largeur. A la Guyane, il
fleurit pour la première fois dès l'âge de 7 à 8 ans, et à partir de cette
époque ne cesse de produire en toutes saisons. La fructification est
axillaire, et chaque régime, enveloppé dans sa jeunesse par une spathe
ligneuse, porte des fleurs unisexuées, les unes staminées et les autres
pistillées. A ces fleurs succèdent des fruits en nombre variable de
douze à quinze, selon l'âge du sujet, la race et la localité. Le Cocotier
émet par an une douzaine de feuilles; chacune d'elles produit un
régime à son aisselle, en sorte que le même arbre porte en tous temps
des fruits à divers degrés de développement, et qu'on fait plusieurs
récoltes par an. Nous ne parlerons pas de la valeur de ce fruit comme
comestible, de son amande et de son *lait,* ni de l'huile qu'on en retire :
tous ces détails sont trop connus pour qu'il y ait utilité à les mentionner ici. Nous ajouterons que son chou et sa sève sont classés parmi
les meilleurs produits de ce genre. Pour obtenir celle-ci, on s'adresse
naturellement à l'appareil où ce liquide arrive avec le plus d'abondance, et où il est nécessairement le plus nourrissant, au spadice dont
on ampute le sommet; on fixe ensuite à la blessure un vase quelconque, qu'on vide deux fois par jour, matin et soir, en ayant le soin
de détacher chaque fois une nouvelle rondelle du régime, afin de rafraî-
chir la plaie. Les Cocotiers ainsi traités vivent moins longtemps que
ceux dont on se borne à récolter les fruits.

De tous les faits physiologiques offerts par la végétation du Cocotier,
nous n'en retiendrons que deux : l'un et l'autre se rapportent à la
fructification. Parlons d'abord de la différence notable qu'il y a entre

Fig. 556. — Baobab de Madagascar.

son fruit et celui du Dattier. Le coco est une drupe filamenteuse, se rapprochant beaucoup de la noix, bien que plus fibreuse encore ; la datte est une vraie baie, aussi charnue que la cerise, la prune, etc. Et pourtant, dans les deux types, les appareils végétatifs offrent une extrême ressemblance et présentent les mêmes exigences ! Sans doute, mais les conditions climatiques sont différentes. Vivant plus près de l'équateur, le Cocotier peut s'élever plus haut dans l'atmosphère que ne saurait le faire le Dattier, dont l'habitat est plus septentrional. Il résulte de cette différence de taille que les fruits du Cocotier s'organisent sous un climat plus extrême, où l'insolation est plus forte pendant le jour, et le refroidissement plus intense pendant la nuit : aussi la datte est-elle plus charnue que le coco. Enfin le Cocotier est plus lent que le Dattier à mûrir ses fruits, attendu qu'un tissu lignifié, étant plus complexe qu'un tissu qui reste herbacé, demande plus de temps pour se constituer.

Nous venons d'étudier un type de la zone torride créé pour des conditions spéciales que nous avons définies. Ce type devient le Dattier dans l'oasis, le Cocotier sur la plage équatoriale. L'un et l'autre arbre sont monocotylédones, et il est naturel de rechercher si un arbre dicotylédone pourrait vivre dans de pareilles conditions. Or un tel arbre existe en effet : c'est le Baobab, un des plus curieux et des plus célèbres représentants du Règne végétal actuel.

Le type Baobab appartient à cette importante et nombreuse famille des Malvacées qui compte le Cotonnier et le Cacaoyer parmi ses membres les plus utiles. Il possède trois représentants : le premier habite l'Australie, le second Madagascar et les îles voisines, le troisième enfin, le plus renommé et le plus anciennement connu de tous, le seul dont nous parlerons, appartient à la zone équatoriale de l'Afrique et de l'Asie: c'est le Baobab à feuilles digitées (*Adansonia digitata* Lin.)

Ses formes trapues le distinguent nettement des autres arbres; les proportions ordinaires entre la hauteur et l'épaisseur de la tige, mesurées au niveau du sol, sont chez lui profondément modifiées ; quelques nombres le prouveront.

Dans tous les arbres, quelle que soit leur espèce, ce rapport diminue progressivement avec l'âge, et la raison en est facile à donner. Toute tige dicotylédone, avons-nous dit, s'élève jusqu'à ce que son feuillage atteigne

la zone atmosphérique qui convient à sa nature; alors le sujet est parvenu à sa taille normale, et depuis ce moment jusqu'à sa mort, la cime
ne fait plus que s'élargir, mais le tronc continue d'augmenter d'épais-

Fig. 357. — Les Baobabs (*Adansonia digitata* Lin.) de la forêt vierge du Fa-Zoglo (Soudan oriental).

seur, et par conséquent le rapport entre ses deux dimensions diminue
de plus en plus. Il est donc toujours assez délicat de comparer ce
rapport pour des espèces différentes, car, pour que la comparaison fût
parfaitement légitime, il faudrait choisir des sujets parvenus à la
même phase de développement, par exemple quand ils atteignent leur

taille définitive. Pour nous rapprocher le plus possible de cette condition sans espérer toutefois l'atteindre, nous nous adresserons à des
sujets appartenant à la végétation spontanée, et choisis parmi les plus
gros arbres signalés par les observateurs, sans nous dissimuler pourtant ce que nos résultats offrent encore d'incertain et de vague. Dans

Fig. 558. — Baobab du débarcadère de Dakar (presqu'île du Cap-Vert).

la Bukovine, les plus gros Epicéas (*Abies Picea* Mill.) atteignent jusqu'à
66 mètres de hauteur sans dépasser 1^m,16 de diamètre transversal ; le
rapport entre la longueur de la tige et son épaisseur est donc compris
entre 57 et 58, ou, en d'autres termes, la hauteur vaut de 57 à 58 fois
le diamètre ; l'Epicéa est par conséquent un arbre à la taille élancée
et svelte. Dans la Croatie et l'Esclavonie, le Chêne s'élève à 58 mètres

de hauteur, et son tronc présente un diamètre de 1ᵐ,5 ; le rapport est compris entre 29 et 50, et l'arbre est par suite plus trapu que l'Épicéa. Enfin les gigantesques Sequoia du comté de Calaveras, dont les tiges ont depuis longtemps sans doute cessé de s'allonger tout en continuant de s'épaissir, possèdent en moyenne 91 mètres de hauteur sur 8 mètres de diamètre, et chez eux le rapport oscille entre 11 et 12. Ce dernier nombre diminue encore jusqu'à être compris entre 2 et 5 chez les plus grands Baobabs mesurés par Adanson pendant son célèbre voyage au Sénégal. Chez ces derniers, en effet, la tige s'élevait à 25ᵐ,71, et son diamètre à la base était de 9ᵐ,74.

Ces formes trapues, surtout dans la vieillesse, ne constituent pas le seul trait caractéristique du Baobab, et il suffit de jeter les yeux sur les dessins ci-dessus, pour être frappé des particularités tout aussi accusées de sa ramification. De même que le tronc, chacune des branches est un cône court et épais, d'abord fortement incliné, puis se redressant plus ou moins en s'amincissant. De sa surface d'insertion jusqu'au pied de l'arbre, s'étend une forte nodosité qui vient directement aboutir à une grosse branche radicale, donnant ainsi au tronc une forme cannelée qui rappelle dans des proportions gigantesques celle des Cierges de la famille des Cactées. C'est sur le Baobab qu'est particulièrement évidente la mutuelle dépendance entre les branches aériennes et souterraines et leur invariable association par couple.

Cette puissante ramure porte des feuilles composées-digitées, semblables à celles du Marronnier, et formées de 5 à 9 folioles, longues de 0ᵐ,10 à 0ᵐ,16, et larges de 0ᵐ,04 à 0ᵐ,05. Le pétiole, assez court, est muni de deux stipules caduques comme les feuilles. L'arbre, en effet, reste nu pendant toute la saison sèche, c'est-à-dire durant une grande partie de l'année. En Afrique, au nord de l'équateur, il perd ses feuilles à la fin du mois de novembre et ne reverdit qu'au mois de juin suivant, après un repos de près de sept mois. Il fleurit au mois de juillet, et ses fruits sont déjà mûrs en novembre, mais persistent plus ou moins longtemps sur l'arbre pendant la saison sèche. Le feuillage ne vit donc que cinq mois au plus, et on s'étonne au premier abord qu'une existence aussi courte puisse se concilier avec les colossales proportions du corps ligneux. Mais l'étonnement cesse quand on sait que le Baobab, sous le rapport de l'organisation et du mode de nutrition, est un intermédiaire entre nos arbres forestiers et la Cactée aphylle, dont la tige, peu ou point ramifiée, est toujours charnue et verte à sa surface. Chez le géant africain, en effet, des signes manifestes indiquent que le feuillage n'est que l'agent secondaire de la nutrition aérienne, et que le rôle principal appartient au système axile. Les couches ligneuses ont une courte durée, et les arbres se creusent, à partir d'un certain âge, de vastes cavernes sans cesse grandissantes dont la muraille n'a guère plus d'une quinzaine de centimètres d'épaisseur. Dans toutes les régions du corps ligneux du reste,

Fig. 359. — Écureuil et fruits du Baobab.

par suite de la résorption d'une partie de son parenchyme, le bois devient mou, spongieux et caverneux ; aussi les Nègres creusent-ils dans son tronc d'excellentes pirogues, très-légères malgré leurs grandes dimensions. Enfin, l'aspect seul de l'écorce révèle la puissance de son activité et l'importance de son rôle dans la vie commune. Elle est toujours, même sur les plus vieux troncs, luisante, verte, et gorgée de sucs que la moindre blessure laisse épancher au dehors. Qui ne trouve maintenant de réelles ressemblances entre la tige du Baobab et celle du Cierge? Chez l'une et l'autre, les axes sont courts, épais, charnus, et verts à leur périphérie ; chez l'une et l'autre, le parenchyme est prédominant et très-aqueux.

D'ailleurs, il existe encore d'autres analogies non moins remarquables entre ces deux types.

A plusieurs reprises, nous avons parlé de la grandeur de la fleur chez les Cactées aphylles; les fleurs des Baobabs ne leur cèdent en rien, toutes proportions gardées. Chez la Malvacée africaine, la fleur naît solitaire à l'extrémité d'un pédoncule axillaire de la longueur des feuilles. Une fois épanouie (fig. 9), elle ressemble à une gigantesque fleur de Mauve de couleur blanche, large de $0^m,16$ environ, à laquelle succède un fruit ovoïde dont le plus grand diamètre mesure $0^m,50$ à $0^m,45$, et le plus petit $0^m,11$ à $0^m,16$. Ce fruit, qui pend à l'extrémité d'un pédoncule de $0^m,65$ de longueur et de $0^m,03$ d'épaisseur, possède une écorce lignifiée, verte et tomenteuse à la surface, renfermant une pulpe abondante, acidule et rafraîchissante, dans laquelle on trouve un grand nombre de graines réniformes.

Les particularités d'organisation des Baobabs font naître des réflexions de plus d'un genre : nous nous bornerons à remarquer la parfaite concordance qu'il y a chez eux entre la nature des conditions climatiques et les caractères de la fructification. Ces fleurs pendantes, ce long tube staminal qui protége l'ovaire contre la sécheresse, enfin ce fruit charnu garanti également des rayons solaires par une écorce ligneuse, sont des dispositions avec lesquelles nous sommes déjà familiarisés, et que nous aurions certainement prévues étant donné l'habitat de l'arbre.

Le Baobab nous conduit par une transition ménagée aux Cactées aphylles, à ces plantes singulières, étranges, de formes et de mœurs, qui végètent cramponnées au rocher aride brûlé par le soleil. Il est aisé d'indiquer les traits principaux d'une organisation capable de vivre dans de telles conditions. Dans ce sol réduit à quelques poignées de poussière, dont la chaleur solaire chasse bientôt la rosée déposée pendant la nuit précédente, la racine manque à la fois de place pour se développer et d'aliments pour se nourrir. Cet appareil restant toujours fort chétif, les tissus de la plante seront pauvres en matières minérales en raison de la faiblesse de l'absorption radicale. Ainsi, dans cette situation, le végétal vivra surtout de l'air et par l'air, les composés organiques prédomineront dans son organisme, les composés inorganiques y seront rares, au contraire : double conclusion confirmée par l'analyse chimique des Cactées. En ce qui regarde l'appareil aérien, deux conditions antagonistes doivent être conciliées par lui. Il importe par-dessus tout de réduire le plus possible la transpiration ; du reste, cette réduction, même poussée à sa plus extrême limite, n'a plus rien que d'avantageux pour la plante, puisque son alimentation souterraine est toujours de faible importance : dès lors une puissante

Fig. 560. — Le Cierge gigantesque (*Cereus giganteus* Engelm.) des terres chaudes du Nouveau-Mexique.

absorption radicale ne serait pour elle qu'une gêne, qu'un embarras, en introduisant dans l'économie des substances inorganiques qui resteraient sans emploi. Ainsi, il y a tout à la fois nécessité et avantage à ralentir la transpiration ; or, cette fonction étant particulièrement active dans les feuilles membraneuses, il faut supprimer celles-ci. Et même des feuilles charnues, comme celles des Agavés et des Aloès, dépenseraient encore trop d'eau eu égard au très-faible approvisionnement dont la plante peut disposer. Aussi, quand la Cactée des sables arides a de vraies feuilles, sont-elles toujours réduites, comme dans les Opuntia, à de petits organes charnus de très-courte durée. Dans tous les autres cas, la feuille n'existe pas, à moins qu'avec un certain nombre de botanistes on ne regarde les duvets, les poils, les piquants, qui, sont disposés avec symétrie sur les axes des Cactées aphylles, comme le feuillage amené au dernier degré de dégradation qu'il comporte avant de disparaître.

Le feuillage disparaissant, avec lui disparaît une de ses importantes fonctions. L'alimentation implique nécessairement une excrétion débarrassant au jour le jour l'économie des aliments restés sans emploi et des produits de la désassimilation. Depuis longtemps, les physiologistes recherchent sans grand succès, égarés peut-être par des analogies trompeuses entre les deux Règnes organiques, les voies de l'excrétion végétale. La racine avait d'abord passé pour être chargée de ce soin; mais, comme jusqu'ici on n'a pu citer un seul fait positif d'excrétion radicale, cette opinion semble bien peu fondée. Battus de ce côté, les expérimentateurs ont porté ailleurs leurs investigations. Ils ont fait remarquer avec raison que les feuilles sont au fond de véritables exutoires, puisque, par leur chute périodique, elles enlèvent à la plante une certaine quantité de matières organo-minérales. Or cette voie d'excrétion est fermée à la Cactée aphylle : est-ce là le motif de la présence dans ses tissus des nombreuses cristallisations et concrétions minérales qu'on y rencontre?

L'organisme de la Cactée, — avons-nous dit, — doit concilier deux conditions antagonistes. Si l'extrême rareté de l'eau l'amène à supprimer son feuillage pour ne pas mourir de soif, les exigences de la nutrition l'obligent à le garder pour ne point périr de faim. La conciliation s'opère de la manière la plus simple et la plus naturelle, mais au prix d'une dégradation organique et d'une moindre spécialisation fonctionnelle : chez la Cactée aphylle, les axes sont plus ou moins foliiformes, et remplissent à la fois les fonctions réparties, chez les plantes supérieures, entre le feuillage et le système axile. La nature de la transformation est du reste facile à prévoir : elle consiste en une hypertrophie du tissu cellulaire en général, et plus particulièrement de celui de l'écorce, et en une atrophie, en une réduction, du système fibrovasculaire au plus strict indispensable pour accomplir ses fonctions et donner à la plante la rigidité nécessaire. Enfin, ces modifications seraient sans utilité, si le parenchyme n'était fortement protégé contre une abondante transpiration, suite inévitable de la forte insolation indispensable à ces plantes pour leur permettre de se nourrir avec un appareil radical aussi réduit. Mais ce n'est pas avec une écorce épaisse et rugueuse, telle qu'elle se montre sur les branches des Dicotylédones ligneuses ordinaires, que les axes de la Cactée aphylle peuvent se garantir, car la fonction chlorophyllienne en deviendrait impossible ; c'est avec un épiderme de nature particulière, capable de réduire la transpiration au strict nécessaire, tout en restant perméable à la radiation solaire. Telle est la raison d'être des dispositions anatomiques si caractéristiques de cette membrane chez ces plantes.

Si la Cactée aphylle emploie relativement peu de matériaux inorganiques dans l'édification de ses tissus, pourtant elle en consomme, et pour les faire pénétrer dans l'organisme de grandes difficultés sont à surmonter en raison même de la faible énergie de la racine, de l'aridité et de l'insuffisance du sol, enfin des dispositions prises pour ralentir la transpiration. Aussi faut-il à ces plantes pour croître le plus ardent soleil ; dans nos serres, sous notre ciel gris, elles végètent bien lentement, et leur plus grand ennemi est l'humidité. On comprend maintenant pourquoi elles peuvent chez nous traverser toute la saison de l'hivernage sans recevoir une seule goutte d'eau, et se bien trouver de ce traitement étrange au premier abord. Suspendre les arrosages pendant l'hiver, et maintenir les plantes dans une serre très-sèche et aussi bien éclairée que possible, sont évidemment les principales prescriptions commandées par leur tempérament ; les enfreint-on, la pourriture ne tarde pas à les envahir, et elles périssent bientôt malgré une vitalité poussée chez elles bien au delà des limites ordinaires. Elles n'ont en réalité que deux ennemis à redouter : le froid en toutes circonstances, l'humidité en l'absence d'un brûlant soleil.

Ces détails de mœurs expliquent les particularités géographiques de l'histoire des Cactées. Ce sont des plantes de la zone intertropicale ; certaines de leurs espèces néanmoins s'en écartent, et s'avancent au nord jusqu'au 35e degré de latitude, et au sud jusqu'au 45e degré, vivant toujours et partout, pour la plupart, dans les mêmes conditions, en plein soleil, sur le rocher nu, dans le sable aride et surchauffé. Fait encore inexpliqué, cette nombreuse famille est entièrement d'origine américaine. On ne peut cependant prétendre que nulle part ail-

leurs elle ne trouverait de terres à sa convenance, puisque plusieurs
de ses espèces vivent de nos jours hors de l'Amérique, en Asie, en
Afrique, en Europe même, où elles se sont parfaitement naturalisées.
D'ailleurs l'Afrique elle aussi possède ses plantes cactiformes, en tout

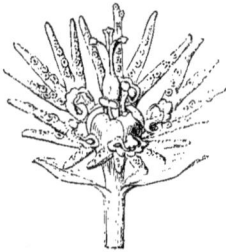

Fig. 361. — Fleur d'une Euphorbe
cactiforme, l'*Euphorbia globosa*
Sims.

semblables aux Cactées américaines, sauf
sur un point, la conformation entièrement
différente de la fleur, différence telle, que les
botanistes rangent les premières dans une
autre famille, dans celle des Euphorbiacées.
L'ampleur des formes, la profusion des organes floraux, l'éclat et la variété des coloris de
la fleur des Cactées (fig. 76) ne se retrouvent
plus dans les Euphorbes cactiformes. Celles-
ci portent de petites fleurs dont les pièces,
considérablement réduites dans leur nombre
et leurs dimensions, seraient insignifiantes, si dans certaines espèces
plusieurs d'entre elles n'attiraient les regards par une organisation
étrange, imprévue, dont on ignore encore la raison d'être. Ainsi,
dans l'Euphorbe globuleuse (*Euphorbia globosa* Sims), qui fait partie
du groupe des *Dactylanthes*, — mot qui signifie fleur en forme de
doigts — chaque foliole du périanthe est digitée, c'est-à-dire découpée en segments imitant des doigts. Mais la bizarrerie est encore
poussée plus loin, car chacun de ces doigts floraux est creusé à
sa surface interne de petites cavités qui lui donnent une vague
ressemblance avec le bras d'un Poulpe armé de ses ventouses.
Pourquoi cette profonde différence dans la structure florale, alors
que tout est semblable dans les deux familles : mêmes conditions
d'existence, même appareil végétatif? à tel point, qu'en dehors de la
floraison, il faut une certaine habitude pour ne pas confondre une
Cactée aphylle et une Euphorbe cactiforme. C'est ainsi que les genres
américains *Echinocactus* et *Phyllocactus* ont de véritables sosies dans
les *Euphorbia meloniformis* (Aiton) du Cap de Bonne-Espérance et *Le-
maireana* (Boissier) de Zanzibar. Parmi les Opuntia, genre exclusivement américain, les uns, comme l'*Opuntia ovata* (Pfeiff.), ont leurs
axes formés d'articles globuleux semblables à ceux de l'*Euphorbia
ovata*; les autres, parmi lesquels on peut citer les *Opuntia andicola*
(Pfeiff.) et *glomerata* (Haw.), ressemblent par leurs articles cylindri-

ques et tuberculeux aux *Euphorbia caput Medusæ* (Lin.), *Commelini*
(DC.). etc., etc. Pourquoi donc encore une fois les mêmes formes
donnent-elles naissance sous le même climat à des fleurs de Cactées
en Amérique, à des fleurs d'Euphorbes en Afrique? Le fait prouve du
moins, en attendant de nouveaux éclaircissements, qu'étant donnés
un certain milieu et un certain mode de végétation, la fleur peut s'y
adapter pour y remplir sa destinée de plusieurs façons fort différentes.

Bien que dépourvues de feuillage, et privées par conséquent d'un des
éléments caractéristiques de la physionomie végétale, celui peut-être
qui contribue le plus puissamment par ses variations à diversifier les
plantes, les Cactées sont loin d'être toutes semblables; et on est surpris
au premier abord de voir un type réduit à ses axes être pourtant aussi
polymorphe. Nous allons montrer par quelques exemples qu'il ne faut
pas voir là des modifications désordonnées et sans causes, et que le
climat, comme toujours, pétrit et modèle la Cactée pour en concilier
les formes avec les exigences multiples du milieu et de la nutrition.

La Géométrie nous apprend que, des trois corps de révolution, la
sphère, le cône et le cylindre, dont les formes sont les seules repro-
duites dans l'organisation des axes, c'est le premier qui sous le même
volume présente la surface minimum, et par conséquent transpire le
moins quand il est à l'état de matière vivante. La tige des Cactées
prendra donc la forme globuleuse quand elle devra réduire à son
minimum sa dépense en eau, et la forme cylindrique lorsqu'elle
pourra disposer de plus d'humidité dans un sol moins pauvre et plus
profond; car il ne faudrait point exagérer les difficultés de la vie que
mènent les Cactées aphylles, et dans beaucoup de cas, au moins
durant la saison pluvieuse, les rochers sur lesquels elles végètent sont
recouverts d'un épais tapis de Mousses et d'autres petits végétaux de
taille analogue qui retiennent énergiquement l'eau de la pluie ou de
la rosée. En résumé, les formes globuleuses croîtront plus lentement
et auront en général un volume moindre que les formes cylindriques.
Au point de vue morphologique en effet, les Cactées aphylles forment
deux groupes : l'un, à tige globuleuse, comprend les Mamillaria, les
Melocactus, les Echinocactus, etc.; l'autre, à tige cylindrique, est
principalement composé par les Cierges. Dans chacun des deux groupes
on observe d'ailleurs de nombreuses variations correspondant à des
degrés divers de dégradation. Au dernier degré de l'échelle, se pla-

cerait la Cactée dont tout l'appareil de végétation aérienne se concentrerait en une sphère, de surface parfaitement unie en chaque point, et possédant par conséquent la superficie minimum compatible avec son volume. Une telle forme n'a pas encore été rencontrée. Un peu moins dégradée est la Cactée globuleuse dont la surface est parsemée de mamelons régulièrement distribués, qui augmentent plus ou moins son étendue superficielle suivant leur nombre et leur grosseur : c'est le Mamillaria. Le perfectionnement se poursuivant dans cette direction, la masse, tout en restant sphéroïdale, accroît progressivement sa superficie en se creusant de sillons longitudinaux de plus en plus nombreux et de plus en plus profonds qui font ressembler la plante à un melon, mais à un melon plus ou moins épineux : tels sont les Melocactus et les Echinocactus. Grâce à ces améliorations, la plante peut acquérir avec le temps des proportions qu'on la croirait incapable d'atteindre. Vers 1845, le célèbre Jardin botanique de Kew en Angleterre avait reçu des environs de Mexico un exemplaire réellement colossal de l'*Echinocactus visnaga* (Hooker). L'individu mesurait 1^m,45 de hauteur, 0^m,90 de diamètre, et pesait 350 kilogrammes. Il avait dû parcourir 300 lieues pour atteindre la Vera-Cruz, son port d'embarquement. Qu'on juge des difficultés du transport ! On l'avait simplement empaqueté dans une épaisse couche de feuilles du Tillandsia faux-Usnée (*Tillandsia uneoides* Lin.), qu'on emploie en guise de foin dans l'Amérique intertropicale; le tout était recouvert par quinze nattes en fibres de Palmier solidement cousues ensemble. Malgré la traversée sur mer, la longueur et les difficultés du transport sur terre, la plante parvint au Jardin de Kew en parfait état. Malheureusement l'énorme masse, qui attirait chaque jour de nombreux visiteurs par ses proportions jusqu'alors inconnues et son aspect étrange, ne tarda pas à tomber en pourriture, succombant sans doute à la maladie ordinaire à ces plantes, surtout quand elles atteignent à de pareilles dimensions, à l'insuffisance de la transpiration.

L'existence de côtes plus ou moins nombreuses et plus ou moins proéminentes est le dernier perfectionnement que comporte la tige globuleuse, et pour lui donner une plus grande activité, il faut changer la forme, la rendre semblable à celle des Cierges, cylindracée et cannelée tout à la fois.

Grâce à cette modification heureuse, les Cierges peuvent atteindre à de bien plus grandes dimensions, et commencer à se ramifier. Leurs branches peu nombreuses offrent un mode d'orientation qu'on observe très-rarement dans les espèces ordinaires : elles sont dressées, et font

Fig. 362. — Un paysage des terres chaudes du Mexique; Agavé et Cactées aphylles : Melocactus, Cierges et Opuntia.

par suite ressembler la plante entière à un immense candélabre. Si la disposition fastigiée est nuisible à la ramification des arbres feuillés, elle favorise au contraire l'accroissement de branches qui ne peuvent

mutuellement se masquer et se porter ombrage, la plante étant aphylle.
Les Cierges sont les géants des Cactées aphylles, et le Cierge géant de

Fig. 363. — Les Cierges du désert d'Atacama Bolivie).

la Californie et de la Sonora atteint des proportions considérables. Sa
tige, simple ou munie de quelques branches, s'élève à 14 ou 15 mètres

PLANTES GRASSES

de hauteur. Ses fleurs naissent toujours dans les régions supérieures. C'est là un fait général dans les Cactées aphylles, impérieusement commandé par le climat et leur organisation ; car plus haut les fleurs sont placées, plus leur transpiration tend à s'activer, et leur alimentation à devenir moins précaire. Le Cierge gigantesque fleurit pen-

Fig. 564. — Maguey et Opuntia de l'État de Chihuahua (Mexique).

dant les mois de mai et de juin, et les fruits mûrissent en trois mois, rapidité d'évolution qu'explique leur consistance charnue ; des fruits secs et ligneux demanderaient certainement beaucoup plus de temps pour arriver à maturité. Les fleurs, de couleur crème, ont environ $0^m,10$ dans les deux sens, et les baies, sensiblement globuleuses, mesurent $0^m,05$ à $0^m,06$ de diamètre.

Du reste, les Euphorbes cactiformes ne leur cèdent en rien sous ce rapport, et on trouve dans l'Afrique australe et en Abyssinie des individus qui ont la taille et le développement de grands arbres.

Ainsi que les formes globuleuses, les formes cylindracées ne sont susceptibles que de perfectionnements fort restreints ; et pour acquérir une plus grande puissance d'organisation, la Cactée aphylle doit encore se métamorphoser afin de se rapprocher davantage de la plante feuillée ordinaire. Telle est la raison d'être de l'Opuntia, type de transition, premier essai, grossier et imparfait, de cette transformation. Chez lui, l'axe est court, ovoïde ou cylindroïde dans les espèces les plus dégradées, fortement aplati, au moins dans sa jeunesse, chez les espèces les mieux douées. Par l'effet du bourgeonnement, il se forme une charpente foliiforme plus ou moins ramifiée, dont chaque membre se compose de rameaux courts et plats ou articles, fixés à la suite les uns des autres.

Le perfectionnement se poursuivant dans le même sens, on parvient aux Phyllocactus et aux Epiphyllum, de toutes les Cactées aphylles les mieux organisées. Chez elles, les cladodes ressemblent à des feuilles plus ou moins charnues, diversement conformées et articulées. C'est précisément à cette particularité que ces plantes doivent leur nom, Phyllocactus signifiant Cactus en forme de feuilles, et Epiphyllum voulant dire que les fleurs naissent en apparence sur les feuilles, en réalité sur des axes foliiformes. La puissance du pseudo-feuillage augmentant chez elles, on doit s'attendre naturellement à voir leurs fleurs acquérir plus d'ampleur. Et en effet, à part quelques exceptions, ce sont les Phyllocactus qui, de toutes les Cactées, possèdent les fleurs les plus grandes et les plus belles. Mais nous avons démontré plus haut que l'aphyllie dans cette famille était une conséquence nécessaire de leur station. Si donc le Phyllocactus et l'Epiphyllum, rompant avec l'organisation du Mamillaria, de l'Echinocactus et du Cereus, montrent des organes fort semblables à des feuilles, il faut qu'ils changent en même temps de milieu. C'est ce que l'observation vérifie. Les Phyllocactus et les Epiphyllum ont un mode d'existence bien différent de celui de la Cactée réellement aphylle : ils végètent sur les arbres en épidendres, sous le couvert des grands bois, ou bien sur les sols rocheux préservés de la sécheresse par un épais tapis de Mousses.

Enfin, un dernier pas est franchi, une dernière métamorphose est accomplie, et la Cactée, sans changer de famille, devient un Pereskia, c'est-à-dire un arbuste ordinaire, ligneux, ramifié et feuillé, gardant des faisceaux d'épines comme trait de famille,

II. — L'EAU COURANTE ET L'EAU DORMANTE

A l'équateur, les rives des fleuves et des rivières, les bords des lacs et des marécages, sont de puissants foyers de désorganisation où l'homme

Fig. 365. — Heliconia du bas Pérou.

trouve promptement la mort, tué par la fièvre, où la plante trouve la vie abondante et facile, sous ce ciel de feu, dans cette terre riche et profonde, toujours abondamment arrosée, et à laquelle une incessante décomposition de matières organiques apporte à toute heure de nouveaux aliments. Là se rencontrent la plupart des représentants de quelques familles végétales, Cannacées, Musacées, Aroïdées, etc., que la mode a pris sous son patronage, particulièrement depuis une trentaine d'années. Sous le nom de *plantes à feuillage*, leur vogue grandit chaque jour. Et elles sont bien nommées ; ces limbes si amples de formes, s riches de coloris, les uns hérissés d'aiguillons, d'autres velus, d'autres encore comme veloutés, soyeux, satinés, moirés, justifient certainement les préférences dont ces plantes sont aujourd'hui l'objet.

Fig. 366. — La forêt vierge sur les rives du bas Amazone.

Peut-on rêver rien de plus splendide, comme tapisserie de haute lice, que le feuillage des Marantées de la famille des Cannacées, de ces plantes curieuses encore par une faculté peu ordinaire, celle d'indiquer par l'enroulement de leur limbe qu'elles ont soif ? Voici le plus ancien du genre, le Maranta zébré (*Maranta zebrina* Sims) du Brésil, et dont l'introduction dans nos serres remonte à l'année 1814. Ses grands limbes elliptiques, un peu ondulés, étoffés, ont leur face inférieure soyeuse et d'un rouge pourpre, tandis que la face supérieure, de beaucoup la plus remarquable des deux, ressemble à un beau velours vert sombre sur lequel se détachent des bandes obliques d'un vert plus clair du plus charmant effet. Les Marantées, découvertes depuis, ont

parfois des feuillages plus riches de tons, plus variés de coloris, plus
étrangement tachetés, mouchetés, marbrés, diaprés; souvent leurs
reflets sont plus satinés ou plus métalliques, quelques-uns sont comme

Fig. 567. — La forêt vierge sur les rives de l'Ogôoué (côte occidentale d'Afrique).

pailletés de poudre d'or ou d'argent; aucune espèce nouvelle n'a pu
cependant faire oublier cette ancienne favorite de nos serres chaudes.
Et les Caladium de la famille des Aroïdées? leur éloge n'est plus à

faire. Le premier en date est le Caladium bicolore (*Caladium bicolor* Vent.), originaire du Brésil. Trouvé en 1767 aux environs de Rio par le botaniste Commerson, il fut seulement introduit à Paris en 1785. Il est remarquable par la coloration en rouge intense du centre de ses limbes, et resta longtemps seul de ce beau genre. En 1855 on n'en connaissait encore que cinq espèces; mais à partir de cette date les introductions nouvelles se succédèrent rapidement. Aujourd'hui, les espèces et les variétés apparaissent plus nombreuses et plus jolies à chaque nouvelle exposition florale. Combien il est fâcheux que ces plantes refusent obstinément de vivre dans l'atmosphère sombre et sèche de nos appartements! Quels splendides groupes on peut former avec ces feuillages si légers et si gracieux sur lesquels un inimitable coloriste, le soleil de l'équateur, a disposé avec un art infini les tons les plus riches de son inépuisable palette! Nous avons des Caladium à feuilles uniformément vertes et souvent admirablement veloutées, ou bien encore d'un brun rougeâtre et comme cuivré; chez d'autres, dont le Caladium bicolore est le type, le centre des feuilles et les nervures tranchent, par leur vive couleur rouge, sur le fond uniformément vert du parenchyme; chez d'autres enfin, le feuillage est agréablement jaspé de rouge ou de blanc, et parfois même les deux couleurs se marient sur le limbe. Malheureusement, ces espèces ne prospèrent que dans leur pays natal. Il faut à leurs rhizomes un sol marécageux pendant la période de végétation, et à leur feuillage le soleil ardent, l'atmosphère brûlante et saturée de vapeurs, des rives des cours d'eau de la zone torride; partout ailleurs elles souffrent et dégénèrent bientôt. Parmi les plantes nombreuses dont les rhizomes féculents ont souvent une grande valeur alimentaire, et fournissent alors des produits estimés, telle que la fécule appelée arrow-root qu'on retire de plusieurs espèces, entre autres des *Maranta arundinacea* (Lin.), *indica* (Tussac) et *Allouya* (Aublet), nous citerons encore le Balisier (*Canna*), qui a donné son nom à la famille des Cannacées. Le plus petit jardinet de nos jours a son massif de Canna qui lui donne un certain air exotique, tropical. Leur culture est si facile d'ailleurs, et leur mode de végétation se prête si bien aux ressources les plus exiguës de l'amateur le moins fortuné, qu'on ne saurait s'étonner de leur immense popularité. En été, le Canna demande le grand air, un sol riche et profond, des arrosages abondants; l'hiver venu, on range son rhizome à côté de ceux du Dahlia, qu'on vient également d'arracher,

Fig. 568. — Rameau de Manglier (*Rhizophora Mangle* Lin.), portant des fleurs et des fruits en voie de
germination.

et l'on n'a plus à s'en occuper jusqu'au retour de la belle saison.

Les Rhizophora, vulgairement Mangliers ou Palétuviers, sont une des formes les plus originales de la végétation des tropiques. Sous la zone torride, ils se massent en forêts impénétrables le long des rivages, ou forment d'épais rideaux sur les bords des grands fleuves marécageux, au voisinage de leur embouchure. Ce sont des arbres parfois de très-grande taille, de 15 à 16 mètres de hauteur, curieux à plus d'un titre, et d'abord par leur mode de germination, puisque leurs graines germent dans le fruit encore attaché au rameau. Du reste, cette particularité est loin de leur appartenir en propre : elle s'observe aussi à l'état normal chez les Avicennia, arbres ou arbrisseaux qui vivent avec les Palétuviers. On la rencontre également, mais à titre d'exception, chez beaucoup de fruits charnus mûris sous un climat chaud et humide. Dans nos contrées, elle est assez commune chez l'Oranger et certaines Cucurbitacées. Des fruits secs peuvent même la présenter. Ainsi, dans nos automnes exceptionnellement chauds et humides, les graines du Cèdre du Liban (*Cedrus Libani* Juss.) germent dans les cônes. Par le fait de cette germination insolite, les radicules des Mangliers s'allongent et pendent librement dans l'air jusqu'à ce que, le fruit se détachant, la graine tombe et s'enfonce dans la vase par son seul poids, la racine dirigée en bas, pour y continuer son évolution. Ce commencement de germination dans l'air est rendu possible par l'extrême humidité de l'atmosphère, l'arbre vivant toujours le pied dans l'eau ou tout au moins dans un terrain fangeux. Mais ce n'est point là le seul motif, et une graine quelconque de Dicotylédone, placée dans la même situation, ne germerait pas. Qu'on expérimente, par exemple, sur une fève, un grain de Blé, etc., non-seulement leur germination n'aura pas lieu dans l'air humide, mais si elle est déjà commencée dans les conditions ordinaires, elle s'arrêtera dès qu'on suspendra la graine dans une atmosphère saturée de vapeur d'eau. Il y a donc chez les Avicennia, les Cèdres et les Rhizophora une prédisposition naturelle qu'on ne saurait méconnaître.

Parvenus à un certain âge, les Palétuviers prennent un port des plus étranges. Alors leur tronc s'élève de plusieurs mètres au-dessus de la vase, relié au sol et porté par de grosses branches radicales, tantôt droites et dirigées obliquement, tantôt au contraire courbées en arcades. Une telle singularité a depuis longtemps attiré l'attention; pourtant on n'est pas encore tombé d'accord sur son explication.

Fig. 369. — Forêt de Cyprès chauve (*Taxodium distichum* Rich.) des marais de la Louisiane.

Certains botanistes croient que dans son âge mûr l'arbre se soutient uniquement par des racines adventives, la racine normale ayant disparu après une mort prématurée; d'autres voient là un cas d'exsertion ou de soulèvement lent et graduel de l'arbre dû à la résistance opposée par le sol à la pénétration des racines adventives. Un tel phénomène n'est point du reste sans exemple, et, dans nos serres, les Cordylines se soulèvent lentement, comme si une main invisible, sortant du fond du pot, repoussait peu à peu leurs racines. Le phénomène résulte du mode de végétation des bourgeons souterrains. Au lieu de se diriger en haut pour sortir de terre, ainsi que le font en grandissant beaucoup de bourgeons nés dans le sol, ou bien encore de ramper horizontalement à la façon de la plupart des rhizomes, ils se recourbent brusquement après leur naissance et se dirigent en bas. Arrivés contre le fond du vase, ils soulèvent progressivement la plante en continuant de grandir.

Enfin les Palétuviers sont encore remarquables par l'abondance de leurs racines adventives et la manière dont elles se comportent. Prenant naissance indifféremment sur les tiges, les branches et les rameaux, elles descendent vers le sol, l'atteignent, y pénètrent, et chacune d'elles constitue alors un nouveau centre de végétation, un nouvel arbre, mais relié et comme greffé aux autres. Grâce à eux, grâce aux nouveaux individus issus de graines, la forêt s'étend et s'épaissit rapidement, des millions de racines dessinent au-dessus de la vase des marais des couloirs tortueux et sombres du plus difficile accès, soit qu'on tente de les parcourir en marchant sur leurs parties découvertes mais glissantes, soit qu'on essaye de pénétrer en canot sous les voûtes surbaissées, humides et visqueuses, qu'elles projettent au-dessus des lagunes.

Les Palétuviers ne sont pas les seuls arbres des tropiques qui présentent ces mœurs et ce curieux mode de station. Dans les régions méridionales de l'Amérique du Nord, les sols marécageux sont occupés par des forêts dont l'unique essence est un Conifère propre à ces régions, le Cyprès chauve (*Taxodium distichum* Rich.), dont les habitudes rappellent celles des Palétuviers.

L'eau dormante n'est pas moins peuplée que les rives des cours d'eau. Les immenses fleuves de l'Amérique du Sud sont alimentés par de nombreux lacs qui possèdent une flore splendide, dont le plus beau joyau est la Victoria regia, la plus grande hydrophyte connue.

Dans les premiers jours de l'année 1827, un naturaliste français, Al. d'Orbigny, explorant la province de Corrientes, découvrait sur la rive du Parana, affluent du Rio de la Plata, un énorme Nénuphar : c'était la Victoria regia. Saisi d'admiration à la vue de cette magnifique Nymphæacée, et persuadé de l'importance de sa découverte, d'Orbigny dessina aussitôt la plante, la décrivit, en dessécha quelques feuilles, et renferma enfin dans des bocaux remplis d'alcool des fleurs et des fruits. Dès la fin de l'année 1827, son travail était terminé, et il expédiait dessins, description, feuilles séchées et échantillons, conservés dans l'alcool, au Muséum de Paris, où le tout fut laissé de côté. De retour en Europe, d'Orbigny publiait en 1855, dans son *Voyage dans l'Amérique méridionale*, les détails de sa découverte, mais sans parvenir à éveiller l'attention du monde savant, aussi malheureux sur ce point que Pœppig, voyageur et botaniste distingué, qui avait rencontré la Victoria regia sur les affluents de l'Amazone, et l'avait fait connaître en 1852 sous le nom d'Euryale de l'Amazone (*Euryale Amazonica*). Bientôt pourtant cette longue inattention allait faire place à un engouement général et subit.

Le 1er janvier 1837, sir Robert Schomburgk, chargé d'une mission par la Société royale de Géographie de Londres, l'observait dans les eaux de la Guyane anglaise, et faisait immédiatement part de sa découverte aux botanistes anglais. La même année, le docteur Lindley, dans une publication spéciale enrichie de belles planches et tirée seulement à vingt-cinq exemplaires, la décrivait minutieusement et la dédiait à la reine Victoria. Alors tout le monde se préoccupa de la nouvelle Nymphæacée. Botanistes, amateurs et horticulteurs voulurent connaître son histoire, les circonstances de sa découverte et le nom de l'heureux voyageur qui avait eu le premier le bonheur de l'apercevoir. En consultant les récits d'anciens explorateurs, on apprit qu'elle avait été signalée dès 1801, en Bolivie, sur le Rio Manoré, un des tributaires du haut Amazone, par le botaniste allemand Hænke, chargé par le gouvernement espagnol d'étudier la flore du Pérou, et revue quelques années après par Bonpland dans les mêmes régions. Enfin les grands établissements horticoles s'efforcèrent à l'envi d'en obtenir des échantillons vivants. L'entreprise présentait de très-sérieuses difficultés, et les premières tentatives échouèrent. La première date de 1846 ; cette année-là, Bridge rappor-

Fig. 370. — Un paysage du haut Nil : Nymphæas à la surface des eaux, massifs de Papyrus (*Cyperus Papyrus* Lin.) sur les bords.

tait dans de la terre maintenue constamment humide des graines récoltées par lui pendant les mois de juin et de juillet 1845 en Bolivie,
dans la province de Moxos. Des vingt-cinq graines achetées par le
Jardin de Kew, deux seulement germèrent; mais les jeunes plantes
moururent bientôt.

Fig. 371. — La *Victoria regia* du lac Nuna sur les bords de l'Ucayali, affluent du haut Amazone.

L'introduction de la Victoria sur le continent européen remonte à
l'année 1849, époque où le même Jardin reçut des graines expédiées
dans des fioles remplies d'eau pure. Depuis lors, la plante s'est peu à
peu répandue dans les serres, tout en restant assez rare, en raison surtout des énormes et coûteux aquariums qu'elle exige. Dans le Midi, on
a essayé, avec succès parfois, sa culture en plein air; elle a fleuri notamment dans les bassins du Jardin botanique de Palerme.

Résumons les caractères de la gigantesque hydrophyte d'après les récits des voyageurs et les observations faites dans les serres.

Le corps de la plante est un rhizome long de $0^m,4$ à $0^m,6$, épais de $0^m,10$ environ. La conformation singulière de ses feuilles a de tout temps frappé l'attention des peuplades riveraines, et les noms indigènes de la Victoria proviennent précisément de l'assimilation de ces formes à celles d'objets usuels. Les Indiens du haut Amazone l'appellent *Iapuna*, nom de la grande poêle en fer et sans queue qui leur sert à faire sécher la farine de manioc. Pour les Guaranis, qui demeurent sur les confins méridionaux de son habitat, c'est l'*Irupé*, littéralement le plat d'eau ; enfin, chez les Indiens du bas Amazone, elle s'appelle *Hameçon du diable*, en souvenir des puissants et dangereux crochets longs de près de $0^m,02$ qui hérissent les pétioles, les pédoncules et la face inférieure des limbes. Les feuilles seules en effet suffisent pour faire reconnaître la plante. A l'extrémité de longs pétioles cylindriques, gros comme des câbles puisqu'ils ont $0^m,025$ de diamètre, s'étalent à la surface de l'eau des limbes orbiculaires, d'un vert foncé en dessus, d'un pourpre intense en dessous, dont les dimensions, fort variables du reste, atteignent parfois plus de 2 mètres de diamètre ; un seul d'entre eux suffit à la charge d'un homme. Ces énormes limbes, par leur organisation exceptionnelle, sont la partie la plus caractéristique de la Victoria regia. Dans les autres Nymphæacées, ces organes peuvent être comparés à de simples radeaux flottant à la surface de l'eau ; ceux de la Victoria deviennent de véritables bacs, grâce à leur bord relevé sur une hauteur de $0^m,10$ à $0^m,12$. Leur parenchyme est soutenu par de puissantes nervures qui proéminent sur la face inférieure ; pétiole et nervures sont d'ailleurs, comme dans toutes les feuilles nageantes, excessivement lacuneux, disposition qui donne aux feuilles, en raison de leurs grandes dimensions, une énorme force de résistance à la submersion. En Amérique, les Échassiers et les Gobe-Mouches se promènent sur ces pontons d'un nouveau genre comme sur la terre ferme, à la recherche de leur proie ; et les voyageurs affirment que de pareilles feuilles sont capables de porter un homme, assertion qui rencontrerait bien des incrédules si son exactitude n'avait été vérifiée dans nos serres. Au Jardin botanique de Gand, une feuille de Victoria, qui mesurait $2^m,75$ de diamètre, a supporté la charge de 114 kilogrammes, bien supérieure

au poids moyen de l'homme adulte par conséquent, et un jardinier a
pu se placer sur elle sans la submerger. Les fleurs naissent à l'extrémité d'un long pédoncule épais de 0ᵐ,025, qui les élève de 0ᵐ,15 à
0ᵐ,20 au-dessus de l'eau. Elles ressemblent à de monstrueuses fleurs
de Nénuphar, larges de 0ᵐ,35 à 0ᵐ,40; blanches la première nuit
de leur existence, elles prennent, durant leur seconde et dernière
nuit, une teinte rose plus ou moins vive. Ce sont en effet, comme
nous l'avons déjà dit, des fleurs nocturnes qui s'épanouissent le soir,

Fig. 572. — Transport d'une feuille et d'une fleur de *Victoria regia* (Lindley).

exhalent toute la nuit une odeur pénétrante, complexe et indéfinissable, dans laquelle on retrouve les senteurs caractéristiques des fruits
de la Vanille et de l'Ananas, se ferment le lendemain matin pour se
rouvrir le soir suivant, et durer jusqu'au lendemain matin, où elles
se flétrissent pour toujours. Alors elles s'enfoncent dans l'eau pour y
mûrir un fruit globuleux de 0ᵐ,15 de diamètre, sorte de baie remplie
de nombreuses et grosses graines farineuses que les habitants mangent
rôties, particularité qui a valu à la plante, dans la province de
Corrientes, le nom de Maïs d'eau (*Maïs del agua*).

III. — LA FORÊT VIERGE

Comme tous les centres de végétation, la forêt tropicale ne possède point partout les mêmes types et par conséquent les mêmes aspects. La

Fig. 575. — La forêt vierge brésilienne.

diversité selon les régions et les climats est poussée chez elle beaucoup plus loin que dans les autres zones, en raison surtout de l'épaisseur considérable de la couche, en partie aérienne et en partie souterraine

Fig. 374. — La forêt vierge de l'Afrique centrale.

dont les conditions physico-chimiques sont compatibles avec la vie.

Fig. 375. — Type de Fougère arborescente (Madagascar).

Les espèces les plus caractéristiques ou les plus intéressantes à signaler à divers titres sont excessivement nombreuses. Au premier rang se placent les Fougères, les Palmiers, les arbres lactescents, les lianes et les épidendres qui donnent à ce merveilleux centre de végétation une physionomie si particulière. On y trouve également des bois précieux pour l'ébénisterie de luxe, des matières colorantes justement estimées, des agents thérapeutiques que rien ne saurait suppléer; enfin, les fruits de beaucoup d'espèces, ceux des Bananiers et des Cacaoyers entre autres, sont connus et appréciés du monde entier.

La Fougère en arbre est certainement une des plus belles créations de la flore tropicale. Dans nos froides et sombres contrées, ce type cache frileusement sa tige sous terre, ne laissant paraître durant la belle saison que ses feuilles, déjà grandes et capricieusement découpées dans quelques espèces, mais qui sont bien loin de donner une juste idée des énormes frondes aux multiples arabesques des espèces de la zone torride.

Fig. 376. — Feuilles naissantes de Fougère.

La Fougère équatoriale a le port du Palmier sans en avoir la haute taille ni la lourdeur de feuillage. Son stipe, ordinairement simple, chargé à la base d'innombrables racines sous lesquelles il disparaît entièrement, est revêtu au sommet d'une sorte de fourrure brunâtre plus ou moins épaisse dans laquelle se cachent les feuilles naissantes. Si l'on voulait des termes de comparaison capables de bien accuser les différences profondes qui séparent les feuilles des Fougères de celles des Palmiers, on pourrait dire que les premières sont de riches et délicates dentelles, et les secondes de lourdes et épaisses étoffes de tenture. Du reste, ce n'est pas le seul trait particulier au port de ces belles Acotylédones que peut saisir au premier coup d'œil la personne la plus étrangère à la Botanique : le mode tout spécial de préfoliation de ses feuilles frappe tout le monde, et suffirait à lui seul pour empêcher de confondre ce type avec tout autre : les divisions de la fronde, toujours enroulées en dedans, font ressembler l'organe à une crosse épiscopale.

La zone torride est également la véritable patrie des Palmiers; c'est

dans cette zone privilégiée du soleil qu'ils atteignent leur plus grande
diversité de forme et de propriétés. Fait singulier et qui ne paraît
pas avoir jusqu'ici éveillé l'attention des physiologistes, ces arbres se
comportent fort différemment selon qu'ils s'associent entre eux ou
bien avec des individus appartenant à d'autres espèces. Dans le premier
cas, ils ne se serrent jamais les uns contre les autres, comme le font
les Sapins d'une forêt septentrionale par exemple ; l'air et la lumière

Fig. 377. — Le Raphier pédonculé (*Raphia vedonculata* Palis.), Palmier de Madagascar.

circulent toujours librement autour de leurs stipes élancés. Pourtant
leur fructification est abondante ; en outre, beaucoup d'entre eux drageonnent ; pourquoi donc leurs rejetons ne sont-ils pas plus nombreux,
et ne forment-ils pas, comme dans les forêts dicotylédones, un taillis
sous le couvert des grands arbres? Sans doute, malgré leur espacement,
leurs feuilles sont tellement grandes chez certaines espèces, que l'ombre s'épaissit autour de leurs stipes, notamment autour de ceux des
Raphiers pédonculés, dont les feuilles atteignent d'énormes dimensions; mais jamais une association de Palmiers ne donne naissance
à ce fourré impénétrable et obscur de la forêt vierge tropicale où
dominent les essences dicotylédones. Le Palmier, pour croître, aurait-il

impérieusement besoin du grand air et du plein soleil? ne saurait-il
supporter l'ombre d'un proche voisin? Et cependant, il vit également bien isolé parmi les arbres dicotylédones; alors son pied plonge
sans en souffrir dans ce fouillis dense et confus formé d'un entrelace-

Fig. 578. — Types de Palmiers.

ment de troncs rigides, de lianes flexibles et d'épidendres, qui s'étend
sous le couvert des grands arbres de la forêt tropicale. Pourquoi enfin
ces deux manières d'être si différentes chez des végétaux de même
type? Cette question mérite à coup sûr l'attention des physiologistes

Fig. 370. — Forêt de Palmiers Roniers du Soudan occidental.

assez favorisés pour être à même d'étudier sur place, dans leur pays natal, ces admirables végétaux.

Fig. 380. — Le Palmier brésilien Inaja, type de Palmier à feuilles penniséquées.

Le port de ces arbres est des plus variables; on les divise en Palmiers nains, en Palmiers caulescents et en Palmiers lianes.

Parmi les premiers, les uns sont toujours acaules, d'autres buissonnent c'est-à-dire s'élèvent peu et drageonnent beaucoup, comme les Rhapis, certains Chamærops, etc.

Les seconds restent acaules durant leur jeunesse, puis forment à la longue un stipe plus ou moins élevé. Les Palmiers de ce groupe sont plus nombreux dans le Nouveau-Monde que dans l'Ancien, et leur taille est également plus haute en Amérique que partout ailleurs. Ainsi, au nombre des plus grands Palmiers asiatiques est le Palmier à éventails (*Corypha umbraculifera* Lin.) de l'île de Ceylan et du Malabar; sa hauteur n'est pourtant que de 22 mètres, tandis que celle du Cocotier est de 50 à 52 mètres; on affirme même que le stipe de l'Euterpe oléracé (*Euterpe oleracea* Mart.), du Brésil, s'élève beaucoup plus haut encore, à 40 mètres. Tous ces arbres ayant un feuillage ample et persistant ne peuvent se passer d'eau, ni supporter de temps d'arrêt dans leur végétation. Aussi très-peu d'entre eux s'accommodent-ils des terres arides, et le Rondier à éventails ou Palmier de Palmyre (*Borassus flabelliformis* Lin.) est-il une rare exception sous ce rapport.

Les Palmiers lianes, vulgairement Rotangs, ont une physionomie à part. Leurs tiges simples, très-grêles, mais très-allongées puisqu'on a pu les suivre parfois sur une longueur de 95 mètres sans atteindre leur sommet, grimpent le long des arbres, pendent sous leurs branches, s'enlacent mutuellement entre elles, se comportent en un mot comme celles des véritables lianes. Un tel genre de vie, dans l'air humide et sombre du couvert épais des hautes futaies, modifie profondément leur organisation, et leur feuillage cesse d'être celui d'un Palmier ordinaire pour adopter les formes de celui de la plante grimpante. Les feuilles alternes des Rotangs, au lieu d'être massées en un faisceau terminal, sont espacées aux extrémités d'entre-nœuds plus ou moins longs mais jamais rudimentaires comme ceux des Palmiers ordinaires. C'est à l'aide de ses feuilles que la plante s'accroche et grimpe. Dans certaines espèces, la nervure principale ou rachis, dénudée dans sa région terminale, forme une vrille semblable à celle qu'on observe chez beaucoup de végétaux dicotylédones; et dans la généralité des cas, les nombreux et robustes piquants qui hérissent la gaîne et le rachis des feuilles aident puissamment le Rotang à s'accrocher solidement aux arbres environnants. Les tiges, déliées et pourtant très-tenaces, sont employées à une foule d'usages pour lesquels on ne saurait les remplacer ; les plus flexibles servent, selon leur

Fig. 581. — Le Palmier Miriti ou Mauritia flexueux (*Mauritia flexuosa* Lin.) du Brésil, type de Palmier à feuilles flabelliformes.

grosseur, d'osier pour la vannerie, ou font d'excellentes cravaches, ou encore des câbles d'une très-grande force de résistance ; les Rotangs rigides, grâce à leur élasticité, sont transformés en cannes, connues du monde entier sous le nom fort impropre de joncs, etc., etc. Ces plantes enfin, par la rapidité avec laquelle elles se multiplient, par l'extrême ténacité de leurs tiges armées de nombreux piquants acérés, contribuent plus que toutes les autres lianes à rendre inaccessibles les jungles indiennes.

Le feuillage des Palmiers en général n'est pas moins variable que leur taille. Nous avons déjà remarqué que leurs feuilles sont d'ordinaire penniséquées ou flabelliformes selon les espèces, et nous connaissons les avantages ainsi que les inconvénients inhérents à ces deux types. Mais on rencontre encore parmi elles bien d'autres formes : telle est celle doublement pennée des Caryota. La recherche des causes et des effets de cette extrême diversité présenterait sans doute le plus haut intérêt; nous ne sachions pas qu'une telle étude ait été jusqu'ici entreprise. Enfin ce feuillage présente d'autres particularités dignes d'intérêt, et il ne serait pas sans utilité, par exemple, d'étudier avec plus d'attention qu'on ne l'a fait jusqu'ici les appendices liguliformes de plusieurs espèces, des Sabals entre autres, ainsi que les productions filamenteuses, regardées comme de même origine, qui enveloppent les feuilles naissantes..

Il est vivement à désirer que des botanistes, établis dans le pays, suivent de leur naissance à leur mort la végétation des Palmiers et nous expliquent beaucoup plus complétement qu'on ne l'a fait jusqu'ici les particularités souvent incompréhensibles de leur riche organisation. Peut-on rien rêver de plus gracieusement bizarre que le port majestueux de l'Iriartéa ventru (*Iriartea ventricosa* Mart.)? Son stipe, renflé dans sa région moyenne, est soutenu à 2 ou 3 mètres du sol par de fortes racines adventives, et porte à 25 mètres de hauteur ses feuilles longues de 3 à 4 mètres, penniséquées, aux lanières ondulées et légèrement plissées. Qui nous apprendra par quelle série de transformations l'arbre doit passer pour en arriver là? S'étonnera-t-on, en voyant ces formes exceptionnelles, que la culture des Iriartéas soit des plus difficiles? Ces Palmiers recherchent les bords des cours d'eau ou les plaines submergées pendant la saison pluvieuse. Dans cette atmosphère chaude et humide, la région inférieure de leur stipe émet, sur une longueur de plusieurs décimètres, des racines adventives qui vont en divergeant s'implanter dans le sol marécageux, et supportent à elles seules l'arbre tout entier après la disparition de la racine normale; mais comment et pourquoi ont lieu ces transformations?

Les applications des Palmiers sont innombrables; sans eux la vie deviendrait impossible ou tout au moins encore plus pénible et plus

Fig. 582. — Palmiers Caryota de l'Indo-Chine.

précaire pour l'indigène insouciant et paresseux de la zone tor-ride. Il emprunte aux stipes ses bois de construction; les feuilles

forment pour sa case une toiture légère et impénétrable à la pluie
et au soleil, quand il n'en retire pas les fils tenaces qui forment
une filasse précieuse pour lui à tout jamais privé du Chanvre et
du Lin. Le parenchyme central de la tige donne une abondante fécule,

Fig. 383. — L'Iriartéa à tronc ventru (*Iriartea ventricosa* Mart.) du bassin de l'Amazone.

inappréciable dans des contrées où ni Blé ni Pomme de terre ne peuvent végéter. L'indigène transforme encore la séve du Palmier en vin
ou en vinaigre, trouve dans le bourgeon terminal et dans les fruits
des aliments estimés ; enfin certaines espèces lui fournissent de l'huile,
une sorte de beurre et de la cire.

De tous ces arbres si justement renommés pour leur haute utilité, nous ne citerons qu'un seul, le Palmier à cire (*Ceroxylon andicola* Humb. et Bonpl.).

Fig. 581. — Le Palmier à cire (*Ceroxylon andicola* Humb. et Bonpl.) de la Nouvelle-Grenade.

Tout est singulier, insolite, inexplicable au premier abord dans l'histoire de cet arbre. Étroitement cantonné à la surface du globe, on le trouve seulement dans la Cordillère de Quindiu (Nouvelle-Grenade). Il y vit entre 2500 et 3500 mètres d'altitude, sous un climat dont la température moyenne varie entre 8° et 14° centigrades. Un Palmier alpin devrait être, en vertu de nos principes, un nain, une plante acaule; il n'en est rien cependant, et le stipe du Ceroxylon atteint 30, 40, 50, mètres de hauteur sur un diamètre de $0^m,5$ à $0^m,6$. Au moins, comme les autres Palmiers non grimpants, vivra-t-il isolé et perdu en quelque sorte au milieu des épais fourrés de la forêt vierge, ou bien formera-t-il des associations dont les différents individus seront assez espacés pour recevoir librement toute la radiation solaire? Il en est encore tout autrement, et cette espèce constitue l'unique essence de splendides futaies dont les stipes sont aussi rapprochés que les tiges de Pins dans les forêts des montagnes de la France centrale. A voir ces stipes droits et élancés, ainsi serrés les uns contre les autres, on dirait ce fourmillement de mâts de toutes grandeurs qui cachent d'ordinaire l'eau des bassins de nos grandes villes maritimes. Sous leur couvert vivent de nombreuses plantes herbacées, telles que Begonia, Fuchsia et Passiflores, qui, en vertu de leur organisation, impliquent par leur présence un climat très-humide. Tout est donc insolite dans le port comme dans les mœurs du Ceroxylon, et tout reste inexplicable en lui si on ne tient compte d'une particularité physiologique des plus remarquables : sa tige exsude une véritable cire, comparable à celle des abeilles, qui l'enveloppe d'une couche blanchâtre et lui donne l'aspect d'une colonne de marbre. Dans le pays, on recueille cette cire et on en fait des bougies, après l'avoir mélangée avec du suif. Chaque arbre fournit annuellement de 12 à 15 kilogr. de cire. Tout le monde sera frappé de la ressemblance des moyens employés pour la même fin chez les Conifères et les Ceroxylons. Tous luttent victorieusement contre les excès du climat, atteignent une haute taille malgré le froid et l'humidité, grâce à la résine chez les premiers, à la cire chez les seconds, dont tout leur organisme est imprégné.

En dehors de la famille des Palmiers, beaucoup d'autres arbres monocotylédones sont intéressants en raison de leur mode de végétation ou du parti que les indigènes en tirent. Tel est, par exemple, le Vaquois utile (*Pandanus utilis* Bory), originaire de Madagascar, appartenant à un type qui diffère de celui des Palmiers par une tige faiblement ramifiée et des rosettes de feuilles semblables à celles des

Roseaux. Cet arbre est du petit nombre des Monocotylédones qui possèdent une cime rameuse. Sa hauteur est d'une vingtaine de mètres,

Fig. 585. — Le Vaquois utile (*Pandanus utilis* Bory) de Madagascar.

et sa tige, à deux mètres environ de terre, se divise en trois branches principales, portant chacune une ramification dichotome. Les feuilles, de forme lancéolée, sont hérissées sur leur bord et sur leur nervure médiane d'aiguillons rougeâtres ; elles offrent cette particularité assez rare d'être plus petites pendant la vieillesse de l'arbre que durant ses premières années. Faut-il voir dans ce phénomène un effet du climat, qui devient de plus en plus âpre à mesure que le feuillage s'élève avec le temps ? Quoi qu'il en soit, les feuilles des jeunes Vaquois sont longues de 2 mètres environ et larges de $0^m,11$. C'est avec elles qu'on fabrique les nattes sur lesquelles on étend les grains de café pour les faire sécher, et les sacs dans lesquels on les expédie.

Les arbres lactescents forment un groupe caractéristique de la zone torride ; non point que de tels végétaux ne se rencontrent en dehors des tropiques, mais alors leurs sucs possèdent moins d'activité, et il n'y a guère que celui du Pavot qui puisse être comparé par son énergie à certains latex de la zone équatoriale. Parmi ces derniers, un des plus renommés par la violence de son action sur l'homme est celui que sécrètent tous les organes du célèbre Antiar vénéneux (*Antiaris toxicaria* Leschen.), et qui est la base de l'*upas antiar*, cette redoutable préparation toxique à l'aide de laquelle les Javanais empoisonnent leurs armes de guerre et de chasse. L'Antiar, originaire de Java et des îles voisines, est un grand arbre de la famille des Artocarpées, à feuilles simples, alternes et stipulées, dont la floraison est remarquable. L'espèce est monoïque. Les fleurs mâles et femelles naissent assez loin des feuilles pour n'être pas masquées par elles ; les premières se groupent en capitules involucrés, les secondes sont solitaires et se distinguent aisément à leur style bifide. Le fruit est une drupe peu charnue.

On a beaucoup vanté la valeur nutritive de certains latex, particulièrement de celui de l'Arbre au lait (*Galactodendron utile* Humb.), espèce qui doit uniquement sa grande célébrité à ces qualités imaginaires, ou tout au moins fort exagérées, paraît-il. A en croire certains voyageurs, le suc du *Galactodendron* pourrait soutenir la comparaison avec le meilleur lait de Vache. C'est un liquide très-épais, d'une viscosité comparable à celle d'une dissolution concentrée de gomme arabique, d'un blanc de céruse quand il sort de l'arbre, jaunissant promptement à l'air, et se coagulant spontanément au bout de quelques heures. D'une saveur d'abord douceâtre, il laisse dans la bouche une amertume très-prononcée et fort désagréable qu'il doit aux substances astringentes qu'il contient. Le café, avec un pareil lait,

serait certainement un détestable breuvage. Dans le haut Amazone, où
il est connu sous le nom de *sandi*, ce suc n'entre pas dans l'ali-

Fig. 586. — Rameau d'Antiar vénéneux (*Antiaris toxicaria* Leschen.) portant des capitules mâles
et des fleurs femelles.

mentation; il sert, dans certains cas, d'agent thérapeutique, mais
d'ordinaire on le mélange, quand il est encore fluide, avec de la suie,

et la masse en se coagulant forme une espèce de brai qu'on emploie pour calfater les embarcations. Tels sont ses usages sur les rives de l'Amazone; il y a loin de ce rôle modeste, bien qu'utile, à celui que certains voyageurs lui ont prêté.

Fig. 587. — Récolte du latex de l'Arbre au lait (*Galactodendron utile* Humb.)

Le Galactodendron, de la même famille que le précédent, est un grand et bel arbre au tronc droit et élancé, aux feuilles alternes et pé-tiolées, entières, glabres et très-coriaces, de 0^m,25 à 0^m,27 de longueur sur 0^m,08 à 0^m,10 de largeur.

Parmi les arbres lactescents, il n'en est point de plus importants que ceux dont le latex contient une assez forte proportion de caoutchouc

pour que ce produit puisse en être extrait avec avantage. On
recherche avec soin ces espèces, devenues de nos jours si précieuses
pour l'industrie ; on en connaît déjà un grand nombre, répandues
dans toutes les forêts tropicales des deux Mondes. Elles appartiennent
aux trois familles des Apocynées, Artocarpées et Euphorbiacées.

Le principal arbre à caoutchouc des Indes orientales est une Artocarpée, le Figuier élastique (*Ficus elastica* Roxb.), introduit en Angleterre

Fig. 588. — Rameau florifère de Castilloa élastique (*Castilloa elastica* Cerv.).

en 1815, et qui a rapidement conquis une des premières places parmi
les plantes à feuillage ornemental cultivées dans nos serres et dans nos
appartements. Le caoutchouc de Bornéo et de Sumatra, dit de Singapore
dans le commerce, est fourni par une Apocynée, l'Urcéola à caoutchouc
(*Urceola elastica* Roxb.), celui de Madagascar par une autre plante de
la même famille, le Vahea gommifère (*Vahea gummifera* Lamk.).
Parmi beaucoup d'autres espèces, nous en citerons spécialement deux :
une Artocarpée, le Castilloa élastique, et une Euphorbiacée, le Siphonia

caoutchouc (*Siphonia elastica* Pers.), encore nommé Hevea de la Guyane (*Hevea guyanensis* Aubl.).

Le premier est un grand arbre originaire du Mexique et de Cuba, dont le tronc est droit, à écorce lisse, et porte des feuilles alternes, entières et pétiolées. L'espèce est monoïque; les fleurs mâles et femelles sont agglomérées en capitules.

Le second fournit, conjointement avec les plantes du même genre, le caoutchouc dit du Para. Le Siphonia caoutchouc, le plus anciennement connu des arbres à caoutchouc, habite tout le bassin de l'Orénoque et de l'Amazone. Sa tige a 20 mètres de hauteur et près d'un mètre de diamètre; sa cime, qui s'élève à 12 ou 15 mètres au-dessus du sol, porte de grandes feuilles pétiolées et trifoliolées. Il offre une curieuse particularité de végétation : il se plaît dans les terrains bas, annuellement submergés par les débordements de l'Amazone ou de ses affluents durant la saison des pluies. On a remarqué qu'il fallait que son pied restât submergé tout ce temps sur une hauteur d'au moins un mètre et demi, sinon le rendement en caoutchouc de la campagne suivante était médiocre. Les arbres s'exploitent seulement pendant la saison sèche, du mois de juin au mois de décembre dans la province de Para, l'expérience ayant appris que le latex est moins riche en caoutchouc durant la saison pluvieuse; d'ailleurs, dans l'intérêt de la conservation et de la multiplication des arbres, il y a avantage à les laisser alors en repos, parce que c'est l'époque de leur floraison et de leur fructification.

Le mode d'extraction du latex varie naturellement un peu selon les régions; voici celui qu'on emploie le plus ordinairement sur le Madeira et les autres affluents de l'Amazone, où cette industrie est des plus prospères. L'ouvrier se rend dans la forêt, entaille avec une hachette ou un outil en forme de pic le tronc des Siphonia, de façon à mettre l'aubier à nu, introduit et fixe dans la plaie l'un des bouts d'un petit tube en argile, et place au-dessous, au pied de l'arbre, un morceau de bambou taillé en forme de coupe pour recueillir le suc. Ce travail terminé, il revient à son point de départ, verse successivement dans une grande calebasse qu'il porte avec lui le latex tombé dans chacun des récipients, et, sa récolte faite, la transporte à sa case, où il procède sans retard à l'opération de la fumigation. Il allume des fruits bien secs des Palmiers nommés *Urucury*, *Assaï*, etc., dans le

Fig. 389. — Préparation du caoutchouc sur les rives du Madeira, un des affluents de l'Amazone.

pays, et recouvre ce feu d'une sorte de grande cruche sans fond et à
col étroit par lequel sort une fumée blanche ayant la propriété de
coaguler instantanément le caoutchouc. Ces préparatifs terminés,
l'opération commence. Le suc recueilli, et qui a pour le moment l'aspect et la consistance du lait de Vache, a été versé dans une grande
carapace de tortue. L'ouvrier prend un peu du liquide avec un morceau de calebasse et le verse sur une sorte de pelle en bois à long
manche; puis, à l'aide de mouvements ménagés, il l'étale sur toute
la surface en une couche d'égale épaisseur, comme le photographe
étend le collodion sur la plaque qui doit recevoir l'image. Cela fait,
il expose rapidement la pelle à la fumée, et le suc se concrète immédiatement, en prenant une couleur d'un gris jaunâtre. Il dépose ensuite
une seconde couche au-dessus de la première, passe à la fumée, et
renouvelle l'opération jusqu'à ce que la masse entière ait une épaisseur totale de 2 à 5 centimètres; alors il fend latéralement l'étui de
caoutchouc pour le dégager de la pelle, et l'étend au soleil, où il prend
peu à peu, en séchant, la couleur brune caractéristique qu'on lui
connaît.

L'histoire de la découverte du caoutchouc et de ses propriétés n'est
pas dépourvue d'intérêt.

Les observations faites par Richer à Cayenne en 1672 sur les mouvements du pendule avaient enfin conduit les savants à penser que la
Terre n'est pas rigoureusement sphérique, comme on le croyait depuis
qu'on avait quelque idée de sa forme. Huygens et Newton, guidés
par des considérations mathématiques, annoncèrent que notre planète
devait être un sphéroïde aplati vers les pôles. Cependant Cassini, qui
venait de mesurer un arc de méridien pour l'établissement de la grande
carte de France entreprise par les ordres de Louis XIV, concluait au
contraire de ses déterminations que la Terre était un sphéroïde allongé
vers les pôles. Qui avait raison, des mathématiciens ou de l'astronome?
Pour se prononcer, il fallait comparer les longueurs de deux arcs
de méridien de même graduation et situés, l'un le plus près possible
du pôle, l'autre dans le voisinage de l'équateur. Deux expéditions
scientifiques partirent de France pour accomplir cette tâche : la
première se dirigeait vers la Laponie, et nous n'avons pas à en parler;
la seconde, la seule que nous suivrons, avait reçu une organisation
des plus complètes. Elle comprenait deux géomètres distingués, Godin

et Bouguer, La Condamine, qui devait être le vulgarisateur du caoutchouc en Europe, un botaniste, Joseph de Jussieu, un chirurgien qui fut assassiné pendant le voyage, des dessinateurs et des calculateurs, un horloger, et enfin deux officiers de la marine espagnole spécialement désignés pour cette mission par leur gouvernement.

La Condamine ne possédait certes pas la valeur scientifique de Godin et surtout de Bouguer, mais il avait l'esprit ouvert et saisissait promptement l'importance d'une découverte ; homme du monde d'ailleurs, écrivain et orateur agréable, il jouissait d'une grande popularité : c'était un vulgarisateur dans le sens bon et vrai du mot.

L'expédition, partie de la Rochelle le 16 mai 1735 sur un vaisseau de l'État, arrivait le 9 mars 1736 en vue des côtes du Pérou. Les savants débarquèrent aussitôt et se dirigèrent sur Quito, point central de leurs opérations géodésiques. En gagnant cette ville, La Condamine fut frappé de voir les indigènes s'éclairer avec des espèces de torches de $0^m,60$ à $0^m,65$ de longueur sur $0^m,04$ à $0^m,05$ de diamètre, capables de brûler toute une nuit en répandant une lumière très-vive et une faible odeur nullement désagréable. La matière se fluidifiait par la chaleur ; pour l'empêcher de couler, on enroulait chaque torche dans une feuille de Bananier. La Condamine questionna les indigènes sur la provenance de ces singuliers flambeaux, et il apprit qu'on les fabriquait avec une résine qui suintait des plaies faites à un arbre nommé Hévé (*Siphonia elastica*) des forêts de la province d'Esmeraldas. Ce suc, d'un blanc laiteux au sortir du tronc, se concrétait et brunissait par son exposition au soleil. Pendant son séjour à Quito, le savant français vit les habitants se servir en guise de toile cirée d'étoffes enduites de ce suc, que les Indiens Maïnas, riverains de l'Amazone où l'arbre existait également, appelaient *caoutchouc* quand il était solidifié. Pour obtenir ce produit dont ils fabriquaient, entre autres objets, des bottes imperméables, les Maïnas étendaient le suc encore frais par couches successives sur des moules en terre ayant la forme de petites bouteilles, et brisaient le moule quand le dépôt était suffisamment épais. Les opérations géodésiques terminées, les membres de la commission convinrent de se séparer et de rentrer en France par des voies différentes, afin de multiplier leurs observations. La Condamine résolut de descendre le cours de l'Amazone. Parti le 4 juillet 1743, il arrivait au Para le 19 septembre, gagnait Cayenne, puis

Fig. 390. — Un Figuier des Banyans (*Ficus indica* Lin.), de la baie de Taio-Hae, île de Nuku-Hiva

Paramaribo, d'où il s'embarquait le 3 septembre 1744 pour Amsterdam, et rentrait enfin à Paris le 25 février 1745. Pendant son voyage de retour, il eut l'occasion d'observer de nouvelles applications du caoutchouc ; et au Para il put étudier toute une industrie spéciale,

Fig. 591. — Le Figuier des Banyans de l'établissement des Sœurs de Saint-Joseph à Taïo-Hae, île de Nuku-Hiva.

la fabrication de menus objets en caoutchouc, tels que imitations d'animaux et de plantes, boules creuses diversement ornées, etc. Lors de son passage à Cayenne, on y apportait beaucoup de ces objets, qui commençaient à attirer l'attention des créoles sur la substance avec laquelle ils étaient fabriqués.

Dès son arrivée en France, il s'efforça de répandre l'usage du caout-

chouc. Il semblait que la tâche fût facile, et que l'industrie européenne
allait immédiatement s'emparer d'un produit aussi utile, imiter
d'abord, puis surpasser bientôt, les grossiers procédés de fabrication
des sauvages de l'Amazone. Il n'en fut rien cependant, et le caoutchouc n'eut d'autre usage depuis 1772 jusqu'à notre époque que de
servir à effacer, sous le nom de gomme élastique, les traits faits par
les crayons de mine de plomb. Ce fut tout ce qu'on trouva en près
d'un siècle! et l'auteur de l'invention fut le dernier héritier du nom

Fig. 592. — Un Figuier des Banyans d'une forêt de Java.

de Magellan, du célèbre navigateur qui découvrit le fameux détroit
par lequel on passe de l'océan Atlantique dans l'océan Pacifique! Tout
est véritablement étrange dans l'histoire du caoutchouc. Longtemps
méconnu, malgré la réputation des hommes qui cherchèrent à fixer
l'attention sur lui, sa haute valeur se révèle seulement à notre
époque, où il devient la matière première d'une fabrication dont la
prospérité est sans égale dans les fastes de l'industrie.

Les Figuiers sont des arbres souvent énormes, des arbrisseaux ou des
plantes sarmenteuses, dont le suc laiteux contient du caoutchouc. Ces
plantes habitent principalement la zone torride. Une seule espèce, le
Figuier commun (*Ficus carica* Lin.), est cultivée dans l'Europe méri-

dionale pour son fruit. Beaucoup d'autres sont curieuses par une profusion de racines adventives qui naissent de leurs tiges, de leurs branches et de leurs rameaux, descendent verticalement, et finissent par se fixer en terre. Les plus célèbres sous ce rapport sont le Figuier de l'Inde ou Figuier des Banyans (*Ficus indica* Lin.) et le Figuier des pagodes (*Ficus religiosa* Lin.).

Le premier possède des feuilles persistantes et coriaces, ovales et très-entières, assez longuement pétiolées, dont les limbes ont 0^m,16 à 0^m,20

Fig. 595. — Figuier sycomore (*Ficus sycomorus* Lin.) de l'Afrique centrale.

de longueur sur 0^m,10 à 0^m,12 de largeur. Sa végétation n'offre rien de particulier dans sa jeunesse ; plus tard, en vieillissant, sa ramure émet d'innombrables racines adventives qui s'implantent successivement dans le sol, et lui permettent de s'étendre rapidement en largeur. Bientôt sa cime forme un immense dôme de verdure impénétrable aux rayons du soleil, d'une faible hauteur comparée à l'étendue de la surface sans cesse croissante qu'il couvre de son ombre, puisque la tige des plus vieux arbres n'a guère plus de 30 mètres d'élévation, alors que son énorme tête, soutenue parfois par deux à trois cents fortes racines adventives, véritables pseudo-tiges, est large de 100 à 200 mètres. Ainsi, le tronc du Figuier des Banyans de la figure 590, si puissamment cannelé qu'on le dirait formé d'un

faisceau de tiges soudées entre elles, mesure 10 mètres de diamètre.
Il conserve sensiblement la même épaisseur jusqu'à 13 mètres de hauteur, où il se partage en une douzaine de maîtresses branches qui s'étalent horizontalement et couvrent de leur feuillage un espace circulaire
de 100 mètres de diamètre.

Si le Figuier des Banyans est uniquement un arbre d'ornement,
offrant aux caravanes un inappréciable abri sous ce soleil torride, le
Figuier de Pharaon ou Figuier sycomore (*Ficus sycomorus* Lin.) est

Fig. 594. — Acacia à cime aplatie de l'île de Ceylan.

en outre un arbre fruitier assez estimé des populations africaines. Il
paraît originaire du Soudan, mais a été naturalisé en Égypte dès la
plus haute antiquité. Son bois dur, à grain fin et serré, semble susceptible d'une conservation indéfinie, car les sarcophages des anciens
Égyptiens faits avec ce bois sont encore intacts après des milliers
de siècles d'existence. Le tronc du Sycomore, revêtu d'une écorce verte
et lisse, est très-gros et très-court. Il se divise, à 3 ou 4 mètres du sol,
en un certain nombre de grosses branches qui s'allongent en se redressant faiblement et en se bifurquant à l'infini. Son feuillage, qui tombe
tous les étés, ressemble à celui du Mûrier noir (*Morus nigra* Lin.) ;
sa tête, de forme aplatie, a 20 mètres d'épaisseur et une bien plus

Fig. 395. —Lianes et épidendres d'une forêt vierge de la Nouvelle-Grenade.

grande largeur. Il fleurit sur le vieux bois et jamais sur les rameaux de l'année ; toute la ramification de la base au sommet, et principalement les plus grosses branches, sont comme hérissées de petites ramules sans feuilles qui produisent les figues. La floraison est continue, et en tout temps on trouve sur l'arbre des fruits de différentes grosseurs, depuis le volume d'un pois, d'une noisette et d'une noix, jusqu'à celui d'une figue ordinaire. On fait deux ou trois récoltes par an ; et l'expérience a montré qu'il est indispensable, lorsque la figue commence à grossir, de l'inciser légèrement dans la dépression ou œil du fruit, sinon elle tombe prématurément. Aussi les jardiniers montent de temps à autre sur les arbres, et parcourent les maîtresses branches, — ce qui est facile en raison de leur faible inclinaison, — afin d'opérer les fruits le moment venu. Les figues restent vertes durant tout l'hiver ; les plus avancées commencent à mûrir au printemps, puis les maturations se succèdent à de courts intervalles pendant l'été. Les fruits mûrs ont une belle couleur rose ; la population indigène les recherche, mais ils sont peu estimés des Européens.

On sera certainement frappé de la parfaite entente de toutes ces dispositions. Comme la figue se montre alors que le feuillage projette une ombre épaisse au-dessous de lui, elle ne se forme point sur le jeune bois, mais plus bas, loin des feuilles. Elle vit pourtant dans le demi-jour, constamment baignée d'un air humide et chaud : aussi est-elle charnue ; et quand il lui faut enfin le plein soleil pour achever sa maturation, l'été est venu et l'arbre s'est dépouillé de son feuillage. Enfin, le port du Sycomore nous offre ce trait commun à tous les arbres dicotylédones de la zone torride à feuillage caduc de ne pas s'élever d'ordinaire à plus de 25 ou 50 mètres de hauteur, les feuilles, dans ce groupe, ne pouvant supporter l'ardent rayonnement solaire et l'extrême sécheresse de l'air des couches atmosphériques élevées.

Le troisième type essentiel de la forêt tropicale est la liane. Elle est là dans sa véritable patrie : c'est là qu'il faut aller l'étudier ; c'est là enfin qu'elle se montre dans tout le magnifique développement de sa beauté splendide. Par la longueur de ses tiges, qui grimpent et s'élancent à des hauteurs vertigineuses ; par les entrelacements inextricables, les enchevêtrements pittoresques et imprévus, de ses gigantesques et robustes sarments ; par les colonnades, les arceaux, les ogives, les capricieux méandres de feuillage et de fleurs qu'elle édifie ou dessine sous

les voûtes ténébreuses de la forêt plusieurs fois séculaire ; enfin, par
ses milliers de racines adventives qui tantôt enlacent de leurs replis
rigides les géants voisins, et tantôt, cordages incorruptibles, pendent

Fig. 596. — Une forêt vierge du Brésil ; lianes enlaçant le tronc des arbres.

librement dans l'air jusqu'à ce qu'elles s'implantent dans le sol et
forment souche nouvelle, la liane est une des plus surprenantes merveilles de ces merveilleuses contrées.

Par sa végétation rapide et luxuriante, elle forme cet inextricable

fourré qui s'étend sous le couvert des grands arbres comme une mer
de verdure, et dont le pionnier, la hache à la main, fend les flots de

Fig. 597. — Une éclaircie dans la forêt vierge (Guyane); lianes et épidendres.

feuillage qui se rejoignent derrière lui sans plus laisser de trace de
son passage que l'étrave du vaisseau, en sillonnant la mer, n'en laisse
sur la vague qu'il a brutalement divisée.

C'est que dans ce taillis obscur, dans cet air invariablement chaud

et humide, les racines adventives naissent et grandissent avec une
étonnante rapidité. A peine le sabre d'abatis a-t-il tranché le réseau

Fig. 398. — Arbre entouré de lianes (Brésil).

de lianes qui, semblable à un filet gigantesque, arrêtait les pas du
voyageur. que de toutes les blessures sortent des racines; en peu de
jours, elles s'allongent vers le sol, l'atteignent et s'y insinuent,

bouchant la voie récemment ouverte par le chasseur. L'homme, en

Fig. 599. — Pandanus attaqués par des lianes (rives du Zambèze).

sillonnant la forêt vierge, loin de détruire la liane, lui donne au contraire une vigueur nouvelle en multipliant ses racines. Le feu

46

ou le temps peuvent seuls avoir raison de cette vitalité énergique et tenace. La liane grimpe, enlace, étouffe, tout ce qui vit autour d'elle. Quelques géants morts de vieillesse ont-ils en tombant fait une éclaircie momentanée dans la forêt vierge, la plante grimpante cède en quelque sorte à regret et pour peu de temps la place aux herbes terricoles; mais dès qu'un arbre nouveau lève la tête, aussitôt, se cramponnant à lui, elle reprend le cours de ses envahissements.

Souvent la liane s'attaque à un seul arbre; alors ses atteintes deviennent rapidement mortelles sous ce climat d'exubérante végétation. Les rameaux du faux parasite, s'entrelaçant et se soudant autour du tronc et des branches principales de la victime, forment bientôt une sorte de gigantesque étui réticulé dans lequel l'arbre finit par être étroitement emprisonné. Arrêté dans son essor, privé d'air et de lumière par le feuillage de son ennemi, il souffre, languit et meurt. Mais pendant son agonie ce dernier a grossi et grandi; sa tige et ses principaux sarments sont devenus assez rigides et assez robustes pour se passer de tuteur; bien mieux, il devient alors le soutien des débris de l'arbre qu'il a étouffé dans son étreinte, jusqu'à ce que la décomposition spontanée, qui accomplit rapidement son œuvre sous ces climats dévorants, ait défiguré, puis dispersé les derniers vestiges de celui-ci.

Ce qu'on appelle la plante fausse-parasite constitue le quatrième type caractéristique de la forêt tropicale. Il existe dans la zone torride une multitude de plantes qui ne se fixent jamais au sol, bien que pourvues de racines. Parfois elles rampent à la surface du terrain, dans les Mousses et les feuilles mortes qui le recouvrent; le plus souvent elles se cramponnent, s'enlacent ou se suspendent à une branche d'arbre, et alors on les nomme très-justement fausses-parasites, épiphytes ou épidendres indifféremment. Exceptionnellement, l'épiphyte adulte est arrhize et s'appuie contre son support par la base tronquée de la tige devenue une sorte de moignon. Tels sont, dans la famille des Broméliacées, les *Tillandsia dianthoidea* (Hooker), *stricta* (Soland.) et *usneoides* (Lin.); tels sont encore les Vriesia, autres Broméliacées qui vivent en épidendres suspendus par leurs feuilles aux branches des arbres.

La famille des Orchidées compte un grand nombre d'épidendres très-recherchés par la culture de luxe en raison de la richesse de leur floraison, surtout des formes étranges et variées à l'infini de leurs fleurs.

Ce sont des plantes herbacées vivaces, dont les racines fasciculées
rampent à la surface de l'arbre qui leur sert de tuteur ou pendent
librement dans l'air; leur appareil de nutrition aérienne se compose
d'une sorte de rhizome très-court, faiblement ramifié, dont les rameaux
renflés à leur base en pseudo-bulbes portent à leur sommet une rosette de quelques feuilles, grandes, très-entières, engaînantes à leur

Fig. 400. — Arbre déraciné et envahi par des plantes fausses-parasites (Brésil).

base, ovales ou lancéolées. Quant aux fleurs, elles sont terminales ou
bien naissent à l'aisselle des écailles des rameaux. En résumé, cinq
caractères distinguent l'Orchidée épidendre : richesse de la floraison,
puissance du feuillage, atrophie de la ramification, faible développement de l'appareil radical, abondance des aliments de réserve.
Les Orchidées épidendres sont donc des plantes qui se nourrissent
surtout par l'air, et chez lesquelles l'alimentation minérale ou par
les racines est tout à fait secondaire. Par là s'explique la singularité
de leur station, pourquoi elles se suspendent aux branches des arbres,

souvent à de grandes hauteurs, car un abondant et constant renouvellement de l'air est pour elles la première condition de la vie. La manière dont elles se sont comportées dans nos serres chaudes l'a bien prouvé. Au début de leur culture, on les plaçait dans des serres spéciales hermétiquement closes; alors, ce qu'on redoutait le plus

Fig. 401. — Odontoglosse de Pescatore (*Odontoglossum Pescatorei* Linden), Orchidée de la Nouvelle-Grenade.

pour elles, c'étaient les courants d'air. Ainsi emprisonnées dans une atmosphère étouffée, humide et chaude, elles fleurissaient rarement, donnaient dans ce cas quelques fleurs, et mouraient bientôt. Enfin, on se hasarda à ventiler énergiquement les serres, tout en y maintenant une température suffisante sans être excessive comme autrefois, et l'on fut tout surpris des excellents résultats qu'on obtint. Au lieu de ces plantes chétives, de ces maigres et rares floraisons, on eut sans efforts des touffes luxuriantes qui se chargeaient, le moment venu, d'une profusion de fleurs. Avec un peu d'attention et moins de préjugés, on se serait épargné ces mécomptes, car tous les traits de la physionomie de l'épidendre, nous le répétons, décèlent son genre de vie.

Le Vanillier (*Vanilla planifolia* Andr.) présente un port excep-

Fig. 402. — Maxillaire jolie (*Maxillaria venusta* Lindl.), Orchidée de la Nouvelle-Grenade.

tionnel et végète à la manière des lianes. Ses très-longues tiges herbacées, cylindriques, charnues, de la grosseur du petit doigt, produisent des sarments ayant les mêmes caractères. Les feuilles sont alternes, entières, ovales, charnues, longues de 0^m,20, larges de 0^m,12 ; de la plupart des nœuds naissent des racines adventives qui, selon les circonstances, pendent en liberté dans l'atmosphère ou adhèrent fortement à la surface du corps le long duquel grimpe le Vanillier. Les fleurs, d'un blanc verdâtre, sont fort longues et mesurent jusqu'à 0^m,05 de diamètre. Le fruit est une capsule très-improprement appelée *gousse* dans le commerce, dont les dimensions changent beaucoup avec les variétés.

Voici comment on établit et entretient une plantation de Vanilliers dans les provinces de Vera-Cruz et d'Oaxaca, les deux principaux centres de production au Mexique.

On choisit une forêt vierge, exposée au sud ou à l'ouest, sur un terrain en pente ou dans une plaine qui ne garde pas l'eau, mais dont le sous-sol, dans les deux cas, reste constamment humide. On débarrasse le bois des lianes et des fausses-parasites qui l'obstruent; alors on conserve tous les jeunes arbres de 3 ou 4 mètres d'élévation qui se trouvent placés à 4 mètres environ les uns des autres, ce seront les tuteurs des Vanilliers qui s'abriteront en outre du soleil sous leur feuillage; tous les autres sont abattus. On coupe ensuite des boutures de 1 mètre à 1^m,50 de long, on supprime les trois ou quatre feuilles inférieures, et il ne reste plus qu'à les mettre en place. Au pied de chaque arbre, du côté du nord, on creuse un sillon de 0^m,05 de profondeur et de 0^m,30 à 0^m,40 de longueur; on étend dans chacun d'eux les portions dénudées de deux boutures dont on fixe les parties feuillées au tronc de l'arbre, en les attachant de distance en distance à l'aide de trois ou quatre liens, puis on recouvre de Mousse et de feuilles sèches les bouts de sarment destinés à s'enraciner. Les racines du Vanillier sont très-délicates, et courent à fleur de terre; pour les protéger contre les ardeurs du soleil, on a la précaution de placer les plantes au nord, à l'ombre, et on ménage en outre l'herbe qui croît autour des racines de l'Orchidée.

Les soins d'entretien sont des plus simples. Tous les ans, pendant la saison des pluies, on débarrasse les arbres tuteurs des plantes grimpantes et fausses-parasites qui étoufferaient les Vanilliers, on remplace les boutures mortes, on en met au pied des jeunes arbres devenus assez grands, on abat les arbres mal placés, on élague ceux qui sont trop touffus, enfin on fauche l'herbe à la hauteur de 0^m,30 à 0^m,40. Dès la seconde année, la tige du Vanillier est parvenue au sommet de son tuteur; alors elle se ramifie, et les sarments retombent et pendent librement dans l'air. Ce sont eux qui fructifient. La plantation est en plein rapport à la troisième ou quatrième année. Au Mexique, la floraison a lieu pendant les mois de mars, d'avril et de mai; le fruit croît pendant un mois et en consacre ensuite six à mùrir; la récolte se fait au mois de décembre.

A notre époque, on a fait plusieurs tentatives heureuses pour intro-

Fig. 403. — Culture du Vanillier (*Vanilla planifolia* Andr.) en serre chaude.

duire le Vanillier dans nos serres chaudes, non pas à titre de simple curiosité, mais comme une plante économique destinée à fournir des produits capables de rivaliser avec ceux des régions intertropicales.

De telles tentatives ont une importance trop grande pour ne pas les signaler ici; et, pour bien comprendre cette question de la culture fruitière de serre chaude que nous abordons pour la première fois, quelques indications générales sont indispensables.

De nos jours, l'Horticulture fait vivre autour de nous la plupart des plantes exotiques; néanmoins nous sommes encore bien loin d'avoir réalisé toutes les améliorations désirables et possibles. Si l'on parvient maintenant à donner à tous ces végétaux si frileux de la zone torride la chaleur qu'ils demandent, la lumière, — ainsi que nous l'avons déjà remarqué, — cette pure et vivifiante lumière du soleil des tropiques leur manque dans notre atmosphère brumeuse, à peine traversée par les rayons affaiblis d'un soleil blafard. Nous le disions plus haut, un jour peut-être on parviendra à se rapprocher davantage des conditions naturelles; cependant, telle qu'elle est aujourd'hui, la culture de serre chaude répond déjà à de nombreuses exigences, et donne satisfaction à bien des désirs. Malheureusement, les soins et les efforts ont été jusqu'ici réservés à la production florale, et on a négligé, délaissé, la culture fruitière. L'Ananas seul a su fixer, dès son introduction dans nos serres, et a toujours conservé depuis la faveur des amateurs. Or cette culture est déjà bien ancienne parmi nous, car le premier Ananas mûri en France fut servi sur la table de Louis XV le 28 décembre 1733; il provenait du Potager de Versailles. Depuis lors, quels sont les progrès réalisés dans cette voie? L'Ananas, toujours l'Ananas, dont la culture il est vrai est maintenant parvenue à un degré de perfection qu'il semble impossible de dépasser; mais enfin, c'est toujours et seulement l'Ananas, auquel se joignent parfois, dans quelques serres privilégiées, des Bananiers, dont les fruits sont plutôt un objet de curiosité qu'une source de revenu pour l'établissement qui entreprend cette culture.

Les motifs qu'on donne pour justifier cet abandon sont nombreux; voici les deux principaux.

À quoi bon, répète-t-on partout, s'efforcer d'obtenir à grands frais des fruits qui resteront toujours inférieurs à leurs congénères du pays natal? Erreur : la culture de l'Ananas, et quelques tentatives isolées, entreprises à de rares intervalles sur d'autres espèces fruitières, prouvent le contraire. Les fruits des tropiques, venus en serre chaude, sont supérieurs aux autres; et il en sera toujours ainsi tant que l'Horticulture perfectionnée des grands centres européens n'aura pas fait son tour du monde. Est-ce que dans notre propre pays les produits

Fig. 404. — Bananier.

du sujet amélioré par la greffe, par la taille, par la culture en un mot, ne sont pas très-supérieurs à ceux du sauvageon? Sans doute, — nous l'avons fait remarquer précédemment, — on échouera toujours dans l'éducation des espèces qui demandent une vive lumière pour mûrir leurs fruits ; mais toutes celles qui n'exigent, avec des proportions variables d'humidité et de chaleur, qu'une lumière adoucie, réussiront à merveille dans nos serres.

Le second argument des partisans du *statu quo* n'est pas meilleur.

Cette culture, dit-on, n'a point de raison d'être à notre époque où l'amélioration continuelle des moyens de communication permet de compter, dans un avenir prochain, sur l'affluence des productions tropicales dans nos grands centres. Depuis plusieurs années en effet, les Antilles nous envoient des Ananas à profusion ; qu'est-il advenu de cette concurrence ? L'accroissement de notre production en Ananas, et une augmentation dans le prix de vente de ces fruits. Enfin, à la date d'une vingtaine d'années, lorsque l'Horticulture anglaise résolut d'élever en serre la Vigne et nos arbres fruitiers à noyaux, particulièrement le Pêcher, les ennemis systématiques de toute innovation n'eurent pas assez de railleries pour une telle tentative, qu'ils qualifiaient de ridicule, d'insensée. D'abord, selon leurs pronostics, jamais les fruits mûris en serre, sous le ciel brumeux de l'Angleterre, ne pourraient rivaliser avec les nôtres : le raisin devait être aqueux, la pêche cotonneuse, tous les deux à coup sûr seraient dépourvus de saveur et de parfum. Et puis comment lutter, ajoutaient-ils, pour le prix de revient, avec les fruits de France, venus en plein air ? Aujourd'hui, les *vergers sous verre*, ainsi que les appellent les Anglais, ont complétement gagné leur procès. Cette culture, très-rémunératrice, prend chaque jour de plus grands développements chez nos voisins, et cependant l'exportation des fruits augmente tous les ans en France.

Ces exemples prouvent que la culture fruitière de serre chaude n'est pas une chimère, pourvu qu'elle s'adresse à certaines espèces. A ce titre, les tentatives heureuses faites sur le Vanillier méritaient d'être citées. L'honneur de la fructification de cette plante en serre chaude revient au Jardin botanique de Leyde, qui obtint la première gousse mûre le 16 février 1857. Depuis lors, elle a mûri ses fruits dans beaucoup d'autres établissements publics ou privés ; nous avons vu notamment cette culture en plein rapport au Potager de Versailles. Il est parfaitement reconnu que la vanille ainsi obtenue est d'une qualité au moins égale, beaucoup d'horticulteurs disent même supérieure à celle qui nous vient directement du Mexique. Le problème est donc résolu, et de nos jours il devrait y avoir des Vanilliers sur tous les murs des serres à Ananas : ces deux espèces ayant les mêmes goûts et les mêmes exigences vivent parfaitement ensemble. Il va sans dire qu'il faudra pour le Vanillier, comme pour toutes les Orchidées en général, avoir recours à la fécondation artificielle, sans laquelle aucun fruit ne nouerait.

Le Bananier est du petit nombre des plantes fruitières tropicales qu'on rencontre dans les serres chaudes.

Le genre Bananier (*Musa*), qui a donné son nom à la famille monocotylédone des Musacées, comprend plusieurs espèces, dont la plus importante est le Bananier commun, nommé encore Figuier d'Adam (*Musa paradisiaca* Lin.). Ce dernier végète à la façon de nos Iris. De son rhizome sortent des bourgeons qui s'épanouissent à l'air libre en pseudo-tiges épaisses et coniques, hautes de 3 à 4 mètres, et formées par la base des feuilles. Celles-ci ont de robustes pétioles de 2 mètres de longueur, terminés par des limbes pennés de 1 mètre, dont le parenchyme se divise en lanières parallèles aux nervures secondaires sous le moindre effort. Sans cette particularité d'organisation, le vent, en agissant sur la surface de ses longues et larges feuilles, déracinerait la plante, comme l'ouragan brise le mât trop chargé de voiles. Du centre des feuilles s'élève une hampe de $0^m,05$ à $0^m,06$ de diamètre, que le poids des fruits courbe plus tard vers le sol. Elle se termine par une énorme grappe ou régime de 1 mètre, $1^m,50$ et parfois 2 mètres, de long, portant des bractées d'un rouge pourpre, saupoudrées extérieurement d'une poussière farineuse. Les fleurs naissent à l'aisselle des bractées ; celles de la région supérieure sont toujours stériles, les autres donnent des fruits cylindroïdes, plus ou moins arqués et trigones, connus de tout le monde sous le nom de *bananes*, et dont la pulpe sucrée et farineuse, mais un peu fade, est dépourvue de graines. Dans les régions les plus favorables au Bananier, c'est-à-dire dans les régions les plus chaudes du globe, un régime mûr pèse communément une vingtaine de kilogrammes, parfois jusqu'à 30 et même 40 kilogrammes. Mais la température influe considérablement sur la qualité et le poids des régimes. Ainsi, à la Nouvelle-Grenade, la production à l'hectare est évaluée à 184 000 kilogrammes de bananes par une température moyenne annuelle de 27° centigrades ; elle descend à

150 000 kilogrammes sous le climat de 26°, et à 64 000 kilogrammes
dans la zone de 22° de température moyenne. De toutes les plantes
fruitières, c'est le Bananier qui possède le rendement le plus élevé :
il équivaut pour la même étendue de terrain cultivé à cent trente-
cinq fois celui du Blé, et à quarante ou quarante-cinq fois celui de

Fig. 405. — Le Papayer commun (*Carica papaya* Lin.).

la Pomme de terre. Or, depuis le moment où le bourgeon sort de
terre jusqu'à celui où la banane est mûre, il s'écoule seulement dix
mois ou un an environ. Ce temps suffit pour organiser cette énorme
masse de feuilles et de fruits. On conçoit qu'une telle puissance de
végétation ne peut se produire que dans des conditions spéciales, sous
un soleil ardent, dans un air chaud et humide. Il faut encore à la
plante une abondante alimentation, par conséquent un sol riche et pro-

fond, constamment frais sans jamais devenir marécageux. C'est dans ces conditions seules que le Bananier prospère, et prospère sans culture en quelque sorte, se multipliant lui-même pendant des années, et ne demandant d'autres soins d'entretien que quelques sarclages. Annuellement, sur chaque pied, trois pousses arrivent à fructification. Dès qu'un régime est parvenu à maturité, la pousse qui l'a produit meurt et on la coupe ; à ce moment, il y en a une seconde

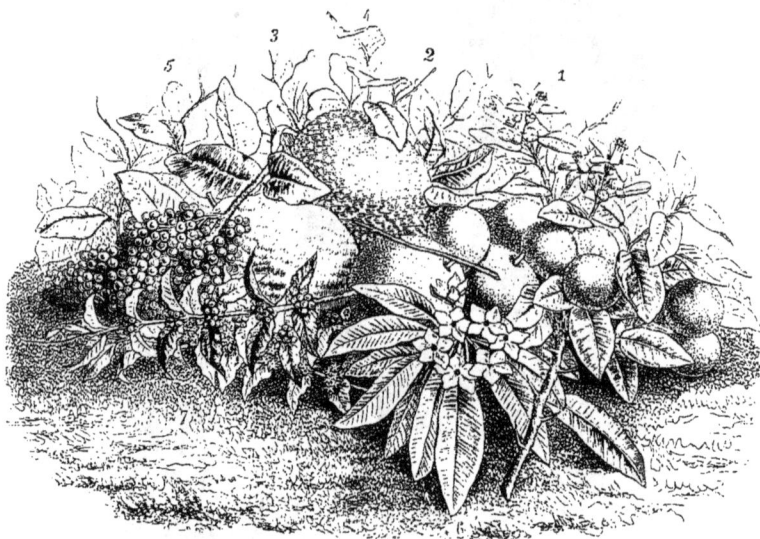

Fig. 406 — Fruits des tropiques : 1, Oranger (Bigaradier) ; 2, Oranger (Pamplemousse) ; 3, Oranger (Cédratier) ; 4, Chérimolier (*Anona Cherimolia* Lamk.) ; 5, Martineria ; 6, Frangipanier (*Plumiera alba* Lin.) ; 7, Caféier (*Coffea arabica* Lin.), fleurs et fruits.

déjà assez avancée pour fructifier trois mois après, et enfin une troisième est en voie d'organisation.

Le Bananier commun est rarement cultivé dans nos serres pour ses fruits en raison de sa taille trop élevée. On lui préfère une plante beaucoup plus basse, de 1 mètre à 1^m,50 de hauteur, le Bananier de Chine (*Musa sinensis* Sweet), qui mûrit ses fruits quinze ou dix-huit mois après avoir été planté.

Le Papayer (*Carica papaya* Lin.) se trouve également dans quelques serres ; il a fructifié notamment au fleuriste de la Ville de Paris. C'est un arbre dioïque, dont le port est des plus étranges. La tige droite, rarement ramifiée, se termine par un faisceau de grandes feuilles palmées et longuement pétiolées, à l'aisselle desquelles se développent, chez les pieds femelles, des baies jaunâtres, sillonnées de côtes, de la grosseur d'un petit melon.

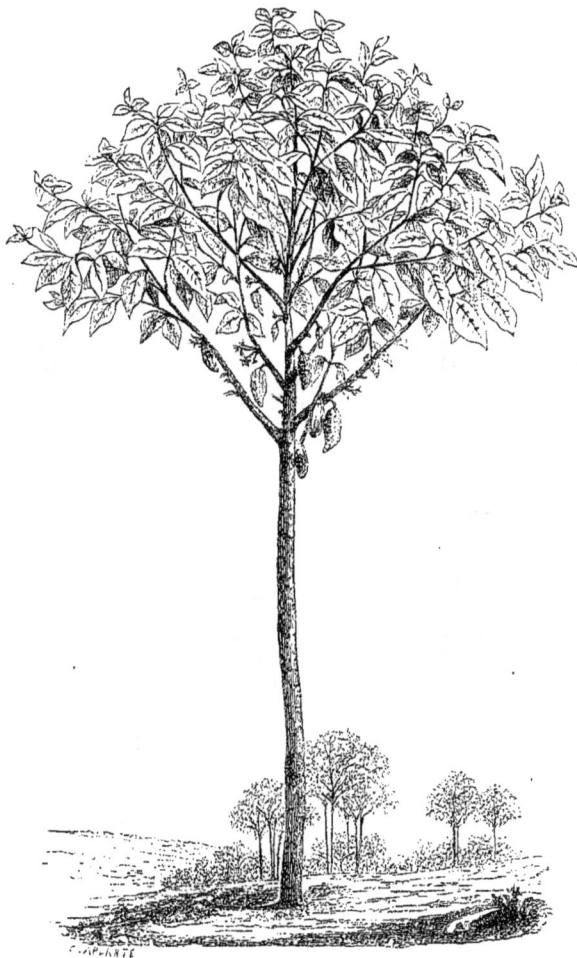

Fig. 407 — Le Cacaoyer commun (*Theobroma cacao* Lin.)

Parmi beaucoup d'arbres fruitiers renommés nous citerons encore le Cacaoyer (*Theobroma cacao* Lin.).

Les Cacaoyers sont des arbres spontanés des forêts riveraines des fleuves et des rivières de l'Amérique équatoriale. Les botanistes les rangent dans le groupe des Buttnériées, que les uns élèvent au rang de famille et dont les autres font une simple section de la famille des

Malvacées. Leurs feuilles sont grandes et alternes, simples, entières ou dentées, portant de petites stipules caduques. Les fleurs, petites également, naissent sur le vieux bois par ce mode d'évolution que ca-

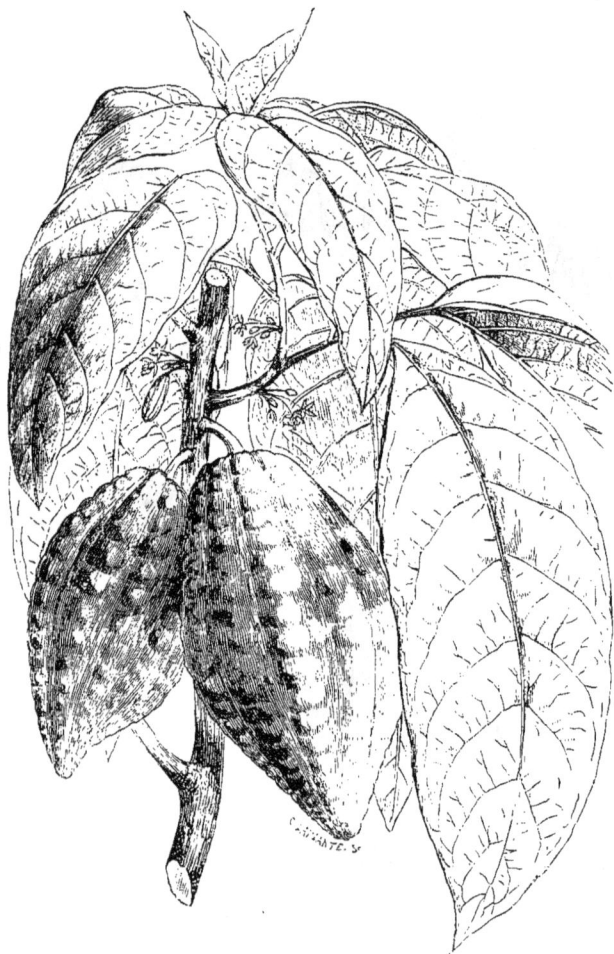

Fig. 408. — Fructification du Cacaoyer.

ractérise la présence de broussins floraux, c'est-à-dire de nodosités superficielles constituées par des ramifications très-courtes, aphylles d'ordinaire, placées dans les régions axillaires de feuilles tombées depuis plus ou moins longtemps. Chacune de ces productions est au fond un arbre sur l'arbre, ayant son mode de végétation propre, et à ce titre commençant à fleurir pour la première fois à une époque déterminée par des circonstances dont nous avons signalé précédemment les mieux connues, pour continuer ensuite à fructifier périodiquement pendant un nombre d'années également déterminé.

La substance nommée *cacao* dans le commerce est l'amande torréfiée des graines, vulgairement appelées *fèves de cacao*. La plupart des

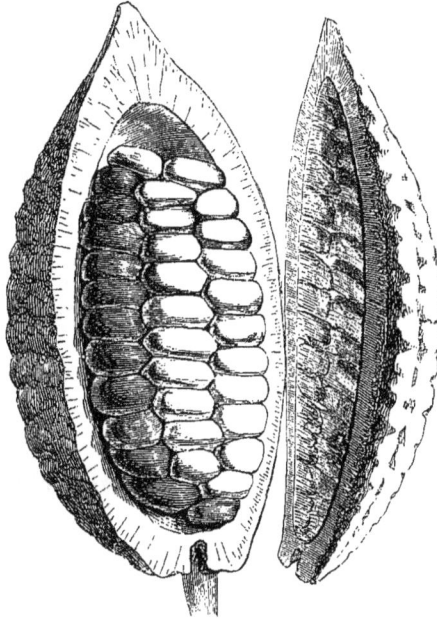

Fig. 409. — Fruit ouvert du Cacaoyer.

espèces du genre fournissent du cacao, de qualités fort variables du reste. L'espèce la plus connue sous ce rapport, celle qu'on cultive dans ce but, est le Cacaoyer commun (*Theobroma cacao* Lin.), arbre de 10 à 12 mètres de hauteur, qui fleurit dès la troisième année dans les cultures, mais n'est en plein rapport qu'à partir de la cinquième. Ses petites fleurs rougeâtres donnent naissance à une baie de couleur jaunâtre ayant la forme d'un concombre, et dont la surface est sillonnée par dix côtes longitudinales mamelonnées, qui donnent au fruit une apparence tout à fait caractéristique.

TROISIÈME PARTIE

BOTANIQUE APPLIQUÉE

———

Parmi les innombrables questions dont s'occupe la Botanique appliquée, nous en prendrons seulement deux, et encore ne pourrons-nous les envisager qu'à un point de vue fort restreint. Nous indiquerons d'abord le résultat des tentatives faites par l'homme pour grouper autour de lui, en dépit des lois de la Géographie botanique, les espèces utiles ou de simple agrément; ensuite, nous résumerons les principes de la culture; enfin, nous terminerons cet essai succinct de Botanique générale en rapportant, sous le titre de curiosités végétales, quelques observations relatives à la longévité des végétaux, aux plantes irritables et carnivores.

CHAPITRE PREMIER

L'HOMME ET LA GÉOGRAPHIE DES PLANTES

L'homme ne cesse de troubler les lois naturelles de la répartition des végétaux, en s'efforçant de réunir autour de lui les espèces étrangères qu'il croit utiles à son bien-être matériel. Il veut contraindre les types exotiques à partager l'existence de nos plantes indigènes, à vivre et à se propager spontanément autour de nous comme ces dernières. Mais nous sera-t-il donné un jour de réaliser ce programme? Telle est la question vivement débattue de notre temps, et non encore résolue.

On entend sans cesse parler d'*acclimatation* et de *naturalisation*; des Sociétés se fondent de toutes parts dans ce but; les essais se multiplient; partout on écrit, on parle, on discute avec ardeur, sur cet inépuisable sujet. Et pourtant, parmi les amis les plus zélés, parmi les partisans les plus convaincus, de la doctrine à la mode, combien on en trouverait qui n'ont qu'une idée vague de la valeur de ces deux mots d'acclimatation et de naturalisation employés sans cesse de nos jours, et trop souvent hors de propos! combien il en est enfin qui ne soupçonnent même pas l'existence des premiers obstacles contre lesquels viendront se briser leurs efforts! Il serait temps de mettre fin à des tentatives sans espoir, en renonçant une fois pour toutes à cette chimère de l'acclimatation, pour réserver tous nos efforts à l'œuvre réellement viable, à celle qui a l'avenir pour elle, à la naturalisation des végétaux capables de supporter notre climat, et à la culture en serre de ceux qui exigent d'autres conditions climatiques.

Avant tout, il importe de mettre fin à la confusion qu'on fait sans cesse entre l'acclimatation et la naturalisation, en précisant le sens de chacun de ces deux mots. Question bien posée est à moitié résolue, aimait à répéter Arago : voyons donc ce qu'il faut entendre par l'acclimatation et la naturalisation. Si la plante étrangère appartient à une région de même climat que celui de la localité où on veut l'introduire, l'entreprise constitue une naturalisation, et ne présente aucune difficulté sérieuse ; la plante aura changé de patrie tout en gardant sa première manière de vivre. Mais peut-on aller plus loin dans cette voie, et faire supporter à la plante tout à la fois un déplacement et un changement de régime? L'acclimatation ou l'adaptation de l'organisme végétal à de nouvelles conditions biologiques est-elle possible dans le Règne végétal? Enfin, existe-t-il des exemples d'une telle transformation, ou bien la science contemporaine nous permet-elle d'entrevoir dans un avenir plus ou moins éloigné le succès d'une pareille entreprise? Telle est la question que nous allons aborder pour en montrer l'inanité.

I. — ACCLIMATATION

Acclimater les végétaux, pouvoir s'entourer à son gré de toutes les productions étrangères au sol, au lieu d'en être réduit à des voyages lointains pour aller les contempler dans leur beauté native, voilà sans nul doute une puissance des plus enviables. Parvenir à transformer au gré de ses désirs quelque plaine aride, quelque plage sablonneuse, quelque lande inculte, en l'une de ces étonnantes forêts tropicales aux gracieux Palmiers, aux lianes vigoureuses décrivant çà et là leurs capricieux méandres, aux surprenantes Orchidées dont les fleurs étranges et bizarres surpassent tout ce que l'imagination peut concevoir, est un beau rêve, mais ce n'est qu'un rêve! La science est sans doute très-puissante : à chaque heure, à chaque instant, elle nous surprend par des prodiges d'audace, de persévérance ou d'imprévu : son pouvoir a néanmoins des limites infranchissables, et l'empire qu'elle exerce sur la nature vivante est bien borné. Il faut nous résigner à notre impuissance, l'organisation et la vie nous refuseront toujours l'obéissance absolue. Jamais les futurs progrès de la science ne permettront aux riverains de la Seine de se croire sur les bords de l'Amazone ou du Mississipi, car jamais l'industrie horticole, même la plus avancée, ne saura faire naître et vivre autour de nous, dans notre propre atmosphère, sous notre ciel rigoureux, un seul des végétaux de la zone torride.

Et cependant, cette décevante doctrine de l'acclimatation, malgré les nombreux échecs qu'elle a déjà subis, trouve encore des adeptes parmi nous. Ses nombreux partisans envisagent la question sous deux points de vue très-différents. Les plus impatients, ceux qui trop souvent en toutes choses prennent l'ombre pour la réalité, ont voulu acclimater l'individu lui-même ; leur échec est complet. Les autres, plus sages et plus circonspects, ne se sont point aveuglément abandonnés à leur idée favorite. Bien vite désabusés, dès les premières tentatives, sur la possibilité de l'acclimatation de l'individu, ils se bercent depuis lors de l'espoir d'arriver un jour à l'acclimatation de l'espèce. Mais, puisque l'individu est reconnu par eux incapable de s'acclimater, il est évident que sa descendance ne peut acquérir cette aptitude qu'en se modifiant, car, dans une filiation d'êtres identiques, ce qui est impossible au premier l'est également à tous les autres jusqu'au dernier. Ainsi, dans cette manière de poser le problème, acclimatation et transformation sont deux faits nécessairement corrélatifs, et les partisans de l'acclimatation de l'espèce sont, — peut-être à leur insu, — des transformistes. En effet, quel but poursuivent-ils ? Créer ce qu'ils appellent des races rustiques, c'est-à-dire capables de supporter les rigueurs de notre climat. Ils ont rassemblé à cet effet un ensemble de préceptes à suivre qu'on trouve consignés dans des ouvrages spéciaux. A les entendre, leurs procédés sont infaillibles ; et avec le temps, ils doivent arriver à modifier peu à peu les tempéraments les plus délicats au point de leur permettre la vie en plein air. Entreprendre une pareille tâche, c'est faire œuvre de transformiste. D'ailleurs, quel avantage espère-t-on retirer du succès si jamais on y parvient ? Vous aurez acclimaté un Cocotier, je suppose ; mais votre Cocotier acclimaté différera du tout au tout du Cocotier de la zone torride : ce ne sera plus à proprement parler un Cocotier ; et dans ce cas, quels seraient donc les avantages de la victoire remportée sur l'organisation ? Enfin, en admettant qu'elle soit possible, qui pourra jamais supputer le nombre des siècles nécessaires pour opérer semblable métamorphose! Peut-être la vie entière de l'humanité n'y suffirait-elle pas? Alors, à quoi bon entreprendre une pareille tâche?

En résumé, l'acclimatation de la descendance implique nécessairement sa transformation. Pour ce motif, elle doit être reléguée avec celle de l'individu dans le vaste et riche domaine de l'utopie, une telle métamorphose, — si elle est possible, — demandant pour s'accomplir une trop longue suite de siècles. Mais la question peut être encore présentée sous une autre face, et il est permis de se demander s'il existe dans le Règne végétal des types cosmopolites, c'est-à-dire capables de vivre indifféremment sous tous les climats, ou tout au moins si un pareil type peut exister et naître un jour d'une certaine association d'organes compatibles entre eux. L'état actuel de la science permet de répondre négativement à cette question.

Sans doute, on connaît des êtres cosmopolites, — et encore d'un cosmopolitisme plus ou moins restreint, — mais tous appartiennent au Règne animal; ce sont l'Homme, le Chien et le Pigeon. Or, de toutes les particularités d'organisation qui caractérisent ces êtres, aucune ne se rencontre dans les représentants du Règne végétal. Il faut à l'être cosmopolite une grande puissance de locomotion pour assouplir dès l'enfance son organisme aux variations climatiques; il lui faut encore un foyer vital d'une énergique activité pour conserver au corps une température invariable sous les froids les plus rigoureux. De ces deux facultés, la première ne se rencontre pas, et la seconde est très-faiblement développée chez les végétaux; donc, dans l'ordre de choses actuel, une plante cosmopolite n'existe pas et ne saurait exister.

II. — LA NATURALISATION

La possibilité de la naturalisation étant évidente d'elle-même, notre but, en abordant cette question, est de montrer, par le récit de quelques-unes des plus importantes tentatives de ce genre faites autrefois ou de nos jours, ce qu'on est en droit d'attendre de pareilles entreprises poursuivies avec les puissants moyens d'exécution que notre époque possède.

Le Caféier cultivé (*Coffea arabica* Lin.) est un arbrisseau de 5 à 6 mètres de hauteur, originaire de l'Éthiopie, et appartenant à la famille des Rubiacées. Dans les plantations, il vit en moyenne 17 ou 18 ans, et parfois son existence se prolonge jusqu'à 50 ans. Ses feuilles persistantes, assez semblables à celles du Laurier, sont opposées, stipulées, courtement pétiolées, glabres, luisantes et un peu coriaces. Les fleurs sont axillaires, petites, blanches et très-odorantes; elles ressemblent à celles du Jasmin commun (*Jasminum officinale* Lin.). Le Caféier fleurit pour la première fois dans sa troisième année; l'époque des floraisons ultérieures dépend du climat, et plus particulièrement du régime pluvial. Dans certaines régions, il donne des fleurs pendant toute l'année; dans d'autres, seulement deux fois par an, au printemps et à l'automne; dans d'autres encore, une seule fois, au printemps. Ainsi, à Taïti, il fleurit au mois de décembre, et ses fruits sont mûrs au mois de mai; à Nossi-Bé, on fait deux récoltes, l'une en février et mars, l'autre en juin et juillet. Toutes ces variations se comprennent quand on sait que chacun des actes de la vie végétale réclame pour s'accomplir une température déterminée, et, en particulier, que la floraison n'a pas lieu quand la chaleur est trop forte ou trop faible. Le fruit est une drupe semblable, pour le volume et la couleur, à une petite cerise; il contient deux graines, qui perdent promptement leur faculté germinative. Pendant longtemps, on ne put parvenir à faire germer les grains importés alors exclusivement d'Arabie, et l'on crut à tort que les indigènes, jaloux de conserver leur monopole, tuaient l'embryon en trempant les grains dans l'eau bouillante avant de les expédier. Toutefois cette mort n'est pas aussi prompte qu'on le supposait autrefois, et il est bien constaté aujourd'hui qu'on réussit assez souvent à faire germer des graines sèches venant des colonies.

L'histoire des premières tentatives de naturalisation du précieux arbuste renferme quelques obscurités; voici les faits les mieux connus. Pendant longtemps, tout le café consommé en Europe provenait uniquement de l'Arabie, et il était interdit, sous peine de mort, d'exporter l'arbuste. Cependant, en 1690, les Hollandais parvinrent à en transporter un pied de Moka à Batavia; plus tard, ils en introduisirent d'autres. Mais à Java la naturalisation du Caféier présenta de telles difficultés, qu'au commencement du dix-huitième siècle l'administration coloniale de cette île déclarait que les essais réitérés et toujours infructueux faits pour cultiver cet arbuste prouvaient que la plante n'y pouvait vivre. Malgré ce pronostic, les essais continuèrent et furent enfin couronnés de succès. Par leur inébranlable persévérance, les

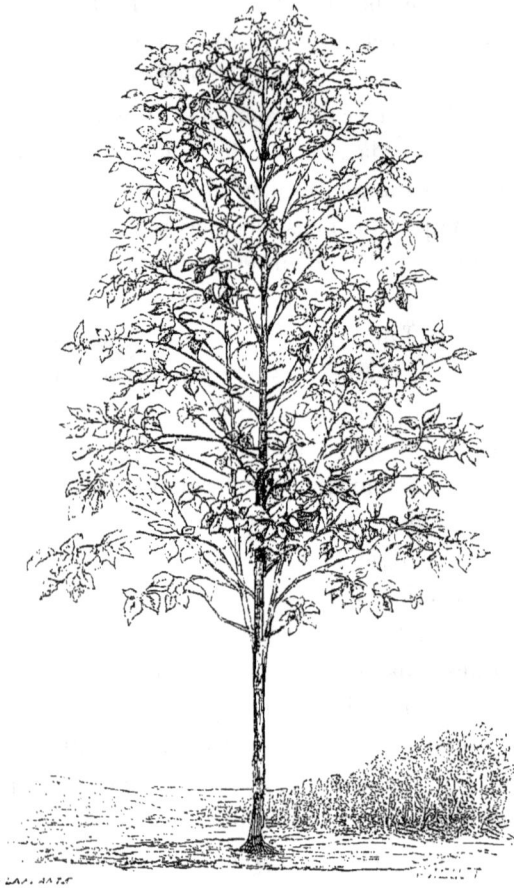

Fig. 410. — Le Caféier cultivé (*Coffea arabica* Lin.).

Hollandais ont ainsi doté cette île d'une culture qui fait sa richesse; et, de nos jours, Java est après le Brésil le principal centre de production du café. Ces difficultés inattendues que rencontra une entreprise, au premier abord si facile, une fois les premiers pieds de Caféiers parvenus sains et saufs à Batavia, sous un climat analogue à celui de l'Arabie, prouvent que la similitude des climats ne suffit pas, et que, pour réussir dans une naturalisation quelconque, il faut encore parvenir à la similitude des stations.

En présence du succès des Hollandais, succès d'autant plus remarqué que l'introduction du Caféier à Java fut l'une des premières naturalisations de plantes économiques, les autres puissances européennes voulurent naturaliser celui-ci dans leurs colonies intertropicales. Nous ne parlerons que des tentatives faites par la France.

Les Hollandais, maîtres enfin du Caféier, en avaient envoyé des sujets vivants au jardin botanique d'Amsterdam. Un amateur de Botanique, le lieutenant général de Ressons, parvint à se procurer en Hollande un exemplaire vivant de la très-rare Rubiacée, et la donna généreusement au Jardin des Plantes, où il mourut bientôt. Enfin, en 1714, le bourgmestre d'Amsterdam offrit à Louis XIV, au château de Marly, un jeune pied que le Roi fit transporter au Jardin des Plantes. Ce Caféier fut plus heureux que le précédent : il vécut et fructifia, ce qui permit de le propager dans l'établissement. Dès 1716, des jeunes plantes provenant de ces semis furent confiées au médecin Isemberg pour être transportées dans nos colonies des Antilles. Malheureusement, peu après son arrivée, Isembert mourut, et la tentative avorta. Enfin, en 1720, le capitaine d'infanterie de Clieux obtint du Jardin des Plantes, par le crédit du médecin Chirac, un pied qu'il emporta avec lui à la Martinique; et c'est à son initiative persévérante que les Antilles doivent la culture du Caféier qui a fait si longtemps leur prospérité. Mais laissons de Clieux raconter lui-même, dans une lettre qu'il écrivait longtemps après, le 22 février 1774, les incidents devenus légendaires de son voyage :

« Dépositaire de cette plante si précieuse pour moi, je m'embarquai avec la plus grande satisfaction; le vaisseau qui me porta était un vaisseau marchand, dont le nom, ainsi que celui du capitaine qui le commandait, se sont échappés de ma mémoire par le laps du temps; ce dont je me ressouviens parfaitement, c'est que la traversée fut longue, et que l'eau nous manqua tellement, que pendant plus d'un mois je fus obligé de partager la faible portion qui m'était délivrée avec ce pied de Café sur lequel je fondais les plus heureuses espérances et qui faisait mes délices; il avait tellement besoin de secours! il était extrêmement faible, n'étant pas plus gros qu'une marcotte d'Œillet. Arrivé chez moi, mon premier soin fut de le planter avec

E.Fraillery Imp. Portail Chromolith

ORCHIDÉES EXOTIQUES

attention dans le lieu de mon jardin le plus favorable à son accroissement : quoique je le gardasse à vue, il pensa m'être enlevé plusieurs
fois, de manière que je fus obligé de le faire entourer de piquants, et
d'y établir une garde jusqu'à sa maturité.

« Le succès combla mes espérances, je recueillis environ deux livres
de graines, que je partageai entre toutes les personnes que je jugeai
les plus capables de donner les soins convenables à la prospérité de
cette plante. La première récolte fut très-abondante ; par la seconde,
on se trouva en état d'en étendre prodigieusement la culture. Mais ce
qui favorisa singulièrement sa multiplication, c'est que deux ans après,
tous les arbres à cacao du pays, qui faisaient l'occupation et la seule
ressource de plus de deux mille habitants, furent déracinés, enlevés
et radicalement détruits par la plus horrible des tempêtes, accompagnée d'une inondation qui submergea tout le terrain où ces arbres
étaient plantés ; terrain qui fut sur-le-champ employé, avec autant de
vigilance que d'habileté, en plantation de Caféiers, qui firent merveille,
et mirent les cultivateurs en état de le répandre et d'en envoyer à
Saint-Domingue, à la Guadeloupe et autres îles adjacentes, où, depuis,
il a été cultivé avec le plus grand succès. »

Ajoutons, pour compléter ce récit succinct de la naturalisation du
Caféier dans nos colonies, que vers la même époque, 1720, le précieux arbuste était introduit à Cayenne et à l'île de la Réunion.

Quelques années après ce premier succès, la France entreprenait
une nouvelle campagne de naturalisation, celle des épices fines, qui
faillit plusieurs fois dégénérer en guerre des épices, comme nous avons
eu de notre temps la guerre de l'opium. Notre pays voulait soustraire
le commerce européen au monopole que les Hollandais prétendaient
s'arroger. La lutte fut longue ; pendant trente ans, les divers ministres
qui se succédèrent alors encouragèrent ces tentatives. Un intendant
des îles Maurice et de la Réunion, Poivre, — un nom prédestiné, —
se distingua tout particulièrement dans cette guerre contre les hommes
et la Nature. De quoi s'agissait-il donc ? Trois arbres, le Cannellier, le
Muscadier et le Giroflier, tous trois originaires des Indes orientales,
produisent ces trois substances : la cannelle, la noix muscade et le
clou de girofle, qui, sous le nom d'épices fines, entrent dans la consommation journalière de tous les peuples et sont l'objet d'un commerce
des plus actifs. Les Portugais et les Hollandais avaient en vain essayé

de se conserver le monopole de la cannelle ; déjà un gouverneur de l'île de la Réunion, La Bourdonnais, y avait introduit la culture du Cannellier. Ce que les Hollandais voulaient, c'était se conserver la propriété exclusive des deux autres épices ; et il s'agissait pour les autres nations européennes de leur arracher le monopole en naturalisant ces végétaux dans leurs colonies intertropicales. L'administration française se mit résolûment à l'œuvre ; les obstacles à surmonter étaient nombreux : extrême lenteur des voyages pendant lesquels les jeunes plantes mouraient et les graines s'avariaient; hostilité ouverte du gouvernement hollandais, prêt à interdire par la force l'exportation des arbres à épices ; difficulté, impossibilité même, pour les agents français de reconnaître les fraudes des indigènes livrant des végétaux autres que les plantes à épices. Ces dernières n'étaient connues en France que par les descriptions de Rumph ; or ce botaniste avait-il livré le secret si jalousement gardé par les Hollandais, et fait connaître les véritables Muscadiers et Girofliers ? il était permis d'en douter.

Malgré tous ces obstacles et ces difficultés, on résolut de tenter la naturalisation de ces deux derniers arbres dans nos deux colonies de Maurice et de la Réunion. Déjà au mois d'octobre 1753 un capitaine armateur du nom d'Aubry avait apporté de Batavia à l'île Maurice plusieurs plants de Muscadiers, lesquels, confiés à trois habitants, moururent quelque temps après. L'intendant Poivre, qui s'était entièrement consacré à l'œuvre de cette naturalisation, après avoir longtemps séjourné aux îles Philippines, et fait plusieurs voyages aux Moluques afin d'étudier la question sur place, rapportait de Manille à l'île Maurice, en 1754, cinq plants de Muscadier, ou du moins qu'il considérait comme tels, car un botaniste voyageur, Fusée Aublet, l'auteur bien connu et justement estimé de l'*Histoire des Plantes de la Guyane Française*, alors à l'île Maurice, affirmait le contraire en se basant sur les descriptions de Rumph. Quoi qu'il en soit, ces plantes moururent comme celles d'Aubry sans avoir pu se propager dans l'île. Poivre, sans se laisser décourager par cet insuccès, repartit sur la frégate de l'État *la Colombe*, et revint à Maurice le 4 juin 1755 avec des noix muscades et des plants de Muscadier. Mais sa petite collection arriva en mauvais état, et le tout périt bientôt. Aublet affirmait du reste que Poivre n'avait pu encore obtenir le véritable Muscadier. Une nouvelle expédition organisée par les soins de l'infatigable intendant, et composée des corvettes *le Vigilant* et *l'Étoile du matin*, se rendit aux Moluques et revint à l'île Maurice le 25 juin 1770 avec une grande quantité de graines et de plants de Muscadier et de Giroflier. Les essais de culture échouèrent encore. Enfin, une dernière tentative fut faite : la flûte du roi *l'Ile de France* et la corvette *le Nécessaire* quittèrent l'île Maurice le 25 juin 1771. Le but apparent était d'aller chercher à Manille des vivres et des munitions pour la colonie, prétexte plausible en raison de l'imminence de la guerre; le but réel était de se procurer des plants des deux arbres à épices. Leur mission apparente remplie, les deux vaisseaux de guerre, alléguant la nécessité d'éviter la rencontre de navires ennemis, se détournèrent de leur route de retour et allèrent aux Moluques, d'où ils rentrèrent enfin à l'île Maurice, les 4 et 6 juin 1772, ayant atteint complétement leur but, mais après avoir couru des dangers qui faisaient dire au rapporteur de la commission nommée par l'Académie des sciences pour lui rendre compte de ces tentatives enfin couronnées de succès : « L'Académie a cru devoir donner avec quelque détail le précis de cette expédition, et y consacrer, pour ainsi dire, le nom de nos Argonautes français. Ceux qui firent la célèbre conquête de la Toison d'or n'avaient pas certainement en vue un objet si utile, ni peut-être de si grands périls à redouter. » De ce jour date l'introduction du Giroflier et du Muscadier aux îles Maurice et de la Réunion ; de là, ces arbres ne tardèrent pas à être transportés à la Guyane.

Disons en terminant ce que sont, sous le rapport botanique, le Cannellier, le Giroflier et le Muscadier, dont la possession fut si longtemps et si vivement disputée. Ils appartiennent à trois familles différentes : le premier est une Laurinée, le second une Myrtacée, le troisième enfin une Myristicée.

Le Cannellier de Ceylan (*Cinnamomum zeilanicum* Breyn.) est un petit arbre aromatique spontané dans l'Inde, les Moluques, les îles de la Sonde, Ceylan, etc., qu'on propage de bouture et de marcotte dans les cultures. Ses feuilles, pétiolées et dépourvues de stipules, sont entières, ovales, glabres et épaisses. Les fruits sont de petites baies ovoïdes qui deviennent noires en mûrissant.

Le Giroflier (*Caryophyllus aromaticus* Lin.) est un grand arbre originaire des Moluques, aujourd'hui naturalisé dans l'Inde, aux Antilles, aux îles Maurice et de la Réunion, régions où il donne des produits

presque aussi estimés que ceux qu'il fournit dans sa patrie. Il a le port
du Caféier, croît très-rapidement, et fructifie fort jeune. Ses feuilles
sont opposées, entières, ovales, coriaces et luisantes. Ses fleurs, d'un
blanc légèrement pourpré, produisent des baies d'un violet pourpre à

Fig. 411. — Rameau du Cannellier de Ceylan (*Cinnamomum zeilanicum* Breyn.).

leur maturité. La cueillette des boutons, qui desséchés deviennent
les clous de girofle, se fait du mois d'octobre au mois de février.

Le Muscadier (*Myristica fragrans* Houttuyn) est un grand arbre
dioïque de la région orientale et méridionale de l'archipel des Moluques. Il a un peu le port de l'Oranger, et sa cime, arrondie et touffue,
porte des feuilles persistantes, alternes et simples, entières, pétiolées
et non stipulées, luisantes et d'un beau vert sur leur face supérieure,
d'un vert blanchâtre sur l'autre. L'arbre fleurit pour la première fois

vers l'âge de cinq ou six ans, mais n'est en plein rapport que vers
sa huitième ou neuvième année. Habitant d'un climat uniformément chaud et humide, sa végétation est continue, et toute l'année il
reste couvert de fleurs et de fruits, particularité qu'explique la situation de ses fleurs. Celles-ci sont groupées sur le jeune bois en inflorescences axillaires. Elles ont un périanthe charnu, d'un jaune pâle,

Fig. 412. — Rameau du Giroflier (*Caryophyllus aromaticus* Lin.).

qui ressemble assez pour la forme et les dimensions à celui du Muguet. Le fruit est une baie qui met neuf mois à parvenir à maturité et
s'ouvre alors spontanément, contrairement à la règle ordinaire, les
vraies baies étant toujours indéhiscentes ; il contient une grosse graine
(fig. 224), appelée vulgairement noix muscade, recouverte d'une arille
épaisse, colorée et laciniée, connue dans le commerce sous le nom de
macis.

L'œuvre de naturalisation la plus grandiose par les moyens employés et l'importance des résultats obtenus est certainement celle

toute récente de l'introduction des arbres à quinquina dans les pos-
sessions hollandaises et anglaises des Indes orientales.

L'histoire de la découverte de l'action thérapeutique du quinquina
et de la vulgarisation de ce médicament en Europe est bien connue;
nous allons la résumer brièvement.

En 1636, un Indien de la province péruvienne de Loxa guérit de la
fièvre le corrégidor de cette dernière ville, Lopez de Canizares, en lui
faisant boire de l'eau dans laquelle avait macéré une certaine écorce.

Fig. 415. — Fructification du Muscadier (*Myristica fragrans* Houttuyn).

Revenu promptement à la santé, le corrégidor apprend de l'Indien la
nature de celle-ci et le moyen de l'employer. En 1638, la vice-
reine du Pérou, la comtesse de Chinchon, est atteinte d'une fièvre
tierce; le bruit de la maladie parvient aux oreilles de Lopez, qui propose son médicament au vice-roi. Celui-ci fait venir le corrégidor à
Lima, mais ne lui permet d'appliquer son mode de traitement à la
comtesse qu'après qu'une expérimentation publique faite par lui-même
à l'hôpital de Lima et sous les yeux des médecins de l'établissement
ait prouvé l'efficacité du médicament. La comtesse de Chinchon est
bientôt débarrassée de sa fièvre. Cette cure fait naturellement grand
bruit. Dès l'année 1639, le vice-roi charge une commission, sous la
direction du Portugais Texeira, d'étudier les productions naturelles
du pays, et en particulier les arbres à quinquina. L'expédition part
de Quito et se dirige vers l'embouchure de l'Amazone. C'est dans

Fig. 414. — Taillis de Cinchonas (Bas Pérou).

ce voyage qu'un des membres de la commission, le jésuite Acuna, prend intérêt à la question du quinquina. A partir de ce jour, les missionnaires de la confrérie d'Acuna étudient sans relâche les arbres à quinquina pendant leurs explorations des forêts du haut Amazone, et l'ordre

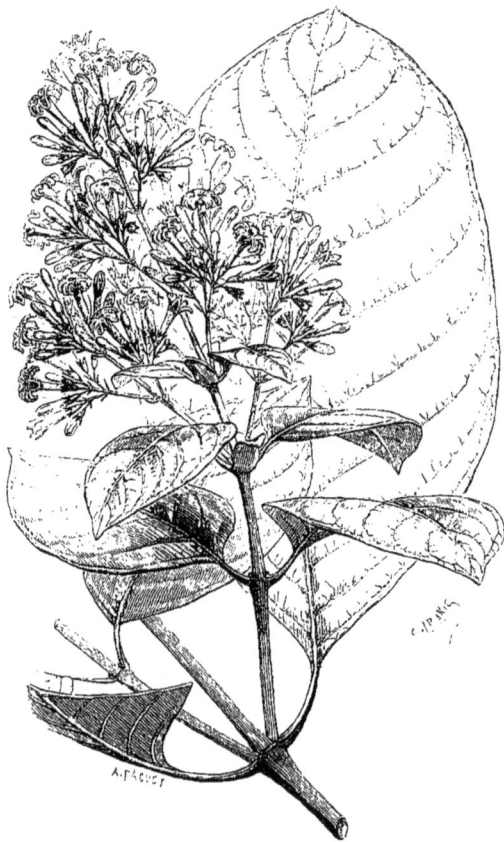

Fig. 415. — Un rameau du Cinchona rouge (*Cinchona succirubra* Pav.).

des Jésuites tout entier devient le plus zélé promoteur de l'introduction du nouveau médicament en Europe.

En 1640, le comte de Chinchon retourne en Espagne ; la comtesse l'accompagne et emporte des échantillons de la précieuse écorce qu'une fois arrivée, elle distribue dans son entourage. Voilà pourquoi le quinquina fut d'abord connu en Europe sous les noms d'*écorce* et de *poudre de la Comtesse*. Par un sentiment de juste reconnaissance, Linné donne aux arbres à quinquina le nom de Chinchona, mot que l'usage fait depuis longtemps écrire Cinchona.

Cependant les Jésuites ne perdaient pas de vue le quinquina. En 1670, leurs missions de la région des Chinchonas envoient quelques fragments d'écorce à Rome, au cardinal Lugo. Celui-ci s'empresse de les répartir entre tous les membres de l'Ordre dispersés dans l'Europe entière, en leur confiant la mission de propager le médicament américain, qui fut alors appelé *écorce des Jésuites* ou encore *écorce du Cardinal*. La réputation du quinquina grandit de jour en jour. En face des preuves multipliées de son incontestable efficacité dans le traitement des fièvres, Louis XIV n'hésite pas : en 1679, il acheta, moyennant 2000 louis, une forte pension et un titre, du médecin anglais Robert Talbot, le secret de sa préparation, et le rendit public. Bientôt enfin le quinquina prit une des premières places, qu'il a toujours conservée depuis, dans la thérapeutique, mais ce ne fut pas sans vaincre de grandes préventions, et sans soulever d'aigres discussions dans le corps médical.

Malgré la vogue croissante du quinquina, l'arbre qui le produit resta longtemps inconnu en Europe. Ce fut l'expédition française au Pérou qui eut l'honneur de faire connaître le premier Cinchona. La Condamine, ayant visité Loxa en 1739, envoya à l'Académie des sciences de Paris une description de l'arbre à quinquina. Il fit plus : il tenta, mais sans succès, d'en rapporter des plants vivants; après huit mois de soins assidus, il eut le regret de les perdre.

L'arbre à quinquina de Loxa, le Cinchona officinal de Linné (*Cinchona officinalis*), plus justement nommé ensuite, par Humboldt et Bonpland, Cinchona de La Condamine (*Cinchona Condaminea*), fut pendant longtemps l'unique espèce que connurent les botanistes et le commerce. De 1640 à 1776, l'exploitation fut restreinte aux forêts de Loxa, et l'exportation se fit exclusivement par le port péruvien de Payta. Or cette exploitation était désastreuse pour les forêts, qu'elle devait certainement ruiner dans un temps assez court, et malheureusement elle se continue encore de nos jours à peu près dans les mêmes conditions désavantageuses. Les chasseurs d'écorce abattent le plus souvent l'arbre, non pas au pied, ce qui permettrait à la racine de former de nouveaux rejetons et à la forêt de se repeupler d'elle-même, mais coupent le tronc à une certaine hauteur

pour faciliter leur travail ; parfois même ils laissent l'arbre pourrir sur
pied après l'avoir seulement dépouillé d'une partie de son écorce,
abandonnant le reste par paresse ou par insouciance. En face de ce
gaspillage insensé, et redoutant de voir les Cinchonas disparaître bien-

Fig. 416. — Rameau du Cinchona Calisaya (*Cinchona Calisaya* Weddell).

tôt du district de Loxa, ou du moins ne plus suffire aux demandes
sans cesse croissantes, les gouvernements européens envoyèrent
des botanistes explorer les forêts de l'Amérique équatoriale à la
recherche des Cinchonas. Ces voyages ont fait découvrir un certain
nombre d'espèces renfermant toutes dans la partie interne de l'écorce,

ainsi que celle de Loxa, de la quinine, le principe actif du quinquina.

Aujourd'hui l'étude botanique et chimique du genre Cinchona est
fort avancée, et les lois de sa répartition à la surface de la Terre sont
bien connues. Les Cinchonas sont des arbrisseaux de la famille des Rubia-

Fig. 417. — Rameau en fleurs du Cinchona de La Condamine (*Cinchona Condaminea* Humb. et Bonp.).

cées, exclusivement disséminés sur une zone de 14 degrés en latitude,
dont le district de Loxa occupe la région centrale. Cette zone commence en Bolivie par 19 degrés de latitude sud et s'étend vers le nord
jusqu'aux plaines de la Colombie et du Brésil. On trouve des Cinchonas sur les versants des Andes, où les espèces sont d'autant plus riches
en quinine qu'elles vivent à une altitude plus élevée. Les feuilles, opposées et courtement pétiolées, ont des stipules caduques et foliacées.

Leurs fleurs blanches ou roses, aux corolles hypocratériformes, exhalent un parfum très-suave, dans lequel on reconnaît celui des fleurs du Lilas. Enfin, leurs fruits sont des capsules à deux loges, contenant un grand nombre de graines.

Fig. 418. — Rameau en fruits du Cinchona de la Condamine.

Parmi les nombreuses espèces de Cinchonas, les *Cinchona succirubra, Calisaya* et *Condaminea* sont les plus estimés en raison de leur richesse en quinine. Le *Cinchona succirubra* (Pav.), qui fournit l'écorce dite quin-quina rouge du commerce, est le plus riche de tous en quinine : il en contient de 5 à 4 pour 100. C'est un grand arbre, qu'on rencontre dans la République de l'Équateur, à des altitudes variables entre 1000 et

1500 mètres. Le *Cinchona Calisaya* (Wedd.), qui produit l'écorce jaune des pharmacies, vient ensuite. C'est également un grand arbre des forêts les plus chaudes de la Bolivie. Il aime et recherche les déclivités du sol, les régions escarpées des montagnes, où il se tient entre 1500 et 1900 mètres d'altitude. Le Cinchona de La Condamine marche de pair avec le précédent sous le rapport de la richesse en quinine. Ce sont les écorces de cette dernière espèce qui commencèrent la réputation du quinquina en guérissant la comtesse de Chinchon. Cet arbre, au port majestueux, croît dans les Andes entre 1900 et 2500 mètres de hauteur. On ne rencontre plus aujourd'hui de sujets de grande taille : ils ont été depuis longtemps détruits, et la récolte se fait sur de jeunes individus ayant en moyenne 5 mètres de haut. Il existe une variété de cette espèce qui n'est plus qu'un petit arbuste, mais elle vit entre 2000 et 3000 mètres d'altitude, et son nanisme est la conséquence nécessaire de la grande élévation de sa station.

La naturalisation des arbres à quinquina se présentait avec un nombreux cortége de difficultés. Il fallait prendre le plant et les graines dans des forêts de difficile accès, exposer les échantillons aux dangers d'une longue route par des chemins souvent à peine praticables aux mulets avant de leur faire gagner le port d'embarquement. Et cependant, une fois les jeunes plantes parvenues saines et sauves à destination, c'était seulement alors qu'on devait rencontrer les obstacles les plus sérieux. Il s'agissait en effet de semer, de propager, et d'élever des arbres, restés jusqu'ici à l'état sauvage; d'imaginer pour eux par conséquent un mode de culture. Pour se guider dans ces recherches délicates, on n'avait d'autres indications que les rares et très-incomplets renseignements recueillis à la hâte, auprès de gens ayant tout intérêt à les tromper, par les botanistes-voyageurs pendant leurs rapides excursions à travers les forêts de Cinchonas. Aussi les tâtonnements furent-ils nombreux et les échecs assez graves au début pour faire souvent douter de la possibilité du succès. Néanmoins, à force de talent et de persévérance, les savants chargés par leur gouvernement de la direction de cette grandiose entreprise purent la mener à bonne fin, et aujourd'hui la naturalisation des Cinchonas dans les Indes néerlandaises et anglaises est un fait accompli. C'est la Hollande qui eut l'honneur de l'initiative : elle se mettait à l'œuvre dès l'année 1852; l'Angleterre ne la suivit dans cette voie que sept ans après, en 1859.

CHAPITRE II

LA CULTURE

___

I. — NOTIONS GÉNÉRALES SUR LA MARCHE DE LA VÉGÉTATION

L'Horticulture à ses débuts, et durant de longues années, borna son ambition à soigner les plantes, abandonnant aux agents naturels la tâche de les faire fleurir et fructifier. Plus tard, l'horticulteur intervint d'une façon plus directe en s'efforçant de régler et de diriger ces deux actes de la vie végétale. Nos arbres fruitiers donnaient leurs produits en été, et seulement en automne pour beaucoup d'entre eux; dans notre impatience, nous voulûmes devancer l'heure marquée par les lois naturelles et hâter les époques de floraison et de fructification. De ce désir est née la *culture de primeur*, que l'on appelle encore la *culture forcée*, laquelle consiste à éveiller prématurément le bourgeon et à lui faire parcourir, sous un climat artificiel exactement calqué sur celui de notre belle saison, — le succès est à ce prix, — la distance qui le sépare de la mort naturelle. Mais, dans cette voie comme dans toutes les autres, le pouvoir de l'homme a ses limites; il n'est point libre de pétrir à son gré et d'une manière entièrement arbitraire la matière végétale vivante, et sa volonté a rencontré dans son exécution des obstacles restés jusqu'ici infranchissables. Rappelons-les.

La culture forcée, disons-nous, s'exerce sur des boutons; il faut donc au préalable mettre les plantes en état de fleurir, et plus tard

de fructifier. Or quels sont, pour atteindre ce but, les soins à donner
et les conditions à remplir? Une pratique plusieurs fois séculaire
nous l'apprend. Il faut d'abord que le bouton atteigne, par le mystérieux travail de la végétation, un certain degré de développement. Il
faut encore, au moins chez nos arbres fruitiers, que le bouton, une
fois parvenu à ce point d'organisation, se repose quelque temps avant
de rentrer dans la vie active. Ces deux conditions sont heureusement
à notre discrétion; nous pouvons les réaliser avec plus ou moins de
difficultés sans doute, mais enfin jusqu'à ce point la nature végétale
nous obéit encore. Il nous est toujours possible en effet, à n'importe
quel moment de l'année, d'amener le bouton à cet état où il est dit
bien aoûté : soit en abandonnant la plante à la vie en plein air, soit
en la maintenant en serre, si la saison est trop rigoureuse pour elle.
Ainsi donc, de ce côté, il n'est point d'obstacle insurmontable. La
nécessité du repos avant l'épanouissement peut être plus facilement
observée encore. Nous sommes toujours en mesure de contraindre
la plante à un sommeil spontané, et alors se manifestant invariablement à la même époque, en hiver, ou bien forcé et se produisant
indifféremment à tous les jours de l'année, en plaçant le sujet dans ce
que l'on commence d'appeler un *frigidarium*, serre d'une destination
opposée à celle qu'ont d'ordinaire ces édifices. Sous nos latitudes en
effet, la serre est créée pour accroître la puissance des agents de la
végétation, dont l'influence spontanée ou à l'air libre serait insuffisante. Elle corrige donc le climat en ce qu'il a de trop rigoureux, ou
de trop variable, ou de trop humide, etc., etc., pour telle ou telle
organisation végétale. Le frigidarium au contraire est destiné à diminuer cette puissance, en permettant d'abaisser la température au
degré jugé nécessaire : d'où précisément lui vient son nom. Quelques
timides essais de frigidarium ont été faits dans ces dernières années;
l'invention restera, et deviendra féconde lorsqu'on sera en mesure de
produire économiquement, et de maintenir pendant un temps suffisant, de notables abaissements de température dans de vastes salles.
Toutefois il est probable que le frigidarium n'aura jamais dans nos
jardins qu'un rôle secondaire, tandis qu'il deviendra d'un usage
général dans la culture de luxe des régions intertropicales. Quand la
richesse se sera enfin fixée dans ces contrées à la suite d'une civilisation plus avancée, les goûts coûteux naîtront naturellement avec les

moyens de les satisfaire, et le frigidarium deviendra à l'équateur l'auxiliaire indispensable de la culture de luxe. Pendant une grande partie de l'année, les rigueurs du climat privent nos parcs et nos jardins des plantes tropicales, et nous ne pouvons garder près de nous les frileuses étrangères qu'en les abritant sous le vitrage d'une serre suffisamment chauffée. De même, les ardeurs du soleil équatorial chassent notre flore de ces terres embrasées, et excluent nos meilleurs fruits du riche verger des tropiques. Mais plus tard, lorsque les contrées équatoriales auront leur frigidarium, comme nous avons nos serres chaudes, elles pourront étendre leur empire sur le Règne végétal tout entier.

L'horticulteur a donc en main les moyens de préparer le bouton à remplir sa destinée. Avec les forces dont il dispose, il peut même à la rigueur forcer la plante à fleurir et à fructifier en toutes saisons; mais ce fruit en quelque sorte artificiel, — l'expérience ne l'a que trop souvent prouvé, — n'aura des fruits que l'apparence si le soleil n'imprime sur lui son cachet resté jusqu'ici inimitable, en lui donnant tout à la fois la saveur et le parfum. Telle est donc, à l'heure présente, la limite de la puissance humaine en fait d'arboriculture fruitière, tel est l'obstacle à de nouveaux progrès. Le génie de l'homme parviendra-t-il un jour à s'affranchir de cette tutelle, et à se passer du soleil, source unique jusqu'ici de toute création végétale? On a bien songé, à diverses reprises, à la lumière électrique; mais aucune tentative sérieuse n'est venue jusqu'à présent démontrer la possibilité d'une telle substitution, ou l'inanité de pareilles espérances, et jusqu'à nouvel ordre l'horticulteur devra demander l'achèvement de son œuvre à l'astre qui nous éclaire. Sans doute, par une combinaison habile de moyens entièrement à sa discrétion, le primeuriste pourrait, si la fantaisie lui en prenait, cueillir en décembre ou en janvier des pêches sur ses espaliers. Ce serait là un véritable tour de force physiologique qui aurait sa valeur scientifique, mais resterait sans utilité pratique, car ce fruit mûri sous le ciel brumeux des plus mauvais jours de l'hiver, avec le faible concours du pâle soleil de décembre et de janvier, serait, — nous le répétons, — entièrement privé de saveur et de parfum. Ainsi se trouve enchaîné l'art du primeuriste, et, pouvons-nous ajouter, celui du floriculteur. Tout bien pesé et considéré, la seule marche avantageuse à suivre dans la culture forcée ou à contre-saison, celle qu'on suit en effet, se résume en ceci : attendre, pour le forcer, que la gelée ait amené l'arbre fruitier au repos complet, et par conséquent ne jamais commencer cette opération avant la seconde quinzaine de novembre, un peu plus tôt, un peu plus tard, selon le climat de la région où l'on opère. Quand on agit ainsi, le soleil a le temps de reprendre assez de force pendant leur maturation pour donner aux fruits, même de première saison, une grande partie au moins de leurs qualités naturelles. En se conformant à ces règles, le primeuriste récolte ses premiers raisins vers la mi-mars et cueille ses premières pêches en avril. Pendant que durent, en se succédant de mois en mois, ces récoltes à contre-saison, les fruits de plein air atteignent leur maturité, en sorte qu'il n'y a point d'arrêt dans la production. Mais, quand les derniers arbres du verger sont dépouillés, que faire? On a bien essayé depuis longtemps de reculer cette date par l'emploi de variétés tardives; mais ce procédé ingénieux est d'un pouvoir assez restreint : c'est plutôt un perfectionnement d'une méthode ancienne qu'une solution nouvelle du grand problème de l'obtention des fruits en toutes saisons. Or, tant qu'on ne trouvera pas le moyen, — s'il existe toutefois, — de conserver une pêche, un abricot, une prune, avec la même facilité qu'on conserve une poire ou une pomme, il y aura toujours sur le calendrier des amateurs de fruits, de tout le monde par conséquent, de trop nombreuses croix noires marquant les jours maussades où il leur est impossible, même à prix d'or, de se donner leurs fruits préférés. Stimulée par des demandes de plus en plus pressantes, l'Horticulture fait tous ses efforts pour satisfaire ces convoitises, franchir l'obstacle qui arrête son essor, et supprimer enfin bon nombre de ces croix noires, puisqu'elle ne peut les effacer toutes de par les lois de l'organisation et de la vie. C'est dans ce dessein qu'elle vient d'imaginer récemment, peut-être au fond de réinventer, ce que j'appellerai provisoirement, à défaut d'expression consacrée par l'usage, la *culture retardatrice*, l'antithèse de la culture forcée.

Si, tous les ans, on pouvait retarder la mise en végétation de certains sujets convenablement choisis, de façon à utiliser pour la maturation de leurs fruits les derniers rayons lumineux efficaces du soleil d'automne, on réaliserait par là un sérieux progrès. Sans doute, à cette époque de l'année, la chaleur solaire est déjà insuffisante pour

mûrir nos fruits de plein air; aussi s'en passerait-on à l'aide d'une
serre, et ne demanderait-on au soleil que sa lumière, tant qu'elle resterait assez vive pour accomplir une œuvre restée jusqu'ici inimitable.
Telle est la solution vaguement indiquée par la théorie; voyons comment on pourrait la rendre pratique.

Remarquons d'abord que la question est complexe et susceptible de
diverses solutions, selon les circonstances au milieu desquelles on
opère. Dispose-t-on d'un outillage perfectionné, a-t-on sous la main
tous les moyens d'action imaginés par l'art moderne, la marche à
suivre est bien simple, nous dirions même presque facile. La principale difficulté est alors de prolonger artificiellement le repos hivernal,
de reculer à volonté l'heure du réveil de la végétation. Ici un frigidarium est très-utile, sinon indispensable. Avec son aide, il n'est point
d'obstacle réellement insurmontable, et, grâce à lui, le repos hivernal
peut durer pendant des mois au gré de l'horticulteur. Mais un instrument
est d'autant plus dangereux et difficile à manier qu'il est plus puissant.
Dans le début de l'emploi du frigidarium, il y aura bien des tâtonnements
à faire, bien des mécomptes à supporter, jusqu'à ce qu'on connaisse
exactement, pour chaque espèce en particulier, la température la plus
convenable au repos hivernal : trop élevée, cette température n'arrêterait
pas la végétation; trop basse, elle tuerait la plante. D'ailleurs tout ne
sera pas fait encore lorsqu'on sera parvenu à maintenir les plantes
vivantes, mais en complet repos, dans le frigidarium; le moment difficile, l'instant réellement critique, sera celui où l'on devra les sortir
pour les mettre en végétation. Ici, comme dans toute opération horticole, le succès récompensera l'imitation scrupuleuse, servile, de la
Nature, et l'insuccès punira toujours au contraire le jardinier qui
voudra s'en affranchir. Or, tous les ans, aux premiers jours du printemps, lors du réveil spontané de la végétation, l'intensité de la
chaleur et de la lumière augmente graduellement. C'est donc de la
même manière que ces agents devront intervenir sur la plante mise au
repos dans le frigidarium, sinon on la perdra. Les précautions prises
devront même être d'autant plus minutieuses que le sommeil aura été
plus prolongé, et que par suite, au moment de la mise en végétation,
l'écart entre le climat du dehors et celui du frigidarium sera plus
grand. Par exemple, une plante dont le sommeil serait prolongé jusqu'en juin, ne pourrait sans péril être alors transportée en plein air; il

faudrait l'accoutumer lentement et graduellement à ce changement considérable dans les conditions extérieures. N'éprouvons-nous pas d'ailleurs, tous les ans, une certaine difficulté à retirer les plantes de la serre? Ne savons-nous pas qu'on doit le faire avec de grands ménagements, et les habituer peu à peu au plein air sous peine de compromettre leur santé et même leur existence? Il y aura sans doute des difficultés plus grandes encore pour retirer les plantes du frigidarium. Une fois ce moment si critique heureusement franchi, une fois la plante accoutumée à l'air libre, il ne restera plus qu'à lui donner les soins ordinaires, à moins que le retard apporté à son évolution n'oblige plus tard à la rentrer en serre pour la mettre à même d'achever la maturation de ses fruits. Voilà la culture retardatrice dans son acception la plus large et la plus élevée, quand on dispose de tous les moyens nécessaires. Entre elle et l'ancienne culture de pleine terre il y a place pour une culture plus modeste, s'obtenant à moins de frais, tout en permettant d'étendre notablement la durée des récoltes de plein air. Mais, pour la pratiquer avec succès, il importe de bien connaître la marche de la température pendant le cours d'une année.

Or, en un point quelconque de la surface du globe, la température, dans ses continuelles variations, parcourt tous les ans le même cycle, à part de faibles écarts accidentels, légères perturbations qui n'altèrent point le caractère essentiel du phénomène, surtout quand on l'envisage dans une longue suite d'années. Sur ce cycle des températures, il est deux points diamétralement opposés, et tous deux fort remarquables: l'un correspond à la température maxima, et l'autre à la température minima. Dans notre hémisphère, la température parvient au premier point vers la fin du mois de juillet et au second dans le courant du mois de janvier; en sorte que de ce dernier au précédent la végétation s'effectue par des températures croissantes, et pendant le reste de l'année par des températures décroissantes. Prenons d'ailleurs un exemple pour mieux préciser les faits, et choisissons naturellement Paris. D'après les déterminations thermométriques faites à l'Observatoire de Paris pendant une période de soixante-quatre ans, de 1806 à 1870, les températures moyennes mensuelles sont les suivantes :

Février	4°,5	Août	18°,5
Mars	6°,4	Septembre	15°,7
Avril	10°,1	Octobre	11°,3
Mai	14°,2	Novembre	6°,5
Juin	17°,2	Décembre	5°,7
Juillet	18°,9	Janvier	2°,4

Pour mettre en relief la signification de ces nombres, nous engageons le lecteur à exécuter avec nous la petite construction suivante. Traçons une circonférence de rayon arbitraire, prenons un diamètre quelconque aux extrémités duquel nous inscrirons : d'une part, janvier avec sa température moyenne de 2°,4, et de l'autre, juillet avec sa température moyenne de 18°,9 ; ce diamètre sera la ligne des mois des températures extrêmes. Cela fait, partageons chacune des demi-circonférences en six parties égales, et inscrivons à ces divisions les différents mois de l'année avec leurs températures moyennes respectives. Enfin, indiquons par des flèches le sens de la marche des saisons, et marquons encore, entre chaque division et la suivante, la variation de température en la faisant précéder, selon l'usage, du signe + dans le cas d'accroissement, et du signe — dans le cas de diminution. Nous aurons ainsi une représentation graphique du cycle des températures annuelles, d'où nous allons déduire à première vue deux ordres de conséquences importantes : les unes concernant les points extrêmes de température, et les autres, les points intermédiaires.

La température moyenne minima est telle qu'elle arrête toute végétation, et produit le repos hivernal ou sommeil d'hiver. Quant à la température moyenne maxima, elle n'est point assez élevée pour amener le même résultat. Sous son influence, quelques espèces dorment cependant, mais un plus grand nombre subit seulement une dépression d'activité plus ou moins prononcée, selon le degré de sécheresse ; beaucoup d'autres, au contraire, éprouvent une suractivité si l'humidité est suffisante. Dans les terres chaudes, les choses se passent autrement. La température minima y est toujours trop élevée pour suspendre la végétation : c'est la température maxima qui amène cet effet et provoque un sommeil estival. A Madras, par exemple, la température mensuelle minima est de 24°,1 et se produit en janvier, tandis que la température mensuelle maxima s'élève à 31°,5 et se manifeste en juin. Dans ces conditions, il est bien évident que l'arrêt de la végétation doit avoir lieu pendant ce dernier mois, et non pas en janvier comme en France. Cette remarque nous conduit à relever l'erreur qu'on commet dans la conduite des plantes de haute serre chaude. Toujours on les astreint au repos, comme nos espèces indigènes, par le refroidissement et la mise au sec. En agissant ainsi, on se met en contradiction avec les lois naturelles; on devrait suspendre leur végétation par la sécheresse et une surélévation convenable de température, en ralentissant peu à peu les arrosages, et en faisant circuler dans la serre de l'air sec de plus en plus chaud.

Il est encore une déduction importante à tirer de la considération des points extrêmes de températures moyennes mensuelles.

Les trois principaux actes de la vie aérienne, foliation, floraison et fructification, exigent pour s'accomplir des températures croissantes. Dès lors, considérons trois espèces exotiques A, B, C, et supposons qu'une température moyenne de 18°,9 soit nécessaire à l'espèce A pour se feuiller, à l'espèce B pour fleurir, et enfin à l'espèce C pour fructifier; il en résultera que, livrées toutes trois à la pleine terre, seulement bien entendu pendant la belle saison, A ne portera que des feuilles, B fleurira sans fructifier, C enfin fleurira et fructifiera. En vertu des mêmes considérations, une plante qui demande une température moyenne de 18°,9 pour fleurir ne sera jamais remontante sous le climat parisien, à moins qu'elle n'ait deux sortes de fleurs adaptées à deux états météorologiques distincts. Un tel polymorphisme existe en effet, mais à titre de rare exception; il a été signalé depuis longtemps, il mériterait d'être l'objet d'une étude plus approfondie.

Relativement aux points intermédiaires, la représentation graphique indiquée plus haut montre que les mois sont distribués symétriquement sur le cycle de température par rapport au diamètre passant par les mois de températures moyennes extrêmes. Ainsi février est le symétrique de décembre, mars de novembre, avril d'octobre, et ainsi de suite. En outre, l'écart entre les températures moyennes de deux mois symétriques est toujours très-faible, de 1°,5 au plus entre les mois de mai et de septembre. Toute plante dont le cours complet de végétation s'effectue en six mois, entre les températures de 2°,4 et de 18°,9, peut donc parcourir ses phases à l'air libre dans le demi-cycle des températures croissantes ou dans celui des températures décroissantes. Il semble dès lors qu'elle devrait chaque année fleurir et fructifier deux fois, remonter par conséquent. Mais des motifs divers s'opposent à ce qu'il en soit ordinairement ainsi, en sorte qu'une telle marche de la végétation est généralement exceptionnelle, et ne saurait caractériser une espèce, mais seulement une variété. Le principal de ces motifs, c'est que les deux demi-cycles n'ont pas la même influence sur la plante. Dans le premier, les températures croissantes favorisent l'ordre le plus ordinaire à la végétation : foliation, floraison et fructification. Au contraire, dans le second, si le réveil se produisait par exemple en juillet, pour qu'il y eût accord entre les variations de température et les phases successives de l'évolution, il faudrait que la foliation demandât plus de chaleur que la floraison, ce qui est exceptionnel, mais se rencontre pourtant dans ce groupe d'espèces ligneuses à feuilles caduques, le Forsythia à feuillage sombre (*Forsythia viridissima* Lindl.) entre autres, qui jouissent de la curieuse faculté d'épanouir leurs fleurs aux premiers jours du printemps, plus ou moins longtemps avant l'apparition des feuilles. Aussi, dans la végétation spontanée, le demi-cycle des températures décroissantes n'a-t-il d'ordinaire qu'une influence complémentaire : il parfait la maturation des fruits, et ralentit progressivement l'activité des bourgeons de façon à les amener sans secousse au repos hivernal. Ses caractères thermométriques sont en harmonie avec ce double rôle. Les températures moyennes mensuelles y sont, à l'exception d'un cas, plus élevées que dans les mois symétriques ; en outre, d'un mois au suivant, la température y décroît d'abord plus lentement que dans l'autre demi-cycle, circonstance favorable à l'achèvement du travail de maturation, et ensuite plus rapidement pour amener la plante au repos hivernal, sa mission annuelle étant remplie.

L'Horticulture a depuis longtemps utilisé la répartition symétrique des mois, dont nous venons de rappeler les caractères principaux, pour obtenir les variétés dites *remontantes*. On voit maintenant que, pour être apte à remonter, la plante doit satisfaire à deux conditions : fleurir sur le bois ou pousse de l'année, et fleurir en outre dans un mois intermédiaire. Un certain nombre de Rosiers et de Fraisiers sont dans ce cas ; voilà pourquoi ces deux genres sont si riches en variétés remontantes. Ainsi, beaucoup de Rosiers épanouissent leurs fleurs dans la première quinzaine de juin. Or, au point de vue de la température, il y a parité entre cette époque et la seconde quinzaine d'août ; donc ces Rosiers peuvent remonter, et pour obtenir ce résultat, il suffit, la première floraison passée, de forcer de nouveaux bourgeons

à se développer. Il en est de même pour les Fraisiers, dont les fruits
mûrissent en juin : ils peuvent donner une seconde récolte dans les
premiers jours de septembre. On remarquera que les conditions à
remplir pour remonter sont plus complexes pour les espèces fruitières
que pour les autres : aussi les premières sont-elles encore moins
nombreuses que les secondes. La végétation remontante en effet, ne
pouvant disposer que d'un petit nombre de jours, doit s'adresser à
des fruits de rapide formation, et par conséquent à des fruits charnus
ou herbacés, tels que les fraises.

Dans le cas des plantes remontantes, c'est le même individu qui
fleurit ou fructifie deux fois dans l'année, qui par conséquent a double
travail, et par suite un surcroît de fatigue et d'épuisement. On peut
éviter cette cause de dépérissement en confiant la double floraison,
non plus au même individu comme dans la culture remontante, mais
à deux individus de mêmes aptitudes. Le moyen d'y parvenir est
différent selon que la plante est annuelle ou vivace.

Prenons une espèce annuelle, le Pavot des jardins (*Papaver somniferum* Lin.) par exemple. Semé en mars ou avril, il fleurit au commencement de septembre, sous une température moyenne de 15°,7.
Voici comment il a vécu jusque-là. La chaleur modérée d'avril et de mai
lui a permis de développer son feuillage ; mais les chaleurs de juin,
juillet et août, ont ralenti sa végétation, et dans ce demi-sommeil ses
boutons ont attendu la température plus douce du mois de septembre
pour achever leur accroissement et s'épanouir. Cela étant, si l'on
sème en septembre ou octobre, le semis prendra assez de force avant
l'hiver pour végéter vigoureusement dès les premiers beaux jours, et
se mettre en mesure de profiter de la température de 15°,7 du mois de
mai pour épanouir ses fleurs. Donc, pour toutes les plantes annuelles
de mœurs analogues, on peut obtenir deux floraisons par an à l'aide
de deux semis, l'un de printemps et l'autre d'automne. Mais, quand il
s'agit de plantes vivaces, la méthode à employer est tout autre. C'est
alors qu'il faut demander l'aide de la culture retardatrice, en plaçant
les plantes dont on veut retarder l'évolution, sinon dans un frigidarium
que fort peu d'amateurs possèdent, au moins sous des hangars bien
abrités, et en ne leur donnant jusqu'à leur mise en végétation active
que la quantité d'eau indispensable pour les empêcher de mourir de
soif.

En résumé, en vertu des lois de la végétation, l'art horticole se divise en trois branches : la culture de pleine terre, la culture de primeurs, la culture de serre chaude. Entrons dans quelques détails sur chacune d'elles.

II. — LA CULTURE DE PLEINE TERRE

La culture de pleine terre aura toujours en France le pas sur toutes les autres; elle est la culture du pauvre comme du riche, du petit rentier comme du millionnaire; chacun, avec des ressources très-bornées, peut y être novateur. Sans doute il faut renoncer aux allées de Palmiers, aux bois d'Orangers, aux massifs de Bananiers, aux bosquets surchargés de plantes grimpantes, du jardin des tropiques; mais l'amateur a, pour s'occuper et se dédommager, la création et l'entretien de ces magnifiques collections de plantes herbacées, d'arbustes et d'arbres fruitiers, qui font la gloire de l'Horticulture française. Quels efforts et quelle sagacité il a fallu déployer pour arriver à transformer à ce point les plantes spontanées! Pourquoi les amis du jardinage ne consacrent-ils pas une partie de leur talent à embellir encore quelques-unes de nos fleurs indigènes, déjà si belles dans leur nature agreste? Le goût populaire ne s'y est pas trompé : partout les hôtes de nos champs, de nos prairies et de nos buissons sont recherchés, admirés, aimés. Tant qu'il y aura une France, on fera des bouquets de Bleuets, de Coquelicots, de Myosotis, de Roses sauvages, etc. (planche I). Singulière bizarrerie du cœur humain! on aime à cueillir la fleur des champs, mais on ne soigne et n'élève que la plante exotique; les plus humbles, celles dont l'humeur est accommodante et les exigences très-limitées, fleurissent sur la fenêtre de la mansarde (planche III); les autres, plus rares et de tempérament plus délicat, dans la serre chaude construite et entretenue à grands frais.

Le goût, la passion de la collection trouve dans le jardinage d'amples satisfactions. Et quelle joie pour le collectionneur de savoir que lui seul possède la variété nouvelle, inattendue! Avec quel soin il se met en garde contre les convoitises du voisin, et quelle ruse il déploie pour se procurer la variété qui lui manque! Rappelons à ce propos une anecdote racontée par Tournefort ; elle a au moins le mérite d'être ancienne et de ne pouvoir blesser personne, les intéressés étant morts et oubliés depuis longtemps.

La France a précédé la Hollande et l'Angleterre dans la culture des Anémones. Au dire de l'illustre botaniste français, deux gentilshommes, Malaval et Bachelier, contribuèrent tout particulièrement à enrichir de belles variétés ce genre demeuré si populaire parmi nous. Bachelier, très-fier et très-jaloux de ses Anémones, refusait obstinément des graines à certain conseiller, grand amateur de jardinage. Ne pouvant se procurer à aucun prix les graines objet de ses convoitises, celui-ci les vola tout simplement par le moyen suivant, qui fut regardé alors comme un tour des plus plaisants. Le conseiller, de connivence avec quelques amis, se rend avec eux en visite chez Bachelier. On se promène dans le jardin en causant de différents sujets ; enfin, quand le conseiller, qui avait mis à dessein sa robe, croit la défiance de Bachelier endormie, il dirige insensiblement les promeneurs vers la planche d'Anémones, dont les fruits étaient alors complétement mûrs. Arrivés là, un des complices commence le récit d'une anecdote fort divertissante qui captive bientôt l'attention de Bachelier ; on s'arrête instinctivement pour mieux entendre le conteur. Le valet, qui portait la queue de la robe et était du complot, la laisse un instant tomber sur les Anémones et la relève aussitôt ; le but était atteint, les fruits velus adhéraient en grand nombre à l'étoffe. On se remit en marche, bientôt le conseiller et ses amis prirent congé ; le premier se hâta de rentrer chez lui et de détacher avec soin les graines fixées à sa robe.

En formant ces admirables collections de Roses (planche II), d'Œillets (planche IV), de Jacinthes (planche V), de Lis (planche VIII), etc., etc., le goût de l'amateur s'épurait peu à peu, et bientôt une variété nouvelle, pour mériter d'être conservée, dut satisfaire à un certain nombre d'exigences rigoureusement définies. Ainsi se constitua un code d'esthétique florale dont les lois sont scrupuleusement respectées par tous les collectionneurs. Chaque type a sa formule de beauté ; voici celle de la Tulipe, pour ne citer que celle-là (planche VI).

La hampe ou *baguette* doit se tenir droite d'elle-même, et n'être ni trop épaisse, ni trop grêle. La fleur, dont la largeur sera les 5/6 de la hauteur, aura six pétales exactement arrondis à leur sommet, sans découpures ni échancrures. Les folioles, bien étoffées, se tiendront

droites sans se courber en dehors ou en dedans, formant par conséquent un gobelet non évasé au sommet ; elles devront, semblables à une
étoffe sans envers, être aussi richement peintes sur leurs deux faces.

Fig. 419. — Avenue de Palmiers devant une habitation de Cuba.

Quant au choix et au mode de répartition des couleurs, voici les
règles à observer. Au fond de la fleur, tout autour du pistil, la
couleur sera d'un blanc pur éclatant ; sur le reste du périanthe,
s'étendront, sans se mêler ou déteindre les unes sur les autres, deux

ou trois teintes, vives et tranchées, étalées comme avec le pinceau de
la base au sommet et sur chacune des deux faces.

III. — LA CULTURE DE PRIMEURS

La culture de primeurs est un art dans lequel notre pays fut longtemps sans rivaux. La France a dû cette suprématie au goût très-vif et
très-éclairé de Louis XIII, de Louis XIV et de Louis XV pour l'Horticulture. Depuis eux, le Potager créé à Versailles par leurs ordres est resté
un établissement modèle, où Français et étrangers viennent apprendre
les derniers progrès de l'art. Résumer l'histoire de la fondation et les
développements successifs du Potager de Versailles est donc faire l'histoire des cultures fruitière et potagère dans notre pays. D'ailleurs le
célèbre établissement nous intéresse encore à un autre titre : il vient
d'être transformé en une École nationale d'Horticulture. Le Gouvernement a placé l'ancien directeur du Potager, M. A. Hardy, à la tête
de cette nouvelle création si vivement désirée par le monde horticole,
et que lui seul pouvait rendre prospère et utile au pays.

Pour dire ce que fut à ses débuts le Potager de Versailles, nous ne
pouvons mieux faire que de reproduire textuellement quelques extraits, — trop courts selon nous, — du mémoire sur les origines de
l'Horticulture versaillaise écrit par J.-A. Le Roi, ancien bibliothécaire
de cette ville, mort récemment : on ne saurait raconter avec plus de
charme ni avec un plus scrupuleux respect de la vérité historique. Le
travail de Le Roi a été publié par le *Journal de la Société d'Horticulture de Seine-et-Oise*, et c'est dans ce recueil que nous prenons nos
extraits.

« Louis XIII aimait beaucoup les fruits, et l'un de ses premiers
soins, en arrivant à Versailles, fut d'y créer un jardin potager. Ce
jardin occupait une étendue de terrain assez considérable auprès de
l'ancien village de Versailles, là où se trouve la caserne dite de la
Guerre et la Bibliothèque de la ville.

« Louis XIV hérita des goûts de son père pour les fruits, et le Potager de Versailles joua un rôle fort important non-seulement dans
les jouissances de sa table ordinaire, mais encore dans l'ornementation
de ses fêtes. Quand le Roi eut résolu de venir habiter Versailles, le

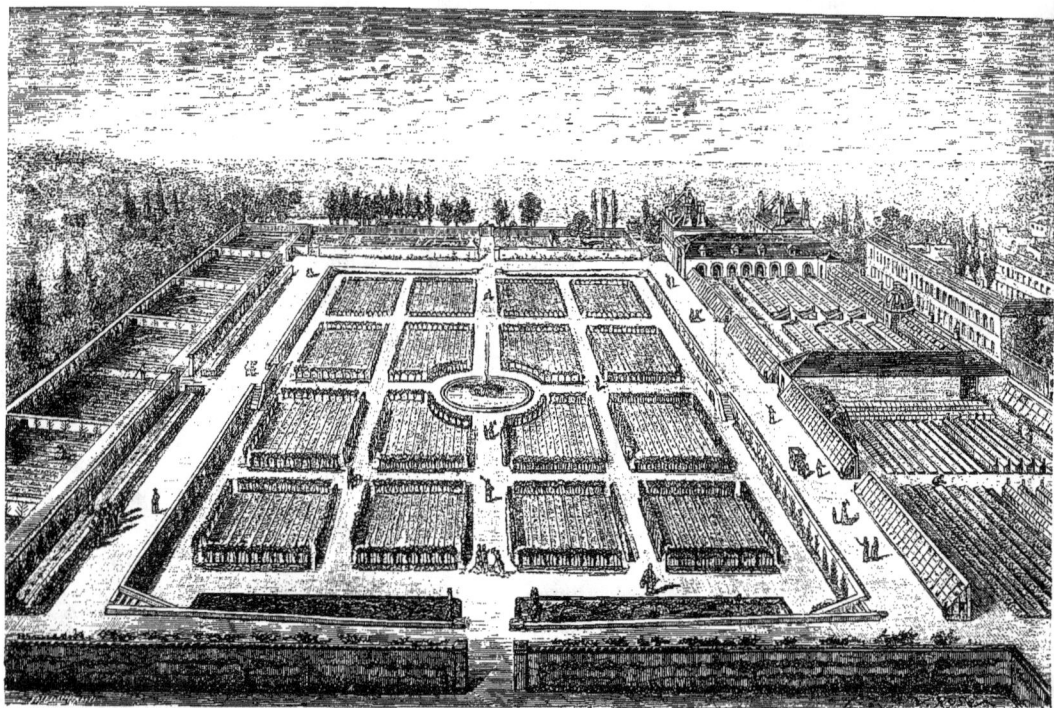

Fig. 420. — Vue à vol d'oiseau du Potager et de l'École d'Horticulture de Versailles.

Potager ne pouvait plus rester à la place qu'il avait occupée jusqu'a-
lors. Par suite de la construction de l'aile du midi du château, et des
embellissements qu'on allait exécuter de ce côté du parc, on creusa
l'immense pièce d'eau des Suisses, et les terres provenant de ces travaux servirent à combler un étang voisin, qui fut le lieu choisi pour

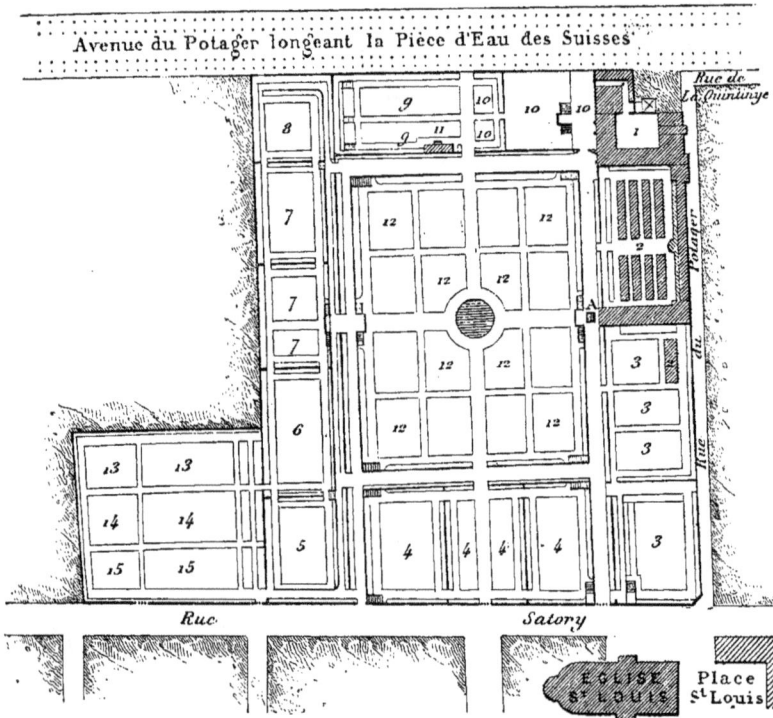

Fig. 421. — Plan du Potager et de l'École : 1, bâtiments de l'École; 2, serres; 3 carrés des primeurs;
4, Poiriers et contre-espaliers; 5, pépinière : 6, école d'arbres fruitiers; 7, collections d'arbres et d'arbustes d'ornement; 8, dépôt des terres et des fumiers; 9, arbres fruitiers en contre-espaliers; 10, fleuriste; 11, orangerie; 12, cultures potagères; 13, école de Botanique ; 14, collection de plantes pour la
floriculture; 15, collection de légumes; A, statue de La Quintinye.

y établir le nouveau Potager. Ce fut La Quintinye, ce grand maître en
culture potagère, qui créa ce beau jardin, dont la réputation devint
bientôt européenne.

« Les travaux de formation du nouveau Potager commencèrent en
1679 et se prolongèrent jusqu'en 1683. J'ai relevé sur les registres des
bâtiments du Roi les sommes dépensées pour les transports de terre,

les différents murs, le bassin et les bâtiments ; le total s'élève à
1 170 985 livres 4 sols 5 deniers.

« Louis XIV aimait beaucoup le jardinage. Il se plaisait à planter et
façonner les arbres. Duhamel rapporte, dans son *Traité des arbres
fruitiers*, qu'on voyait encore de son temps, au jardin du Val, près
Saint-Germain, un Azérolier dont l'espèce avait été envoyée d'Espagne
à Louis XIV, et qui fut planté par ce monarque. Aussi tous les efforts
du savant horticulteur pour combattre les préjugés nombreux de cette
époque, pour faire sortir la science de la routine, étaient appréciés par le Roi. Il se plaisait à se promener avec lui, à lui adresser
de nombreuses questions, et même à tailler les arbres et à greffer
sous sa direction. La Quintinye, reconnaissant de ses bontés, cherchait à lui plaire par tous les moyens, et c'est ainsi qu'allant au
devant de tous les goûts du monarque, il employa toute son industrie
à faire avancer la culture des fruits et des légumes dont Louis XIV
était le plus friand.

« En général, le Roi aimait tous les fruits, mais celui qu'il paraissait préférer à tous était la figue. Il en mangeait à tous ses repas,
crues, confites ou saisies à la glace, et Saint-Simon, qui ne veut sans
doute pas qu'un vieillard de soixante-dix-sept ans, affligé de la gra-
velle, de la goutte et d'une gangrène sénile, meure quand il s'appelle
Louis XIV, attribue en grande partie sa mort à l'usage de ce fruit, bien
innocent, sans aucun doute, de cette grosse responsabilité. Ce fut donc
le fruit que La Quintinye s'appliqua le plus à cultiver.

« Presque tous les arbres à fruits étaient, à cette époque, cultivés
en plein vent, et très-peu de jardiniers se servaient d'espaliers, au
moins comme nous les connaissons aujourd'hui. Il est vrai que, vers la
fin du seizième siècle, Olivier de Serres, dans son *Théâtre d'Agriculture*, parle des espaliers. Mais ces espaliers n'étaient point ce que sont
les nôtres, c'est-à-dire des arbres appliqués et palissés contre un mur.
C'était une simple haie placée dans l'endroit du jardin le mieux exposé et composée d'arbres fruitiers soutenus par des pieux ou *pals*,
d'où les noms d'espaliers ou de palissades. Plus tard, on eût l'idée de
planter aussi des arbres le long des murs. Mais ces arbres, serrés et
entrelacés comme ceux des palissades, formaient de même un massif
soutenu par des *pieux* ou *pals*

« On leur donna aussi le nom d'espalier, que nous avons conservé aux nôtres, quoique la manière de les conduire en soit bien différente.

« Deux grands observateurs de la Nature comprirent presque ensemble que si, au lieu de planter les arbres en massifs, on les plaçait à une certaine distance les uns des autres, ayant leurs branches artistement disposées, on pourrait leur donner aussi l'avantage de recevoir plus directement les rayons du soleil, tout en étant à l'abri du vent, et qu'on procurerait de plus un spectacle charmant pour l'amateur, dans la saison des fruits.

Fig. 422. — École d'Horticulture de Versailles. — Serres et bâches pour la culture des primeurs.

« La Quintinye, au Potager, et Arnaud d'Andilly, à Port-Royal, furent ces deux hommes. »

La culture des primeurs était loin d'être aussi avancée du temps de La Quintinye que l'arboriculture fruitière.

« Cependant La Quintinye avait déjà fait dans cette voie de nombreux essais. Il était parvenu à donner au Roi des figues une grande partie de l'année; et par sa nouvelle disposition des espaliers il avait pu avancer la maturité de quelques fruits. Il fit encore plus pour les asperges, que Louis XIV aimait beaucoup, puisqu'il put lui en faire manger dès le mois de décembre.

« Ce que La Quintinye obtint ainsi pour les asperges, il ne put y réussir pour les pois, dont Louis XIV était au moins aussi friand. Ces petits pois, que le Roi mangeait avidement tant qu'en durait la saison, étaient la désolation de son médecin Fagon. Dans le *Journal de la santé du Roi*, on trouve tous les ans les mêmes plaintes toujours renouvelées

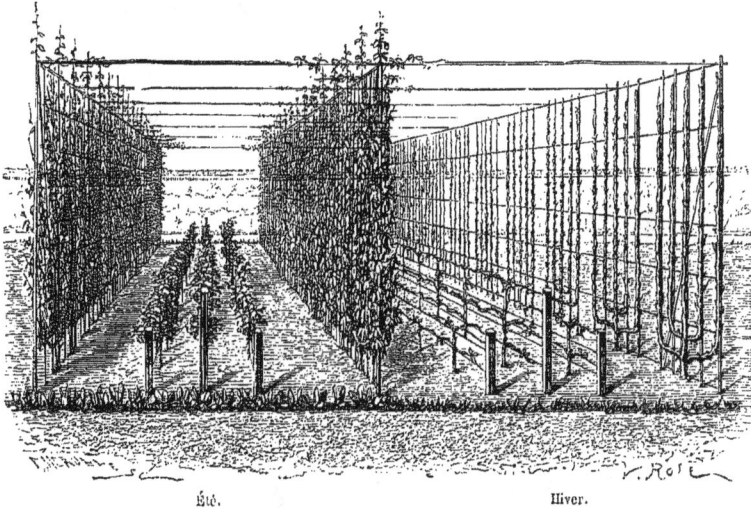

Fig. 423 — École d'Horticulture de Versailles. — Contre-espaliers de Poiriers en palmettes verticales.

contre ce malheureux légume. Ce goût du Roi pour les petits pois était partagé par toute la cour. « Le chapitre des pois dure encore, écrit Mme de Maintenon à la date du 10 mai 1696 ; l'impatience d'en manger, le plaisir d'en avoir mangé, et la joie d'en manger en-

Fig. 424. — École d'Horticulture de Versailles — Bâches fixes pour la culture forcée de la Vigne et du Fraisier.

core, sont les trois points que nos princes traitent depuis quatre jours. »

La Quintinye s'adonna, pour satisfaire aux goûts du Roi, à la culture des primeurs, mais il n'y fut pas aussi heureux que dans la culture de plein vent, et voici en quels termes il indique lui-même le résultat auquel il était parvenu : « J'ai pu, à l'égard de quelques fruits et légumes, en faire mûrir quelques-uns cinq ou six semaines devant le temps, par exemple des fraises à la fin de mars, des précoces et des pois en avril, des figues en juin, des asperges et des laitues pommées en décembre et janvier. »

Tels furent les débuts du Potager de Versailles ; il est maintenant, sous la direction de M. A. Hardy dont la rare valeur professionnelle est connue du monde horticole tout entier, une École d'application

Fig. 425. — École d'Horticulture de Versailles. — Serre à panneaux mobiles pour forcer le Pêcher,
le Prunier, le Cerisier et le Framboisier.

d'Horticulture probablement sans rivale en Europe. On jugera de son excellente installation et des immenses services qu'elle est appelée à rendre sous un directeur aussi expérimenté par les chiffres suivants, empruntés au *Journal de la Société centrale d'Horticulture*, année 1877.

L'École occupe un emplacement de 9 hectares 50 ares, ainsi divisé :

Superficie des bâtiments et cours	0 hect.	22 ares.
Superficie de la culture maraîchère (plein air et primeurs). .	2	56
Superficie de la culture fruitière.	2	41
Superficie de la floriculture et de l'École de Botanique . . .	0	72
Superficie de la culture arbustive de pleine terre	0	45
Superficie des allées, terrasses, bassins	2	94
Total.	9 hect.	30 ares.

Les espèces et variétés fruitières cultivées par les élèves comprennent :

Abricotiers	2 variétés.	Néfliers	2 variétés.
Amandiers	2	Noyers	2
Cerisiers	27	Pêchers	98
Cognassiers	2	Poiriers	520
Figuiers	3	Pommiers	200
Fraisiers	118	Pruniers	62
Framboisiers	6	Vignes	52
Groseilliers	6		

Cette magnifique collection se compose d'arbres de plein vent, d'espaliers établis sur les murs très-nombreux de l'établissement, de contre-espaliers, et enfin de sujets soumis à la culture forcée sous des bâches fixes ou dans des serres à vitrage mobile, dont on peut voir les heureuses dispositions par les figures 423, 424 et 425.

IV. — LA CULTURE DE SERRE

La culture de serre n'a pris une grande importance qu'à notre époque, depuis l'invention toute moderne du chauffage au thermosiphon ou par circulation d'eau chaude. La condition principale à remplir est de pouvoir, non-seulement faire varier la température à volonté, mais encore de la maintenir à un degré déterminé pendant des semaines et des mois. Or tous les appareils de chauffage autres que le thermosiphon n'atteignent que fort imparfaitement ce but. A la fin du dernier siècle encore, les serres chaudes étaient invariablement appuyées contre un grand mur, — le mur du fond, — dans lequel serpentait, de la base au sommet, une sorte de conduit de cheminée établi dans l'épaisseur même de la maçonnerie. L'orifice inférieur du conduit venait aboutir à un foyer ouvert en dehors de la serre, sous un hangar adossé à celle-ci. Le foyer chauffait le mur, qui communiquait sa chaleur à l'intérieur de la serre; de là le nom de *murs à feux* donné encore à ces appareils incommodes, d'un fonctionnement très-irrégulier, et fort dispendieux en raison des grandes pertes de calorique. C'est dans ces serres primitives qu'on cultivait des plantes grasses, comme des Aloès, des Cactées, des Euphorbes, etc.; des arbres fruitiers, comme l'Anone, le Bananier, le Cocotier, le Papayer, etc.; des espèces ornementales comme le Maranta, les Ficus, les Palmiers, etc. De nos jours, où grâce au thermosiphon on peut obtenir aisément la température désirée, on distingue les serres en froides, tempérées ou chaudes. Dans la première la température ne doit jamais descendre

Fig. 426. — Deux serres chaudes. Première serre : sur l'eau, au premier plan et de gauche à droite, Nymphæa rubra fleuri, Pistia et Pontederia ; au second plan, Nelumbium en fleurs ; 2° derrière les deux colonnes, un Strelitzia en fleurs et à côté un Caféier ; 3° à droite, les trois plantes posées par terre sont, en se dirigeant vers la porte, un Begonia rex, un Begonia heracleifolia et un Seaforthia ; 4° sur la tablette, en avant un Pandanus, à côté un Æchmea, à la suite et contre le Seaforthia, un Pitcairnia, derrière est un Billbergia ; 5° Dendrobium dans la suspension ; Quisqualis comme plante grimpante. Deuxième serre : Phœnix derrière le Nelumbium, Cycas derrière le Strelitzia et Latania de l'autre côté.

au-dessous de 0°, dans la seconde elle reste comprise entre 6° et 20°, enfin dans la troisième elle peut s'élever jusqu'à 30° et même 40°.

Mais, dans une culture rationnelle, savoir dispenser le calorique aux plantes ne suffit pas, il faut encore être en état de régler tout aussi exactement les autres agents de la végétation, et surtout l'humidité et la lumière. La Physique nous a déjà fourni un instrument très-sen-

Fig. 427. — Odontoglosse de Reichenbach (*Odontoglossum Reichenbachii* Linden), Orchidée du Mexique.

sible, l'hygromètre, qui mesure les variations d'humidité de l'air ; cet instrument n'est pas encore, il est vrai, en usage dans les serres, mais sans nul doute il le deviendra dans un avenir prochain. Et, si la science parvient en outre à imaginer un radiomètre de maniement facile, capable d'indiquer avec une certaine précision les changements d'intensité des radiations lumineuses du soleil, nous aurons bientôt des

serres diversement humides et éclairées, comme nous avons aujour-
d'hui des serres chauffées à des degrés différents. Alors un grand
progrès sera réalisé.

Une autre amélioration en voie de se produire a rapport à la ventilation. Il suffit de se reporter à nos précédentes considérations phy-

Fig. 428. — Odontoglosse phalænopside (*Odontoglossum phalænopsis* Lind. et Rchb. F.), Orchidée
de la Nouvelle-Grenade.

siologiques pour être convaincu de l'impérieuse nécessité d'une active
ventilation des serres. Puisque la plante prend dans l'atmosphère un
certain nombre de ses aliments, et que ces derniers s'y trouvent en
très-faibles proportions, l'oxygène excepté, il faut que l'air soit incessamment renouvelé autour de la plante en pleine activité végétative.

Ce que la théorie indiquait, la pratique fut longtemps à l'admettre.

Il a fallu les nombreux insuccès éprouvés dans la culture des Orchidées exotiques (pl. X) pour ouvrir enfin les yeux des horticulteurs sur la nécessité de la ventilation. Pendant des années, on s'est obstiné à cultiver les épidendres dans des serres surchauffées, aussi hermétiquement closes que possible. Ces plantes périssaient en grand nombre ; la rareté et la pauvreté de leur floraison auraient indiqué à des yeux moins prévenus la vraie cause de cette persistante mortalité : elles succombaient à l'inanition. Enfin, quelques horticulteurs, plus audacieux et plus clairvoyants que les autres, se fondant sur les renseignements de jour en jour plus nombreux et plus précis fournis par les collecteurs de plantes sur les mœurs des épidendres dans leur pays natal, ont tenté une révolution complète dans la culture de ces espèces réputées jusqu'alors comme extrêmement délicates et capricieuses. Ils ont réussi au delà de leurs espérances, et ils ne pouvaient échouer ayant la raison de leur côté. Ils ont osé sortir de leur étouffoir quelques Orchidées intertropicales, et les placer en serre tempérée, et même en serre froide pour certaines d'entre elles ; ils ont osé plus encore : laisser les plantes végéter dans de violents courants d'air, elles qu'on soignait comme des malades agonisants auxquels on mesure avec parcimonie l'air et la lumière. Ils ont obtenu de splendides floraisons, et, par cette intelligente initiative, ont ouvert la voie à de nouveaux progrès qui ne se feront certes pas attendre.

CHAPITRE III

CURIOSITÉS VÉGÉTALES

I. — LES ARBRES HISTORIQUES; LES GÉANTS ET LES PATRIARCHES
DU MONDE VÉGÉTAL

La puissance d'organisation du végétal est si grande, que la vie le
dispute pour ainsi dire fragment par fragment à la mort. Tant qu'une
parcelle de ses tissus échappe à la décomposition, tout espoir n'est point
perdu ; et, de cette parcelle où la vie s'est réfugiée comme dans son
dernier asile, un bourgeon, le rudiment d'un nouvel arbre par conséquent, peut naître et grandir si les circonstances le permettent.

Quand on songe aux conditions d'existence des plantes ligneuses
dicotylédones, on se prend même à croire que ces individualités multiples ne sauraient périr, à moins d'accident. Car enfin, dans la majorité de nos essences forestières où les bourgeons sont visibles pendant
la période hivernale, l'arbre, réduit à son expression la plus simple,
est un bourgeon, enraciné par la base, qui s'épanouit et s'allonge en
tige durant la belle saison, émettant de distance en distance des feuilles
et d'autres bourgeons. L'automne est pour le bourgeon primitif, père
de la colonie, et pour tous ses descendants les autres bourgeons, l'époque du repos. Ils passent cette saison et la suivante douillettement
enveloppés de duvet et de feuilles écailleuses qui les protègent contre les rigueurs de l'hiver. Puis, le beau temps revenu, fortifiés et
accrus pendant leur sommeil, ils s'épanouissent, produisant de nouveau bois, développant de nouvelles feuilles, émettant enfin de nouveaux

bourgeons. Et d'année en année, la tige s'élève, le tronc s'élargit, les ramifications croissent et se multiplient. Pourquoi donc n'en est-il pas indéfiniment ainsi ? Pourquoi chaque espèce n'a-t-elle qu'une longévité, fort grande sans doute, mais limitée néanmoins?

En grandissant, l'arbre, — nous le savons, — finit par atteindre une zone atmosphérique dont le climat est incompatible avec son organisation ; de ce moment, il cesse de grandir, et tout son accroissement se fait désormais en largeur. Comme l'épaisseur de la zone vitale atmosphérique augmente du pôle à l'équateur, il en résulte que les arbres les plus grands doivent surtout se rencontrer dans les régions équatoriales. Et en effet, à part les Sequoia de la Californie, aucun arbre des contrées tempérées ne peut être comparé, pour la grandeur des proportions, à certains Figuiers et Palmiers, ainsi qu'aux Baobabs de la zone torride. Néanmoins, ces géants des forêts équatoriales sont plus remarquables par leur largeur que par leur hauteur. S'ils ne grandissent pas davantage, et n'atteignent pas 200 ou 500 mètres d'élévation par exemple, cela tient à ce qu'il règne à cette altitude un climat aérien différent de celui de la couche atmosphérique immédiatement en contact avec la surface terrestre. Dès lors, une plante ne pourrait s'élever autant qu'à la condition d'être formée de deux parties, de deux arbres en quelque sorte superposés, l'inférieur organisé pour un climat torride, le supérieur pour un climat tempéré ou même alpin. Sans doute, chez quelques espèces, le feuillage de l'adulte est fort différent de celui de la jeune plante, tellement différent qu'à la vue de deux feuilles isolées on n'hésiterait pas à les attribuer à des végétaux d'espèces distinctes ; mais ces variations avec l'âge sont contenues entre des limites trop étroites pour faire tomber la barrière que le climat rigoureux des hautes régions de l'air oppose, à l'équateur, à la croissance des arbres. Au nombre des rares espèces à feuillage très-visiblement polymorphe, citons l'Eucalyptus à fruit disciforme (*Eucalyptus globulus* Labill.), le colosse australien de la famille des Myrtacées dont les feuilles, sessiles dans le jeune âge, sont remplacées plus tard par des phyllodes légèrement courbés. N'est-il pas remarquable que ce cas de dimorphisme se rencontre précisément dans un arbre classé parmi les plus grands du Règne végétal?

Une autre cause abrége encore la longévité des arbres. Dans le sol, source principale de la vie, se trouvent en même temps, singu-

Fig. 129. — Tronc d'un Figuier des Banyans de l'île Nuku-Hiva (archipel des Marquises).

lier contraste, des germes de mort que le végétal y puise sans cesse et dont il s'imprègne lentement.

Dans l'arbre en effet, la vie se retire progressivement du centre à la périphérie. Pour la tige en particulier, la région centrale du tronc est morte sur une épaisseur qui s'accroît avec le temps, et il n'existe de vivant qu'une zone fort mince, immédiatement placée sous l'écorce. Or ce bois mort, en communication incessante par sa base avec l'humidité du sol, s'altère et se décompose peu à peu. Le centre de l'arbre se creuse donc, la désorganisation s'étend de jour en jour, et gagne de proche en proche la zone de végétation. La séve, dont cette dernière est la voie naturelle, finit par ne plus arriver en quantité suffisante à la cime, qui meurt alors d'épuisement ; et l'activité vitale du colosse se retire dans quelques branches mieux disposées que les autres pour recevoir l'afflux des sucs nourriciers. De ce jour, l'arbre est *couronné*, suivant l'expression consacrée. Les désordres s'aggravent peu à peu, et un coup de vent finit par briser et par coucher sur le sol le géant centenaire.

Telle est la fin des arbres historiques. Déjà on ne les trouve plus qu'en très-petit nombre, particulièrement dans quelques grands établissements privilégiés où le même esprit a pu se transmettre de génération en génération. Partout ailleurs, ils tendent à disparaître rapidement et ne seront point remplacés. Il faut bien que le cadre soit en harmonie avec les personnages qu'il renferme. Or la majestueuse lenteur de la croissance de ces géants du monde végétal ne s'accorde plus avec les exigences capricieuses et changeantes des habitudes modernes. Les hautes futaies d'autrefois ont disparu avec les vieilles demeures seigneuriales qu'elles entouraient et abritaient. Près du château moderne on ne voit plus que chétifs baliveaux sur un maigre gazon, massifs de Rhododendrons, de Rosiers, etc., etc., toutes plantes produisant beaucoup en vivant peu. Il doit en être ainsi maintenant qu'on ne veut plus avoir à compter avec le lendemain. Autrefois on édifiait pour la postérité, aujourd'hui on bâtit pour le présent. Le fastueux jardin, qu'on vient d'improviser à grands frais, sera demain un champ de Betteraves, la cour d'une usine, la gare d'un chemin de fer peut-être.

Nous vivons vite, en un mot, et tout ce qui nous entoure doit participer à l'activité fiévreuse et meurtrière de notre existence. Les traditions économiques du vieux monde sont partout répudiées. Autrefois on demandait à l'animal sa chair, à l'arbre son bois; le chasseur et le bûcheron suffisaient pour fournir à l'homme ces deux bases de son existence : l'aliment et le feu. Aujourd'hui l'industrie trouve que l'arbre est trop lent à préparer le bois qu'on lui demande; et, en face d'exigences toujours croissantes, il lui faut des producteurs de plus en plus actifs. L'arbre est regardé maintenant comme une usine trop primitive, trop coûteuse, par suite de l'extrême lenteur de sa fabrication ; on l'a remplacé par l'animal, par l'animal dont on façonne si promptement la chair avec un peu d'herbe formée en quelques mois. Nos pères demandaient seulement à ce dernier l'aliment et la force ; nous tendons de plus en plus à lui faire produire à la fois l'aliment, la force et le combustible, c'est-à-dire encore la force, mais sous la forme de matières grasses utilisées pour l'éclairage et le chauffage.

Ainsi l'arbre n'a pas de raison d'être parmi nous, et il disparaît fatalement, comme tout ce qui n'est plus en harmonie avec son époque. Les accidents et le vandalisme détruisent successivement les rares représentants des hautes futaies du passé. Cependant les populations rurales ont gardé un pieux attachement à plusieurs de ces patriarches du monde végétal; le village les respecte et les protége, l'archéologue recherche avec intérêt les circonstances de leur naissance. Une tradition populaire fait remonter beaucoup d'entre eux aux plantations ordonnées par Sully; vraie ou fausse, cette origine leur vaut le nom d'*arbres de Sully* sous lequel ils sont connus dans les campagnes. D'ailleurs, en France, ces arbres n'ont jamais la taille que leur grand âge ferait supposer. Pour les raisons exposées plus haut, leur charpente ne s'élève plus, mais s'élargit pendant la seconde période de leur existence, et c'est surtout par l'énorme épaisseur du tronc que leur ancienneté se révèle. Cette particularité est plus frappante encore chez les sujets qui vivent sous un climat doux, et particulièrement dans la région méditerranéenne; ainsi le Châtaignier de la Nave a 18 mètres de circonférence au pied. Parmi les arbres historiques français, nous nous bornerons à citer le Peuplier dit de l'Arquebuse placé dans le jardin botanique de Dijon. C'est un Peuplier noir (*Populus nigra* Lin.), espèce indigène dans le département de la Côte-d'Or. En 1852, époque où il fut mesuré pour la dernière fois, ses dimensions étaient les suivantes. Le tronc avait successivement : 15 mètres de circonférence au niveau du sol, 12 mètres à 0m,50 de terre,

Fig. 430. — Châtaignier de la Nave (Etna).

7ᵐ,25 à 2 mètres, et enfin 6ᵐ,55 à 5 mètres d'altitude. A 8 mètres

Fig. 451. — Le Peuplier de l'Arquebuse au Jardin botanique de Dijon.

d'élévation, la tige se bifurque; l'une des branches a 4 mètres, et l'autre 5 mètres de circonférence; à 15 mètres, nouvelle bifur-

cation. La hauteur totale de la tige est de 57 mètres, et la cime
a la forme d'un dôme de 70 mètres de circonférence. Selon toutes
probabilités, il a dû être planté vers 1360 ; il aurait donc plus de
cinq cents ans. Le plus ancien document qui le mentionne expressé-
ment date de 1660 ; il était alors qualifié de « *gros arbre peuplier* ».
Il a longtemps servi aux Chevaliers de l'Arquebuse à porter l'*oiseau*
sur lequel ils tiraient. Fait important à noter, et qu'expliquent les
principes physiologiques précédemment exposés, ses limbes ont une
superficie moitié moindre environ que celle ordinaire à cette espèce.

II. — LES PLANTES IRRITABLES

Nous avons déjà étudié l'irritabilité dans la feuille ; cette faculté
existe également chez les étamines et les pistils d'un certain nombre
de fleurs, particulièrement chez les étamines. Comme dans la feuille, les mouvements sont spontanés ou provoqués. Une plante indigène dans le centre et le midi de la France, la Rue (*Ruta graveolens* Lin.), ainsi nommée en raison de la mauvaise odeur qu'elle exhale, particulièrement quand on frotte ses feuilles entre les doigts, nous fournira un exemple bien connu de mouvements spontanés des étamines.

Fig. 452. — Rameau de Rue (*Ruta graveolens* Lin.).   Fig. 453. — Une fleur détachée de la même plante.

Les fleurs, à corolle polypétale, sont, sur le même pied, les unes
tétramères et les autres pentamères, ou, en d'autres termes et suivant

les cas, chaque verticille comprend 4 ou 5 organes similaires. Les
étamines, toujours entièrement libres, au nombre de 8 ou 10 selon
les fleurs, sont réparties en deux verticilles, le plus externe opposé
et l'autre alterne avec les sépales. Au moment de l'épanouissement,
les étamines suivent les pétales dans la concavité desquels elles se
cachent. Peu après d'ordinaire les mouvements ont lieu. Ils commencent par le rang externe. Successivement chaque étamine, d'après

Fig. 454. — Rameau de Sparmannia d'Afrique (*Sparmannia africana* Lin. fils).

un ordre déterminé, recourbe lentement son filet, et emploie une
heure environ pour amener son anthère au-dessus du pistil, où la déhiscence a lieu. Alors une seconde étamine commence son mouvement
et vient placer son anthère contre la précédente. Après une demi-
heure au plus de ce voisinage plus ou moins immédiat, la première
anthère regagne sa position première, une troisième anthère lui
succède, et ainsi de suite jusqu'à ce que toutes les étamines du verticille aient effectué le même mouvement; alors celles du second verticille commencent le leur. L'évolution complète de tout l'androcée

s'accomplit en 12 heures environ. Le soleil accélère les mouvements, la lumière diffuse les ralentit, et l'obscurité les arrête presque complétement. Les anesthésiques, éther et chloroforme, les ralentissent également, sans néanmoins les abolir entièrement.

Comme exemples de mouvements provoqués, nous citerons ceux des étamines du Sparmannia et de l'Épine-vinette.

Le Sparmannia est une Tiliacée originaire du Cap de Bonne-Espérance, fort répandue dans nos serres tempérées. C'est un arbuste de 5 à 6 mètres de hauteur, dont la cime est arrondie et touffue. Ses feuilles stipulées, molles et cotonneuses le font aisément reconnaître. Ses belles fleurs blanches, disposées en ombelles, ont de grandes étamines jaunâtres et polyadelphes. Largement étalées d'ordinaire pendant la période de l'anthèse, au moindre choc elles se rapprochent et se serrent contre le gynécée comme pour le protéger.

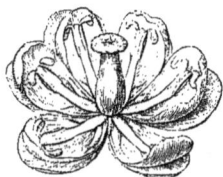

Fig. 435. -- Fleur d'Épine-vinette (*Berberis vulgaris* Lin.).

Les cinq étamines de la fleur de l'Épine-vinette (*Berberis vulgaris* Lin.), plante indigène, sont très-irritables. Il suffit de frotter doucement avec une pointe mousse le renflement basilaire du filet pour voir celui-ci se courber brusquement, et l'anthère s'appliquer contre le style.

III. — LES PLANTES CARNIVORES

Les nombreuses barrières qu'on avait élevées autrefois entre les deux Règnes organiques tombent successivement devant les progrès de la science. Cette tendance philosophique nouvelle a fait naître récemment la question des *plantes carnivores*. Beaucoup d'animaux, doués d'une grande vitesse de locomotion et puissamment armés, attaquent les autres animaux, s'en emparent et s'en nourrissent; pour ce motif, ils sont connus sous le nom de *carnivores*. De telles mœurs se rencontrent-elles dans le Règne végétal? Existe-t-il des plantes carnivores, c'est-à-dire assez bien douées pour attirer de petits animaux, s'en emparer, et s'en nourrir? Tel est l'important problème dont la solution préoccupe vivement la science contemporaine.

Sans aucun doute, il y a des plantes qui attirent, retiennent et tuent les animaux qui les visitent : le fait est patent, surtout dans les Arum. Chez beaucoup d'entre eux, la spathe est un grand cornet velu, et plus ou moins visqueux à l'intérieur, dans lequel viennent mourir en grand nombre des insectes attirés par l'humeur sucrée que sécrète la face interne de l'organe, et par l'odeur cadavérique qu'exhale le spadice pendant la période de l'anthèse. Mais, chez quelques espèces mieux douées, la victime est-elle ensuite digérée et sert-elle de nourriture à la plante ? La question devient délicate, et les avis sont encore partagés à son sujet. L'animal a un tube digestif dans lequel se déversent certains produits de sécrétion chargés de digérer ou de dissoudre les aliments en les transformant. Si aucune plante n'a d'appareil digestif, tout au moins quelques-unes d'entre elles possèdent-elles des liquides digestifs ? Telle est, dans ses termes les plus simples, la question récemment posée. Évidemment, il n'est qu'un moyen de la résoudre, c'est de s'assurer si les liquides qui lubrifient la surface des organes considérés comme actifs chez les plantes réputées carnivores sont capables de digérer la chair, et plus généralement les matières albuminoïdes, comme le blanc d'œuf. Si ce premier point était établi, il y aurait ensuite à isoler le composé chimique donnant à ces sucs leur puissance spéciale.

Chez les animaux carnivores, le *suc gastrique* commence la digestion des aliments azotés, et le *suc pancréatique* l'achève. Les plantes carnivores sécrètent-elles du suc gastrique ou tout autre liquide de pouvoir analogue ? telle est la première question qu'on s'est posée. Le suc gastrique est un liquide acide tenant en dissolution un corps spécial, la *pepsine*, agent exclusif de la digestion des aliments azotés. Sans pepsine, point de digestion stomacale, mais aussi sans acide la pepsine reste inerte, cette substance ne devenant active que dans un liquide acidulé. Sachant cela, les partisans de la doctrine des plantes carnivores ont tout naturellement recherché la pepsine chez ces dernières. On a récemment, paraît-il, extrait ce principe du suc sécrété par les glandes foliaires du Drosera, et on serait parvenu avec lui à digérer de la fibrine. D'autres expérimentateurs étudient la puissance digestive des organes réputés carnivores en déposant sur leur surface de petits morceaux de viande ou de blanc d'œuf cuit. Enfin, plusieurs botanistes recherchent les plantes carnivores, et observent les moyens qu'elles mettent en œuvre pour capturer et digérer leurs proies. Ces trois séries de recherches ne tarderont pas à faire pénétrer la lumière dans cette question encore si obscure, et il ne nous reste plus, en attendant la future solution, qu'à signaler les plantes qui seraient douées de ces aptitudes spéciales jusqu'ici regardées comme l'apanage exclusif de l'animalité.

Les Grassettes (*Pinguicula*) sont des herbes acaules de la famille des Utriculariées, qui habitent les pâturages humides et tourbeux, surtout dans les régions montagneuses. Ce sont les plus dégradées des plantes carnivores. Leurs feuilles, réunies en rosette, sont un peu charnues, particularité qui a valu à ces végétaux les noms de Grassette et de Pinguicula. La face inférieure de ces organes est lisse, sèche et sans action sur les aliments azotés; l'autre est duveteuse, et une humeur légèrement acide, épaisse au point de ne pouvoir couler, que sécrètent de petits poils glandulifères, la rend visqueuse. Quand un moucheron vient se poser ou se laisse tomber par mégarde sur la face supérieure d'une feuille, il est englué, périt, et son corps disparaît au bout d'un certain temps. A-t-il été dissous par l'effet d'une digestion ou d'une décomposition spontanée? telle est la question qui divise les physiologistes pour le Pinguicula comme pour les autres plantes carnivores.

Les Rossolis (*Drosera*), genre type de la famille des Droséracées, sont beaucoup mieux organisés que les Pinguicula pour la capture des insectes.

Le Rossolis à feuilles rondes (*Drosera rotundifolia* Lin.) est une herbe vivace, commune en France sur les bords des ruisseaux tourbeux, où elle croît entre les Sphaignes. Ses feuilles rougeâtres, toutes radicales, en forme de raquettes, ont leur face supérieure et leurs bords hérissés de poils glanduleux de 2 à 5 millimètres de longueur, qui laissent continuellement perler à leur sommet une goutte d'un liquide hyalin; on dirait une goutte de rosée, d'où le nom d'Herbe à la rosée donné dans les campagnes à ce curieux et joli petit végétal. L'insecte qui se pose sur la feuille est aussitôt englué par l'humeur visqueuse. Mais ici un phénomène des plus curieux se produit, une irritabilité de nature particulière se manifeste : toutes les glandes de la périphérie s'infléchissent vers l'insecte, l'entourent et l'inondent de leur sécrétion. L'animal ainsi retenu captif meurt, et son corps disparaît comme dans le cas précédent.

Cette surprenante irritabilité est plus développée encore chez une autre Droséracée, la Dionée, que ses mœurs singulières ont fait appeler Attrape-Mouche et Gobe-Mouche. La Dionée, que Linné comparait à une souricière (*Dionæa muscipula* Lin.), est une herbe des marais tourbeux de la Caroline du Nord, dont les feuilles, exclusivement radicales, sont un peu épaisses. Le pétiole, dilaté latéralement en deux larges ailes, se termine par un limbe composé de deux lobes de forme

Fig. 456. — Sarracenia de Drummond (*Sarracenia Drummondi* Hook.)

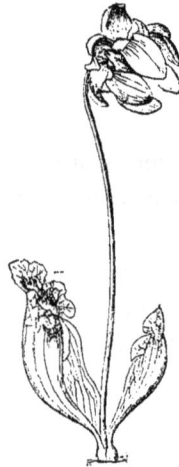

Fig. 457. — Sarracenia pourpre (*Sarracenia purpurea* Lin.).

semi-ovale, armés sur leurs bords d'aiguillons pointus et parsemés sur leur face supérieure de poils glandulifères. Dès qu'un Insecte se pose sur la feuille, les deux demi-limbes tournent aussitôt autour de la nervure moyenne comme charnière, se rabattent l'un sur l'autre, les aiguillons marginaux s'entre-croisent, et l'animal est pris au piége ; quand le limbe s'étale de nouveau, il est trop tard pour lui, il est mort.

Enfin, parmi les plantes carnivores, on compte encore les Sarracenia, les Nepenthès, les Darlingtonia et les Cephalotus. Chez toutes, outre les feuilles ordinaires, il y en a d'autres conformées en ascidies à opercule souvent automobile, organisées pour attirer et capturer les insectes. Pour comprendre en quelques mots le mécanisme de cette capture, qu'on se représente les piéges à mouches employés dans nos maisons. Tous, comme l'ascidie des plantes carnivores, ont une matière sucrée déposée sur une espèce de plate-forme de facile accès, où l'animal attiré par le sucre vient se poser. Tout en mangeant, il s'approche insensiblement d'une déclivité à surface polie sur laquelle il glisse sans pouvoir se retenir; arrivé au fond, il se noie dans l'eau qui s'y trouve.

Les Sarracenia constituent une petite famille spéciale, composée de huit espèces, toutes cantonnées dans l'est des États-Unis. Ils habitent les fondrières et les marais

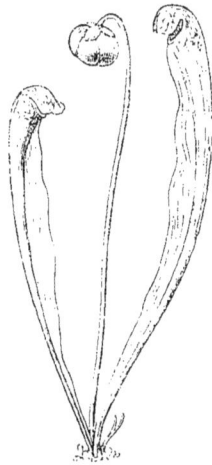

Fig. 458. — Sarracenia variolaire (*Sarracenia variolaris* Mich.)

Fig. 459. — Céphalotus à feuilles en cornet (*Cephalotus follicularis* Labill.).

dont les eaux restent peu profondes. Ce sont des plantes herbacées dont les urnes offrent deux conformations différentes. Chez les unes, les Sarracenia de Drummond et pourpre par exemple, l'opercule est toujours dressé, en sorte que l'eau de pluie peut pénétrer sans obstacle dans l'urne; chez les autres, comme les Sarracenia bec de perroquet

(*Sarracenia psittacina* Mich.) et variolaire (*Sarracenia variolaris* Mich.), l'opercule reste fermé, et l'eau ne peut s'introduire que très-difficilement dans l'intérieur.

Au point de vue de la conformation, les Darlingtonia sont proches voisins des précédents. Ils habitent la Sierra-Nevada de Californie, à une altitude de 1,600 mètres. Ils ont deux sortes d'ascidies, celles de la jeunesse et celles de l'âge mûr. Les premières sont grêles, tubuleuses et béantes; les secondes sont, au contraire, ventrues et fermées.

Le groupe des Nepenthès se compose de plus de trente espèces de plantes grimpantes ou sous-frutescentes, originaires pour la plupart des régions les plus chaudes des Indes orientales. Elles sont communes à Bornéo et à Ceylan; on en rencontre quelques-unes dans l'Australie, la Nouvelle-Calédonie, les îles Seychelles et sur la côte d'Afrique. En général, dans toutes les espèces, les urnes sont très-nombreuses, particulièrement dans la jeunesse de la plante. C'est dans ce groupe qu'on rencontre les ascidies les plus volumineuses; chez une espèce de Bornéo, elles sont assez grandes pour emprisonner un Oiseau ou un petit Mammifère.

Enfin, le genre Céphalotus, très-voisin des Saxifragées, ne comprend qu'une seule espèce, le Céphalotus à feuilles en cornet (*Cephalotus follicularis* Labill.), herbe vivace et acaule qu'on trouve dans les marécages de la région sud-occidentale de l'Australie.

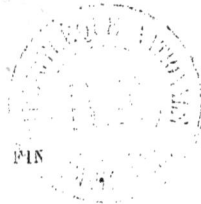

FIN

TABLE DES MATIÈRES

PREMIÈRE PARTIE
LA PLANTE, SA STRUCTURE, SON ORGANISATION ET SA VIE

CHAPITRE PREMIER
LA CELLULE ET SES DÉRIVÉS

CHAPITRE II
NOTIONS PRÉLIMINAIRES SUR L'ORGANISATION VÉGÉTALE

CHAPITRE III
ORGANISATION DE LA RACINE OU APPAREIL DE LA NUTRITION SOUTERRAINE

CHAPITRE IV
LA TIGE ET SES RAMIFICATIONS OU SYSTÈME AXILE

CHAPITRE V

ORGANISATION DES BOURGEONS

CHAPITRE VI

LA FEUILLE

CHAPITRE VII

LE FEUILLAGE

CHAPITRE VIII

GÉNÉRALITÉS SUR LA FLEUR

CHAPITRE IX

LES ENVELOPPES FLORALES

CHAPITRE X

L'ANDROCÉE

CHAPITRE XI

LE GYNÉCÉE

DEUXIÈME PARTIE

MŒURS ET PHYSIONOMIES VÉGÉTALES

CHAPITRE PREMIER

NOTIONS DE GÉOGRAPHIE BOTANIQUE

CHAPITRE II

LA FLORE ARCTIQUE

CHAPITRE III

LA VÉGÉTATION DE LA ZONE TEMPÉRÉE

CHAPITRE IV

LA FLORE TROPICALE

TROISIÈME PARTIE
BOTANIQUE APPLIQUÉE

CHAPITRE PREMIER
L'HOMME ET LA GÉOGRAPHIE DES PLANTES

CHAPITRE II
LA CULTURE

CHAPITRE III
CURIOSITÉS VÉGÉTALES

Typographie Lahure, rue de Fleurus, 9, à Paris. [19 673]